长治市雨洪分析与洪灾防治研究

主编　梁存峰　牛二伟

黄河水利出版社
·郑州·

内 容 提 要

本书依据长治市各县(区、市)《山洪灾害非工程措施实施方案》《山洪灾害调查评价成果》,主要分析了长治市暴雨、洪水分布趋势,总结了长治市在洪灾防治、非工程措施建设、山洪灾害调查等方面的成果。

本书绘制了长治市 10 min、60 mim、6 h、24 h、3 d 5 个不同时段暴雨等值线图、C_v 等值线图,通过分析编制了长治市 100 年一遇 10 min、60 min、6 h、24 h、3 d 等值线图。研究整理了各主要河段 100 年一遇设计洪水分布图和 100 年一遇洪峰模数分布图。将重点沿河村落作为分析评价对象,按村进行了暴雨洪水计算、现状防洪能力、危险区划分。通过分析列举北张店水文站预警指标计算方法,得到各重点沿河村落的预警指标、不同频率设计洪水的水面线、防洪现状、受灾人口、致灾洪水流量;并通过山洪灾害调查完成了长治市预报系统建设、河道整治与河道堤防摸底,确定了山洪灾害防治措施、预案。

本书可作为水文及水资源、水利工程等专业人员的参考用书。

图书在版编目(CIP)数据

长治市雨洪分析与洪灾防治研究/梁存峰,牛二伟主编. —郑州:黄河水利出版社,2016.12
ISBN 978 - 7 - 5509 - 1647 - 0

Ⅰ.①长… Ⅱ.①梁… ②牛… Ⅲ.①城市 - 暴雨洪水 - 水文分析 - 研究 - 长治 ②城市 - 暴雨洪水 - 灾害防治 - 研究 - 长治 Ⅳ.①P333.2 ②P426.616

中国版本图书馆 CIP 数据核字(2016)第 299284 号

组稿编辑:李洪良　电话:0371 - 66026352　E-mail:hongliang0013@163.com

出 版 社:黄河水利出版社
　　　　　地址:河南省郑州市顺河路黄委会综合楼 14 层　　邮政编码:450003
发行单位:黄河水利出版社
　　　　　发行部电话:0371 - 66026940、66020550、66028024、66022620(传真)
　　　　　E-mail:hhslcbs@126.com
承印单位:河南省瑞光印务股份有限公司
开本:787 mm × 1 092 mm　1/16
印张:27
字数:624 千字　　　　　　　　　　　印数:1—1 000
版次:2016 年 12 月第 1 版　　　　　　印次:2016 年 12 月第 1 次印刷

定价:198.00 元

《长治市雨洪分析与洪灾防治研究》
编制名单

主　　　编	梁存峰　牛二伟	
副　主　编	药世文　王江奕　杨建伟	
主要参加人员	刘平平　牛　琼　梁雯琴　张　蔷	
参 加 人 员	张娇娇　程启亮　王文浩　石　凯　安　宇 郭　宁　郭浩杞　张　卓　侯丽丽　李义浩 赵静敏　申　强　栗泽超	
制　　　图	梁雯琴　刘平平	

前　言

　　按照中共中央、国务院领导决策部署,2010～2015年,财政部、水利部在全国29个省(区、市)和新疆生产建设兵团组织实施了山洪灾害防治项目建设,长治市也进行了山洪灾害防治建设。长治市12个县(区、市)(长治市郊区、长治县、襄垣县、屯留县、平顺县、黎城县、壶关县、长子县、武乡县、沁县、沁源县、潞城市)进行了山洪灾害调查评价,作为本次长治市雨洪分析重点。长治市城区由于所占面积较小,本次没有进行雨洪分析。

　　按照长治市的区域概况、地理位置、地形地貌、河流水系、水文气象以及社会经济,分析了长治市的暴雨特性,根据建站以来不同历时暴雨资料绘制了长治市10 min、60 min、6 h、24 h、3 d 5个不同时段暴雨等值线图、C_v等值线图,通过分析编制了长治市100年一遇10 min、60 min、6 h、24 h、3 d等值线图。

　　长治市洪水多为季节性山洪,洪水主要集中在6～9月。经研究整理调查历史山洪灾害125场,根据各地洪水发生频率与设计洪水情况,研究整理了各主要河段100年一遇设计洪水分布图和100年一遇洪峰模数分布图。将长治市760个沿河村落作为分析评价对象,按村进行了暴雨洪水计算、现状防洪能力、危险区划分。

　　长治市山洪预警指标分析研究,采用典型流域研究应用于各个危险村预警指标计算实践。通过分析列举北张店水文站预警指标计算方法,得到760个沿河村落的预警指标,通过计算760个沿河村落的不同频率设计洪水的水面线,分析评价760个沿河村落的防洪现状、受灾人口、致灾洪水流量、雨量预警指标以及受坡面流影响村落的预警指标,并通过采用面积比降法确定参选断面安全过水流量,作为保护区安全过水流量,以保护区安全过水流量根据水位站与保护区集水面积折算求得水位监测站的相应流量,依据水位站实测大断面采用比降面积法推求水位站警戒水位(假定水位)。

　　本书包括760个沿河村落的设计暴雨计算、设计洪水分析、防洪现状评价、预警指标分析和危险区图绘制,相关成果表格的填写,防洪现状评价图、预警雨量临界曲线图和危险区划分示意图的绘制。

　　通过分析长治市山洪特性,提出了有针对性的措施与建议,为长治市山洪灾害预警、群测群防体系的建设提供了必要的技术支撑。

作　者

2016年9月

目　录

第 1 章　基本概况

1.1　地理位置

　　长治市位于山西省东南部,东倚太行山,西靠太岳山。地理坐标为东经 111°58′～113°44′、北纬 35°49′～37°02′,东与河北、河南两省为邻,西与临汾市接壤,南与晋城市毗邻,北部及西北部与晋中市交界,全市东西长约 150 km,南北宽约 140 km,国土面积为13 896 km²,约占全省总面积的 8.89%。其中,海河流域面积为 11 103 km²,占全市总面积的79.90%;黄河流域面积为 2 793 km²,占全市总面积的 20.10%。现辖城区、郊区、长治县、襄垣县、屯留县、平顺县、黎城县、壶关县、长子县、武乡县、沁县、沁源县、潞城市 10县 2 区 1 市。长治市地理位置见图 1-1。

图 1-1　长治市地理位置图

1.2 地形地貌

长治市东倚太行山,西靠太岳山,四周环山,成盆状地形,周边山峦重叠,丘陵起伏,中部地势平坦,整个地势西北部高,东南部低,中间分布着武乡盆地、沁县盆地、黎城盆地、襄垣盆地、长治盆地。境内最高处为沁源县花坡一带,海拔 2 525 m,最低处为平顺县浊漳河出省河谷,海拔仅 380 m。根据地形情况,将全市划分为山区、丘陵区和盆地区 3 种地貌类型,其中山区面积 7 041.1 km²,占总面积的 50.7%;丘陵区面积 4 641.3 km²,占总面积的 33.4%;盆地区面积 2 213.6 km²,占总面积的 15.9%。

中生代燕山运动末期形成了本区地貌雏形,新生代喜马拉雅运动奠定了地貌骨架,晚近构造运动促使地貌形态迅速演变,形成了今日的地貌景观。本区地貌类型,按成因形态可分为剥蚀构造中低山区、侵蚀构造山区、剥蚀构造低山丘陵区、剥蚀堆积黄土丘陵区、侵蚀堆积河谷阶地区。

1.3 河流水系

长治市境内河流分为海河和黄河两大流域,海河流域主要河流有浊漳河、清漳河、卫河,黄河流域主要河流有沁河。

1.3.1 浊漳河

浊漳河属海河流域漳卫南运河水系,流域呈扇形分布,上游有南、西、北三大支流,俗称为南源、西源、北源。浊漳河流经全市 12 个县(市、区),境内流域面积 9 991 km²,占全市总面积的 71.9%,是长治市的第一大河流。

(1)浊漳河南源发源于长子县石哲镇太岳山支脉方山东麓发鸠山以西的圪洞沟,途经长子县、长治县、长治市郊区、潞城市、襄垣县,在襄垣县古韩镇甘村村东与浊漳河西源汇合。浊漳河南源干流河长 104 km(圪洞沟—甘村),流域总面积 3 477 km²。主要支流有小丹河、陶清河、岚水河、石子河、绛河等。

(2)浊漳河西源发源于沁县漳源镇余岩村北,流经沁县、襄垣县,在襄垣县古韩镇甘村与浊漳河南源汇合进入浊漳河干流。浊漳河西源河长 80 km,流域面积 1 689 km²。主要支流有迎春河、圪芦河、白玉河、郭河、徐阳河、淤泥河等。

(3)浊漳河北源发源于晋中市榆社县北部边河口乡上白鸡岭,经榆社县流入长治市武乡县,境内流经武乡县、襄垣县,在襄垣县小峧村南汇入浊漳河干流。流域总面积 3 797 km²,长治市境内为 2 110 km²,占流域总面积的 55.6%,长治市境内河长 55.5 km,主要支流有榆社县境内的泉水河、东河、云簇河、南屯河以及长治市境内的涅河、贾豁河、洪水河、史水河等。

(4)浊漳河南源、西源汇合后始称浊漳河干流,向东北在襄垣县小峧村与浊漳河北源汇合,转而流向东南方向,流经襄垣县、黎城县、潞城市、平顺县,在平顺县马塔村东出山西省流入河南省林州市。浊漳河干流除接纳浊漳河三源外,还有平头河、原庄河、小东河、平顺河、露水河汇入。境内流域面积 2 715 km^2,河道长 124.7 km,其中甘村—小峧段为上游部分,小峧—辛安桥段为中游部分,辛安桥—马塔村段为下游部分。浊漳河干流水资源丰富,特别是位于潞城市、黎城县、平顺县交界地带的王曲泉群和石会泉群,两泉群多年平均流量为 9.61 m^3/s(1956~2014 年),是山西省的第二大岩溶泉。

1.3.2　清漳河

清漳河属海河流域,南运河水系,上游有两大支流:一条是清漳河东源,发源于昔阳县西寨乡沾岭山;另一条是清漳河西源,发源于和顺县西边八赋岭,在左权县上交漳村汇合后向南,流经麻田镇,在黎城县上清泉村北流入长治市,穿越黎城县东北隅 4 km 后于下清泉村南出山西省境入河北省涉县,境内流域面积 551 km^2。其支流有东崖底河、源庄河。东西两源在左权县上交漳村汇合后称清漳河。清漳河干流经下交漳村进入峡谷地段,河道窄而曲折,至九腰会村以下出峡谷,经泽城、麻田镇入黎城县境,至黎城县下清泉村流入河北省,在河北省涉县合漳村与浊漳河汇合称漳河。清漳河河道蜿蜒曲折,主流全长 146 km,其中干流长 38.7 km,流域面积 5 339 km^2,在山西省境内为 4 159 km^2,除直接汇入清漳河干流的部分外,下清泉村断面控制流域面积 3 670 km^2。

1.3.3　卫河

卫河因春秋属卫地得名,亦称御河,属漳卫南运河水系,发源于太行山南麓山西陵川县夺火镇南岭,上游为大沙河,在山西省流域面积 1 624 km^2,流域内包括长治市的壶关县(561 km^2)和晋城市的陵川县(1 063 km^2)。长治市境内支流主要有壶关县的郊沟河、桑延河。

郊沟河发源于壶关县东井岭乡岭后底村西,向东北经常行、崔家庄,而后朝东经树掌、桥上、南坡等村流入河南省林州市。境内河长 55 km,流域面积 509 km^2。

桑延河发源于壶关县鹅屋乡洞上村,经鹅屋、黄崖底村由北向南流入河南省辉州市,境内河长 11.3 km,流域面积 52 km^2。

1.3.4　沁河

沁河是黄河的一级支流,长治市的第二大河流,发源于霍山东麓沁源县王陶乡的二郎神沟西北部的将台上村西,境内河长 98 km,流域面积 2 302 km^2,占全市总面积的16.6%。境内汇集了聪子峪河、赤石桥河、紫红河、白狐窑河、狼尾河、柏子河、青龙河等支流,至中峪乡龙头村流出长治市境,出境后在临汾市的安泽县又汇入了发源于长子县的兰河。

长治市河流水系分布见图 1-2。

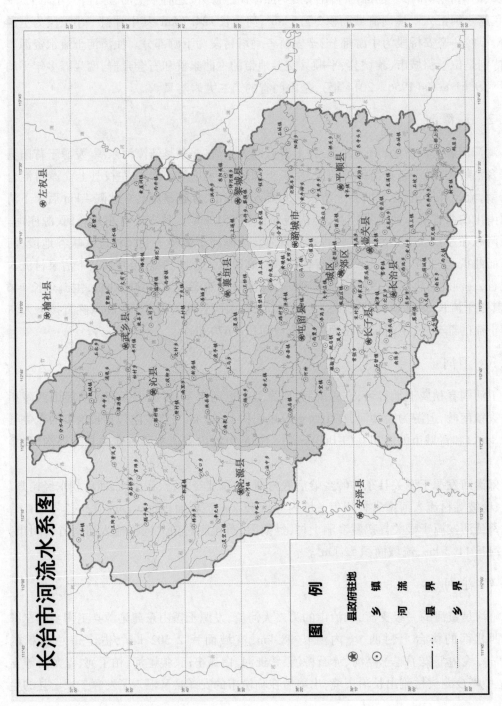

图 1-2　长治市河流水系分布图

1.4　水文气象

　　长治市地处内陆,距东部海洋较远,且有太行山屏障与太岳山环绕,具有典型的大陆性季风气候特征,即春季干旱多风,夏季盛行东南风,秋季温和凉爽,冬季雨雪稀少、干燥寒冷,全年四季分明,日照充足,冬长夏短,春季略长于秋季。

　　长治市属半湿润半干旱大陆性季风气候区,气候特点是:一年四季分明,春季干燥多风,夏季炎热多雨,秋季温和凉爽,冬季寒冷寡照。根据多年气象资料统计,多年平均气温为 8.7 ~ 10.3 ℃,山区低于平川;多年平均日照时数为 2 418 ~ 2 616 h,多年平均蒸发量为 1 500 ~ 1 800 mm(20 cm 观测皿);全年无霜期为 155 ~ 184 d,年内主要自然灾害是春旱、伏旱、冰雹、暴雨和大风霜冻等。

　　本地区降水量的时空变化较大,根据多年实测资料统计,最大年降水量为 794.9 mm,发生在 1971 年;最小年降水量为 339.2 mm,发生在 1997 年,多年平均降水量为 573.3 mm,年内降雨主要集中在 6 ~ 9 月,占全年降水量的 70% 以上,降雨总趋势是由东南向西北递增,山区多于平川、丘陵。

1.5　社会经济

　　长治市现辖城区、郊区、长治县、襄垣县、屯留县、平顺县、黎城县、壶关县、长子县、武乡县、沁县、沁源县、潞城市 10 县 2 区 1 市,人口 331.5 万人。

　　长治市是山西省东南部政治、经济、文化中心,也是山西省主要的能源重化工基地之一,矿产资源丰富。现已探明的地下矿藏有 40 多种,其中以煤炭储量为最,约 906 亿 t,已探明储量 242.14 亿 t,占山西省探明总储量的 12%,主要有焦煤、烟煤、无烟煤等,煤种齐全,煤质优良。各类铁矿也很集中,而且品位较高,总储量约 3 亿 t,主要分布在平顺、黎城和襄垣等县。长治县的硫铁矿、硫黄矿,沁源县的铝土矿,屯留县的锰铁矿,武乡县的油岩,潞城市、壶关县的石灰岩,储量都很可观。此外,还有一定储量的铜、石英、云母、石膏、陶土、大理石、白云石等。主要的工业门类有煤炭、电力、冶金、化工、建材、机械、医药、轻工等行业。长治市素有“米粮川”之称,粮食作物以玉米、谷子、小麦、豆类、薯类为主,是山西省农业经济比较发达的区域之一。主要土特产品有党参、潞麻、核桃、花椒、沁州黄小米等。

第 2 章　雨洪特性

　　暴雨山洪及其诱发的灾害具有连锁性和叠加性,并与人类活动相伴而生。地质地貌条件是山洪灾害发生的内在因素,暴雨洪水是重要的诱发因素,人类活动则加剧了灾害的程度。造成各类山洪灾害的主要成因如下:

　　(1)高强度降雨:高强度暴雨是发生山洪灾害的直接原因。长治市属于暖温带大陆性季风气候,冬季干旱少雨,夏季降雨充沛,秋雨多于春雨,汛期(6~9月)多年平均降水量占全年降水量的70%以上,特别是7月、8月降水更为集中,约占全年降水量的55%,且多为暴雨,集中降雨极易产生强降雨过程。

　　(2)人类活动影响:由于人类活动、开矿、垦地,植被遭到破坏,地表水下渗快,汇流时间短,受地形、水流切割作用明显,容易形成具备较大冲击力的地表径流,易导致山洪暴发。

　　(3)防洪工程能力下降:长治市现有水库77座,坝体类型大部分为均质土坝,只有极少小水库为钢筋混凝坝,且均质土坝多均为20世纪五六十年代建设,虽然也进行过加固改造,因建设标准低,蓄水能力下降,成为下游潜在的安全隐患。

　　(4)河道行洪不畅:由于人们对山洪灾害的认识和了解不足,防患意识不强,特别是在河道两岸任意乱倒、乱建、乱挖等行为,严重障碍行洪能力,从而加剧了灾害的发生。

2.1　暴　雨

　　暴雨是长治市夏季常见的天气现象,暴雨的移动性和随机性较大。全市年平均降水量为573.3 mm,降水量年际变差大,时空分布不均,冬春雨雪稀少,汛期降水集中,占年降水量的60%以上。根据近10年降水量资料统计分析,长治市辖区内共发生暴雨148次,从各县的暴雨统计分析,有一半以上的县(区)平均每年出现暴雨2次以上。暴雨量最多的是沁源县,平均每年出现暴雨5次以上的有壶关县、长子县、长治县,是长治市暴雨多发县。由于受地形和多种气候因素的共同影响,暴雨的时空分布不均,北部发生暴雨的次数、强度较南部少,从北部到南部递增。长治市10 min、60 min、6 h、24 h、3 d 5个时段的点暴雨均值等值线及变差系数 C_v 等值线见图2-1~图2-10。

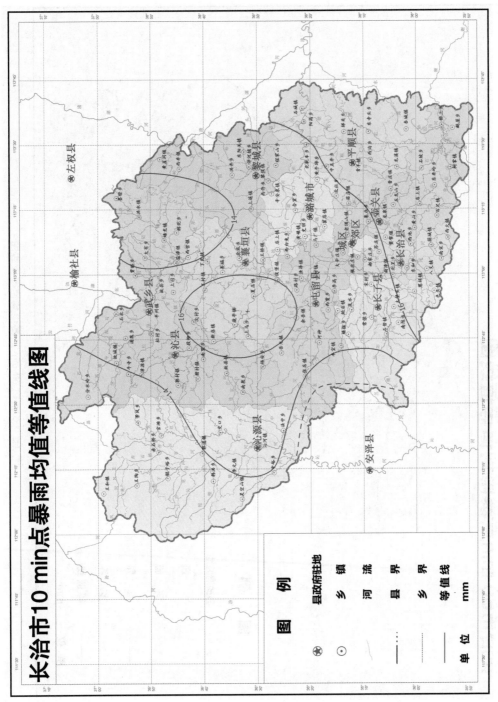

图 2-1　长治市 10 min 点暴雨均值等值线图

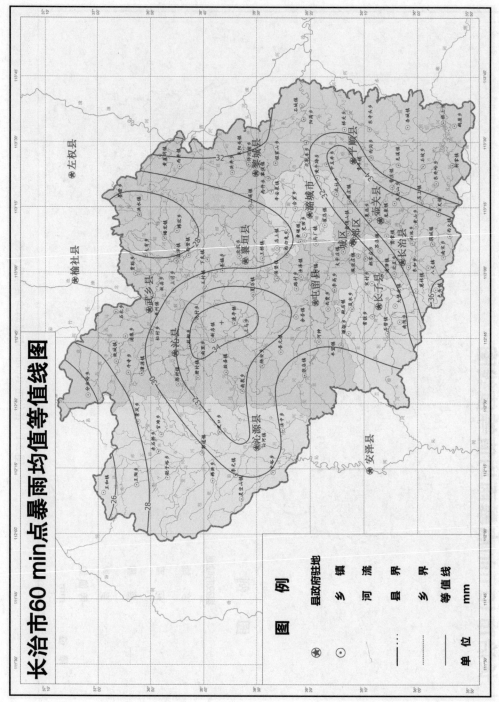

图 2-2　长治市 60 min 点暴雨均值等值线图

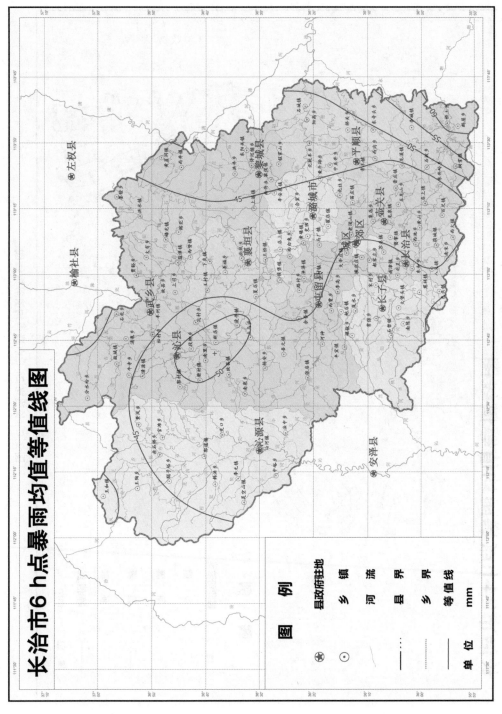

图 2-3　长治市 6 h 点暴雨均值等值线图

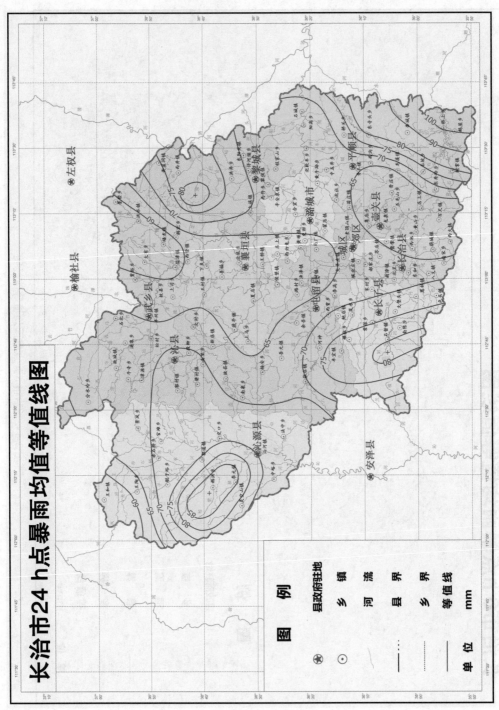

图 2-4　长治市 24 h 点暴雨均值等值线图

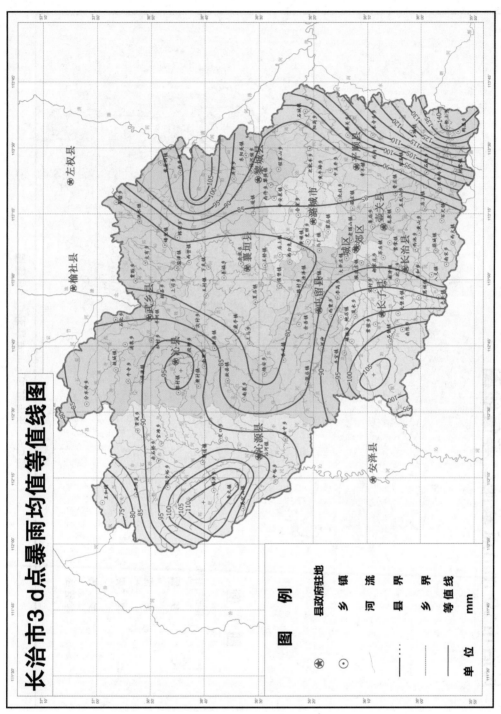

图 2-5　长治市 3 d 点暴雨均值等值线图

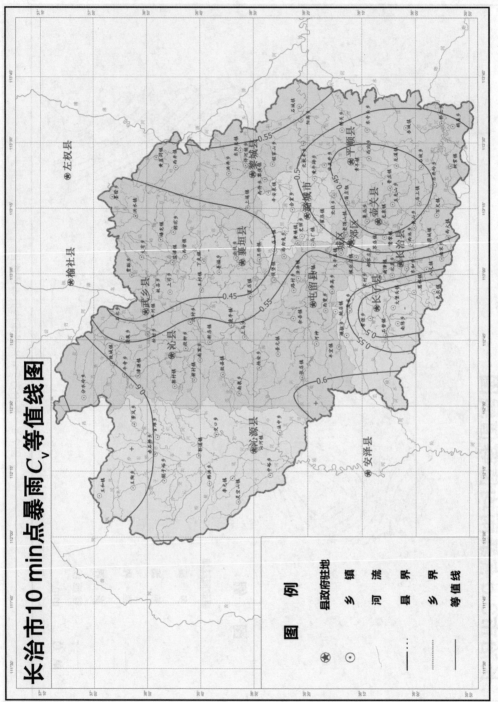

图 2-6　长治市 10 min 点暴雨 C_v 等值线图

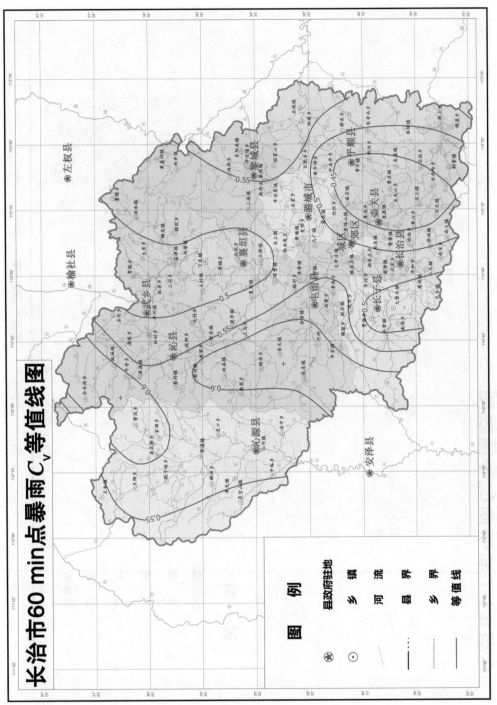

图 2-7　长治市 60 min 点暴雨 C_v 等值线图

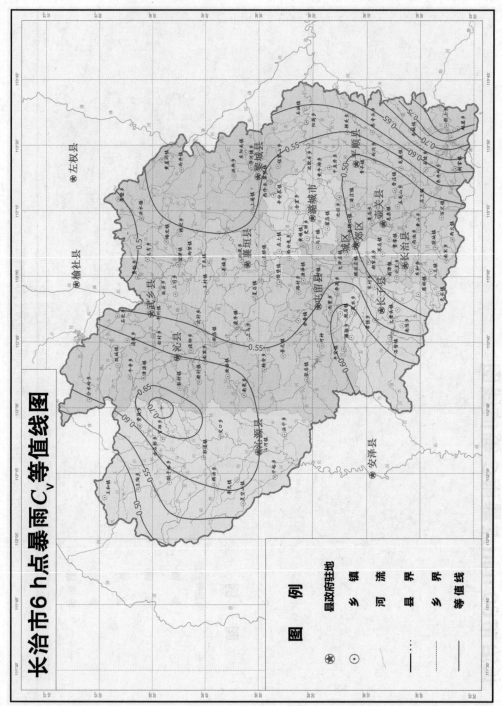

图 2-8　长治市 6 h 点暴雨 C_v 等值线图

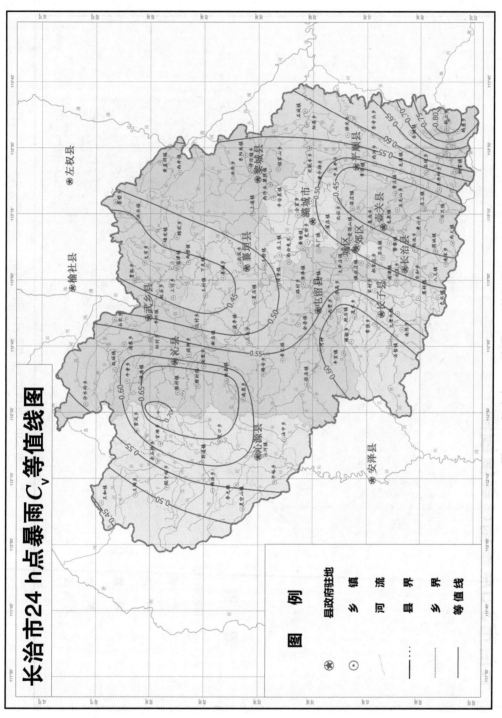

图 2-9 长治市 24 h 点暴雨 C_v 等值线图

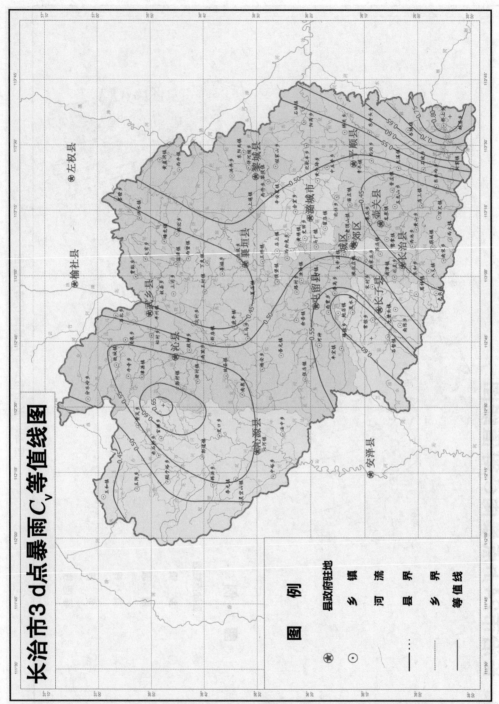

图 2-10　长治市 3 d 点暴雨 C_v 等值线图

2.2　洪　水

长治市的大部分河流属山溪性河流,暴雨洪水汇流时间短,降雨结束至洪峰出现一般只有几个小时左右,破坏性极大。长治市洪水主要集中于汛期(6～9月),最大洪峰大多发生在7月、8月,最早涨洪时间为5月下旬,最晚为10月下旬,洪水具有明显的季节性变化特征。

根据《山西省历史洪水调查成果》和《山西洪水研究》,调查到长治市各县(市、区)的历史洪水。其中,较大的主要有:1993年8月4日,沁河孔家坡水文站出现了百年一遇的大洪水,实测洪峰流量为2 210 m³/s;1993年8月,浊漳河干流石梁水文站实测最大流量为793 m³/s;2001年7月,浊漳河南源绛河上的北张店水文站出现了近20年来最大洪峰430 m³/s。

2.2.1　长治市郊区

长治市郊区洪水调查成果共计3个河段(详见表2-1),6场洪水的成果。其中距今最为久远的发生在1890年,辖区内共有1个河段的调查成果;距今最近的为"2007年暴雨洪水",辖区内共有1个河段的调查成果。

表2-1　长治市郊区洪水调查河段统计

序号	调查地点			地理位置	
	河名	河段名	地点	东经(°)	北纬(°)
1	浊漳河南源	店上	长治市郊区店上村东	113.033 333	36.183 333
2	石子河	桃园	长治市郊区桃园	113.133 333	36.183 333
3	浊漳河南源	辛庄	长治市故县街道办辛庄村	113.083 333	36.433 333

辖区内有成果调查的3个河段中,有2个河段位于浊漳河南源,1个河段位于石子河。分别为店上、辛庄与桃园河段。

店上河段属南运河水系浊漳河南源,位于长治市郊区店上村东。该河段共有1段年调查成果,2007年洪峰流量为121 m³/s。

桃园河段属南运河水系石子河,位于长治市郊区桃园,集水面积213 km²。该河段共有3段年调查成果,1913年和1950年,洪峰流量分别为837 m³/s和1 140 m³/s,1906年洪水无法寻找洪痕。

辛庄河段属南运河水系浊漳河南源,位于长治市故县街道办辛庄村,集水面积3 146 km²。该河段共有2段年调查成果,1928年和1943年,洪峰流量分别为3 230 m³/s和2 080 m³/s。

2.2.2　长治县

长治县洪水调查成果共计5个河段(详见表2-2),7段年调查成果,新中国成立以前

5 段年调查成果,新中国成立以后 2 段年调查成果。其中距今最为久远的发生在明成化年间,辖区内共有 1 个河段的调查成果;距今最近的为 1962 年暴雨洪水,辖区内共有 5 个河段的调查成果。

表 2-2　长治县洪水调查河段统计

序号	调查地点			地理位置	
	河名	河段名	地点	东经(°)	北纬(°)
1	陶清河东源	西堡垒—西池	长治县西池乡西池村	113.100 000	36.016 667
2	陶清河	曹家沟	长治县东和乡曹家沟村	113.033 333	36.016 667
3	浊漳河南源	高河村	长治县郝家庄乡高河村	113.000 000	36.233 333
4	八义	西坪	长治县八义镇西坪村	113.016 667	35.966 667
5	荫城河	中村	长治县荫城镇中村	113.083 333	35.983 333

辖区内有调查成果的 5 个河段中,陶清河东源、陶清河、浊漳河南源、八义、荫城河上各分布 1 个河段。

西堡垒—西池河段属南运河水系陶清河东源,位于长治县西池乡西池村,集水面积 85.2 km²。该河段共有 3 段年调查成果,1917 年洪峰流量为 731 m³/s,1952 年和 1943 年未进行推流。

曹家沟河段属南运河水系陶清河,位于长治县东和乡曹家沟村,集水面积 615 km²。该河段共有 5 段年调查成果,1851 年和 1900 年洪峰流量分别为 1 710 m³/s 和 1 260 m³/s,1943 年、1952 年、1962 年未进行推流。

高河村河段属南运河水系浊漳河南源,位于长治县郝家庄乡高河村,集水面积 1 250 km²。该河段共有 3 段年调查成果,1482 年、1927 年和 1962 年,洪峰流量分别为 8 080 m³/s(供参考)、2 370 m³/s 和 2 210 m³/s。

西坪河段属南运河水系八义,位于长治县八义镇西坪村,集水面积 105 km²。该河段共有 2 段年调查成果,1943 年和 1962 年,洪峰流量分别为 1 530 m³/s 和 1 170 m³/s。

中村河段属南运河水系荫城河,位于长治县荫城镇中村,集水面积 160 km²。该河段共有 1 段年调查成果,1962 年洪峰流量为 1 580 m³/s。

2.2.3　襄垣县

襄垣县调查洪水成果共计 5 个河段(详见表 2-3),10 段年调查成果,新中国成立以前 7 段年调查成果,新中国成立以后 3 段年调查成果。其中,距今最为久远的发生在清光绪年间,辖区内共有 2 个河段的调查成果;距今最近的为 1973 年暴雨洪水,由后湾水文站实测,辖区内共有 1 个河段的调查成果。

辖区内有调查成果的 5 个河段中,有 2 个河段位于浊漳河北源,分别为西邯郸河段和西营河段,赤水河、郭河和浊漳河西源上各 1 个河段。

西邯郸河段属南运河水系浊漳河北源,位于襄垣县下良镇西邯郸村,集水面积 3 669 km²。该河段共有 4 段年调查成果,1928 年、1933 年、1943 年和 1956 年,洪峰流量分别为 4 540 m³/s、3 870 m³/s、2 530 m³/s 和 1 800 m³/s。

表 2-3　襄垣县洪水调查河段统计

序号	调查地点			地理位置	
	河名	河段名	地点	东经(°)	北纬(°)
1	浊漳河北源	西邯郸	襄垣县下良镇西邯郸村	113.083 333	36.666 667
2	赤水河	西底	襄垣县虒亭镇西底村	112.800 000	36.583 333
3	郭河	里闱	襄垣县上马乡里闱村	112.733 333	36.500 000
4	浊漳河西源	后湾	襄垣县虒亭镇后湾村	112.816 667	36.550 000
5	浊漳河北源	西营	襄垣县西营镇西营村	113.066 667	36.700 000

西底河段属南运河水系赤水河,位于襄垣县虒亭镇西底村,集水面积 51.0 km²。该河段共有 1 段年调查成果,1973 年洪峰流量为 390 m³/s,1937 年、1954 年和 1959 年洪水未进行推流。其中,1973 年 428 m³/s 为后湾水库水文站实测成果。

里闱河段属南运河水系郭河,位于襄垣县上马乡里闱村,集水面积 212 km²。该河段共有 3 段年调查成果,1922 年、1945 年和 1961 年,洪峰流量分别为 722 m³/s、332 m³/s 和 134 m³/s。

后湾河段属南运河水系浊漳河西源,位于襄垣县虒亭镇后湾村,集水面积 1 296 km²。1957 年 6 月在桥坡设立水文站,1960 年 1 月上迁,改设为后湾水库出库站。该河段共有 3 段年调查成果,1932 年、1933 年和 1937 年,洪峰流量分别为 2 630 m³/s、1 760 m³/s 和 1 300 m³/s,由原水利部海河院与后湾水库水文站联合调查,成果较可靠。

西营河段属南运河水系浊漳河北源,位于襄垣县西营镇西营村,集水面积 3 200 km²。该河段共有 2 段年调查成果,1928 年和 1937 年,洪峰流量分别为 4 970 m³/s 和 2 180 m³/s。

2.2.4　屯留县

屯留县调查洪水成果共计 3 个河段(详见表 2-4),9 段年调查成果,新中国成立以前 7 段年调查成果,新中国成立以后 2 段年调查成果。其中,距今最为久远的发生在清宣统年间,辖区内共有 1 个河段的调查成果;距今最近的为 1964 年北张店水文站实测洪水,辖区内共有 1 个河段的调查成果。

表 2-4　屯留县洪水调查河段统计

序号	调查地点			地理位置	
	河名	河段名	地点	东经(°)	北纬(°)
1	绛河	北张店	屯留县张店镇北张店村	112.033 3	36.033 33
2	绛河	西阳	屯留县河神乡西阳村	112.033 3	36.033 33
3	岚水河	西丰宜	屯留县丰宜镇西丰宜村	112.033 3	36.033 33

辖区内有调查成果的 3 个河段中,有 2 个河段位于绛河,1 个河段位于岚水河,分别为北张店、西阳与西丰宜河段。

北张店河段属南运河水系绛河,位于屯留县张店镇北张店村,集水面积 270 km²。1958 年设立北张店水文站运行至今。该河段共有 2 段年调查成果,1922 年和 1964 年,洪峰流量分别为 1 228 m³/s 和 868 m³/s,其中 868 m³/s 为水文站实测成果。

西阳河段属南运河水系绛河,位于屯留县河神乡西阳村,集水面积 405 km²。该河段共有 5 段年调查成果,1909 年和 1927 年,洪峰流量分别为 1 330 m³/s 和 910 m³/s;1943 年、1932 年、1952 年因流量较小,未进行推流。

西丰宜河段属南运河水系岚水河,位于屯留县丰宜镇西丰宜村,集水面积 91.4 km²。该河段共有 2 段年调查成果,1914 年和 1932 年,洪峰流量分别为 532 m³/s 和 733 m³/s。

2.2.5　平顺县

平顺县调查洪水成果共计 10 个河段(详见表 2-5),12 段年调查成果,新中国成立以前 9 段年调查成果,新中国成立以后 3 段年调查成果。其中,距今最为久远的发生在清乾隆年间,辖区内共有 1 个河段的调查成果;距今最近的为"75·8"特大暴雨洪水,辖区内共有 6 个河段的调查成果。

表 2-5　平顺县洪水调查河段统计

序号	调查地点			地理位置	
	河名	河段名	地点	东经(°)	北纬(°)
1	浊漳河	阳高	平顺县阳高乡阳高村	113.583 333	36.350 000
2	浊漳河	王家庄	平顺县石城镇王家庄村	113.683 333	36.350 000
3	东峪沟	小东峪	平顺县青羊镇小东峪村	113.450 000	36.200 000
4	寺头河	西湾	平顺县东寺头乡西湾村	113.516 667	36.116 667
5	寺头河	寺头	平顺县东寺头乡寺头村	113.533 333	36.150 000
6	棠梨沟	棠梨	平顺县东寺头乡棠梨村	113.500 000	36.133 333
7	南河	王庄	平顺县青羊镇王庄村	113.416 667	36.200 000
8	军寨河	军寨	平顺县东寺头乡军寨村	113.550 000	36.133 333
9	寺头河	虎窑	平顺县东寺头乡虎窑村	113.516 667	36.116 667
10	露水河	窑底	平顺县东寺头乡窑底村	113.650 000	36.083 333

辖区内有调查成果的 10 个河段中,其中阳高河段、王家庄河段位于浊漳河,西湾河段、寺头河段、虎窑河段位于寺头河,其余 5 个河段分别为棠梨沟棠梨河段、南河王庄河段、军寨河军寨河段、露水河窑底河段。

阳高河段属南运河水系浊漳河,位于平顺县阳高乡阳高村,集水面积 10 960 km²。该河段共有 4 段年调查成果,1928 年、1937 年、1943 年和 1956 年,洪峰流量分别为 6 610 m³/s、4 020 m³/s、4 030 m³/s 和 2 210 m³/s。

王家庄河段属南运河水系浊漳河,位于平顺县石城镇王家庄村,集水面积 11 150 km²。该河段共有 2 段年调查成果,1937 年和 1956 年,洪峰流量分别为 4 230 m³/s 和 2 660 m³/s。

小东峪河段属南运河水系东峪沟,位于平顺县青羊镇小东峪村,集水面积 4.5 km²。

该河段共有 1 段年调查成果:1973 年洪峰流量为 62 m^3/s。

西湾河段属南运河水系寺头河,位于平顺县东寺头乡西湾村,集水面积 67.2 km^2。该河段共有 1 段年调查成果:1975 年洪峰流量为 446 m^3/s。

寺头河段属南运河水系寺头河,位于平顺县东寺头乡寺头村,集水面积 125 km^2。该河段共有 1 段年调查成果:1975 年洪峰流量为 1 040 m^3/s。

棠梨河段属南运河水系棠梨沟,位于平顺县东寺头乡棠梨村,集水面积 18.1 km^2。该河段共有 1 段年调查成果:1975 年洪峰流量为 274 m^3/s。

王庄河段属南运河水系南河,位于平顺县青羊镇王庄村,集水面积 60.7 km^2。该河段共有 1 段年调查成果:1921 年洪峰流量 659 m^3/s。

军寨河段属南运河水系军寨河,位于平顺县东寺头乡军寨村,集水面积 19.9 km^2。该河段共有 1 段年调查成果:1975 年洪峰流量 213 m^3/s。

虎窑河段属南运河水系寺头河,位于平顺县东寺头乡虎窑村,集水面积 88.0 km^2。该河段共有 1 段年调查成果:1975 年洪峰流量 775 m^3/s。

窑底河段属南运河水系露水河,位于平顺县东寺头乡窑底村,集水面积 106 km^2。该河段共有 3 段年调查成果:1932 年、1933 年和 1975 年,洪峰流量分别为 1 790 m^3/s、1 480 m^3/s 和 757 m^3/s。

2.2.6　黎城县

黎城县调查洪水成果共计 2 个河段(详见表 2-6),2 段年调查成果。

表 2-6　黎城县洪水调查河段统计

序号	调查地点			地理位置	
	河名	河段名	地点	东经(°)	北纬(°)
1	小东河	七里店	黎城县停河铺乡七里店村	113.383 333	36.516 667
2	小东河	赵店	黎城县西仵乡赵店村	113.350 000	36.450 000

辖区内有调查成果的七里店、赵店 2 个河段位于小东河。

七里店河段属南运河水系小东河,位于黎城县停河铺乡七里店村。该河段共有 1 段年调查成果,2008 年 6 月 27 日洪峰流量为 10.2 m^3/s。

赵店河段属南运河水系小东河,位于黎城县西仵乡赵店村。该河段共有 1 段年调查成果,2008 年 6 月 27 日洪峰流量为 36.5 m^3/s。

2.2.7　壶关县

壶关县调查洪水成果共计 7 个河段(详见表 2-7),9 段年调查成果,新中国成立以前 7 段年调查成果,新中国成立以后 2 段年调查成果。其中,距今最为久远的发生在 1882 年,辖区内共有 1 个河段的调查成果;距今最近的为 1975 年暴雨洪水,辖区内共有 3 个河段的调查成果。

表 2-7　　壶关县洪水调查河段统计

序号	调查地点			地理位置	
	河名	河段名	地点	东经(°)	北纬(°)
1	陶清河东源	神东	壶关县黄山乡神东村	113.216 667	36.000 000
2	陶清河东源	寨上	壶关县黄山乡寨上村	113.216 667	36.033 333
3	龙丽河	北河	壶关县龙泉镇北河村	113.200 000	36.116 667
4	陶清河	西韩	壶关县店上镇西韩村	113.250 000	36.016 667
5	郊沟河	西河桥上	壶关县桥上乡桥上村	113.566 667	35.900 000
6	后沟河	后沟桥上	壶关县桥上乡桥上村	113.566 667	35.916 667
7	郊沟河	郊沟桥上	壶关县桥上乡桥上村	113.566 667	35.916 667

辖区内有调查成果的 7 个河段中,有 2 个河段位于陶清河东源,2 个河段位于郊沟河,龙丽河、陶清河、后沟河上各 1 个河段。

神东河段属南运河水系陶清河东源,位于壶关县黄山乡神东村,集水面积 39.0 km²。该河段共有 2 段年调查成果,1962 年洪峰流量为 298 m³/s。

寨上河段属南运河水系陶清河东源,位于壶关县黄山乡寨上村,集水面积 223 km²。该河段共有 5 段年调查成果,1882 年和 1932 年洪峰流量分别为 1 880 m³/s 和 1 280 m³/s,1916 年、1923 年和 1962 年大小序位无法确定。

北河河段属南运河水系龙丽河,位于壶关县龙泉镇北河村,集水面积 47.7 km²。该河段共有 4 段年调查成果,1927 年洪峰流量为 330 m³/s,1913 年、1943 年和 1962 年未进行推流。

西韩河段属南运河水系陶清河,位于壶关县店上镇西韩村,集水面积 158 km²。该河段共有 1 段年调查成果,1962 年洪峰流量为 747 m³/s。

西河桥上河段属南运河水系郊沟河,位于壶关县桥上乡桥上村,集水面积 403 km²。该河段共有 2 段年调查成果,1932 年和 1975 年,洪峰流量分别为 2 950 m³/s 和 1 530 m³/s。

后沟桥上河段属南运河水系后沟河,位于壶关县桥上乡桥上村,集水面积 78.8 km²。该河段共有 2 段年调查成果,1932 年和 1975 年,洪峰流量分别为 1 120 m³/s 和 588 m³/s。

郊沟河桥上河段属南运河水系郊沟河,位于壶关县桥上乡桥上村,集水面积 504 km²。该河段共有 2 段年调查成果,1975 年洪峰流量为 2 910 m³/s;1932 年洪峰流量计算成果不合理,未采用。

2.2.8　长子县

长子县调查洪水成果共计 7 个河段(详见表 2-8),6 段年调查成果,新中国成立以前 4 段年调查成果,新中国成立以后 3 段年调查成果。其中,距今最为久远的发生在清光绪年间,辖区内共有 1 个河段的调查成果;距今最近的为 2007 年暴雨洪水,辖区内共有 1 个河段的调查成果。

表 2-8　长子县洪水调查河段统计

序号	调查地点			地理位置	
	河名	河段名	地点	东经(°)	北纬(°)
1	浊漳河南源	良坪	长子县石哲镇花家坪村西	112.716 667	36.083 333
2	晋义河	川口	长子县石哲镇川口村	112.733 333	36.083 333
3	岳阳河	古兴	长子县石哲镇古兴村	112.733 333	36.083 333
4	浊漳河南源	城阳	长子县南陈乡城阳村	112.766 667	36.050 000
5	浊漳河南源	西河庄	长子县石哲镇西河庄村	112.800 000	36.066 667
6	浊漳河南源	北李村	长子县大堡头镇北李村	112.850 000	36.083 333
7	浊漳河南源	东王内	长子县南漳镇东王内村	112.950 000	36.100 000

辖区内有调查成果的 7 个河段中,有 5 个河段位于浊漳河南源,晋义河、岳阳河上各 1 个河段调查成果。

良坪河段属南运河水系浊漳河南源,位于长子县石哲镇花家坪村西。断面以上为土石山区,有部分林区,植被一般,河道坡度大,水流急。该河段共有 1 段年调查成果,2007 年洪峰流量为 92.1 m³/s。

川口河段属南运河水系晋义河,位于长子县石哲镇川口村,集水面积 85.0 km²。该河段共有 1 段年调查成果:1962 年洪峰流量 742 m³/s。

古兴河段属南运河水系岳阳河,位于长子县石哲镇古兴村,集水面积 70.0 km²。该河段共有 1 段年调查成果:1996 年洪水位 3.80 m,洪峰流量 506 m³/s。

城阳河段属南运河水系浊漳河南源,位于长子县南陈乡城阳村,集水面积 41.0 km²。该河段共有 1 段年调查成果:1962 年洪水位 3.80 m,洪峰流量 369 m³/s。

西河庄河段属南运河水系浊漳河南源,位于长子县石哲镇西河庄村,集水面积 236 km²。该河段共有 3 段年调查成果,1921 年和 1927 年洪峰流量分别为 953 m³/s 和 1 150 m³/s,1895 年的洪水为双峰,两峰间隔一天。

北李村河段属南运河水系浊漳河南源,位于长子县大堡头镇北李村,集水面积 294 km²。该河段共有 3 段年调查成果,1897 年、1927 年和 1943 年洪峰流量分别为 640 m³/s、929 m³/s 和 608 m³/s。

东王内河段属南运河水系浊漳河南源,位于长子县南漳镇东王内村,集水面积 445 km²。该河段共有 4 段年调查成果,1927 年、1943 年、1962 年和 1971 年洪峰流量分别为 1 180 m³/s、1 100 m³/s、1 220 m³/s 和 288 m³/s。

2.2.9　武乡县

武乡县调查洪水成果共计 5 个河段(详见表 2-9),11 段年调查成果。

辖区内有调查成果的 5 个河段中,有 2 个河段位于高寨寺河,柳泉河、洪水河、陌峪沟各 1 个河段调查成果。

表 2-9　武乡县洪水调查河段统计

序号	调查地点			地理位置	
	河名	河段名	地点	东经(°)	北纬(°)
1	高寨寺河	西良	武乡县故城镇西良村	112.683 333	36.950 000
2	高寨寺河	高台寺	武乡县故城镇高台寺村	112.666 667	36.950 000
3	柳泉河	半坡	武乡县洪水镇半坡村	113.183 333	36.883 333
4	洪水河	蟠龙	武乡县蟠龙镇蟠龙村	113.133 333	36.783 333
5	陌峪沟	陌峪	武乡县蟠龙镇陌峪村	113.133 333	36.783 333

西良河段属南运河水系高寨寺河，位于武乡县故城镇西良村，集水面积 34.6 km^2。该河段共有 2 段年调查成果，1928 年和 1970 年洪峰流量分别为 291 m^3/s 和 252 m^3/s。

高台寺河段属南运河水系高寨寺河，位于武乡县故城镇高台寺村，集水面积 50.4 km^2。该河段共有 2 段年调查成果，1928 年和 1962 年洪峰流量分别为 153 m^3/s 和 219 m^3/s。

半坡河段属南运河水系柳泉河，位于武乡县洪水镇半坡村，集水面积 54.2 km^2。该河段共有 3 段年调查成果，1911 年、1929 年和 1963 年洪峰流量分别为 609 m^3/s、488 m^3/s、462 m^3/s。

蟠龙河段属南运河水系洪水河，位于武乡县蟠龙镇蟠龙村，集水面积 448 km^2。该河段共有 2 段年调查成果，1946 年洪峰流量为 2 130 m^3/s，1927 年洪水较小，未进行推流。

陌峪河段属南运河水系陌峪沟，位于武乡县蟠龙镇陌峪村，集水面积 46.0 km^2。该河段共有 2 段年调查成果，1920 年和 1952 年洪峰流量分别为 246 m^3/s、175 m^3/s。

2.2.10　沁县

沁县调查洪水成果共计 8 个河段（详见表 2-10），5 段年调查成果，新中国成立以前 1 段年调查成果，新中国成立以后 4 段年调查成果。其中，距今最为久远的发生在 1930 年，辖区内共有 1 个河段的调查成果；距今最近的为 1993 年暴雨洪水，辖区内共有 5 个河段的调查成果。

表 2-10　沁县洪水调查河段统计

序号	调查地点			地理位置	
	河名	河段名	地点	东经(°)	北纬(°)
1	西河	交口	沁县漳源镇交口村	112.616 700	36.850 000
2	景村河	乔家湾	沁县漳源镇乔家湾村	112.616 700	36.816 670
3	迎春河	上湾	沁县郭村镇上湾村	112.583 300	36.783 330
4	端村河	端村	沁县郭村镇端村	112.583 300	36.783 330
5	长盛沟	长盛	沁县段柳乡长盛村	112.700 000	36.716 670
6	青屯沟	青屯	沁县段柳乡青屯村	112.683 300	36.700 000
7	石板河	温庄	沁县册村镇温庄村	112.550 000	36.716 670
8	涅河	硖石	沁县松村乡硖石村	112.766 700	36.866 670

辖区内有调查成果的 8 个河段中,石板河、景村河、迎春河、端村河、长盛沟、青屯沟、西河、涅河上各 1 个河段。

交口河段属南运河水系西河,位于沁县漳源镇交口村,集水面积 16.5 km²。该河段共有 1 段年调查成果,1993 年洪峰流量为 93.5 m³/s。

乔家湾河段属南运河水系景村河,位于沁县漳源镇乔家湾村,集水面积 48.0 km²。该河段共有 1 段年调查成果,1993 年洪峰流量为 310 m³/s。

上湾河段属南运河水系迎春河,位于沁县郭村镇上湾村,集水面积 14.0 km²。该河段共有 1 段年调查成果,1993 年洪峰流量为 144 m³/s。

端村河段属南运河水系端村河,位于沁县郭村镇端村,集水面积 5.0 km²。该河段共有 1 段年调查成果,1993 年洪峰流量为 39.9 m³/s。

长盛河段属南运河水系长盛沟,位于沁县段柳乡长盛村,集水面积 9.5 km²。该河段共有 1 段年调查成果,1963 年洪峰流量为 456 m³/s。

青屯河段属南运河水系青屯沟,位于沁县段柳乡青屯村,集水面积 7.4 km²。该河段共有 1 段年调查成果,1970 年洪峰流量为 151 m³/s。

温庄河段属南运河水系石板河,位于沁县册村镇温庄村,集水面积 8.0 km²。该河段共有 1 段年调查成果,1993 年洪峰流量为 54.4 m³/s。

碨石河段属南运河水系涅河,位于沁县松村乡碨石村,集水面积 393 km²。该河段共有 2 段年调查成果,1930 年和 1967 年洪峰流量分别为 2 410 m³/s 和 1 260 m³/s。

2.2.11　沁源县

沁源县调查洪水成果共计 11 个河段(详见表 2-11),8 段年调查成果,新中国成立以前 5 段年调查成果,新中国成立以后 3 段年调查成果。其中,距今最为久远的发生在清光绪年间,辖区内共有 1 个河段的调查成果;距今最近的为 1993 年暴雨洪水,辖区内共有 8 个河段的调查成果。

表 2-11　沁源县洪水调查河段统计

序号	调查地点			地理位置	
	河名	河段名	地点	东经(°)	北纬(°)
1	沁河	自强	沁源县交口乡自强村西	112.366 667	36.650 000
2	沁河	孔家坡	沁源县沁河镇孔家坡村	112.333 333	36.516 667
3	沁河	水磨上	沁源县韩洪乡水磨上村北	112.100 000	36.716 667
4	沁河	漕河	沁源县韩洪乡漕河村下游 700 m	112.133 333	36.716 667
5	沁河	郭道	沁源县郭道镇郭道村西 1 000 m	112.300 000	36.666 667
6	聪子峪河	棉上	沁源县郭道镇棉上村南	112.250 000	36.733 333
7	赤石桥河	桃坡底	沁源县赤石桥乡桃坡底村北	112.283 333	36.733 333
8	紫红河	永和	沁源县郭道镇永和村	112.333 333	36.683 333

序号	调查地点			地理位置	
	河名	河段名	地点	东经(°)	北纬(°)
9	白狐窑沟	交口	沁源县交口乡交口村北	112.383 333	36.600 000
10	狼尾河	长乐	沁源县沁河镇长乐村西	112.316 667	36.533 333
11	沁河	官军	沁源县交口乡官军村	112.366 667	36.566 667

辖区内有调查成果的 11 个河段中，有 6 个河段位于沁河，分别为自强河段、孔家坡河段、水磨上河段、㟧河河段、郭道河段、官军河段。聪子峪河、赤石桥河、紫红河、白狐窑沟和狼尾河各 1 个河段。

自强河段属沁河水系沁河，位于沁源县交口乡自强村西，集水面积 1 102 km²。该河段共有 1 段年调查成果，1993 年洪水位 10.48 m，洪峰流量为 1 780 m³/s。

孔家坡河段属沁河水系沁河，位于沁源县沁河镇孔家坡村，集水面积 1 358 km²。该河段共有 3 段年调查成果，1896 年、1929 年和 1993 年洪峰流量分别为 2 510 m³/s、1 210 m³/s 和 2 210 m³/s，其中 1993 年 2 210 m³/s 为水文站实测成果。

水磨上河段属沁河水系沁河，位于沁源县韩洪乡水磨上村北，集水面积 73.6 km²。该河段共有 1 段年调查成果，1993 年洪水位 6.64 m，洪峰流量为 62.9 m³/s。

㟧河河段属沁河水系沁河，位于沁源县韩洪乡㟧河村下游 700 m，集水面积 96.1 km²。该河段共有 1 段年调查成果，1993 年洪水位 8.78 m，洪峰流量为 104 m³/s。

郭道河段属沁河水系沁河，位于沁源县郭道镇郭道村西 1 000 m，集水面积 267 km²。该河段共有 1 段年调查成果，1993 年洪水位 7.75 m，洪峰流量为 448 m³/s。

棉上河段属沁河水系聪子峪河，位于沁源县郭道镇棉上村南，集水面积 174 km²。该河段共有 1 段年调查成果，1993 年洪水位 10.35 m，洪峰流量为 334 m³/s。

桃坡底河段属沁河水系赤石桥河，位于沁源县赤石桥乡桃坡底村北，集水面积 199 km²。该河段共有 1 段年调查成果，1993 年洪水位 10.39 m，洪峰流量为 337 m³/s。

永和河段属沁河水系紫红河，位于沁源县郭道镇永和村，集水面积 380 km²。该河段共有 3 段年调查成果，1916 年、1925 年和 1993 年洪峰流量分别为 446 m³/s、523 m³/s 和 713 m³/s，其中 1993 年洪水位为 10.50 m。

交口河段属沁河水系白狐窑沟，位于沁源县交口乡交口村北，集水面积 116 km²。该河段共有 1 段年调查成果，1993 年洪水位 10.27 m，洪峰流量为 260 m³/s。

长乐河段属沁河水系狼尾河，位于沁源县沁河镇长乐村西，集水面积 128 km²。该河段共有 1 段年调查成果，1993 年洪水位 9.07 m，洪峰流量为 387 m³/s。

官军河段属沁河水系沁河，位于沁源县交口乡官军村，集水面积 1 249 km²。该河段共有 2 段年调查成果，1937 年和 1954 年洪峰流量分别为 1 060 m³/s 和 437 m³/s。

2.2.12　潞城市

潞城市调查洪水成果共计 9 个河段(详见表 2-12)，11 段年调查成果，新中国成立以前 7 段年调查成果,新中国成立以后 4 段年调查成果。其中,距今最为久远的发生在清光绪年间,辖区内共有 1 个河段的调查成果;距今最近的为 1993 年暴雨洪水,辖区内共有 5 个河段的调查成果。

表 2-12　潞城市洪水调查河段统计

序号	调查地点			地理位置	
	河名	河段名	地点	东经(°)	北纬(°)
1	浊漳河	石梁	潞城市辛安泉镇石梁村	113.310 779	36.457 649
2	浊漳河	辛安	潞城市黄牛蹄乡辛安村	113.422 609	36.352 630
3	枣臻河	店上	潞城市店上镇店上村	113.084 145	36.443 156
4	后江沟	桥堡	潞城市合室乡桥堡村	113.237 577	36.367 123
5	南大河	木瓜	潞城市成家川街办木瓜村	113.333 22	36.283 380
6	漫流河	王家庄	潞城市黄牛蹄乡王家庄村	113.367 297	36.289 244
7	冯村沟	韩家园	潞城市微子镇韩家园村	113.345 339	36.310 176
8	黄碾河	桥堡	潞城市合室乡桥堡村	113.196 500	36.393 194
9	成家川办河	冯村	潞城市微子镇冯村	113.315 142	36.329 487

辖区内有调查成果的 9 个河段中,有 2 个河段位于浊漳河,分别为石梁河段、辛安河段。其余 6 个河段分别为枣臻河店上河段、后江河桥堡河段、南大河木瓜河段、漫流河王家庄河段、冯村沟韩家园河段、黄碾河桥堡河段和成家川办河冯村河段。

石梁河段属南运河水系浊漳河,位于潞城市辛安泉镇石梁村,集水面积 9 652 km²。该河段共有 5 段年调查成果:1928 年、1932 年、1937 年、1956 年和 1976 年,洪峰流量分别为 6 620 m³/s、3 260 m³/s、5 300 m³/s、1 880 m³/s 和 3 780 m³/s,其中 1956 年 1 880 m³/s 为水文站实测成果。

辛安河段属南运河水系浊漳河,位于潞城市黄牛蹄乡辛安村,集水面积 10 060 km²。该河段共有 3 段年调查成果:1928 年、1937 年和 1943 年,洪峰流量分别为 6 550 m³/s、4 910 m³/s 和 4 420 m³/s。

店上河段属南运河水系枣臻河,位于潞城市店上镇店上村,集水面积 24.6 km²。该河段共有 1 段年调查成果:1993 年洪峰流量为 188 m³/s。

桥堡(后江沟)河段属南运河水系后江沟,位于潞城市合室乡桥堡村,集水面积 10.7 km²。该河段共有 1 段年调查成果:1993 年洪峰流量为 147 m³/s。

木瓜河段属南运河水系南大河,位于潞城市成家川街办木瓜村,集水面积 151 km²。该河段共有 1 段年调查成果:1993 年,洪峰流量为 138 m³/s。

王家庄河段属南运河水系漫流河,位于潞城市黄牛蹄乡王家庄村,集水面积 59.2 km²。该河段共有 1 段年调查成果:1993 年,洪峰流量为 317 m³/s。

韩家园河段属南运河水系冯村沟,位于潞城市微子镇韩家园村,集水面积 18.8 km²。该河段共有 2 段年调查成果:1993 年 7 月 9 日、1993 年 8 月 4 日,洪峰流量分别为 285

m³/s 和 112 m³/s。

黄碾河桥堡河段位于潞城市合室乡桥堡村,集水面积 27.0 km²。该河段共有 1 段年调查成果:1993 年洪水位为 972.66 m,洪峰流量为 64.4 m³/s。黄碾河流域控制断面设计洪水成果见表 2-13。

表 2-13　黄碾河流域控制断面设计洪水成果

河流名称	控制断面	洪水要素	重现期洪水要素值				
			100 年 ($Q_{1\%}$)	50 年 ($Q_{2\%}$)	20 年 ($Q_{5\%}$)	10 年 ($Q_{10\%}$)	5 年 ($Q_{20\%}$)
黄碾河	桥堡	洪峰流量(m³/s)	99.6	76.1	48.8	29.8	16.8
		洪量(m³)	668 013	515 848	340 245	224 079	138 989
		洪水历时(h)	4.0	4.0	3.5	3.5	3.5
		洪峰水位(m)	982.22	982.00	981.67	981.34	980.97

冯村河段属南运河水系成家川办河,位于潞城市微子镇冯村,集水面积 10.7 km²。该河段共有 1 段年调查成果:1993 年,洪水位为 888.564 m,洪峰流量为 27.3 m³/s。成家川办河流域控制断面设计洪水成果见表 2-14。

表 2-14　成家川办河流域控制断面设计洪水成果

河流名称	控制断面	洪水要素	重现期洪水要素值				
			100 年 ($Q_{1\%}$)	50 年 ($Q_{2\%}$)	20 年 ($Q_{5\%}$)	10 年 ($Q_{10\%}$)	5 年 ($Q_{20\%}$)
成家川办河	冯村	洪峰流量(m³/s)	227	188	134.7	95.2	63.0
		洪量(m³)	755 915	594 230	401 698	271 398	173 992
		洪水历时(h)	1.25	1.0	1.0	0.5	0.5
		洪峰水位(m)	881.34	881.06	880.65	880.30	879.95

第 3 章　山洪灾害

3.1　河流行洪现状

季节性强,频率高:山洪灾害主要集中在汛期,尤其主汛期更是山洪灾害的多发期。

区域性明显,易发性强:山洪主要发生于山区、丘陵区及受其影响的下游倾斜平原区。长治市境内山区沟壑发育,沟深坡陡,暴雨时极易形成具有冲击力的地表径流,导致山洪暴发,形成山洪灾害。

来势迅猛,成灾快:洪水具有突发性,往往由局部性高强度,短历时的大雨、暴雨和大暴雨所造成,因山丘区山高坡陡,溪河密集,降雨迅速转化为径流,且汇流快、流速大,降雨后几小时即成灾受损,防不胜防。

破坏性强,危害严重:受山地地形影响,长治市境内不少乡(镇)和村庄建在边山峪口或山洪沟口两侧地带,山洪灾害发生时往往伴生滑坡、崩塌、泥石流等地质灾害,并造成河流改道、公路中断、耕地冲淹、房屋倒塌、人畜伤亡等。

目前,各县防汛抗旱指挥部办公室已编制了《××县山洪灾害防御预案》,建立了各项防汛工作责任制,在开展防汛检查、山洪灾害防御、通信联络、物资供应保障、防汛机动抢险队伍建设、山洪灾害宣传、洪涝灾情统计等项工作上取得了一定的成绩,积累了一定的经验。

每年利用水法宣传日,进行《中华人民共和国防洪法》《中华人民共和国水法》《中华人民共和国水土保持法》和《河道管理条例》等法律法规的宣传和讲解,依法防洪,并加强山洪灾害防御知识的宣传,教育农民群众克服麻痹思想和侥幸心理,增强自防意识。做好汛前检查工作,对重点防护地段的防洪设施、防洪能力、机构设置、防汛责任制的落实情况进行全面检查,进一步明确全县的防汛工作目标、工作任务和工作重点,确保责任落实到位。实行行政首长防汛责任制,坚持统一指挥、分级管理、部门协作的原则,在指挥部的统一领导下,开展救灾避灾工作。

3.2　历史山洪灾害

长治市的大部分河流属山溪性河流,全年降雨主要集中在汛期,又多以暴雨形式出现,经常发生洪涝灾害。

长治市山洪灾害调查工作共调查到历史山洪灾害 125 场。情况统计见表 3-1,具体场次山洪灾害情况统计见表 3-2。

表 3-1　长治市历史山洪灾害情况统计

序号	县(区、市)	发生场次	死亡人数
1	长治市郊区	10	0
2	长治县	9	28
3	襄垣县	15	12
4	屯留县	10	6
5	平顺县	13	318
6	黎城县	6	17
7	壶关县	7	75
8	长子县	6	0
9	武乡县	13	0
10	沁县	19	8
11	沁源县	7	10
12	潞城市	10	41
合计		125	515

表 3-2　长治市历史山洪灾害场次统计

序号	县（区、市）	灾害发生时间（年-月-日）	灾害发生地点	过程降雨量（mm）	灾害损失情况					灾害描述
					死亡人数（人）	失踪人数（人）	损毁房屋（间）	转移人数（人）	直接经济损失（万元）	
1	长治市郊区	1967-08-22	郊区大范围	100.6					1 500	大范围降水，冲毁桥梁，公路多处，阻断交通，耕地冲毁，山洪顺坡顶而下，冲击村庄低洼处
2	长治市郊区	1971-08-15	全区大部分地区	160.1					4 500	大范围降水，冲毁桥梁，公路多处，阻断交通，耕地冲毁，山洪顺坡顶而下，冲击村庄低洼处
3	长治市郊区	1976-08-20	全区大部分地区	133					5 000	大范围降水，西北部的黄碾镇，西白兔乡一带受到强降雨袭击，冲毁桥梁，公路多处，阻断交通，冲毁耕地，山洪顺坡顶而下，冲击村庄低洼处
4	长治市郊区	1989-08-16	全区大部分地区	102.9			30		2 000	西白兔乡，黄碾镇，故县1 000余亩，冲毁院墙50余处，耕地
5	长治市郊区	1993-08-04	全区大部分地区	104			30		6 000	大范围降水，东部老顶山镇，山洪从坡顶顺沟而下，冲毁院墙100余处，公路几十处
6	长治市郊区	1999-09-10	全区大部分地区	51.2			10		4 500	马厂镇，老顶山镇一带，突降暴雨，山洪从坡顺沟而下，冲毁院30余处，公路十几处
7	长治市郊区	2001-07-27	全区大部分地区	105.6					5 000	大范围降水，西北部的黄碾镇，西白兔乡一带受到强降雨袭击，冲毁桥梁，公路多处，阻断交通，冲毁耕地，山洪顺坡顶而下，冲击村庄低洼处
8	长治市郊区	2003-08-05	全区大部分地区	86.8					1 000	东部老顶山镇的关村，鸡坡，东沟，西长井，南部的石桥，大天桥等地受到强降雨袭击，耕地冲毁，山洪顺坡顶而下，冲击村庄低洼处
9	长治市郊区	2007-07-29	全区大部分地区	150					3 000	漳泽水库上游浊漳河南源大部分发生大范围的降水，郊区店上，杨暴，南寨，塔北庄一带，村庄出现严重积水，耕地积水达1.0 m深，东部老顶山镇一带，低洼地带农户进水，壶口一带发生山洪，山洪顺沟而下冲击农户，院墙倒塌100处
10	长治市郊区	2009-08-16	老顶山镇西长井村						300	老顶山镇西长井村突遭强降雨袭击，山洪顺流而下，进入西长井村内新建的长壶公路排水沟中，因排水无法满足行洪要求，洪水漫沟而出，进入地势低洼的农户和店铺之中

续表 3-2

序号	县(区、市)	灾害发生时间(年-月-日)	灾害发生地点	过程降雨量(mm)	灾害损失情况					灾害描述
					死亡人数(人)	失踪人数(人)	损毁房屋(间)	转移人数(人)	直接经济损失(万元)	
11	长治县	1962-07-16	司马、柳林、韩店、八义、王坊、西池6个乡(镇)	143	26		3 688			淹没农田12万亩,倒塌房屋3 688间,窑洞266孔,死26人,大牲畜1 080头
12	长治县	1966-06-26	西火镇和荫城镇							西火镇和荫城镇一带降暴雨,淹没农田3万亩
13	长治县	1971-08	西火镇和荫城镇						1	降暴雨近2 h,冲毁田地120亩,民房倒塌15间,公路冲断,损失近万元
14	长治县	1975-08	韩店镇、郝家庄乡、东和乡、北呈乡、南宋乡5个乡(镇)16个村		2		259		15	遭受严重冰雹、洪灾,受灾面积近8万亩,减产80万kg,经济损失15万元,倒塌房屋259间,死亡人数2人
15	长治县	1982-08	八义镇、东和乡				10			八义镇、东和乡等山洪暴发,近1个小时的降雨,冲毁田地150亩,民房10间,公路冲断
16	长治县	1993-08-04	韩店镇、贾掌镇、西池乡、荫城镇、八义镇、郝家庄乡、东和乡、北呈乡、西火镇、南宋乡10个乡(镇)				410		95	遭受严重暴雨、洪灾,受灾面积100万亩,减产510万kg,经济损失95万元,倒塌房屋410间,冲毁公路数条
17	长治县	1996-07-07	南宋乡永丰							遭暴雨袭击,冲毁农田千余亩
18	长治县	1999-08-02	郝家庄乡							遭暴雨袭击
19	长治县	2000-08-20	郝家庄、高河等11个村							遭暴雨袭击,千余亩农作物受损
20	襄垣县	1971-07-10	西港村				8	9	3.2	洪水进户18户
21	襄垣县	1996	青里村				200	200	130	
22	襄垣县	1969	河口村	120				20	10	
23	襄垣县	1969	西底村	135			35	320	32	后湾水库回流到村内淹没,浸泡房屋35间,转移群众320人,淹没公路2 km
24	襄垣县	2011-08	史北村	100				64	86	洪水进户18户
25	襄垣县	1969	王家沟村	120				12	15	
26	襄垣县	1991-05	蒹沟村				7	30	28	
27	襄垣县	1976-08-09	段堡村						2	

续表 3-2

序号	县(区,市)	灾害发生时间(年-月-日)	灾害发生地点	过程降雨量(mm)	灾害损失情况 死亡人数(人)	失踪人数(人)	损毁房屋(间)	转移人数(人)	直接经济损失(万元)	灾害描述
28	襄垣县	1975	桑家河村		1		2		1.1	窑洞坍塌
29	襄垣县	1971	土合村		1		3	4		窑洞坍塌
30	襄垣县	1963	东宁静洪洞脚		9		5			房屋倒塌
31	襄垣县	1971	东宁静卫生所		1		1			房屋倒塌
32	襄垣县	1971	东宁静坟沟							
33	襄垣县	1971	土合村至西宁静路桥							石拱桥冲毁
34	襄垣县	1988	何家庄村				5	15	18	全县大范围降雨
35	襄垣县	1971	刘家坪村	115.1						刘家坪村 1 h 降雨 115.1 mm
36	屯留县	2001	丰宜镇,吾元镇等	110			259		789	全县遭受暴雨袭击,倒塌房屋,窑洞 259 间,冲毁公路数条
37	屯留县	2007	丰宜镇,吾元镇等	150			259		120	倒塌房屋,窑洞 259 间,冲毁公路数条
38	屯留县	1975	丰宜镇,张店镇等				15			冲毁地 1 000 亩,民房 15 间,冲断公路,损失数万元
39	屯留县	1982	张店镇,西流寨等		4		459		122	
40	屯留县	1988	张店镇,八泉等		2		179			狂风 8 级以上,倒塌房屋 179 间,冰雹,受灾面积 5 200 亩,秋作物 7 670 亩
41	屯留县	1990	张店镇等							遭受特大暴雨,洪灾,冲环公路 188 处
42	屯留县	1993	丰宜镇,张店镇等	90			259			遭受严重暴雨,洪灾,受灾面积 10 万亩,减产 200 万 kg,冲毁防洪坝 160 条
43	屯留县	1996	张店镇,余吾镇等				89		82	
44	屯留县	2003	西部大范围间						1 000	
45	平顺县	1970	苌兰岩河		2		50	1 500	400	洪水
46	平顺县	1975	苌兰岩河		3		60	2 000	500	洪水
47	平顺县	1982	苌兰岩河					3 000	300	连降雨
48	平顺县	1988	苌兰岩河		4		50	5 000	88	暴雨
49	平顺县	1956	浊漳河		92					
50	平顺县	1956	浊漳河		191		4 234		7	连降大雨
51	平顺县	1971	浊漳河		9		964			洪水
52	平顺县	1975-08	虹霓河		8					
53	平顺县	1988-08	虹霓河		8		5 152		3 600	大暴雨

续表 3-2

序号	县(区、市)	灾害发生时间(年-月-日)	灾害发生地点	过程降雨量(mm)	灾害损失情况					灾害描述
					死亡人数(人)	失踪人数(人)	损毁房屋(间)	转移人数(人)	直接经济损失(万元)	
54	平顺县	1989-07-16	平顺河	51	1		146		295	暴雨
55	平顺县	1989-07-16	平顺河	51						暴雨
56	平顺县	1989-07-16	南大河	51						暴雨
57	平顺县	1996					6 526			连续降雨40余d
58	黎城县	1978-07	东崖底		2		10		200	冲毁土地2 000余亩,堤防20 km,公路10 km冲走打井机1套
59	黎城县	1989-07-16	全县	250	3		189		1 350	全县普降大雨,北山5乡(镇)降雨量达到250 mm以上。包括洪井在内的6个乡(镇)77个村受灾。共冲毁耕地7 000多亩,粮食绝收8 135亩,减产3～5成7 845亩,倒塌房屋89户189间,冲走树木42 870株,各种电杆390根,死亡3人。直接经济损失1 350多万元
60	黎城县	1991-07-04	辛村							夏秋连旱,全县粮食减产1.32万t,缺粮人口3.67万人。辛村校舍房屋敞击受,玻璃、顶棚震碎,20名学生被雷电烧伤
61	黎城县	1993-07-29	北山5乡(镇)、上遥、平头				1 570		3 178	7月29日,8月4日连降3场大雨,北山5乡(镇)和上遥、平头受重灾。冲毁房屋1 570间,农田2 533.3 hm²,水利设施210处、桥梁涵洞54座。直接经济损失3 178万元
62	黎城县	1996-08-03	北山	200	8				15 300	8月3～4日,遭特大暴雨,县城降雨108.7 mm,北山降雨近200 mm,山洪暴发,8人死亡,35人重伤,1 676人无家可归。直接经济损失1.53亿元
63	黎城县	2003-08	全县		4		5 261			8月、9月阴雨连绵,造成窑洞和土房渗水倒塌,塌房5 261间(孔),死亡4人,造成危房3 726间
64	壶关县	1960-07	石子河流域龙泉镇董家坡村、老东河	连降暴雨	36		41			冲毁房屋21间,窑20孔,毁地230亩,树木2 320株
65	壶关县	1961-07	陶清河流域原黄山、东柏林公社	大雨3天3夜	7		30			受灾农田1.6万亩,淹295户,塌房30余间
66	壶关县	1962-07	石子河、陶清河、浙河	大雨	3		4 242		15	特大涝灾,死亡3人,受灾作物3.6万亩,倒塌房屋3 181间,窑1 061孔,损失严重

续表 3-2

序号	县(区、市)	灾害发生时间(年-月-日)	灾害发生地点	过程降雨量(mm)	灾害损失情况					灾害描述
					死亡人数(人)	失踪人数(人)	损毁房屋(间)	转移人数(人)	直接经济损失(万元)	
67	壶关县	1969-06	南大河流域原辛村公社	暴雨						受灾农田4.1万亩
68	壶关县	1975-08	淅河流域桥上电站	暴雨	7				50	死亡7人,桥上电站厂房进水20 m,发电机组全部被淹,造成经济损失50万元
69	壶关县	1979-07-08	石子河流域原晋庄公社北头村	洪水	7		613			北头村7名小学生被淹死,山仓村走羊50只,驴1头
70	壶关县	1996-08	淅河流域桥上,石河沐,石坡,树掌,鹅屋等乡(镇)	日降雨量达到255	12		7 500		2 300	日降雨量达255 mm以上,冲毁房屋7 500余间,死亡12人,伤154人,经济损失达2 300万元
71	长子县	1962-07	石哲镇,南陈乡,西堡头乡,大堡头镇,郭村乡,城关乡,南漳镇		10万余				26 000	浊漳河南源流域内普降暴雨,直接经济损失达2.6亿元
72	长子县	1982-08	城关镇,西田良镇,郭村乡,宋村乡,南漳镇,晋义乡,岳阳乡,常张乡,鲍店镇,南常乡,岚水乡共12个乡(镇)		15万余				28 000	浊漳河南源流域内普降暴雨,直接经济损失达2.8亿元
73	长子县	1996-08	晋义乡,石哲镇,岳阳乡,大堡头镇,城关镇5个乡(镇)		3万余				13 000	流域内普降大暴雨,直接经济损失达1.3亿元
74	长子县	2002-07	王峪乡		0.3万余				8 000	降局部暴雨
75	长子县	2007-08	石哲镇,南陈乡2个乡(镇)		0.2万余				3 000	苏里河,晋义河发洪水,直接经济损失达0.3亿元

续表 3-2

序号	县（区、市）	灾害发生时间（年-月-日）	灾害发生地点	过程降雨量（mm）	灾害损失情况					灾害描述
					死亡人数（人）	失踪人数（人）	损毁房屋（间）	转移人数（人）	直接经济损失（万元）	
76	长子县	2012-07	慈林镇						800	冰雹袭击慈林镇,13个村受灾严重,直接经济损失达0.08亿元
77	武乡县	1666	故县							大雨数日,漳河暴涨,城内（今故县）街道可以划船
78	武乡县	1679	魏家窑、监漳							地震后发生水灾,魏家窑、监漳等村庄土地全被淹没
79	武乡县	1684								秋天下连阴雨70余日,庄稼腐烂,房屋倒塌
80	武乡县	1813								五月下大暴雨一次,秋天又遭暴风袭击,村庄被淹没,漳河两岸秋禾水淹。秋收时庄稼烂地
81	武乡县	1834								六月初一日夜,遭大风雨,树被风雷催折
82	武乡县	1849	县城							六月十一日夜,县城街道漫过洪水,东、西关全被漂没
83	武乡县	1928								七月十八日下大雨,漳河暴涨,庄稼损失惨重
84	武乡县	1937								全县连降40 d秋雨,庄稼烂地,房屋倒塌
85	武乡县	1961-07	窑湾							上旬,窑湾公社一连两次遭大暴雨袭击,1万亩秋作物漂没倒伏
86	武乡县	1963	全县							全县连降秋雨20余日,已熟的庄稼烂在地里发芽
87	武乡县	1975-07	石泉、水源沟、西河底							连降暴雨,洪水猛涨。石泉、水源沟、西河底等水库被冲垮。同年九月下旬至十月下旬秋雨连绵,庄稼烂在地头,场上很多
88	武乡县	1976-06-30	南关	150						1976年6月30日,南关降暴雨2 h,山洪暴发,石北、城关、曹村、上司、监漳。7月24日有8个公社,遭受特大洪灾,5 h降雨量达150 mm。水库池塘冲塌,工程设施毁坏,房屋倒塌,井渠漂埋,土地淹没,粮仓包宅进水,交通阻塞
89	武乡县	1979	全县							阴雨连绵,全县小麦全部受灾,总产1.366 5万kg全部长芽
90	沁县	1933-08-04	定昌镇迎春村、福村、北寺上				45			居民被淹,房屋倒塌
91	沁县	1951-07-22	段柳乡、原樊村乡、册村乡				113			圪芦河上游降暴雨2 h,大河出槽5尺（1尺=0.333 m,下同）,漂埋秋禾3 130亩

续表 3-2

序号	县（区，市）	灾害发生时间（年-月-日）	灾害发生地点	灾害损失情况						灾害描述
				过程降雨量（mm）	死亡人数（人）	失踪人数（人）	损毁房屋（间）	转移人数（人）	直接经济损失（万元）	
92	沁县	1963-08-28	原城关镇城关村、梁家湾、合庄、北寺上等、段柳乡长胜供销社、唐县	149.1			240			城关村周围降暴雨 7 h，梁家湾水库干渠等建筑物被冲毁，段柳乡长胜供销社遭水淹
93	沁县	1970-07	故县镇故县村、唐庄							河湾拦堰堤毁，淹没耕地 300 亩
94	沁县	1976-08	原城关镇南石炼、北寺上、届所、下曲峪等村	116			105	8 644	120	降暴雨 2 h，冲垮桥梁 12 处，冲倒电杆、电线杆 100 多根
95	沁县	1978-07-28	漳源镇漳河村等 9 个村		4		4			突降暴雨，房倒屋塌 4 间，死亡 4 人，伤 1 人
96	沁县	1988-08	原待贤乡待贤、何家庄、沙圪道等，原南池乡南池村、太里村、古城村等 9 个村				75		1 200	因暴雨造成河水上涨，地方积水半米，农田淹没
97	沁县	1989-08-16	原南仁乡、南泉乡、故县镇 41 个村							暴雨持续 20 h，造成部分交通瘫痪、电路中断
98	沁县	1993-08-04	原城关镇、待贤、新店、故县、册村、漳源等 11 个乡（镇）	104	4		1 200		6 300	30 min 降水量达 104 mm，引起境内多处河流山洪暴发，倒塌房屋，伤亡牲畜，冲毁桥梁、涵洞、公路，45 人受伤
99	沁县	1993-08	南里乡岭头							房屋、道路位移开裂 10 cm 左右
100	沁县	1993-08-04	原待贤乡待贤村、何家庄等							特大暴雨使农田受灾，山洪暴发
101	沁县	1993-08	原待贤乡下尧村				1			暴雨造成山洪暴发，河流上涨（50 余 m，0.5～1 m 河流），使 3 户村民受灾，1 户房屋倒塌
102	沁县	1993-08	原南池乡南池村、太里村、古城村							大暴雨形成山洪暴发，沿河 1 500 亩耕地受灾
103	沁县	1993-08	原新店镇邵家坡村							暴雨造成 800 亩耕地受灾
104	沁县	1998-10-03	杨安乡、柳沟							淹没耕地 50 余亩

续表 3-2

序号	县(区、市)	灾害发生时间(年-月-日)	灾害发生地点	过程降雨量(mm)	死亡人数(人)	失踪人数(人)	损毁房屋(间)	转移人数(人)	直接经济损失(万元)	灾害描述
								灾害损失情况		
105	沁县	1998-10-03	漳源镇交口村							大暴雨形成洪水使2座桥塌造成行路困难,漳源水库大坝滑坡多处
106	沁县	2010-07-18	漳源镇漳河村				2			急暴雨40 min造成牛1头,房2间损失
107	沁县	2010-08	漳源镇南沟村							大雨形成山洪,冲垮引水工程使40户居民吃水困难
108	沁县	1976~1978	漳河镇上庄村、羊庄、山坡、西倪村、乔村等						1 800	发生山洪灾害15起,使乔村等8个村1 600亩农田受淹,粮食绝收,林木2.5万株被冲倒,失踪3人,牛、羊死亡200头
109	沁源县	1975-07-24	胡家庄	120(降雨24 h)					200	冲毁耕地1.2万亩
110	沁源县	1981	郭道、交口、城关、南石等地				40		150	全县冲毁耕地4万亩,堤坝10余处
111	沁源县	1988-08	沁河沿岸						500	洪水溢出河槽,沿河两岸田地被淹纵横百余里
112	沁源县	1989-07-14	赤石桥、郭道、聪子峪、韩洪、灵空山	115(降雨24 h)					1 800	冲毁桥涵,河堤多处决口,102个村遭受洪灾
113	沁源县	1993-08-04	全县	140	10				8 835	沁河最高洪峰流量为2 010 m³/s,冲毁桥涵,河堤多处决口,全县242个村遭受洪灾,县城大部分被洪水淹没
114	沁源县	2001-07-26	王和、王凤、赤石桥、郭道、聪子峪、韩洪、灵空山一带				100		870	全县冲毁耕地10万亩,堤坝10余处
115	沁源县	2007-07-29	沁河、汾河沿岸	沁河139.9、汾河95.8(降雨24 h)					1 150	全县冲毁耕地18万亩,堤坝20余处
116	潞城市	1970-07	微子、黄池、黄牛蹄、王里堡等乡(镇)49个村						5.9	受灾5.5万亩,成灾0.5万亩,受重灾0.4万亩,死亡牲畜11头,损失粮食0.7 kg,水井2万个

续表 3-2

序号	县(区、市)	灾害发生时间(年-月-日)	灾害发生地点	过程降雨量(mm)	死亡人数(人)	失踪人数(人)	损毁房屋(间)	转移人数(人)	直接经济损失(万元)	灾害描述
117	潞城市	1976-06	黄牛蹄、石梁等8个乡(镇)42个村	34.5(降雨30 min)			32		25	成灾0.15万亩,3.74万人受灾,砸死牲畜53头
118	潞城市	1979-07	东邑乡	30(降雨30 min)					15	受灾1万亩,成灾0.2万亩,受灾人口0.3万人,损失粮食0.23万kg,坍塌道路37 km
119	潞城市	1989-06-02	城关、东邑、崇道3个乡(镇)	100(降雨45 min)	2		227		200	受灾3.29万亩,成灾1.7万亩,受灾人口2.74万人,牲畜48头,损失粮食18.25万kg,损失企业1个,水井6口
120	潞城市	1982-07-03	石窟、店上、百里滩		3				1 000	1辆行驶货车被冲走,死亡3人,伤6人
121	潞城市	1982-07-27	城关、微子、黄池、史回4个乡(镇)	城关90.6,微子100,黄池116,史回70(降雨1 h)	3		215		1 670	冲毁石坝2 090 m,道路154处,小桥2座,损毁大田作物10 250亩,菜园276亩,冲毁土地641亩
122	潞城市	1985-07-23	合室、西流、漫流河、黄池等128个村				227	227	395	338户村民家里进水,损毁窑洞221孔,其他建筑776处,道路419处,粮食50万kg
123	潞城市	1986-07	店上、东邑、石窟等8个乡(镇)43个村	>80(降雨30 min)			12		33	受灾6.41万亩,成灾5.39万亩,死亡牲畜1头,损失粮食37万kg
124	潞城市	1993-07-09	微子镇、漫流河、黄池、下黄、黄牛蹄、东邑6个乡(镇)	>80(降雨30 min)	33		1 700		1 104	倒塌房屋1 700间,1 692人无家可归,电力线路100余km,冲毁道路157处,桥梁79座,水库4处,粮食减产98万kg,500万kg粮食被水淹,1辆大汽车被冲走
125	潞城市	1993-08-04	潞城市全市大部	108.8(降雨4 h)			>600		1 158	1 026人无家可归,损失粮食250万kg,死亡牲畜17头,成灾面积18万亩,721处乡村公路被冲毁,水利设施被损毁112处

3.3　洪灾防治存在的问题

3.3.1　非工程措施存在的主要问题

2010～2014 年山洪灾害防治的监测预警系统基本建立,信息监测站点各县均有增加,预报预警手段,时效性、准确性初步能满足防灾要求。但仍然存在站点不够密,局部暴雨洪水时控制不好。

乡(镇)、村、组级防御山洪预案在非工程措施建设时基本完善,但每年缺少维护经费难以保障长久发挥效益。

群测群防体系初步建立,但近几年来降雨偏少,无大的暴雨洪水,使人们普遍存在麻痹思想,防灾意识淡薄,有的企事业或居住建筑建于低洼区或易受山洪灾害淹没区。

3.3.2　工程措施存在的主要问题

对防洪工程的投入不足,防洪工程建设滞后于经济社会发展。

3.3.2.1　水库防洪效益发挥不大

目前,长治市共建成水库 77 座、塘坝 42 座,由于防洪工程原设计标准低,远不能适应当前国民生产发展对防洪要求的需要,一遇山洪暴发,即会对人民生命财产造成很大损失。

3.3.2.2　堤防工程少、防洪标准低

长治市堤防工程 155 处,防洪设施少,没有形成整体防洪工程体系,防洪能力低,防御大洪水能力差。

山丘区农田基本无任何防御措施,易受山洪冲毁或砂石填埋。流域整体防洪能力低,防洪体系尚未完全、有效形成,对流域防洪体系缺乏整体规划和建设。

3.3.2.3　河道堵塞,河道行洪能力下降

部分河流河道建筑垃圾堆积堵塞,河道缩窄,河道行洪能力不足 10 年一遇。

3.4　重点防治区情况

根据 2011～2014 年山洪灾害调查成果,结合 2015～2016 年山洪灾害调查评价情况,长治市 12 个县(市、区)(不含长治市城区)144 个乡(镇)共有 3 477 个行政村 1 889 个防治区 760 个重点防治区,成果统计见表 3-3。长治市山洪灾害防治区分布见图 3-1,长治市山洪灾害防治区人口分布见图 3-2。

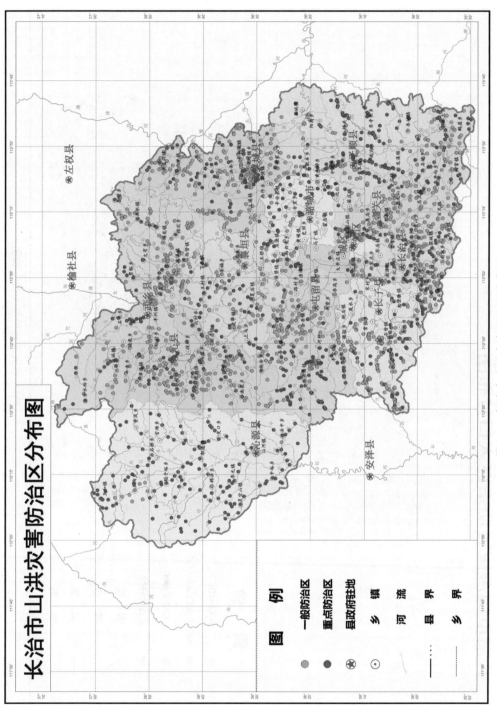

图 3-1　长治市山洪灾害防治区分布图

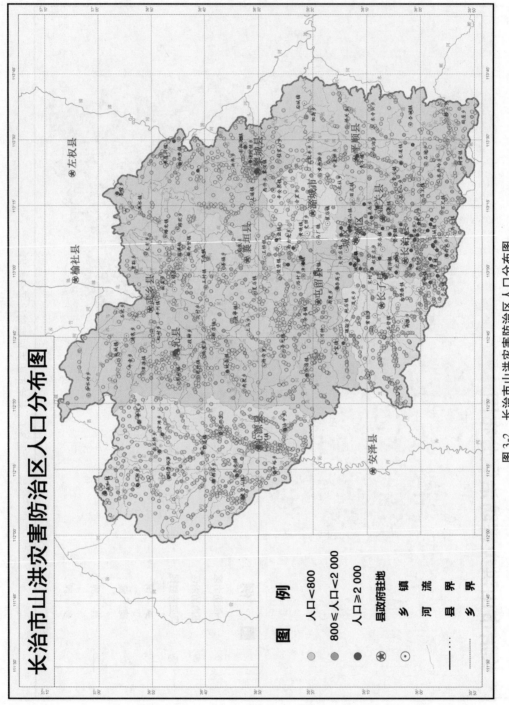

图 3-2　长治市山洪灾害防治区人口分布图

表 3-3　　长治市山洪灾害调查统计

序号	县(区、市)	乡(镇) (个)	行政村 (个)	防治区 (村)	重点防治村 (个)	重点沿河居民户 (户)
1	长治市郊区	8	141	60	28	445
2	长治县	13	254	124	50	929
3	襄垣县	13	331	116	45	447
4	屯留县	14	294	200	89	1 270
5	平顺县	12	262	155	105	886
6	黎城县	9	249	218	54	603
7	壶关县	13	392	188	49	574
8	长子县	12	399	229	64	1 301
9	武乡县	14	382	186	45	490
10	沁县	13	312	189	53	419
11	沁源县	14	257	144	133	1 558
12	潞城市	9	204	80	45	641
	合计	144	3 477	1 889	760	9 563

3.5　山洪灾害的特点

调查统计表明,1949～2015 年,全市共发生山洪灾害 109 次,平均每年 2～3 次。局部洪水来势凶猛,冲刷力强,破坏性大。1993 年漳河流域大范围暴雨,多条山沟洪水齐发,黄牛蹄水库决堤,冲走公路大班车 1 辆,死亡多人。同年,沁河及其支流洪水暴涨,孔家坡站 1993 年 8 月 4 日 16:30 实测最大洪峰流量 2 210 m³/s。2012 年沁河支流法中河发生较大山洪,支角水库一度出现险情。

通过上述部分事例,我们可以看出,长治市的山洪灾害有着许多不同于大面积洪水灾害的特点。

3.5.1　随机突发性

小流域的山洪灾害纯系由局地小范围、短历时、高强度暴雨所形成的,首先,这种暴雨的发生有极强的随机性,有的以一个村或一个乡为暴雨中心,有的以一个小流域为暴雨中心,空间和时间都没有确定性,难以及时准确预报。其次,降雨历时往往很短,降雨强度又特别大,有的甚至超过 100 年一遇标准。

3.5.2　频繁性和发生时间的特异性

山西省的暴雨具有一个显著的特点,即大范围的暴雨发生概率小,而小范围暴雨或局部暴雨发生概率相对较大。因此,大范围洪水出现的概率较小。从全市各山洪易发区近年的资料看,几乎年年都多次发生山洪灾害,只不过地点不同。至于山洪灾害在年内发生的时间,一般皆出现在汛期6~9月,尤以7月上旬至8月下旬的50 d中山洪出现的次数最多,约占全汛期出现次数的74%,这一时期是预防山洪灾害的关键期。

山洪在汛期中1 d内出现的时间,还有一个特有的规律,即多发于汛期的午后、傍晚或子夜。这是由于盛夏季节每日午后是全日气温最高的时刻,此时地面空气因受热而膨胀,气流沿山坡斜面抬升,空气上升失热使水汽凝结形成云雾,因此山洪多发于午后至子夜间。夜间出现山洪给抢险、避险都带来了相当的困难。

此外,特别需要指出的是,山洪灾害的发生与旱涝年的相关关系往往不密切,有时短历时、高强度的暴雨特征在干旱年却非常明显,干旱和局部洪水在汛期同一地点交错重叠发生。在干旱的情况下,虽有降雨,旱情得不到解除,洪水却同时发生。

3.5.3　地域的特殊性

地理位置上的差异,构成了山洪灾害发生的地域特殊性。在暴雨分布规律上,从全市大尺度地理面积上看,虽说长历时大范围的暴雨各地发生概率存在明显的地域差异,而短历时小范围暴雨各地差异性较小,但就一个局部地区来说,暴雨和山洪的形成、发生的频次、规模与局部自然地理条件关系密切,如处于迎风坡、地面高差较大且迎风面呈喇叭口的地域,当流域出口面对水汽前进的方向时,加之流域内地形起伏,都有利于暴雨的发生,形成暴雨中心。

另外,由于小流域是山区局部性暴雨洪水的通道,所以河道沟口边山峪口又是最容易发生山洪灾害的关键地带,成灾损失也往往最为惨重。

3.5.4　巨大的破坏性

山西省山区地形一般高差较大,河道及沟道坡度也比较陡,在短历时高强度暴雨出现后,产生的洪水来势凶猛、强烈,洪水流速很高,一般洪水的中泓流速皆为6~8 m/s,有时甚至可达10 m/s以上,这样巨大的流速具有强大的冲击力,可以推动巨石沿河滚动,仅30~40 cm的水深就能把涉水的人冲倒,同时它也有极大的破坏力,极易冲溃堤坝,淹没农田,冲垮房舍及沿河的一切建筑物。同时,在暴雨沿坡面汇流时,可将坡面大量固体物质、土料随水冲下,形成黄土塌陷、滑坡、泥石流等自然灾害,给当地群众和国家财产造成巨大的经济损失。

第 4 章　暴雨分析

4.1　暴雨分析计算方法

设计洪水根据设计暴雨推求,方法包括流域水文模型法、推理公式法和地区经验公式法三种,其中流域水文模型法包括流域产流计算和流域汇流计算。采用由设计暴雨推求设计洪水的间接法计算。具体为:在《山西省水文计算手册》各历时点暴雨统计参数等值线图上读取小流域的统计参数,根据参数计算各种历时的设计点雨量,按点面折减系数计算设计面雨量,按设计雨型进行时程分配。主要包括设计点雨量、设计面雨量、设计暴雨时程分配 3 个步骤。

4.2　地形对暴雨的影响

在长治市复杂下垫面条件下,其热力和动力作用往往能触发暴雨或使之增强与削弱,成为暴雨过程的重要影响因素。采用间接法进行暴雨计算时,通过暴雨参数等值线来体现地形对暴雨的影响。

4.3　雨量站网

长治市 12 个县(区、市)(不含长治市城区)山洪灾害防治非工程措施建设自动雨量站 168 个、简易雨量站 1 698 个,见表 4-1。

表 4-1　长治市山洪灾害防治非工程措施建设雨量站分布

县(区、市)	自动雨量站	简易雨量站	县(区、市)	自动雨量站	简易雨量站
长治市郊区	11	66	壶关县	11	148
长治县	9	134	武乡县	12	130
襄垣县	12	118	沁县	15	190
屯留县	11	164	沁源县	19	125
平顺县	30	191	潞城市	17	170
黎城县	10	111	合计	168	1698
长子县	11	151			

4.4　设计点暴雨

4.4.1　暴雨历时和频率确定

根据《山西省山洪灾害分析评价技术大纲》的规定,暴雨历时确定为 10 min、60 min、6 h、24 h 和 3 d 5 种。

根据《山洪灾害分析评价要求》的规定,确定暴雨频率为 100 年一遇、50 年一遇、20 年一遇、10 年一遇、5 年一遇 5 种。

4.4.2　设计雨型确定

长治市位于山西省水文分区的东区,直接采用《山西省水文计算手册》东区主雨日 24 h 雨型模板(见表 4-2)为设计雨型。

表 4-2　东区主雨日 24 h 雨型模板

时程	0~1	1~2	2~3	3~4	4~5	5~6	6~7	7~8	8~9	9~10	10~11	11~12
ΔH 占 S_P(%)												
ΔH 占 $(H_{6h}-S_P)$(%)												26
ΔH 占 $(H_{24h}-H_{6h})$(%)	3	3	3	5	5	6	5	6	7	11	11	
排位序号	(20)	(22)	(23)	(18)	(17)	(13)	(15)	(14)	(9)	(8)	(7)	(2)
时程	12~13	13~14	14~15	15~16	16~17	17~18	18~19	19~20	20~21	21~22	22~23	23~24
ΔH 占 S_P(%)	100											
ΔH 占 $(H_{6h}-S_P)$(%)		24	22	15	13							
ΔH 占 $(H_{24h}-H_{6h})$(%)						7	5	7	7	4	3	2
排位序号	(1)	(3)	(4)	(5)	(6)	(10)	(16)	(12)	(11)	(19)	(21)	(24)

4.4.3　设计暴雨参数查算

根据《山西省水文计算手册》中的成果图表和计算方法,获取设计暴雨参数,包括定点暴雨均值 $\overline{H}$ 和变差系数 C_v、偏态系数 C_s 和变差系数比值 C_s/C_v、模比系数 K_P 和点面折减系数。

4.4.3.1　定点暴雨均值 $\overline{H}$ 和变差系数 C_v

根据小流域面积和暴雨参数等值线分布情况,确定定点,在《山西省水文计算手册》不同历时的"暴雨均值等值线图"和"C_v 等值线图"中查得各定点暴雨均值 $\overline{H}$ 和变差系数 C_v。

4.4.3.2　偏态系数和变差系数比值 C_s/C_v

根据《山西省水文计算手册》以及《水利水电工程设计洪水计算规范》(SL 44—

2006),倍比 C_s/C_v 值采用 3.5。

4.4.3.3 模比系数 K_P

模比系数 K_P 在《山西省水文计算手册》附表 I -2 中查得。

4.4.3.4 点面折减系数

根据式(4-1)计算:

$$\eta_P(A,t_b) = \frac{1}{1 + CA^N} \tag{4-1}$$

式中:A 为流域面积,km^2;C、N 为经验参数,因位于山西省水文分区的东区,选用东区定点—定面关系参数查用表,见表 4-3。

表 4-3 东区定点定面关系参数查用表

分区	历时	参数	频率(%)				
			1	2	5	10	20
东区	10 min	C	0.050 2	0.049 5	0.048 1	0.046 9	0.045 0
		N	0.412 4	0.413 5	0.415 5	0.417 3	0.420 4
	60 min	C	0.049 5	0.049 0	0.048 2	0.047 3	0.046 1
		N	0.370 5	0.370 1	0.368 6	0.367 5	0.366 2
	6 h	C	0.022 3	0.021 3	0.020 1	0.018 7	0.016 8
		N	0.422 8	0.425 7	0.426 9	0.430 3	0.435 5
	24 h	C	0.013 2	0.012 7	0.012 6	0.012 2	0.011 7
		N	0.434 5	0.433 4	0.417 8	0.406 2	0.389 4
	3 d	C	0.007 0	0.006 6	0.006 3	0.005 8	0.005 2
		N	0.484 5	0.487 3	0.474 1	0.467 2	0.457 1

4.4.4 时段设计雨量计算

根据式(4-2)及式(4-3)计算设计点雨量。

$$H_P = K_P \overline{H} \tag{4-2}$$

式中:K_P 为设计点雨量模比系数。

$$H_{P,A}^o(t_b) = \sum_{i=1}^n c_i H_{P,i}(t_b) \tag{4-3}$$

式中:c_i 为每个定点各自控制的部分面积占小流域面积 A 的权重;$H_{P,i}(t_b)$ 为每个定点各标准历时 t_b 的设计雨量,mm;$H_{P,A}^o(t_b)$ 为同频率、等历时各定点设计雨量在面积 A 上的平均值。

4.5 暴雨点面关系

暴雨点面关系包括定点定面和动点动面两种方法。动点动面法必须假定流域中心点与设计暴雨中心点重合,流域边界与等值线形状一致。但是由于实际情况并非如此,采用动点动面法计算存在偏差。然而定点定面法在实际应用中可以选择流域所在的定点定面分区,使用过程中精度较高。长治市采用东区定点—定面关系。

设计点暴雨的"点"包含两层含义,一是暴雨统计计算选用的雨量站点;二是指根据计算设计洪水的需要,从流域内选出的具有确定地理位置、依靠暴雨参数等值线图用间接方法计算设计暴雨的地点,二者合称定点,选用定点的个数,根据流域面积大小参考表4-4确定。

表4-4　定点个数选用

流域面积(km^2)	<100	100~300	300~500	500~1 000
点数	1~2	2~3	3~4	4~5

计算设计点暴雨的方法有直接法和间接法。

4.5.1　直接法

采用直接法推求设计暴雨时,单站不同历时暴雨的统计参数均值、C_v、C_s/C_v(暴雨C_s/C_v值统一采用3.5),宜采用计算机约束准则适线与专家经验相结合的综合适线方法初定;再利用设计暴雨公式参数约束5种历时频率曲线之间的间距,使之相互间隔合理,不产生相交。

单站某一种历时暴雨统计参数的计算在于寻求理论频率曲线与经验频率点据的最佳拟合,经验频率用期望公式计算。特大值经验频率的确定是决定频率曲线上部走向的关键,对单站适线成果会产生较大的影响,因此要充分利用一切可以利用的信息对特大值的重现期进行考证。

单站多种历时暴雨的适线,重点在于协调各频率曲线之间的合理距离;使不同历时的同一统计参数服从参数—历时关系的一般规律(见图4-1),即均值随着历时延长而递增,在双对数坐标系中表现为微微上凸、连续、单增的光滑曲线;变差系数C_v随历时变化的规律多数表现为左偏铃形连续光滑曲线,极大值多出现在60 min或6 h处;少数为单调下降曲线。

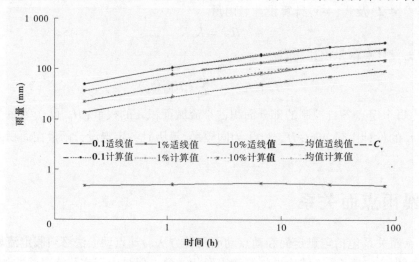

图4-1　设计暴雨查图结果合理性检查及综合分析图

4.5.2　间接法

（1）等值线查读。间接法推求设计暴雨,首先确定定点及设计暴雨历时,然后分别在相应历时暴雨参数等值线图(《山西省水文计算手册》附图 15 ~ 附图 24)查读定点的各种历时暴雨均值 $\overline{H}$、变差系数 $C_{\rm v}$。查图时应该注意以下事项:

①当定点位于等值线图的低值区(–)或高值区(+)时,插值应该小于或大于邻近的等值线值,但不得超过一个级差;当定点位于马鞍区(无" + "" – "号标示)时,插值一般应取 4 条等值线的平均值。

②等值线图上标有单站参数值,可作为查图内插时的参考。

（2）合理性检查。为规避查图误差向设计洪水传递,需对查图结果进行合理性检查及综合分析。方法是:首先,在双对数坐标系中绘制不同历时均值 $\overline{H}$、$C_{\rm v}$ 的历时曲线,检查其是否满足参数—历时一般规律,如不满足,应对查图结果进行调整;然后,根据调整后的参数,用式(4-2)计算各历时的设计暴雨 H_P,并在双对数坐标系中绘制 H_P 的历时曲线,该曲线亦为微微上凸、连续、单增光滑曲线。

（3）用经过合理性检查、调整后的参数值,用式(4-2)计算各种历时设计点暴雨。

（4）设计点暴雨均值计算。用式(4-3)计算每个定点各种标准历时设计雨量。

流域地势平坦,所选定点均匀分布时设计点雨量的流域平均值可以用算术平均法计算;否则,改用泰森多边形法计算。

4.5.3　设计暴雨的时深关系

设计暴雨的时深关系,又称设计暴雨公式。直接采用《山西省水文计算手册》中采用的三参数幂函数型对数非线性暴雨公式:

$$H_P(t) = \begin{cases} S_P \cdot t \cdot {\rm e}^{\frac{n_{\rm s}}{\lambda}(1-t^\lambda)} & \lambda \neq 0 \\ S_P \cdot t^{1-n_{\rm s}} & \lambda = 0 \end{cases} \qquad (4\text{-}4)$$

也可进一步变形为

$$H_P(t) = \begin{cases} S_P \cdot t^{1-n} & \lambda \neq 0 \\ S_P \cdot t^{1-n_{\rm s}} & \lambda = 0 \end{cases} \qquad 0 \leqslant \lambda < 0.12 \qquad (4\text{-}5)$$

$$n = n_{\rm s} \frac{t^\lambda - 1}{\lambda \ln t} \qquad (4\text{-}6)$$

式中:n、$n_{\rm s}$ 分别为双对数坐标系中设计暴雨时强关系曲线的坡度及 $t = 1$ h 时的斜率;S_P 为设计雨力,即 1 h 设计雨量,mm/h;t 为暴雨历时,h;λ 为经验参数,当 $\lambda = 0$ 时,式(4-4)退化为对数线性暴雨公式。

暴雨公式的 3 个参数 S_P、$n_{\rm s}$、λ 需要根据同频率各标准历时设计雨量 $H_P(t)$,以残差相对值平方和最小为目标求解,其中 S_P 的查图误差控制在 ±5% 以内;$0 \leqslant \lambda < 0.12$,

当 λ 不被满足时,适当调整查图的均值和 C_v,至 λ 满足约束止。

求得设计暴雨公式参数后,不同历时设计雨量即可由式(4-3)或式(4-5)与式(4-6)计算求得。

4.6　设计面雨量

根据式(4-7)计算设计面雨量。

$$H_{P,A}(t_b) = \eta_P(A,t_b) \times H^o_{P,A}(t_b) \tag{4-7}$$

式中: $H_{P,A}(t_b)$ 为标准历时为 t_b、设计标准为 P、流域面积为 A 的设计面雨量,mm; $H^o_{P,A}(t_b)$ 为设计点雨量的流域平均值,mm; $\eta_P(A,t_b)$ 为设计暴雨点面折减系数。

由式(4-4)、式(4-5)计算不同历时的设计面雨量。表4-5为定点定面关系参数查用表。

4.7　设计暴雨时程分配

推求设计洪水过程线,需要计算设计暴雨的过程,即设计暴雨的时程分布雨型,简称设计时雨型。根据《山西省水文手册》分析,流域面积小于 1 000 km^2,点雨量的时雨型和流域平均雨量的时程分布(面雨量时程雨型)没有明显差异,可用点雨量时雨型代替面雨量时雨型。

点雨量时雨型分为日雨型和逐时雨型。根据主雨日所处降雨过程的前、中、后位置,长治市位于山西省东区,各区日雨型和时雨型"模板"见表4-6。

表列雨型为 $\Delta t = 1$ h 时的基础雨型,当工程控制流域面积较小、汇流时间不足 1 h 时,可将基础雨型细化为 $\Delta t = \frac{1}{2}$ h 或 $\Delta t = \frac{1}{4}$ h 的派生雨型。派生雨型的构造方法是:把基础雨型中的每个序位 j 离散为 j_1、j_2 2 个二级序位或 j_1、j_2、j_3、j_4 4 个二级序位,对于 $j = 1$ 的主峰时段,前者的峰值应安排在基础雨型靠近第 2 序位的一边;后者的峰值应安排在靠近基础雨型第 2 序位的 j_2 或 j_3 位置。其他时段的二级序位按雨量大小由大到小进行安排,如图 4-2 所示。

计算主雨日的设计时雨型,应采用暴雨公式计算的时段雨量序位法,亦可采用百分比法;非主雨日的设计时雨型,宜采用百分比法。

表 4-5　定点定面关系参数查用

历时	参数	均值	频率（%）											
			0.01	0.1	0.2	0.33	0.5	1	2	3.3	5	10	20	25
10 min	C	0.044 1	0.052 4	0.052 0	0.051 4	0.051 5	0.050 7	0.050 2	0.049 5	0.049 2	0.048 1	0.046 9	0.045 0	0.044 4
	N	0.422 7	0.410 5	0.410 2	0.411 4	0.410 2	0.412 0	0.412 4	0.413 5	0.413 7	0.415 5	0.417 3	0.420 4	0.421 3
60 min	C	0.045 6	0.051 2	0.050 6	0.050 4	0.050 4	0.049 9	0.049 5	0.049 0	0.048 7	0.048 2	0.047 3	0.046 1	0.045 7
	N	0.365 2	0.373 9	0.372 3	0.371 8	0.370 9	0.371 0	0.370 5	0.370 1	0.369 3	0.368 6	0.367 5	0.366 2	0.365 6
6 h	C	0.015 6	0.025 4	0.024 2	0.023 7	0.023 7	0.023 0	0.022 3	0.021 3	0.020 9	0.020 1	0.018 7	0.016 8	0.016 1
	N	0.439 8	0.418 8	0.420 1	0.420 6	0.420 6	0.421 6	0.422 8	0.425 7	0.425 1	0.426 9	0.430 3	0.435 5	0.438 1
24 h	C	0.011 6	0.015 1	0.013 7	0.013 5	0.013 5	0.013 3	0.013 2	0.012 7	0.012 8	0.012 6	0.012 2	0.011 7	0.011 5
	N	0.370 4	0.446 0	0.448 5	0.445 0	0.445 0	0.439 6	0.434 5	0.433 4	0.424 3	0.417 8	0.406 2	0.389 4	0.381 9
3 d	C	0.004 7	0.008 8	0.007 7	0.007 5	0.007 5	0.007 3	0.007 0	0.006 6	0.006 6	0.006 3	0.005 8	0.005 2	0.004 9
	N	0.447 2	0.486 2	0.493 4	0.491 2	0.491 2	0.487 7	0.484 5	0.487 3	0.477 9	0.474 1	0.467 2	0.457 1	0.453 3

表 4-6　长治市设计雨型查用

第 1 日　　$(H_{3d} - H_{24h})\%$　36

时程	0~1	1~2	2~3	3~4	4~5	5~6	6~7	7~8	8~9	9~10	10~11	11~12	12~13	13~14	14~15	15~16	16~17	17~18	18~19	19~20	20~21	21~22	22~23	23~24
时程分配（%）	2	3	3	2	2	2	1	1	1	1	2	2	3	2	2	8	24	10	7	6	3	5	7	1

主雨日

时程	0~1	1~2	2~3	3~4	4~5	5~6	6~7	7~8	8~9	9~10	10~11	11~12	12~13	13~14	14~15	15~16	16~17	17~18	18~19	19~20	20~21	21~22	22~23	23~24
ΔH 占 S_P（%）													100											
ΔH 占 $(H_{6h} - S_P)$（%）										11	11	26		24	22	15	13							
ΔH 占 $(H_{24h} - H_{6h})$（%）	3	3	5	5	5	6	6	7	9									7	7	7	6	7		
排位序号	(20)	(22)	(23)	(18)	(17)	(13)	(15)	(14)	(9)	(8)	(7)	(2)	(1)	(3)	(4)	(5)	(6)	(10)	(16)	(12)	(11)	(19)	(21)	(24)

第 3 日　　$(H_{3d} - H_{24h})\%$　64

时程	0~1	1~2	2~3	3~4	4~5	5~6	6~7	7~8	8~9	9~10	10~11	11~12	12~13	13~14	14~15	15~16	16~17	17~18	18~19	19~20	20~21	21~22	22~23	23~24
时程分配（%）	5	3	3	3	4	5	4	6	9	18	12	7	3	4	3	3	1	2	1					1

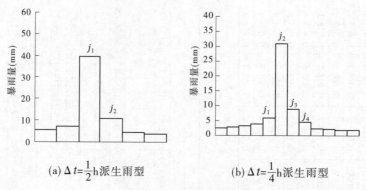

$$(a) \Delta t = \frac{1}{2} h 派生雨型 \qquad (b) \Delta t = \frac{1}{4} h 派生雨型$$

图 4-2　派生雨型示意图

（1）时段雨量序位法。利用暴雨公式（4-8）计算时段雨量：

$$\Delta H_{P,j} = H_P(t_j) - H_P(t_{j-1}) \qquad j = 1,2\cdots \qquad t_0 = 0 \qquad (4\text{-}8)$$

式中：j 为表 4-6 中主雨日时段雨量排位序号，即时段雨量 $\Delta H_{P,i}$ 摆放的序位。逐时段依次用式（4-8）计算出时段雨量，并按序位号依次摆放在相应位置，即得逐时雨型。

（2）百分比法。

①利用设计暴雨公式及其参数计算不同标准历时的设计暴雨量 $H_{P,1h}$（雨力 S_P）、$H_{P,6h}$、$H_{P,24h}$。

②把最大 1 h 雨量 $H_{P,1h}$ 放在主峰（1 号）位置。

③主峰前后两侧 6 h 以内的时段雨量 ΔH_j，按设计雨型（见表 4-6）中查得的百分数 B_j（%）用式（4-9）分配：

$$\Delta H_j = (H_{P,6h} - H_{P,1h}) \times B_j/100 \qquad j = 2,3,4,5,6 \qquad (4\text{-}9)$$

④主雨日内其他时段的雨量按式（4-10）分配：

$$\Delta H_j = (H_{P,24h} - H_{P,6h}) \times B_j/100 \qquad j = 7,8,\cdots,23,24 \qquad (4\text{-}10)$$

非主雨日的日雨量按式（4-11）分配：

$$H_{P,i} = (H_{P,3d} - H_{P,24h}) \times B_i/100 \qquad (4\text{-}11)$$

式中：$H_{P,i}$ 为非主雨日设计日雨量，mm；B_i 为非主雨日日雨量占非主雨日雨量之和的百分比。

非主雨日的时段雨量按式（4-12）分配：

$$\Delta H_{i,j} = H_{P,i} \times B_j/100 \qquad i = 1,2 \quad j = 1,2,\cdots,23,24 \qquad (4\text{-}12)$$

式中：B_j 为非主雨日的时段雨量占非主雨日雨量的百分比。

4.8　主雨历时与主雨雨量

长治市形成洪水的暴雨，一般集中分布在主雨峰及其两侧，而不是暴雨全过程。强度比较小的那些时段的降水，对洪水的形成或制约作用不大。从"造洪"角度来说，可以只考虑制造洪水的主要时段降水，即"造洪雨"或主雨，其历时 t_z 称为主雨历时。

本次采用瞬时雨强大于或等于 2.5 mm/h 的降水作为主雨。对于实测暴雨而言，可以根据它的面雨量时程分配按此标准统计计算主雨历时和主雨雨量；设计条件下应该借助暴雨公式求解主雨历时 t_z：

$$S_P \frac{1 - n_s t_z^\lambda}{t_z^n} = 2.5 \qquad (4\text{-}13)$$

$$n = n_s \frac{t_z^\lambda - 1}{\lambda \ln t_z}$$

式中符号意义同前。

求解主雨历时 t_z 可以采用数值解法，也可以采用图解法。

图解法（如图 4-3 所示）计算步骤为

令

$$f(t) = \frac{1 - n_s t^\lambda}{t^n} S_P \qquad (4\text{-}14)$$

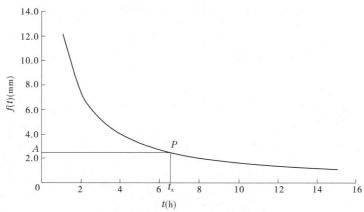

图 4-3　主雨历时图解法示意图

在普通坐标系中绘制 $f(t) \sim t$ 曲线，然后在纵坐标上截取 $f(t) = 2.5$ 得点 A，过 A 点作水平线，交 $f(t) \sim t$ 曲线于 P 点，P 点的横坐标即为主雨历时 t_z。

用式（4-15）计算主雨雨量 $H_P(t_z)$：

$$H_P(t_z) = S_P t_z^{1-n} \qquad (4\text{-}15)$$

$$n = n_s \frac{t_z^\lambda - 1}{\lambda \ln t_z}$$

非主雨日的主雨历时及主雨雨量按雨强大于 2.5 mm/h 的标准统计计算。

根据分析成果，设计暴雨时程分配要分配到以流域汇流时间为历时的雨型。本次工作考虑到小流域面积较小、汇流时间较短，时程分配的历时选用 6 h 即可基本涵盖汇流时间，对于汇流时间超过 6 h 的小流域历时适当延长。

根据设计雨型和时段设计雨量成果，采用时段雨量序位法对各频率的时段设计雨量进行时程分配，成果见"设计暴雨时程分配表"（见表 4-7）。

时段雨量序位法利用暴雨公式（4-16）计算时段雨量：

$$\Delta H_{P,j} = H_P(t_j) - H_P(t_{j-1}) \qquad j = 1,2\cdots \qquad t_0 = 0 \qquad (4\text{-}16)$$

式中：j 为表 4-7 中主雨日排位序号，即时段雨量 $\Delta H_{P,j}$ 摆放的序位。依次用式（4-16）计算出逐时段雨量，并按序位号依次摆放在相应位置，求得逐时段雨型。

表4-7 长治市设计暴雨时程分配

序号	县(区、市)	小流域名称	时段长(h)	时段序号	不同频率				
					100年($Q_{1\%}$)	50年($Q_{2\%}$)	20年($Q_{5\%}$)	10年($Q_{10\%}$)	5年($Q_{20\%}$)
1	长治市郊区	关村	0.5	1	8.0	7.0	6.0	5.0	4.0
				2	10.0	9.0	7.0	6.0	5.0
				3	62.0	55.0	45.0	38.0	30.0
				4	16.0	14.0	11.0	10.0	8.0
				5	6.0	5.0	4.0	4.0	3.0
				6	5.0	4.0	4.0	3.0	2.0
				7	4.0	4.0	3.0	3.0	2.0
				8	4.0	3.0	3.0	2.0	2.0
				9	3.0	3.0	2.0	2.0	2.0
				10	3.0	3.0	2.0	2.0	2.0
				11	3.0	2.0	2.0	2.0	1.0
				12	3.0	2.0	2.0	2.0	1.0
2	长治县	柳林村	0.5	1	0.9	0.8	0.7	0.6	0.5
				2	0.9	0.8	0.7	0.6	0.5
				3	0.9	0.9	0.7	0.6	0.5
				4	1.0	0.9	0.8	0.6	0.5
				5	1.6	1.4	1.2	1.0	0.8
				6	1.7	1.5	1.3	1.1	0.9
				7	1.8	1.6	1.3	1.1	0.9
				8	1.9	1.7	1.4	1.2	1.0
				9	2.0	1.8	1.5	1.3	1.1
				10	2.2	2.0	1.7	1.4	1.2
				11	7.5	6.7	5.5	4.7	3.8
				12	10.1	9.0	7.4	6.3	5.1
				13	62.7	55.2	45.3	37.7	29.9
				14	15.7	14.0	11.6	9.7	7.9
				15	5.9	5.3	4.4	3.7	3.0
				16	4.9	4.4	3.7	3.1	2.5
				17	4.2	3.8	3.1	2.7	2.2
				18	3.7	3.3	2.7	2.3	1.9

续表 4-7

序号	县(区,市)	小流域名称	时段长(h)	时段序号	不同频率				
					100年($Q_{1\%}$)	50年($Q_{2\%}$)	20年($Q_{5\%}$)	10年($Q_{10\%}$)	5年($Q_{20\%}$)
2	长治县	柳林村	0.5	19	3.3	2.9	2.4	2.1	1.7
				20	2.9	2.6	2.2	1.9	1.5
				21	2.6	2.4	2.0	1.7	1.4
				22	2.4	2.2	1.8	1.5	1.3
				23	1.5	1.3	1.1	1.0	0.8
				24	1.4	1.2	1.1	0.9	0.7
3	襄垣县	石灰窑村	0.25	1	3.7	3.2	2.6	2.1	1.7
				2	4.2	3.7	3.0	2.4	1.9
				3	4.9	4.3	3.4	2.8	2.2
				4	5.9	5.1	4.1	3.3	2.6
				5	9.6	8.3	6.7	5.4	4.2
				6	41.8	37.1	30.8	26.0	21.0
				7	14.3	12.5	10.0	8.1	6.2
				8	7.3	6.3	5.1	4.1	3.2
				9	3.3	2.9	2.3	1.9	1.5
				10	2.9	2.6	2.1	1.7	1.4
				11	2.6	2.3	1.9	1.6	1.3
				12	2.4	2.1	1.7	1.4	1.2
				13	2.2	2.0	1.6	1.3	1.1
				14	2.0	1.8	1.5	1.2	1.0
				15	1.9	1.7	1.4	1.2	0.9
				16	1.8	1.6	1.3	1.1	0.9
				17	1.6	1.5	1.2	1.0	0.8
				18	1.5	1.4	1.1	1.0	0.8
				19	1.4	1.3	1.1	0.9	0.7
				20	1.4	1.2	1.0	0.9	0.7
				21	1.3	1.1	1.0	0.8	0.7
				22	1.2	1.1	0.9	0.8	0.6
				23	1.1	1.0	0.9	0.7	0.6
				24	1.1	1.0	0.8	0.7	0.6

续表 4-7

序号	县(区、市)	小流域名称	时段长(h)	时段序号	不同频率				
					100年($Q_{1\%}$)	50年($Q_{2\%}$)	20年($Q_{5\%}$)	10年($Q_{10\%}$)	5年($Q_{20\%}$)
4	屯留县	杨家湾村	0.25	1	4.7	4.0	3.2	2.6	2.0
				2	5.2	4.5	3.6	2.9	2.2
				3	5.9	5.1	4.1	3.3	2.5
				4	6.8	5.9	4.7	3.8	2.9
				5	10.5	9.1	7.3	5.9	4.5
				6	50.9	44.3	35.6	29.0	22.5
				7	15.3	13.3	10.6	8.6	6.6
				8	8.2	7.1	5.7	4.6	3.5
				9	4.2	3.7	2.9	2.4	1.8
				10	3.9	3.4	2.7	2.2	1.6
				11	3.6	3.1	2.5	2.0	1.5
				12	3.4	2.9	2.3	1.9	1.4
				13	3.2	2.7	2.2	1.7	1.3
				14	3.0	2.6	2.0	1.6	1.2
				15	2.8	2.4	1.9	1.5	1.2
				16	2.7	2.3	1.8	1.5	1.1
				17	2.5	2.2	1.7	1.4	1.1
				18	2.4	2.1	1.7	1.3	1.0
				19	2.3	2.0	1.6	1.3	1.0
				20	2.2	1.9	1.5	1.2	0.9
				21	2.1	1.8	1.5	1.2	0.9
				22	2.1	1.8	1.4	1.1	0.9
				23	2.0	1.7	1.4	1.1	0.8
				24	1.9	1.7	1.3	1.0	0.8
5	平顺县	洪岭村	0.25	1	2.9	2.6	2.1	1.8	1.4
				2	3.3	2.9	2.4	2.0	1.6
				3	3.8	3.3	2.7	2.3	1.8
				4	4.4	3.9	3.2	2.7	2.2
				5	7.1	6.3	5.2	4.3	3.5
				6	47.0	42.2	35.8	30.7	25.5
				7	10.7	9.5	7.9	6.6	5.3

续表 4-7

序号	县(区、市)	小流域名称	时段长(h)	时段序号	不同频率				
					100年($Q_{1\%}$)	50年($Q_{2\%}$)	20年($Q_{5\%}$)	10年($Q_{10\%}$)	5年($Q_{20\%}$)
5	平顺县	洪岭村	0.25	8	5.4	4.8	4.0	3.3	2.7
				9	2.6	2.3	1.9	1.6	1.3
				10	2.4	2.1	1.8	1.5	1.2
				11	2.2	2.0	1.6	1.4	1.1
				12	2.1	1.8	1.5	1.3	1.0
				13	1.9	1.7	1.4	1.2	0.9
				14	1.8	1.6	1.3	1.1	0.9
				15	1.7	1.5	1.2	1.0	0.8
				16	1.6	1.4	1.2	1.0	0.8
				17	1.5	1.4	1.1	0.9	0.7
				18	1.5	1.3	1.1	0.9	0.7
				19	1.4	1.2	1.0	0.8	0.7
				20	1.3	1.2	1.0	0.8	0.6
				21	1.3	1.1	0.9	0.8	0.6
				22	1.2	1.1	0.9	0.7	0.6
				23	1.2	1.0	0.9	0.7	0.6
				24	1.1	1.0	0.8	0.7	0.5
6	黎城县	东洼	0.25	1	2.0	1.8	1.6	1.3	1.1
				2	1.8	1.6	1.4	1.2	1.0
				3	1.7	1.6	1.4	1.2	1.0
				4	2.3	2.0	1.7	1.5	1.2
				5	2.4	2.2	1.8	1.6	1.3
				6	3.2	2.8	2.4	2.0	1.7
				7	2.7	2.4	2.1	1.8	1.5
				8	2.9	2.6	2.2	1.9	1.6
				9	4.6	4.1	3.4	2.9	2.3
				10	5.2	4.6	3.8	3.2	2.6
				11	5.9	5.2	4.3	3.6	2.9
				12	20.3	17.7	14.2	11.7	9.1
				13	66.7	58.4	47.3	38.9	30.4
				14	13.4	11.7	9.5	7.8	6.1

续表 4-7

序号	县(区、市)	小流域名称	时段长(h)	时段序号	不同频率				
					100年($Q_{1\%}$)	50年($Q_{2\%}$)	20年($Q_{5\%}$)	10年($Q_{10\%}$)	5年($Q_{20\%}$)
6	黎城县	东洼	0.25	15	10.1	8.9	7.2	6.0	4.7
				16	8.2	7.2	5.9	4.9	3.9
				17	6.8	6.0	5.0	4.1	3.3
				18	4.1	3.7	3.1	2.6	2.1
				19	2.6	2.3	1.9	1.7	1.4
				20	3.4	3.1	2.6	2.2	1.8
				21	3.8	3.3	2.8	2.4	1.9
				22	2.1	1.9	1.6	1.4	1.2
				23	1.9	1.7	1.5	1.3	1.1
				24	1.6	1.5	1.3	1.1	1.0
7	壶关县	桥上村	0.5	1	6.4	5.3	4.0	3.0	2.1
				2	12.8	10.9	8.4	6.5	4.7
				3	15.4	13.1	10.2	8.0	5.8
				4	53.4	47.1	38.7	32.3	25.8
				5	20.5	17.6	13.8	10.9	8.1
				6	11.1	9.4	7.2	5.6	4.0
				7	10.0	8.4	6.4	5.0	3.5
				8	9.1	7.7	5.9	4.5	3.2
				9	8.4	7.1	5.4	4.1	2.9
				10	7.9	6.6	5.0	3.8	2.7
				11	7.4	6.2	4.7	3.6	2.5
				12	7.0	5.9	4.4	3.4	2.4
8	长子县	红星庄	0.5	1	11.0	9.0	7.0	6.0	4.0
				2	14.0	12.0	9.0	8.0	6.0
				3	61.0	53.0	44.0	36.0	28.0
				4	19.0	16.0	14.0	11.0	8.0
				5	9.0	8.0	6.0	5.0	4.0
				6	8.0	7.0	5.0	4.0	3.0
				7	7.0	6.0	5.0	4.0	3.0
				8	6.0	5.0	4.0	3.0	2.0
				9	6.0	5.0	4.0	3.0	2.0

续表 4-7

序号	县(区、市)	小流域名称	时段长 (h)	时段序号	不同频率				
					100 年($Q_{1\%}$)	50 年($Q_{2\%}$)	20 年($Q_{5\%}$)	10 年($Q_{10\%}$)	5 年($Q_{20\%}$)
8	长子县	红星庄	0.5	10	5.0	4.0	4.0	3.0	2.0
				11	5.0	4.0	3.0	3.0	2.0
				12	5.0	4.0	3.0	2.0	2.0
9	武乡县	洪水村	1	1	1.0	0.9	0.8	0.8	0.7
				2	0.8	0.8	0.7	0.7	0.6
				3	0.8	0.7	0.7	0.6	0.6
				4	1.2	1.1	1.0	0.9	0.8
				5	1.3	1.2	1.1	1.0	0.8
				6	1.8	1.7	1.5	1.3	1.1
				7	1.5	1.4	1.2	1.1	1.0
				8	1.7	1.5	1.4	1.2	1.1
				9	3.0	2.7	2.3	2.0	1.7
				10	3.4	3.1	2.7	2.3	1.9
				11	4.1	3.7	3.1	2.7	2.2
				12	16.8	14.9	12.3	10.3	8.2
10	沁县	北关社区	1	1	4.8	4.1	3.2	2.6	1.9
				2	5.3	4.5	3.6	2.9	2.1
				3	5.9	5.1	4.0	3.2	2.4
				4	6.8	5.9	4.6	3.7	2.8
				5	10.1	8.7	6.9	5.6	4.2
				6	39.2	34.1	27.4	22.3	17.2
				7	14.2	12.3	9.8	7.9	6.0
				8	8.1	7.0	5.5	4.4	3.3
				9	4.4	3.7	2.9	2.3	1.8
				10	4.0	3.5	2.7	2.2	1.6
				11	3.7	3.2	2.5	2.0	1.5
				12	3.5	3.0	2.4	1.9	1.4
				13	3.3	2.8	2.2	1.8	1.3
				14	3.1	2.7	2.1	1.7	1.2
				15	3.0	2.5	2.0	1.6	1.2
				16	2.8	2.4	1.9	1.5	1.1

续表 4-7

序号	县（区、市）	小流域名称	时段长（h）	时段序号	不同频率				
					100 年（$Q_{1\%}$）	50 年（$Q_{2\%}$）	20 年（$Q_{5\%}$）	10 年（$Q_{10\%}$）	5 年（$Q_{20\%}$）
10	沁县	北关社区	1	17	2.7	2.3	1.8	1.4	1.1
				18	2.6	2.2	1.7	1.4	1.0
				19	2.5	2.1	1.6	1.3	1.0
				20	2.4	2.0	1.6	1.3	0.9
				21	2.3	2.0	1.5	1.2	0.9
				22	2.2	1.9	1.5	1.2	0.9
				23	2.1	1.8	1.4	1.1	0.8
				24	2.1	1.8	1.4	1.1	0.8
11	沁源县	麻巷村	0.5	1	11.0	9.0	7.0	6.0	4.0
				2	14.0	12.0	9.0	8.0	6.0
				3	62.0	54.0	43.0	35.0	27.0
				4	20.0	17.0	13.0	11.0	8.0
				5	9.0	8.0	6.0	5.0	4.0
				6	8.0	7.0	5.0	4.0	3.0
				7	7.0	6.0	5.0	4.0	3.0
				8	6.0	5.0	4.0	3.0	3.0
				9	6.0	5.0	4.0	3.0	2.0
				10	5.0	4.0	4.0	3.0	2.0
				11	5.0	4.0	3.0	3.0	2.0
				12	4.0	4.0	3.0	2.0	2.0
12	潞城市	会山底村	0.25	1	3.6	3.2	2.6	2.2	1.7
				2	4.1	3.6	3.0	2.5	2.0
				3	4.8	4.2	3.4	2.9	2.3
				4	5.7	5.0	4.1	3.4	2.7
				5	9.2	8.1	6.6	5.5	4.3
				6	47.4	42.1	35.0	29.6	23.9
				7	14.0	12.3	10.0	8.3	6.5
				8	7.0	6.2	5.0	4.2	3.3
				9	3.2	2.9	2.4	2.0	1.6
				10	2.9	2.6	2.1	1.8	1.4
				11	2.7	2.4	1.9	1.6	1.3

续表 4-7

序号	县(区,市)	小流域名称	时段长(h)	时段序号	不同频率				
					100年($Q_{1\%}$)	50年($Q_{2\%}$)	20年($Q_{5\%}$)	10年($Q_{10\%}$)	5年($Q_{20\%}$)
12	潞城市	会山底村	0.25	12	2.5	2.2	1.8	1.5	1.2
				13	2.3	2.0	1.7	1.4	1.1
				14	2.1	1.9	1.5	1.3	1.0
				15	2.0	1.7	1.4	1.2	1.0
				16	1.8	1.6	1.4	1.1	0.9
				17	1.7	1.5	1.3	1.1	0.9
				18	1.6	1.5	1.2	1.0	0.8
				19	1.5	1.4	1.1	1.0	0.8
				20	1.5	1.3	1.1	0.9	0.7
				21	1.4	1.2	1.0	0.9	0.7
				22	1.3	1.2	1.0	0.8	0.7
				23	1.3	1.1	0.9	0.8	0.7
				24	1.2	1.1	0.9	0.8	0.6

4.9　暴雨成果整理

按照《山西省水文计算手册》中的方法,本次计算的 760 个村需要先进行小流域划分、小流域设计暴雨参数查图等工作。

(1)计算历时 P =1%、2%、5%、10%、20% 五种不同频率的设计点雨量 $H°$ 。

根据流域面积大小及暴雨参数等值线通过流域的实际情况,按表 4-5 定点选取原则,选取定点。

从 t_b = 10 min、60 min、6 h、24 h、3 d 的均值 $\overline{H}$ 和变差系数 C_v 等值线图上分别查得各定点的 $\overline{H}$ 和 C_v 值,填入表 4-8,并检查 $\overline{H}$ 和 C_v 历时规律的合理性,如不合理应加以调整。

(2)计算历时 P =1%、2%、5%、10%、20% 五种不同频率的设计面雨量初值 H' 。

计算点面折减系数 $\eta_{1\%}(A,t_b)$,根据不同频率的 $H°$ 和 $\eta_{1\%}(A,t_b)$,由式(4-7)计算设计面雨量初值 H' 。

(3)求解暴雨公式参数,计算设计面雨量。

根据各历时设计面雨量初值 H' ,采用多元回归求解参数: $S_{1\%}$ 、 n_s 、 λ (求解条件是 S_P 的误差控制在 ±5% 以内, $0 \leqslant \lambda < 0.12$ 。 λ 不能满足时,应该调整单站查图值,直至满足约束)。

长治市设计暴雨成果具体计算结果见表 4-9,100 年一遇设计暴雨分布见图 4-4 ～ 图 4-8,100 年一遇设计暴雨等值线见图 4-9 ～图 4-13、长治市小流域汇流时间设计暴雨时程分配结果见表 4-7。为节约篇幅,本次计算长治市设计暴雨成果选点按一县一村列举于表 4-9;长治市设计暴雨时程分配结果也按一县(区、市)列举一村结果见表 4-7。

表 4-8 长治市小流域设计暴雨参数数查图成果

序号	县(区，市)	小流域名称	定点	水文分区	面积(km²)	不同历时定点暴雨参数									
						10 min		60 min		6 h		24 h		3 d	
						$\bar{H}$(mm)	C_v	$\bar{H}$(mm)	C_v	$\bar{H}$(mm)	C_v	$\bar{H}$(mm)	C_v	$\bar{H}$(mm)	C_v
1	长治市郊区	关村	定点1	东区	0.7	16	0.48	32	0.49	45	0.50	65	0.48	85	0.47
2	长治市郊区	沟西村	定点1	东区	5.3	16	0.46	32.95	0.47	45	0.50	65	0.47	85	0.46
3	长治市郊区	西长井村	定点1	东区	1.6	16	0.45	33.58	0.46	45	0.50	65	0.46	85	0.46
4	长治市郊区	石桥村	定点1	东区	2.7	16	0.45	33.59	0.46	45	0.50	65	0.46	85	0.46
5	长治市郊区	大天桥村	定点1	东区	5.9	16	0.45	33.53	0.47	45	0.50	65	0.47	85	0.46
6	长治市郊区	中天桥村	定点1	东区	3.5	16	0.45	33.59	0.47	45	0.50	65	0.47	85	0.46
7	长治市郊区	毛站村	定点1	东区	3.7	16	0.45	33.56	0.47	45	0.50	65	0.47	85	0.46
8	长治市郊区	南天桥村	定点1	东区	1.4	16	0.46	33.7	0.47	45	0.50	65	0.47	85	0.45
9	长治市郊区	南垂村	定点1	东区	4.6	16	0.48	32	0.48	45	0.50	65	0.48	85	0.47
10	长治市郊区	鸡坡村	定点1	东区	0.6	16	0.48	32	0.49	45	0.51	65	0.48	85	0.47
11	长治市郊区	盐店沟村	定点1	东区	2.4	16	0.47	32.14	0.48	45	0.50	65	0.47	85	0.47
12	长治市郊区	小龙脑村	定点1	东区	0.5	16	0.46	32.39	0.47	45	0.50	65	0.47	85	0.47
13	长治市郊区	瓦窑沟村	定点1	东区	2.0	16	0.46	32.4	0.47	45	0.50	65	0.47	85	0.47
14	长治市郊区	滴谷寺村	定点1	东区	0.5	16	0.46	32.51	0.47	45	0.50	65	0.47	85	0.47
15	长治市郊区	东沟村	定点1	东区	0.7	16	0.47	32.17	0.48	45	0.50	65	0.48	85	0.47
16	长治市郊区	苗圃村	定点1	东区	0.3	16	0.47	32.09	0.48	45	0.50	65	0.48	85	0.47
17	长治市郊区	老巴山村	定点1	东区	2.8	16	0.46	32.43	0.47	45	0.50	65	0.47	85	0.47
18	长治市郊区	二龙山村	定点1	东区	0.6	16	0.47	32.35	0.48	45	0.50	65	0.48	85	0.47
19	长治市郊区	余庄村	定点1	东区	0.4	16	0.55	32	0.53	45.83	0.52	66.13	0.55	85.32	0.50
20	长治市郊区	店上村	定点1	东区	1.0	16	0.55	32	0.53	45.97	0.52	66.44	0.55	85.86	0.50
21	长治市郊区	马庄村	定点1	东区	11.1	16	0.55	32	0.52	45	0.52	64.81	0.5	85	0.50
22	长治市郊区	故县村	定点1	东区	36.7	16	0.55	32	0.54	45	0.54	64.14	0.5	85	0.50
23	长治市郊区	葛家庄村	定点1	东区	0.4	16	0.55	32	0.52	45	0.53	63.71	0.5	85	0.49
24	长治市郊区	良才村	定点1	东区	0.3	16	0.54	32	0.52	45	0.53	63.62	0.5	85	0.49
25	长治市郊区	史家庄村	定点1	东区	1.6	16	0.54	32	0.52	45	0.53	63.67	0.5	85	0.49
26	长治市郊区	西沟村	定点1	东区	0.3	16	0.55	32	0.52	45	0.53	63.74	0.5	85	0.49
27	长治市郊区	西白兔村	定点1	东区	6.2	16	0.53	32	0.52	45	0.53	63.67	0.5	85	0.49
28	长治市郊区	漳村	定点1	东区	0.2	16	0.5	32	0.5	45.5	0.53	63.6	0.5	85	0.48
29	长治县	柳林村	定点1	东区	7.4	16	0.53	34	0.5	45.5	0.5	66	0.47	84	0.45
30	长治县	林移村	定点1	东区	15.3	16	0.54	33.7	0.5	45.1	0.5	67	0.49	84.8	0.46

续表 4-8

序号	县（区、市）	小流域名称	定点	水文分区	面积（km²）	10 min $\bar{H}$(mm)	10 min C_v	60 min $\bar{H}$(mm)	60 min C_v	6 h $\bar{H}$(mm)	6 h C_v	24 h $\bar{H}$(mm)	24 h C_v	3 d $\bar{H}$(mm)	3 d C_v
31	长治县	柳林庄村	定点1	东区	12.4	16	0.54	33.8	0.5	45.1	0.5	67	0.49	84.8	0.46
32	长治县	司马村	定点1	东区	58.9	16	0.53	33	0.5	45.1	0.5	67	0.48	84	0.46
33	长治县	荫城村	定点1	东区	87.6	17	0.49	35	0.48	44	0.47	64	0.43	83	0.42
34	长治县	河下村	定点1	东区	70.9	17	0.49	35	0.48	44	0.47	64	0.43	83	0.42
35	长治县	横河村	定点1	东区	69.2	17	0.49	35	0.48	44	0.47	64	0.43	83	0.42
36	长治县	桑梓一村	定点1	东区	59.9	17.3	0.55	35.5	0.53	45	0.49	65	0.46	83	0.44
37	长治县	桑梓二村	定点1	东区	3.5	17.3	0.52	35	0.51	43	0.47	64	0.46	83	0.43
38	长治县	北头村	定点1	东区	52.7	16	0.55	35	0.5	45	0.5	66	0.46	84	0.45
39	长治县	内王村	定点1	东区	3.5	17.3	0.54	35.5	0.52	44	0.47	65	0.46	83	0.43
40	长治县	王坊村	定点2	东区	80.0	17	0.55	35.5	0.52	44	0.48	65	0.46	83	0.43
			定点1	东区	82.5	17	0.49	35	0.48	44	0.47	64	0.43	83	0.42
41	长治县	河南村	定点1	东区	80.0	17	0.55	35.5	0.52	44	0.48	65	0.46	83	0.43
			定点2	东区	82.5	17	0.49	35	0.48	44	0.47	64	0.43	83	0.42
42	长治县	中村	定点1	东区	80.0	17	0.52	35	0.48	44	0.48	65	0.46	83	0.43
			定点2	东区	82.5	17	0.49	35.5	0.52	44	0.47	64	0.43	83	0.42
43	长治县	李坊村	定点1	东区	85.0	17	0.55	35.5	0.52	45	0.46	65	0.45	84	0.43
			定点2	东区	80.0	17.3	0.48	35	0.47	44	0.45	63	0.43	84	0.42
44	长治县	北王庆村	定点1	东区	0.2	16	0.52	35	0.5	45	0.5	65	0.47	84	0.45
45	长治县	桥头村	定点1	东区	6.4	17.3	0.5	35	0.49	44	0.48	63	0.43	83	0.43
46	长治县	下赵家庄村	定点1	东区	0.8	16	0.49	35	0.48	45	0.5	65	0.45	84	0.45
47	长治县	南河村	定点1	东区	0.3	16	0.48	34.5	0.47	45	0.5	65	0.45	84	0.45
48	长治县	羊川村	定点1	东区	7.1	16	0.47	34.5	0.46	45	0.5	65	0.45	84	0.45
49	长治县	八义村	定点1	东区	9.8	17.3	0.56	35.5	0.51	45	0.51	68	0.48	84	0.44
50	长治县	狗湾村	定点1	东区	87.2	16	0.5	36	0.5	48	0.5	71	0.5	86	0.45
51	长治县	北楼底村	定点1	东区	5.0	17.3	0.49	35	0.49	47	0.48	70	0.47	87	0.45
52	长治县	南楼底村	定点1	东区	56.3	16	0.5	36	0.5	48	0.5	72	0.5	86	0.45
53	长治县	新庄村	定点1	东区	0.9	16	0.45	34.5	0.45	45	0.45	65	0.45	83	0.45
54	长治县	北流村	定点1	东区	3.7	15.8	0.44	34.5	0.46	44	0.46	64	0.46	82.5	0.45
55	长治县	北郭村	定点1	东区	82.6	16	0.52	33	0.52	46	0.49	67	0.49	84	0.47
56	长治县	岭上村	定点1	东区	63.6	16	0.53	33	0.5	45.1	0.5	67	0.48	84	0.46

续表 4-8

序号	县(区,市)	小流域名称	定点	水文分区	面积(km²)	不同历时定点暴雨参数									
						10 min		60 min		6 h		24 h		3 d	
						$\bar{H}$(mm)	C_v	$\bar{H}$(mm)	C_v	$\bar{H}$(mm)	C_v	$\bar{H}$(mm)	C_v	$\bar{H}$(mm)	C_v
57	长治县	高河村	定点1	东区	130.0	17.3	0.52	31	0.53	47	0.54	70	0.53	90	0.51
			定点2	东区	127.6	16.5	0.5	33.5	0.51	47	0.52	70	0.52	90	0.48
			定点3	东区	120.0	15.8	0.48	31.5	0.48	48	0.52	76	0.55	100	0.52
58	长治县	西池村	定点1	东区	6.8	17.3	0.48	35	0.47	44	0.47	63	0.44	83	0.43
59	长治县	东池村	定点1	东区	5.2	17.3	0.48	35	0.47	44	0.47	63	0.44	83	0.43
60	长治县	小河村	定点1	东区	1.9	16	0.53	35	0.48	45	0.5	65	0.46	84	0.45
61	长治县	沙峪村	定点1	东区	0.5	16	0.5	35	0.5	45	0.5	65	0.47	84	0.45
62	长治县	土桥村	定点1	东区	4.4	15.8	0.51	35	0.5	44	0.48	65	0.47	83	0.44
63	长治县	河头村	定点1	东区	142.3	16	0.45	35	0.45	45	0.5	65	0.45	84	0.45
			定点2	东区	144.0	16	0.45	33	0.45	45	0.5	65	0.45	84	0.45
64	长治县	小川村	定点1	东区	2.7	17.3	0.47	35	0.46	44	0.46	64	0.44	83	0.43
65	长治县	北呈村	定点1	东区	6.6	16.5	0.58	32.5	0.58	46	0.57	67	0.51	87	0.47
66	长治县	大沟村	定点1	东区	71.5	16	0.55	34	0.5	46	0.5	68	0.5	86.5	0.46
67	长治县	南岭头村	定点1	东区	9.1	16	0.55	33.5	0.5	46	0.5	69	0.5	88	0.47
68	长治县	北岭头村	定点1	东区	41.7	16.5	0.56	35	0.5	46	0.48	67	0.48	85	0.45
69	长治县	须村	定点1	东区	0.7	16	0.52	34	0.5	46	0.5	70	0.52	87	0.47
70	长治县	东和村	定点1	东区	27.0	16	0.55	34.3	0.5	45	0.5	67	0.48	84.5	0.45
71	长治县	中和村	定点1	东区	31.7	16	0.55	34.3	0.5	45	0.5	67	0.48	84.5	0.45
72	长治县	西和村	定点1	东区	33.3	16	0.55	34.3	0.5	45	0.5	67	0.48	84.5	0.45
73	长治县	曹家沟村	定点1	东区	3.0	16	0.55	34.5	0.5	45	0.5	66.5	0.47	84	0.45
74	长治县	琚家沟村	定点1	东区	3.7	16	0.55	34.5	0.5	45	0.5	66.5	0.47	84	0.45
75	长治县	屈家山村	定点1	东区	1.3	16	0.53	35	0.5	46	0.5	69	0.5	86.5	0.47
76	长治县	辉河村	定点1	东区	0.3	16	0.52	34	0.5	46	0.5	70	0.52	87	0.47
77	长治县	于家沟村	定点1	东区	0.8	16	0.52	35.8	0.5	47	0.5	70	0.49	84.5	0.45
78	长治县	北禾村	定点1	东区	32.9	16	0.55	35	0.5	45	0.5	66	0.46	84	0.45
79	襄垣县	石灰窑村	定点1	东区	33.3	16	0.48	31.5	0.49	44.5	0.57	62	0.45	77.5	0.44
80	襄垣县	返底村	定点1	东区	2.4	15	0.49	28.5	0.51	42	0.53	64.9	0.52	80	0.47
81	襄垣县	普头村	定点1	东区	66.9	15	0.5	29	0.52	43.5	0.54	66	0.52	82	0.47
82	襄垣县	安沟村	定点1	东区	6.9	17.4	0.56	32.5	0.55	44.3	0.53	64.6	0.51	79.4	0.51
83	襄垣县	阎村	定点1	东区	35.1	16.5	0.56	32	0.55	44.8	0.55	64.7	0.52	79.9	0.51

续表 4-8

序号	县(区,市)	小流域名称	定点	水文分区	面积(km²)	不同历时定点暴雨参数									
						10 min		60 min		6 h		24 h		3 d	
						$\overline{H}$(mm)	C_v	$\overline{H}$(mm)	C_v	$\overline{H}$(mm)	C_v	$\overline{H}$(mm)	C_v	$\overline{H}$(mm)	C_v
84	襄垣县	南马喊村	定点1	东区	9.5	16.9	0.49	32.8	0.51	44.5	0.52	63.2	0.46	79	0.49
85	襄垣县	河口村	定点1	东区	20.7	16.7	0.52	34.2	0.52	47	0.53	64	0.46	79	0.44
86	襄垣县	北田漳村	定点1	东区	3.5	16.8	0.49	32	0.49	44.3	0.51	62.8	0.46	79	0.49
87	襄垣县	南邯村	定点1	东区	20.2	17	0.55	33.5	0.55	45	0.54	64.8	0.49	78	0.48
88	襄垣县	小河村	定点1	东区	21.5	16.5	0.56	34.5	0.54	50	0.54	66	0.5	82.5	0.45
89	襄垣县	白堰底村	定点1	东区	7.5	16.8	0.56	34.5	0.52	49.5	0.54	66	0.49	82.5	0.44
90	襄垣县	西洞上村	定点1	东区	13.4	16.5	0.56	34.5	0.54	50	0.54	66	0.5	82.5	0.45
91	襄垣县	王村	定点1	东区	43.6	16.3	0.51	32.5	0.5	45.3	0.53	65	0.45	80	0.43
92	襄垣县	下庙村	定点1	东区	37.3	16.3	0.52	33	0.5	45.5	0.53	65	0.45	80	0.43
93	襄垣县	史属村	定点1	东区	3.9	16.5	0.5	32.5	0.49	45	0.53	64.5	0.44	79.5	0.43
94	襄垣县	店上村	定点1	东区	62.4	16.8	0.5	32.5	0.49	45	0.53	64.5	0.44	78.5	0.42
	襄垣县	店上村	定点2	东区	48.7	16	0.48	31	0.47	43	0.52	63	0.42	78	0.43
95	襄垣县	北姚村	定点1	东区	87.4	16.2	0.5	32	0.49	45	0.54	64.5	0.44	79.5	0.43
96	襄垣县	史北村	定点1	东区	25.3	16.3	0.53	33	0.5	46.5	0.53	65.3	0.45	80.5	0.44
97	襄垣县	前王沟村	定点1	东区	17.5	16.7	0.51	33.5	0.51	45	0.54	64	0.46	78	0.44
98	襄垣县	任庄村	定点1	东区	0.7	16.5	0.54	34	0.53	48	0.53	66	0.46	82	0.44
99	襄垣县	高家沟村	定点1	东区	1.7	15.8	0.49	30.8	0.49	44	0.54	64	0.44	79.8	0.43
100	襄垣县	下良村	定点1	东区	92.4	16	0.48	31.3	0.48	44	0.52	64.5	0.43	78.5	0.43
	襄垣县	下良村	定点2	东区	62.5	16.4	0.5	32.5	0.49	45	0.53	63	0.44	79.5	0.43
101	襄垣县	水碾村	定点1	东区	111.5	16.4	0.49	32	0.48	44.5	0.53	64	0.44	79.5	0.44
102	襄垣县	寨沟村	定点1	东区	3.8	14.3	0.47	29.2	0.46	42	0.51	60.8	0.43	78.2	0.42
103	襄垣县	庄里村	定点1	东区	1.1	16.1	0.48	31.5	0.48	43.8	0.53	62.5	0.44	78	0.43
104	襄垣县	桑家河村	定点1	东区	25.1	16.3	0.48	31.2	0.48	43.5	0.52	63.2	0.44	78	0.43
105	襄垣县	固村	定点1	东区	81.4	16.5	0.57	33.5	0.62	47.2	0.55	65	0.54	79	0.51
106	襄垣县	阳沟村	定点1	东区	71.4	16.5	0.57	33.5	0.61	48	0.55	64.5	0.54	78.5	0.51
107	襄垣县	温泉村	定点1	东区	55.6	16.3	0.57	32.5	0.62	47.2	0.55	65	0.54	78.5	0.51
108	襄垣县	燕家沟村	定点1	东区	7.9	16.8	0.56	33.8	0.60	48	0.54	64	0.53	77.5	0.5
109	襄垣县	高崖底村	定点1	东区	49.0	16.1	0.57	32	0.62	47	0.55	65.5	0.55	79	0.52
110	襄垣县	里巖村	定点1	东区	215.3	16.5	0.57	33.3	0.61	47.7	0.55	64.5	0.54	78.2	0.51
111	襄垣县	合漳村	定点1	东区	28.8	16.6	0.54	34	0.54	46	0.54	64.3	0.48	78.5	0.47

续表 4-8

序号	县（区、市）	小流域名称	定点	水文分区	面积（km²）	不同历时定点暴雨参数									
						10 min		60 min		6 h		24 h		3 d	
						$\overline{H}$(mm)	C_v	$\overline{H}$(mm)	C_v	$\overline{H}$(mm)	C_v	$\overline{H}$(mm)	C_v	$\overline{H}$(mm)	C_v
112	襄垣县	西底村	定点1	东区	51.0	16.7	0.54	34.3	0.52	47.8	0.54	65	0.48	80.8	0.44
113	襄垣县	南田漳村	定点1	东区	1.3	16.3	0.49	31.3	0.49	44	0.52	62.5	0.46	78	0.44
114	襄垣县	北马喊村	定点1	东区	10.2	16.7	0.49	32.2	0.49	44.2	0.51	62.7	0.48	77	0.48
115	襄垣县	南底村	定点1	东区	4.8	16.5	0.56	33.8	0.55	45.2	0.54	64	0.5	78.5	0.5
116	襄垣县	兴民村	定点1	东区	6.8	14.7	0.47	29.6	0.46	44	0.52	62	0.41	77	0.43
117	襄垣县	路家沟村	定点1	东区	4.3	16.6	0.49	32	0.49	44.8	0.52	63	0.44	78	0.43
118	襄垣县	南漳西村	定点1	东区	0.5	13.3	0.48	28.4	0.48	43	0.53	59	0.44	78	0.43
119	襄垣县	南漳东村	定点1	东区	1.8	13.3	0.48	28.4	0.48	43	0.53	59	0.44	78	0.43
120	襄垣县	东坡村	定点1	东区	6.3	16.5	0.54	34	0.52	47.5	0.5	65.5	0.46	81.8	0.44
121	襄垣县	九龙村	定点1	东区	100.2	16.5	0.53	35	0.53	47	0.54	63	0.48	78	0.44
122	屯留县	杨家湾村	定点1	东区	2.4	16	0.55	32	0.58	45.87	0.59	71.61	0.6	89.62	0.58
123	屯留县	贾庄村	定点1	东区	13.1	16	0.55	32.51	0.58	45.32	0.55	66.13	0.55	85	0.5
124	屯留县	魏村	定点1	东区	11.2	16	0.55	32	0.6	45.13	0.55	68.05	0.55	85	0.55
125	屯留县	吾元村	定点1	东区	6.1	16	0.6	32	0.6	50	0.56	67.92	0.56	85	0.55
126	屯留县	丰秀岭村	定点1	东区	0.4	16	0.6	32	0.6	46.05	0.56	68.1	0.56	85	0.55
127	屯留县	南阳坡村	定点1	东区	6.4	16	0.6	32	0.6	50	0.57	68.63	0.57	85	0.55
128	屯留县	罗村	定点1	东区	10.4	16	0.6	32	0.6	50	0.6	68.23	0.57	85	0.55
129	屯留县	煤窑沟村	定点1	东区	7.8	16	0.55	32	0.55	50	0.6	68.26	0.57	85	0.5
130	屯留县	东坡村	定点2	东区	7.5	16	0.6	32	0.6	50	0.56	66.21	0.56	85	0.5
			定点3	东区	0.8	16	0.6	32	0.6	50	0.56	66.85	0.56	85	0.55
			定点4	东区	1.1	16	0.6	32	0.6	50	0.56	66.81	0.56	85	0.55
			定点5	东区	0.8	16	0.6	32	0.6	50	0.56	66.87	0.57	85	0.55
			定点6	东区	2.1	16	0.6	32	0.6	50	0.56	67.12	0.57	85	0.55
			定点7	东区	10.0	16	0.6	32	0.6	50	0.6	67.66	0.58	85	0.55
			定点8	东区	10.9	16	0.6	32	0.6	50	0.6	67.88	0.58	85	0.55
			定点9	东区	15.1	16	0.6	32	0.6	50	0.6	66.81	0.58	85	0.55
			定点10	东区	17.7	16	0.6	32	0.6	50	0.6	67.76	0.59	85	0.55
			定点11	东区	20.0	16	0.55	32	0.55	50	0.56	68.7	0.59	85	0.5
			定点12	东区	10.7	16	0.6	32	0.6	50	0.56	66.24	0.57	85	0.55
			定点13	东区	17.6	16	0.6	32	0.6	50	0.57	67.74	0.57	85	0.55
			定点14	东区	10.0	16	0.6	32	0.6	50	0.57	68.56	0.57	85	0.55
			定点15	东区	10.6	16	0.55	32	0.55	50	0.6	68.29	0.57	85	0.5
			定点16	东区	20.0	16	0.6	32	0.6	46.16	0.6	67.91	0.56	85	0.55

续表4-8

序号	县(区、市)	小流域名称	定点	水文分区	面积(km²)	不同历时定点暴雨参数									
						10 min		60 min		6 h		24 h		3 d	
						$\overline{H}$(mm)	C_v	$\overline{H}$(mm)	C_v	$\overline{H}$(mm)	C_v	$\overline{H}$(mm)	C_v	$\overline{H}$(mm)	C_v
131	屯留县	三交村	定点1	东区	74.1	15.2	0.57	31	0.61	48	0.58	67	0.58	80	0.53
	屯留县		定点2	东区	52.9	15.1	0.58	31.2	0.62	47.5	0.57	68	0.57	81	0.53
	屯留县		定点3	东区	31.1	15.6	0.57	31.2	0.62	47.4	0.56	68	0.56	81	0.53
132	屯留县	贾庄	定点1	东区	20.0	16	0.6	32	0.6	46.12	0.57	68.78	0.57	85	0.55
133	屯留县	老庄沟	定点1	东区	6.3	16	0.6	32	0.6	46.27	0.57	69.17	0.57	85	0.55
134	屯留县	北沟庄	定点1	东区	12.8	16	0.6	32	0.6	46.22	0.57	69.06	0.57	85	0.55
135	屯留县	西坡	定点1	东区	15.9	16	0.6	32	0.6	46.17	0.57	68.82	0.57	85	0.55
136	屯留县	秦家村	定点1	东区	1.2	16	0.55	32.02	0.6	45.71	0.55	66.61	0.55	85	0.5
137	屯留县	张店村	定点1	东区	2.4	13.4	0.6	32	0.6	46.77	0.58	69.72	0.58	85	0.55
			定点2	东区	17.4	13.2	0.6	32	0.6	46.97	0.6	69.74	0.58	87.1	0.55
			定点3	东区	17.1	13	0.6	32	0.6	50	0.6	69.94	0.58	88.34	0.55
			定点4	东区	16.4	13	0.6	32	0.6	47.22	0.6	70.19	0.59	91.49	0.55
			定点5	东区	10.5	13	0.6	32	0.6	47.24	0.6	69.9	0.59	89.97	0.55
			定点6	东区	13.7	13	0.6	32	0.6	47.3	0.6	69.81	0.59	90.76	0.55
			定点7	东区	12.1	13	0.6	32	0.6	47.24	0.6	69.97	0.59	90.77	0.55
			定点8	东区	5.7	13.4	0.6	32	0.6	50	0.6	69.36	0.58	85	0.55
			定点9	东区	0.4	13.4	0.6	32	0.6	50	0.6	69.3	0.58	85	0.55
			定点10	东区	15.0	13.4	0.6	32	0.6	50	0.6	69.57	0.58	85	0.55
			定点11	东区	13.9	13.4	0.6	32	0.6	50	0.6	70.08	0.58	85	0.55
			定点12	东区	16.5	13.5	0.6	32	0.6	50	0.6	70.05	0.59	85	0.55
			定点13	东区	11.7	13.6	0.6	32	0.6	50	0.6	69.43	0.59	85	0.55
			定点14	东区	16.9	13.6	0.6	32	0.6	50	0.6	70.72	0.59	85	0.55
			定点15	东区	12.1	13.6	0.6	32	0.6	50	0.6	70.02	0.59	85	0.55
			定点16	东区	13.8	13.3	0.6	32	0.59	50	0.6	70.64	0.58	85.83	0.55
			定点17	东区	34.3	13.2	0.6	32	0.59	50	0.6	70.54	0.58	86.66	0.55
			定点18	东区	17.2	13	0.6	32	0.59	50	0.6	70.85	0.58	88.29	0.55
			定点19	东区	23.3	13.5	0.6	32	0.6	50	0.6	68.81	0.58	85	0.55

续表 4-8

序号	县(区,市)	小流域名称	定点	水文分区	面积 (km²)	不同历时定点暴雨参数									
						10 min		60 min		6 h		24 h		3 d	
						$\overline{H}$(mm)	C_v	$\overline{H}$(mm)	C_v	$\overline{H}$(mm)	C_v	$\overline{H}$(mm)	C_v	$\overline{H}$(mm)	C_v
138	屯留县	甄湖村	定点1	东区	1.9	13.3	0.6	32	0.6	50	0.6	69.29	0.58	85	0.55
			定点2	东区	0.4	13.4	0.6	32	0.6	50	0.6	69.3	0.58	85	0.55
			定点3	东区	15.0	13.4	0.6	32	0.6	50	0.6	69.57	0.58	85	0.55
			定点4	东区	13.9	13.4	0.6	32	0.6	50	0.6	70.08	0.58	85	0.55
			定点5	东区	16.5	13.5	0.6	32	0.6	50	0.6	70.05	0.59	85	0.55
			定点6	东区	11.7	13.6	0.6	32	0.6	50	0.6	69.43	0.59	85	0.55
			定点7	东区	16.9	13.6	0.6	32	0.6	50	0.6	70.72	0.59	85	0.55
			定点8	东区	12.1	13.6	0.6	32	0.6	50	0.6	70.02	0.59	85	0.55
			定点9	东区	13.8	13.3	0.6	32	0.59	50	0.6	70.64	0.58	85.83	0.55
			定点10	东区	34.3	13.2	0.6	32	0.59	50	0.6	70.54	0.58	86.66	0.55
			定点11	东区	17.2	13	0.6	32	0.59	50	0.6	70.85	0.58	88.29	0.55
			定点12	东区	23.3	13.5	0.6	32	0.6	50	0.6	68.81	0.58	85	0.55
139	屯留县	张村	定点1	东区	12.4	13.2	0.6	32	0.6	46.97	0.6	69.81	0.58	87.41	0.55
			定点2	东区	17.1	13	0.6	32	0.6	50	0.6	69.94	0.58	88.34	0.55
			定点3	东区	16.4	13	0.6	32	0.6	47.22	0.6	70.19	0.59	91.49	0.55
			定点4	东区	10.5	13	0.6	32	0.6	47.24	0.6	69.9	0.59	89.97	0.55
			定点5	东区	13.7	13	0.6	32	0.6	47.3	0.6	69.81	0.59	90.76	0.55
			定点6	东区	12.1	13	0.6	32	0.6	47.24	0.6	69.97	0.59	90.77	0.55
140	屯留县	南里庄村	定点1	东区	8.2	13.38	0.6	32	0.6	46.84	0.6	70.91	0.58	87.11	0.55
141	屯留县	上立兼村	定点1	东区	6.6	13.5	0.6	32	0.6	50	0.57	69.24	0.58	85	0.55
142	屯留县	大半沟	定点1	东区	9.5	13.5	0.6	32	0.6	50	0.57	69.23	0.58	85	0.55
143	屯留县	五龙沟	定点1	东区	4.4	14.4	0.57	29	0.62	47.5	0.57	69.9	0.57	83.1	0.53
144	屯留县	李家庄村	定点1	东区	7.4	14.6	0.57	29.9	0.62	47.7	0.57	70.1	0.57	83.8	0.54
145	屯留县	马家庄	定点1	东区	7.4	14.6	0.57	29.9	0.62	47.7	0.57	70.1	0.57	83.8	0.54
146	屯留县	帮家庄	定点1	东区	7.4	14.6	0.57	29.9	0.62	47.7	0.57	70.1	0.57	83.8	0.54
147	屯留县	秋树坡	定点1	东区	7.4	14.6	0.57	29.9	0.62	47.7	0.57	70.1	0.57	83.8	0.54
148	屯留县	李家庄村西坡	定点1	东区	7.4	14.6	0.57	29.9	0.62	47.7	0.57	70.1	0.57	83.8	0.54
149	屯留县	半坡村	定点1	东区	2.5	13.7	0.58	28	0.62	47.5	0.57	75	0.59	92	0.56

续表 4-8

序号	县(区、市)	小流域名称	定点	水文分区	面积(km²)	10 min H̄(mm)	10 min C_v	60 min H̄(mm)	60 min C_v	6 h H̄(mm)	6 h C_v	24 h H̄(mm)	24 h C_v	3 d H̄(mm)	3 d C_v
150	屯留县	霜泽村	定点1	东区	19.0	13.3	0.6	32	0.6	47	0.59	73.03	0.59	91.15	0.55
	屯留县		定点2	东区	12.1	13.3	0.6	32	0.6	47.1	0.59	74.04	0.6	92.87	0.56
	屯留县		定点3	东区	11.0	13.1	0.6	32	0.6	47.16	0.59	72.3	0.59	92.31	0.55
151	屯留县	雁落坪村	定点1	东区	13.2	13.3	0.6	32	0.6	47.02	0.59	72.82	0.59	91.12	0.55
	屯留县		定点2	东区	12.1	13.3	0.6	32	0.6	47.1	0.59	74.04	0.6	92.87	0.56
	屯留县		定点3	东区	11.0	13.1	0.6	32	0.6	47.16	0.59	72.3	0.59	92.31	0.55
152	屯留县	雁落坪村西坡	定点1	东区	13.2	13.3	0.6	32	0.6	47.02	0.59	72.82	0.59	91.12	0.55
	屯留县		定点2	东区	12.1	13.3	0.6	32	0.6	47.1	0.59	74.04	0.6	92.87	0.56
	屯留县		定点3	东区	11.0	13.1	0.6	32	0.6	47.16	0.59	72.3	0.59	92.31	0.55
153	屯留县	宜丰村	定点1	东区	9.0	13.3	0.6	32	0.6	47.13	0.59	73.91	0.6	93.02	0.56
	屯留县		定点2	东区	11.0	13.1	0.6	32	0.6	47.16	0.59	72.3	0.59	92.31	0.55
154	屯留县	浪井沟	定点1	东区	9.0	13.3	0.6	32	0.6	47.13	0.59	73.91	0.6	93.02	0.56
	屯留县		定点2	东区	11.0	13.1	0.6	32	0.6	47.16	0.59	72.3	0.59	92.31	0.55
155	屯留县	宜丰村西坡	定点1	东区	9.0	13.3	0.6	32	0.6	47.13	0.59	73.91	0.6	93.02	0.56
	屯留县		定点2	东区	11.0	13.1	0.6	32	0.6	47.16	0.59	72.3	0.59	92.31	0.55
156	屯留县	中村村	定点1	东区	0.5	14.4	0.58	29	0.59	47.5	0.57	69	0.57	83.3	0.53
157	屯留县	河西村	定点1	东区	12.1	13.3	0.6	32	0.6	50	0.6	70.69	0.58	85.92	0.55
158	屯留县	柳树庄村	定点1	东区	7.0	13.3	0.6	32	0.6	50	0.6	70.88	0.58	86.33	0.55
159	屯留县	柳树庄	定点1	东区	7.0	13.3	0.6	32	0.6	50	0.6	70.88	0.58	86.33	0.55
160	屯留县	老洪沟	定点1	东区	10.2	13.3	0.6	32	0.6	50	0.6	70.75	0.58	86.06	0.55
161	屯留县	崔底村	定点1	东区	20.7	13.1	0.6	32	0.59	50	0.6	70.94	0.58	86.96	0.55
	屯留县		定点2	东区	17.2	13	0.6	32	0.59	50	0.6	70.85	0.58	88.29	0.55
162	屯留县	唐王庙村	定点1	东区	5.7	13.4	0.58	32	0.6	50	0.6	69.58	0.58	85	0.55
163	屯留县	南掌	定点1	东区	92.6	14.9	0.58	30	0.59	48	0.58	70	0.57	84.8	0.54
164	屯留县	徐家庄	定点1	东区	18.7	14.7	0.58	29.9	0.61	48	0.57	68.3	0.57	82.5	0.52
165	屯留县	郭家庄	定点1	东区	9.4	14.9	0.58	30.1	0.6	48.4	0.58	68.7	0.57	82.2	0.53
166	屯留县	沿湾	定点1	东区	11.3	13.5	0.6	32	0.6	50	0.6	68.83	0.58	85	0.55
167	屯留县	王家庄	定点1	东区	6.8	13.5	0.6	32	0.6	50	0.6	68.83	0.58	85	0.55

续表 4-8

序号	县(区、市)	小流域名称	定点	水文分区	面积(km²)	不同历时定点暴雨参数									
						10 min		60 min		6 h		24 h		3 d	
						$\bar{H}$(mm)	C_v	$\bar{H}$(mm)	C_v	$\bar{H}$(mm)	C_v	$\bar{H}$(mm)	C_v	$\bar{H}$(mm)	C_v
168	屯留县	林庄村	定点1	东区	12.7	13.5	0.6	32	0.6	50	0.6	69.98	0.59	85	0.55
			定点2	东区	11.7	13.6	0.6	32	0.6	50	0.6	69.43	0.59	85	0.55
			定点3	东区	16.9	13.6	0.6	32	0.6	50	0.6	70.72	0.59	85	0.55
			定点4	东区	12.1	13.6	0.6	32	0.6	50	0.6	70.02	0.59	85	0.55
169	屯留县	八泉村	定点1	东区	5.8	13	0.6	32	0.6	50	0.6	70.27	0.59	89.43	0.55
			定点2	东区	12.1	13	0.6	32	0.6	47.24	0.6	69.97	0.59	90.77	0.55
170	屯留县	七泉村	定点1	东区	0.1	13	0.6	32	0.6	47.18	0.6	69.75	0.59	89.73	0.55
			定点2	东区	16.4	13	0.6	32	0.6	47.22	0.6	70.19	0.59	91.49	0.55
			定点3	东区	10.5	13	0.6	32	0.6	47.24	0.6	69.9	0.59	89.97	0.55
			定点4	东区	13.7	13	0.6	32	0.6	47.3	0.6	69.81	0.59	90.76	0.55
			定点5	东区	12.1	13	0.6	32	0.6	47.24	0.6	69.97	0.59	90.77	0.55
171	屯留县	鸡窝圪套	定点1	东区	0.1	13	0.6	32	0.6	47.18	0.6	69.75	0.59	89.73	0.55
			定点2	东区	16.4	13	0.6	32	0.6	47.22	0.6	70.19	0.59	91.49	0.55
			定点3	东区	10.5	13	0.6	32	0.6	47.24	0.6	69.9	0.59	89.97	0.55
			定点4	东区	13.7	13	0.6	32	0.6	47.3	0.6	69.81	0.59	90.76	0.55
			定点5	东区	12.1	13	0.6	32	0.6	47.24	0.6	69.97	0.59	90.77	0.55
172	屯留县	南沟村	定点1	东区	12.5	13	0.6	32	0.6	47.23	0.6	70.1	0.59	91.54	0.55
173	屯留县	棋盘新庄	定点1	东区	12.5	13	0.6	32	0.6	47.23	0.6	70.1	0.59	91.54	0.55
174	屯留县	羊窑	定点1	东区	12.5	13	0.6	32	0.6	47.23	0.6	70.1	0.59	91.54	0.55
175	屯留县	小桥	定点1	东区	12.5	13	0.6	32	0.6	47.23	0.6	70.1	0.59	91.54	0.55
176	屯留县	寨上村	定点1	东区	11.6	13	0.6	32	0.6	47.25	0.6	69.95	0.59	90.8	0.55
177	屯留县	寨上	定点1	东区	11.6	13	0.6	32	0.6	47.25	0.6	69.95	0.59	90.8	0.55
178	屯留县	吴而村	定点1	东区	11.5	13	0.6	32	0.59	50	0.6	70.78	0.58	88.41	0.55
179	屯留县	西上村	定点1	东区	17.0	13.1	0.6	32	0.59	50	0.6	71.02	0.58	87.06	0.55
			定点2	东区	17.2	13	0.6	32	0.59	50	0.6	70.85	0.58	88.29	0.55
180	屯留县	西沟河村	定点1	东区	12.4	13	0.6	32	0.6	50	0.6	69.82	0.58	88.47	0.55
			定点2	东区	16.4	13	0.6	32	0.6	47.22	0.6	70.19	0.59	91.49	0.55
			定点3	东区	10.5	13	0.6	32	0.6	47.24	0.6	69.9	0.59	89.97	0.55
			定点4	东区	13.7	13	0.6	32	0.6	47.3	0.6	69.81	0.59	90.76	0.55
			定点5	东区	12.1	13	0.6	32	0.6	47.24	0.6	69.97	0.59	90.77	0.55

续表 4-8

序号	县（区，市）	小流域名称	定点	水文分区	面积（km²）	不同历时定点暴雨参数									
						10 min		60 min		6 h		24 h		3 d	
						$\bar{H}$(mm)	C_v	$\bar{H}$(mm)	C_v	$\bar{H}$(mm)	C_v	$\bar{H}$(mm)	C_v	$\bar{H}$(mm)	C_v
181	屯留县	西岸上	定点1	东区	12.4	13	0.6	32	0.6	50	0.6	69.82	0.58	88.47	0.55
			定点2	东区	16.4	13	0.6	32	0.6	47.22	0.6	70.19	0.59	91.49	0.55
			定点3	东区	10.5	13	0.6	32	0.6	47.24	0.6	69.9	0.59	89.97	0.55
			定点4	东区	13.7	13	0.6	32	0.6	47.3	0.6	69.81	0.59	90.76	0.55
			定点5	东区	12.1	13	0.6	32	0.6	47.24	0.6	69.97	0.59	90.77	0.55
182	屯留县	西村	定点1	东区	12.4	13	0.6	32	0.6	50	0.6	69.82	0.58	88.47	0.55
			定点2	东区	16.4	13	0.6	32	0.6	47.22	0.6	70.19	0.59	91.49	0.55
			定点3	东区	10.5	13	0.6	32	0.6	47.24	0.6	69.9	0.59	89.97	0.55
			定点4	东区	13.7	13	0.6	32	0.6	47.3	0.6	69.81	0.59	90.76	0.55
			定点5	东区	12.1	13	0.6	32	0.6	47.24	0.6	69.97	0.59	90.77	0.55
183	屯留县	西丰宜村	定点1	东区	13.7	14	0.58	32	0.6	47.02	0.6	76.72	0.6	96.7	0.58
			定点2	东区	11.1	13.7	0.6	32	0.6	47.12	0.6	76.3	0.6	96.52	0.57
			定点3	东区	19.1	13.5	0.6	32	0.6	47.34	0.6	76.1	0.6	99.39	0.57
			定点4	东区	15.9	13.2	0.6	32	0.6	47.31	0.6	74.59	0.6	96.19	0.56
			定点5	东区	13.4	13.1	0.6	32	0.6	47.45	0.6	73.92	0.6	98.73	0.57
			定点6	东区	10.3	13.7	0.6	32	0.6	47.43	0.6	77.08	0.6	101.7	0.58
			定点7	东区	10.4	13.8	0.6	32	0.6	46.99	0.6	76.06	0.6	95	0.57
184	屯留县	郝家庄村	定点1	东区	1.0	13.9	0.6	32	0.6	46.77	0.6	75.71	0.6	93.44	0.57
185	屯留县	石泉村	定点1	东区	0.2	14.7	0.57	30.2	0.59	47.6	0.61	76	0.63	94	0.57
186	屯留县	西洼村	定点1	东区	13.0	16	0.55	32	0.56	45	0.54	64.83	0.5	85	0.5
187	屯留县	河神庙	定点1	东区	6.2	16	0.55	32	0.6	46.45	0.59	74.7	0.6	91.31	0.56
188	屯留县	梨树庄村	定点1	东区	5.6	13.5	0.6	32	0.6	50	0.6	68.83	0.58	85	0.55
189	屯留县	庄洼	定点1	东区	5.6	13.5	0.6	32	0.6	50	0.6	68.83	0.58	85	0.55
190	屯留县	西沟村	定点1	东区	4.9	13.9	0.57	28.5	0.62	47.3	0.58	75.6	0.6	92.5	0.56
			定点2	东区	0.1	14.1	0.57	28	0.63	47.7	0.57	74.8	0.59	91.2	0.56
191	屯留县	老婆角	定点1	东区	4.9	13.9	0.57	28.5	0.62	47.3	0.58	75.6	0.6	92.5	0.56
			定点2	东区	0.1	14.1	0.57	28	0.63	47.7	0.57	74.8	0.59	91.2	0.56
192	屯留县	西沟口	定点1	东区	4.9	13.9	0.57	28.5	0.62	47.3	0.58	75.6	0.6	92.5	0.56
			定点2	东区	0.1	14.1	0.57	28	0.63	47.7	0.57	74.8	0.59	91.2	0.56
193	屯留县	司家沟	定点1	东区	2.7	13.9	0.57	28.5	0.62	47.3	0.58	75.6	0.6	92.5	0.56

续表 4-8

序号	县(区,市)	小流域名称	定点	水文分区	面积(km²)	不同历时定点暴雨参数									
						10 min		60 min		6 h		24 h		3 d	
						$\bar{H}$(mm)	C_v	$\bar{H}$(mm)	C_v	$\bar{H}$(mm)	C_v	$\bar{H}$(mm)	C_v	$\bar{H}$(mm)	C_v
194	屯留县	龙王沟村	定点1	东区	6.2	16	0.55	32	0.6	46.45	0.59	74.7	0.6	91.31	0.56
195	屯留县	西流寨村	定点1	东区	18.6	13.5	0.6	32	0.6	47.33	0.6	76.14	0.6	99.25	0.57
			定点2	东区	15.9	13.2	0.6	32	0.6	47.31	0.6	74.59	0.6	96.19	0.56
			定点3	东区	13.4	13.1	0.6	32	0.6	47.45	0.6	73.92	0.6	98.73	0.57
196	屯留县	马家庄	定点1	东区	8.2	13.7	0.6	32	0.6	47	0.59	75.93	0.6	94.62	0.57
197	屯留县	大会村	定点1	东区	13.2	13.5	0.6	32	0.6	47.36	0.6	75.96	0.6	99.68	0.57
			定点2	东区	15.9	13.2	0.6	32	0.6	47.31	0.6	74.59	0.6	96.19	0.56
			定点3	东区	13.4	13.1	0.6	32	0.6	47.45	0.6	73.92	0.6	98.73	0.57
198	屯留县	西大会	定点1	东区	13.2	13.5	0.6	32	0.6	47.36	0.6	75.96	0.6	99.68	0.56
			定点2	东区	15.9	13.2	0.6	32	0.6	47.31	0.6	74.59	0.6	96.19	0.56
			定点3	东区	13.4	13.1	0.6	32	0.6	47.45	0.6	73.92	0.6	98.73	0.57
199	屯留县	河长头村	定点1	东区	8.8	13.6	0.6	32	0.6	47.15	0.6	76.17	0.6	96.5	0.57
			定点2	东区	19.1	13.5	0.6	32	0.6	47.34	0.6	76.1	0.6	99.39	0.57
			定点3	东区	15.9	13.2	0.6	32	0.6	47.31	0.6	74.59	0.6	96.19	0.56
			定点4	东区	13.4	13.1	0.6	32	0.6	47.45	0.6	73.92	0.6	98.73	0.57
			定点5	东区	10.3	13.7	0.6	32	0.6	47.43	0.6	77.08	0.6	101.7	0.58
200	屯留县	南庄村	定点1	东区	0.2	14	0.6	32	0.6	47.1	0.6	76.97	0.6	97.61	0.58
			定点2	东区	11.1	13.7	0.6	32	0.6	47.12	0.6	76.3	0.6	96.52	0.57
			定点3	东区	19.1	13.5	0.6	32	0.6	47.34	0.6	76.1	0.6	99.39	0.57
			定点4	东区	15.9	13.2	0.6	32	0.6	47.31	0.6	74.59	0.6	96.19	0.56
			定点5	东区	13.4	13.1	0.6	32	0.6	47.45	0.6	73.92	0.6	98.73	0.57
			定点6	东区	10.3	13.7	0.6	32	0.6	47.43	0.6	77.08	0.6	101.7	0.58
			定点7	东区	10.4	13.8	0.6	32	0.6	46.99	0.6	76.06	0.6	95	0.57
201	屯留县	中理村	定点1	东区	10.0	13.8	0.6	32	0.6	47.02	0.6	76.2	0.6	95.54	0.57
202	屯留县	吴寨村	定点1	东区	15.9	13.2	0.6	32	0.6	47.33	0.6	74.29	0.6	96.48	0.56
			定点2	东区	13.4	13.1	0.6	32	0.6	47.45	0.6	73.92	0.6	98.73	0.57
203	屯留县	桑园	定点1	东区	15.9	13.2	0.6	32	0.6	47.33	0.6	74.29	0.6	96.48	0.56
			定点2	东区	13.4	13.1	0.6	32	0.6	47.45	0.6	73.92	0.6	98.73	0.57
204	屯留县	黑家口	定点1	东区	7.0	13.1	0.6	32	0.6	47.34	0.6	73.62	0.6	95.73	0.56
			定点2	东区	13.4	13.1	0.6	32	0.6	47.45	0.6	73.92	0.6	98.73	0.57

续表 4-8

序号	县（区，市）	小流域名称	定点	水文分区	面积（km²）	不同历时定点暴雨参数									
						10 min		60 min		6 h		24 h		3 d	
						$\bar{H}$(mm)	C_v	$\bar{H}$(mm)	C_v	$\bar{H}$(mm)	C_v	$\bar{H}$(mm)	C_v	$\bar{H}$(mm)	C_v
205	屯留县	上莲村	定点1	东区	18.7	17	0.56	33	0.57	45.5	0.54	64.6	0.52	78.6	0.52
206	屯留县	前上莲	定点1	东区	18.7	17	0.56	33	0.57	45.5	0.54	64.6	0.52	78.6	0.52
207	屯留县	后上莲	定点1	东区	7.1	16	0.55	32.87	0.58	45	0.54	64.89	0.5	85	0.5
	屯留县		定点2	东区	11.0	16	0.55	33.12	0.6	45.25	0.54	64.92	0.5	85	0.5
208	屯留县	山角村	定点2	东区	3.5	16	0.55	32.95	0.58	45	0.54	64.81	0.5	85	0.5
	屯留县		定点1	东区	11.0	16	0.55	33.12	0.6	45.25	0.54	64.92	0.5	85	0.5
209	屯留县	马庄	定点1	东区	18.7	17	0.56	33	0.57	45.5	0.54	64.6	0.52	78.6	0.52
210	屯留县	交川村	定点1	东区	3.8	16	0.55	33.08	0.6	45.4	0.54	64.98	0.5	85	0.5
211	平顺县	洪岭村	定点1	东区	2.1	18.5	0.4	31	0.43	43	0.48	60	0.47	87	0.43
212	平顺县	椿树沟村	定点1	东区	1.5	17.3	0.4	32.1	0.44	42.5	0.48	62.3	0.44	87.9	0.43
213	平顺县	贾家村	定点1	东区	7.6	17.3	0.4	32.8	0.4	43.2	0.45	62.3	0.44	86.7	0.42
214	平顺县	南北头村	定点1	东区	11.9	17.3	0.4	32.3	0.43	44.7	0.45	64.8	0.44	86.4	0.44
215	平顺县	河则	定点1	东区	33.3	17.3	0.4	33.8	0.44	44.9	0.48	64.8	0.45	87.2	0.44
216	平顺县	路家口村	定点1	东区	33.3	17.3	0.4	33.8	0.44	44.9	0.48	64.8	0.45	87.2	0.44
217	平顺县	北坡村支流	定点1	东区	9.7	17.3	0.4	31.1	0.44	45	0.57	68.9	0.55	90.5	0.49
218	平顺县	北坡村干流	定点2	东区	9.7	17.3	0.4	31.1	0.44	45	0.57	68.9	0.55	90.5	0.49
219	平顺县	龙镇村	定点1	东区	14.4	17.3	0.4	31.1	0.45	45	0.57	64.8	0.46	92.5	0.44
220	平顺县	南坡村	定点1	东区	22.0	16.5	0.4	30.8	0.44	45	0.54	70.1	0.51	95	0.5
221	平顺县	东逯村	定点1	东区	6.2	17.3	0.4	31.6	0.44	45	0.54	66.6	0.51	92.7	0.5
222	平顺县	正村	定点1	东区	41.0	18	0.4	30	0.44	44	0.51	66	0.48	89	0.47
223	平顺县	龙家村	定点1	东区	43.1	17	0.4	30	0.44	44	0.5	65	0.49	90	0.47
224	平顺县	申家坪村	定点1	东区	44.1	17.3	0.4	30.5	0.43	45.4	0.5	64.8	0.48	89.7	0.47
225	平顺县	下井村	定点1	东区	10.0	17.3	0.4	31.6	0.45	45.1	0.54	70.2	0.52	94.8	0.5
226	平顺县	青行头村	定点1	东区	52.2	18.5	0.4	30	0.44	45	0.5	65	0.48	90	0.47
227	平顺县	南寨	定点1	东区	71.0	17.3	0.4	31.6	0.45	45.1	0.54	70.2	0.52	94.8	0.5
228	平顺县	东峪	定点1	东区	4.7	17.3	0.44	31.6	0.45	46.7	0.58	70.1	0.56	95.4	0.55
229	平顺县	西沟村	定点1	东区	82.1	17.1	0.4	31.6	0.44	45.7	0.56	75	0.5	90	0.48
230	平顺县	川底村	定点1	东区	92.5	18	0.4	32.5	0.44	45.7	0.5	66	0.49	90	0.47
231	平顺县	石埠头村	定点1	东区	102.7	18	0.4	32	0.46	47	0.52	70	0.5	92	0.49
232	平顺县	小东峪村	定点1	东区	6.5	17.3	0.4	33.8	0.46	46.9	0.52	69.9	0.51	91.8	0.5
233	平顺县	城关村	定点1	东区	45.1	18.5	0.4	33	0.45	46	0.49	67	0.48	90	0.47
234	平顺县	峪峪村	定点1	东区	10.6	18.5	0.5	33.5	0.47	47.5	0.53	69	0.52	91	0.51

续表 4-8

序号	县(区,市)	小流域名称	定点	水文分区	面积 (km²)	不同历时定点暴雨参数									
						10 min		60 min		6 h		24 h		3 d	
						$\bar{H}$(mm)	C_v	$\bar{H}$(mm)	C_v	$\bar{H}$(mm)	C_v	$\bar{H}$(mm)	C_v	$\bar{H}$(mm)	C_v
235	平顺县	张井村	定点1	东区	15.9	18	0.5	34	0.47	47.5	0.48	69	0.52	90	0.51
236	平顺县	回源峧村	定点1	东区	1.7	18.5	0.5	35	0.46	47	0.52	68	0.5	89	0.49
237	平顺县	小寨村	定点1	东区	74.6	17	0.4	35	0.45	47	0.51	67	0.48	88	0.47
238	平顺县	后留村	定点1	东区	2.9	15.5	0.5	32.5	0.49	46	0.53	68	0.52	88	0.51
239	平顺县	常家村	定点1	东区	2.3	15.9	0.45	32.2	0.46	43.8	0.51	66	0.47	84.9	0.46
240	平顺县	庙后村	定点1	东区	11.5	15.9	0.43	34.2	0.44	44.7	0.47	66.1	0.44	86	0.43
241	平顺县	黄崖村	定点1	东区	15.4	17.3	0.5	33.3	0.49	51.9	0.65	82.3	0.64	115.1	0.63
242	平顺县	牛石窑村	定点1	东区	39.7	17.3	0.5	31.3	0.5	54.5	0.65	85	0.64	115.1	0.63
243	平顺县	玉峡关支流	定点1	东区	1.7	17.3	0.5	33.8	0.51	56	0.75	92.5	0.72	126.8	0.71
244	平顺县	玉峡关干流	定点2	东区	8.1	17.3	0.5	33.8	0.51	56	0.75	92.5	0.72	126.8	0.71
245	平顺县	南地	定点1	东区	99.0	17	0.5	34.3	0.52	51.2	0.7	90	0.68	122.2	0.66
246	平顺县	胼沟	定点1	东区	1.3	17.9	0.5	33.1	0.53	55	0.76	89	0.72	122.2	0.69
247	平顺县	石窑滩村	定点1	东区	2.0	17.3	0.5	32.5	0.51	53.9	0.66	86.6	0.65	120	0.64
248	平顺县	羊老岩村	定点1	东区	3.7	17	0.5	32.6	0.51	51	0.64	84.2	0.63	112.1	0.61
249	平顺县	河口	定点1	东区	16.6	16.5	0.6	31.9	0.57	49.7	0.61	69.1	0.58	95	0.55
250	平顺县	底河村	定点1	东区	13.8	18.5	0.5	33.5	0.47	50	0.61	79	0.6	108	0.58
251	平顺县	西湾村	定点1	东区	68.7	18.5	0.5	33.5	0.47	50	0.61	78	0.59	105	0.56
252	平顺县	焦底村	定点1	东区	1.1	17.3	0.46	32.3	0.47	48	0.53	73	0.56	97	0.52
253	平顺县	棠梨村	定点1	东区	2.2	18.5	0.5	33.3	0.47	48	0.53	73	0.56	98	0.52
254	平顺县	大山村	定点1	东区	3.2	17.7	0.5	33.3	0.51	52	0.64	84	0.63	115	0.62
255	平顺县	安阳村	定点1	东区	7.0	20	0.5	37	0.49	52	0.63	83	0.62	113	0.59
256	平顺县	虎窑村	定点1	东区	93.6	18.5	0.5	33.3	0.47	49	0.59	77	0.58	105	0.56
257	平顺县	军寨	定点1	东区	119.0	18.5	0.46	33.3	0.47	50	0.6	77	0.59	105	0.56
258	平顺县	东寺头村	定点1	东区	122.0	17.3	0.46	31.2	0.48	50	0.6	77	0.59	105	0.56
259	平顺县	后庄村	定点1	东区	5.3	17.3	0.5	31	0.48	48	0.54	74	0.56	100	0.53
260	平顺县	前庄村	定点1	东区	11.1	17.3	0.5	32.3	0.49	48	0.55	75	0.58	101	0.54
261	平顺县	虹梯关村	定点1	东区	17.2	18.5	0.47	32.5	0.49	47	0.54	71	0.56	95	0.53
262	平顺县	梯后村	定点1	东区	225.0	17.3	0.5	32.3	0.49	50	0.6	77	0.59	105	0.55
263	平顺县	碑滩村	定点1	东区	240.1	17.3	0.5	31	0.49	50	0.6	77	0.59	105	0.56
264	平顺县	虹霓村	定点1	东区	254.1	18	0.5	31	0.5	50	0.6	75	0.59	105	0.57
265	平顺县	杏兰岩村	定点1	东区	265.3	18	0.5	31	0.5	50	0.6	75	0.59	105	0.57

续表 4-8

序号	县(区、市)	小流域名称	定点	水文分区	面积(km²)	不同历时定点暴雨参数									
						10 min		60 min		6 h		24 h		3 d	
						$\overline{H}$(mm)	C_v	$\overline{H}$(mm)	C_v	$\overline{H}$(mm)	C_v	$\overline{H}$(mm)	C_v	$\overline{H}$(mm)	C_v
266	平顺县	墮磊山	定点1	东区	292.3	18	0.5	31.5	0.5	50	0.6	76	0.59	105	0.57
267	平顺县	库峻村	定点1	东区	11.1	19	0.6	30.8	0.57	51	0.63	73	0.59	105	0.59
268	平顺县	靳家园村	定点1	东区	24.4	16	0.5	32	0.55	47	0.56	70	0.53	88	0.52
269	平顺县	棚头村	定点1	东区	30.5	15.9	0.51	32	0.55	46.8	0.56	70	0.53	87.8	0.52
270	平顺县	南眈车河	定点1	东区	51.7	16.5	0.5	33.3	0.5	46.8	0.54	69.1	0.53	89	0.52
271	平顺县	槲树园村	定点1	东区	31.7	16.5	0.5	31.9	0.54	47.1	0.55	69.1	0.56	95	0.54
272	平顺县	堂耳庄村	定点1	东区	41.8	16.2	0.5	31.9	0.54	46.1	0.56	69.1	0.55	95	0.54
273	平顺县	源头村	定点1	东区	40.8	16.1	0.6	31.9	0.57	48	0.6	68.1	0.58	91.2	0.54
274	平顺县	豆峪村	定点1	东区	16.6	16.5	0.56	34.3	0.57	49.7	0.61	69.1	0.58	95	0.55
275	平顺县	井底村	定点1	东区	106.6	17	0.5	31.1	0.52	51.2	0.7	90	0.68	122.2	0.66
276	平顺县	消军岭村	定点1	东区	1.5	17.3	0.4	35	0.45	45	0.57	64.8	0.46	92.5	0.44
277	平顺县	天脚村	定点1	东区	72.4	18.5	0.5	35	0.46	47	0.52	68	0.5	89	0.49
278	平顺县	安咀村	定点1	东区	60.4	18.5	0.46	33.5	0.47	50	0.61	78	0.59	105	0.56
279	平顺县	上五井村	定点1	东区	86.0	17	0.4	35	0.45	47	0.51	67	0.48	88	0.47
280	平顺县	石灰窑	定点1	东区	1.9	17	0.4	35	0.45	47	0.51	67	0.48	88	0.47
281	平顺县	驮山	定点1	东区	91.2	17	0.4	35	0.45	47	0.51	67	0.48	88	0.47
282	平顺县	窑门前	定点1	东区	3.3	17	0.46	34.5	0.47	47	0.48	68	0.51	88	0.5
283	平顺县	中五井村	定点1	东区	102.7	17	0.46	34.5	0.47	47	0.48	68	0.51	88	0.5
284	平顺县	西安村	定点1	东区	10.2	17.3	0.46	33.3	0.47	52.1	0.69	81.5	0.65	115	0.64
285	黎城县	柏官庄	定点1	东区	19.1	14.2	0.52	30.5	0.54	47	0.58	77	0.58	97	0.52
286	黎城县	北泉寨村	定点1	东区	20.3	14.5	0.52	30.8	0.55	47	0.55	74.5	0.53	93.5	0.53
			定点2	东区	21.1	14.5	0.52	30.5	0.54	47	0.57	73	0.53	90	0.52
			定点3	东区	10.3	15.2	0.53	31.5	0.57	48	0.57	72	0.54	89.5	0.53
			定点4	东区	13.1	15	0.53	31.5	0.57	47.5	0.57	72	0.54	89	0.53
			定点5	东区	20.6	15.3	0.54	32.5	0.58	49	0.59	69.8	0.54	92.5	0.53
			定点6	东区	4.9	15.2	0.54	32	0.57	48.5	0.58	70	0.54	92.5	0.53
			定点7	东区	19.5	15.1	0.53	31.5	0.57	48	0.58	70	0.54	92.5	0.53
			定点8	东区	1.7	15	0.53	31.2	0.56	47.9	0.57	69.8	0.53	89.8	0.52
			定点9	东区	16.3	14.8	0.53	31.1	0.56	47.3	0.57	71.5	0.53	91.5	0.52
			定点10	东区	1.1	15	0.53	31.2	0.57	47.4	0.57	71	0.53	91.6	0.52

续表 4-8

序号	县(区,市)	小流域名称	定点	水文分区	面积(km²)	10 min $\overline{H}$(mm)	10 min C_v	60 min $\overline{H}$(mm)	60 min C_v	6 h $\overline{H}$(mm)	6 h C_v	24 h $\overline{H}$(mm)	24 h C_v	3 d $\overline{H}$(mm)	3 d C_v
287	黎城县	北崖河	定点1	东区	16.3	14.8	0.53	31.1	0.56	47.3	0.57	71.5	0.53	91.5	0.52
			定点2	东区	1.1	15	0.53	31.2	0.57	47.4	0.57	71	0.53	91.6	0.52
288	黎城县	北委泉	定点1	东区	17.9	13.8	0.51	30	0.53	46	0.57	80.5	0.52	105	0.51
289	黎城县	茶棚滩	定点1	东区	10.6	14	0.51	30	0.55	46	0.57	81.5	0.52	105	0.51
			定点2	东区	7.1	14.2	0.52	31	0.54	49.8	0.58	79	0.53	107.5	0.52
			定点3	东区	27.5	13.8	0.51	30	0.53	46	0.57	82.5	0.52	107	0.51
			定点4	东区	17.9	13.8	0.51	30	0.53	46	0.57	80.5	0.52	105	0.51
290	黎城县	东洼	定点1	东区	20.3	14.5	0.52	30.8	0.54	47	0.55	74.5	0.53	93.5	0.52
			定点2	东区	21.1	14.5	0.52	30.5	0.54	47	0.57	73	0.53	90	0.52
			定点3	东区	10.3	15.2	0.53	31.5	0.57	48	0.57	72	0.54	89.5	0.53
			定点4	东区	13.1	15	0.53	31.5	0.57	47.5	0.57	72	0.54	89	0.53
			定点5	东区	20.6	15.3	0.54	32.5	0.58	49	0.59	69.8	0.54	92.5	0.53
			定点6	东区	4.9	15.2	0.54	32	0.57	48.5	0.58	70	0.54	92.5	0.53
			定点7	东区	19.5	15.1	0.53	31.5	0.57	48	0.58	70	0.54	92.5	0.53
			定点8	东区	1.7	15	0.53	31.2	0.56	47.9	0.57	69.8	0.53	89.8	0.52
			定点9	东区	16.3	14.8	0.53	31.1	0.56	47.3	0.57	71.5	0.53	91.5	0.52
			定点10	东区	23.2	15	0.53	31.2	0.57	47.4	0.57	71	0.53	91.6	0.52
			定点11	东区	27.8	14.5	0.52	30.5	0.54	46	0.56	71.5	0.53	88.5	0.52
			定点12	东区	8.7	15.2	0.53	31.5	0.53	48	0.57	67.5	0.53	87.8	0.52
291	黎城县	佛崖底	定点1	东区	71.1	14.5	0.53	31.8	0.53	49.3	0.57	75	0.53	95	0.52
			定点2	东区	3.2	14	0.53	31	0.52	46.4	0.56	70.8	0.52	91.5	0.52
			定点3	东区	33.9	13.9	0.51	29.8	0.52	45.3	0.55	69.5	0.51	90.5	0.51
292	黎城县	后寨	定点1	东区	2.8	14.1	0.53	31	0.54	48	0.57	76	0.53	97	0.52
293	黎城县	岚沟	定点1	东区	9.5	13.8	0.51	29.5	0.53	45.2	0.58	80	0.52	98	0.52
294	黎城县	仁庄	定点1	东区	8.7	15.2	0.53	31.5	0.57	48	0.57	67.5	0.53	87.8	0.52
295	黎城县	车元	定点1	东区	6.2	14.2	0.52	30.8	0.54	48	0.57	79.5	0.53	105.2	0.53

续表 4-8

序号	县(区,市)	小流域名称	定点	水文分区	面积(km²)	10 min $\bar{H}$(mm)	10 min C_v	60 min $\bar{H}$(mm)	60 min C_v	6 h $\bar{H}$(mm)	6 h C_v	24 h $\bar{H}$(mm)	24 h C_v	3 d $\bar{H}$(mm)	3 d C_v
296	黎城县	寺底	定点1	东区	45.4	13.8	0.51	30	0.53	46	0.57	80.5	0.52	105	0.51
			定点2	东区	16.6	13.5	0.51	29.5	0.53	46	0.56	73	0.52	94	0.51
			定点3	东区	87.6	14	0.53	31	0.54	48	0.57	78	0.53	100	0.52
			定点4	东区	2.8	14.1	0.53	31	0.54	48	0.57	76	0.53	97	0.52
			定点5	东区	7.1	14.2	0.52	31	0.54	49.8	0.58	79	0.53	107.5	0.52
			定点6	东区	10.6	14	0.51	30	0.55	46	0.57	81.5	0.52	105	0.51
			定点7	东区	6.9	14.2	0.52	30.8	0.54	48	0.57	79.5	0.53	105.2	0.53
			定点8	东区	38.7	14.8	0.54	32	0.55	49	0.59	77.5	0.54	105.2	0.54
			定点9	东区	23.8	14.5	0.53	31.2	0.54	45.3	0.58	69.5	0.53	105.2	0.52
			定点10	东区	19.1	14.2	0.52	30.5	0.55	48	0.57	78.5	0.53	97.5	0.52
			定点11	东区	11.1	14.8	0.53	30.8	0.56	47	0.59	78.5	0.54	100	0.53
			定点12	东区	7.0	14.2	0.52	30.5	0.54	47	0.57	79	0.53	101	0.52
297	黎城县	宋家庄	定点1	东区	16.9	15.8	0.56	32.2	0.57	47.5	0.58	68.5	0.55	90	0.53
298	黎城县	苏家峡	定点1	东区	1.5	15.6	0.56	33.3	0.58	49.1	0.59	74.5	0.54	94.9	0.53
299	黎城县	西村	定点1	东区	33.9	13.9	0.51	29.8	0.52	45.3	0.55	69.5	0.51	90.5	0.51
300	黎城县	小寨	定点1	东区	3.2	14	0.53	31	0.52	46.4	0.56	70.8	0.52	91.5	0.52
			定点2	东区	33.9	13.9	0.51	29.8	0.52	45.3	0.55	69.5	0.51	90.5	0.51
301	黎城县	郭家庄	定点1	东区	11.1	14.5	0.54	31.9	0.56	44	0.54	75	0.53	100	0.52
302	黎城县	前庄	定点1	东区	28.0	14	0.51	29.5	0.53	45	0.57	73.5	0.52	90	0.51
303	黎城县	龙王庙	定点1	东区	5.0	15.1	0.54	31.8	0.56	47.8	0.57	72.5	0.53	95	0.52
			定点2	东区	25.9	15.2	0.54	32.4	0.57	48.2	0.58	72.5	0.53	97.5	0.52
304	黎城县	秋树垣	定点1	东区	4.9	15.1	0.54	31.8	0.56	47.8	0.57	72.5	0.53	95	0.52
			定点2	东区	25.9	15.2	0.54	32.4	0.57	48.2	0.58	72.5	0.53	97.5	0.52
			定点3	东区	6.8	15.5	0.56	33.3	0.57	49	0.58	73	0.54	96	0.53
			定点4	东区	13.3	15.5	0.56	33.3	0.57	49	0.58	73	0.54	95	0.53
			定点5	东区	1.5	15.6	0.56	33.3	0.58	49.1	0.59	74.5	0.54	94.9	0.53
305	黎城县	背坡	定点1	东区	16.6	13.5	0.51	29.5	0.53	46	0.56	73	0.52	94	0.51
306	黎城县	南委泉	定点1	东区	10.6	14	0.51	30	0.55	46	0.57	81.5	0.52	105	0.51
			定点2	东区	27.5	13.8	0.51	30	0.53	46	0.57	82.5	0.52	107	0.51
307	黎城县	平头	定点1	东区	54.3	13.2	0.49	29	0.52	44.8	0.57	75	0.52	95	0.51

续表 4-8

序号	县(区,市)	小流域名称	定点	水文分区	面积(km²)	不同历时定点暴雨参数											
						10 min		60 min		6 h		24 h		3 d			
						$\overline{H}$(mm)	C_v	$\overline{H}$(mm)	C_v	$\overline{H}$(mm)	C_v	$\overline{H}$(mm)	C_v	$\overline{H}$(mm)	C_v		
308	黎城县	中庄	定点1	东区	23.5	14.2	0.51	29.8	0.53	45	0.58	74.5	0.52	90	0.52		
309	黎城县	孔家峻	定点1	东区	7.0	14.2	0.52	30.5	0.54	47	0.58	78	0.53	102	0.52		
310	黎城县	三十亩	定点1	东区	7.0	14.2	0.52	30.5	0.54	47	0.58	78	0.53	102	0.52		
			定点2	东区	19.1	14.2	0.52	30.5	0.54	47	0.58	77	0.53	97	0.52		
			定点3	东区	18.9	14.8	0.53	31.3	0.55	48	0.59	76	0.54	99	0.53		
			定点4	东区	5.3	14.8	0.53	31.3	0.54	48	0.59	78	0.54	106	0.53		
311	黎城县	清泉	定点1	东区	71.1	14.5	0.53	31.8	0.53	49.3	0.57	75	0.53	95	0.52		
			定点2	东区	3.2	14	0.53	31	0.52	46.4	0.56	70.8	0.52	91.5	0.52		
			定点3	东区	33.9	13.9	0.51	29.8	0.52	45.3	0.55	69.5	0.51	90.5	0.51		
			定点4	东区	3.1	15.5	0.54	33.7	0.54	49.9	0.58	77	0.54	99.5	0.53		
			定点5	东区	13.2	15.5	0.54	33.9	0.54	50	0.58	77.2	0.54	100	0.53		
			定点6	东区	15.0	15.6	0.56	34	0.54	50.5	0.58	77.2	0.55	99.5	0.53		
			定点7	东区	18.2	15.8	0.56	35.5	0.56	51.5	0.58	77.2	0.56	100	0.54		
			定点8	东区	86.0	15	0.53	31.8	0.52	46.3	0.55	70	0.53	92	0.52		
312	壶关县	桥上村	定点1	东区	75.4	16.2	0.47	31.2	0.51	54.8	0.73	89.5	0.72	122.7	0.71		
313	壶关县	盘底村	定点1	东区	69.2	14.3	0.43	30.1	0.47	46.8	0.57	72	0.55	100	0.55		
			定点2	东区	93.4	16.3	0.46	31.2	0.49	57	0.68	92	0.67	125	0.65		
			定点3	东区	155.6	16.2	0.48	31.3	0.47	54	0.65	85	0.64	118	0.62		
			定点4	东区	49.1	16.2	0.46	31.2	0.49	53.8	0.69	88.5	0.67	119.5	0.68		
314	壶关县	石咀上	定点1	东区	77.3	14.3	0.43	30.1	0.47	46.8	0.57	72	0.55	100	0.55		
			定点2	东区	89.0	16.3	0.46	31.2	0.49	57	0.68	92	0.67	125	0.65		
			定点3	东区	144.7	16.2	0.48	31.3	0.47	54	0.65	85	0.64	118	0.62		
			定点4	东区	59.5	16.2	0.46	31.2	0.49	53.8	0.69	88.5	0.67	119.5	0.68		
315	壶关县	王家庄村	定点1	东区	79.0	14.3	0.43	30.1	0.47	46.8	0.57	72	0.55	100	0.55		
			定点2	东区	102.5	16.3	0.46	31.2	0.49	57	0.68	92	0.67	125	0.65		
			定点3	东区	147.8	16.2	0.48	31.3	0.47	54	0.65	85	0.64	118	0.62		
			定点4	东区	56.7	16.2	0.46	31.2	0.49	53.8	0.69	88.5	0.67	119.5	0.68		

续表 4-8

序号	县(区、市)	小流域名称	定点	水文分区	面积(km²)	不同历时定点暴雨参数									
						10 min		60 min		6 h		24 h		3 d	
						H̄(mm)	Cv	H̄(mm)	Cv	H̄(mm)	Cv	H̄(mm)	Cv	H̄(mm)	Cv
316	壶关县	沙滩村	定点1	东区	78.1	14.3	0.43	30.1	0.47	46.8	0.57	72	0.55	100	0.55
			定点2	东区	90.0	16.3	0.46	31.2	0.49	57	0.68	92	0.67	125	0.65
			定点3	东区	146.3	16.2	0.48	31.3	0.47	54	0.65	85	0.64	118	0.62
			定点4	东区	70.0	16.2	0.46	31.2	0.49	53.8	0.69	88.5	0.67	119.5	0.68
317	壶关县	丁家岩村	定点1	东区	81.6	14.3	0.43	30.1	0.47	46.8	0.57	72	0.55	100	0.55
			定点2	东区	30.2	14.5	0.4	31.5	0.46	45.1	0.55	70	0.53	95	0.5
			定点3	东区	70.2	16.3	0.46	31.2	0.49	57	0.68	92	0.67	125	0.65
			定点4	东区	133.1	16.2	0.48	31.3	0.47	54	0.65	85	0.64	118	0.62
			定点5	东区	156.3	16.3	0.47	31.3	0.5	55	0.71	90	0.7	120.8	0.65
318	壶关县	潭上	定点1	东区	81.6	14.3	0.43	30.1	0.47	46.8	0.57	72	0.55	100	0.55
			定点2	东区	30.2	14.5	0.4	31.5	0.46	45.1	0.55	70	0.53	95	0.5
			定点3	东区	70.2	16.3	0.46	31.2	0.49	57	0.68	92	0.67	125	0.65
			定点4	东区	133.1	16.2	0.48	31.3	0.47	54	0.65	85	0.64	118	0.62
			定点5	东区	151.8	16.3	0.47	31.3	0.5	55	0.71	90	0.7	120.8	0.65
319	壶关县	河东	定点1	东区	81.6	14.3	0.43	30.1	0.47	46.8	0.57	72	0.55	100	0.55
			定点2	东区	30.2	14.5	0.4	31.5	0.46	45.1	0.55	70	0.53	95	0.5
			定点3	东区	70.2	16.3	0.46	31.2	0.49	57	0.68	92	0.67	125	0.65
			定点4	东区	133.1	16.2	0.48	31.3	0.47	54	0.65	85	0.64	118	0.62
			定点5	东区	159.8	16.3	0.47	31.3	0.5	55	0.71	90	0.7	120.8	0.65
320	壶关县	大河村	定点1	东区	81.6	14.3	0.43	30.1	0.47	46.8	0.57	72	0.55	100	0.55
			定点2	东区	30.2	14.5	0.4	31.5	0.46	45.1	0.55	70	0.53	95	0.5
			定点3	东区	70.2	16.3	0.46	31.2	0.49	57	0.68	92	0.67	125	0.65
			定点4	东区	133.1	16.2	0.48	31.3	0.47	54	0.65	85	0.64	118	0.62
			定点5	东区	162.6	16.3	0.47	31.3	0.5	55	0.71	90	0.7	120.8	0.65
321	壶关县	坡底	定点1	东区	81.6	14.3	0.43	30.1	0.47	46.8	0.57	72	0.55	100	0.55
			定点2	东区	30.2	14.5	0.4	31.5	0.46	45.1	0.55	70	0.53	95	0.5
			定点3	东区	70.2	16.3	0.46	31.2	0.49	57	0.68	92	0.67	125	0.65
			定点4	东区	133.1	16.2	0.48	31.3	0.47	54	0.65	85	0.64	118	0.62
			定点5	东区	161.9	16.3	0.47	31.3	0.5	55	0.71	90	0.7	120.8	0.65
322	壶关县	南坡	定点1	东区	23.8	16.4	0.48	31.3	0.52	58.3	0.8	93	0.78	132.5	0.78

续表 4-8

序号	县(区,市)	小流域名称	定点	水文分区	面积(km²)	不同历时定点暴雨参数									
						10 min		60 min		6 h		24 h		3 d	
						$\bar{H}$(mm)	C_v	$\bar{H}$(mm)	C_v	$\bar{H}$(mm)	C_v	$\bar{H}$(mm)	C_v	$\bar{H}$(mm)	C_v
323	壶关县	杨家池村	定点 1	东区	82.8	16.2	0.45	30.8	0.46	47.5	0.56	72	0.55	98	0.51
			定点 2	东区	108.1	15.9	0.47	30.5	0.49	55	0.72	89	0.7	125	0.7
			定点 3	东区	140.6	16.3	0.46	30.6	0.46	47	0.56	74	0.54	97	0.5
			定点 4	东区	97.3	15.8	0.48	31.2	0.49	57	0.69	89	0.69	120	0.68
			定点 5	东区	78.2	15	0.47	31.5	0.48	61	0.82	99.5	0.81	135	0.81
324	壶关县	河东岸	定点 1	东区	83.3	16.2	0.45	30.8	0.46	47.5	0.56	72	0.55	98	0.51
			定点 2	东区	108.3	15.9	0.47	30.5	0.49	55	0.72	89	0.7	125	0.7
			定点 3	东区	140.9	16.3	0.46	30.6	0.46	47	0.56	74	0.54	97	0.5
			定点 4	东区	97.5	15.8	0.48	31.2	0.49	57	0.69	89	0.69	120	0.68
			定点 5	东区	77.0	15	0.47	31.5	0.48	61	0.82	99.5	0.81	135	0.81
325	壶关县	东川底村	定点 1	东区	0.1	15.3	0.52	30.1	0.61	61.5	0.83	103.5	0.79	139.5	0.8
326	壶关县	庄则上村	定点 1	东区	78.1	14.3	0.43	30.1	0.47	46.8	0.57	72	0.55	100	0.55
			定点 2	东区	101.4	16.3	0.46	31.2	0.49	57	0.68	92	0.67	125	0.65
			定点 3	东区	103.9	16.2	0.48	31.3	0.47	54	0.65	85	0.64	118	0.62
			定点 4	东区	17.4	16.2	0.46	31.2	0.49	53.8	0.69	88.5	0.67	119.5	0.68
327	壶关县	土圪堆	定点 1	东区	46.0	16.3	0.46	31.2	0.49	57	0.68	92	0.67	125	0.65
			定点 2	东区	95.8	18.2	0.45	31.5	0.49	50.5	0.61	77.8	0.56	105	0.55
			定点 3	东区	101.4	16.2	0.48	31.3	0.47	54	0.65	85	0.64	118	0.62
328	壶关县	下石坡村	定点 1	东区	53.1	16.7	0.47	31.2	0.48	46	0.58	74	0.55	99	0.51
329	壶关县	黄崖底村	定点 1	东区	51.0	14.3	0.49	30.1	0.56	61.8	0.75	100	0.74	135	0.74
330	壶关县	西坡上	定点 1	东区	7.3	15	0.49	30.5	0.54	61.5	0.78	101.5	0.76	135.5	0.76
331	壶关县	靳家庄	定点 1	东区	32.1	14.5	0.47	30.3	0.54	61.6	0.72	98	0.72	133	0.72
332	壶关县	碾盘街	定点 1	东区	62.8	16.4	0.48	31.5	0.54	61.8	0.75	100	0.75	131.8	0.76
333	壶关县	五里沟村	定点 1	东区	6.7	14.3	0.48	30.5	0.48	60	0.79	98.5	0.76	137.5	0.77
334	壶关县	石坡村	定点 1	东区	19.4	16.3	0.4	30	0.45	44.5	0.53	66.5	0.48	93.5	0.49
335	壶关县	东黄花水村	定点 1	东区	6.0	16.5	0.42	31.5	0.46	42.5	0.52	66	0.46	92	0.46
336	壶关县	西黄花水村	定点 1	东区	5.7	14.3	0.4	31.5	0.45	42.8	0.51	64.5	0.45	87.5	0.4
337	壶关县	安口村	定点 1	东区	1.1	17	0.44	31.5	0.46	42	0.52	65	0.45	90	0.45

续表 4-8

序号	县(区、市)	小流域名称	定点	水文分区	面积(km²)	不同历时定点暴雨参数									
						10 min		60 min		6 h		24 h		3 d	
						$\bar{H}$(mm)	C_v	$\bar{H}$(mm)	C_v	$\bar{H}$(mm)	C_v	$\bar{H}$(mm)	C_v	$\bar{H}$(mm)	C_v
338	壶关县	北平头坞村	定点1	东区	26.2	17.8	0.46	31	0.48	46	0.55	69.9	0.51	94	0.48
339	壶关县	南平头坞村	定点1	东区	26.6	16.3	0.44	30.5	0.46	45	0.55	70	0.51	95	0.5
340	壶关县	双井村	定点1	东区	8.2	16.5	0.4	30.3	0.47	47.5	0.57	72.5	0.62	100.5	0.54
341	壶关县	石河沐村	定点1	东区	4.5	17	0.47	30.7	0.49	54	0.7	88	0.69	120	0.72
342	壶关县	口头村	定点1	东区	3.8	17.8	0.48	31.2	0.48	47.5	0.57	69.9	0.55	90.3	0.46
343	壶关县	三郊口村	定点1	东区	15.0	16.3	0.45	30.4	0.47	45	0.55	70.5	0.5	95.5	0.48
344	壶关县	大井村	定点1	东区	0.5	17.5	0.44	31.3	0.46	44.5	0.54	68	0.47	93	0.47
345	壶关县	城寨村	定点1	东区	1.4	17	0.47	30.7	0.47	45	0.53	67	0.48	93	0.45
346	壶关县	土兼	定点1	东区	3.3	16.8	0.46	30.5	0.46	49.6	0.54	58.5	0.46	92.5	0.46
347	壶关县	薛家园村	定点1	东区	0.7	15.8	0.49	35	0.48	49	0.42	60	0.42	77	0.41
348	壶关县	西底村	定点1	东区	1.9	15.8	0.45	34.5	0.45	42.5	0.44	60.5	0.43	81.5	0.41
349	壶关县	磨掌村	定点1	东区	42.8	15.6	0.49	31.3	0.47	46.1	0.53	67	0.5	90.4	0.46
350	壶关县	神北村	定点1	东区	56.4	16.5	0.48	31.2	0.48	50	0.56	74	0.54	100	0.51
351	壶关县	神南村	定点1	东区	56.4	16.5	0.48	31.2	0.48	50	0.56	74	0.54	100	0.51
352	壶关县	上河村	定点1	东区	28.3	16.2	0.49	30.3	0.48	47.5	0.55	72.3	0.52	97.5	0.48
353	壶关县	福头村	定点1	东区	31.6	16.9	0.46	31	0.48	49	0.57	74	0.56	104	0.53
354	壶关县	西七里村	定点1	东区	18.3	16.2	0.4	32.5	0.43	42.5	0.5	65	0.43	87	0.45
355	壶关县	枓阳村	定点1	东区	2.7	17	0.4	34	0.38	45.8	0.43	60.1	0.45	85.6	0.4
356	壶关县	南岸上	定点1	东区	60.1	16.3	0.45	34	0.46	42.1	0.48	61.8	0.43	84.5	0.43
356	壶关县	南岸上	定点2	东区	90.2	16.2	0.47	32.8	0.47	40.9	0.49	63.2	0.44	85	0.44
357	壶关县	鲍家则	定点1	东区	1.8	16	0.44	33.8	0.43	43	0.48	63	0.45	86	0.43
358	壶关县	南沟村	定点1	东区	0.8	16.3	0.43	30.1	0.45	43.8	0.52	65.5	0.45	89.5	0.44
359	壶关县	角脚底村	定点1	东区	4.4	16.8	0.43	31.3	0.47	45.5	0.54	65.5	0.46	90	0.46
360	壶关县	北河村	定点1	东区	41.3	15.8	0.45	34.1	0.44	46.5	0.43	65.4	0.44	83	0.43
361	长子县	红星庄	定点1	东区	4.0	14.86	0.51	32	0.52	48.04	0.6	79.02	0.6	101.7	0.6

续表 4-8

序号	县(区、市)	小流域名称	定点	水文分区	面积(km²)	不同历时定点暴雨参数									
						10 min		60 min		6 h		24 h		3 d	
						$\overline{H}$(mm)	C_v	$\overline{H}$(mm)	C_v	$\overline{H}$(mm)	C_v	$\overline{H}$(mm)	C_v	$\overline{H}$(mm)	C_v
362	长子县	石家庄村	定点1	东区	11.6	15.55	0.5	32	0.5	48.61	0.54	77.62	0.58	100.4	0.55
			定点2	东区	27.3	15.15	0.5	32	0.5	48.42	0.57	79.21	0.6	101.7	0.6
			定点3	东区	0.1	15.15	0.5	32	0.5	48.56	0.57	80	0.6	102.3	0.6
			定点4	东区	11.7	14.88	0.54	32	0.54	48.49	0.59	80	0.6	104.2	0.6
			定点5	东区	21.2	14.94	0.55	32	0.56	48.44	0.59	79.1	0.6	103.6	0.6
			定点6	东区	11.5	15.16	0.55	32	0.56	48.56	0.59	77.69	0.6	102.8	0.6
			定点7	东区	24.0	14.45	0.55	32	0.57	48.12	0.6	78.81	0.6	104.6	0.6
			定点8	东区	19.6	14.13	0.6	32	0.6	47.85	0.6	75.91	0.61	103.8	0.6
			定点9	东区	4.4	14.96	0.52	32	0.52	48.44	0.59	80	0.6	102.9	0.6
			定点10	东区	24.1	14.46	0.55	32	0.55	48.1	0.6	80	0.61	104.9	0.6
			定点11	东区	18.6	13.97	0.6	32	0.59	47.89	0.6	77.8	0.61	105	0.6
			定点12	东区	10.6	14.04	0.6	32	0.58	47.87	0.6	78.52	0.61	105	0.59
			定点13	东区	13.5	14.65	0.54	32	0.54	48.01	0.6	79.82	0.61	102.9	0.6
			定点14	东区	12.5	15.42	0.5	32	0.5	48.91	0.56	80	0.6	102.4	0.58
			定点15	东区	20.7	15.88	0.51	32.48	0.51	49.43	0.56	80	0.58	102.2	0.55
			定点16	东区	17.2	15.44	0.53	32	0.53	48.97	0.57	80	0.6	103	0.58
363	长子县	西河庄村	定点1	东区	11.6	15.55	0.5	32	0.5	48.61	0.54	77.62	0.58	100.4	0.55
			定点2	东区	27.3	15.15	0.5	32	0.5	48.42	0.57	79.21	0.6	101.7	0.6
			定点3	东区	0.1	15.15	0.5	32	0.5	48.56	0.57	80	0.6	102.3	0.6
			定点4	东区	11.7	14.88	0.54	32	0.54	48.49	0.59	80	0.6	104.2	0.6
			定点5	东区	21.2	14.94	0.55	32	0.56	48.44	0.59	79.1	0.6	103.6	0.6
			定点6	东区	11.5	15.16	0.55	32	0.56	48.56	0.59	77.69	0.6	102.8	0.6
			定点7	东区	24.0	14.45	0.55	32	0.57	48.12	0.6	78.81	0.6	104.6	0.6
			定点8	东区	19.6	14.13	0.6	32	0.6	47.85	0.6	75.91	0.61	103.8	0.6
			定点9	东区	4.4	14.96	0.52	32	0.52	48.44	0.59	80	0.6	102.9	0.6
			定点10	东区	24.1	14.46	0.55	32	0.55	48.1	0.6	80	0.61	104.9	0.6
			定点11	东区	18.6	13.97	0.6	32	0.59	47.89	0.6	77.8	0.61	105	0.6
			定点12	东区	10.6	14.04	0.6	32	0.58	47.87	0.6	78.52	0.61	105	0.59
			定点13	东区	13.5	14.65	0.54	32	0.54	48.01	0.6	79.82	0.61	102.9	0.6
			定点14	东区	12.5	15.42	0.5	32	0.5	48.91	0.56	80	0.6	102.4	0.58
			定点15	东区	20.7	15.88	0.51	32.48	0.51	49.43	0.56	80	0.58	102.2	0.55
			定点16	东区	17.2	15.44	0.53	32	0.53	48.97	0.57	80	0.6	103	0.58

续表 4-8

序号	县(区,市)	小流域名称	定点	水文分区	面积(km²)	不同历时定点暴雨参数									
						10 min		60 min		6 h		24 h		3 d	
						$\bar{H}$(mm)	C_v	$\bar{H}$(mm)	C_v	$\bar{H}$(mm)	C_v	$\bar{H}$(mm)	C_v	$\bar{H}$(mm)	C_v
364	长子县	晋义村	定点1	东区	24.0	14.53	0.55	32	0.57	48.17	0.6	79.05	0.61	104.5	0.6
365	长子县	刁黄村	定点2	东区	19.6	14.13	0.6	32	0.6	47.85	0.6	75.91	0.61	103.8	0.6
366	长子县	南沟河村	定点1	东区	24.0	14.53	0.55	32	0.57	48.17	0.6	79.05	0.61	104.5	0.6
367	长子县	良坪村	定点2	东区	19.6	14.13	0.6	32	0.6	47.85	0.6	75.91	0.61	103.8	0.6
368	长子县	乱石河村	定点1	东区	19.6	14.13	0.6	32	0.6	47.81	0.59	75.56	0.61	103.8	0.6
			定点2	东区	21.2	14.94	0.55	32	0.56	48.44	0.59	79.1	0.6	103.6	0.6
			定点3	东区	11.5	15.16	0.55	32	0.56	48.56	0.6	77.69	0.6	102.8	0.6
			定点4	东区	24.0	14.45	0.55	32	0.57	48.12	0.6	78.81	0.61	104.6	0.6
369	长子县	两都村	定点1	东区	19.6	14.13	0.6	32	0.6	47.85	0.6	75.91	0.61	103.8	0.6
			定点2	东区	21.2	15.01	0.55	32	0.55	48.53	0.59	79.7	0.6	103.7	0.6
370	长子县	苇池村	定点1	东区	11.5	15.16	0.55	32	0.56	48.56	0.59	77.69	0.6	102.8	0.6
371	长子县	李家庄村	定点1	东区	10.6	14.06	0.6	32	0.58	47.9	0.6	78.65	0.61	105	0.6
372	长子县	圪倒村	定点1	东区	21.2	14.94	0.55	32	0.56	48.44	0.59	79.1	0.6	103.6	0.6
			定点2	东区	11.5	15.16	0.55	32	0.56	48.56	0.59	77.69	0.6	102.8	0.6
			定点3	东区	24.0	14.45	0.55	32	0.57	48.12	0.6	78.81	0.61	104.6	0.6
			定点4	东区	19.6	14.13	0.6	32	0.6	47.85	0.6	75.91	0.61	103.8	0.6
373	长子县	高桥沟村	定点1	东区	21.2	14.94	0.55	32	0.56	48.44	0.59	79.1	0.6	103.6	0.6
			定点2	东区	11.5	15.16	0.55	32	0.56	48.56	0.59	77.69	0.6	102.8	0.6
			定点3	东区	24.0	14.45	0.55	32	0.57	48.12	0.6	78.81	0.61	104.6	0.6
			定点4	东区	19.6	14.13	0.6	32	0.6	47.85	0.6	75.91	0.61	103.8	0.6
374	长子县	花家坪村	定点1	东区	21.2	14.94	0.55	32	0.56	48.44	0.59	79.1	0.6	103.6	0.6
			定点2	东区	11.5	15.16	0.55	32	0.56	48.56	0.59	77.69	0.6	102.8	0.6
			定点3	东区	24.0	14.45	0.55	32	0.57	48.12	0.6	78.81	0.61	104.6	0.6
			定点4	东区	19.6	14.13	0.6	32	0.6	47.85	0.6	75.91	0.61	103.8	0.6
375	长子县	洪珍村	定点1	东区	24.1	14.48	0.55	32	0.56	48.21	0.6	80	0.61	105	0.6
			定点2	东区	18.6	13.97	0.6	32	0.59	47.89	0.6	77.8	0.61	105	0.6
			定点3	东区	10.6	14.04	0.6	32	0.58	47.87	0.6	78.52	0.61	105	0.59
376	长子县	郭家沟村	定点1	东区	2.9	14.28	0.55	32	0.57	47.82	0.6	79.25	0.6	103.9	0.6

续表 4-8

序号	县(区、市)	小流域名称	定点	水文分区	面积(km²)	不同历时定点暴雨参数									
						10 min		60 min		6 h		24 h		3 d	
						$\overline{H}$(mm)	C_v	$\overline{H}$(mm)	C_v	$\overline{H}$(mm)	C_v	$\overline{H}$(mm)	C_v	$\overline{H}$(mm)	C_v
377	长子县	南岭庄	定点1	东区	15.0	13.09	0.6	32	0.6	47.26	0.61	70.31	0.61	100.2	0.59
			定点2	东区	20.1	13.36	0.6	32	0.6	47.45	0.61	72.2	0.61	102	0.59
			定点3	东区	11.6	13.54	0.6	32	0.6	47.6	0.61	74	0.61	103.8	0.59
378	长子县	大山	定点1	东区	15.0	13.09	0.6	32	0.6	47.26	0.61	70.31	0.61	100.2	0.59
			定点2	东区	20.1	13.36	0.6	32	0.6	47.45	0.61	72.2	0.61	102	0.59
			定点3	东区	11.6	13.54	0.6	32	0.6	47.6	0.61	74	0.61	103.8	0.59
379	长子县	羊窑沟	定点1	东区	15.0	13.09	0.6	32	0.6	47.26	0.61	70.31	0.61	100.2	0.59
			定点2	东区	20.1	13.36	0.6	32	0.6	47.45	0.61	72.2	0.61	102	0.59
			定点3	东区	11.6	13.54	0.6	32	0.6	47.6	0.61	74	0.61	103.8	0.59
380	长子县	响水铺	定点1	东区	12.8	13	0.6	32	0.6	47.04	0.61	69.74	0.61	97.94	0.59
			定点2	东区	15.0	13	0.6	32	0.6	47.27	0.61	70.47	0.61	100.5	0.59
			定点3	东区	20.1	13.36	0.6	32	0.6	47.45	0.61	72.2	0.61	102	0.59
			定点4	东区	11.6	13.54	0.6	32	0.6	47.6	0.61	74	0.61	103.8	0.59
381	长子县	东沟庄	定点1	东区	3.2	13	0.6	32	0.6	46.79	0.61	69.42	0.61	95.45	0.59
382	长子县	九亩沟	定点1	东区	11.6	13.54	0.6	32	0.6	47.6	0.61	74	0.61	103.8	0.59
383	长子县	小豆沟	定点1	东区	18.1	13.2	0.6	32	0.6	47.57	0.6	74.44	0.61	105	0.58
			定点2	东区	14.2	13.58	0.6	32	0.6	47.7	0.6	76.4	0.61	105	0.58
			定点3	东区	11.7	13.57	0.6	32	0.6	47.7	0.6	75.74	0.61	105	0.59
384	长子县	尧神沟村	定点1	东区	0.3	15.76	0.5	32	0.5	48.45	0.52	75.06	0.55	97.73	0.5
385	长子县	沙河村	定点1	东区	8.6	15.9	0.5	32	0.5	48.39	0.51	74.46	0.55	96.58	0.5
			定点2	东区	11.5	16	0.5	33.12	0.5	48.47	0.5	73.79	0.55	94.74	0.49
			定点3	东区	12.4	16	0.5	32.17	0.5	48.73	0.5	75.23	0.55	97.26	0.5
386	长子县	韩坊村	定点1	东区	8.3	16	0.5	32	0.5	47.98	0.5	72.82	0.55	94.28	0.5
			定点2	东区	2.3	16	0.5	32.28	0.5	48.01	0.5	72.63	0.55	93.61	0.49
			定点3	东区	26.0	16	0.5	34.03	0.5	48.82	0.5	73.69	0.5	93.74	0.48
			定点4	东区	13.6	16	0.5	36	0.5	49.69	0.5	75.61	0.55	96.68	0.48
			定点5	东区	20.5	16	0.5	34.02	0.5	47.58	0.5	71.28	0.5	90.25	0.47
			定点6	东区	8.6	15.9	0.5	32	0.5	48.35	0.51	74.31	0.5	96.34	0.5
			定点7	东区	11.5	16	0.5	33.12	0.5	48.47	0.5	73.79	0.5	94.74	0.49
			定点8	东区	12.4	16	0.5	32.17	0.5	48.73	0.5	75.23	0.5	97.26	0.5

续表 4-8

序号	县(区、市)	小流域名称	定点	水文分区	面积(km²)	10 min $\bar{H}$(mm)	10 min C_v	60 min $\bar{H}$(mm)	60 min C_v	6 h $\bar{H}$(mm)	6 h C_v	24 h $\bar{H}$(mm)	24 h C_v	3 d $\bar{H}$(mm)	3 d C_v
387	长子县	交里村	定点1	东区	29.6	16	0.5	32	0.5	48.18	0.52	74.23	0.56	96.72	0.55
			定点2	东区	11.6	15.46	0.5	32	0.5	48.55	0.54	77.65	0.59	100.5	0.56
			定点3	东区	27.3	15.15	0.5	32	0.5	48.42	0.57	79.21	0.6	101.7	0.6
			定点4	东区	0.1	15.15	0.5	32	0.51	48.56	0.57	80	0.6	102.3	0.6
			定点5	东区	11.7	14.88	0.54	32	0.54	48.49	0.59	80	0.6	104.2	0.6
			定点6	东区	21.2	14.94	0.55	32	0.56	48.44	0.59	79.1	0.6	103.6	0.6
			定点7	东区	11.5	15.16	0.55	32	0.56	48.56	0.59	77.69	0.6	102.8	0.6
			定点8	东区	24.0	14.45	0.55	32	0.57	48.12	0.6	78.81	0.61	104.6	0.6
			定点9	东区	19.6	14.13	0.6	32	0.6	47.85	0.6	75.91	0.61	103.8	0.6
			定点10	东区	4.4	14.96	0.52	32	0.52	48.44	0.59	80	0.6	102.9	0.6
			定点11	东区	24.1	14.46	0.55	32	0.55	48.1	0.6	80	0.61	104.9	0.6
			定点12	东区	18.6	13.97	0.6	32	0.59	47.89	0.6	77.8	0.61	105	0.6
			定点13	东区	10.6	14.04	0.6	32	0.58	47.87	0.6	78.52	0.61	105	0.59
			定点14	东区	13.5	14.65	0.54	32	0.54	48.01	0.6	79.82	0.61	102.9	0.6
			定点15	东区	12.5	15.42	0.5	32	0.51	48.91	0.56	80	0.6	102.4	0.58
			定点16	东区	20.7	15.88	0.51	32.48	0.52	49.43	0.56	80	0.58	102.2	0.55
			定点17	东区	17.2	15.44	0.53	32	0.53	48.97	0.57	80	0.6	103	0.58
			定点18	东区	23.8	15.78	0.5	32	0.5	48.83	0.53	77.68	0.57	100.4	0.55
			定点19	东区	24.0	16	0.5	32.83	0.5	49.41	0.52	78.27	0.55	100.4	0.5
			定点20	东区	10.9	16	0.5	33.51	0.5	49.81	0.53	79.84	0.55	100.9	0.5
388	长子县	西田良村	定点1	东区	18.3	16	0.5	34.04	0.5	49.13	0.5	74.23	0.5	94.58	0.48
			定点2	东区	13.6	16	0.5	36	0.5	49.69	0.5	75.61	0.55	96.68	0.48
389	长子县	南贾村	定点1	东区	13.6	16	0.5	36	0.5	49.69	0.5	75.61	0.55	96.68	0.48
390	长子县	东田良村	定点1	东区	18.2	16	0.5	34.04	0.5	49.13	0.5	74.23	0.5	94.58	0.48
			定点2	东区	13.6	16	0.5	36	0.5	49.69	0.5	75.61	0.55	96.68	0.48
391	长子县	南张店村	定点1	东区	13.6	16	0.5	34.04	0.5	49.63	0.5	75.92	0.55	97.26	0.48
392	长子县	西范村	定点1	东区	3.6	16	0.5	36	0.5	50.01	0.5	75.64	0.55	96.39	0.48
393	长子县	东范村	定点1	东区	13.6	16	0.5	34.04	0.5	49.63	0.5	75.92	0.55	97.26	0.48
394	长子县	崔庄村	定点1	东区	13.6	16	0.5	36	0.5	49.69	0.5	75.61	0.55	96.68	0.48
395	长子县	龙泉村	定点1	东区	13.6	16	0.5	34.04	0.5	49.63	0.5	75.92	0.55	97.26	0.48

续表 4-8

序号	县(区、市)	小流域名称	定点	水文分区	面积(km²)	不同历时定点暴雨参数									
						10 min		60 min		6 h		24 h		3 d	
						$\overline{H}$(mm)	C_v	$\overline{H}$(mm)	C_v	$\overline{H}$(mm)	C_v	$\overline{H}$(mm)	C_v	$\overline{H}$(mm)	C_v
396	长子县	程家庄村	定点1	东区	1.2	16	0.5	34.01	0.5	49.65	0.5	76.82	0.55	98.66	0.49
397	长子县	窑下村	定点1	东区	16.9	16	0.5	36	0.5	50.01	0.5	74.66	0.5	93.27	0.46
398	长子县	赵家庄村	定点1	东区	1.5	16	0.5	36	0.5	48.32	0.5	72.01	0.5	86.99	0.45
399	长子县	陈家庄村	定点1	东区	1.5	16	0.5	36	0.5	48.32	0.5	72.01	0.5	86.99	0.45
400	长子县	吴家庄村	定点1	东区	1.5	16	0.5	36	0.5	48.32	0.5	72.01	0.5	86.99	0.45
401	长子县	曹家沟村	定点1	东区	16.9	16	0.5	36	0.5	50.01	0.5	74.66	0.5	93.27	0.46
402	长子县	琚村	定点1	东区	11.6	16	0.5	36	0.5	48.79	0.5	72.81	0.5	88.89	0.45
			定点2	东区	16.9	16	0.5	36	0.5	50.01	0.5	74.66	0.5	93.27	0.46
403	长子县	平西沟村	定点1	东区	15.9	16	0.5	36	0.5	48.56	0.5	72.64	0.5	88.95	0.46
			定点2	东区	16.9	16	0.5	36	0.5	50.01	0.5	74.66	0.5	93.27	0.46
404	长子县	南漳村	定点1	东区	20.6	16	0.55	32.18	0.51	46.64	0.51	68.93	0.5	88.16	0.48
			定点2	东区	9.1	16	0.55	33.4	0.51	46.3	0.51	68.97	0.5	86.89	0.47
			定点3	东区	12.5	16	0.55	34.04	0.51	45.91	0.51	69.15	0.5	85.66	0.45
			定点4	东区	11.9	16	0.55	34.08	0.51	45.25	0.51	65	0.49	85	0.45
			定点5	东区	10.3	16	0.54	34.01	0.5	46.6	0.5	69.63	0.5	87.8	0.46
405	长子县	吴村	定点1	东区	17.0	16	0.55	32	0.54	46.82	0.6	74.67	0.6	95.97	0.6
			定点2	东区	11.6	16	0.55	32	0.55	47	0.6	75.89	0.61	97.15	0.61
			定点3	东区	9.8	16	0.55	32	0.58	46.51	0.6	75.17	0.6	93.7	0.58
			定点4	东区	8.2	16	0.55	32	0.57	46.74	0.6	75.83	0.6	95.43	0.59
			定点5	东区	19.4	14.12	0.55	32	0.6	46.77	0.6	76.06	0.6	94.65	0.58
			定点6	东区	17.5	14.02	0.55	32	0.6	47.07	0.6	76.91	0.6	97.28	0.58
			定点7	东区	11.1	13.69	0.6	32	0.6	47.12	0.6	76.3	0.6	96.52	0.57
			定点8	东区	19.1	13.52	0.6	32	0.6	47.34	0.6	76.1	0.6	99.39	0.57
			定点9	东区	15.9	13.22	0.6	32	0.6	47.31	0.6	74.59	0.6	96.19	0.56
			定点10	东区	13.4	13.06	0.6	32	0.6	47.45	0.6	73.92	0.6	98.73	0.57
			定点11	东区	10.3	13.74	0.6	32	0.6	47.43	0.6	77.08	0.6	101.7	0.58
			定点12	东区	21.6	14.41	0.55	32	0.56	47.23	0.6	77.3	0.61	98.74	0.6
			定点13	东区	13.8	14.23	0.55	32	0.57	47.48	0.57	78.28	0.61	101	0.59
			定点14	东区	17.1	14	0.6	32	0.59	47.58	0.59	78.08	0.61	102.9	0.59
			定点15	东区	10.2	16	0.55	32	0.58	46.35	0.58	74.12	0.6	92.98	0.59

续表 4-8

不同历时定点暴雨参数

序号	县(区,市)	小流域名称	定点	水文分区	面积(km²)	10 min $\overline{H}$(mm)	10 min C_v	60 min $\overline{H}$(mm)	60 min C_v	6 h $\overline{H}$(mm)	6 h C_v	24 h $\overline{H}$(mm)	24 h C_v	3 d $\overline{H}$(mm)	3 d C_v
406	长子县	安西村	定点1	东区	13.8	14.18	0.55	32	0.58	47.37	0.6	77.97	0.61	100.2	0.59
			定点2	东区	17.1	14	0.6	32	0.59	47.58	0.6	78.08	0.61	102.9	0.59
407	长子县	金村	定点1	东区	13.8	14.18	0.55	32	0.58	47.37	0.6	77.97	0.61	100.2	0.59
			定点2	东区	17.1	14	0.6	32	0.59	47.58	0.6	78.08	0.61	102.9	0.59
408	长子县	丰村	定点1	东区	17.1	13.97	0.6	32	0.59	47.59	0.6	78.02	0.61	103.1	0.59
409	长子县	苏村	定点1	东区	24.0	16	0.5	32.51	0.5	49.31	0.52	78.66	0.55	100.6	0.5
			定点2	东区	10.9	16	0.5	33.51	0.5	49.81	0.53	79.84	0.55	100.9	0.5
410	长子县	西沟村	定点1	东区	5.9	16	0.5	32.81	0.5	49.51	0.54	80	0.56	101.3	0.5
411	长子县	西峪村	定点1	东区	10.9	16	0.5	33.54	0.5	49.84	0.53	80	0.55	101	0.5
412	长子县	东峪村	定点1	东区	10.9	16	0.5	33.51	0.5	49.81	0.53	79.84	0.55	100.9	0.6
413	长子县	坡阳村	定点1	东区	12.5	15.31	0.51	32	0.52	48.83	0.57	80	0.6	102.8	0.55
			定点2	东区	20.7	15.88	0.51	32.48	0.52	49.43	0.56	80	0.58	102.2	0.58
			定点3	东区	17.2	15.44	0.53	32	0.53	48.97	0.57	80	0.6	103	0.58
414	长子县	阳鲁村	定点1	东区	17.2	15.44	0.53	32	0.54	48.96	0.57	80	0.6	103.1	0.58
415	长子县	薯村	定点1	东区	20.7	15.83	0.51	32.37	0.52	49.39	0.56	80	0.58	102.3	0.55
416	长子县	南庄村	定点1	东区	20.7	15.83	0.51	32.37	0.52	49.39	0.56	80	0.58	102.3	0.55
417	长子县	大南石村	定点1	东区	7.3	15.06	0.5	32	0.51	48.41	0.58	79.86	0.6	102.2	0.6
418	长子县	小南石村	定点1	东区	0.8	15.37	0.5	32	0.5	48.71	0.56	79.62	0.61	101.8	0.59
419	长子县	申村	定点1	东区	27.3	15.2	0.5	32	0.5	48.46	0.57	79.03	0.61	101.6	0.6
			定点2	东区	0.1	15.15	0.5	32	0.51	48.56	0.57	80	0.6	102.3	0.6
			定点3	东区	11.7	14.88	0.54	32	0.54	48.49	0.59	80	0.6	104.2	0.6
			定点4	东区	21.2	14.94	0.55	32	0.56	48.44	0.59	79.1	0.6	103.6	0.6
			定点5	东区	11.5	15.16	0.55	32	0.56	48.56	0.59	77.69	0.6	102.8	0.6
			定点6	东区	24.0	14.45	0.55	32	0.57	48.12	0.6	78.81	0.61	104.6	0.6
			定点7	东区	19.6	14.13	0.6	32	0.6	47.85	0.6	75.91	0.61	103.8	0.6
			定点8	东区	4.4	14.96	0.52	32	0.52	48.44	0.59	80	0.6	102.9	0.6
			定点9	东区	24.1	14.46	0.55	32	0.55	48.1	0.6	80	0.61	104.9	0.6
			定点10	东区	18.6	13.97	0.59	32	0.59	47.89	0.6	77.8	0.61	105	0.6
			定点11	东区	10.6	14.04	0.6	32	0.58	47.87	0.6	78.52	0.61	105	0.59
			定点12	东区	13.5	14.65	0.54	32	0.54	48.01	0.6	79.82	0.61	102.9	0.6
			定点13	东区	12.5	15.42	0.5	32	0.51	48.91	0.56	80	0.6	102.4	0.58
			定点14	东区	20.7	15.88	0.51	32.48	0.52	49.43	0.56	80	0.58	102.2	0.55
			定点15	东区	17.2	15.44	0.53	32	0.53	48.97	0.57	80	0.6	103	0.58

续表 4-8

序号	县(区、市)	小流域名称	定点	水文分区	面积(km²)	不同历时定点暴雨参数									
						10 min		60 min		6 h		24 h		3 d	
						$\bar{H}$(mm)	C_v	$\bar{H}$(mm)	C_v	$\bar{H}$(mm)	C_v	$\bar{H}$(mm)	C_v	$\bar{H}$(mm)	C_v
420	长子县	西何村	定点1	东区	5.9	16	0.55	32	0.52	46.5	0.56	68.6	0.56	90.71	0.55
			定点2	东区	2.9	16	0.54	32	0.52	46.73	0.56	69.64	0.58	92.06	0.58
			定点3	东区	25.9	16	0.53	32	0.52	46.82	0.6	72.59	0.6	94.23	0.6
			定点4	东区	17.0	16	0.55	32	0.54	46.82	0.6	74.67	0.6	95.97	0.6
			定点5	东区	11.6	16	0.55	32	0.55	47	0.6	75.89	0.61	97.15	0.6
			定点6	东区	9.8	16	0.55	32	0.58	46.51	0.6	75.17	0.6	93.7	0.58
			定点7	东区	8.2	16	0.55	32	0.57	46.74	0.6	75.83	0.6	95.43	0.59
			定点8	东区	19.4	14.12	0.55	32	0.6	46.77	0.6	76.06	0.6	94.65	0.58
			定点9	东区	17.5	14.02	0.55	32	0.6	47.07	0.6	76.91	0.6	97.28	0.58
			定点10	东区	11.1	13.69	0.6	32	0.6	47.12	0.6	76.3	0.6	96.52	0.57
			定点11	东区	19.1	13.52	0.6	32	0.6	47.34	0.6	76.1	0.6	99.39	0.57
			定点12	东区	15.9	13.22	0.6	32	0.6	47.31	0.6	74.59	0.6	96.19	0.56
			定点13	东区	13.4	13.06	0.6	32	0.6	47.45	0.6	73.92	0.6	98.73	0.57
			定点14	东区	10.3	13.74	0.6	32	0.6	47.43	0.6	77.08	0.6	101.7	0.58
			定点15	东区	21.6	14.41	0.55	32	0.56	47.23	0.6	77.3	0.6	98.74	0.6
			定点16	东区	13.8	14.23	0.55	32	0.57	47.48	0.6	78.28	0.61	101	0.59
			定点17	东区	17.0	14	0.6	32	0.59	47.58	0.6	78.08	0.61	102.9	0.59
			定点18	东区	10.2	16	0.55	32	0.58	46.35	0.6	74.12	0.6	92.98	0.59
			定点19	东区	17.9	16	0.5	32	0.51	47.14	0.57	72.4	0.6	94.7	0.6
			定点20	东区	33.0	16	0.55	32	0.54	46.39	0.6	71.15	0.6	92.33	0.6
421	长子县	鲍寨村	定点1	东区	16.9	16	0.5	36	0.5	50.02	0.5	74.74	0.5	93.56	0.46
422	长子县	南庄村	定点1	东区	15.0	13.09	0.6	32	0.6	47.26	0.61	70.31	0.61	100.2	0.59
			定点2	东区	20.1	13.36	0.6	32	0.6	47.45	0.61	72.2	0.61	102	0.59
			定点3	东区	11.6	13.54	0.6	32	0.6	47.6	0.61	74	0.61	103.8	0.59
423	长子县	南沟	定点1	东区	17.1	13.97	0.6	32	0.59	47.59	0.6	78.02	0.61	103.1	0.59
424	长子县	庞庄村	定点1	东区	17.2	15.44	0.53	32	0.54	48.96	0.57	80	0.6	103.1	0.58
425	武乡县	洪水村	定点1	东区	53.4	13.2	0.46	27.9	0.5	42	0.49	58	0.44	78	0.43
426	武乡县	寨坪村	定点1	东区	122.2	13.6	0.45	27	0.5	43	0.49	58	0.43	77.5	0.43
427	武乡县	下寨村	定点1	东区	14.9	13	0.47	26	0.51	42.5	0.52	59	0.45	79	0.44
428	武乡县	中村村	定点1	东区	12.7	13	0.48	26.5	0.51	43.3	0.54	62.5	0.47	82.5	0.46

续表 4-8

序号	县(区,市)	小流域名称	定点	水文分区	面积(km²)	不同历时定点暴雨参数									
						10 min		60 min		6 h		24 h		3 d	
						$\overline{H}$(mm)	C_v	$\overline{H}$(mm)	C_v	$\overline{H}$(mm)	C_v	$\overline{H}$(mm)	C_v	$\overline{H}$(mm)	C_v
429	武乡县	义安村	定点1	东区	12.7	13	0.48	26.5	0.51	43.3	0.54	62.5	0.47	82.5	0.46
430	武乡县	韩北村	定点1	东区	7.2	14	0.5	28	0.51	45	0.54	63	0.47	83	0.45
431	武乡县	王家峪村	定点1	东区	2.9	13.5	0.45	26.8	0.49	41.5	0.53	59	0.44	78	0.43
432	武乡县	大有村	定点1	东区	32.3	13.4	0.45	27.2	0.48	43	0.5	58.5	0.43	77.5	0.43
433	武乡县	辛庄村	定点1	东区	32.3	13.4	0.45	27.2	0.48	43	0.5	58.5	0.43	77.5	0.43
434	武乡县	峪口村	定点1	东区	44.8	13.6	0.45	27	0.48	43.1	0.51	58	0.43	77	0.43
435	武乡县	墁村	定点1	东区	0.5	14.5	0.5	29	0.5	45	0.51	61	0.45	80	0.45
436	武乡县	李峪村	定点1	东区	20.4	13.4	0.46	27.2	0.49	41.9	0.53	58.5	0.44	77	0.44
437	武乡县	泉沟村	定点1	东区	20.4	13.4	0.46	27.2	0.49	41.9	0.53	58.5	0.44	77	0.44
438	武乡县	贾豁村	定点1	东区	55.7	14	0.47	28.5	0.47	44	0.5	60	0.44	78	0.43
439	武乡县	高家庄村	定点1	东区	18.3	14.1	0.48	28.5	0.48	44	0.49	60	0.44	78	0.43
440	武乡县	石泉村	定点1	东区	9.2	14.1	0.47	28.5	0.47	44.5	0.49	60	0.44	78	0.43
441	武乡县	海神沟村	定点1	东区	0.8	14	0.47	28.3	0.47	43.5	0.49	59.8	0.44	78	0.43
442	武乡县	郭村村	定点1	东区	15.8	14.1	0.48	28.5	0.48	44.5	0.49	60	0.44	78.5	0.43
443	武乡县	杨桃湾村	定点1	东区	2.9	14.5	0.49	28.5	0.5	45	0.52	61	0.46	81	0.45
444	武乡县	胡庄铺村	定点1	东区	9.3	15	0.49	29.2	0.49	43	0.55	64.8	0.5	84.8	0.47
445	武乡县	平家沟村	定点1	东区	1.7	14.5	0.5	28.3	0.5	45	0.57	66	0.56	86	0.47
446	武乡县	王路村	定点1	东区	3.0	15	0.49	28	0.5	43	0.56	65.1	0.52	85	0.48
447	武乡县	马牧村干流	定点1	东区	99.1	14.3	0.52	29	0.53	44.5	0.57	66	0.54	85	0.5
447	武乡县	马牧村支流	定点1	东区	26.0	14.5	0.53	29	0.53	43	0.58	66.5	0.56	86	0.52
448	武乡县	南村村	定点1	东区	109.1	14	0.53	30	0.54	45	0.57	66	0.55	85	0.5
449	武乡县	东寨底村	定点1	东区	5.5	13.8	0.6	28.5	0.61	44	0.63	68	0.58	87	0.57
450	武乡县	邵渠村	定点1	东区	5.0	14.5	0.57	28.5	0.59	44.5	0.63	67	0.58	87	0.57
451	武乡县	北涅水村	定点1	东区	2.3	14.5	0.57	28.5	0.58	44.5	0.63	67	0.59	87	0.57
452	武乡县	高台寺村	定点1	东区	117.2	14	0.61	28	0.61	43.5	0.63	67	0.58	86.5	0.54
453	武乡县	槐圪塔村	定点1	东区	61.8	13.8	0.6	27.5	0.6	45	0.62	66	0.57	87	0.53
454	武乡县	大寨村	定点1	东区	54.9	13.9	0.62	27	0.62	43.5	0.62	66.5	0.57	87	0.53
455	武乡县	西良村	定点1	东区	61.8	13.8	0.6	27.5	0.6	45	0.62	66	0.57	87	0.53
456	武乡县	分水岭村	定点1	东区	10.8	13.2	0.62	25.9	0.61	42.5	0.59	67	0.55	86	0.51
457	武乡县	窑儿头村	定点1	东区	16.4	13.1	0.6	25.8	0.6	41	0.61	65.2	0.55	85	0.51
458	武乡县	南关村	定点1	东区	67.1	13	0.6	25.5	0.6	42	0.61	65.5	0.55	85	0.5
459	武乡县	松庄村	定点1	东区	21.3	13.8	0.6	26	0.6	42	0.62	67	0.56	86	0.52

续表 4-8

序号	县(区、市)	小流域名称	定点	水文分区	面积(km²)	不同历时定点暴雨参数									
						10 min		60 min		6 h		24 h		3 d	
						$\bar{H}$(mm)	C_v	$\bar{H}$(mm)	C_v	$\bar{H}$(mm)	C_v	$\bar{H}$(mm)	C_v	$\bar{H}$(mm)	C_v
460	武乡县	石北村	定点1	东区	21.5	14	0.53	30	0.55	45	0.6	66	0.58	86	0.52
461	武乡县	西黄岩村干流	定点1	东区	52.0	14	0.51	29.5	0.53	45	0.6	66	0.55	85	0.5
	武乡县	西黄岩村支流	定点1	东区	3.7	14.5	0.5	30	0.53	45	0.57	66	0.53	85	0.5
462	武乡县	型庄村	定点1	东区	67.7	15	0.51	29	0.53	45	0.58	66	0.55	85	0.5
463	武乡县	长蔚村	定点1	东区	1.1	14.5	0.5	30	0.54	45	0.56	66	0.53	85	0.48
464	武乡县	王家渠村	定点1	东区	1.9	14.5	0.5	28.5	0.52	45	0.57	66	0.53	85	0.47
465	武乡县	长庆村	定点1	东区	1.1	14.5	0.5	30	0.54	45	0.56	66	0.53	85	0.48
466	武乡县	长庆凹村	定点1	东区	3.5	15	0.5	29	0.51	45	0.56	66	0.53	86	0.47
467	武乡县	墨镫村	定点1	东区	11.4	14	0.5	28.2	0.51	44	0.5	60	0.47	80	0.45
468	沁县	北关社区	定点1	东区	121.4	14	0.59	30	0.59	47	0.65	70	0.66	93	0.6
469	沁县	南关社区	定点1	东区	127.0	14.5	0.57	31	0.58	49	0.64	72	0.67	95	0.6
	沁县	南关社区	定点2	东区	121.4	14	0.59	30	0.59	47	0.65	70	0.66	93	0.6
	沁县	南关社区	定点3	东区	24.3	15	0.56	32	0.56	50	0.63	73	0.67	98	0.6
470	沁县	西苑社区	定点1	东区	140.2	14	0.59	30	0.59	47	0.65	70	0.66	93	0.6
471	沁县	东苑社区	定点1	东区	140.2	14	0.59	30	0.59	47	0.65	70	0.66	93	0.6
472	沁县	育才社区	定点1	东区	127.0	14.5	0.57	31	0.58	49	0.64	72	0.67	95	0.6
	沁县	育才社区	定点2	东区	121.4	14	0.59	30	0.59	47	0.65	70	0.66	93	0.6
	沁县	育才社区	定点3	东区	24.3	15	0.56	32	0.56	50	0.63	73	0.67	98	0.6
473	沁县	合庄村	定点1	东区	1.2	15.2	0.56	32.4	0.57	51	0.59	72	0.6	96	0.55
474	沁县	北寺上村	定点1	东区	12.5	15	0.56	31	0.56	48	0.61	70	0.61	93	0.56
475	沁县	下曲峪村	定点1	东区	2.5	15	0.56	31	0.56	48	0.61	70	0.61	93	0.56
476	沁县	迎春村	定点1	东区	111.3	14.5	0.57	31	0.58	49	0.64	72	0.67	95	0.6
477	沁县	官道上	定点1	东区	126.9	14.5	0.57	31	0.58	49	0.64	72	0.67	95	0.6
478	沁县	北漳村	定点1	东区	4.4	14.5	0.55	30	0.55	47	0.6	70	0.6	93	0.55
479	沁县	福村村	定点1	东区	33.6	14.1	0.58	31	0.58	48	0.62	72	0.66	94	0.6
480	沁县	郭村村	定点1	东区	6.7	14.1	0.57	31	0.57	49	0.64	73	0.67	94	0.61
481	沁县	池堡村	定点1	东区	5.1	14.3	0.58	31	0.58	48	0.64	73	0.66	95	0.61
482	沁县	故县村	定点1	东区	58.5	15.2	0.58	32.5	0.59	47	0.63	70	0.66	85	0.57
	沁县	故县村	定点2	东区	29.2	15.5	0.57	32.5	0.61	48	0.61	68	0.64	83.5	0.56
	沁县	故县村	定点3	东区	39.2	15.5	0.58	32	0.59	47	0.61	70	0.63	82.5	0.56

续表 4-8

序号	县（区、市）	小流域名称	定点	水文分区	面积（km²）	10 min $\bar{H}$(mm)	10 min C_v	60 min $\bar{H}$(mm)	60 min C_v	6 h $\bar{H}$(mm)	6 h C_v	24 h $\bar{H}$(mm)	24 h C_v	3 d $\bar{H}$(mm)	3 d C_v
483	沁县	后河村	定点1	东区	23.6	15	0.57	33	0.6	49	0.62	70	0.66	85	0.57
484	沁县	徐村	定点1	东区	58.5	15	0.59	33	0.59	48	0.63	70.5	0.66	85	0.57
			定点2	东区	60.0	15.5	0.58	33.5	0.61	49	0.62	69.5	0.66	85	0.56
			定点3	东区	42.2	15.5	0.57	33	0.62	48.5	0.6	67	0.6	82.5	0.55
			定点4	东区	52.4	15	0.58	32	0.6	48	0.61	69	0.63	83.5	0.56
485	沁县	马连道村	定点1	东区	58.5	15	0.59	33	0.59	48	0.63	70.5	0.66	85	0.57
			定点2	东区	47.9	15.5	0.58	33.5	0.61	49	0.62	69.5	0.6	85	0.56
			定点3	东区	42.2	15.5	0.57	33	0.62	48.5	0.6	67	0.6	82.5	0.55
			定点4	东区	52.4	15	0.58	32	0.6	48	0.61	69	0.63	83.5	0.56
486	沁县	徐阳村	定点1	东区	53.4	16.5	0.55	34	0.53	47	0.53	66	0.5	85	0.45
487	沁县	邓家坡村	定点1	东区	56.6	16.5	0.55	34	0.53	47	0.53	66	0.5	85	0.45
488	沁县	南池村	定点1	东区	65.2	16	0.56	33	0.61	49	0.57	66	0.57	82	0.52
489	沁县	古城村	定点1	东区	49.4	16	0.56	33	0.61	49	0.57	66	0.57	82	0.52
490	沁县	大里村	定点1	东区	56.3	16.1	0.57	33	0.62	49.5	0.57	66	0.57	82	0.52
491	沁县	西待贤	定点1	东区	16.4	15.9	0.58	32.5	0.61	47	0.58	66	0.57	80	0.53
492	沁县	芦则沟	定点1	东区	0.5	16.2	0.57	33	0.61	49	0.57	65.5	0.57	80.5	0.52
493	沁县	陈庄沟	定点1	东区	1.8	16.2	0.57	33	0.61	49	0.57	65.5	0.57	80.5	0.52
494	沁县	沙圪道	定点1	东区	35.9	16	0.57	33	0.6	49	0.59	66	0.57	80	0.53
495	沁县	交口村	定点1	东区	16.8	13.9	0.6	29	0.6	46	0.64	67	0.63	89	0.58
496	沁县	韩曹沟	定点1	东区	3.7	14.1	0.57	29.7	0.55	46	0.63	68	0.64	90	0.57
497	沁县	固亦村	定点1	东区	48.9	14.2	0.57	29.9	0.58	46	0.63	69	0.65	90	0.58
498	沁县	南园则村	定点1	东区	48.9	14.2	0.57	29.9	0.58	46	0.63	69	0.65	90	0.58
499	沁县	景村村	定点1	东区	62.2	14	0.59	30	0.59	47	0.65	70	0.66	93	0.6
500	沁县	羊庄村	定点1	东区	21.0	13.9	0.6	29	0.61	46	0.66	69	0.65	90	0.6
501	沁县	乔家湾村	定点1	东区	13.8	14	0.59	30	0.6	47	0.65	70	0.63	90	0.6
502	沁县	山坡村	定点1	东区	34.5	13.9	0.59	29	0.6	47	0.65	69	0.66	90	0.6
503	沁县	道兴村	定点1	东区	88.6	15	0.57	32.5	0.58	49	0.62	73	0.67	93	0.6
504	沁县	燕垒沟村	定点1	东区	1.3	15	0.57	32.5	0.59	50	0.63	72	0.66	93	0.57
505	沁县	河止村	定点1	东区	72.8	14.4	0.57	32	0.57	49	0.64	73	0.66	91	0.6
506	沁县	漫水村	定点1	东区	42.0	14.5	0.57	32	0.58	48	0.64	73	0.66	92	0.61
507	沁县	下湾村	定点1	东区	52.4	14.6	0.57	32	0.57	48.5	0.64	74	0.68	91	0.61
508	沁县	寺庄村	定点1	东区	43.2	14.5	0.57	32	0.58	48	0.64	73	0.66	92	0.61

续表 4-8

序号	县(区,市)	小流域名称	定点	水文分区	面积(km²)	10 min H(mm)	10 min Cv	60 min H(mm)	60 min Cv	6 h H(mm)	6 h Cv	24 h H(mm)	24 h Cv	3 d H(mm)	3 d Cv
509	沁县	前庄	定点1	东区	6.5	14.5	0.56	29	0.56	44	0.62	68	0.61	89	0.56
510	沁县	蔡甲	定点1	东区	6.5	14.5	0.56	29	0.56	44	0.62	68	0.61	89	0.56
511	沁县	长街村	定点1	东区	13.7	15.2	0.55	31	0.55	47	0.58	69	0.57	90	0.52
512	沁县	汶村村	定点1	东区	31.0	16.5	0.54	33	0.52	47	0.54	66.5	0.49	84.5	0.45
513	沁县	五星村	定点1	东区	43.2	16.5	0.55	33.7	0.52	47	0.54	67	0.49	84.5	0.45
514	沁县	东杨家庄村	定点1	东区	3.8	16.5	0.53	33	0.52	47	0.52	66	0.47	83	0.44
515	沁县	下张庄村	定点1	东区	12.4	15.3	0.57	33.5	0.61	51	0.61	70.5	0.65	89	0.56
516	沁县	唐村村	定点1	东区	2.1	15.6	0.57	34.1	0.58	53	0.61	71	0.63	93	0.55
517	沁县	中里村	定点1	东区	2.3	15.7	0.57	34	0.6	52	0.61	71	0.63	92	0.56
518	沁县	南泉村	定点1	东区	20.0	15	0.57	32	0.59	48	0.61	70	0.6	84	0.56
519	沁县	榜口村	定点1	东区	35.5	15	0.57	32.5	0.59	48	0.61	70	0.62	84	0.56
520	沁县	杨安村	定点1	东区	44.3	15.5	0.57	31.5	0.61	47	0.59	68	0.58	80	0.53
521	沁源县	麻巷村	定点1	东区	11.3	13.6	0.60	32.0	0.60	46.3	0.62	80.2	0.60	99.2	0.56
522	沁源县	狼尾河	定点1	东区	11.3	13.6	0.60	32.0	0.60	46.3	0.62	80.2	0.60	99.2	0.56
523	沁源县	南石渠村	定点1	东区	71.3	12.8	0.56	28.2	0.54	44.0	0.54	70.0	0.48	95.0	0.47
			定点2	东区	84.2	13.1	0.57	28.3	0.56	46.0	0.60	85.0	0.54	110.0	0.53
			定点3	东区	11.1	13.8	0.58	29.7	0.58	46.9	0.62	80.0	0.60	100.0	0.57
			定点4	东区	15.5	14.2	0.58	30.5	0.59	47.6	0.64	74.8	0.64	94.5	0.59
			定点5	东区	9.9	14.0	0.58	30.0	0.56	47.2	0.63	75.0	0.63	95.0	0.58
			定点6	东区	15.3	13.5	0.58	29.5	0.57	46.4	0.61	80.0	0.56	102.0	0.55
			定点7	东区	3.2	13.6	0.58	29.6	0.57	46.6	0.61	80.0	0.57	100.0	0.56
			定点8	东区	89.7	13.1	0.57	28.3	0.57	46.0	0.58	85.0	0.53	112.0	0.50
			定点9	东区	98.3	13.5	0.61	27.5	0.60	44.5	0.60	68.0	0.55	88.0	0.50
			定点10	东区	66.0	13.7	0.59	29.3	0.59	46.0	0.61	73.0	0.58	94.0	0.55
			定点11	东区	53.3	13.1	0.58	28.5	0.56	45.0	0.56	77.0	0.50	100.0	0.50
			定点12	东区	20.6	13.2	0.58	28.6	0.57	45.2	0.59	77.0	0.54	102.0	0.53
			定点13	东区	4.3	13.4	0.58	29.5	0.56	46.0	0.61	76.0	0.55	99.0	0.54
			定点14	东区	8.8	13.5	0.58	29.4	0.57	46.0	0.62	74.4	0.56	95.4	0.55
			定点15	东区	90.2	13.1	0.58	28.2	0.57	45.0	0.56	73.0	0.54	95.0	0.50
			定点16	东区	60.1	13.1	0.61	28.0	0.60	45.0	0.55	68.0	0.54	90.0	0.50
			定点17	东区	14.3	13.8	0.58	29.6	0.58	46.5	0.63	75.0	0.60	95.2	0.56
			定点18	东区	79.2	13.5	0.61	28.0	0.62	45.0	0.63	68.0	0.60	89.0	0.55
			定点19	东区	82.1	13.6	0.61	28.0	0.62	45.1	0.63	69.0	0.60	90.0	0.55
			定点20	东区	71.3	13.8	0.58	29.5	0.59	45.5	0.63	72.0	0.64	94.0	0.59

续表 4-8

序号	县(区、市)	小流域名称	定点	水文分区	面积(km²)	不同历时定点暴雨参数									
						10 min		60 min		6 h		24 h		3 d	
						$\overline{H}$(mm)	C_v	$\overline{H}$(mm)	C_v	$\overline{H}$(mm)	C_v	$\overline{H}$(mm)	C_v	$\overline{H}$(mm)	C_v
523	沁源县	南石渠村	定点21	东区	87.6	13.7	0.60	29.0	0.61	46.0	0.66	71.0	0.68	92.0	0.70
			定点22	东区	65.4	14.0	0.60	30.0	0.61	45.5	0.66	72.0	0.67	95.0	0.68
			定点23	东区	96.5	16.0	0.60	32.0	0.60	45.8	0.67	72.4	0.66	92.3	0.61
			定点24	东区	89.0	16.0	0.60	32.2	0.60	50.0	0.64	72.0	0.67	89.6	0.60
			定点25	东区	63.2	13.7	0.60	32.0	0.60	46.1	0.63	79.8	0.61	99.1	0.57
524	沁源县	李家庄村	定点1	东区	13.3	13.6	0.60	32.0	0.60	50.0	0.61	74.1	0.60	92.5	0.55
			定点2	东区	12.5	13.6	0.60	32.0	0.60	50.0	0.61	73.5	0.61	90.8	0.56
525	沁源县	闫寨村	定点1	东区	18.4	13.3	0.60	32.0	0.60	46.7	0.60	73.3	0.58	92.1	0.55
			定点2	东区	16.7	13.4	0.60	32.0	0.60	50.0	0.60	73.0	0.59	91.4	0.55
			定点3	东区	4.3	13.4	0.60	32.0	0.60	50.0	0.60	72.2	0.59	89.7	0.55
			定点4	东区	13.2	13.5	0.60	32.0	0.60	50.0	0.60	71.4	0.59	87.2	0.55
			定点5	东区	12.8	13.4	0.60	32.0	0.60	50.0	0.60	71.3	0.59	87.2	0.55
			定点6	东区	29.0	13.5	0.60	32.0	0.60	50.0	0.60	72.2	0.59	88.8	0.55
			定点7	东区	19.9	13.6	0.60	32.0	0.60	50.0	0.60	71.9	0.61	87.3	0.56
			定点8	东区	17.2	13.7	0.60	32.2	0.60	50.0	0.61	72.2	0.63	87.5	0.56
			定点9	东区	11.4	13.3	0.60	32.0	0.60	50.0	0.60	72.5	0.58	90.0	0.55
			定点10	东区	22.8	13.2	0.60	32.0	0.60	50.0	0.60	72.2	0.58	89.0	0.55
			定点11	东区	24.5	13.1	0.60	32.0	0.60	50.0	0.60	71.7	0.58	87.9	0.55
526	沁源县	姑姑汕	定点1	东区	18.4	13.3	0.60	32.0	0.60	46.7	0.60	73.3	0.58	92.1	0.55
			定点2	东区	16.7	13.4	0.60	32.0	0.60	50.0	0.60	73.0	0.59	91.4	0.55
			定点3	东区	4.3	13.4	0.60	32.0	0.60	50.0	0.60	72.2	0.59	89.7	0.55
			定点4	东区	13.2	13.5	0.60	32.0	0.60	50.0	0.60	71.4	0.59	87.2	0.55
			定点5	东区	12.8	13.4	0.60	32.0	0.60	50.0	0.60	71.3	0.59	87.2	0.55
			定点6	东区	29.0	13.5	0.60	32.0	0.60	50.0	0.60	72.2	0.59	88.8	0.55
			定点7	东区	19.9	13.6	0.60	32.0	0.60	50.0	0.60	71.9	0.61	87.3	0.56
			定点8	东区	17.2	13.7	0.60	32.2	0.60	50.0	0.61	72.2	0.63	87.5	0.56
			定点9	东区	11.4	13.3	0.60	32.0	0.60	50.0	0.60	72.5	0.58	90.0	0.55
			定点10	东区	22.8	13.2	0.60	32.0	0.60	50.0	0.60	72.2	0.58	89.0	0.55
			定点11	东区	24.5	13.1	0.60	32.0	0.60	50.0	0.60	71.7	0.58	87.9	0.55

续表 4-8

序号	县(区,市)	小流域名称	定点	水文分区	面积(km²)	不同历时定点暴雨参数									
						10 min		60 min		6 h		24 h		3 d	
						$\overline{H}$(mm)	C_v	$\overline{H}$(mm)	C_v	$\overline{H}$(mm)	C_v	$\overline{H}$(mm)	C_v	$\overline{H}$(mm)	C_v
			定点 1	东区	96.5	15.0	0.58	31.0	0.58	48.0	0.60	72.0	0.60	88.0	0.55
			定点 2	东区	94.3	14.0	0.59	30.0	0.58	47.0	0.59	72.0	0.58	90.0	0.54
			定点 3	东区	71.3	12.8	0.56	28.2	0.54	44.0	0.54	70.0	0.48	95.0	0.47
			定点 4	东区	84.2	13.1	0.57	28.3	0.56	46.0	0.60	85.0	0.54	110.0	0.53
			定点 5	东区	11.1	13.8	0.58	29.7	0.58	46.9	0.62	80.0	0.60	100.0	0.57
			定点 6	东区	15.5	14.2	0.58	30.5	0.59	47.6	0.64	74.8	0.64	94.5	0.59
			定点 7	东区	9.9	14.0	0.58	30.0	0.56	47.2	0.63	75.0	0.63	95.0	0.58
			定点 8	东区	15.3	13.5	0.58	29.5	0.57	46.4	0.61	80.0	0.56	102.0	0.55
			定点 9	东区	3.2	13.6	0.58	29.6	0.57	46.6	0.61	80.0	0.57	100.0	0.56
			定点 10	东区	89.7	13.1	0.57	28.3	0.57	46.0	0.58	85.0	0.53	112.0	0.50
			定点 11	东区	98.3	13.5	0.61	27.5	0.60	44.5	0.55	68.0	0.55	88.0	0.50
			定点 12	东区	66.0	13.7	0.59	29.3	0.59	46.0	0.61	73.0	0.58	94.0	0.55
			定点 13	东区	53.3	13.1	0.58	28.5	0.56	45.0	0.56	77.0	0.50	100.0	0.50
			定点 14	东区	20.6	13.2	0.58	28.6	0.57	45.2	0.59	77.0	0.54	102.0	0.53
			定点 15	东区	4.3	13.4	0.58	29.5	0.56	46.0	0.61	76.0	0.55	99.0	0.54
527	沁源县	学孟村	定点 16	东区	8.8	13.5	0.58	29.4	0.57	46.0	0.62	74.4	0.56	95.4	0.55
			定点 17	东区	90.2	13.1	0.58	28.2	0.57	45.0	0.56	73.0	0.54	95.0	0.50
			定点 18	东区	60.1	13.1	0.61	28.0	0.60	45.0	0.55	68.0	0.54	90.0	0.50
			定点 19	东区	14.4	13.8	0.58	29.6	0.58	46.5	0.63	75.0	0.60	95.2	0.56
			定点 20	东区	79.2	13.5	0.61	28.0	0.62	45.0	0.63	68.0	0.60	89.0	0.55
			定点 21	东区	82.1	13.6	0.61	28.0	0.62	45.1	0.63	69.0	0.60	90.0	0.55
			定点 22	东区	71.3	13.8	0.58	29.5	0.59	45.5	0.63	72.0	0.64	94.0	0.59
			定点 23	东区	87.6	13.7	0.60	29.0	0.61	46.0	0.66	71.0	0.68	92.0	0.70
			定点 24	东区	65.4	14.0	0.60	30.0	0.61	45.5	0.66	72.0	0.67	95.0	0.68
			定点 25	东区	96.5	16.0	0.60	32.0	0.60	45.8	0.67	72.4	0.66	92.3	0.61
			定点 26	东区	89.0	16.0	0.60	32.2	0.60	50.0	0.64	72.0	0.67	89.6	0.60
			定点 27	东区	63.2	13.7	0.60	32.0	0.60	46.1	0.63	79.8	0.61	99.1	0.57
			定点 28	东区	90.1	13.6	0.60	32.0	0.60	50.0	0.60	71.9	0.61	87.3	0.56
			定点 29	东区	90.1	13.5	0.60	32.0	0.60	50.0	0.60	71.4	0.59	87.2	0.55
			定点 30	东区	90.1	13.6	0.60	32.0	0.60	50.0	0.61	73.5	0.61	90.8	0.56
			定点 31	东区	90.1	13.6	0.55	32.0	0.54	45.6	0.60	84.3	0.55	109.7	0.55
			定点 32	东区	90.1	13.8	0.60	32.4	0.60	50.0	0.62	72.7	0.65	88.6	0.58

续表 4-8

序号	县(区、市)	小流域名称	定点	水文分区	面积(km²)	不同历时定点暴雨参数									
						10 min		60 min		6 h		24 h		3 d	
						$\overline{H}$(mm)	C_v	$\overline{H}$(mm)	C_v	$\overline{H}$(mm)	C_v	$\overline{H}$(mm)	C_v	$\overline{H}$(mm)	C_v
			定点1	东区	71.3	12.8	0.56	28.2	0.54	44.0	0.54	70.0	0.48	95.0	0.47
			定点2	东区	84.2	13.1	0.57	28.3	0.56	46.0	0.60	85.0	0.54	110.0	0.53
			定点3	东区	11.1	13.8	0.58	29.7	0.58	46.9	0.62	80.0	0.60	100.0	0.57
			定点4	东区	15.5	14.2	0.58	30.5	0.59	47.6	0.64	74.8	0.64	94.5	0.59
			定点5	东区	9.9	14.0	0.58	30.0	0.56	47.2	0.63	75.0	0.63	95.0	0.58
			定点6	东区	15.3	13.5	0.58	29.5	0.57	46.4	0.61	80.0	0.56	102.0	0.55
			定点7	东区	3.2	13.6	0.58	29.6	0.57	46.6	0.61	80.0	0.57	100.0	0.56
			定点8	东区	89.7	13.1	0.57	28.3	0.57	46.0	0.58	85.0	0.53	112.0	0.50
			定点9	东区	98.3	13.5	0.61	27.5	0.60	44.5	0.55	68.0	0.55	88.0	0.50
			定点10	东区	66.0	13.7	0.59	29.3	0.59	46.0	0.61	73.0	0.58	94.0	0.55
			定点11	东区	53.3	13.1	0.58	28.5	0.56	45.0	0.56	77.0	0.50	100.0	0.50
			定点12	东区	20.6	13.2	0.58	28.6	0.57	45.2	0.59	77.0	0.54	102.0	0.53
			定点13	东区	4.3	13.4	0.58	29.5	0.56	46.0	0.61	76.0	0.55	99.0	0.54
			定点14	东区	8.8	13.5	0.58	29.4	0.57	46.0	0.62	74.4	0.56	95.4	0.55
		南石村	定点15	东区	90.2	13.1	0.58	28.2	0.57	45.0	0.56	73.0	0.54	95.0	0.50
			定点16	东区	60.1	13.1	0.61	28.0	0.60	45.0	0.55	68.0	0.54	90.0	0.50
			定点17	东区	14.4	13.8	0.58	29.6	0.58	46.5	0.63	75.0	0.60	95.2	0.56
			定点18	东区	79.2	13.5	0.61	28.0	0.62	45.0	0.63	68.0	0.60	89.0	0.55
			定点19	东区	82.1	13.6	0.61	28.0	0.62	45.1	0.63	69.0	0.60	90.0	0.55
			定点20	东区	71.3	13.8	0.58	29.5	0.59	45.5	0.63	72.0	0.64	94.0	0.59
528	沁源县		定点21	东区	87.6	13.7	0.60	29.0	0.61	46.0	0.66	71.0	0.68	92.0	0.70
			定点22	东区	65.4	14.0	0.60	30.0	0.61	45.5	0.66	72.0	0.67	95.0	0.68
			定点23	东区	96.5	16.0	0.60	32.2	0.60	45.8	0.67	72.4	0.66	92.3	0.61
			定点24	东区	89.0	16.0	0.60	32.0	0.60	50.0	0.64	72.0	0.67	89.6	0.60
			定点25	东区	63.2	13.7	0.60	32.0	0.60	46.1	0.63	79.8	0.61	99.1	0.57
			定点26	东区	90.1	13.6	0.60	32.0	0.60	50.0	0.60	71.9	0.61	87.3	0.56
			定点27	东区	90.1	13.5	0.60	32.0	0.60	50.0	0.60	71.4	0.59	87.2	0.55
			定点28	东区	90.1	13.6	0.60	32.0	0.60	50.0	0.61	73.5	0.61	90.8	0.56
			定点29	东区	90.1	13.6	0.55	32.4	0.54	45.6	0.60	84.3	0.55	109.7	0.55
			定点30	东区	90.1	13.8	0.60	32.0	0.60	50.0	0.62	72.7	0.65	88.6	0.58
			定点31	东区	16.2	13.3	0.60	32.0	0.55	46.4	0.60	74.3	0.58	94.4	0.55

续表 4-8

序号	县(区、市)	小流域名称	定点	水文分区	面积 (km²)	10 min $\overline{H}$(mm)	C_v	60 min $\overline{H}$(mm)	C_v	6 h $\overline{H}$(mm)	C_v	24 h $\overline{H}$(mm)	C_v	3 d $\overline{H}$(mm)	C_v
529	沁源县	郭道村	定点1	东区	71.3	12.8	0.56	28.2	0.54	44.0	0.54	70.0	0.48	95.0	0.47
			定点2	东区	84.2	13.1	0.57	28.3	0.56	46.0	0.60	85.0	0.54	110.0	0.53
			定点3	东区	11.1	13.8	0.58	29.7	0.58	46.9	0.62	80.0	0.60	100.0	0.57
			定点4	东区	15.3	13.5	0.58	29.5	0.57	46.4	0.61	80.0	0.56	102.0	0.55
			定点5	东区	3.2	13.6	0.58	29.6	0.57	46.6	0.61	80.0	0.57	100.0	0.56
			定点6	东区	89.7	13.1	0.57	28.3	0.57	46.0	0.58	85.0	0.53	112.0	0.50
530	沁源县	前兴稍村	定点1	东区	15.3	13.5	0.58	29.5	0.58	46.4	0.61	80.0	0.56	102.0	0.55
531	沁源县	朱合沟村	定点1	东区	89.7	13.1	0.57	28.3	0.57	46.0	0.58	85.0	0.53	112.0	0.50
			定点2	东区	71.3	12.8	0.56	28.2	0.54	44.0	0.54	70.0	0.48	95.0	0.47
			定点3	东区	84.2	13.1	0.57	28.3	0.56	46.0	0.60	85.0	0.54	110.0	0.53
532	沁源县	东阳坡村	定点1	东区	79.2	13.5	0.61	28.0	0.62	45.0	0.63	68.0	0.60	89.0	0.55
			定点2	东区	82.1	13.6	0.61	28.0	0.62	45.1	0.63	69.0	0.60	90.0	0.55
			定点3	东区	71.3	13.8	0.58	29.5	0.59	45.5	0.63	72.0	0.64	94.0	0.59
			定点4	东区	87.6	13.7	0.60	29.0	0.61	46.0	0.66	71.0	0.68	92.0	0.70
			定点5	东区	65.4	14.0	0.60	30.0	0.61	45.5	0.66	72.0	0.67	95.0	0.68
533	沁源县	西阳坡村	定点1	东区	71.3	12.8	0.56	28.2	0.54	44.0	0.54	70.0	0.48	95.0	0.47
			定点2	东区	84.2	13.1	0.57	28.3	0.57	46.0	0.56	85.0	0.54	110.0	0.53
			定点3	东区	11.1	13.8	0.58	29.7	0.58	46.9	0.58	80.0	0.60	100.0	0.57
			定点4	东区	9.9	14.0	0.58	30.0	0.56	47.2	0.63	75.0	0.63	95.0	0.58
			定点5	东区	15.3	13.5	0.58	29.5	0.57	46.4	0.61	80.0	0.56	102.0	0.55
			定点6	东区	3.2	13.6	0.58	29.6	0.57	46.6	0.61	80.0	0.57	100.0	0.56
			定点7	东区	89.7	13.1	0.57	28.3	0.57	46.0	0.58	85.0	0.53	112.0	0.50
			定点8	东区	98.3	13.5	0.61	27.5	0.60	44.5	0.55	68.0	0.55	88.0	0.50
			定点9	东区	66.0	13.7	0.59	29.3	0.59	46.0	0.61	73.0	0.58	94.0	0.55
			定点10	东区	53.3	13.1	0.58	28.5	0.56	45.0	0.56	77.0	0.50	100.0	0.50
			定点11	东区	20.6	13.2	0.58	28.6	0.57	45.2	0.59	77.0	0.54	102.0	0.53
			定点12	东区	4.3	13.4	0.58	29.5	0.56	46.0	0.61	76.0	0.55	99.0	0.54
			定点13	东区	8.8	13.5	0.58	29.4	0.57	46.0	0.62	74.4	0.56	95.4	0.55
			定点14	东区	90.2	13.1	0.58	28.2	0.57	45.0	0.56	73.0	0.54	95.0	0.50
			定点15	东区	60.1	13.1	0.61	28.0	0.60	45.0	0.55	68.0	0.54	90.0	0.50
			定点16	东区	14.4	13.8	0.58	29.6	0.58	46.5	0.63	75.0	0.60	95.2	0.56

续表 4-8

序号	县（区、市）	小流域名称	定点	水文分区	面积（km²）	10 min $\overline{H}$(mm)	10 min C_v	60 min $\overline{H}$(mm)	60 min C_v	6 h $\overline{H}$(mm)	6 h C_v	24 h $\overline{H}$(mm)	24 h C_v	3 d $\overline{H}$(mm)	3 d C_v
534	沁源县	永和村	定点1	东区	79.2	13.5	0.61	28.0	0.62	45.0	0.63	68.0	0.60	89.0	0.55
			定点2	东区	82.1	13.6	0.61	28.0	0.62	45.1	0.63	69.0	0.60	90.0	0.55
			定点3	东区	71.3	13.8	0.58	29.5	0.59	45.5	0.63	72.0	0.64	94.0	0.59
			定点4	东区	87.6	13.7	0.60	29.0	0.61	46.0	0.66	71.0	0.68	92.0	0.70
			定点5	东区	65.4	14.0	0.60	30.0	0.61	45.5	0.66	72.0	0.67	95.0	0.68
535	沁源县	兴盛村	定点1	东区	98.3	13.5	0.61	27.5	0.60	44.5	0.55	68.0	0.55	88.0	0.50
			定点2	东区	66.0	13.7	0.59	29.3	0.59	46.0	0.61	73.0	0.58	94.0	0.55
			定点3	东区	53.3	13.1	0.58	28.5	0.56	45.0	0.56	77.0	0.50	100.0	0.50
			定点4	东区	20.6	13.2	0.58	28.6	0.57	45.2	0.59	77.0	0.54	102.0	0.53
			定点5	东区	4.3	13.4	0.58	29.5	0.56	46.0	0.61	76.0	0.55	99.0	0.54
			定点6	东区	8.8	13.5	0.58	29.4	0.57	46.0	0.62	74.4	0.56	95.4	0.55
			定点7	东区	90.2	13.1	0.58	28.2	0.57	45.0	0.56	73.0	0.54	95.0	0.50
			定点8	东区	60.1	13.1	0.61	28.0	0.60	45.0	0.55	68.0	0.54	90.0	0.50
536	沁源县	东村村	定点1	东区	98.3	13.5	0.61	27.5	0.60	44.5	0.55	68.0	0.55	88.0	0.50
			定点2	东区	66.0	13.7	0.59	29.3	0.59	46.0	0.61	73.0	0.58	94.0	0.55
			定点3	东区	53.3	13.1	0.58	28.5	0.56	45.0	0.56	77.0	0.50	100.0	0.50
			定点4	东区	20.6	13.2	0.58	28.6	0.57	45.2	0.59	77.0	0.54	102.0	0.53
			定点5	东区	4.3	13.4	0.58	29.5	0.56	46.0	0.61	76.0	0.55	99.0	0.54
			定点6	东区	8.8	13.5	0.58	29.4	0.57	46.0	0.62	74.4	0.56	95.4	0.55
			定点7	东区	90.2	13.1	0.58	28.2	0.57	45.0	0.56	73.0	0.54	95.0	0.50
			定点8	东区	60.1	13.1	0.61	28.0	0.60	45.0	0.55	68.0	0.54	90.0	0.50
537	沁源县	棉上村	定点1	东区	90.2	13.1	0.58	28.2	0.57	45.0	0.56	73.0	0.54	95.0	0.50
538	沁源县	乔龙沟	定点1	东区	0.6	13.8	0.60	28.5	0.60	45.5	0.61	74.6	0.57	96.8	0.55
539	沁源县	新庄	定点1	东区	53.3	13.1	0.58	28.5	0.56	45.0	0.56	77.0	0.50	100.0	0.50
			定点2	东区	20.6	13.2	0.58	28.6	0.57	45.2	0.59	77.0	0.54	102.0	0.53
540	沁源县	段家庄村	定点1	东区	15.2	13.0	0.60	28.4	0.60	45.2	0.60	78.5	0.50	103.6	0.50
			定点2	东区	15.9	13.0	0.60	28.4	0.60	45.1	0.55	79.3	0.50	105.3	0.50
			定点3	东区	15.0	12.8	0.60	28.3	0.60	44.1	0.55	76.1	0.49	101.8	0.49
			定点4	东区	12.6	12.8	0.60	28.2	0.60	43.8	0.55	72.7	0.49	98.1	0.49
			定点5	东区	7.5	13.8	0.60	28.5	0.60	45.3	0.60	81.8	0.55	106.2	0.55

续表 4-8

序号	县(区,市)	小流域名称	定点	水文分区	面积 (km²)	10 min $\overline{H}$(mm)	10 min C_v	60 min $\overline{H}$(mm)	60 min C_v	6 h $\overline{H}$(mm)	6 h C_v	24 h $\overline{H}$(mm)	24 h C_v	3 d $\overline{H}$(mm)	3 d C_v
541	沁源县	苏家庄村	定点1	东区	7.5	13.8	0.60	28.5	0.60	45.3	0.60	81.8	0.55	106.2	0.55
542	沁源县	高家山村	定点1	东区	0.7	13.8	0.60	28.5	0.60	45.3	0.60	84.5	0.55	108.9	0.50
543	沁源县	伏贵村	定点1	东区	53.3	13.1	0.58	28.5	0.56	45.0	0.56	77.0	0.50	100.0	0.50
544	沁源县	龙门口村	定点1	东区	4.2	12.9	0.60	28.3	0.60	44.8	0.55	77.3	0.50	103.0	0.50
			定点2	东区	15.0	12.8	0.60	28.3	0.60	44.1	0.55	76.1	0.49	101.8	0.49
			定点3	东区	12.6	12.8	0.60	28.2	0.60	43.8	0.55	72.7	0.49	98.1	0.49
545	沁源县	定阳村	定点1	东区	8.7	16.0	0.60	32.0	0.60	45.8	0.65	72.8	0.64	92.7	0.60
			定点2	东区	10.1	16.0	0.60	32.0	0.60	45.8	0.67	72.4	0.66	92.3	0.61
			定点3	东区	13.9	16.0	0.60	32.0	0.60	50.0	0.68	72.1	0.67	92.1	0.62
			定点4	东区	29.6	16.0	0.60	32.0	0.60	50.0	0.69	71.5	0.70	92.5	0.65
546	沁源县	向阳村	定点1	东区	12.2	13.2	0.60	28.5	0.60	45.6	0.64	72.8	0.62	93.3	0.58
547	沁源县	郭家庄村	定点1	东区	6.5	16.0	0.60	32.0	0.60	45.7	0.67	72.1	0.65	92.4	0.62
			定点2	东区	13.9	16.0	0.60	32.0	0.60	50.0	0.68	72.1	0.67	92.1	0.62
			定点3	东区	29.6	16.0	0.60	32.0	0.60	50.0	0.69	71.5	0.70	92.5	0.65
548	沁源县	棱村村	定点1	东区	10.1	16.0	0.60	32.0	0.60	45.7	0.68	71.9	0.67	92.1	0.63
			定点2	东区	29.6	16.0	0.60	32.0	0.60	50.0	0.69	71.5	0.70	92.5	0.65
549	沁源县	南泉沟村	定点1	东区	14.2	13.6	0.55	28.8	0.53	45.3	0.55	83.9	0.50	108.9	0.50
550	沁源县	上兴居村	定点1	东区	14.8	13.6	0.55	28.8	0.53	45.3	0.55	83.9	0.50	108.9	0.50
551	沁源县	庄则沟村	定点1	东区	4.5	13.6	0.55	30.4	0.53	45.3	0.55	79.3	0.50	101.8	0.50
552	沁源县	康家洼	定点1	东区	20.0	13.7	0.55	30.3	0.53	45.0	0.54	79.4	0.50	105.1	0.49
553	沁源县	马家占	定点1	东区	0.2	13.6	0.55	30.4	0.53	45.2	0.55	80.8	0.50	105.2	0.49
554	沁源县	下兴居村	定点1	东区	14.8	13.6	0.55	28.8	0.53	45.3	0.55	83.9	0.50	108.9	0.50
555	沁源县	柏子村	定点1	东区	18.5	13.5	0.55	30.4	0.53	45.3	0.53	77.4	0.50	98.2	0.50
			定点2	东区	21.7	13.7	0.55	30.3	0.53	45.1	0.53	82.3	0.50	107.9	0.49
			定点3	东区	21.5	13.7	0.55	30.3	0.53	45.0	0.53	78.9	0.49	104.4	0.49
556	沁源县	西务村	定点1	东区	8.3	13.6	0.55	30.4	0.52	45.2	0.53	77.6	0.50	99.8	0.49
			定点2	东区	21.7	13.7	0.55	30.3	0.53	45.1	0.53	82.3	0.50	107.9	0.49
			定点3	东区	21.5	13.7	0.55	30.3	0.53	45.0	0.53	78.9	0.49	104.4	0.49

续表 4-8

序号	县（区、市）	小流域名称	定点	水文分区	面积（km²）	不同历时定点暴雨参数									
						10 min		60 min		6 h		24 h		3 d	
						$\overline{H}$(mm)	C_v	$\overline{H}$(mm)	C_v	$\overline{H}$(mm)	C_v	$\overline{H}$(mm)	C_v	$\overline{H}$(mm)	C_v
557	沁源县	王庄村	定点1	东区	6.3	13.5	0.55	32.0	0.53	45.5	0.60	77.0	0.55	95.3	0.50
			定点2	东区	3.0	13.5	0.55	32.0	0.53	45.5	0.60	79.5	0.55	101.0	0.50
			定点3	东区	11.5	13.6	0.55	30.4	0.53	45.3	0.55	79.8	0.50	102.4	0.50
			定点4	东区	22.0	13.6	0.55	32.0	0.53	45.3	0.55	83.2	0.50	107.8	0.50
			定点5	东区	20.1	13.5	0.55	30.4	0.53	45.3	0.55	77.3	0.50	98.2	0.50
			定点6	东区	21.7	13.7	0.55	30.3	0.53	45.1	0.55	82.3	0.50	107.9	0.49
			定点7	东区	21.5	13.7	0.55	30.3	0.53	45.0	0.54	78.9	0.49	104.4	0.49
558	沁源县	第一川村	定点1	东区	6.8	13.7	0.55	30.3	0.53	45.0	0.54	79.8	0.49	105.6	0.49
559	沁源县	北山村	定点1	东区	20.0	13.7	0.55	30.3	0.53	45.0	0.54	79.4	0.50	105.1	0.49
560	沁源县	黑岭川村	定点1	东区	1.6	13.7	0.55	30.3	0.53	45.0	0.55	81.9	0.49	107.8	0.49
561	沁源县	王和村	定点1	东区	2.0	12.2	0.62	25.2	0.53	39.0	0.49	57.0	0.45	74.0	0.44
562	沁源县	红莲村	定点1	东区	4.7	12.2	0.60	25.4	0.51	39.1	0.50	60.0	0.46	85.0	0.44
			定点2	东区	14.4	12.2	0.60	25.2	0.51	39.2	0.50	60.0	0.46	85.0	0.43
563	沁源县	西沟村	定点1	东区	6.8	12.2	0.60	25.5	0.51	39.3	0.50	60.0	0.46	85.0	0.44
			定点2	东区	14.4	12.2	0.60	25.5	0.51	39.2	0.50	60.0	0.46	85.0	0.43
564	沁源县	后军家沟村	定点1	东区	6.0	12.2	0.60	25.5	0.51	39.3	0.50	60.0	0.46	85.0	0.44
			定点2	东区	14.4	12.2	0.60	25.2	0.51	39.2	0.50	60.0	0.46	85.0	0.43
565	沁源县	后沟村	定点1	东区	6.8	12.2	0.60	25.1	0.51	39.2	0.50	60.0	0.46	85.0	0.43
566	沁源县	太山沟村	定点1	东区	0.6	12.2	0.61	25.0	0.52	39.0	0.48	57.5	0.45	74.0	0.43
567	沁源县	前西窑沟村	定点1	东区	9.9	12.2	0.60	25.2	0.51	39.2	0.50	60.0	0.46	85.0	0.43
568	沁源县	南坪村	定点1	东区	0.8	12.4	0.60	26.4	0.52	40.3	0.50	60.0	0.47	85.0	0.46
569	沁源县	大栅村	定点1	东区	12.9	12.2	0.60	25.7	0.51	39.5	0.50	60.0	0.46	85.0	0.44
570	沁源县	铁水沟村	定点1	东区	1.4	12.2	0.60	25.5	0.51	39.2	0.50	55.0	0.46	85.0	0.44
571	沁源县	虎限村	定点1	东区	5.3	12.2	0.60	25.6	0.51	39.3	0.50	55.0	0.45	85.0	0.44
572	沁源县	王凤村	定点1	东区	0.3	12.4	0.60	26.0	0.60	41.3	0.50	61.3	0.49	85.0	0.45
			定点2	东区	17.4	12.5	0.60	26.3	0.60	42.2	0.50	63.3	0.50	85.0	0.45

续表 4-8

序号	县(区.市)	小流域名称	定点	水文分区	面积(km²)	不同历时定点暴雨参数									
---	---	---	---	---	---	10 min		60 min		6 h		24 h		3 d	
						$\overline{H}$(mm)	C_v	$\overline{H}$(mm)	C_v	$\overline{H}$(mm)	C_v	$\overline{H}$(mm)	C_v	$\overline{H}$(mm)	C_v
573	沁源县	贾郭村	定点 1	东区	12.5	12.4	0.60	25.8	0.60	40.4	0.50	60.0	0.48	85.0	0.45
			定点 2	东区	12.6	12.3	0.60	25.6	0.60	40.3	0.50	60.0	0.48	85.0	0.44
			定点 3	东区	15.2	12.4	0.60	25.9	0.60	41.1	0.50	61.1	0.49	85.0	0.44
			定点 4	东区	17.4	12.5	0.60	26.3	0.60	42.2	0.50	63.3	0.50	85.0	0.45
574	沁源县	正义村	定点 1	东区	31.4	14.0	0.57	30.0	0.57	47.0	0.60	85.0	0.54	110.0	0.53
			定点 2	东区	31.4	14.0	0.57	30.0	0.57	47.0	0.60	85.0	0.54	110.0	0.53
575	沁源县	李成村	定点 1	东区	31.4	14.0	0.57	30.0	0.57	47.0	0.60	85.0	0.54	110.0	0.53
			定点 2	东区	31.4	14.0	0.57	30.0	0.57	47.0	0.60	85.0	0.54	110.0	0.53
576	沁源县	留神峪村	定点 1	东区	3.9	13.7	0.60	32.0	0.60	45.7	0.60	85.0	0.55	110.0	0.55
577	沁源县	上庄村	定点 1	东区	31.4	14.0	0.57	30.0	0.57	47.0	0.60	85.0	0.54	110.0	0.53
			定点 2	东区	31.4	14.0	0.57	30.0	0.57	47.0	0.60	85.0	0.54	110.0	0.53
578	沁源县	韩家沟村	定点 1	东区	2.8	13.6	0.55	32.0	0.54	45.5	0.60	83.3	0.55	107.8	0.50
579	沁源县	下庄村	定点 1	东区	31.4	14.0	0.57	30.0	0.57	47.0	0.60	85.0	0.54	110.0	0.53
			定点 2	东区	31.4	14.0	0.57	30.0	0.57	47.0	0.60	85.0	0.54	110.0	0.53
580	沁源县	马兰沟村	定点 1	东区	8.7	13.6	0.55	32.0	0.60	45.9	0.61	85.0	0.56	110.0	0.56
581	沁源县	李元村	定点 1	东区	12.0	13.6	0.55	32.0	0.60	45.8	0.61	85.0	0.56	110.0	0.55
			定点 2	东区	14.8	13.6	0.55	32.0	0.54	45.6	0.60	84.3	0.55	109.7	0.55
			定点 3	东区	11.6	13.6	0.55	32.0	0.60	45.7	0.60	85.0	0.55	110.0	0.55
			定点 4	东区	19.9	13.6	0.55	32.0	0.60	45.5	0.60	85.0	0.55	110.0	0.50
582	沁源县	新乐园	定点 1	东区	8.0	13.6	0.55	32.0	0.54	45.7	0.54	84.7	0.55	110.0	0.55
			定点 2	东区	11.6	13.6	0.55	32.0	0.60	45.7	0.60	85.0	0.55	110.0	0.55
			定点 3	东区	19.9	13.6	0.55	32.0	0.60	45.5	0.60	85.0	0.55	110.0	0.50
583	沁源县	马森村	定点 1	东区	31.4	13.8	0.57	29.0	0.55	46.0	0.60	85.0	0.54	102.5	0.53
			定点 2	东区	43.0	13.8	0.57	29.0	0.55	46.0	0.60	84.7	0.54	102.5	0.53
584	沁源县	新章村	定点 1	东区	19.8	13.6	0.55	32.0	0.60	45.9	0.61	84.7	0.57	107.2	0.56
			定点 2	东区	16.9	13.6	0.55	32.0	0.60	45.9	0.61	85.0	0.56	110.0	0.55
			定点 3	东区	14.8	13.6	0.55	32.0	0.54	45.6	0.60	84.3	0.55	109.7	0.55
			定点 4	东区	11.6	13.6	0.55	32.0	0.60	45.7	0.60	85.0	0.55	110.0	0.55
			定点 5	东区	19.9	13.6	0.55	32.0	0.60	45.5	0.60	85.0	0.55	110.0	0.50
585	沁源县	崔庄村	定点 1	东区	9.3	13.7	0.60	32.0	0.60	45.9	0.62	85.0	0.58	108.2	0.56

续表 4-8

序号	县(区、市)	小流域名称	定点	水文分区	面积 (km²)	10 min H̄(mm)	10 min C_v	60 min H̄(mm)	60 min C_v	6 h H̄(mm)	6 h C_v	24 h H̄(mm)	24 h C_v	3 d H̄(mm)	3 d C_v
586	沁源县	蔚村村	定点1	东区	10.3	13.4	0.55	32.0	0.54	45.8	0.60	75.4	0.55	93.4	0.55
			定点2	东区	27.9	13.5	0.55	32.0	0.53	45.6	0.60	78.3	0.55	97.1	0.50
			定点3	东区	3.0	13.5	0.55	32.0	0.53	45.5	0.60	79.5	0.55	101.0	0.50
			定点4	东区	11.5	13.6	0.55	30.4	0.53	45.3	0.55	79.8	0.50	102.4	0.50
			定点5	东区	22.0	13.6	0.55	32.0	0.53	45.3	0.55	83.2	0.50	107.8	0.50
			定点6	东区	20.1	13.5	0.55	30.4	0.53	45.3	0.55	77.3	0.50	98.2	0.50
			定点7	东区	21.7	13.7	0.55	30.3	0.53	45.1	0.55	82.3	0.50	107.9	0.49
			定点8	东区	21.5	13.7	0.55	30.3	0.53	45.0	0.54	78.9	0.49	104.4	0.49
			定点9	东区	16.2	13.5	0.55	32.0	0.54	45.8	0.60	80.6	0.55	101.2	0.55
587	沁源县	渣滩村	定点1	东区	6.9	13.3	0.55	32.0	0.54	45.8	0.60	74.5	0.55	92.1	0.55
			定点2	东区	11.2	13.4	0.55	32.0	0.54	45.9	0.60	75.2	0.55	93.5	0.55
			定点3	东区	27.9	13.5	0.55	32.0	0.53	45.6	0.60	78.3	0.55	97.1	0.50
			定点4	东区	3.0	13.5	0.55	32.0	0.53	45.5	0.60	79.5	0.55	101.0	0.50
			定点5	东区	11.5	13.6	0.55	30.4	0.53	45.3	0.55	79.8	0.50	102.4	0.50
			定点6	东区	22.0	13.6	0.55	32.0	0.53	45.3	0.55	83.2	0.50	107.8	0.50
			定点7	东区	20.1	13.5	0.55	30.4	0.53	45.3	0.55	77.3	0.50	98.2	0.50
			定点8	东区	21.7	13.7	0.55	30.3	0.53	45.1	0.55	82.3	0.50	107.9	0.49
			定点9	东区	21.5	13.7	0.55	30.3	0.53	45.0	0.54	78.9	0.49	104.4	0.49
			定点10	东区	16.2	13.5	0.55	32.0	0.54	45.8	0.60	80.6	0.55	101.2	0.55
588	沁源县	新利洼	定点1	东区	9.2	13.3	0.55	32.0	0.54	45.9	0.60	74.3	0.55	92.0	0.55
			定点2	东区	11.2	13.4	0.55	32.0	0.54	45.9	0.60	75.2	0.55	93.5	0.55
			定点3	东区	27.9	13.5	0.55	32.0	0.53	45.6	0.60	78.3	0.55	97.1	0.50
			定点4	东区	3.0	13.5	0.55	32.0	0.53	45.5	0.60	79.5	0.55	101.0	0.50
			定点5	东区	11.5	13.6	0.55	30.4	0.53	45.3	0.55	79.8	0.50	102.4	0.50
			定点6	东区	22.0	13.6	0.55	32.0	0.53	45.3	0.55	83.2	0.50	107.8	0.50
			定点7	东区	20.1	13.5	0.55	30.4	0.53	45.1	0.55	77.3	0.50	98.2	0.50
			定点8	东区	21.7	13.7	0.55	30.3	0.53	45.1	0.55	82.3	0.50	107.9	0.49
			定点9	东区	21.5	13.7	0.55	30.3	0.53	45.0	0.54	78.9	0.49	104.4	0.49
			定点10	东区	16.2	13.5	0.55	32.0	0.54	45.8	0.60	80.6	0.55	101.2	0.55

续表 4-8

序号	县(区、市)	小流域名称	定点	水文分区	面积(km²)	不同历时定点暴雨参数									
						10 min		60 min		6 h		24 h		3 d	
						$\overline{H}$(mm)	C_v	$\overline{H}$(mm)	C_v	$\overline{H}$(mm)	C_v	$\overline{H}$(mm)	C_v	$\overline{H}$(mm)	C_v
589	沁源县	中崤店村	定点1	东区	9.2	13.2	0.55	32.0	0.54	45.9	0.60	73.4	0.55	90.9	0.50
			定点2	东区	17.7	13.3	0.55	32.0	0.54	45.9	0.60	74.2	0.55	92.0	0.55
			定点3	东区	11.2	13.4	0.55	32.0	0.54	45.9	0.60	75.2	0.55	93.5	0.55
			定点4	东区	27.9	13.5	0.55	32.0	0.53	45.6	0.60	78.3	0.55	97.1	0.50
			定点5	东区	3.0	13.5	0.55	32.0	0.53	45.5	0.60	79.5	0.55	101.0	0.50
			定点6	东区	11.5	13.6	0.55	30.4	0.53	45.3	0.55	79.8	0.50	102.4	0.50
			定点7	东区	22.0	13.6	0.55	32.0	0.53	45.3	0.55	83.2	0.50	107.8	0.50
			定点8	东区	20.1	13.5	0.55	30.4	0.53	45.3	0.55	77.3	0.50	98.2	0.50
			定点9	东区	21.7	13.7	0.55	30.3	0.53	45.1	0.55	82.3	0.50	107.9	0.49
			定点10	东区	21.5	13.7	0.55	30.3	0.53	45.0	0.54	78.9	0.49	104.4	0.49
			定点11	东区	16.2	13.5	0.55	32.0	0.54	45.8	0.60	80.6	0.55	101.2	0.55
			定点12	东区	16.5	13.4	0.55	32.0	0.54	46.0	0.60	77.0	0.56	96.9	0.55
590	沁源县	南崤村	定点1	东区	10.4	13.2	0.55	32.0	0.54	46.0	0.60	73.1	0.56	91.0	0.50
591	沁源县	上庄子村	定点1	东区	4.1	13.1	0.55	32.0	0.54	46.0	0.60	72.9	0.56	90.7	0.50
592	沁源县	西庄子	定点1	东区	5.5	13.1	0.55	32.0	0.54	46.0	0.60	72.9	0.56	90.7	0.50
593	沁源县	西王勇村	定点1	东区	14.3	13.3	0.55	32.0	0.55	46.2	0.60	74.0	0.57	93.5	0.55
			定点2	东区	0.6	13.2	0.55	32.0	0.55	46.1	0.60	73.9	0.56	92.7	0.55
			定点3	东区	9.3	13.2	0.55	32.0	0.54	45.9	0.60	73.4	0.55	90.6	0.50
			定点4	东区	17.7	13.3	0.55	32.0	0.54	45.9	0.60	74.2	0.55	92.0	0.55
			定点5	东区	11.2	13.4	0.55	32.0	0.54	45.9	0.60	75.2	0.55	93.5	0.55
			定点6	东区	27.9	13.5	0.55	32.0	0.53	45.6	0.60	78.3	0.55	97.1	0.50
			定点7	东区	3.0	13.5	0.55	32.0	0.53	45.5	0.60	79.5	0.55	101.0	0.50
			定点8	东区	11.5	13.6	0.55	30.4	0.53	45.3	0.55	79.8	0.50	102.4	0.50
			定点9	东区	22.0	13.6	0.55	32.0	0.53	45.3	0.55	83.2	0.50	107.8	0.50
			定点10	东区	20.1	13.5	0.55	30.4	0.53	45.3	0.55	77.3	0.50	98.2	0.50
			定点11	东区	21.7	13.7	0.55	30.3	0.53	45.1	0.55	82.3	0.50	107.9	0.49
			定点12	东区	21.5	13.7	0.55	30.3	0.53	45.0	0.54	78.9	0.49	104.4	0.49
			定点13	东区	16.2	13.5	0.55	32.0	0.54	45.8	0.60	80.6	0.55	101.2	0.55
			定点14	东区	16.5	13.4	0.55	32.0	0.54	46.0	0.60	77.0	0.56	96.9	0.55
			定点15	东区	27.7	13.4	0.55	32.0	0.55	46.2	0.60	76.3	0.57	97.5	0.55
			定点16	东区	12.6	13.2	0.55	32.0	0.54	46.0	0.60	73.1	0.56	91.2	0.55

续表 4-8

序号	县(区、市)	小流域名称	定点	水文分区	面积(km²)	10 min $\overline{H}$(mm)	10 min C_v	60 min $\overline{H}$(mm)	60 min C_v	6 h $\overline{H}$(mm)	6 h C_v	24 h $\overline{H}$(mm)	24 h C_v	3 d $\overline{H}$(mm)	3 d C_v
594	沁源县	龙头村	定点1	东区	26.9	13.2	0.55	32.0	0.55	46.2	0.60	73.7	0.57	93.1	0.55
			定点2	东区	0.6	13.2	0.55	32.0	0.55	46.1	0.60	73.9	0.56	92.7	0.55
			定点3	东区	9.3	13.2	0.55	32.0	0.54	45.9	0.60	73.4	0.55	90.6	0.50
			定点4	东区	17.7	13.3	0.55	32.0	0.54	45.9	0.60	74.2	0.55	92.0	0.55
			定点5	东区	11.2	13.4	0.55	32.0	0.54	45.9	0.60	75.2	0.55	93.5	0.55
			定点6	东区	27.9	13.5	0.55	32.0	0.53	45.6	0.60	78.3	0.55	97.1	0.50
			定点7	东区	3.0	13.5	0.55	32.0	0.53	45.5	0.60	79.5	0.55	101.0	0.50
			定点8	东区	11.5	13.6	0.55	30.4	0.53	45.3	0.55	79.8	0.50	102.4	0.50
			定点9	东区	22.0	13.6	0.55	32.0	0.53	45.3	0.55	83.2	0.50	107.8	0.50
			定点10	东区	20.1	13.5	0.55	30.4	0.53	45.3	0.55	77.3	0.50	98.2	0.50
			定点11	东区	21.7	13.7	0.55	30.3	0.53	45.1	0.55	82.3	0.50	107.9	0.49
			定点12	东区	21.5	13.7	0.55	30.3	0.53	45.0	0.54	78.9	0.49	104.4	0.49
			定点13	东区	16.2	13.5	0.55	32.0	0.54	45.8	0.60	80.6	0.55	101.2	0.55
			定点14	东区	16.5	13.4	0.55	32.0	0.54	46.0	0.60	77.0	0.56	96.9	0.55
			定点15	东区	27.7	13.4	0.55	32.0	0.55	46.2	0.60	76.3	0.57	97.5	0.55
			定点16	东区	12.6	13.2	0.55	32.2	0.54	46.0	0.60	73.1	0.56	91.2	0.55
595	沁源县	友仁村	定点1	东区	8.9	13.7	0.60	32.2	0.60	50.0	0.62	72.0	0.64	87.2	0.57
596	沁源县	支角村	定点1	东区	7.1	13.6	0.60	32.0	0.60	50.0	0.60	72.0	0.60	88.0	0.55
			定点2	东区	19.9	13.6	0.60	32.0	0.60	50.0	0.60	71.9	0.61	87.3	0.56
			定点3	东区	17.2	13.7	0.60	32.2	0.60	50.0	0.61	72.2	0.63	87.5	0.56
597	沁源县	马西村	定点1	东区	27.1	13.5	0.60	32.0	0.60	50.0	0.60	72.1	0.59	88.7	0.55
			定点2	东区	19.9	13.6	0.60	32.0	0.60	50.0	0.60	71.9	0.61	87.3	0.56
			定点3	东区	17.2	13.7	0.60	32.2	0.60	50.0	0.61	72.2	0.63	87.5	0.56
598	沁源县	法中村	定点1	东区	11.4	13.3	0.60	32.0	0.60	50.0	0.60	72.5	0.58	90.1	0.55
			定点2	东区	22.8	13.2	0.60	32.0	0.60	50.0	0.60	72.2	0.58	89.0	0.55
			定点3	东区	24.5	13.1	0.60	32.0	0.60	50.0	0.60	71.7	0.58	87.9	0.55
599	沁源县	南沟村	定点1	东区	22.1	13.2	0.60	32.0	0.60	50.0	0.60	72.1	0.58	88.7	0.55
			定点2	东区	24.5	13.1	0.60	32.0	0.60	50.0	0.60	71.7	0.58	87.9	0.55

续表 4-8

序号	县(区、市)	小流域名称	定点	水文分区	面积(km²)	10 min $\overline{H}$(mm)	10 min C_v	60 min $\overline{H}$(mm)	60 min C_v	6 h $\overline{H}$(mm)	6 h C_v	24 h $\overline{H}$(mm)	24 h C_v	3 d $\overline{H}$(mm)	3 d C_v
600	沁源县	冯村村	定点1	东区	18.1	13.2	0.60	32.0	0.60	50.0	0.60	72.0	0.58	88.6	0.55
			定点2	东区	24.5	13.1	0.60	32.0	0.60	50.0	0.60	71.7	0.58	87.9	0.55
601	沁源县	麻坪村	定点1	东区	8.9	13.0	0.60	32.0	0.58	50.0	0.60	71.7	0.58	88.2	0.55
602	沁源县	水泉村	定点1	东区	10.7	13.1	0.60	32.0	0.57	46.9	0.60	72.6	0.58	89.9	0.55
603	沁源县	自强村	定点1	东区	71.3	12.8	0.56	28.2	0.54	44.0	0.54	70.0	0.48	95.0	0.47
			定点2	东区	84.2	13.1	0.57	28.3	0.56	46.0	0.60	85.0	0.54	110.0	0.53
			定点3	东区	11.1	13.8	0.58	29.7	0.58	46.9	0.62	80.0	0.60	100.0	0.57
			定点4	东区	11.7	14.2	0.58	30.5	0.59	47.6	0.64	74.8	0.64	94.5	0.59
			定点5	东区	9.9	14.0	0.58	30.0	0.56	47.2	0.63	75.0	0.63	95.0	0.58
			定点6	东区	15.3	13.5	0.58	29.5	0.57	46.4	0.61	80.0	0.56	102.0	0.55
			定点7	东区	3.2	13.6	0.58	29.6	0.57	46.6	0.61	80.0	0.57	100.0	0.56
			定点8	东区	89.7	13.1	0.57	28.3	0.57	46.0	0.58	85.0	0.53	112.0	0.50
			定点9	东区	98.3	13.5	0.61	27.5	0.60	44.5	0.55	68.0	0.55	88.0	0.50
			定点10	东区	66.0	13.7	0.59	29.3	0.59	46.0	0.61	73.0	0.58	94.0	0.55
			定点11	东区	53.3	13.1	0.58	28.5	0.56	45.0	0.56	77.0	0.50	100.0	0.50
			定点12	东区	20.6	13.2	0.58	28.6	0.57	45.2	0.59	77.0	0.54	102.0	0.53
			定点13	东区	4.3	13.4	0.58	29.5	0.56	46.0	0.61	76.0	0.55	99.0	0.54
			定点14	东区	8.8	13.5	0.58	29.4	0.57	46.0	0.62	74.4	0.56	95.4	0.55
			定点15	东区	90.2	13.1	0.58	28.2	0.57	45.0	0.56	73.0	0.54	95.0	0.50
			定点16	东区	60.1	13.1	0.61	28.0	0.60	45.0	0.55	68.0	0.54	90.0	0.50
			定点17	东区	14.4	13.8	0.58	29.6	0.58	46.5	0.63	75.0	0.60	95.2	0.56
			定点18	东区	79.2	13.5	0.61	28.0	0.62	45.0	0.63	68.0	0.60	89.0	0.55
			定点19	东区	82.1	13.6	0.61	28.0	0.62	45.1	0.63	69.0	0.60	90.0	0.55
			定点20	东区	71.3	13.8	0.58	29.5	0.59	45.5	0.63	72.0	0.64	94.0	0.59
			定点21	东区	87.6	13.7	0.60	29.0	0.61	46.0	0.66	71.0	0.68	92.0	0.70
			定点22	东区	65.4	14.0	0.60	30.0	0.61	45.5	0.66	72.0	0.67	95.0	0.68

续表 4-8

序号	县(区、市)	小流域名称	定点	水文分区	面积(km²)	不同历时定点暴雨参数									
						10 min		60 min		6 h		24 h		3 d	
						$\overline{H}$(mm)	C_v	$\overline{H}$(mm)	C_v	$\overline{H}$(mm)	C_v	$\overline{H}$(mm)	C_v	$\overline{H}$(mm)	C_v
604	沁源县	启泉岭沟	定点1	东区	71.3	12.8	0.56	28.2	0.54	44.0	0.54	70.0	0.48	95.0	0.47
			定点2	东区	84.2	13.1	0.57	28.3	0.56	46.0	0.60	85.0	0.54	110.0	0.53
			定点3	东区	11.1	13.8	0.58	29.7	0.58	46.9	0.62	80.0	0.60	100.0	0.57
			定点4	东区	9.4	14.2	0.58	30.5	0.59	47.6	0.64	74.8	0.64	94.5	0.59
			定点5	东区	9.9	14.0	0.58	30.0	0.56	47.2	0.63	75.0	0.63	95.0	0.58
			定点6	东区	15.3	13.5	0.58	29.5	0.57	46.4	0.61	80.0	0.56	102.0	0.55
			定点7	东区	3.2	13.6	0.58	29.6	0.57	46.6	0.61	80.0	0.57	100.0	0.56
			定点8	东区	89.7	13.1	0.57	28.3	0.57	46.0	0.58	85.0	0.53	112.0	0.50
			定点9	东区	98.3	13.5	0.61	27.5	0.60	44.5	0.55	68.0	0.55	88.0	0.50
			定点10	东区	66.0	13.7	0.59	29.3	0.59	46.0	0.61	73.0	0.58	94.0	0.55
			定点11	东区	53.3	13.1	0.58	28.5	0.56	45.0	0.56	77.0	0.50	100.0	0.50
			定点12	东区	20.6	13.2	0.58	28.6	0.57	45.2	0.59	77.0	0.54	102.0	0.53
			定点13	东区	4.3	13.4	0.58	29.5	0.56	46.0	0.61	76.0	0.55	99.0	0.54
			定点14	东区	8.8	13.5	0.58	29.4	0.57	46.0	0.62	74.4	0.56	95.4	0.55
			定点15	东区	90.2	13.1	0.58	28.2	0.57	45.0	0.56	73.0	0.54	95.0	0.50
			定点16	东区	60.1	13.1	0.61	28.0	0.60	45.0	0.55	68.0	0.54	90.0	0.50
			定点17	东区	14.4	13.8	0.58	29.6	0.58	46.5	0.63	75.0	0.60	95.2	0.56
			定点18	东区	79.2	13.5	0.61	28.0	0.62	45.0	0.63	68.0	0.60	89.0	0.55
			定点19	东区	82.1	13.6	0.61	28.0	0.62	45.1	0.63	69.0	0.60	90.0	0.55
			定点20	东区	71.3	13.8	0.58	29.5	0.59	45.5	0.63	72.0	0.64	94.0	0.59
			定点21	东区	87.6	13.7	0.60	29.0	0.61	46.0	0.66	71.0	0.68	92.0	0.70
			定点22	东区	65.4	14.0	0.60	30.0	0.61	45.5	0.66	72.0	0.67	95.0	0.68
605	沁源县	侯壁村	定点1	东区	71.3	12.8	0.56	28.2	0.54	44.0	0.54	70.0	0.48	95.0	0.47
			定点2	东区	84.2	13.1	0.57	28.3	0.56	46.0	0.60	85.0	0.54	110.0	0.53
			定点3	东区	11.1	13.8	0.58	29.7	0.58	46.9	0.62	80.0	0.60	100.0	0.57
			定点4	东区	15.5	14.2	0.58	30.5	0.59	47.6	0.64	74.8	0.64	94.5	0.59
			定点5	东区	9.9	14.0	0.58	30.0	0.56	47.2	0.63	75.0	0.63	95.0	0.58
			定点6	东区	15.3	13.5	0.58	29.5	0.57	46.4	0.61	80.0	0.56	102.0	0.55
			定点7	东区	3.2	13.6	0.58	29.6	0.57	46.6	0.61	80.0	0.57	100.0	0.56
			定点8	东区	89.7	13.1	0.57	28.3	0.58	46.0	0.58	85.0	0.53	112.0	0.50

续表 4-8

序号	县（区、市）	小流域名称	定点	水文分区	面积（km²）	不同历时定点暴雨参数									
						10 min		60 min		6 h		24 h		3 d	
						$\bar H$(mm)	C_v	$\bar H$(mm)	C_v	$\bar H$(mm)	C_v	$\bar H$(mm)	C_v	$\bar H$(mm)	C_v
			定点 9	东区	98.3	13.5	0.61	27.5	0.60	44.5	0.55	68.0	0.55	88.0	0.50
			定点 10	东区	66.0	13.7	0.59	29.3	0.59	46.0	0.61	73.0	0.58	94.0	0.55
			定点 11	东区	53.3	13.1	0.58	28.5	0.56	45.0	0.56	77.0	0.50	100.0	0.50
			定点 12	东区	20.6	13.2	0.58	28.6	0.57	45.2	0.59	77.0	0.54	102.0	0.53
			定点 13	东区	4.3	13.4	0.58	29.5	0.56	46.0	0.61	76.0	0.55	99.0	0.54
			定点 14	东区	8.8	13.5	0.58	29.4	0.57	46.0	0.62	74.4	0.56	95.4	0.55
605	沁源县	侯壁村	定点 15	东区	90.2	13.1	0.58	28.2	0.57	45.0	0.56	73.0	0.54	95.0	0.50
			定点 16	东区	60.1	13.1	0.61	28.0	0.60	45.0	0.55	68.0	0.54	90.0	0.50
			定点 17	东区	14.4	13.8	0.58	29.6	0.58	46.5	0.63	75.0	0.60	95.2	0.56
			定点 18	东区	79.2	13.5	0.61	28.0	0.62	45.0	0.63	68.0	0.60	89.0	0.55
			定点 19	东区	82.1	13.6	0.61	28.0	0.62	45.1	0.63	69.0	0.60	90.0	0.55
			定点 20	东区	71.3	13.8	0.58	29.5	0.59	45.5	0.63	72.0	0.64	94.0	0.59
			定点 21	东区	87.6	13.7	0.60	29.0	0.61	46.0	0.66	71.0	0.68	92.0	0.70
			定点 22	东区	65.4	14.0	0.60	30.0	0.61	45.5	0.66	72.0	0.67	95.0	0.68
606	沁源县	交口村	定点 1	东区	116.7	14.5	0.57	32.0	0.58	48.0	0.63	73.0	0.62	91.0	0.58
			定点 1	东区	2.1	16.0	0.60	32.0	0.60	50.0	0.64	73.6	0.66	90.9	0.59
			定点 2	东区	10.5	16.0	0.60	32.0	0.60	50.0	0.65	73.3	0.66	90.9	0.60
			定点 3	东区	11.4	16.0	0.60	32.0	0.60	50.0	0.64	72.9	0.67	90.4	0.60
607	沁源县	石壑村	定点 4	东区	13.4	16.0	0.60	32.0	0.60	50.0	0.66	72.6	0.68	91.2	0.62
			定点 5	东区	12.7	16.0	0.60	32.0	0.60	50.0	0.67	72.7	0.67	91.6	0.62
			定点 6	东区	14.5	16.0	0.60	32.2	0.60	50.0	0.64	72.0	0.67	89.6	0.60
			定点 7	东区	10.5	16.0	0.60	32.4	0.60	50.0	0.64	71.9	0.67	88.1	0.59
			定点 8	东区	12.5	16.0	0.60	32.0	0.60	50.0	0.65	73.5	0.66	91.9	0.60
			定点 1	东区	71.3	12.8	0.56	28.2	0.54	44.0	0.54	70.0	0.48	95.0	0.47
			定点 2	东区	84.2	13.1	0.57	28.3	0.56	46.0	0.60	85.0	0.54	110.0	0.53
			定点 3	东区	11.1	13.8	0.58	29.7	0.58	46.9	0.62	80.0	0.60	100.0	0.57
608	沁源县	南洪林村	定点 4	东区	15.5	14.2	0.58	30.5	0.59	47.6	0.64	74.8	0.64	94.5	0.59
			定点 5	东区	9.9	14.0	0.58	30.0	0.56	47.2	0.63	75.0	0.63	95.0	0.58
			定点 6	东区	15.3	13.5	0.58	29.5	0.57	46.4	0.61	80.0	0.56	102.0	0.55
			定点 7	东区	3.2	13.6	0.58	29.6	0.57	46.6	0.61	80.0	0.57	100.0	0.56

续表 4-8

序号	县(区、市)	小流域名称	定点	水文分区	面积(km²)	不同历时定点暴雨参数									
						10 min		60 min		6 h		24 h		3 d	
						$\overline{H}$(mm)	C_v	$\overline{H}$(mm)	C_v	$\overline{H}$(mm)	C_v	$\overline{H}$(mm)	C_v	$\overline{H}$(mm)	C_v
608	沁源县	南洪林村	定点8	东区	89.7	13.1	0.57	28.3	0.57	46.0	0.58	85.0	0.53	112.0	0.50
			定点9	东区	98.3	13.5	0.61	27.5	0.60	44.5	0.55	68.0	0.55	88.0	0.50
			定点10	东区	66.0	13.7	0.59	29.3	0.59	46.0	0.61	73.0	0.58	94.0	0.55
			定点11	东区	53.3	13.1	0.58	28.5	0.56	45.0	0.56	77.0	0.50	100.0	0.50
			定点12	东区	20.6	13.2	0.58	28.6	0.57	45.2	0.59	77.0	0.54	102.0	0.53
			定点13	东区	4.3	13.4	0.58	29.5	0.56	46.0	0.61	76.0	0.55	99.0	0.54
			定点14	东区	8.8	13.5	0.58	29.4	0.57	46.0	0.62	74.4	0.56	95.4	0.55
			定点15	东区	90.2	13.1	0.58	28.2	0.57	45.0	0.56	73.0	0.54	95.0	0.50
			定点16	东区	60.1	13.1	0.61	28.0	0.60	45.0	0.55	68.0	0.54	90.0	0.50
			定点17	东区	14.4	13.8	0.58	29.6	0.58	46.5	0.63	75.0	0.60	95.2	0.56
			定点18	东区	79.2	13.5	0.61	28.0	0.62	45.0	0.63	68.0	0.60	89.0	0.55
			定点19	东区	82.1	13.6	0.61	28.0	0.62	45.1	0.63	69.0	0.60	90.0	0.55
			定点20	东区	71.3	13.8	0.58	29.5	0.59	45.5	0.63	72.0	0.64	94.0	0.59
			定点21	东区	87.6	13.7	0.60	29.0	0.61	46.0	0.66	71.0	0.68	92.0	0.70
			定点22	东区	65.4	14.0	0.60	30.0	0.61	45.5	0.66	72.0	0.67	95.0	0.68
			定点23	东区	154.6	14.5	0.57	32.0	0.58	48.0	0.63	73.0	0.62	91.0	0.58
609	沁源县	新毅村	定点1	东区	4.9	16.0	0.60	32.1	0.60	50.0	0.64	72.7	0.67	89.9	0.60
			定点2	东区	13.4	16.0	0.60	32.0	0.60	50.0	0.66	72.6	0.68	91.2	0.62
			定点3	东区	12.7	16.0	0.60	32.0	0.60	50.0	0.67	72.7	0.67	91.6	0.62
			定点4	东区	14.5	16.0	0.60	32.2	0.60	50.0	0.64	72.0	0.67	89.6	0.60
			定点5	东区	10.5	16.0	0.60	32.4	0.60	50.0	0.64	71.9	0.67	88.1	0.59
610	沁源县	安乐村	定点1	东区	8.8	16.0	0.60	32.0	0.60	50.0	0.65	73.3	0.66	91.0	0.60
			定点2	东区	11.4	16.0	0.60	32.0	0.60	50.0	0.64	72.9	0.67	90.4	0.60
			定点3	东区	13.4	16.0	0.60	32.0	0.60	50.0	0.66	72.6	0.68	91.2	0.62
			定点4	东区	12.7	16.0	0.60	32.0	0.60	50.0	0.67	72.7	0.67	91.6	0.62
			定点5	东区	14.5	16.0	0.60	32.2	0.60	50.0	0.64	72.0	0.67	89.6	0.60
			定点6	东区	10.5	16.0	0.60	32.4	0.60	50.0	0.64	71.9	0.67	88.1	0.59

续表 4-8

序号	县（区，市）	小流域名称	定点	水文分区	面积（km²）	10 min H(mm)	10 min Cv	60 min H(mm)	60 min Cv	6 h H(mm)	6 h Cv	24 h H(mm)	24 h Cv	3 d H(mm)	3 d Cv
611	沁源县	铺上村	定点1	东区	10.4	16.0	0.60	32.0	0.60	50.0	0.60	73.3	0.65	91.0	0.60
			定点2	东区	11.4	16.0	0.60	32.0	0.60	50.0	0.60	72.9	0.64	90.4	0.60
			定点3	东区	13.4	16.0	0.60	32.0	0.60	50.0	0.60	72.6	0.66	91.2	0.62
			定点4	东区	12.7	16.0	0.60	32.0	0.60	50.0	0.60	72.7	0.67	91.6	0.62
			定点5	东区	14.5	16.0	0.60	32.2	0.60	50.0	0.60	72.0	0.64	89.6	0.60
			定点6	东区	10.5	16.0	0.60	32.4	0.60	50.0	0.60	71.9	0.64	88.1	0.59
612	沁源县	马泉村	定点1	东区	6.8	16.0	0.60	32.3	0.60	50.0	0.60	71.7	0.64	88.9	0.60
613	沁源县	聪子峪村	定点1	东区	13.0	12.8	0.60	28.2	0.60	44.7	0.55	72.6	0.50	97.2	0.50
614	沁源县	水峪村	定点1	东区	11.2	12.9	0.60	28.3	0.60	45.1	0.55	74.9	0.50	100.1	0.50
615	沁源县	才子坪村	定点1	东区	6.7	12.8	0.60	28.2	0.60	44.7	0.55	71.8	0.50	96.0	0.50
			定点2	东区	15.5	12.8	0.60	28.1	0.60	44.1	0.55	69.3	0.50	93.0	0.49
616	沁源县	小岭底村	定点1	东区	6.7	12.8	0.60	28.2	0.60	44.7	0.55	71.8	0.50	96.0	0.50
			定点2	东区	15.5	12.8	0.60	28.1	0.60	44.1	0.55	69.3	0.50	93.0	0.49
617	沁源县	土岭底村	定点1	东区	8.7	12.8	0.60	28.2	0.60	44.7	0.55	71.5	0.50	95.3	0.50
			定点2	东区	15.5	12.8	0.60	28.1	0.60	44.1	0.55	69.3	0.50	93.0	0.49
618	沁源县	新店上村	定点1	东区	0.5	13.0	0.60	28.4	0.60	45.3	0.60	74.2	0.55	97.9	0.55
			定点2	东区	1.3	13.0	0.60	28.4	0.60	45.3	0.60	74.0	0.55	97.6	0.55
			定点3	东区	4.7	12.9	0.60	28.3	0.60	45.2	0.60	73.0	0.55	95.9	0.50
			定点4	东区	18.7	12.8	0.60	28.1	0.60	45.0	0.55	71.1	0.50	94.3	0.50
			定点5	东区	15.5	12.8	0.60	28.1	0.60	44.1	0.55	69.3	0.49	93.0	0.49
			定点6	东区	17.0	12.8	0.60	28.2	0.60	44.5	0.55	72.6	0.50	97.7	0.50
			定点7	东区	12.0	12.9	0.60	28.3	0.60	45.1	0.60	74.6	0.60	99.7	0.50
			定点8	东区	16.5	12.9	0.60	28.2	0.60	45.1	0.60	71.6	0.55	93.6	0.49
619	沁源县	王家沟村	定点1	东区	10.4	12.8	0.60	28.2	0.60	44.1	0.55	71.7	0.50	96.7	0.49
620	沁源县	程壁村	定点1	东区	4.4	13.7	0.60	32.0	0.60	45.6	0.61	85.0	0.55	107.1	0.55
			定点2	东区	24.8	13.7	0.60	28.6	0.60	45.3	0.60	85.0	0.55	110.0	0.50
			定点3	东区	27.7	13.0	0.60	28.4	0.60	45.0	0.55	83.8	0.50	108.7	0.50
			定点4	东区	30.6	12.8	0.55	28.3	0.52	43.6	0.54	73.3	0.48	98.1	0.48
			定点5	东区	29.3	12.7	0.55	28.1	0.52	45.0	0.52	66.0	0.47	88.8	0.47
			定点6	东区	11.3	12.6	0.60	28.1	0.52	42.6	0.52	65.4	0.48	90.1	0.47
			定点7	东区	12.8	13.8	0.60	28.6	0.60	45.5	0.60	83.9	0.55	106.8	0.55

续表 4-8

序号	县(区,市)	小流域名称	定点	水文分区	面积(km²)	10 min $\bar{H}$(mm)	10 min C_v	60 min $\bar{H}$(mm)	60 min C_v	6 h $\bar{H}$(mm)	6 h C_v	24 h $\bar{H}$(mm)	24 h C_v	3 d $\bar{H}$(mm)	3 d C_v
621	沁源县	下窊村	定点1	东区	17.0	13.8	0.60	28.6	0.60	45.3	0.60	85.0	0.50	110.0	0.50
			定点2	东区	27.7	13.0	0.60	28.4	0.60	45.0	0.55	83.8	0.50	108.7	0.50
			定点3	东区	30.6	12.8	0.55	28.3	0.52	43.6	0.54	73.3	0.48	98.1	0.48
			定点4	东区	29.3	12.7	0.55	28.1	0.52	45.0	0.52	66.0	0.47	88.8	0.47
			定点5	东区	11.3	12.6	0.60	28.1	0.52	42.6	0.52	65.4	0.47	90.1	0.47
622	沁源县	王家湾村	定点1	东区	1.4	12.9	0.60	28.4	0.53	44.3	0.55	79.3	0.49	103.7	0.49
			定点2	东区	30.6	12.8	0.55	28.3	0.52	43.6	0.54	73.3	0.48	98.1	0.48
			定点3	东区	29.3	12.7	0.55	28.1	0.52	45.0	0.52	66.0	0.47	88.8	0.47
			定点4	东区	11.3	12.6	0.60	28.1	0.52	42.6	0.52	65.4	0.48	90.1	0.47
623	沁源县	奠基村	定点1	东区	17.7	13.7	0.55	28.7	0.53	45.1	0.55	85.0	0.50	110.0	0.49
			定点2	东区	22.1	13.8	0.55	28.5	0.53	45.0	0.55	83.6	0.49	106.7	0.49
624	沁源县	上舍村	定点1	东区	25.0	13.7	0.55	28.7	0.60	45.3	0.55	85.0	0.50	110.0	0.50
			定点2	东区	22.1	13.8	0.55	28.5	0.53	45.0	0.55	83.6	0.49	106.7	0.49
625	沁源县	泽山村	定点1	东区	17.6	13.7	0.55	28.6	0.60	45.2	0.56	85.0	0.50	110.0	0.50
626	沁源县	仁道村	定点1	东区	6.3	13.8	0.55	30.3	0.53	45.0	0.54	80.0	0.49	101.9	0.48
627	沁源县	鱼儿泉村	定点1	东区	6.2	12.9	0.55	28.4	0.53	45.0	0.54	77.6	0.49	100.0	0.48
628	沁源县	磨嗣平	定点1	东区	1.3	12.9	0.55	28.4	0.52	45.0	0.53	73.8	0.48	96.1	0.48
			定点2	东区	11.8	12.8	0.55	28.3	0.52	45.0	0.53	70.8	0.48	93.6	0.48
			定点3	东区	10.4	12.9	0.55	28.4	0.53	45.0	0.54	78.7	0.49	100.9	0.48
629	沁源县	红窊上村	定点1	东区	2.4	12.9	0.60	28.4	0.53	45.0	0.52	80.8	0.49	103.2	0.49
630	沁源县	琴峪村	定点1	东区	12.9	13.0	0.60	28.4	0.60	45.5	0.63	71.7	0.61	92.3	0.57
631	沁源县	紫红村	定点1	东区	2.3	13.1	0.60	28.4	0.60	45.5	0.65	71.5	0.63	91.9	0.59
			定点2	东区	21.9	13.0	0.55	28.2	0.60	45.3	0.63	70.6	0.61	91.2	0.57
			定点3	东区	20.3	12.9	0.60	28.1	0.60	45.2	0.62	69.7	0.61	90.3	0.56
			定点4	东区	2.1	12.9	0.60	28.0	0.60	45.1	0.60	69.1	0.60	89.6	0.55
			定点5	东区	6.9	12.9	0.60	28.0	0.60	45.1	0.60	68.8	0.60	89.2	0.55
			定点6	东区	14.1	12.8	0.60	27.4	0.60	44.6	0.60	68.0	0.58	88.3	0.50
			定点7	东区	10.8	12.8	0.60	27.2	0.60	44.4	0.60	67.9	0.58	88.1	0.55
			定点8	东区	18.7	13.0	0.60	28.1	0.60	45.2	0.60	69.1	0.62	89.6	0.57
			定点9	东区	18.6	13.0	0.60	28.0	0.60	45.1	0.60	68.9	0.62	89.3	0.57

续表 4-8

序号	县(区,市)	小流域名称	定点	水文分区	面积(km²)	不同历时定点暴雨参数									
						10 min		60 min		6 h		24 h		3 d	
						$\overline{H}$(mm)	C_v	$\overline{H}$(mm)	C_v	$\overline{H}$(mm)	C_v	$\overline{H}$(mm)	C_v	$\overline{H}$(mm)	C_v
631	沁源县	紫红村	定点10	东区	10.1	16.0	0.60	28.0	0.60	45.1	0.65	68.8	0.62	89.2	0.58
			定点11	东区	23.9	12.7	0.60	27.2	0.60	44.4	0.55	67.6	0.56	87.9	0.50
			定点12	东区	13.5	12.8	0.60	27.9	0.60	45.0	0.60	68.5	0.57	89.0	0.50
			定点13	东区	16.0	16.0	0.60	28.3	0.60	45.5	0.67	71.0	0.64	91.5	0.60
			定点14	东区	19.2	16.0	0.60	28.4	0.60	45.5	0.70	70.9	0.70	91.7	0.65
			定点15	东区	15.4	16.0	0.60	28.4	0.60	45.5	0.70	70.6	0.70	92.1	0.65
			定点16	东区	11.0	16.0	0.60	28.3	0.60	45.4	0.70	70.0	0.70	91.2	0.65
			定点17	东区	15.3	16.0	0.60	28.2	0.60	45.3	0.70	70.0	0.68	90.8	0.63
			定点18	东区	10.6	13.1	0.60	28.2	0.60	45.4	0.67	70.2	0.64	90.8	0.60
632	沁源县	崖头村	定点1	东区	0.3	16.0	0.60	28.4	0.60	45.5	0.68	71.0	0.65	91.5	0.62
			定点2	东区	19.2	16.0	0.60	28.4	0.60	45.5	0.70	70.9	0.70	91.7	0.65
			定点3	东区	15.4	16.0	0.60	28.4	0.60	45.5	0.70	70.6	0.70	92.1	0.65
			定点4	东区	11.0	16.0	0.60	28.3	0.60	45.4	0.70	70.0	0.70	91.2	0.65
			定点5	东区	15.3	16.0	0.60	28.2	0.60	45.3	0.70	70.0	0.68	90.8	0.63
			定点6	东区	10.6	13.1	0.60	28.2	0.60	45.4	0.67	70.2	0.64	90.8	0.60
633	沁源县	语凤村	定点1	东区	0.00	16.0	0.60	28.4	0.60	45.5	0.70	70.8	0.70	91.8	0.65
			定点2	东区	15.4	16.0	0.60	28.4	0.60	45.5	0.70	70.6	0.70	92.1	0.65
			定点3	东区	11.0	16.0	0.60	28.3	0.60	45.4	0.70	70.0	0.70	91.2	0.65
			定点4	东区	15.3	16.0	0.60	28.2	0.60	45.3	0.70	70.0	0.68	90.8	0.63
634	沁源县	陈家峪村	定点1	东区	8.7	16.0	0.60	28.2	0.60	45.3	0.70	69.8	0.67	90.5	0.62
635	沁源县	汝家庄村	定点1	东区	13.5	12.8	0.60	27.8	0.60	45.0	0.60	68.3	0.57	88.8	0.50
636	沁源县	马家峪村	定点1	东区	8.8	12.8	0.60	27.3	0.60	44.5	0.60	67.9	0.58	88.1	0.50
			定点2	东区	10.8	12.8	0.60	27.2	0.60	44.4	0.60	67.9	0.58	88.1	0.55
637	沁源县	庞家沟	定点1	东区	0.4	16.0	0.60	27.2	0.60	44.3	0.60	67.7	0.57	87.9	0.50
638	沁源县	南湾村	定点1	东区	6.5	12.8	0.60	28.1	0.60	45.1	0.65	68.9	0.63	89.4	0.58
639	沁源县	倪庄村	定点1	东区	4.0	12.8	0.60	28.0	0.60	45.1	0.60	68.8	0.57	89.6	0.50
			定点2	东区	2.4	12.8	0.60	27.6	0.60	44.8	0.55	67.9	0.55	88.4	0.50
			定点3	东区	3.2	12.7	0.60	27.3	0.60	44.2	0.54	67.2	0.55	87.5	0.48
			定点4	东区	20.2	12.6	0.60	26.5	0.60	42.9	0.51	65.6	0.50	85.5	0.45
			定点5	东区	12.3	12.6	0.60	26.8	0.60	43.2	0.52	65.7	0.50	85.9	0.46
			定点6	东区	24.8	12.6	0.60	26.6	0.60	43.4	0.53	66.4	0.55	86.4	0.45
			定点7	东区	10.1	12.7	0.60	27.4	0.60	44.3	0.55	67.2	0.55	87.8	0.49

续表 4-8

序号	县(区、市)	小流域名称	定点	水文分区	面积(km²)	10 min $\overline{H}$(mm)	10 min C_v	60 min $\overline{H}$(mm)	60 min C_v	6 h $\overline{H}$(mm)	6 h C_v	24 h $\overline{H}$(mm)	24 h C_v	3 d $\overline{H}$(mm)	3 d C_v
640	沁源县	武家沟村	定点1	东区	4.0	12.7	0.60	27.7	0.60	44.0	0.54	66.7	0.50	88.8	0.49
641	沁源县	段家坡底村	定点1	东区	4.0	12.7	0.60	27.7	0.60	44.0	0.54	66.7	0.50	88.8	0.49
642	沁源县	胡家庄村	定点1	东区	4.0	12.7	0.60	27.7	0.60	44.0	0.54	66.7	0.50	88.8	0.49
643	沁源县	胡汉坪	定点1	东区	4.0	12.7	0.60	27.7	0.60	44.0	0.54	66.7	0.50	88.8	0.49
644	沁源县	蓍朴村	定点1	东区	11.4	12.6	0.60	27.2	0.60	43.6	0.53	65.7	0.50	86.5	0.48
645	沁源县	庄儿上村	定点1	东区	24.0	12.6	0.60	26.7	0.60	43.5	0.53	66.5	0.55	86.6	0.46
646	沁源县	沙坪村	定点1	东区	0.3	12.7	0.60	28.0	0.60	43.4	0.54	67.5	0.49	92.0	0.48
647	沁源县	豆壁村	定点1	东区	13.4	12.6	0.60	27.0	0.60	42.7	0.51	63.7	0.50	85.0	0.47
648	沁源县	牛郎沟村	定点1	东区	1.7	12.6	0.60	26.8	0.60	42.5	0.50	63.3	0.50	85.0	0.47
649	沁源县	马凤沟村	定点1	东区	1.7	12.6	0.60	26.8	0.60	42.5	0.50	63.3	0.50	85.0	0.47
650	沁源县	城艾庄村	定点1	东区	3.4	12.5	0.60	26.6	0.60	42.1	0.50	62.4	0.50	85.0	0.46
651	沁源县	花坡村	定点1	东区	0.6	12.7	0.60	28.1	0.52	42.8	0.53	66.5	0.48	91.5	0.47
652	沁源县	八眼泉村	定点1	东区	17.7	12.6	0.60	28.0	0.52	42.7	0.52	65.6	0.48	91.0	0.48
653	沁源县	土岭上村	定点1	东区	13.0	12.8	0.60	28.2	0.52	43.2	0.54	70.2	0.48	95.3	0.48
			定点2	东区	29.3	12.7	0.55	28.1	0.52	45.0	0.52	66.0	0.47	88.8	0.47
			定点3	东区	11.3	12.6	0.60	28.1	0.52	42.6	0.52	65.4	0.48	90.1	0.47
654	潞城市	会山底村	定点1	东区	0.3	15.7	0.47	32.5	0.47	44	0.51	65.8	0.46	85.9	0.48
655	潞城市	下杜村	定点1	东区	8.4	15.9	0.46	33.8	0.45	44.5	0.51	65.6	0.44	86.2	0.47
656	潞城市	下杜村后交	定点1	东区	8.4	15.9	0.46	33.8	0.45	44.5	0.51	65.6	0.44	86.2	0.47
657	潞城市	河西村	定点1	东区	0.9	15.7	0.48	32.3	0.48	44.2	0.51	66	0.48	86	0.48
658	潞城市	后皎村	定点1	东区	2.9	16.1	0.44	34.5	0.44	44.5	0.44	65.4	0.44	86.2	0.48
659	潞城市	申家村	定点1	东区	26.4	16	0.44	34.5	0.44	44	0.44	65.4	0.44	86	0.47
660	潞城市	苗家村	定点1	东区	26.4	16	0.44	34.5	0.44	44	0.44	65.4	0.44	86	0.47
661	潞城市	苗家村庄上	定点1	东区	26.4	16	0.44	34.5	0.44	44	0.44	65.4	0.44	86	0.47
662	潞城市	枣臻村	定点1	东区	19.3	14.6	0.49	29.5	0.51	43.5	0.53	64.6	0.51	79.5	0.46
663	潞城市	赤头村	定点1	东区	13.5	15	0.5	28.5	0.5	45	0.53	64	0.51	80	0.48
664	潞城市	马江沟村	定点1	东区	1.7	14.6	0.49	29.5	0.49	43.3	0.53	64.4	0.51	79.3	0.47
665	潞城市	弓家岭	定点1	东区	0.5	14.6	0.49	29.5	0.5	43.3	0.53	64.4	0.51	79.3	0.46
666	潞城市	红江沟	定点1	东区	0.3	14.6	0.49	29.5	0.5	43.3	0.53	64.4	0.51	79.3	0.46

续表 4-8

序号	县(区、市)	小流域名称	定点	水文分区	面积 (km²)	不同历时定点暴雨参数									
						10 min		60 min		6 h		24 h		3 d	
						$\bar{H}$(mm)	C_v	$\bar{H}$(mm)	C_v	$\bar{H}$(mm)	C_v	$\bar{H}$(mm)	C_v	$\bar{H}$(mm)	C_v
667	潞城市	曹家沟村	定点1	东区	249.3	15.3	0.52	31	0.52	44	0.52	65	0.51	82	0.48
668	潞城市	韩村	定点2	东区	103.3	14.8	0.51	29.8	0.51	43.5	0.52	64	0.51	79	0.47
669	潞城市	冯村	定点1	东区	283.0	15.3	0.52	31	0.52	44	0.52	65	0.51	82	0.48
670	潞城市	韩家园村	定点1	东区	10.7	15.5	0.49	31.5	0.51	44	0.52	67	0.5	86	0.48
671	潞城市	李家庄村	定点1	东区	20.2	15	0.48	31.7	0.5	48	0.51	67	0.5	86	0.48
672	潞城市	漫流河村	定点1	东区	8.3	14.6	0.5	31.3	0.51	48	0.52	67.3	0.51	85.5	0.48
673	潞城市	石匣村	定点1	东区	14.7	14.6	0.51	31.2	0.51	48	0.52	67.5	0.51	85.6	0.48
674	潞城市	申家山村	定点1	东区	63.0	14.5	0.52	31	0.52	48	0.53	68	0.52	85.5	0.49
675	潞城市	井峪村	定点1	东区	4.2	14.9	0.51	32.4	0.58	49	0.53	67	0.52	86	0.49
676	潞城市	南马庄村	定点1	东区	5.2	14.7	0.51	32.1	0.57	48.5	0.53	66	0.52	82.5	0.48
677	潞城市	五里坡村	定点1	东区	15.5	14.7	0.51	32.2	0.57	48	0.53	66.5	0.52	83	0.49
678	潞城市	西北村	定点1	东区	2.9	14.8	0.51	32.3	0.58	48.5	0.53	66.4	0.52	83.3	0.48
679	潞城市	西南村	定点1	东区	10.4	15	0.5	31	0.55	46	0.53	67	0.52	86	0.5
680	潞城市	南流村	定点1	东区	10.4	15	0.5	31	0.55	46	0.53	67	0.52	86	0.5
681	潞城市	涧口村	定点1	东区	0.2	15.5	0.5	31.5	0.55	46	0.53	67	0.52	87	0.51
682	潞城市	斜底村	定点1	东区	68.5	14.5	0.52	31	0.52	48	0.53	68	0.52	85.5	0.49
683	潞城市	中村	定点1	东区	1.0	15.3	0.51	31.3	0.58	45.1	0.53	67.7	0.52	86.2	0.5
684	潞城市	堡头村	定点1	东区	9.1	14.7	0.53	30.5	0.54	44.9	0.52	66.5	0.49	82.5	0.49
685	潞城市	河后村	定点1	东区	22.3	14.7	0.53	30.5	0.54	44.9	0.52	66.5	0.49	82.5	0.49
686	潞城市	桥堡村	定点1	东区	0.7	14.7	0.53	30.5	0.54	44.9	0.52	66.5	0.49	82.5	0.49
687	潞城市	东山村	定点1	东区	10.2	14.9	0.52	30.4	0.54	44	0.52	66.5	0.49	82.5	0.49
688	潞城市	西坡村	定点1	东区	14.9	14.8	0.5	29.5	0.52	44	0.53	66	0.52	83	0.47
689	潞城市	西坡村东坡	定点1	东区	13.1	14.8	0.5	29.5	0.51	44	0.54	66	0.53	81	0.48
690	潞城市	儒教村	定点1	东区	0.7	14.8	0.5	29.5	0.51	44	0.54	66	0.53	81	0.48
691	潞城市	王家庄村后交	定点1	东区	7.4	16.1	0.44	34.5	0.44	44.5	0.5	65.4	0.44	86.2	0.48
692	潞城市	上黄村向阳庄	定点1	东区	0.2	15.5	0.49	32.2	0.51	45.1	0.53	67.1	0.51	86	0.49
693	潞城市	南花山村	定点1	东区	2.4	15.8	0.48	31.7	0.5	46	0.53	67.5	0.51	87.4	0.51
694	潞城市	辛安村	定点1	东区	95.8	15.1	0.51	31	0.52	45.5	0.54	68.5	0.5	86.8	0.5
694	潞城市	辛安村	定点2	东区	84.7	14.8	0.51	30.6	0.52	45.2	0.54	68.6	0.5	86	0.5
694	潞城市	辛安村	定点3	东区	102.0	15.2	0.51	31.2	0.52	45.6	0.53	67.9	0.51	86.5	0.5
695	潞城市	辽河村	定点1	东区	21.5	15.3	0.5	31.4	0.52	45	0.53	67	0.51	86	0.49
696	潞城市	辽河村车旺	定点1	东区	21.5	15.3	0.5	31.4	0.52	45	0.53	67	0.51	86	0.49
697	潞城市	曲里村	定点1	东区	249.3	15.3	0.52	31	0.52	44	0.51	65	0.51	82	0.48

表 4-9　长治市设计暴雨成果

序号	县(区、市)	小流域名称	历时	均值 $\bar{H}$	变差系数 C_v	C_s/C_v	不同频率 100年($H_{1\%}$)	50年($H_{2\%}$)	20年($H_{5\%}$)	10年($H_{10\%}$)	5年($H_{20\%}$)
1	长治市郊区	关村	10 min	16	0.48	3.5	41.0	37.0	31.0	26.0	21.0
			60 min	32	0.49	3.5	78.0	69.0	57.0	48.0	38.0
			6 h	45	0.5	3.5	128.0	112.0	93.0	78.0	62.0
			24 h	65	0.48	3.5	167.0	148.0	122.0	103.0	83.0
			3 d	85	0.47	3.5	183.0	164.0	138.7	119.0	98.3
2	长治县	柳林村	10 min	16.0	0.53	3.5	41.3	36.3	29.5	24.4	19.2
			60 min	34.0	0.50	3.5	75.1	66.3	54.6	45.6	36.4
			6 h	45.5	0.50	3.5	123.3	109.2	90.3	75.8	61.0
			24 h	66.0	0.47	3.5	167.7	148.6	122.9	103.1	82.9
			3 d	84.0	0.45	3.5	211.6	188.7	157.8	133.8	109.1
3	襄垣县	石灰窑村	10 min	16	0.48	3.5	34.7	30.9	25.8	21.9	17.8
			60 min	31.5	0.49	3.5	73.0	64.3	52.5	43.6	34.5
			6 h	44.5	0.57	3.5	121.4	106.9	87.5	72.6	57.6
			24 h	62	0.45	3.5	148.2	132.2	110.5	93.7	76.3
			3 d	77.5	0.44	3.5	184.8	165.5	139.5	119.4	98.3
4	屯留县	杨家湾村	10 min	16	0.55	3.5	46.0	40.0	32.0	27.0	21.0
			60 min	32	0.58	3.5	86.0	74.0	60.0	49.0	38.0
			6 h	45.87	0.59	3.5	149.0	130.0	104.0	84.0	65.0
			24 h	71.61	0.60	3.5	217.0	189.0	150.0	121.0	93.0
			3 d	89.62	0.58	3.5	282.0	245.0	193.0	158.0	119.0
5	平顺县	洪岭村	10 min	18.5	0.40	3.5	41.5	37.4	31.7	27.3	22.7
			60 min	31.0	0.43	3.5	70.2	62.8	52.8	45.0	36.9
			6 h	43.0	0.48	3.5	112.0	99.3	82.8	70.1	56.9
			24 h	60.0	0.47	3.5	153.0	136.0	113.0	95.0	76.7
			3 d	87.0	0.43	3.5	210.0	188.0	159.0	136.0	112.0
6	黎城县	东洼村	10 min	14.5	0.52	3.5	30.1	26.5	21.7	18.0	14.3
			60 min	30.8	0.54	3.5	66.7	58.4	47.3	38.9	30.4
			6 h	47	0.55	3.5	125.4	109.8	89.1	73.4	57.5
			24 h	74.5	0.53	3.5	179.6	158.3	129.9	108.2	86.0
			3 d	93.5	0.52	3.5	237.3	209.3	172.3	143.9	114.7

续表 4-9

序号	县(区、市)	小流域名称	历时	均值 $\bar{H}$	变差系数 C_v	C_s/C_v	不同频率				
							100 年($H_{1\%}$)	50 年($H_{2\%}$)	20 年($H_{5\%}$)	10 年($H_{10\%}$)	5 年($H_{20\%}$)
7	壶关县	桥上村	10 min	16.2	0.47	3.5	42.2	37.5	31.2	26.3	21.3
			60 min	31.2	0.51	3.5	86.8	76.4	62.7	52.2	41.5
			6 h	54.8	0.73	3.5	209.6	177.2	135.3	104.5	75.1
			24 h	89.5	0.72	3.5	337.9	286.2	219.2	169.9	122.6
			3 d	122.7	0.51	3.5	237.3	209.3	172.3	143.9	114.7
8	长子县	红星庄村	10 min	14.86	0.51	3.51	38.0	34.0	28.0	23.0	19.0
			60 min	32	0.52	3.52	80.0	70.0	57.0	47.0	37.0
			6 h	48.04	0.60	3.5	155.0	133.0	108.0	88.0	68.0
			24 h	79.02	0.60	3.5	242.0	210.0	166.0	134.0	102.0
			3 d	101.7	0.60	3.5	331.0	291.0	225.0	181.0	137.0
9	武乡县	洪水村	10 min	13.2	0.46	3.5	38.0	34.0	28.0	23.0	19.0
			60 min	27.9	0.50	3.5	80.0	70.0	57.0	47.0	37.0
			6 h	42	0.49	3.5	155.0	133.0	108.0	88.0	68.0
			24 h	58	0.44	3.5	242.0	210.0	166.0	134.0	102.0
			3 d	78	0.43	3.5	331.0	291.0	225.0	181.0	137.0
10	沁县	北关社区	10 min	14	0.59	3.5	32.5	28.3	22.8	18.5	14.3
			60 min	30	0.59	3.5	71.6	62.1	49.6	40.2	30.8
			6 h	47	0.65	3.5	140.8	121.6	96.3	77.3	58.6
			24 h	70	0.66	3.5	218.4	187.7	147.3	117.1	87.5
			3 d	93	0.6	3.5	277.2	240.7	192.8	156.6	120.4
11	沁源县	麻巷村	10 min	13.6	0.6	3.5	22.0	19.0	16.0	13.0	10.0
			60 min	32.0	0.6	3.5	52.0	45.0	36.0	29.0	23.0
			6 h	46.3	0.62	3.5	107.0	93.0	75.0	62.0	48.0
			24 h	80.2	0.6	3.5	172.0	151.0	123.0	102.0	81.0
			3 d	99.2	0.56	3.5	236.0	208.0	174.0	147.0	118.0
12	潞城市	会山底村	10 min	15.7	0.47	3.5	40.4	35.9	30.0	25.3	20.6
			60 min	32.5	0.47	3.5	77.6	68.7	56.7	47.5	38.1
			6 h	44	0.51	3.5	126.9	112.3	92.7	77.7	62.2
			24 h	65.8	0.46	3.5	163.6	145.5	121.1	102.3	82.8
			3 d	85.9	0.48	3.5	226.6	200.9	166.5	140.1	112.9

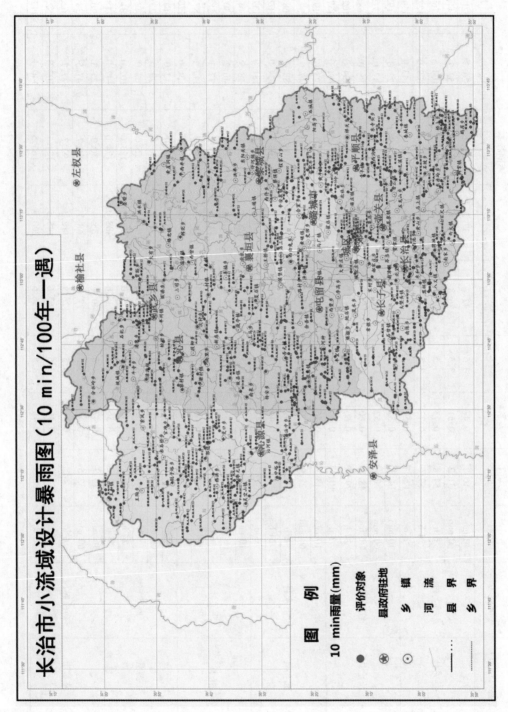

图 4-4　长治市 10 min 百年一遇设计暴雨分布图

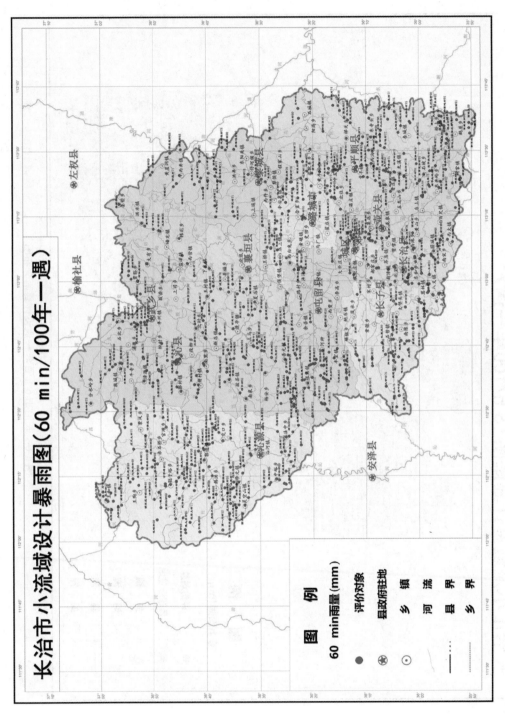

图 4-5 长治市 60 min 百年一遇设计暴雨分布图

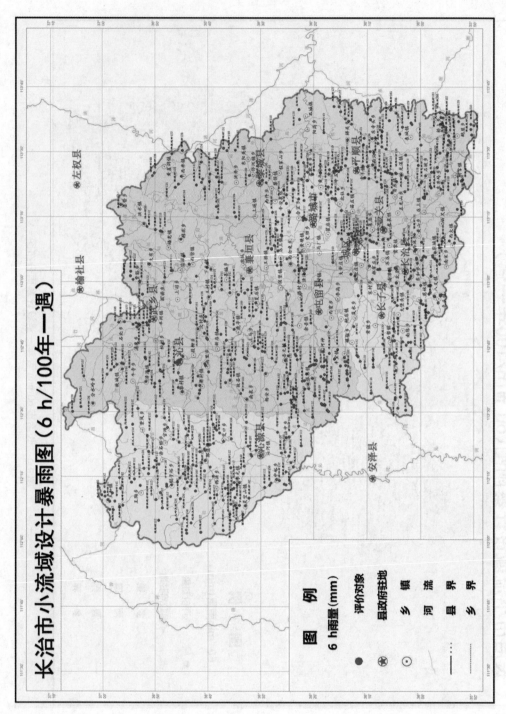

图 4-6　长治市 6 h 百年一遇设计暴雨分布图

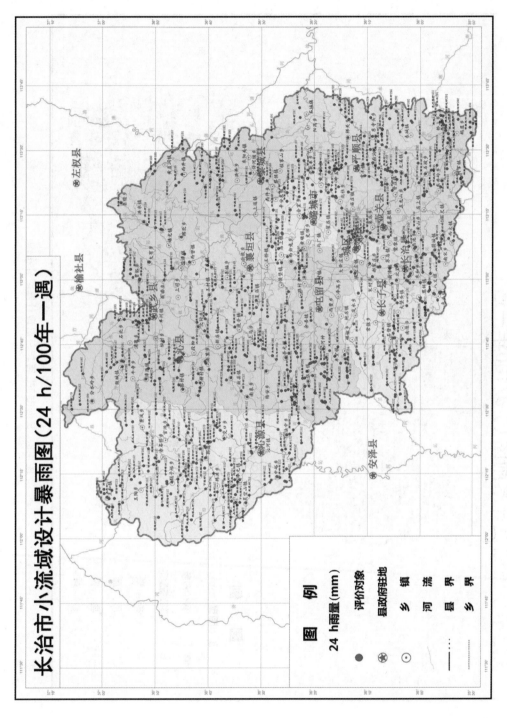

图 4-7 长治市 24 h 百年一遇设计暴雨分布图

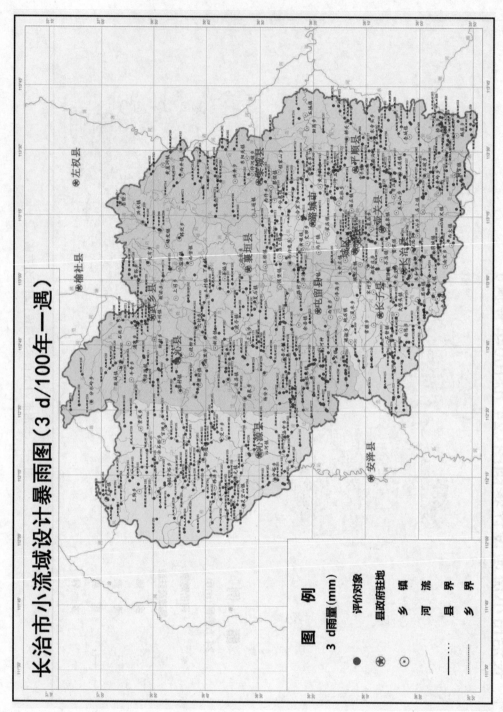

图 4-8 长治市 3 d 百年一遇设计暴雨分布图

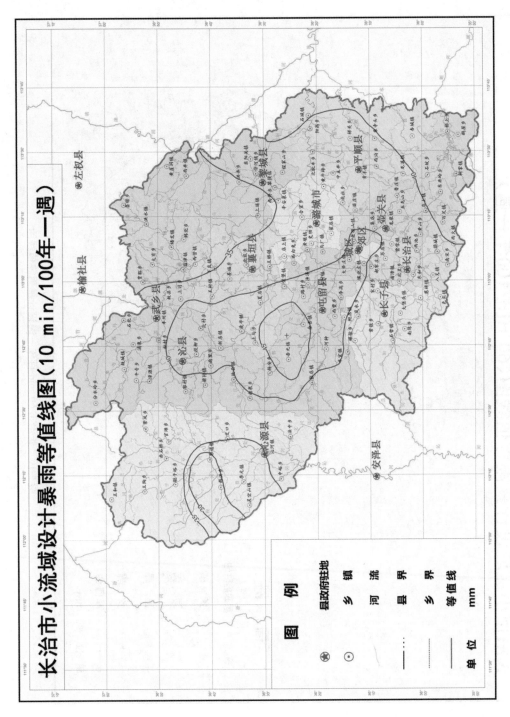

图 4-9　长治市 10 min 百年一遇设计暴雨等值线图

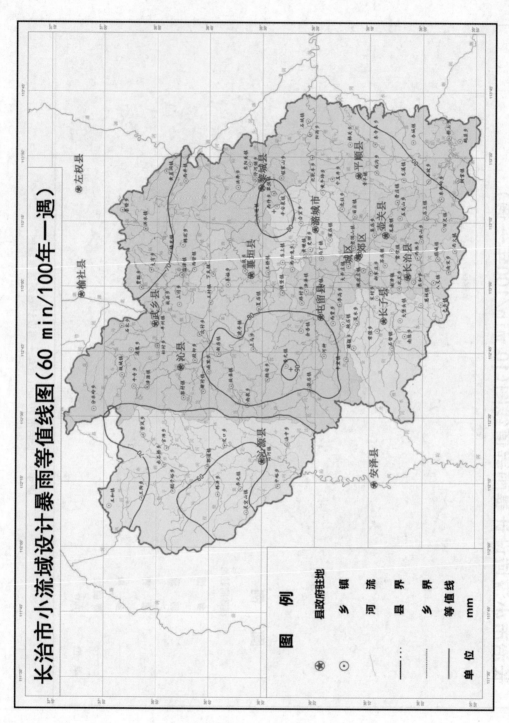

图 4-10　长治市 60 min 百年一遇设计暴雨等值线图

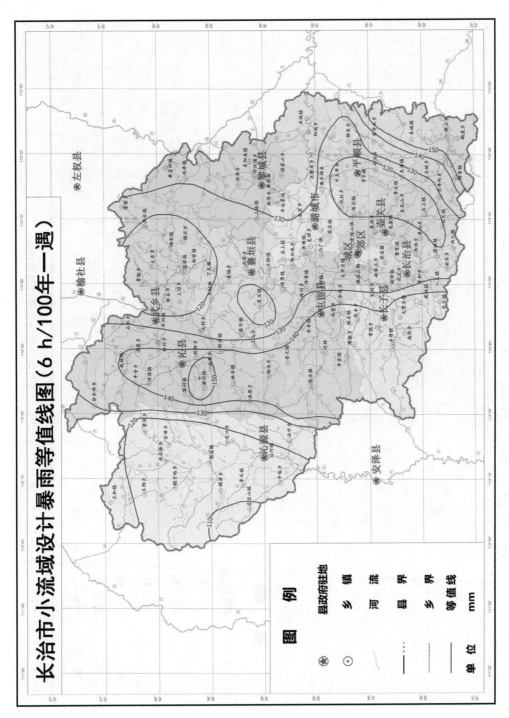

图 4-11 长治市 6 h 百年一遇设计暴雨等值线图

・124・

长治市雨洪分析与洪灾防治研究

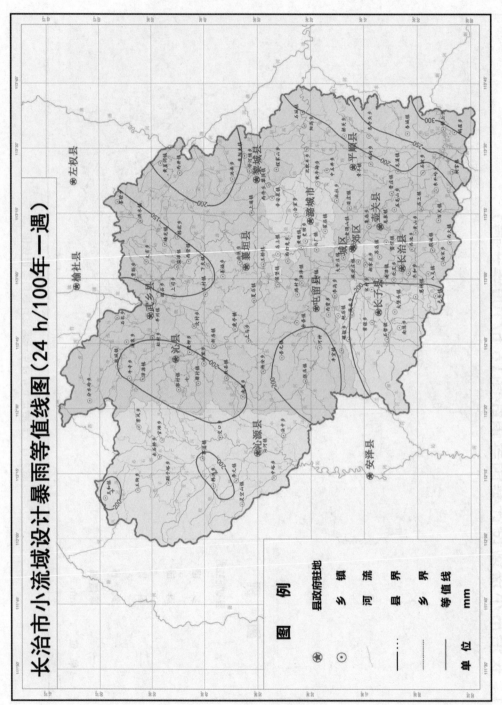

图 4-12 长治市 24 h 百年一遇设计暴雨等值线图

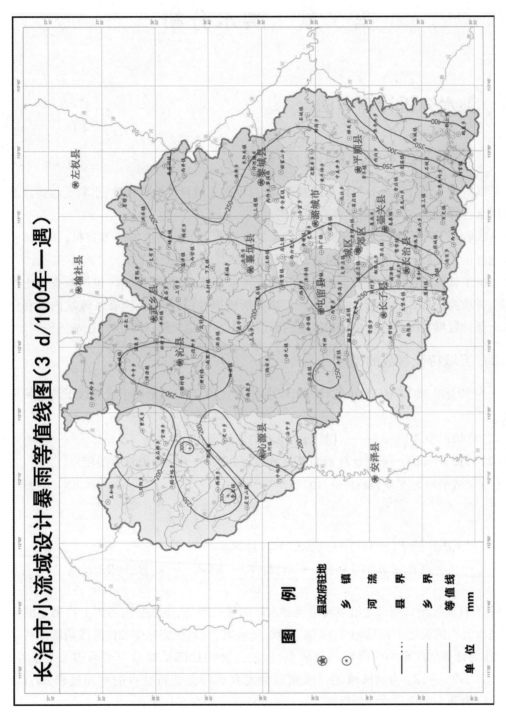

图 4-13　长治市 3 d 百年一遇设计暴雨等值线图

第5章　洪水分析

5.1　洪水分析计算方法

5.1.1　基础资料的收集、整理、复核、分析

基础资料是设计洪水分析计算的基础,应当根据流域自然地理特性、水利工程特点及设计洪水计算方法,广泛收集整理有关资料。

本次收集了长治市自然地理特征及与流域产汇流有关的河道特征等资料,如流域及工程地理位置、地形、地质、地貌、植被、流域面积、河长、河流纵比降等。

分析了计算设计洪水需要直接引用的水文气象资料,如暴雨、洪水(包括调查历史洪水)等,并收集了以往规划设计报告及产汇流分析成果等资料,以及调查了流域内水利化与水土保持发展情况,已建、在建和拟建的小型水库、引水工程等对调洪有影响的资料。

5.1.2　流域特征参数的确定

在1:50 000或1:100 000(流域面积较小时为1:10 000)地形图上量算以下流域特征参数:

(1)流域面积 A(km^2)——计算断面以上的流域面积。

(2)河长 L(km)——由计算断面至流域最远分水岭、沿主河道量算的距离。

(3)流域平均宽度 B(km)——由式(5-1)计算。

$$B = \frac{A}{L} \tag{5-1}$$

(4)河流纵比降 J(m/km)——用式(5-2)计算。

$$J = \frac{(Z_0 + Z_1)L_1 + (Z_1 + Z_2)L_2 + \cdots + (Z_{n-1} + Z_n)L_n - 2Z_0L}{L^2} \tag{5-2}$$

式中:L 为自流域出口断面起沿主河道至分水岭的最长距离,包括主河道以上沟形不明显部分坡面流程的长度,当河道上有瀑布、跌坎、陡坡时,应当把突然变动比降段两端的特征点,都作为计算加权平均比降时的分段点,以使计算的比降反映沿程实际的水力条件,km;$Z_0, Z_1, Z_2, \cdots, Z_n$ 为自流域出口断面起沿流程比降突变特征点的地面高程,m;$L_1, L_2, \cdots, L_n$ 为两个特征点之间的距离,km。各符号意义如图5-1所示。

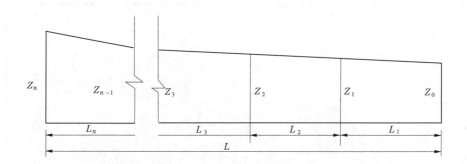

图 5-1 河流纵比降计算示意图

5.1.3 计算方法的选取

本次计算分两种形式:流域内有水文站且与水文站位置、地类、植被、流域面积基本一致的直接采用水文站计算成果;没有水文站的采用《山西省水文计算手册》中的流域模型法计算。

流域模型法分产流计算和汇流计算两部分。产流计算包括设计净雨深和设计净雨过程计算两部分,前者采用双曲正切模型计算,后者采用变损失率推理扣损法计算;汇流计算采用综合瞬时单位线计算。

5.2 产汇流区域划分

划分水文下垫面区域界限的主要依据是地理位置、地貌特征、地形特征、地质条件、植被特征、土壤性质等,其中地质条件、地貌特征和植被特征是制约水文现象区域分异规律的三大主导因素。

考虑到制约产流和汇流的水文下垫面因素,结合山西省实际情况,划分了 12 种影响产流和 6 种影响汇流的水文下垫面因素。

长治市水文下垫面产汇流地类见图 5-2、图 5-3,长治市小流域产汇流地类信息详见表 5-1。

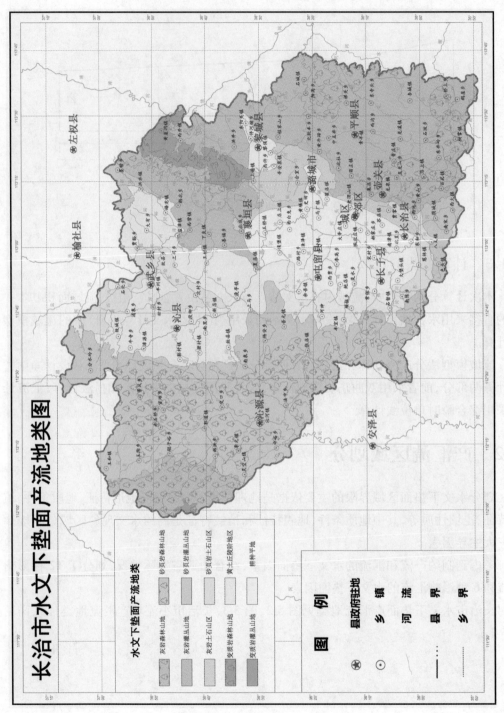

图 5-2　长治市水文下垫面产流类图

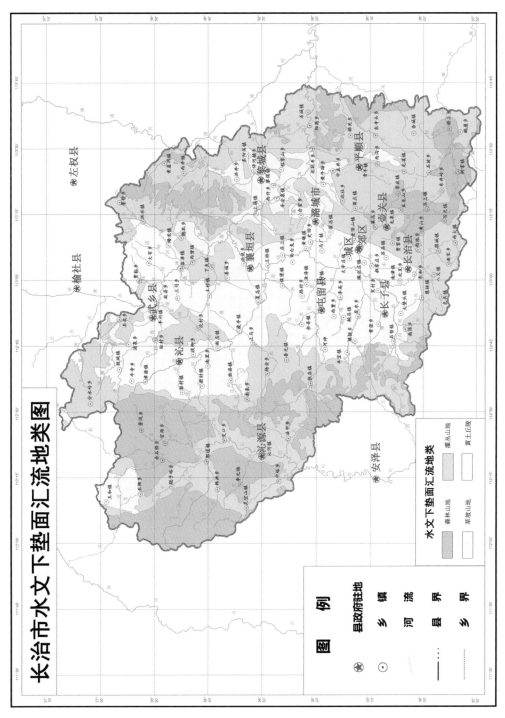

图 5-3　长治市水文下垫面汇流地类图

表 5-1　长治市小流域产汇流地类信息

序号	县(区、市)	小流域名称	汇流时间(h)	灰岩森林山地	灰岩灌丛山地	灰岩土石山区	黄土丘陵阶地	砂页岩土石山区	砂页岩灌丛山地	砂页岩森林山地	耕种平地	变质岩森林山地	变质岩灌丛山地	森林山地	灌丛山地	草坡山地	耕种平地
				产流地类面积(km²)										汇流地类面积(km²)			
1	长治市郊区	关村	1								0.7				0.7		
2	长治市郊区	沟西村	0.5		0.2	5.1									5.3		
3	长治市郊区	西长井村	1		0.9	0.7									1.6		
4	长治市郊区	石桥村	1.5		1.4	1.3									2.7		
5	长治市郊区	大天桥村	1.5			5.9									5.9		
6	长治市郊区	中天桥村	1			3.5									3.5		
7	长治市郊区	毛站村	1			3.7									3.7		
8	长治市郊区	南天桥村	1			1.4									1.4		
9	长治市郊区	南垂村	1.5			3.3					1.3				4.6		
10	长治市郊区	鸡坡村	0.5			0.5									0.6		
11	长治市郊区	盐店沟村	1			2.4									2.4		
12	长治市郊区	小龙脑村	0.5			0.5									0.5		
13	长治市郊区	瓦窑沟村	1			2.0									2.0		
14	长治市郊区	滴谷寺村	0.5		0.1	0.5									0.5		
15	长治市郊区	东沟村	0.5			0.6					0.1				0.7		
16	长治市郊区	苗圃村	0.5			0.3									0.3		
17	长治市郊区	老巴山村	1			2.3					0.5				2.8		
18	长治市郊区	二龙山村	1			0.4					0.2				0.6		
19	长治市郊区	余庄村	1								0.4				0.4		
20	长治市郊区	店上村	1								0.7				1.0		
21	长治市郊区	马庄村	1								11.1				11.1		
22	长治市郊区	故县村	3.5				0.3				36.4				36.4	0.3	
23	长治市郊区	葛家庄村	1								0.4				0.4		
24	长治市郊区	良才村	0.5								0.3				0.3		
25	长治市郊区	史家庄村	1								1.6				1.6		
26	长治市郊区	西沟村	0.5								0.3				0.3		
27	长治市郊区	西白兔村	1								6.2				6.2		
28	长治市郊区	漳村	0.5								0.2				0.2		
29	长治县	柳林村	1.5			1.3		0.1			6.0			7.4			

续表 5-1

序号	县（区，市）	小流域名称	汇流时间(h)	产流地类面积（km²）										汇流地类面积（km²）			
				灰岩森林山地	灰岩灌丛山地	灰岩土石山区	黄土丘陵阶地	砂页岩土石山区	砂页岩灌丛山地	砂页岩森林山地	耕种平地	变质岩森林山地	变质岩灌丛山地	森林山地	灌丛山地	草坡山地	耕种平地
30	长治县	林移村	2			1.3		0.1			14.0				15.3		
31	长治县	柳林庄村	1.5			1.3		0.1			11.0				12.4		
32	长治县	司马村	2.5			16.4					42.4				58.9		
33	长治县	荫城村	2.5	2.1	17.4			0.4	67.8					2.1	85.0	0.5	
34	长治县	河下村	2.5	2.1	16.3			0.4	52.1					2.1	68.2	0.5	
35	长治县	横河村	2	2.1	16.3			0.4	50.5					2.1	66.5	0.5	
36	长治县	桑梓一村	2					3.0	56.9						59.6	0.3	
37	长治县	桑梓二村	1						3.5						3.5		
38	长治县	北头村	2					4.0	48.6						51.8	0.9	
39	长治县	内王村	1						3.5						3.5		
40	长治县	王坊村	3	2.1	17.4			4.8	138.3					2.1	159.6	0.8	
41	长治县	中村	3	2.1	17.4			4.8	138.3					2.1	159.6	0.8	
42	长治县	河南村	3	2.1	17.4			4.8	138.3					2.1	159.6	0.8	
43	长治县	李坊村	3	2.1	17.4			7.0	138.5					2.1	162.1	0.8	
44	长治县	北王庆村	0.5			0.2		0.1							0.2		
45	长治县	桥头村	1					0.3	6.1						6.2	0.1	
46	长治县	下赵家庄村	0.5						0.8						0.8		
47	长治县	南河村	0.5						0.3						0.3		
48	长治县	羊川村	1.5		3.1				4.1						7.1		
49	长治县	八义村	1.5					3.7	6.1						9.8		
50	长治县	狗湾村	3					32.6	54.6						87.2		
51	长治县	北楼底村	1.5					5.0	5.0						5.0		
52	长治县	南楼底村	2.5					15.8	40.5						56.3		
53	长治县	新庄村	1			0.9		0.1							0.9		
54	长治县	定流村	1			3.7									3.7		
55	长治县	北郭村	3			17.6					65.0				82.6		
56	长治县	岭上村	2.5			16.4		0.1			47.1				63.6		
57	长治县	高河村	5			4.1	17.8	92.7	23.7	1.8	237.5			1.8	358.0	17.8	
58	长治县	西池村	2	1.5	3.3			1.2	0.8					1.5	5.3		

续表 5-1

序号	县(区,市)	小流域名称	汇流时间(h)	产流地类面积(km²)										汇流地类面积(km²)			
				灰岩森林山地	灰岩灌丛山地	灰岩土石山区	黄土丘陵阶地	砂页岩土石山区	砂页岩灌丛山地	砂页岩森林山地	耕种平地	变质岩森林山地	变质岩灌丛山地	森林山地	灌丛山地	草坡山地	耕种平地
59	长治县	东池村	1.5	0.8	3.2	0.4		0.4	0.8					0.8	4.4		
60	长治县	小河村	1					1.9							1.9		
61	长治县	沙峪村	0.5			0.1		0.4							0.5		
62	长治县	土桥村	1			3.8		0.7							4.4		
63	长治县	河头村	6	187.4	88.3	0.4		9.2	1.0					188.9	97.4		
64	长治县	小川村	2.5	2.4		0.4		0.4						2.7			
65	长治县	北呈村	1.5								6.6				6.6		
66	长治县	大沟村	3.5			3.6		10.4			57.5				71.5		
67	长治县	南岭头村	2					1.9			7.2				9.1		
68	长治县	北岭头村	2.5			4.1		8.6			29.1				41.7		
69	长治县	须村	0.5								0.7				0.7		
70	长治县	东和村	2			4.1		7.0			15.9				27.0		
71	长治县	中和村	2			4.1		8.6			19.1				31.7		
72	长治县	西和村	2			3.6		8.5			21.2				33.3		
73	长治县	曹家沟村	1.5			0.3		2.1			0.6				3.0		
74	长治县	瑶家沟村	1.5			0.5		2.3			0.9				3.7		
75	长治县	屈家山村	1					1.3							1.3		
76	长治县	辉河村	0.5								0.3				0.3		
77	长治县	千乐沟村	1						0.8						0.8		
78	长治县	北末村	1.5					4.1	28.9						32.1	0.9	
79	襄垣县	石灰窑村	1.5		13.7		19.6								13.7	19.6	
80	襄垣县	返底村	1			2.4									1.9	0.5	
81	襄垣县	普头村	2		8.1	58.8									54.2	12.7	
82	襄垣县	安沟村	1				6.9									6.9	
83	襄垣县	蔺村	1.5				32.2				2.9				2.9	32.2	
84	襄垣县	南马喊村	1				9.5									9.5	
85	襄垣县	河口村	1		1.6		20.7									20.7	
86	襄垣县	北田漳村	1				17.3									18.8	
87	襄垣县	南邯村	1.5				8.3		11.9						11.9	8.3	

续表 5-1

序号	县(区,市)	小流域名称	汇流时间(h)	灰岩森林山地	灰岩灌丛山地	灰岩土石山区	黄土丘陵阶地	砂页岩土石山区	砂页岩灌丛山地	砂页岩森林山地	耕种平地	变质岩森林山地	变质岩灌丛山地	森林山地	灌丛山地	草坡山地	耕种平地
														森林山地	灌丛山地	草坡山地	耕种平地

序号	县(区,市)	小流域名称	汇流时间(h)	灰岩森林山地	灰岩灌丛山地	灰岩土石山区	黄土丘陵阶地	砂页岩土石山区	砂页岩灌丛山地	砂页岩森林山地	耕种平地	变质岩森林山地	变质岩灌丛山地	森林山地	灌丛山地	草坡山地	耕种平地
88	襄垣县	小河村	1.5				4.7	16.9							16.9	4.7	
89	襄垣县	白堰底村	1				2.2	5.3							5.3	2.2	
90	襄垣县	西洞上村	1				2.6	10.8							10.8	2.6	
91	襄垣县	王村	1				43.1	0.5							0.5	43.1	
92	襄垣县	下庙村	1				36.8	0.5							0.5	36.8	
93	襄垣县	史属村	0.5				3.9									3.9	
94	襄垣县	店上村	1.5		0.4		110.2		0.5						0.9	110.2	
95	襄垣县	北姚村	1.5				86.9		0.5						0.5	86.9	
96	襄垣县	史北村	1				24.7		0.5						0.5	24.7	
97	襄垣县	前王沟村	1				17.5									17.5	
98	襄垣县	任庄村	0.5				0.7									0.7	
99	襄垣县	高家沟村	0.5				1.7									1.7	
100	襄垣县	下良村	2.5		37.1		117.4		0.5						36.8	118.2	
101	襄垣县	水碾村	2.5		64.4		124.4		0.5						125.2	64.1	
102	襄垣县	寨沟村	1.5		3.8		1.1								3.8	1.1	
103	襄垣县	庄里村	0.5				1.1									1.1	
104	襄垣县	桑家河村	1		5.7		19.4								1.0	24.1	
105	襄垣县	固村	5				12.9		189.1	37.6				37.6	189.1	12.9	
106	襄垣县	阳沟村	5				6.5		174.9	37.6				37.6	174.9	6.5	
107	襄垣县	温泉村	5				0.3		165.3	37.6				37.6	165.3	0.3	
108	襄垣县	燕家沟村	1				3.9		4.0						4.0	3.9	
109	襄垣县	高堤底村	5						159.1	37.6				37.6	159.1		
110	襄垣县	里阚村	5				5.8		171.9	37.6				37.6	171.9	5.8	
111	襄垣县	合漳村	1				22.2		6.6						6.6	22.2	
112	襄垣县	西底村	1.5				51.0									51.0	
113	襄垣县	南田漳村	1		1.3											1.3	
114	襄垣县	北马喊村	1				10.2									10.2	
115	襄垣县	南底村	1						4.8						4.8		
116	襄垣县	兴民村	1		6.4		0.4								6.3	0.5	

续表 5-1

序号	县(区、市)	小流域名称	汇流时间(h)	灰岩森林山地	灰岩灌丛山地	灰岩土石山区	黄土丘陵阶地	砂页岩土石山区	砂页岩灌丛山地	砂页岩森林山地	耕种平地	变质岩森林山地	变质岩灌丛山地	森林山地	灌丛山地	草坡山地	耕种平地
				\multicolumn{10}{产流地类面积(km²)}										\multicolumn{4}{汇流地类面积(km²)}			
117	襄垣县	路家沟村	1				4.3									4.3	
118	襄垣县	南漳西	1		0.5										0.5	0.1	
119	襄垣县	南漳东	1		0.7		0.1								0.7	6.3	
120	襄垣县	东坡村	1				6.3	0.1							0.1	6.3	
121	襄垣县	九龙村	1				93.4		6.9						6.9	93.4	
122	屯留县	杨家湾村	0.5				2.4									2.4	
123	屯留县	贾庄村	1.5				6.2		6.9						6.9	6.2	
124	屯留县	魏村	2								11.2				11.2		
125	屯留县	吾元村	1						6.1						6.1		
126	屯留县	丰秀岭村	0.5						0.4						0.4		
127	屯留县	南阳坡村	2						2.1	4.3				4.3	2.1		
128	屯留县	罗村	2.5						4.5	5.9				5.9	4.5		
129	屯留县	煤窑沟村	2.5						1.8	5.9				5.9	1.8		
130	屯留县	东坡村	3.5						128.7	36.8				36.8	128.7		
131	屯留县	三交村	3.5						121.3	36.8				36.8	121.3		
132	屯留县	贾庄	1.5				2.3		17.8						17.8	2.3	
133	屯留县	老庄沟	1						6.3						6.3		
134	屯留县	北沟庄	1.5				0.3		12.5						12.5	0.3	
135	屯留县	老庄沟西坡	1.5				0.4		15.6						15.6	0.4	
136	屯留县	秦家村	0.5				0.6		0.6						0.6	0.6	
137	屯留县	张店村	6						80.7	189.7				189.7	80.7		
138	屯留县	甄湖村	6						59.2	177.8				177.8	59.2		
139	屯留县	张村	5.5						13.9	68.4				68.4	13.9		
140	屯留县	南里庄村	1.5						8.2						8.2		
141	屯留县	上立寨村	2.5						1.6	5.0				5.0	1.6		
142	屯留县	大半沟	2.5						2.8	6.6				6.6	2.8		
143	屯留县	五龙沟	1.5						4.4						4.4		
144	屯留县	李家庄村	1.5						7.4						7.4		
145	屯留县	马家庄	1.5						7.4						7.4		

续表 5-1

序号	县（区、市）	小流域名称	汇流时间（h）	产流地类面积（km²）										汇流地类面积（km²）			
				灰岩森林山地	灰岩灌丛山地	灰岩土石山区	黄土丘陵阶地	砂页岩土石山区	砂页岩灌丛山地	砂页岩森林山地	耕种平地	变质岩森林山地	变质岩灌丛山地	森林山地	灌丛山地	草坡山地	耕种平地
146	屯留县	帮家庄	1.5						7.4						7.4		
147	屯留县	秋树坡	1.5						7.4						7.4		
148	屯留县	李家庄村西坡	1.5						7.4						7.4		
149	屯留县	羊坡村	1.5						2.4	0.1				0.1	2.4		
150	屯留县	霜泽村	2.5						21.4	20.6				20.6	21.4		
151	屯留县	雁落坪村	2.5						15.8	20.6				20.6	15.8		
152	屯留县	雁落坪村西坡	2.5						15.8	20.6				20.6	15.8		
153	屯留县	宜丰村	2.5						6.4	13.6				13.6	6.4		
154	屯留县	浪丰沟	2.5						6.4	13.6				13.6	6.4		
155	屯留县	宜丰村西坡	2.5						6.4	13.6				13.6	6.4		
156	屯留县	中村村	1						0.5						0.5		
157	屯留县	河西村	2						8.9	3.3				3.3	8.9		
158	屯留县	柳树庄村	2						3.8	3.2				3.2	3.8		
159	屯留县	柳树庄	2						3.8	3.2				3.2	3.8		
160	屯留县	老洪沟	2						2.6	3.3				3.3	2.6		
161	屯留县	崖底村	3.5						37.9	24.8				24.8	37.9		
162	屯留县	唐王庙村	1.5						5.3	0.4				0.4	5.3		
163	屯留县	南掌	10						27.9	64.7				64.7	27.9		
164	屯留县	徐家庄	3						4.8	13.9				13.9	4.8		
165	屯留县	郭家庄	2						1.3	8.1				8.1	1.3		
166	屯留县	沿湾	2						3.2	8.1				8.1	3.2		
167	屯留县	王家庄	1.5						0.1	6.6				6.6	0.1		
168	屯留县	林庄村	4.5						1.0	52.4				52.4	1.0		
169	屯留县	八泉村	3						0.2	17.7				17.7	0.2		
170	屯留县	七泉村	4						3.3	49.6				49.6	3.3		
171	屯留县	鸡窝挖套	4						3.3	49.6				49.6	3.3		
172	屯留县	南黄沟村	2.5						2.4	10.1				10.1	2.4		
173	屯留县	棋盘新庄	2.5						2.4	10.1				10.1	2.4		
174	屯留县	羊窑	2.5						2.4	10.1				10.1	2.4		

续表 5-1

序号	县(区、市)	小流域名称	汇流时间(h)	产流地类面积(km²)										汇流地类面积(km²)			
				灰岩森林山地	灰岩灌丛山地	灰岩土石山区	黄土丘陵阶地	砂页岩土石山区	砂页岩灌丛山地	砂页岩森林山地	耕种平地	变质岩森林山地	变质岩灌丛山地	森林山地	灌丛山地	草坡山地	耕种平地
175	屯留县	小桥	2.5						2.4	10.1				10.1	2.4		
176	屯留县	寨上村	3						0.2	11.4				11.4	0.2		
177	屯留县	寨上	3						0.2	11.4				11.4	0.2		
178	屯留县	吴而村	2.5							11.5				11.5			
179	屯留县	西上村	3.5						9.6	24.7				24.7	9.6		
180	屯留县	西沟河村	5						6.6	58.6				58.6	6.6		
181	屯留县	西岸上	5						6.6	58.6				58.6	6.6		
182	屯留县	西村	5						6.6	58.6				58.6	6.6		
183	屯留县	西丰宜村	3				9.2		55.9	28.9				28.9	55.9	9.2	
184	屯留县	郝家庄村	1				0.3		0.7						0.7	0.3	
185	屯留县	石泉村	0.5				0.2									0.2	
186	屯留县	西洼村	1.5				5.8				7.1				7.1	5.8	
187	屯留县	河神庙	0.5				6.2									6.2	
188	屯留县	梨树庄村	1.5						5.6						5.6		
189	屯留县	庄洼	1.5						5.6						5.6		
190	屯留县	西沟村	2						0.5	4.4				4.4	0.5		
191	屯留县	老婆角	2						0.5	4.4				4.4	0.5		
192	屯留县	西沟口	2						0.5	4.4				4.4	0.5		
193	屯留县	司家沟	0.5				1.3		1.4						1.4	1.3	
194	屯留县	龙王沟村	0.5				6.2									6.2	
195	屯留县	西流寨村	2.5				0.4		29.2	18.3				18.3	29.2	0.4	
196	屯留县	马家庄	1.5						5.1	3.1				3.1	5.1		
197	屯留县	大会村	2.5						24.4	18.1				18.1	24.4		
198	屯留县	西大会	2.5						24.4	18.1				18.1	24.4		
199	屯留县	河长头村	3				1.1		40.6	25.8				25.8	40.6	1.1	
200	屯留县	南庄村	3				2.5		49.1	28.9				28.9	49.1	2.5	
201	屯留县	中理村	2				0.4		6.8	2.8				2.8	6.8	0.4	
202	屯留县	吴寨村	2.5						14.3	15.0				15.0	14.3		
203	屯留县	桑园	2.5						14.3	15.0				15.0	14.3		

续表 5-1

序号	县(区、市)	小流域名称	汇流时间(h)	灰岩森林山地	灰岩灌丛山地	灰岩土石山区	黄土丘陵阶地	砂页岩土石山区	砂页岩灌丛山地	砂页岩森林山地	耕种平地	变质岩森林山地	变质岩灌丛山地	森林山地	灌丛山地	草坡山地	耕种平地
				产流地类面积(km²)										汇流地类面积(km²)			
204	屯留县	黑家口	2							12.4				12.4			
205	屯留县	上莲村	1.5				7.4		11.3						11.3	7.4	
206	屯留县	前上莲	1.5				7.4		11.3						11.3	7.4	
207	屯留县	后上莲	1.5				6.7		11.4						11.4	6.7	
208	屯留县	山角村	1.5				0.3		10.4						10.4	0.3	
209	屯留县	马庄	1.5				7.4		11.3						11.3	7.4	
210	屯留县	交川村	1						3.8						3.8		
211	平顺县	洪岭村	1		2.1										2.1		
212	平顺县	椿树沟村	1		1.5										1.5		
213	平顺县	贾家村	1.5		7.6										7.6		
214	平顺县	南北头村	1.5		11.9										11.9		
215	平顺县	河则	1.5		22.0										22.0		
216	平顺县	路家口村	1.5		33.3										33.3		
217	平顺县	北坡村支流	1		1.4										1.4		
218	平顺县	北坡村干流	1.5		9.7										9.7		
219	平顺县	龙镇村	1.5		14.4										14.4		
220	平顺县	南坡村	2		22.0										22.0		
221	平顺县	东洣村	0.5		6.2										4.7	1.5	
222	平顺县	正村	2.5		41.0										39.5	1.5	
223	平顺县	龙家村	2.5		43.1										41.6	1.5	
224	平顺县	申家坪村	2.5		44.1										42.6	1.5	
225	平顺县	下井村	1		10.0										2.7	7.3	
226	平顺县	青行头村	2.5		52.2										50.7	1.5	
227	平顺县	南寨	2.5		71.1										64.1	7.0	
228	平顺县	东岭	1		4.7										0.4	4.3	
229	平顺县	西沟村	3		82.1										69.8	12.2	
230	平顺县	川底村	3		92.5										75.5	17.0	
231	平顺县	石埠头村	3		102.6										80.8	21.8	
232	平顺县	小东岭村	1.5		6.5										6.3	0.2	

续表 5-1

序号	县(区、市)	小流域名称	汇流时间(h)	产流地类面积(km²)										汇流地类面积(km²)			
				灰岩森林山地	灰岩灌丛山地	灰岩土石山区	黄土丘陵阶地	砂页岩土石山区	砂页岩灌丛山地	砂页岩森林山地	耕种平地	变质岩森林山地	变质岩灌丛山地	森林山地	灌丛山地	草坡山地	耕种平地
233	平顺县	城关村	3		45.1										34.3	10.8	
234	平顺县	略峪村	1.5		10.6										10.6		
235	平顺县	张井村	1.5		15.9										14.9	1.0	
236	平顺县	回源峧村	0.5		1.7										0.1	1.6	
237	平顺县	小寨村	3.5		74.6										67.6	7.0	
238	平顺县	后留村	0.5		2.9											2.9	
239	平顺县	常家村	1.5		2.3										2.3		
240	平顺县	庙后村	1.5		11.5										11.5		
241	平顺县	黄崖村	1.5		15.4										15.4		
242	平顺县	牛石窑村	2		39.7										39.7		
243	平顺县	玉峡关支流	1	1.7										1.7			
244	平顺县	玉峡关干流	1.5		8.1										8.1		
245	平顺县	南地	2.5	6.5	92.5									6.5	92.5		
246	平顺县	阱沟	1	1.3										1.3			
247	平顺县	石窑滩村	1		2.0										2.0		
248	平顺县	羊老岩村	1		3.7										3.7		
249	平顺县	河口	1.5	4.0	8.2									4.0	8.2		
250	平顺县	底河村	2		13.8										13.8		
251	平顺县	西湾村	1.5		68.7										66.4	2.3	
252	平顺县	焦底村	1.5		1.1										1.1		
253	平顺县	棠梨村	1.5		3.2										3.2		
254	平顺县	大山村	1		3.2										3.2		
255	平顺县	安阳村	1		7.0										7.0		
256	平顺县	虎窑村	1.5		93.6										84.1	9.5	
257	平顺县	军寨	2		119.0										109.5	9.5	
258	平顺县	东寺头村	3		122.4										112.9	9.5	
259	平顺县	后庄村	1		5.3										4.0	1.3	
260	平顺县	前庄村	1.5		11.1										9.8	1.3	
261	平顺县	虹梯关村	1.5	0.8	16.4									0.8	16.4		

续表 5-1

序号	县(区、市)	小流域名称	汇流时间(h)	产流地类面积(km²) 灰岩森林山地	灰岩灌丛山地	灰岩土石山区	黄土丘陵阶地	砂页岩土石山区	砂页岩灌丛山地	砂页岩森林山地	耕种平地	变质岩森林山地	变质岩灌丛山地	汇流地类面积(km²) 森林山地	灌丛山地	草坡山地	耕种平地
262	平顺县	梯后村	4.5	11.8	213.3									11.8	202.5	10.8	
263	平顺县	碑滩村	4.5	18.6	221.5									18.6	210.7	10.8	
264	平顺县	虹霓村	5	29.0	225.1									29.0	214.3	10.8	
265	平顺县	杏兰岩村	5	33.7	231.6									33.7	220.8	10.8	
266	平顺县	堕磊池	5.5	46.9	245.0									46.9	234.2	10.8	
267	平顺县	库岭村	3	7.6	3.5									7.6	3.5	11.7	
268	平顺县	靳家园村	2		24.4										12.8	16.8	
269	平顺县	棚头村	1		30.5										13.7		
270	平顺县	南跴车村	3	14.8	37.0									14.8	37.0		
271	平顺县	椰树园村	3	22.9	8.8									22.9	8.8		
272	平顺县	侯壁河	3	28.0	13.8									28.0	13.8		
273	平顺县	源头	2.5	2.0	38.9									2.0	38.9		
274	平顺县	豆岭	2		16.5										16.5		
275	平顺县	井底村	3	93.4	14.5									14.5	93.4		
276	平顺县	消军岭村	0.5		1.5										1.5		
277	平顺县	天脚村	3		72.4										56.7	15.8	
278	平顺县	安明村	3		68.7										66.4	2.3	
279	平顺县	上五井村	3		86.0										64.8	21.1	
280	平顺县	石灰窑	0.5		1.9										0.8	1.1	
281	平顺县	驮山	4		91.2										66.3	25.9	
282	平顺县	窑门前	0.5		3.3										1.0	2.2	
283	平顺县	中五井村	3		102.7										72.8	29.9	
284	平顺县	西安村	1		10.2										10.2		
285	黎城县	东洼	3	1.6	96.7						80.1	8.4	0.6	189.7	74.0		
286	黎城县	仁庄	1	1.3	5.0						3.7	5.3	0.4	6.6	5.2	3.5	
287	黎城县	北泉寨	2.5	1.6	79.2						42.6				80.7	41.4	
288	黎城县	宋家庄	1.5	1.6	15.3									1.6	15.3		
289	黎城县	苏家峧	0.5		1.5										1.5		
290	黎城县	岚沟	2.5	1.3								6.6	1.6	8.0	1.6		

续表 5-1

序号	县（区.市）	小流域名称	汇流时间(h)	产流地类面积（km²）										汇流地类面积（km²）			
				灰岩森林山地	灰岩灌丛山地	灰岩土石山区	黄土丘陵阶地	砂页岩土石山区	砂页岩灌丛山地	砂页岩森林山地	耕种平地	变质岩森林山地	变质岩灌丛山地	森林山地	灌丛山地	草丛山地	耕种平地
291	黎城县	后寨	1	18.8	0.6								2.2	18.8	2.8		
292	黎城县	寺底	5		137.7							69.5	50.2	88.2	168.8	19.1	
293	黎城县	北委泉	3	1.3	1.2							12.3	3.1	13.6	4.3		
294	黎城县	车元	1.5	0.5	2.2							1.1	2.5	1.5	4.7		
295	黎城县	茶棚滩	3.5	3.6	14.7							32.9	11.8	36.6	26.6		
296	黎城县	佛崖底	4.5	11.1	1.2							28.1	67.7	39.2	69.0		
297	黎城县	小寨	3.5	8.6								14.8	13.7	23.4	13.7		
298	黎城县	西村	3.5	8.6								14.8	10.5	23.4	10.5		
299	黎城县	北峧河	1		16.9						0.5				7.2	10.2	
300	黎城县	柏官庄	1.5	1.2	7.9							8.7	1.3	9.9	9.2		
301	黎城县	郭家庄	3		11.1										8.5	2.6	
302	黎城县	前庄	4.5									12.9	15.1	12.9	14.7	0.4	
303	黎城县	龙王庙	1.5		30.9										22.2	8.7	
304	黎城县	秋树垣	1.5		52.5										43.8	8.7	
305	黎城县	青坡	2.1	2.6	0.6							7.3	6.0	10.0	6.6		
306	黎城县	南委泉	3.5	2.4	7.3							20.6	7.8	23.0	15.1		
307	黎城县	平头	4	37.4	11.5							0.1	5.3	37.5	16.8		
308	黎城县	中庄	2.5									12.5	11.0	12.5	11.0		
309	黎城县	孔家垴	2.5	0.5	2.2							4.2	0.1	4.7	2.2		
310	黎城县	三十亩	2.5	1.9	34.0							12.9	1.4	14.8	21.5	13.9	
311	黎城县	清泉	5	32.5	6.8							56.4	147.8	89.0	154.6		
312	壶关县	桥上村	2	22.4	53.0									22.1	53.3		
313	壶关县	盘底村	3	166.1	196.8			4.3						158.9	208.3		
314	壶关县	石咀上	1	167.7	198.5			4.3						166.9	203.6		
315	壶关县	王家庄村	1	181.0	200.7			4.2						180.6	205.4		
316	壶关县	沙滩村	6	178.4	201.6			4.3						178.0	206.4		
317	壶关县	丁家岩村	1	211.5	255.5			4.3						210.9	260.4		
318	壶关县	潭上	6	207.0	255.5			4.3						206.2	260.6		
319	壶关县	河东	1	213.6	257.0			4.2						214.2	260.5		

续表 5-1

序号	县(区、市)	小流域名称	汇流时间(h)	灰岩森林山地	灰岩灌丛山地	灰岩土石山区	黄土丘陵阶地	砂页岩土石山区	砂页岩灌丛山地	砂页岩森林山地	耕种平地	变质岩森林山地	变质岩灌丛山地	森林山地	灌丛山地	草坡山地	耕种平地
				产流地类面积(km²)										汇流地类面积(km²)			
320	壶关县	大河村	0.5	216.4	256.9			4.3						215.7	261.9		
321	壶关县	坡底	0.5	215.6	257.0			4.3						215.5	261.4		
322	壶关县	南坡	1	6.5	17.2									6.5	17.3		
323	壶关县	杨家池村	0.5	223.4	278.5			4.4						223.9	282.4		
324	壶关县	河东岸	1	223.9	279.3			4.5						223.4	284.2		
325	壶关县	东川底村	1		0.1										0.1		
326	壶关县	庄则上村	3	134.5	162.2			4.2						133.8	167.0		
327	壶关县	土圪堆	3	133.3	105.6			4.3						133.8	109.3		
328	壶关县	下石坡村	1	11.7	41.4									11.4	41.7		
329	壶关县	黄崖底村	1	23.3	27.8									23.1	27.9		
330	壶关县	西坡上	0.5		7.3										7.3		
331	壶关县	靳家庄	0.5	22.1	10.0									22.0	10.0		
332	壶关县	碾盘街	1	24.0	38.8									23.8	39.0		
333	壶关县	五里沟村	0.5		6.7										6.7		
334	壶关县	石坡村	0.5		19.4										19.4		
335	壶关县	东黄花水村	0.5		6.0										6.0		
336	壶关县	西黄花水村	0.5		5.7										5.7		
337	壶关县	安口村	0.5		1.1										1.1		
338	壶关县	北平头坞村	0.5	0.9	25.3									0.8	25.4		
339	壶关县	南平头坞村	1	1.2	25.4									1.0	25.6		
340	壶关县	双井村	0.5		8.2										8.2		
341	壶关县	石河沐村	0.5	4.5										4.5			
342	壶关县	口头村	0.5		3.8										3.8		
343	壶关县	三郊口村	1		15.0										15.0		
344	壶关县	大井村	0.5		0.5										0.5		
345	壶关县	城寨村	0.5		1.4										1.4		
346	壶关县	土寨	0.5		3.3										3.3		
347	壶关县	薛家园村	0.5		0.7										0.7		
348	壶关县	西底村	0.5	1.9										1.9			

续表 5-1

序号	县(区、市)	小流域名称	汇流时间(h)	产流地类面积(km²)										汇流地类面积(km²)			
				灰岩森林山地	灰岩灌丛山地	灰岩土石山区	黄土丘陵阶地	砂页岩土石山区	砂页岩灌丛山地	砂页岩森林山地	耕种平地	变质岩森林山地	变质岩灌丛山地	森林山地	灌丛山地	草坡山地	耕种平地
349	壶关县	磨掌村	0.5	31.2	11.6									31.3	11.4		
350	壶关县	神北村	1	9.7	42.4	4.3								9.8	46.6		
351	壶关县	神南村	1	9.7	42.4	4.3								9.7	46.7		
352	壶关县	上河村	1	2.6	21.5	4.2								2.7	25.5		
353	壶关县	福头村	2	17.0	14.6									17.7	13.9		
354	壶关县	西七里村	1		18.3										18.3		
355	壶关县	料阳村	0.5	1.1	1.6									1.1	1.6		
356	壶关县	南岸上	0.5	89.5	60.8									90.4	59.9		
357	壶关县	鲍家则	0.5		1.8										1.8		
358	壶关县	南沟村	1		0.8										0.8		
359	壶关县	角脚底村	0.5		4.4										4.4		
360	壶关县	北河村	0.5	4.2	21.3	12.7		3.2						6.2	35.2		
361	长子县	红星庄	0.5				2.2		1.9						1.9	2.2	
362	长子县	石家庄	3.5				55.6		107.9	76.6	8.5			76.6	108.0	55.6	8.5
363	长子县	西河庄	3.5				55.6		107.9	76.6	8.5			76.6	107.9	55.6	8.5
364	长子县	晋义	3				1.3		24.5	17.9				17.9	24.5	1.3	
365	长子县	刁黄	3				1.3		24.5	17.9				17.9	24.5	1.3	
366	长子县	南沟河	2.5						7.2	12.4				12.4	7.2		
367	长子县	良坪	2.5						7.2	12.4				12.4	7.2		
368	长子县	乱石河	2.5				8.9		35.0	32.4				32.4	35.0	8.9	
369	长子县	两都	2.5				7.6		10.6	14.5				14.5	10.6	7.6	
370	长子县	苇池	2.5						2.7	8.8				8.8	2.7		
371	长子县	李家庄	2						4.5	6.1				6.1	4.5		
372	长子县	圪倒	2.5				8.9		35.0	32.4				32.4	35.0	8.9	
373	长子县	高桥沟	2.5				8.9		35.0	32.4				32.4	35.0	8.9	
374	长子县	花家坪	2.5				8.9		35.0	32.4				32.4	35.0	8.9	
375	长子县	洪珍	3				2.0		29.7	21.5				21.5	29.7	2.0	
376	长子县	郭家沟	1.5							2.9				2.9			
377	长子县	南岭庄	2						1.7						1.7		

续表 5-1

序号	县(区、市)	小流域名称	汇流时间(h)	产流地类面积(km²)										汇流地类面积(km²)			
				灰岩森林山地	灰岩灌丛山地	灰岩土石山区	黄土丘陵阶地	砂页岩土石山区	砂页岩灌丛山地	砂页岩森林山地	耕种平地	变质岩森林山地	变质岩灌丛山地	森林山地	灌丛山地	草坡山地	耕种平地
378	长子县	大山	2						41.9	4.7				4.7	41.9		
379	长子县	羊窑沟	2						41.9	4.7				4.7	41.9		
380	长子县	响水铺	2.5						52.7	6.7				6.7	52.7		
381	长子县	东沟庄	1.5						0.8	2.5				2.5	0.8		
382	长子县	九庙沟	1.5						11.5	0.1				0.1	11.5		
383	长子县	小豆沟	2.5						26.0	18.0				18.0	26.0		
384	长子县	尧神沟	0.5				0.2									0.2	
385	长子县	沙河	2				1.3	11.6			19.7				11.6	1.3	19.7
386	长子县	韩坊	3.5				1.3	55.0	2.3		44.7				57.3	1.3	44.7
387	长子县	交里	4.5				65.3	27.6	129.4	78.4	36.3			78.4	157.0	65.3	36.3
388	长子县	西田良	2					29.6	2.3						31.9		
389	长子县	南贾	1.5					12.2	1.4						13.6		
390	长子县	东田良	2					29.6	2.3						31.9		
391	长子县	南张店	1.5					12.2	1.4						13.6		
392	长子县	西范	1					2.2	1.4						3.6		
393	长子县	东范	1.5					12.2	1.4						13.6		
394	长子县	崔庄	1.5					12.2	1.4						13.6		
395	长子县	龙泉	1.5					1.2	1.4						1.2		
396	长子县	程家庄	1						16.9						17.0		
397	长子县	崟下	1.5					0.1	1.5						1.5		
398	长子县	赵家庄	1						1.5						1.5		
399	长子县	陈家庄	1						1.5						1.5		
400	长子县	吴家庄	1					0.1									
401	长子县	曹家沟	1.5						16.8						16.9		
402	长子县	琚村	2					1.5	27.0						28.5		
403	长子县	平西沟	2					5.5	27.2						32.8		
404	长子县	南鄣	3.5			1.1	94.9	1			53.3				11.1	94.9	53.3
405	长子县	吴村	3.5						65.6	41.9	13.5			41.9	65.6	94.9	13.5
406	长子县	安西村	2.5				3.0		12.4	15.6				15.6	12.4	2.9	

续表 5-1

序号	县(区,市)	小流域名称	汇流时间(h)	产流地类面积(km²)										汇流地类面积(km²)			
				灰岩森林山地	灰岩灌丛山地	灰岩土石山区	黄土丘陵阶地	砂页岩土石山区	砂页岩灌丛山地	砂页岩森林山地	耕种平地	变质岩森林山地	变质岩灌丛山地	森林山地	灌丛山地	草坡山地	耕种平地
407	长子县	金村	2.5				2.9		12.4	15.6				15.6	12.4	2.9	
408	长子县	丰村	2.5				0.1		6.7	10.3				10.3	6.7	0.1	
409	长子县	苏村	2					15.1	18.1	1.8				1.8	33.2		
410	长子县	西沟	1.5						5.3	0.6				0.6	5.3		
411	长子县	西峪	1.5					0.2	9.5	1.2				1.2	9.8		
412	长子县	东峪	1.5					0.2	9.5	1.2				1.2	9.8		
413	长子县	城阳	3				4.5		28.5	17.3				17.3	28.5	4.5	
414	长子县	阳鲁	3						11.0	6.2				6.2	11.0		
415	长子县	善村	2.5						9.5	11.1				11.1	9.5		
416	长子县	南庄	2.5						9.5	11.1				11.1	9.5		
417	长子县	大南石	0.5				0.2									0.2	
418	长子县	小南石	0.5				0.2									0.2	
419	长子县	申村	3.5				48.7		107.9	76.6	3.8			76.6	107.9	48.7	3.8
420	长子县	西阿	5				103.9		65.6	41.9	89.8			41.9	65.6	103.9	89.8
421	长子县	鲍寨	1					0.1	16.8						16.9		
422	长子县	南庄	1						7.5	11.1				11.1	7.5		
423	长子县	南沟	2						1.1	1.0				1.0	1.1		
424	长子县	庞庄	1.5						3.3	6.1				6.1	3.3		
425	武乡县	洪水村	4	10.9	30.0		4.2		95.7					10.9	125.7	4.2	
426	武乡县	綦坪村	3	16.4	40.3		19.4		150.2					16.4	190.5	19.4	
427	武乡县	下寨村	1				14.7		0.2						0.2	14.7	
428	武乡县	中村村	1		11.6				1.1	11.1				11.1	12.7		
429	武乡县	义安村	1		11.6				1.1	1.0				1.0	12.7		
430	武乡县	韩北村	1.5		7.2				3.3	6.1				6.1	10.5	0.4	
431	武乡县	王家峪村	1				0.8		2.1						2.1	0.8	
432	武乡县	大有村	1				32.3									32.3	
433	武乡县	辛庄村	1				32.3									32.3	
434	武乡县	峪口村	1.5				44.8									44.8	
435	武乡县	犁村	1				0.1	0.5								0.5	

续表 5-1

序号	县(区、市)	小流域名称	汇流时间(h)	产流地类面积(km²) 灰岩森林山地	灰岩灌丛山地	灰岩土石山区	黄土丘陵阶地	砂页岩土石山区	砂页岩灌丛山地	砂页岩森林山地	耕种平地	变质岩森林山地	变质岩灌丛山地	汇流地类面积(km²) 森林山地	灌丛山地	草坡山地	耕种平地
436	武乡县	李峪村	1.5				20.4									20.4	
437	武乡县	泉沟村	1.5				20.4									20.4	
438	武乡县	贾豁村	2.5				54.5	1.1							55.7		
439	武乡县	高家庄村	1.5				18.2		0.1						0.1	18.2	
440	武乡县	石泉村	1				9.1		0.1						0.1	9.1	
441	武乡县	海神沟村	0.5				0.8									0.8	
442	武乡县	郭村村	1				15.7		0.1						0.1	15.7	
443	武乡县	杨桃湾村	0.5					2.9							1.5	1.4	
444	武乡县	胡庄铺村	1				6.0	3.3							3.3	6.0	
445	武乡县	平家沟村	0.5				1.7									1.7	
446	武乡县	王路村	1.5				0.3	2.7							2.7	0.3	
447	武乡县	马牧村干流			20.1		79.0							65.4	33.8	33.8	
448	武乡县	马牧村支流			7.9		18.1							16.9	9.1	9.1	
449	武乡县	南村村	3				28.4	80.7							67.1	42.0	
450	武乡县	东兼底村	1				5.5								5.5		
451	武乡县	部渠村	1				5.0									5.0	
452	武乡县	北漳水村	0.5				2.3								2.3		
453	武乡县	高台寺村	2				46.2	37.1	33.9						62.8	54.4	
454	武乡县	槐圪塔村	2				22.1	5.8	33.9						39.7	22.1	
455	武乡县	大寨村	2				15.9	5.8	33.2						39.0	15.9	
456	武乡县	西良村	2				22.1	5.8	33.9						39.7	22.1	
457	武乡县	分水岭村	1.5						10.8						10.8		
458	武乡县	窑儿头村	2						16.4						16.4		
459	武乡县	南关村	2.5						67.1						67.0	0.1	
460	武乡县	松庄村	2						21.3						21.3		
461	武乡县	石北村	2				0.8	20.7							13.0	8.5	
462	武乡县	西黄岩村干流			10.2		41.7							29.3	22.7	22.7	
463	武乡县	西黄岩村支流					3.7							3.2	0.5	0.5	
464	武乡县	型庄村	2				10.2	57.5							45.0	22.7	

续表 5-1

序号	县(区、市)	小流域名称	汇流时间(h)	产流地类面积(km²)										汇流地类面积(km²)			
				灰岩森林山地	灰岩灌丛山地	灰岩土石山区	黄土丘陵阶地	砂页岩土石山区	砂页岩灌丛山地	砂页岩森林山地	耕种平地	变质岩森林山地	变质岩灌丛山地	森林山地	灌丛山地	草坡山地	耕种平地
465	武乡县	长蒲村	3				18.0	80.1							66.4	31.7	
466	武乡县	王家渠村	0.5				1.0	0.9							0.9	1.0	
467	武乡县	长庆村	0.5				0.4	0.4							0.4	0.6	
468	武乡县	长庆凹村	1				0.3		3.2						3.2	0.3	
469	武乡县	墨镫村	1.5						11.4					11.4			
470	沁县	北夫社区	3.5				80.1		14.9	26.3				26.6	14.7	80.1	
471	沁县	南关社区	3.5				202.2		32.3	38.2				38.5	32.0	202.2	
472	沁县	西苑社区	3.5				98.9		14.9	26.3				26.6	14.7	98.9	
473	沁县	东苑社区	3.5				98.9		14.9	26.3				26.6	14.7	98.9	
474	沁县	育才社区	3.5				202.2		32.3	38.2				38.5	32.0	202.2	
475	沁县	合庄村	1				1.2									1.2	
476	沁县	北寺上村	2				12.5									12.5	
477	沁县	下曲峪村	1				2.5									2.5	
478	沁县	迎春村	3				82.0		17.4	11.9				11.9	17.4	82.0	
479	沁县	官道上	3				97.6		17.4	11.9				11.9	17.4	97.6	
480	沁县	北漳村	1				4.4									4.4	
481	沁县	福村村	2				21.7		9.7	2.2				2.2	9.7	21.7	
482	沁县	郭村村	2				3.3		1.2	2.2				2.2	1.2	3.3	
483	沁县	池堡村	2				3.0		0.5	1.6				1.5	0.6	3.0	
484	沁县	故县村	2.5				20.8		77.5	28.6				28.6	64.0	34.3	
485	沁县	后河村	1.5				17.0		4.4	2.2				2.2	4.4	17.0	
486	沁县	徐村	2.5				76.0		106.3	30.8				30.8	80.3	102.0	
487	沁县	马连道村	2.5				63.9		106.3	30.8				30.8	80.3	89.9	
488	沁县	徐阳村	2.5				0.3	53.1							53.1	0.3	
489	沁县	邓家坡村	3				1.3	55.3							55.3	1.3	
490	沁县	南池村	2				46.6		18.6						18.6	46.6	
491	沁县	古城村	1.5				30.8		18.6						18.6	30.8	
492	沁县	太里村	2				37.7		18.6						18.6	37.7	
493	沁县	西侍贤	1				1.4		15.0						15.0	1.4	

续表 5-1

序号	县（区、市）	小流域名称	汇流时间(h)	产流地类面积（km²）										汇流地类面积（km²）			
				灰岩森林山地	灰岩灌丛山地	灰岩土石山区	黄土丘陵阶地	砂页岩土石山区	砂页岩灌丛山地	砂页岩森林山地	耕种平地	变质岩森林山地	变质岩灌丛山地	森林山地	灌丛山地	草坡山地	耕种平地
494	沁县	芦则沟	0.5				0.5									0.5	
495	沁县	陈庄沟	0.5				1.8									1.8	
496	沁县	沙圪道	1.5				17.3		18.6						18.6	17.3	
497	沁县	交口村	1				10.1		6.7						6.7	10.1	
498	沁县	韩曹沟	1				3.7									3.7	
499	沁县	固亦村	2				42.2		6.7						6.7	42.2	
500	沁县	南园则村	2				42.2		6.7						6.7	42.2	
501	沁县	景村村	3.5				27.7		8.0	26.6				26.6	8.0	27.7	
502	沁县	羊庄村	3.5				2.2		1.9	16.9				16.9	1.9	2.2	
503	沁县	乔家湾村	2.5				4.3		1.3	8.3				8.3	1.3	4.3	
504	沁县	山坡村	3.5				9.5		6.7	18.3				18.3	6.7	9.5	
505	沁县	道兴村	3.5				35.8		35.9	16.9				16.9	35.9	35.8	
506	沁县	燕垒沟村	0.5				1.3									1.3	
507	沁县	河止村	3				20.0		35.9	16.9				16.9	35.9	20.0	
508	沁县	漫水村	3				0.7		24.8	16.5				16.5	24.8	0.7	
509	沁县	下湾村	3				7.5		28.4	16.5				16.5	28.4	7.5	
510	沁县	寺庄村	3				1.5		25.2	16.5				16.5	25.2	1.5	
511	沁县	前庄	1				6.5									6.5	
512	沁县	蔡甲	1				6.5									6.5	
513	沁县	长街村	1				9.8	3.9							3.9	9.8	
514	沁县	饮村村	1.5				0.3	30.7							30.7	0.3	
515	沁县	五星村	2				0.3	42.9							42.9	0.3	
516	沁县	东杨家庄村	0.5					3.8							3.8		
517	沁县	下张庄村	1				12.4									12.4	
518	沁县	唐村村	0.5				2.1									2.1	
519	沁县	中里村	0.5				2.3									2.3	
520	沁县	南泉村	2						14.2	5.8				5.8	14.2		
521	沁县	榜口村	2.5				0.3		24.2	11.0				11.0	23.0	0.3	
522	沁县	杨安村	2.5						32.5	11.8				11.8	32.5		

续表 5-1

序号	县(区、市)	小流域名称	汇流时间(h)	灰岩森林山地	灰岩灌丛山地	灰岩土石山区	黄土丘陵阶地	砂页岩土石山区	砂页岩灌丛山地	砂页岩森林山地	耕种平地	变质岩森林山地	变质岩灌丛山地	森林山地	灌丛山地	草坡山地	耕种平地
				产流地类面积(km²)										汇流地类面积(km²)			
523	沁源县	麻巷村	2.5							8.3				8.3	3		
524	沁源县	狼尾河	2.5							8.3				8.3	3		
525	沁源县	南石崇村	10	237.6	8.5				369.4	735				972.5	373.8	4.1	
526	沁源县	李家庄村	2.5						16.2	9.5				9.5	16.2		
527	沁源县	闫寨村	4.5						122.9	65.9				65.9	122.9		
528	沁源县	姑姑池	4						124.8	66				66	124.8		
529	沁源县	学孟村	11	237.6	8.5				622	932.7				1 170.4	626.4	4.1	
530	沁源县	南石村	14	237.6	8.5				630.5	940.4				1 178	634.8	4.1	
531	沁源县	郭道村	6.5	169.9	3.3				77.3	19.9				189.8	80.6		
532	沁源县	前兴稍村	1.5						10.4						10.4		
533	沁源县	朱合沟村	6.5	169.9	3.3				71.1	19.6				189.7	74		
534	沁源县	东阳城村	8						11.2	371.1				371.1	11.2		
535	沁源县	西阳城村	6.5	237.6	8.5				222.3	231.6				469.2	226.7	4.1	
536	沁源县	永和村	8						8.7	369.8				369.8	8.7		
537	沁源县	兴盛村	6	67.6	5.2				124.8	204.9				272.6	125.9	4.1	
538	沁源县	东村村	5.5	67.6	5.2				116.8	194.9				262.5	117.8	4.1	
539	沁源县	棉上村	3.5	5.2	5.2				51.9	11.6				33	57		
540	沁源县	乔龙沟	0.5						0.6						0.6		
541	沁源县	新庄	6	46.3					6.9	13.1				59.4	6.9		
542	沁源县	段家庄村	4.5	46.4					2.3	9.9				56.4	2.3		
543	沁源县	苏家庄村	1						3.2	4.3				4.3	3.2		
544	沁源县	高家山村	1							0.7				0.7			
545	沁源县	伏贵村	4.5	46.4					0.2	3.2				49.6	0.2		
546	沁源县	龙门口村	4	31.8										31.8			
547	沁源县	定阳村	5						0.1	62.2				62.2	0.1		
548	沁源县	向阳村	3							12.2				12.2			
549	沁源县	郭家庄村	4							49.9				49.9			
550	沁源县	梭村村	3.5							39.7				39.7			
551	沁源县	南泉沟村	3	12.3	0.8				1	0.2				12.4	1.8		

续表 5-1

序号	县(区、市)	小流域名称	汇流时间(h)	产流地类面积(km²)										汇流地类面积(km²)			
				灰岩森林山地	灰岩灌丛山地	灰岩土石山区	黄土丘陵阶地	砂页岩土石山区	砂页岩灌丛山地	砂页岩森林山地	耕种平地	变质岩森林山地	变质岩灌丛山地	森林山地	灌丛山地	草坡山地	耕种平地
552	沁源县	上兴居村	3	12.3	0.8				1.6	0.2				12.4	2.3		
553	沁源县	庄则沟村	1.5	3	0.4				0.4	0.7				3.8	0.8		
554	沁源县	康家洼	3.5	20										20			
555	沁源县	马家古	0.5	0.2										0.2			
556	沁源县	下兴居村	3	12.3	0.8				1.6	0.2				12.4	2.3		
557	沁源县	柏子村	5	49.6	0.1				8.5	3.6				53.1	8.6		
558	沁源县	西务村	5	50.8	0.1				0.3	0.3				51.1	0.4		
559	沁源县	王庄村	6	69.5	2.4				29.1	5.2				74.7	31.4		
560	沁源县	第一川村	2	6.8					6.8					6.8			
561	沁源县	北山村	3.5	20										20			
562	沁源县	黑峪川村	1	1.6										1.6			
563	沁源县	王和村	1						19.1							18.5	
564	沁源县	红莲村	1						19.2							18.5	
565	沁源县	西沟村	1						21.2							20.6	
566	沁源县	后军家沟村	1						20.5							19.8	
567	沁源县	后沟村	0.5						6.8					6.8			
568	沁源县	大山沟村	0.5						7.6							7.6	
569	沁源县	前西窑沟村	1						9.9							9.9	
570	沁源县	南坪村	1.5	1.3	0.4				2					1.3	0.7	1.1	
571	沁源县	大栅村	2	2.4	0.7				9.6	0.2				2.6	6.8	3.5	
572	沁源县	铁水沟村	1						1.4						1.4		
573	沁源县	虎限村	2	2.4	0.6				2.1	0.2				2.6	2.7		
574	沁源县	王凤村	1						17.7					11.2		6.5	
575	沁源县	贾郭村	1						57.7					16.1	16.9	41.7	
576	沁源县	正义村	2	0.1					16.9	3.1				3.2	16.9		
577	沁源县	李成村	2	0.1					16.9	3.1				3.2	16.9		
578	沁源县	留神峪村	1						1	2.9				2.9	1		
579	沁源县	上庄村	2	0.1					16.9	8				8.1	16.9		
580	沁源县	韩家沟村	1						2.8					2.8			

续表 5-1

序号	县(区、市)	小流域名称	汇流时间(h)	产流地类面积(km²)										汇流地类面积(km²)			
				灰岩森林山地	灰岩灌丛山地	灰岩土石山区	黄土丘陵阶地	砂页岩土石山区	砂页岩灌丛山地	砂页岩森林山地	耕种平地	变质岩森林山地	变质岩灌丛山地	森林山地	灌丛山地	草坡山地	耕种平地
581	沁源县	下庄村	2	0.1					16.9	3.1				3.2	16.9		
582	沁源县	马兰沟村	1.5							8.7				8.7			
583	沁源县	李元村	3	0.1					24.5	33.8				33.8	24.5		
584	沁源县	新乐园	3	0.1					18.4	21.1				21.2	18.4		
585	沁源县	马森村	4	0.1					24.5	41.8				41.9	24.5		
586	沁源县	新章村	4	0.1					24.5	58.4				58.5	24.5		
587	沁源县	崔庄村	2							9.3				9.3			
588	沁源县	蔚村村	6	69.5	2.4				61.9	20.4				89.9	64.3		
589	沁源县	渣滩村	5	69.5	2.4				69.8	20.4				89.9	72.2		
590	沁源县	新和洼	6	69.5	2.4				72.1	20.4				89.9	74.5		
591	沁源县	中峪店村	6	69.5	2.4				96	30.6				100.1	98.4		
592	沁源县	南峪村	1						8.4	1.9				1.9	8.4		
593	沁源县	上庄子村	0.5						4.1	0.1				0.1	4.1		
594	沁源县	西庄子	1						5	0.5				0.5	5		
595	沁源县	西王勇村	5.5	69.5	2.4				118.6	63.2				132.8	121		
596	沁源县	龙头村	5.5	69.5	2.4				129	65.5				135	131.4		
597	沁源县	友仁村	2							8.9				8.9			
598	沁源县	支角村	3						20	24.3				24.3	20		
599	沁源县	马西村	3						37.7	26.5				26.5	37.7		
600	沁源县	法中村	2.5						34.7	24				24	34.7		
601	沁源县	南沟村	3						23.2	23.4				23.4	23.2		
602	沁源县	冯沟村	3						20.5	22.1				22.1	20.5		
603	沁源县	麻坪村	2						0.4	8.5				8.5	0.4		
604	沁源县	水泉村	2						5.6	5.1				5.1	5.6		
605	沁源县	自强村	8.5	237.6	8.5				246.2	605.8				843.4	250.5	4.1	
606	沁源县	后泉峪沟	8.5	237.6	8.5				243.8	605.8				843.4	248.2	4.1	
607	沁源县	侯壁村	8.5	237.8	8.4				249.2	606.3				253.5	4.1	844.1	
608	沁源县	交口村	4	237.6	8.5				268.9	607.5				845.1	273.3	4.1	
609	沁源县	石鳌村	3.5						30.6	57				57	30.6		

续表 5-1

序号	县(区、市)	小流域名称	汇流时间(h)	产流地类面积(km²)										汇流地类面积(km²)			
				灰岩森林山地	灰岩灌丛山地	灰岩土石山区	黄土丘陵阶地	砂页岩土石山区	砂页岩灌丛山地	砂页岩森林山地	耕种平地	变质岩森林山地	变质岩灌丛山地	森林山地	灌丛山地	草坡山地	耕种平地
610	沁源县	南洪林村	9.5	237.6	8.5				328.5	681.8				919.3	332.9	4.1	
611	沁源县	新毅村	3						22.6	33.3				33.3	22.6		
612	沁源县	安乐村	3						26	45.3				45.3	26		
613	沁源县	铺上村	3						27.2	45.6				45.6	27.2		
614	沁源县	马泉村	1						6.8						6.8		
615	沁源县	聪子峪村	3	9.9	1.8				1.3					9.9	3.1		
616	沁源县	水峪村	3	6.9					2.6	1.7				8.6	2.6		
617	沁源县	才子坪村	2	1.5	3.2				14.5	2.9				4.4	17.8		
618	沁源县	小岭底村	2	1.5	3.2				14.5	2.9				4.4	17.8		
619	沁源县	土岭底村	2	1.5	3.2				16.5	2.9				4.4	19.7		
620	沁源县	新店上村	3	21.3	5.2				48	11.6				33	53.2		
621	沁源县	王家沟村	3	9.5					0.9	0.9				10.4	0.9		
622	沁源县	程壁村	6.5	107.6					24.4	8.8				116.4	24.4		
623	沁源县	下舍村	6.5	107.7					1.4	6.7				114.4	1.4		
624	沁源县	王家湾村	6	72.6										72.6			
625	沁源县	奠基村	5	39.7										39.7			
626	沁源县	上舍村	5	41.4	2				2.5	1.2				42.6	4.5		
627	沁源县	泽山村	4	16.7					0.1	0.9				17.6	0.1		
628	沁源县	仁道村	2	6.3										6.3			
629	沁源县	鱼儿泉村	3	6.1										6.2			
630	沁源县	磨阔平	4	22.9								0.6		23.5			
631	沁源县	红窑上村	1.5	2.4					1.4					2.4	1.4		
632	沁源县	琴泉村	2.5							12.9				12.9			
633	沁源县	紫红村	6.5							250.7				250.7			
634	沁源县	崖头村	4							71.8				71.8			
635	沁源县	活凤村	4							41.7				41.7			
636	沁源县	陈家峪村	2							8.7				8.7			
637	沁源县	汝家庄村	2.5							13.4				13.4			
638	沁源县	马家峪村	2.5							19.6				19.6			
639	沁源县	庞家沟	1							0.4				0.4			

续表 5-1

序号	县(区、市)	小流域名称	汇流时间(h)	产流地类面积（km²）										汇流地类面积（km²）			
				灰岩森林山地	灰岩灌丛山地	灰岩土石山区	黄土丘陵阶地	砂页岩土石山区	砂页岩灌丛山地	砂页岩森林山地	耕种平地	变质岩森林山地	变质岩灌丛山地	森林山地	灌丛山地	草坡山地	耕种平地
640	沁源县	南湾村	2							6.5				6.5			
641	沁源县	倪庄村	4						16.3	60.6				60.6	16.3	0.1	
642	沁源县	武家沟村	2							4				4			
643	沁源县	段家坡底村	2							4				4			
644	沁源县	胡家庄村	2							4				4			
645	沁源县	胡汉坪	2							4				4			
646	沁源县	善朴村	2						5.6	5.8				5.8	1.5	4.1	
647	沁源县	庄儿上村	4							24				24			
648	沁源县	沙坪村	0.5						0.2	0.1				0.1	0.2		
649	沁源县	豆壁村	1						13	0.4				0.4	3	10.1	
650	沁源县	牛郎沟村	0.5						1.7							1.7	
651	沁源县	马凤沟村	0.5						1.7							1.7	
652	沁源县	城艾庄村	0.5						3.4							3.4	
653	沁源县	花坡村	1	0.6										0.6			
654	沁源县	八眼泉村	3	17.6										17.6			
655	沁源县	土岭上村	5	53.6										53.6			
656	潞城市	会山底村	0.5		0.3											0.3	
657	潞城市	下社村	2.5		8.4										7.9	0.5	
658	潞城市	下社村后交	2.5		8.4										7.9	0.5	
659	潞城市	河西村	0.5		0.3	0.6										0.9	
660	潞城市	后岐村	1.5		2.9										2.9		
661	潞城市	申家村	2.5		26.4										25.9	0.5	
662	潞城市	苗家村	2.5		26.4										25.9	0.5	
663	潞城市	苗家村庄上	2.5		26.4										25.9	0.5	
664	潞城市	寒漆村	2.5			9.5					9.8				19.3		
665	潞城市	赤头村	1.5		0.1	7.7					5.8				7.7	5.8	
666	潞城市	马江沟村	1								1.7				1.7		
667	潞城市	弓家岭	1								0.5				0.5		
668	潞城市	红江沟	0.5								0.3				0.3		
669	潞城市	曹家沟村	6		4.9	77.4					270.3			323.8		28.8	

续表 5-1

序号	县(区、市)	小流域名称	汇流时间(h)	产流地类面积(km²)										汇流地类面积(km²)			
				灰岩森林山地	灰岩灌丛山地	灰岩土石山区	黄土丘陵阶地	砂页岩土石山区	砂页岩灌丛山地	砂页岩森林山地	耕种平地	变质岩森林山地	变质岩灌丛山地	森林山地	灌丛山地	草坡山地	耕种平地
670	潞城市	韩村	4.5		4.8	64.0					214.2				255.3	27.7	
671	潞城市	冯村	1			4.4					6.3				1.9	8.9	
672	潞城市	韩家园村	1.5		0.1	13.3					6.8				13.3	6.9	
673	潞城市	李家庄村	1			3.4					4.9				5.8	2.5	
674	潞城市	漫流河村	1.5			9.7					5.0				11.4	3.3	
675	潞城市	石匣村	2.5			58.0					5.0				30.6	32.4	
676	潞城市	申家山村	1.5			4.2									3.8	0.4	
677	潞城市	井峪村	1			5.2									5.2		
678	潞城市	南马庄村	1.5			15.5									12.8	2.7	
679	潞城市	五里坡村	1			2.9									2.7	0.2	
680	潞城市	西北村	1			10.4									6.8	3.6	
681	潞城市	西南村	1			10.4									6.8	3.6	
682	潞城市	南流村	0.5		0.2											0.2	
683	潞城市	洞口村	2.5			63.5					5.0				30.6	37.9	
684	潞城市	斜底村	0.5			1.0									1.0		
685	潞城市	中村	3								9.1				9.1		
686	潞城市	堡头村	4	2.0							20.3			2.0	20.3		
687	潞城市	河后村	1								0.7				0.7		
688	潞城市	桥堡村	3	2.0							8.2			2.0	8.2		
689	潞城市	东山村	1.5			14.9									8.3	6.6	
690	潞城市	西坡村	1.5			13.1									12.9	0.1	
691	潞城市	西坡村东坡	1			0.7									0.7		
692	潞城市	儒教村	1			7.4									7.4		
693	潞城市	王家庄村后交	0.5		0.7											0.7	
694	潞城市	向阳庄	1			0.2									0.2		
695	潞城市	南花山村	1		2.4											2.4	
696	潞城市	辛安村	3.5		182.3	80.6					19.6				178.7	103.8	
697	潞城市	辽河村	1.5		4.3	17.2									17.2	4.3	
698	潞城市	辽河村车旺	1.5		4.3	17.2									17.2	4.3	
699	潞城市	曲里村	4		4.9	64.0					180.4				221.6	27.7	

5.3　产流地类

产流地类主要包含了 12 种类型,具体参数类型如表 5-2 所示。

表 5-2　产流地类参数查用表

产流地类	S_r			K_s		
	最大值	最小值	一般值	最大值	最小值	一般值
灰岩森林山地	43	28	35.5	4.1	2.6	3.35
灰岩灌丛山地	35	26	30.5	3.5	2.3	2.9
耕种平地	27	27	27	1.9	1.9	1.9
灰岩土石山区	25	23	24	1.8	1.6	1.7
砂页岩森林山地	23	23	23	1.5	1.5	1.5
变质岩森林山地	22	22	22	1.45	1.45	1.45
黄土丘陵阶地	21	21	21	1.4	1.4	1.4
黄土丘陵沟壑区	20	20	20	1.3	1.3	1.3
砂页岩土石山区	19	19	19	1.25	1.25	1.25
砂页岩灌丛山地	18	18	18	1.2	1.2	1.2
变质岩土石山区	17	17	17	1.15	1.15	1.15
变质岩灌丛山地	16	16	16	1.1	1.1	1.1

5.4　汇流地类

汇流地类主要包含了 6 种类型,具体参数类型如表 5-3 所示。

表 5-3　汇流地类参数查用

汇流地类	C_1	β_1	β_2	C_2 一般值	C_2 范围	α
森林山地	1.357	0.047	0.190	2.757	2.757 ~ 2.950	0.397
灌丛山地	1.257	0.047	0.190	1.530	1.200 ~ 1.770	0.397
草坡山地	1.046	0.047	0.190	0.717	0.710 ~ 0.950	0.397
耕种平地	1.257	0.047	0.190	1.530	1.200 ~ 1.770	0.397
黄土丘陵阶地	1.046	0.047	0.190	0.717	0.710 ~ 0.950	0.397
黄土丘陵沟壑	1.000	0.047	0.190	0.620	0.580 ~ 0.700	0.397

5.5　水文站网

长治市辖区内基本水文站主要有石梁、漳泽水库、北张店、后湾水库、孔家坡。

5.5.1　石梁水文站

石梁水文站为干流控制站,位于潞城市辛安泉镇石梁村东约 750 m,1952 年 6 月 3 日由中央水利部工程总局设立。同年 9 月移交山西省人民政府水利局领导。1954 年 5 月基本水尺断面下迁 280 m,称石梁站。1958 年 7 月下放至晋东南专员公署水利局。1965 年由水电部山西省水文总站领导,仍称石梁站。测验任务主要是水位、流量、蒸发,还担负着向长治分局报汛的工作任务,属于国家基本站,控制流域面积 9 652 km²。石梁站设站以来最大洪峰流量 3 780 m³/s,发生于 1976 年 8 月。1956 年 6 月开始有河干情况出现。

5.5.2　漳泽水库水文站

漳泽水库水文站位于长治市郊区马厂镇临漳村,建于 1955 年,属海河流域南运河水系,境内浊漳河发源于长子黑虎岭。控制流域面积 3 176 km²,坝址以上干流长 68 km,平均宽度 44 km,最大 98 km,河道纵坡 0.6‰。流域多年平均降水量 594.8 mm,多年平均来水量 2.25 亿 m³。主要服务于汛期流量、汛限水位、雨量测验,墒情报汛,属于国家基本水文站。

5.5.3　北张店水文站

北张店水文站所处河流绛河是浊漳河南源最大的一条支流,上游河道分为南北两个支流,南支为八泉河,河长 16.2 km;北支为庶纪河,河长 25.0 km;水文站以上流域面积 270 km²,河长 25.0 km,流域平均纵坡 0.5%。流域下垫面为土石山区,植被一般,易产流,属暴涨暴落型山溪河流,一般情况下,洪水产汇流时间较短,一般 3~7 h,洪水即到达断面。建站目的是研究和探讨其降雨径流,其次是为了防汛抗旱的需要,该站是个典型的小河配套站,是屯绛水库的进库站,汛期还担负着水库的报汛任务。

5.5.4　后湾水库水文站

后湾水库水文站位于襄垣县虒亭镇后湾村,建于 1960 年 3 月,集水面积为 1 396 km²,属于海河流域,位于浊漳河西支。

5.5.5　孔家坡水文站

孔家坡水文站位于长治市沁源县沁河镇孔家坡村,地处太岳山腹心,为黄河流域沁河水系沁河的发源地,属华北黄土高原的一部分。地形西北高、东南低,最高处为太岳山主峰伏牛角鞍,海拔 2 523 m,最低处是县境南端的沁河河谷,海拔 939 m。境内山恋起伏,沟壑纵横,是沁源、安泽、沁水、阳城等各县(市、区)的重要防洪依据站,同时也是探索、研究和分析太岳林区各种水文特征、暴雨径流、雨水墒情及产汇流关系的区域代表站。集水面积 1 358 km²,河长 69.3 km,河道纵坡 6.0‰,距河口距离 416 km,高程采用假定基面。

5.6 设计洪水

5.6.1 产流计算

5.6.1.1 设计净雨深

设计净雨深用双曲正切模型计算:

$$R_P = H_{P,A}(t_z) - F_A(t_z) \cdot \text{th}\left[\frac{H_{P,A}(t_z)}{F_A(t_z)}\right] \tag{5-3}$$

式中:th 为双曲正切运算符;t_z 为设计暴雨的主雨历时,h;$H_{P,A}(t_z)$ 为设计暴雨的主雨面雨量,mm;R_P 为设计洪水净雨深,mm;$F_A(t_z)$ 为主雨历时内的流域可能损失,mm。

主雨历时 t_z 按暴雨公式(5-4)求解:

$$S_P \frac{1 - n_s t_z^\lambda}{t_z^n} = 2.5, n = n_s \frac{t_z^\lambda - 1}{\lambda \ln t_z} \tag{5-4}$$

式中符号意义同前。

流域可能损失 $F_A(t_z)$ 用式(5-5)计算:

$$F_A(t_z) = S_{r,A}(1 - B_{0,P}) t_z^{0.5} + 2K_{s,A} t_z \tag{5-5}$$

式中:$S_{r,A}$ 为流域包气带充分风干时的吸收率,反映流域的综合吸水能力,mm/h^{1/2};$K_{s,A}$ 为流域包气带饱和时的导水率,mm/h;$B_{0,P}$ 为设计频率的流域前期土湿标志(流域持水度),根据表 5-4 查取。

表 5-4 设计洪水流域前期持水度 $B_{0,P}$ 查用表

频率	<0.33%	1%	2%	5%	10%	>10%
$B_{0,P}$	0.63	0.61	0.58	0.54	0.50	0.50

根据流域下垫面的实际情况,从《山西省水文计算手册》中合理选用相应的单地类吸收率 S_r 及导水率 K_s(取值见表 5-5),然后分别根据各种地类的面积权重按式(5-6)及式(5-7)加权计算流域的吸收率 $S_{r,A}$ 和导水率 $K_{s,A}$。

$$S_{r,A} = \sum c_i \cdot S_{r,i} \quad i = 1, 2 \cdots \tag{5-6}$$

$$K_{s,A} = \sum c_i \cdot K_{s,i} \quad i = 1, 2 \cdots \tag{5-7}$$

式中:$S_{r,i}$ 为单地类包气带充分风干时的吸收率,mm/h^{1/2};$K_{s,i}$ 为单地类包气带饱和时的导水率,mm/h;c_i 为某种地类面积占流域总面积的权重。

表5-5　长治市产汇流地类参数采用值

序号	县(区、市)	小流域名称	村落名称	参数	灰岩森林山地	灰岩灌丛山地	灰岩土石山区	黄土丘陵阶地	砂页岩土石山区	砂页岩森林山地	砂页岩灌丛山地	耕种平地	变质岩灌丛山地	变质岩森林山地	参数	森林山地	灌丛山地	草坡山地	耕种平地
1	长治市郊区	关村	关村	S_r			24					27			C_1		1.26		
				K_s			1.7					1.9			C_2		1.53		
2	长治市郊区	沟西村	沟西村	S_r		30.5	24					27			C_1		1.26		
				K_s		2.9	1.7					1.9			C_2		1.53		
3	长治市郊区	西长井村	西长井村	S_r		30.5	24					27			C_1		1.26		
				K_s		2.9	1.7					1.9			C_2		1.53		
4	长治市郊区	石桥村	石桥村	S_r		30.5	24								C_1		1.26		
				K_s		2.9	1.7								C_2		1.53		
5	长治市郊区	大天桥村	大天桥村	S_r			24								C_1		1.26		
				K_s			1.7								C_2		1.53		
6	长治市郊区	中天桥村	中天桥村	S_r			24								C_1		1.26		
				K_s			1.7								C_2		1.53		
7	长治市郊区	毛站村	毛站村	S_r			24								C_1		1.26		
				K_s			1.7								C_2		1.53		
8	长治市郊区	南天桥村	南天桥村	S_r			24								C_1		1.26		
				K_s			1.7								C_2		1.53		
9	长治市郊区	南垂村	南垂村	S_r			24					27			C_1		1.26		
				K_s			1.7					1.9			C_2		1.53		
10	长治市郊区	鸡坡村	鸡坡村	S_r			24								C_1		1.26		
				K_s			1.7								C_2		1.53		
11	长治市郊区	盐店沟村	盐店沟村	S_r			24								C_1		1.26		
				K_s			1.7								C_2		1.53		
12	长治市郊区	小龙脑村	小龙脑村	S_r			24								C_1		1.26		
				K_s			1.7								C_2		1.53		
13	长治市郊区	瓦窑沟村	瓦窑沟村	S_r			24								C_1		1.26		
				K_s			1.7								C_2		1.53		
14	长治市郊区	滴谷寺村	滴谷寺村	S_r			24								C_1		1.26		
				K_s			1.7								C_2		1.53		

续表 5-5

序号	县(区、市)	小流域名称	村落名称	参数	灰岩森林山地	灰岩灌丛山地	灰岩土石山区	黄土丘陵阶地	砂页岩土石山区	砂页岩森林山地	砂页岩灌丛山地	耕种平地	变质岩灌丛山地	变质岩森林山地	参数	森林山地	灌丛山地	草坡山地	耕种平地
															产流地类				**汇流地类**
15	长治市郊区	东沟村	东沟村	S_r			24					27			C_1		1.26		
				K_s			1.7					1.9			C_2		1.53		
16	长治市郊区	苗圃村	苗圃村	S_r			24								C_1		1.26		
				K_s			1.7								C_2		1.53		
17	长治市郊区	老巴山村	老巴山村	S_r		30.5									C_1		1.26		
				K_s		2.9									C_2		1.53		
18	长治市郊区	二龙山村	二龙山村	S_r			24					27			C_1		1.26		
				K_s			1.7					1.9			C_2		1.53		
19	长治市郊区	余庄村	余庄村	S_r								27			C_1		1.26		
				K_s								1.9			C_2		1.53		
20	长治市郊区	店上村	店上村	S_r								27			C_1		1.26		
				K_s								1.9			C_2		1.53		
21	长治市郊区	马庄村	马庄村	S_r								27			C_1		1.26		
				K_s								1.9			C_2		1.53		
22	长治市郊区	故县村	故县村	S_r				21				27			C_1		1.26	1.05	
				K_s				1.4				1.9			C_2		1.53	0.72	
23	长治市郊区	葛家庄村	葛家庄村	S_r								27			C_1		1.26		
				K_s								1.9			C_2		1.53		
24	长治市郊区	良才村	良才村	S_r								27			C_1		1.26		
				K_s								1.9			C_2		1.53		
25	长治市郊区	史家庄村	史家庄村	S_r								27			C_1		1.26		
				K_s								1.9			C_2		1.53		
26	长治市郊区	西沟村	西沟村	S_r								27			C_1		1.26		
				K_s								1.9			C_2		1.53		
27	长治市郊区	西白兔村	西白兔村	S_r								27			C_1		1.26		
				K_s								1.9			C_2		1.53		
28	长治市郊区	漳村	漳村	S_r								27			C_1		1.26		
				K_s								1.9			C_2		1.53		

续表 5-5

序号	县（区、市）	小流域名称	村落名称	参数	产流地类											参数	汇流地类			
					灰岩森林山地	灰岩灌丛山地	灰岩土石山区	黄土丘陵阶地	砂页岩土石山区	砂页岩森林山地	砂页岩灌丛山地	耕种平地	变质岩灌丛山地	变质岩森林山地		森林山地	灌丛山地	草坡山地	耕种平地
29	长治县	林移村	林移村	S_r			24		19			27			C_1		1.26		
				K_s			1.7		1.25			1.9			C_2		1.53		
30	长治县	柳林庄村	柳林庄村	S_r			24		19			27			C_1		1.26		
				K_s			1.7		1.25			1.9			C_2		1.53		
31	长治县	司马村	司马村	S_r			24		19			27			C_1		1.26		
				K_s			1.7		1.25			1.9			C_2		1.53		
32	长治县	荫城村	荫城村	S_r	35.5	30.5			19		18				C_1	1.36	1.26	1.05	
				K_s	3.35	2.9			1.25		1.2				C_2	2.76	1.53	0.72	
33	长治县	河下村	河下村	S_r	35.5	30.5			19		18				C_1	1.36	1.26	1.05	
				K_s	3.35	2.9			1.25		1.2				C_2	2.76	1.53	0.72	
34	长治县	横河村	横河村	S_r	35.5	30.5			19		18				C_1	1.36	1.26	1.05	
				K_s	3.35	2.9			1.25		1.2				C_2	2.76	1.53	0.72	
35	长治县	桑梓一村	桑梓一村	S_r	35.5				19		18				C_1	1.36	1.26	1.05	
				K_s	3.35				1.25		1.2				C_2	2.76	1.53	0.72	
36	长治县	桑梓二村	桑梓二村	S_r					19		18				C_1		1.26		
				K_s					1.25		1.2				C_2		1.53		
37	长治县	北头村	北头村	S_r		30.5			19		18				C_1		1.26		
				K_s		2.9			1.25		1.2				C_2		1.53		
38	长治县	内王村	内王村	S_r					19		18				C_1		1.26		
				K_s					1.25		1.2				C_2		1.53		
39	长治县	王坊村	王坊村	S_r	35.5	30.5			19		18				C_1	1.36	1.26	1.05	
				K_s	3.35	2.9			1.25		1.2				C_2	2.76	1.53	0.72	
40	长治县	中村	中村	S_r	35.5	30.5			19		18				C_1	1.36	1.26	1.05	
				K_s	3.35	2.9			1.25		1.2				C_2	2.76	1.53	0.72	
41	长治县	河南村	河南村	S_r	35.5	30.5			19		18				C_1	1.36	1.26	1.05	
				K_s	3.35	2.9			1.25		1.2				C_2	2.76	1.53	0.72	
42	长治县	李坊村	李坊村	S_r	35.5	30.5			19		18				C_1	1.36	1.26	1.05	
				K_s	3.35	2.9			1.25		1.2				C_2	2.76	1.53	0.72	

续表 5-5

序号	县(区、市)	小流域名称	村落名称	参数	灰岩森林山地	灰岩灌丛山地	灰岩土石山区	黄土丘陵阶地	砂页岩土石山区	砂页岩森林山地	砂页岩灌丛山地	耕种平地	变质岩灌丛山地	变质岩森林山地	参数	森林山地	灌丛山地	草坡山地	耕种平地
43	长治县	北王庆村	北王庆村	S_r			24		19						C_1		1.26		
				K_s			1.7		1.25						C_2		1.53		
44	长治县	桥头村	桥头村	S_r					19		18				C_1		1.26	1.05	
				K_s					1.25		1.2				C_2		1.53	0.72	
45	长治县	下赵家庄村	下赵家庄村	S_r							18				C_1		1.26		
				K_s							1.2				C_2		1.53		
46	长治县	南河村	南河村	S_r							18				C_1		1.26		
				K_s							1.2				C_2		1.53		
47	长治县	羊川村	羊川村	S_r		30.5					18				C_1		1.26		
				K_s		2.9					1.2				C_2		1.53		
48	长治县	八义村	八义村	S_r					19		18				C_1		1.26		
				K_s					1.25		1.2				C_2		1.53		
49,50	长治县	狗湾村	狗湾村	S_r					19		18				C_1		1.26		
				K_s					1.25		1.2				C_2		1.53		
51	长治县	北楼底村	北楼底村	S_r					19						C_1		1.26		
				K_s					1.25						C_2		1.53		
52	长治县	南楼底村	南楼底村	S_r					19		18				C_1		1.26		
				K_s					1.25		1.2				C_2		1.53		
53	长治县	新庄村	新庄村	S_r		30.5	24		19						C_1	1.36	1.26		
				K_s		2.9	1.7		1.25						C_2	2.76	1.53		
54	长治县	定流村	定流村	S_r			24		19						C_1		1.26		
				K_s			1.7		1.25						C_2		1.53		
55	长治县	北郭村	北郭村	S_r			24		19			27			C_1		1.26		
				K_s			1.7		1.25			1.9			C_2		1.53		
56	长治县	岭上村	岭上村	S_r			24		19			27			C_1		1.26		
				K_s			1.7		1.25			1.9			C_2		1.53		
57	长治县	高河村	高河村	S_r			24	21	19	23	18	27			C_1	1.36	1.26	1.05	
				K_s			1.7	1.4	1.25	1.5	1.2	1.9			C_2	2.76	1.53	0.72	

续表 5-5

序号	县（区、市）	小流域名称	村落名称	参数	产流地类										参数	汇流地类			
					灰岩森林山地	灰岩灌丛山地	灰岩土石山区	黄土丘陵阶地	砂页岩土石山区	砂页岩森林山地	砂页岩灌丛山地	耕种平地	变质岩灌丛山地	变质岩森林山地		森林山地	灌丛山地	草坡山地	耕种平地
58	长治县	西池村	西池村	S_r	35.5	30.5			19		18				C_1	1.36	1.26		
				K_s	3.35	2.9			1.25		1.2				C_2	2.76	1.53		
59	长治县	东池村	东池村	S_r	35.5	30.5			19		18				C_1	1.36	1.26		
				K_s	3.35	2.9			1.25		1.2				C_2	2.76	1.53		
60	长治县	小河村	小河村	S_r											C_1		1.26		
				K_s											C_2		1.53		
61	长治县	沙峪村	沙峪村	S_r			24		19						C_1		1.26		
				K_s			1.7		1.25						C_2		1.53		
62	长治县	土桥村	土桥村	S_r			24		19						C_1		1.26		
				K_s			1.7		1.25						C_2		1.53		
63	长治县	河头村	河头村	S_r	35.5	30.5	24		19		18				C_1	1.36	1.26		
				K_s	3.35	2.9	1.7		1.25		1.2				C_2	2.76	1.53		
64	长治县	小川村	小川村	S_r	35.5	30.5			19						C_1	1.36	1.26		
				K_s	3.35	2.9			1.25						C_2	2.76	1.53		
65	长治县	北呈村	北呈村	S_r								27			C_1		1.26		
				K_s								1.9			C_2		1.53		
66	长治县	大沟村	大沟村	S_r	35.5	30.5	24		19		18	27			C_1	1.36	1.26	1.05	
				K_s	3.35	2.9	1.7		1.25		1.2	1.9			C_2	2.76	1.53	0.72	
67	长治县	南岭头村	南岭头村	S_r					19			27			C_1		1.26		
				K_s					1.25			1.9			C_2		1.53		
68	长治县	北岭头村	北岭头村	S_r			24		19			27			C_1		1.26		
				K_s			1.7		1.25			1.9			C_2		1.53		
69	长治县	须村	须村	S_r					19			27			C_1			1.05	
				K_s					1.25			1.9			C_2			0.72	
70	长治县	东和村	东和村	S_r			24		19			27			C_1		1.26		
				K_s			1.7		1.25			1.9			C_2		1.53		
71	长治县	中和村	中和村	S_r			24		19			27			C_1		1.26		
				K_s			1.7		1.25			1.9			C_2		1.53		

续表 5-5

序号	县(区、市)	小流域名称	村落名称	参数	灰岩森林山地	灰岩灌丛山地	灰岩土石山区	黄土丘陵阶地	砂页岩土石山区	砂页岩森林山地	砂页岩灌丛山地	耕种平地	变质岩灌丛山地	变质岩森林山地	参数	森林山地	灌丛山地	草坡山地	耕种平地
										产流地类								汇流地类	
72	长治县	西和村	西和村	S_r			24		19			27			C_1		1.26		
				K_s			1.7		1.25			1.9			C_2		1.53		
73	长治县	曹家沟	曹家沟村	S_r			24		19			27			C_1		1.26		
				K_s			1.7		1.25			1.9			C_2		1.53		
74	长治县	琚家沟	琚家沟村	S_r			24		19			27			C_1		1.26		
				K_s			1.7		1.25			1.9			C_2		1.53		
75	长治县	屈家山村	屈家山村	S_r					19						C_1		1.26		
				K_s					1.25						C_2		1.53		
76	长治县	辉河村	辉河村	S_r								27			C_1		1.26	1.05	
				K_s								1.9			C_2		1.53	0.72	
77	长治县	子乐沟村	子乐沟村	S_r							18				C_1		1.26		
				K_s							1.2				C_2		1.53		
78	长治县	北宋村	北宋村	S_r					19		18				C_1		1.26	1.05	
				K_s					1.25		1.2				C_2		1.53	0.72	
79	长治县	燕垒沟村	燕垒沟村	S_r				21							C_1		1.26	1.05	
				K_s				1.4							C_2		1.53	0.95	
80	襄垣县	石灰窑村	石灰窑村	S_r		30.5		21							C_1		1.257	1.046	
				K_s		2.9		1.4							C_2		1.53	0.95	
81	襄垣县	返底村	返底村	S_r			24								C_1		1.257	1.046	
				K_s			1.7								C_2		1.53	0.95	
82	襄垣县	普头村	普头村	S_r		30.5	24								C_1		1.257	1.046	
				K_s		2.9	1.7								C_2		1.53	0.95	
83	襄垣县	安沟村	安沟村	S_r				21							C_1		1.257	1.046	
				K_s				1.4							C_2		1.53	0.95	
84	襄垣县	阎村	阎村	S_r				21				27			C_1		1.257	1.046	
				K_s				1.4				1.9			C_2		1.53	0.95	
85	襄垣县	南马喊村	南马喊村	S_r				21							C_1		1.257	1.046	
				K_s				1.4							C_2		1.53	0.95	

续表 5-5

序号	县(区、市)	小流域名称	村落名称	参数	灰岩森林山地	灰岩灌丛山地	灰岩土石山区	黄土丘陵阶地	砂页岩土石山区	砂页岩森林山地	砂页岩灌丛山地	耕种平地	变质岩灌丛山地	变质岩森林山地	参数	森林山地	灌丛山地	草坡山地	耕种平地
86	襄垣县	河口村	河口村	S_r				21							C_1			1.046	
				K_s				1.4							C_2			0.95	
87	襄垣县	北田漳村	北田漳村	S_r		35		21							C_1			1.046	
				K_s		3.5		1.4							C_2			0.95	
88	襄垣县	南邯村	南邯村	S_r				21			18				C_1		1.257		
				K_s				1.4			1.2				C_2		1.53		
89	襄垣县	小河村	小河村	S_r				21	19						C_1		1.257		
				K_s				1.4	1.3						C_2		1.53		
90	襄垣县	白堰底村	白堰底村	S_r				21	19						C_1		1.257		
				K_s				1.4	1.3						C_2		1.53		
91	襄垣县	西洞上村	西洞上村	S_r				21	19						C_1		1.257		
				K_s				1.4	1.3						C_2		1.53		
92	襄垣县	王村	王村	S_r				21	19						C_1		1.257		
				K_s				1.4	1.3						C_2		1.53		
93	襄垣县	下庙村	下庙村	S_r				21	19						C_1		1.257		
				K_s				1.4	1.3						C_2		1.53		
94	襄垣县	史属村	史属村	S_r				21							C_1		1.257		
				K_s				1.4							C_2		1.53		
95	襄垣县	店上村	店上村	S_r		30.5		21	19						C_1		1.257		
				K_s		2.9		1.4	1.3						C_2		1.53		
96	襄垣县	北姚村	北姚村	S_r				21	19						C_1		1.257		
				K_s				1.4	1.3						C_2		1.53		
97	襄垣县	史北村	史北村	S_r				21	19						C_1		1.257		
				K_s				1.4	1.3						C_2		1.53		
98	襄垣县	前王沟村	前王沟村	S_r				21							C_1			1.046	
				K_s				1.4							C_2			0.95	
99	襄垣县	任庄村	任庄村	S_r				21	19						C_1		1.257		
				K_s				1.4	1.3						C_2		1.53		

续表 5-5

| | | | | | 产流地类 | | | | | | | | | | | 汇流地类 | | | |
序号	县(区、市)	小流域名称	村落名称	参数	灰岩森林山地	灰岩灌丛山地	灰岩土石山区	黄土丘陵阶地	砂页岩土石山区	砂页岩森林山地	砂页岩灌丛山地	耕种平地	变质岩灌丛山地	变质岩森林山地	参数	森林山地	灌丛山地	草坡山地	耕种平地
100	襄垣县	高家沟村	高家沟村	S_r				21							C_1			1.046	
				K_s				1.4							C_2			0.95	
101	襄垣县	下良村	下良村	S_r		30.5		21	19						C_1		1.257	1.046	
				K_s		2.9		1.4	1.3						C_2		1.53	0.95	
102	襄垣县	水碾村	水碾村	S_r		30.5		21	19						C_1		1.257	1.046	
				K_s		2.9		1.4	1.3						C_2		1.53	0.95	
103	襄垣县	寨沟村	寨沟村	S_r		30.5		21							C_1		1.257	1.046	
				K_s		2.9		1.4							C_2		1.53	0.95	
104	襄垣县	庄里村	庄里村	S_r				21							C_1			1.046	
				K_s				1.4							C_2			0.95	
105	襄垣县	桑家河村	桑家河村	S_r		30.5		21							C_1		1.257	1.046	
				K_s		2.9		1.4							C_2		1.53	0.95	
106	襄垣县	固村	固村	S_r				21		23	18				C_1	1.357	1.257	1.046	
				K_s				1.4		1.5	1.2				C_2	2.95	1.77	0.95	
107	襄垣县	阳沟村	阳沟村	S_r				21		23	18				C_1	1.357	1.257	1.046	
				K_s				1.4		1.5	1.2				C_2	2.95	1.77	0.95	
108	襄垣县	温泉村	温泉村	S_r				21		23	18				C_1	1.357	1.257	1.046	
				K_s				1.4		1.5	1.2				C_2	2.95	1.77	0.95	
109	襄垣县	燕家沟村	燕家沟村	S_r				21		23	18				C_1	1.357	1.257	1.046	
				K_s				1.4		1.5	1.2				C_2	2.95	1.77	0.95	
110	襄垣县	高崖底村	高崖底村	S_r				21		23	18				C_1	1.357	1.257		
				K_s						1.5	1.2				C_2	2.95	1.53		
111	襄垣县	里阙村	里阙村	S_r				21		23	18				C_1	1.357	1.257	1.046	
				K_s				1.4		1.5	1.2				C_2	2.95	1.77	0.95	
112	襄垣县	合漳村	合漳村	S_r				21		23	18				C_1	1.357	1.257	1.046	
				K_s				1.4		1.5	1.2				C_2	2.95	1.77	0.95	
113	襄垣县	西底村	西底村	S_r				21			18				C_1		1.257	1.046	
				K_s				1.4			1.2				C_2		1.77	0.95	

续表 5-5

序号	县(区、市)	小流域名称	村落名称	参数	灰岩森林山地	灰岩灌丛山地	灰岩土石山区	黄土丘陵阶地	砂页岩土石山区	砂页岩森林山地	砂页岩灌丛山地	耕种平地	变质岩灌丛山地	变质岩森林山地	参数	森林山地	灌丛山地	草坡山地	耕种平地
114	襄垣县	南田漳村	南田漳村	S_r		30.5									C_1			1.046	
				K_s		2.9									C_2			0.95	
115	襄垣县	北马喊村	北马喊村	S_r				21							C_1			1.046	
				K_s				1.4							C_2			0.95	
116	襄垣县	南底村	南底村	S_r							18				C_1		1.257		
				K_s							1.2				C_2		1.53		
117	襄垣县	兴民村	兴民村	S_r		30.5		21							C_1			1.046	
				K_s		2.9		1.4							C_2			0.95	
118	襄垣县	路家沟村	路家沟村	S_r				21							C_1			1.046	
				K_s				1.4							C_2			0.95	
119	襄垣县	南漳西	南漳西	S_r		30.5									C_1		1.257		
				K_s		2.9									C_2		1.77		
120	襄垣县	南漳东	南漳东	S_r		30.5		21							C_1		1.257		
				K_s		2.9		1.4							C_2		1.77		
121	襄垣县	东坡村	东坡村	S_r				21	19						C_1		1.257		
				K_s				1.4	1.3						C_2		1.53		
122	襄垣县	九龙村	九龙村	S_r				21			18				C_1		1.257		
				K_s				1.4			1.2				C_2		1.77		
123	屯留县	杨家湾村	杨家湾村	S_r				21							C_1			1.05	
				K_s				1.4							C_2			0.72	
124	屯留县	贾庄村	贾庄村	S_r				21							C_1			1.05	
				K_s				1.4							C_2			0.72	
125	屯留县	魏村	魏村	S_r								27			C_1		1.26		
				K_s								1.9			C_2		1.53		
126	屯留县	吾元村	吾元村	S_r							18				C_1		1.26		
				K_s							1.2				C_2		1.53		
127	屯留县	丰秀岭村	丰秀岭村	S_r							18				C_1		1.26		
				K_s							1.2				C_2		1.53		

续表5-5

序号	县(区、市)	小流域名称	村落名称	参数	灰岩森林山地	灰岩灌丛山地	灰岩土石山区	黄土丘陵阶地	砂页岩土石山区	砂页岩森林山地	砂页岩灌丛山地	耕种平地	变质岩灌丛山地	变质岩森林山地	参数	森林山地	灌丛山地	草坡山地	耕种平地
								产流地类									汇流地类		
128	屯留县	南阳坡村	南阳坡村	S_r						23	18				C_1	1.36	1.26		
				K_s						1.5	1.2				C_2	2.76	1.53		
129	屯留县	罗村	罗村	S_r						23	18				C_1	1.36	1.26		
				K_s						1.5	1.2				C_2	2.76	1.53		
130	屯留县	煤窑沟村	煤窑沟村	S_r						23	18				C_1	1.36	1.26		
				K_s						1.5	1.2				C_2	2.76	1.53		
131	屯留县	东坡村	东坡村	S_r						23	18				C_1	1.36	1.26		
				K_s						1.5	1.2				C_2	2.76	1.53		
132	屯留县	三交村	三交村	S_r						23	18				C_1	1.36	1.26		
				K_s						1.5	1.2				C_2	2.76	1.53		
133	屯留县	贾庄	贾庄	S_r				21			18				C_1		1.26	1.05	
				K_s				1.4			1.2				C_2		1.53	0.72	
134	屯留县	老庄沟	老庄沟	S_r							18				C_1		1.26	1.05	
				K_s							1.2				C_2		1.53	0.95	
135	屯留县	北沟庄	北沟庄	S_r				21			18				C_1		1.26	1.05	
				K_s				1.4			1.2				C_2		1.53	0.95	
136	屯留县	老庄沟村西坡	老庄沟村西坡	S_r				21			18				C_1		1.26	1.05	
				K_s				1.4			1.2				C_2		1.53	0.95	
137	屯留县	秦家村	秦家村	S_r				21			18				C_1		1.26	1.05	
				K_s				1.4			1.2				C_2		1.53	0.72	
138	屯留县	张店村	张店村	S_r						23	18				C_1	1.36	1.26		
				K_s						1.5	1.2				C_2	2.76	1.53		
139	屯留县	甄湖村	甄湖村	S_r				21			18				C_1		1.26	1.05	
				K_s				1.4			1.2				C_2		1.53	0.95	
140	屯留县	张村	张村	S_r						23	18				C_1	1.36	1.26		
				K_s						1.5	1.2				C_2	2.76	1.53		
141	屯留县	南里庄村	南里庄村	S_r							18				C_1		1.26		
				K_s							1.2				C_2		1.53		

续表 5-5

序号	县(区、市)	小流域名称	村落名称	参数	灰岩森林山地	灰岩灌丛山地	灰岩土石山区	黄土丘陵阶地	砂页岩土石山区	砂页岩森林山地	砂页岩灌丛山地	耕种平地	变质岩灌丛山地	变质岩森林山地	参数	森林山地	灌丛山地	草坡山地	耕种平地
142	屯留县	上立寨村	上立寨村	S_r						23	18				C_1	1.36	1.26		
				K_s						1.5	1.2				C_2	2.76	1.53		
143	屯留县	大半沟	大半沟	S_r						23	18				C_1	1.36	1.26		
				K_s						1.5	1.2				C_2	2.76	1.53		
144	屯留县	五龙沟	五龙沟	S_r							18				C_1		1.26		
				K_s							1.2				C_2		1.53		
145	屯留县	李家庄村	李家庄村	S_r							18				C_1		1.26		
				K_s							1.2				C_2		1.53		
146	屯留县	马家庄	马家庄	S_r							18				C_1		1.26		
				K_s							1.2				C_2		1.53		
147	屯留县	帮家庄	帮家庄	S_r							18				C_1		1.26		
				K_s							1.2				C_2		1.53		
148	屯留县	秋树坡	秋树坡	S_r							18				C_1		1.26		
				K_s							1.2				C_2		1.53		
149	屯留县	李家庄村西坡	李家庄村西坡	S_r							18				C_1		1.26		
				K_s							1.2				C_2		1.53		
150	屯留县	半坡村	半坡村	S_r						23	18				C_1	1.36	1.26		
				K_s						1.5	1.2				C_2	2.76	1.53		
151	屯留县	霜泽村	霜泽村	S_r						23	18				C_1	1.36	1.26		
				K_s						1.5	1.2				C_2	2.76	1.53		
152	屯留县	雁落坪村	雁落坪村	S_r						23	18				C_1	1.36	1.26		
				K_s						1.5	1.2				C_2	2.76	1.53		
153	屯留县	雁落坪村西坡	雁落坪村西坡	S_r						23	18				C_1	1.36	1.26		
				K_s						1.5	1.2				C_2	2.76	1.53		
154	屯留县	宜丰村	宜丰村	S_r						23	18				C_1	1.36	1.26		
				K_s						1.5	1.2				C_2	2.76	1.53		
155	屯留县	浪井沟	浪井沟	S_r						23	18				C_1	1.36	1.26		
				K_s						1.5	1.2				C_2	2.76	1.53		

续表 5-5

序号	县（区、市）	小流域名称	村落名称	参数	产流地类										参数	汇流地类			
					灰岩森林山地	灰岩灌丛山地	灰岩土石山区	黄土丘陵阶地	砂页岩土石山区	砂页岩森林山地	砂页岩灌丛山地	耕种平地	变质岩灌丛山地	变质岩森林山地		森林山地	灌丛山地	草坡山地	耕种平地
156	屯留县	宜丰村西坡	宜丰村西坡	S_r						23	18				C_1	1.36	1.26		
				K_s						1.5	1.2				C_2	2.76	1.53		
157	屯留县	中村村	中村村	S_r						23	18				C_1	1.36	1.26		
				K_s						1.5	1.2				C_2	2.76	1.53		
158	屯留县	河西村	河西村	S_r						23	18				C_1	1.36	1.26		
				K_s						1.5	1.2				C_2	2.76	1.53		
159	屯留县	柳树庄村	柳树庄村	S_r						23	18				C_1	1.36	1.26		
				K_s						1.5	1.2				C_2	2.76	1.53		
160	屯留县	柳树庄	柳树庄	S_r						23	18				C_1	1.36	1.26		
				K_s						1.5	1.2				C_2	2.76	1.53		
161	屯留县	老洪沟	老洪沟	S_r						23	18				C_1	1.36	1.26		
				K_s						1.5	1.2				C_2	2.76	1.53		
162	屯留县	崖底村	崖底村	S_r						23	18				C_1	1.36	1.26		
				K_s						1.5	1.2				C_2	2.76	1.53		
163	屯留县	唐王庙村	唐王庙村	S_r				21			18				C_1		1.26	1.05	
				K_s				1.4			1.2				C_2		1.53	0.95	
164	屯留县	南掌	南掌	S_r				21							C_1			1.05	
				K_s				1.4							C_2			0.95	
165	屯留县	徐家庄	徐家庄	S_r				21							C_1			1.05	
				K_s				1.4							C_2			0.95	
166	屯留县	郭家庄	郭家庄	S_r				21			18				C_1		1.26	1.05	
				K_s				1.4			1.2				C_2		1.53	0.95	
167	屯留县	沿湾	沿湾	S_r				21			18				C_1		1.26	1.05	
				K_s				1.4			1.2				C_2		1.53	0.95	
168	屯留县	王家庄	王家庄	S_r				21							C_1			1.05	
				K_s				1.4							C_2			0.95	
169	屯留县	林庄村	林庄村	S_r						23	18				C_1	1.36	1.26		
				K_s						1.5	1.2				C_2	2.76	1.53		

续表 5-5

序号	县(区,市)	小流域名称	村落名称	参数	灰岩森林山地	灰岩灌丛山地	灰岩土石山区	黄土丘陵阶地	砂页岩土石山区	砂页岩森林山地	砂页岩灌丛山地	耕种平地	变质岩灌丛山地	变质岩森林山地	参数	森林山地	灌丛山地	草坡山地	耕种平地
									产流地类								汇流地类		
170	屯留县	八泉村	八泉村	S_r						23	18				C_1	1.36	1.26		
				K_s						1.5	1.2				C_2	2.76	1.53		
171	屯留县	七泉村	七泉村	S_r						23	18				C_1	1.36	1.26		
				K_s						1.5	1.2				C_2	2.76	1.53		
172	屯留县	鸡窝圪奎	鸡窝圪奎	S_r						23	18				C_1	1.36	1.26		
				K_s						1.5	1.2				C_2	2.76	1.53		
173	屯留县	南沟村	南沟村	S_r						23	18				C_1	1.36	1.26		
				K_s						1.5	1.2				C_2	2.76	1.53		
174	屯留县	棋盘新庄	棋盘新庄	S_r						23	18				C_1	1.36	1.26		
				K_s						1.5	1.2				C_2	2.76	1.53		
175	屯留县	羊窑	羊窑	S_r						23	18				C_1	1.36	1.26		
				K_s						1.5	1.2				C_2	2.76	1.53		
176	屯留县	小桥	小桥	S_r						23	18				C_1	1.36	1.26		
				K_s						1.5	1.2				C_2	2.76	1.53		
177	屯留县	寨上村	寨上村	S_r						23	18				C_1	1.36	1.26		
				K_s						1.5	1.2				C_2	2.76	1.53		
178	屯留县	寨上	寨上	S_r						23	18				C_1	1.36	1.26		
				K_s						1.5	1.2				C_2	2.76	1.53		
179	屯留县	吴而村	吴而村	S_r						23					C_1	1.36			
				K_s						1.5					C_2	2.76			
180	屯留县	西上村	西上村	S_r						23	18				C_1	1.36	1.26		
				K_s						1.5	1.2				C_2	2.76	1.53		
181	屯留县	西沟河村	西沟河村	S_r						23	18				C_1	1.36	1.26		
				K_s						1.5	1.2				C_2	2.76	1.53		
182	屯留县	西岸上	西岸上	S_r						23	18				C_1	1.36	1.26		
				K_s						1.5	1.2				C_2	2.76	1.53		
183	屯留县	西村	西村	S_r						23	18				C_1	1.36	1.26		
				K_s						1.5	1.2				C_2	2.76	1.53		

续表 5-5

序号	县(区,市)	小流域名称	村落名称	参数	产流地类 灰岩森林山地	灰岩灌丛山地	灰岩土石山区	黄土丘陵阶地	砂页岩土石山区	砂页岩森林山地	砂页岩灌丛山地	耕种平地	变质岩灌丛山地	变质岩森林山地	参数	汇流地类 森林山地	灌丛山地	草坡山地	耕种平地
184	屯留县	西丰宜村	西丰宜村	S_r				21		23	18				C_1	1.36	1.26	1.05	
				K_s				1.4		1.5	1.2				C_2	2.76	1.53	0.95	
185	屯留县	郝家庄村	郝家庄村	S_r				21			18				C_1		1.26	1.05	
				K_s				1.4			1.2				C_2		1.53	0.95	
186	屯留县	石泉村	石泉村	S_r				21							C_1			1.05	
				K_s				1.4							C_2			0.95	
187	屯留县	西洼村	西洼村	S_r				21				27			C_1			1.05	
				K_s				1.4				1.9			C_2			0.95	
188	屯留县	河神庙	河神庙	S_r				21							C_1			1.05	
				K_s				1.4							C_2			0.95	
189	屯留县	梨树庄村	梨树庄村	S_r							18				C_1		1.26		
				K_s							1.2				C_2		1.53		
190	屯留县	庄洼	庄洼	S_r							18				C_1		1.26		
				K_s							1.2				C_2		1.53		
191	屯留县	西沟村	西沟村	S_r						23	18				C_1	1.36	1.26		
				K_s						1.5	1.2				C_2	2.76	1.53		
192	屯留县	老婆角	老婆角	S_r						23	18				C_1	1.36	1.26		
				K_s						1.5	1.2				C_2	2.76	1.53		
193	屯留县	西沟口	西沟口	S_r						23	18				C_1	1.36	1.26		
				K_s						1.5	1.2				C_2	2.76	1.53		
194	屯留县	司家沟	司家沟	S_r				21			18				C_1		1.26	1.05	
				K_s				1.4			1.2				C_2		1.53	0.95	
195	屯留县	龙王沟村	龙王沟村	S_r				21			18				C_1		1.26	1.05	
				K_s				1.4			1.2				C_2		1.53	0.95	
196	屯留县	西流寨村	西流寨村	S_r				21		23	18				C_1	1.36	1.26	1.05	
				K_s				1.4		1.5	1.2				C_2	2.76	1.53	0.95	
197	屯留县	马家庄	马家庄	S_r						23	18				C_1	1.36	1.26		
				K_s						1.5	1.2				C_2	2.76	1.53		

续表 5-5

序号	县(区、市)	小流域名称	村落名称	参数	灰岩森林山地	灰岩灌丛山地	灰岩土石山区	黄土丘陵阶地	砂页岩土石山区	砂页岩森林山地	砂页岩灌丛山地	耕种平地	变质岩灌丛山地	变质岩森林山地	参数	森林山地	灌丛山地	草坡山地	耕种平地
198	屯留县	大会村	大会村	S_r						23	18				C_1	1.36	1.26		
				K_s						1.5	1.2				C_2	2.76	1.53		
199	屯留县	西大会	西大会	S_r						23	18				C_1	1.36	1.26		
				K_s						1.5	1.2				C_2	2.76	1.53		
200	屯留县	河长头村	河长头村	S_r				21		23	18				C_1	1.36	1.26	1.05	
				K_s				1.4		1.5	1.2				C_2	2.76	1.53	0.95	
201	屯留县	南庄村	南庄村	S_r				21		23	18				C_1	1.36	1.26	1.05	
				K_s				1.4		1.5	1.2				C_2	2.76	1.53	0.95	
202	屯留县	中理村	中理村	S_r				21		23	18				C_1	1.36	1.26	1.05	
				K_s				1.4		1.5	1.2				C_2	2.76	1.53	0.95	
203	屯留县	吴寨村	吴寨村	S_r						23	18				C_1	1.36	1.26		
				K_s						1.5	1.2				C_2	2.76	1.53		
204	屯留县	桑园	桑园	S_r						23	18				C_1	1.36	1.26		
				K_s						1.5	1.2				C_2	2.76	1.53		
205	屯留县	黑家口	黑家口	S_r				21		23	18				C_1	1.36	1.26	1.05	
				K_s				1.4		1.5	1.2				C_2	2.76	1.53	0.95	
206	屯留县	上莲村	上莲村	S_r				21			18				C_1		1.26	1.05	
				K_s				1.4			1.2				C_2		1.53	0.95	
207	屯留县	前上莲	前上莲	S_r				21			18				C_1		1.26	1.05	
				K_s				1.4			1.2				C_2		1.53	0.95	
208	屯留县	后上莲	后上莲	S_r				21			18				C_1		1.26	1.05	
				K_s				1.4			1.2				C_2		1.53	0.95	
209	屯留县	山角村	山角村	S_r				21			18				C_1		1.26	1.05	
				K_s				1.4			1.2				C_2		1.53	0.95	
210	屯留县	马庄	马庄	S_r				21			18				C_1		1.26	1.05	
				K_s				1.4			1.2				C_2		1.53	0.95	
211	屯留县	交川村	交川村	S_r							18				C_1		1.26		
				K_s							1.2				C_2		1.53		

续表 5-5

序号	县(区、市)	小流域名称	村落名称	参数	产流地类										参数	汇流地类			
					灰岩森林山地	灰岩灌丛山地	灰岩土石山区	黄土丘陵阶地	砂页岩土石山区	砂页岩森林山地	砂页岩灌丛山地	耕种平地	变质岩灌丛山地	变质岩森林山地		森林山地	灌丛山地	草坡山地	耕种平地
212	平顺县	洪岭村	洪岭村	S_r		30.5									C_1		1.26		
				K_s		2.9									C_2		1.53		
213	平顺县	椿树沟村	椿树沟村	S_r		30.5		21		23	18				C_1	1.36	1.26	1.05	
				K_s		2.9		1.4		1.5	1.2				C_2	2.76	1.53	0.95	
214	平顺县	贾家村	贾家村	S_r		30.5									C_1		1.26		
				K_s		2.9									C_2		1.53		
215	平顺县	南北头村	南北头村	S_r		30.5									C_1		1.26		
				K_s		2.9									C_2		1.53		
216	平顺县	河则	河则	S_r		30.5									C_1		1.26		
				K_s		2.9									C_2		1.53		
217	平顺县	路家口村	路家口村	S_r		30.5		21			18				C_1		1.26	1.05	
				K_s		2.9		1.4			1.2				C_2		1.53	0.95	
218	平顺县	北坡村支流	北坡村支流	S_r		30.5									C_1		1.26		
				K_s		2.9									C_2		1.53		
219	平顺县	北坡村干流	北坡村干流	S_r		30.5									C_1		1.26		
				K_s		2.9									C_2		1.53		
220	平顺县	龙镇村	龙镇村	S_r		30.5									C_1		1.26		
				K_s		2.9									C_2		1.53		
221	平顺县	南坡村	南坡村	S_r		30.5									C_1		1.26		
				K_s		2.9									C_2		1.53		
222	平顺县	东迷村	东迷村	S_r		30.5									C_1		1.26	1.05	
				K_s		2.9									C_2		1.53	0.72	
223	平顺县	正村	正村	S_r		30.5		21			18				C_1		1.26	1.05	
				K_s		2.9		1.4			1.2				C_2		1.53	0.95	
224	平顺县	龙家村	龙家村	S_r	35.5	30.5									C_1	1.36	1.26	1.05	
				K_s	3.35	2.9									C_2	2.76	1.53	0.72	
225	平顺县	申家坪村	申家坪村	S_r	35.5	30.5									C_1	1.36	1.26	1.05	
				K_s	3.35	2.9									C_2	2.76	1.53	0.72	

续表 5-5

序号	县(区、市)	小流域名称	村落名称	参数	灰岩森林山地	灰岩灌丛山地	灰岩土石山区	黄土丘陵阶地	砂页岩土石山区	砂页岩森林山地	砂页岩灌丛山地	耕种平地	变质岩灌丛山地	变质岩森林山地	参数	森林山地	灌丛山地	草坡山地	耕种平地
226	平顺县	下井村	下井村	S_r		30.5									C_1		1.26	1.05	
				K_s		2.9									C_2		1.53	0.72	
227	平顺县	青行头村	青行头村	S_r		30.5									C_1		1.26	1.05	
				K_s		2.9									C_2		1.53	0.72	
228	平顺县	南赛	南赛	S_r	35.5	30.5									C_1	1.36	1.26	1.05	
				K_s	3.35	2.9									C_2	2.76	1.53	0.72	
229	平顺县	东岭	东岭	S_r		30.5									C_1		1.26	1.05	
				K_s		2.9									C_2		1.53	0.72	
230	平顺县	西沟村	西沟村	S_r	35.5	30.5									C_1	1.36	1.26	1.05	
				K_s	3.35	2.9									C_2	2.76	1.53	0.72	
231	平顺县	川底村	川底村	S_r	35.5	30.5									C_1	1.36	1.26	1.05	
				K_s	3.35	2.9									C_2	2.76	1.53	0.72	
232	平顺县	石埠头村	石埠头村	S_r		30.5									C_1		1.26	1.05	
				K_s		2.9									C_2		1.53	0.72	
233	平顺县	小东岭村	小东岭村	S_r		30.5		21		23	18				C_1	1.36	1.26	0.95	
				K_s		2.9		1.4		1.5	1.2				C_2	2.76	1.53	0.72	
234	平顺县	城关村	城关村	S_r		30.5									C_1		1.26	1.05	
				K_s		2.9									C_2		1.53	0.72	
235	平顺县	略峪村	略峪村	S_r		30.5									C_1		1.26		
				K_s		2.9									C_2		1.53		
236	平顺县	张井村	张井村	S_r		30.5									C_1		1.26	1.05	
				K_s		2.9									C_2		1.53	0.72	
237	平顺县	回源岐村	回源岐村	S_r		30.5									C_1		1.26	1.05	
				K_s		2.9									C_2		1.53	0.72	
238	平顺县	小赛村	小赛村	S_r		30.5									C_1		1.26	1.05	
				K_s		2.9									C_2		1.53	0.72	
239	平顺县	后留村	后留村	S_r		30.5									C_1		1.26	1.05	
				K_s		2.9									C_2		1.53	0.72	

续表 5-5

序号	县(区,市)	小流域名称	村落名称	参数	灰岩森林山地	灰岩灌丛山地	灰岩土石山区	黄土丘陵阶地	砂页岩土石山区	砂页岩森林山地	砂页岩灌丛山地	耕种平地	变质岩灌丛山地	变质岩森林山地	参数	森林山地	灌丛山地	草坡山地	耕种平地
240	平顺县	常家村	常家村	S_r		30.5		21		23	18				C_1	1.36	1.26	1.05	
				K_s		2.9		1.4		1.5	1.2				C_2	2.76	1.53	0.95	
241	平顺县	庙后村	庙后村	S_r		30.5		21		23	18				C_1	1.36	1.26	1.05	
				K_s		2.9		1.4		1.5	1.2				C_2	2.76	1.53	0.95	
242	平顺县	黄崖村	黄崖村	S_r		30.5									C_1		1.26		
				K_s		2.9									C_2		1.53		
243	平顺县	牛石窑村	牛石窑村	S_r		30.5									C_1		1.26		
				K_s		2.9									C_2		1.53		
244	平顺县	玉峡关村	玉峡关村	S_r		30.5									C_1	1.36	1.26		
				K_s		2.9									C_2	2.76	1.53		
245	平顺县	玉峡关村	玉峡关村	S_r		30.5									C_1		1.26		
				K_s		2.9									C_2		1.53		
246	平顺县	南地	南地	S_r	35.5	30.5									C_1	1.36	1.26		
				K_s	3.35	2.9									C_2	2.76	1.53		
247	平顺县	畔沟	畔沟	S_r	35.5										C_1	1.36	1.26		
				K_s	3.35										C_2	2.76	1.53		
248	平顺县	石窑滩村	石窑滩村	S_r		30.5									C_1		1.26		
				K_s		2.9									C_2		1.53		
249	平顺县	羊老岩村	羊老岩村	S_r		30.5									C_1		1.26		
				K_s		2.9									C_2		1.53		
250	平顺县	河口	河口	S_r	35.5	30.5									C_1	1.36	1.26		
				K_s	3.35	2.9									C_2	2.76	1.53		
251	平顺县	底河村	底河村	S_r		30.5									C_1		1.26		
				K_s		2.9									C_2		1.53		
252	平顺县	西湾村	西湾村	S_r		30.5									C_1		1.26	1.05	
				K_s		2.9									C_2		1.53	0.72	
253	平顺县	焦底村	焦底村	S_r		30.5		21		23	18				C_1	1.36	1.26	1.05	
				K_s		2.9		1.4		1.5	1.2				C_2	2.76	1.53	0.95	

续表 5-5

序号	县(区、市)	小流域名称	村落名称	参数	产流地类 灰岩森林山地	灰岩灌丛山地	灰岩土石山区	黄土丘陵阶地	砂页岩土石山区	砂页岩森林山地	砂页岩灌丛山地	耕种平地	变质岩灌丛山地	变质岩森林山地	参数	汇流地类 森林山地	灌丛山地	草坡山地	耕种平地
254	平顺县	棠梨村	棠梨村	S_r		30.5		21			18				C_1		1.26	1.05	
				K_s		2.9		1.4			1.2				C_2		1.53	0.95	
255	平顺县	大山村	大山村	S_r		30.5									C_1		1.26		
				K_s		2.9									C_2		1.53		
256	平顺县	安阳村	安阳村	S_r		30.5		21			18				C_1		1.26	1.05	
				K_s		2.9		1.4			1.2				C_2		1.53	0.95	
257	平顺县	虎窑村	虎窑村	S_r		30.5									C_1		1.26	1.05	
				K_s		2.9									C_2		1.53	0.72	
258	平顺县	军寨	军寨	S_r		30.5									C_1		1.26	1.05	
				K_s		2.9									C_2		1.53	0.72	
259	平顺县	东寺头村	东寺头村	S_r		30.5				23					C_1		1.26	1.05	
				K_s		2.9				1.5					C_2		1.53	0.72	
260	平顺县	后庄村	后庄村	S_r		30.5									C_1		1.26	1.05	
				K_s		2.9									C_2		1.53	0.72	
261	平顺县	前庄村	前庄村	S_r		30.5		21		23	18				C_1	1.36	1.26	1.05	
				K_s		2.9		1.4		1.5	1.2				C_2	2.76	1.53	0.95	
262	平顺县	虹梯关村	虹梯关村	S_r	35.5	30.5									C_1	1.36	1.26		
				K_s	3.35	2.9									C_2	2.76	1.53		
263	平顺县	梯后村	梯后村	S_r	35.5	30.5									C_1	1.36	1.26	1.05	
				K_s	3.35	2.9									C_2	2.76	1.53	0.72	
264	平顺县	碑滩村	碑滩村	S_r	35.5	30.5									C_1	1.36	1.26	1.05	
				K_s	3.35	2.9									C_2	2.76	1.53	0.72	
265	平顺县	虹霓村	虹霓村	S_r	35.5	30.5									C_1	1.36	1.26	1.05	
				K_s	3.35	2.9									C_2	2.76	1.53	0.72	
266	平顺县	枭兰岩村	枭兰岩村	S_r	35.5	30.5									C_1	1.36	1.26	1.05	
				K_s	3.35	2.9									C_2	2.76	1.53		
267	平顺县	堕磊池	堕磊池	S_r	35.5	30.5									C_1	1.36	1.26	1.05	
				K_s	3.35	2.9									C_2	2.76	1.53	0.72	

续表 5-5

序号	县(区、市)	小流域名称	村落名称	参数	产流地类										参数	汇流地类			
					灰岩森林山地	灰岩灌丛山地	灰岩土石山区	黄土丘陵阶地	砂页岩土石山区	砂页岩森林山地	砂页岩灌丛山地	耕种平地	变质岩灌丛山地	变质岩森林山地		森林山地	灌丛山地	草坡山地	耕种平地
268	平顺县	库峧村	库峧村	S_r	35.5	30.5									C_1	1.36	1.26		
				K_s	3.35	2.9									C_2	2.76	1.53		
269	平顺县	靳家园村	靳家园村	S_r				21		23	18				C_1	1.36	1.26	1.05	
				K_s				1.4		1.5	1.2				C_2	2.76	1.53	0.95	
270	平顺县	棚头村	棚头村	S_r		30.5									C_1	1.36	1.26		
				K_s		2.9									C_2	2.76	1.53		
271	平顺县	南耽车河	南耽车河	S_r	35.5	30.5									C_1	1.36	1.26		
				K_s	3.35	2.9									C_2	2.76	1.53		
272	平顺县	椰树园村	椰树园村	S_r	35.5	30.5									C_1	1.36	1.26		
				K_s	3.35	2.9									C_2	2.76	1.53		
273	平顺县	侯壁河	侯壁河	S_r	35.5	30.5									C_1	1.36	1.26		
				K_s	3.35	2.9									C_2	2.76	1.53		
274	平顺县	源头	源头	S_r	35.5	30.5									C_1	1.36	1.26		
				K_s	3.35	2.9									C_2	2.76	1.53		
275	平顺县	豆峪	豆峪	S_r		30.5									C_1		1.26		
				K_s		2.9									C_2		1.53		
276	平顺县	井底	井底	S_r	35.5	30.5									C_1	1.36	1.26		
				K_s	3.35	2.9									C_2	1.36	1.26		
277	平顺县	消军岭村	消军岭村	S_r		30.5									C_1		1.26		
				K_s		2.9									C_2		1.26		
278	平顺县	天脚村	天脚村	S_r		30.5									C_1		1.26	1.05	
				K_s		2.9									C_2		1.26	0.95	
279	平顺县	安咀村	安咀村	S_r						23					C_1		1.26	1.05	
				K_s						1.5					C_2		1.26	0.95	
280	平顺县	上五井村	上五井村	S_r		30.5									C_1		1.26	1.05	
				K_s		2.9									C_2		1.26	0.95	
281	平顺县	石灰窑	石灰窑	S_r	35.5	30.5									C_1		1.26	1.05	
				K_s	3.35	2.9									C_2		1.26	0.95	

续表 5-5

序号	县(区、市)	小流域名称	村落名称	参数	灰岩森林山地	灰岩灌丛山地	灰岩土石山区	黄土丘陵阶地	砂页岩土石山区	砂页岩森林山地	砂页岩灌丛山地	耕种平地	变质岩灌丛山地	变质岩森林山地	参数	森林山地	灌丛山地	草坡山地	耕种平地
										产流地类								汇流地类	
282	平顺县	驮山	驮山	S_r		30.5									C_1		1.26	1.05	
				K_s		2.9									C_2		1.26	0.95	
283	平顺县	窑门前	窑门前	S_r		30.5									C_1		1.26	1.05	
				K_s		2.9									C_2		1.26	0.95	
284	平顺县	中五井村	中五井村	S_r		30.5									C_1		1.26	1.05	
				K_s		2.9									C_2		1.26	0.95	
285	平顺县	西安村	西安村	S_r		30.5									C_1		1.26		
				K_s		2.9									C_2		1.26		
286	黎城县	东洼	东洼	S_r	35.5	30.5							16	22	C_1	1.36	1.26		
				K_s	3.35	2.9							1.1	1.45	C_2	2.76	1.53		
287	黎城县	仁庄	仁庄	S_r		30.5						27			C_1		1.26	1.05	
				K_s		2.9						1.9			C_2		1.53	0.72	
288	黎城县	北泉寨	北泉寨	S_r	35.5	30.5							16	22	C_1	1.36	1.26		
				K_s	3.35	2.9							1.1	1.45	C_2	2.76	1.53		
289	黎城县	宋家庄	宋家庄	S_r	35.5	30.5									C_1	1.36	1.26		
				K_s	3.35	2.9									C_2	2.76	1.53		
290	黎城县	苏家岈	苏家岈	S_r	35.5	30.5									C_1		1.26		
				K_s	3.35	2.9									C_2		1.53		
291	黎城县	岚沟村	岚沟村	S_r	35.5								16	22	C_1	1.36	1.26	1.05	
				K_s	3.35								1.1	1.45	C_2	2.76	1.53	0.72	
292	黎城县	后寨村	后寨村	S_r		30.5							16		C_1		1.26		
				K_s		2.9							1.1		C_2		1.53		
293	黎城县	寺底村	寺底村	S_r	35.5	30.5							16	22	C_1	1.36	1.26	1.05	
				K_s	3.35	2.9							1.1	1.45	C_2	2.76	1.53	0.72	
294	黎城县	北委泉村	北委泉村	S_r	35.5	30.5							16	22	C_1	1.36	1.26		
				K_s	3.35	2.9							1.1	1.45	C_2	2.76	1.53		
295	黎城县	车元村	车元村	S_r	35.5	30.5							16	22	C_1	1.36	1.26		
				K_s	3.35	2.9							1.1	1.45	C_2	2.76	1.53		

续表 5-5

序号	县(区,市)	小流域名称	村落名称	参数	灰岩森林山地	灰岩灌丛山地	灰岩土石山区	黄土丘陵阶地	砂页岩土石山区	砂页岩森林山地	砂页岩灌丛山地	耕种平地	变质岩灌丛山地	变质岩森林山地	参数	森林山地	灌丛山地	草坡山地	耕种平地
296	黎城县	茶棚滩村	茶棚滩村	S_r	35.5	30.5							16	22	C_1	1.36	1.26		
				K_s	3.35	2.9							1.1	1.45	C_2	2.76	1.53		
297	黎城县	佛崖底村	佛崖底村	S_r	35.5	30.5							16	22	C_1	1.36	1.26		
				K_s	3.35	2.9							1.1	1.45	C_2	2.76	1.53		
298	黎城县	小寨村	小寨村	S_r	35.5								16	22	C_1	1.36	1.26		
				K_s	3.35								1.1	1.45	C_2	2.76	1.53		
299	黎城县	西村村	西村村	S_r	35.5								16	22	C_1	1.36	1.26		
				K_s	3.35								1.1	1.45	C_2	2.76	1.53		
300	黎城县	北停河村	北停河村	S_r								27			C_1		1.26	1.05	
				K_s								1.9			C_2		1.53	0.72	
301	黎城县	柏官庄村	柏官庄村	S_r	35.5	30.5							16	22	C_1	1.36	1.26		
				K_s	3.35	2.9							1.1	1.45	C_2	2.76	1.53		
302	黎城县	郭家庄村	郭家庄村	S_r	35.5	30.5									C_1	1.36	1.26	1.05	
				K_s	3.35	2.9									C_2	2.76	1.53	0.72	
303	黎城县	前庄村	前庄村	S_r	35.5	30.5									C_1		1.26	1.05	
				K_s	3.35	2.9									C_2		1.53	0.72	
304	黎城县	龙王庙村	龙王庙村	S_r	35.5	30.5									C_1		1.26	1.05	
				K_s	3.35	2.9									C_2		1.53	0.72	
305	黎城县	秋树垣村	秋树垣村	S_r	35.5	30.5						27			C_1		1.26	1.05	
				K_s	3.35	2.9						1.9			C_2		1.53	0.72	
306	黎城县	肖坡村	肖坡村	S_r	35.5	30.5							16	22	C_1	1.36	1.26	1.05	
				K_s	3.35	2.9							1.1	1.45	C_2	2.76	1.53	0.72	
307	黎城县	南委泉村	南委泉村	S_r	35.5	30.5							16	22	C_1	1.36	1.26	1.05	
				K_s	3.35	2.9							1.1	1.45	C_2	2.76	1.53	0.72	
308	黎城县	平头村	平头村	S_r	35.5	30.5							16	22	C_1	1.36	1.26		
				K_s	3.35	2.9							1.1	1.45	C_2	2.76	1.53		
309	黎城县	中庄村	中庄村	S_r									16	22	C_1	1.36	1.26		
				K_s									1.1	1.45	C_2	2.76	1.53		

续表 5-5

序号	县(区、市)	小流域名称	村落名称	参数	灰岩森林山地	灰岩灌丛山地	灰岩土石山区	黄土丘陵阶地	砂页岩土石山区	砂页岩森林山地	砂页岩灌丛山地	耕种平地	变质岩灌丛山地	变质岩森林山地	参数	森林山地	灌丛山地	草坡山地	耕种平地
										产流地类							汇流地类		
310	黎城县	孔家峧村	孔家峧村	S_r	35.5	30.5							16	22	C_1	1.36	1.26		
				K_s	3.35	2.9							1.1	1.45	C_2	2.76	1.53		
311	黎城县	三十亩村	三十亩村	S_r	35.5	30.5							16	22	C_1	1.36	1.26	1.05	
				K_s	3.35	2.9							1.1	1.45	C_2	2.76	1.53	0.72	
312	黎城县	清泉村	清泉村	S_r	35.5	30.5							16	22	C_1	1.36	1.26		
				K_s	3.35	2.9							1.1	1.45	C_2	2.76	1.53		
313	壶关县	桥上村	桥上村	S_r	35.5	30.5									C_1	1.36	1.26		
				K_s	3.35	2.9									C_2	2.76	1.53		
314	壶关县	盘底村	盘底村	S_r	35.5	30.5			19						C_1	1.36	1.26		
				K_s	3.35	2.9			1.25						C_2	2.76	1.53		
315	壶关县	石咀上	石咀上	S_r	35.5	30.5			19						C_1	1.36	1.26		
				K_s	3.35	2.9			1.25						C_2	2.76	1.53		
316	壶关县	王家庄村	王家庄村	S_r	35.5	30.5			19						C_1	1.36	1.26		
				K_s	3.35	2.9			1.25						C_2	2.76	1.53		
317	壶关县	沙滩村	沙滩村	S_r	35.5	30.5			19						C_1	1.36	1.26		
				K_s	3.35	2.9			1.25						C_2	2.76	1.53		
318	壶关县	丁家岩村	丁家岩村	S_r	35.5	30.5			19						C_1	1.36	1.26		
				K_s	3.35	2.9			1.25						C_2	2.76	1.53		
319	壶关县	潭上	潭上	S_r	35.5	30.5			19						C_1	1.36	1.26		
				K_s	3.35	2.9			1.25						C_2	2.76	1.53		
320	壶关县	河东	河东	S_r	35.5	30.5			19						C_1	1.36	1.26		
				K_s	3.35	2.9			1.25						C_2	2.76	1.53		
321	壶关县	大河村	大河村	S_r	35.5	30.5			19						C_1	1.36	1.26		
				K_s	3.35	2.9			1.25						C_2	2.76	1.53		
322	壶关县	坡底	坡底	S_r	35.5	30.5			19						C_1	1.36	1.26	1.05	
				K_s	3.35	2.9			1.25						C_2	2.76	1.53	0.72	
323	壶关县	南坡	南坡	S_r	35.5	30.5									C_1	1.36	1.26	1.05	
				K_s	3.35	2.9									C_2	2.76	1.53	0.95	

续表 5-5

序号	县(区、市)	小流域名称	村落名称	参数	产流地类										参数	汇流地类			
					灰岩森林山地	灰岩灌丛山地	灰岩土石山区	黄土丘陵阶地	砂页岩土石山区	砂页岩森林山地	砂页岩灌丛山地	耕种平地	变质岩灌丛山地	变质岩森林山地		森林山地	灌丛山地	草坡山地	耕种平地
324	壶关县	杨家池村	杨家池村	S_r	35.5	30.5			19						C_1	1.36	1.26	1.05	
				K_s	3.35	2.9			1.25						C_2	2.76	1.53	0.95	
325	壶关县	河东岸	河东岸	S_r	35.5	30.5			19						C_1	1.36	1.26		
				K_s	3.35	2.9			1.25						C_2	2.76	1.53		
326	壶关县	东川底村	东川底村	S_r	35.5	30.5									C_1		1.26	1.05	
				K_s	3.35	2.9									C_2		1.53	0.95	
327	壶关县	庄则上村	庄则上	S_r	35.5	30.5			19						C_1	1.36	1.26	1.05	
				K_s	3.35	2.9			1.25						C_2	2.76	1.53	0.72	
328	壶关县	土圪堆	土圪堆	S_r	35.5	30.5			19						C_1	1.36	1.26	1.05	
				K_s	3.35	2.9			1.25						C_2	2.76	1.53	0.72	
329	壶关县	下石坡村	下石坡村	S_r	35.5	30.5									C_1	1.36	1.26	1.05	
				K_s	3.35	2.9									C_2	2.76	1.53	0.72	
330	壶关县	黄崖底村	黄崖底村	S_r	35.5	30.5									C_1	1.36	1.26	1.05	
				K_s	3.35	2.9									C_2	2.76	1.53	0.72	
331	壶关县	西坡上	西坡上	S_r	35.5	30.5									C_1		1.26	1.05	
				K_s	3.35	2.9									C_2		1.53	0.95	
332	壶关县	靳家庄	靳家庄	S_r	35.5	30.5									C_1	1.36	1.26		
				K_s	3.35	2.9									C_2	2.76	1.53		
333	壶关县	碾盘街	碾盘街	S_r	35.5	30.5									C_1	1.36	1.26	1.05	
				K_s	3.35	2.9									C_2	2.76	1.53	0.72	
334	壶关县	五里沟村	五里沟村	S_r	35.5	30.5									C_1	1.36	1.26	1.05	
				K_s	3.35	2.9									C_2	2.76	1.53	0.72	
335	壶关县	石坡村	石坡村	S_r	35.5	30.5									C_1		1.26	1.05	
				K_s	3.35	2.9									C_2		1.53	0.72	
336	壶关县	东黄花水村	东黄花水村	S_r	35.5	30.5									C_1	1.36	1.26	1.05	
				K_s	3.35	2.9									C_2	2.76	1.53	0.72	
337	壶关县	西黄花水村	西黄花水村	S_r	35.5	30.5									C_1	1.36	1.26	1.05	
				K_s	3.35	2.9									C_2	2.76	1.53	0.72	

续表 5-5

序号	县(区、市)	小流域名称	村落名称	参数	产流地类										参数	汇流地类			
					灰岩森林山地	灰岩灌丛山地	灰岩土石山区	黄土丘陵阶地	砂页岩土石山区	砂页岩森林山地	砂页岩灌丛山地	耕种平地	变质岩灌丛山地	变质岩森林山地		森林山地	灌丛山地	草坡山地	耕种平地
338	壶关县	安口村	安口村	S_r		30.5									C_1		1.26		
				K_s		2.9									C_2		1.53		
339	壶关县	北平头坞村	北平头坞村	S_r	35.5	30.5									C_1	1.36	1.26	1.05	
				K_s	3.35	2.9									C_2	2.76	1.53	0.95	
340	壶关县	南平头坞村	南平头坞村	S_r	35.5	30.5									C_1	1.36	1.26		
				K_s	3.35	2.9									C_2	2.76	1.53		
341	壶关县	双井村	双井村	S_r		30.5									C_1		1.26		
				K_s		2.9									C_2		1.53		
342	壶关县	石河冰村	石河冰村	S_r	35.5										C_1	1.36			
				K_s	3.35										C_2	2.76			
343	壶关县	口头村	口头村	S_r		30.5									C_1		1.26		
				K_s		2.9									C_2		1.53		
344	壶关县	三郊口村	三郊口村	S_r		30.5									C_1		1.26		
				K_s		2.9									C_2		1.53		
345	壶关县	大井村	大井村	S_r		30.5									C_1		1.26		
				K_s		2.9									C_2		1.53		
346	壶关县	坡寨村	坡寨村	S_r		30.5									C_1		1.26		
				K_s		2.9									C_2		1.53		
347	壶关县	土寨村	土寨村	S_r		30.5									C_1		1.26		
				K_s		2.9									C_2		1.53		
348	壶关县	薛家园村	薛家园村	S_r	35.5	30.5									C_1	1.36	1.26	1.05	
				K_s	3.35	2.9									C_2	2.76	1.53	0.95	
349	壶关县	西底村	西底村	S_r	35.5										C_1	1.36		1.05	
				K_s	3.35										C_2	2.76		0.95	
350	壶关县	磨掌村	磨掌村	S_r	35.5	30.5									C_1	1.36	1.26	1.05	
				K_s	3.35	2.9									C_2	2.76	1.53	0.95	
351	壶关县	神北村	神北村	S_r	35.5	30.5			19						C_1	1.36	1.26	1.05	
				K_s	3.35	2.9			1.25						C_2	2.76	1.53	0.95	

续表 5-5

序号	县(区、市)	小流域名称	村落名称	参数	产流地类 灰岩森林山地	灰岩灌丛山地	灰岩土石山区	黄土丘陵阶地	砂页岩土石山区	砂页岩森林山地	砂页岩灌丛山地	排种平地	变质岩灌丛山地	变质岩森林山地	参数	汇流地类 森林山地	灌丛山地	草坡山地	排种平地
352	壶关县	神南村	神南村	S_r	35.5	30.5			19						C_1	1.36	1.26	1.05	
				K_s	3.55	2.9			1.25						C_2	2.76	1.53	0.95	
353	壶关县	上河村	上河村	S_r	35.5	30.5			19						C_1	1.36	1.26	1.05	
				K_s	3.35	2.9			1.25						C_2	2.76	1.53	0.95	
354	壶关县	福头村	福头村	S_r	35.5	30.5									C_1	1.36	1.26	1.05	
				K_s	3.35	2.9									C_2	2.76	1.53	0.95	
355	壶关县	西七里村	西七里村	S_r	35.5	30.5									C_1	1.36	1.26	1.05	
				K_s		2.9									C_2	2.76	1.53		
356	壶关县	料阳村	料阳村	S_r	35.5	30.5									C_1	1.36	1.26	1.05	
				K_s	3.35	2.9									C_2	2.76	1.53	0.72	
357	壶关县	南岸上	南岸上	S_r	35.5	30.5									C_1	1.36	1.26	1.05	
				K_s	3.35	2.9									C_2	2.76	1.53	0.72	
358	壶关县	鲍家则	鲍家则	S_r	35.5	30.5									C_1	1.36	1.26	1.05	
				K_s		2.9									C_2	2.76	1.53	0.72	
359	壶关县	南沟村	南沟村	S_r	35.5	30.5									C_1	1.36	1.26	1.05	
				K_s		2.9									C_2	2.76	1.53	0.72	
360	壶关县	角脚底村	角脚底村	S_r		30.5									C_1	1.36	1.26	1.05	
				K_s		2.9									C_2	2.76	1.53		
361	壶关县	北河村	北河村	S_r	35.5	30.5	24		19						C_1	1.36	1.26	1.05	
				K_s	3.35	2.9	1.7		1.25						C_2	2.76	1.53	0.72	
362	长子县	红星庄	红星庄	S_r				21		23	18	27			C_1	1.36	1.26	1.05	
				K_s				1.4		1.5	1.2	1.9			C_2	2.76	1.53	0.72	
363	长子县	石家庄	石家庄	S_r				21	19	23	18				C_1	1.36	1.26	1.05	1.26
				K_s				1.4	1.25	1.5	1.2				C_2	2.76	1.53	0.72	1.53
364	长子县	西河庄	西河庄	S_r				21	19	23	18	27			C_1	1.36	1.26	1.05	1.26
				K_s				1.4	1.25	1.5	1.2	1.9			C_2	2.76	1.53	0.72	1.53
365	长子县	晋义	晋义	S_r				21	19	23	18				C_1	1.36	1.26	1.05	
				K_s				1.4	1.25	1.5	1.2				C_2	2.76	1.53	0.72	

续表 5-5

序号	县(区、市)	小流域名称	村落名称	产流地类											汇流地类				
				参数	灰岩森林山地	灰岩灌丛山地	灰岩土石山区	黄土丘陵阶地	砂页岩土石山区	砂页岩森林山地	砂页岩灌丛山地	耕种平地	变质岩灌丛山地	变质岩森林山地	参数	森林山地	灌丛山地	草坡山地	耕种平地
366	长子县	刁黄	刁黄	S_r				21		23	18				C_1	1.36	1.26	1.05	
				K_s				1.4		1.5	1.2				C_2	2.76	1.53	0.72	
367	长子县	南沟河	南沟河	S_r						23	18				C_1	1.36	1.26		
				K_s						1.5	1.2				C_2	2.76	1.53		
368	长子县	良坪	良坪	S_r						23	18				C_1	1.36	1.26		
				K_s						1.5	1.2				C_2	2.76	1.53		
369	长子县	乱石河	乱石河	S_r				21		23	18				C_1	1.36	1.26	1.05	
				K_s				1.4		1.5	1.2				C_2	2.76	1.53	0.72	
370	长子县	两都	两都	S_r				21		23	18				C_1	1.36	1.26	1.05	
				K_s				1.4		1.5	1.2				C_2	2.76	1.53	0.72	
371	长子县	苇池	苇池	S_r						23	18				C_1	1.36	1.26		
				K_s						1.5	1.2				C_2	2.76	1.53		
372	长子县	李家庄	李家庄	S_r				21		23	18				C_1	1.36	1.26	1.05	
				K_s				1.4		1.5	1.2				C_2	2.76	1.53	0.72	
373	长子县	圪倒	圪倒	S_r				21		23	18				C_1	1.36	1.26	1.05	
				K_s				1.4		1.5	1.2				C_2	2.76	1.53	0.72	
374	长子县	高桥沟	高桥沟	S_r				21		23	18				C_1	1.36	1.26	1.05	
				K_s				1.4		1.5	1.2				C_2	2.76	1.53	0.72	
375	长子县	花家坪	花家坪	S_r				21		23	18				C_1	1.36	1.26	1.05	
				K_s				1.4		1.5	1.2				C_2	2.76	1.53	0.72	
376	长子县	洪珍	洪珍	S_r				21		23	18				C_1	1.36	1.26	1.05	
				K_s				1.4		1.5	1.2				C_2	2.76	1.53	0.72	
377	长子县	郭家沟	郭家沟	S_r						23					C_1	1.36			
				K_s						1.5					C_2	2.76			
378	长子县	南岭庄	南岭庄	S_r							18				C_1		1.26		
				K_s							1.2				C_2		1.53		
379	长子县	大山	大山	S_r						23	18				C_1	1.36	1.26		
				K_s						1.5	1.2				C_2	2.76	1.53		

续表 5-5

序号	县(区,市)	小流域名称	村落名称	参数	灰岩森林山地	灰岩灌丛山地	灰岩土石山区	黄土丘陵阶地	砂页岩土石山区	砂页岩森林山地	砂页岩灌丛山地	耕种平地	变质岩灌丛山地	变质岩森林山地	参数	森林山地	灌丛山地	草坡山地	耕种平地
380	长子县	羊窑沟	羊窑沟	S_r						23	18				C_1	1.36	1.26		
				K_s						1.5	1.2				C_2	2.76	1.53		
381	长子县	响水铺	响水铺	S_r						23	18				C_1	1.36	1.26		
				K_s						1.5	1.2				C_2	2.76	1.53		
382	长子县	东沟庄	东沟庄	S_r						23	18				C_1	1.36	1.26		
				K_s						1.5	1.2				C_2	2.76	1.53		
383	长子县	九庙沟	九庙沟	S_r						23	18				C_1	1.36	1.26		
				K_s						1.5	1.2				C_2	2.76	1.53		
384	长子县	小豆沟	小豆沟	S_r						23	18				C_1	1.36	1.26		
				K_s						1.5	1.2				C_2	2.76	1.53		
385	长子县	尧神沟	尧神沟	S_r				21				27			C_1			1.05	1.26
				K_s				1.4				1.9			C_2			0.72	1.53
386	长子县	沙河	沙河	S_r				21	19		18	27			C_1		1.26	1.05	1.26
				K_s				1.4	1.25		1.2	1.9			C_2		1.53	0.72	1.53
387	长子县	韩坊	韩坊	S_r				21	19	23	18	27			C_1		1.26	1.05	1.26
				K_s				1.4	1.25	1.5	1.2	1.9			C_2		1.53	0.72	1.53
388	长子县	交里	交里	S_r				21	19	23	18	27			C_1	1.36	1.26	1.05	1.26
				K_s				1.4	1.25	1.5	1.2	1.9			C_2	2.76	1.53	0.72	1.53
389	长子县	西田良	西田良	S_r					19		18				C_1		1.26		1.26
				K_s					1.25		1.2				C_2		1.53		1.53
390	长子县	南贾	南贾	S_r					19		18				C_1		1.26		1.26
				K_s					1.25		1.2				C_2		1.53		1.53
391	长子县	东田良	东田良	S_r					19		18				C_1		1.26		1.26
				K_s					1.25		1.2				C_2		1.53		1.53
392	长子县	南张店	南张店	S_r					19		18				C_1		1.26		1.26
				K_s					1.25		1.2				C_2		1.53		1.53
393	长子县	西范	西范	S_r					19		18				C_1		1.26		1.26
				K_s					1.25		1.2				C_2		1.53		1.53

续表 5-5

序号	县（区、市）	小流域名称	村落名称	参数	灰岩森林山地	灰岩灌丛山地	灰岩土石山区	黄土丘陵阶地	砂页岩土石山区	砂页岩森林山地	砂页岩灌丛山地	耕种平地	变质岩灌丛山地	变质岩森林山地	参数	森林山地	灌丛山地	草坡山地	耕种平地
394	长子县	东范	东范	S_r					19		18				C_1		1.26		
				K_s					1.25		1.2				C_2		1.53		
395	长子县	崔庄	崔庄	S_r					19		18				C_1		1.26		
				K_s					1.25		1.2				C_2		1.53		
396	长子县	龙泉	龙泉	S_r					19		18				C_1		1.26		
				K_s					1.25		1.2				C_2		1.53		
397	长子县	程家庄	程家庄	S_r					19						C_1		1.26		
				K_s					1.25						C_2		1.53		
398	长子县	窑下	窑下	S_r					19		18				C_1		1.26		
				K_s					1.25		1.2				C_2		1.53		
399	长子县	赵家庄	赵家庄	S_r					19		18				C_1		1.26		
				K_s					1.25		1.2				C_2		1.53		
400	长子县	陈家庄	陈家庄	S_r							18				C_1		1.26		
				K_s							1.2				C_2		1.53		
401	长子县	吴家庄	吴家庄	S_r							18				C_1		1.26		
				K_s							1.2				C_2		1.53		
402	长子县	曹家沟	曹家沟	S_r					19		18				C_1		1.26		
				K_s					1.25		1.2				C_2		1.53		
403	长子县	琚村	琚村	S_r					19		18				C_1		1.26		
				K_s					1.25		1.2				C_2		1.53		
404	长子县	平西沟	平西沟	S_r					19		18	27			C_1		1.26		1.26
				K_s					1.25		1.2	1.9			C_2		1.53		1.53
405	长子县	南漳	南漳	S_r			24				18	27			C_1		1.26		1.26
				K_s			1.7				1.2	1.9			C_2		1.53		1.53
406	长子县	吴村	吴村	S_r				21		23	18				C_1	1.36	1.26	1.05	
				K_s				1.4		1.5	1.2				C_2	2.76	1.53	0.72	
407	长子县	安西村	安西村	S_r				21		23	18				C_1	1.36	1.26	1.05	
				K_s				1.4		1.5	1.2				C_2	2.76	1.53	0.72	

续表 5-5

序号	县（区、市）	小流域名称	村落名称	参数	产流地类										参数	汇流地类			
					灰岩森林山地	灰岩灌丛山地	灰岩土石山区	黄土丘陵阶地	砂页岩土石山区	砂页岩森林山地	砂页岩灌丛山地	耕种平地	变质岩灌丛山地	变质岩森林山地		森林山地	灌丛山地	草坡山地	耕种平地
408	长子县	金村	金村	S_r				21		23	18				C_1	1.36	1.26	1.05	
				K_s				1.4		1.5	1.2				C_2	2.76	1.53	0.72	
409	长子县	丰村	丰村	S_r				21		23	18				C_1	1.36	1.26	1.05	
				K_s				1.4		1.5	1.2				C_2	2.76	1.53	0.72	
410	长子县	苏村	苏村	S_r					19	23	18				C_1	1.36	1.26		
				K_s					1.25	1.5	1.2				C_2	2.76	1.53		
411	长子县	西沟	西沟	S_r					19	23	18				C_1	1.36	1.26		
				K_s					1.25	1.5	1.2				C_2	2.76	1.53		
412	长子县	西岭	西岭	S_r					19	23	18				C_1	1.36	1.26		
				K_s					1.25	1.5	1.2				C_2	2.76	1.53		
413	长子县	东岭	东岭	S_r					19	23	18				C_1	1.36	1.26		
				K_s					1.25	1.5	1.2				C_2	2.76	1.53		
414	长子县	城阳	城阳	S_r				21		23	18				C_1	1.36	1.26	1.05	
				K_s				1.4		1.5	1.2				C_2	2.76	1.53	0.72	
415	长子县	阳鲁	阳鲁	S_r					19	23	18				C_1	1.36	1.26		
				K_s					1.25	1.5	1.2				C_2	2.76	1.53		
416	长子县	菩村	菩村	S_r					19	23	18				C_1	1.36	1.26		
				K_s					1.25	1.5	1.2				C_2	2.76	1.53		
417	长子县	南庄	南庄	S_r					19	23	18				C_1	1.36	1.26		
				K_s					1.25	1.5	1.2				C_2	2.76	1.53		
418	长子县	大南石	大南石	S_r				21		23	18				C_1	1.36	1.26	1.05	
				K_s				1.4		1.5	1.2				C_2	2.76	1.53	0.72	
419	长子县	小南石	小南石	S_r				21		23	18				C_1	1.36	1.26	1.05	
				K_s				1.4		1.5	1.2				C_2	2.76	1.53	0.72	
420	长子县	申村	申村	S_r				21		23	18	27			C_1	1.36	1.26	1.05	1.26
				K_s				1.4		1.5	1.2	1.9			C_2	2.76	1.53	0.72	1.53
421	长子县	西何	西何	S_r				21		23	18	27			C_1	1.36	1.26	1.05	1.26
				K_s				1.4		1.5	1.2	1.9			C_2	2.76	1.53	0.72	1.53

续表 5-5

序号	县(区,市)	小流域名称	村落名称	参数	灰岩森林山地	灰岩灌丛山地	灰岩土石山区	黄土丘陵阶地	砂页岩土石山区	砂页岩森林山地	砂页岩灌丛山地	耕种平地	变质岩灌丛山地	变质岩森林山地	参数	森林山地	灌丛山地	草坡山地	耕种平地
422	长子县	鲍寨	鲍寨	S_r					19		18				C_1		1.26		
				K_s					1.25		1.2				C_2		1.53		
423	长子县	南庄	南庄	S_r						23	18				C_1	1.36	1.26		
				K_s						1.5	1.2				C_2	2.76	1.53		
424	长子县	南沟	南沟	S_r						23					C_1	1.36			
				K_s						1.5					C_2	2.76			
425	长子县	庞庄	庞庄	S_r						23	18				C_1	1.36	1.26		
				K_s						1.5	1.2				C_2	2.76	1.53		
426	武乡县	洪水村	洪水村	S_r	43	35		21			18				C_1	1.36	1.26	1.05	
				K_s	4.1	3.5		1.4			1.2				C_2	2.76	1.77	0.95	
427	武乡县	寨坪村	寨坪村	S_r	35.5	30.5		21			18				C_1	1.36	1.26	1.05	
				K_s	3.35	2.9		1.4			1.2				C_2	2.95	1.53	0.95	
428	武乡县	下寨村	下寨村	S_r		30.5		21			18				C_1		1.26	1.05	
				K_s		2.9		1.4			1.2				C_2		1.53	0.95	
429	武乡县	中村村	中村村	S_r		30.5					18				C_1		1.26		
				K_s		2.9					1.2				C_2		1.53		
430	武乡县	义安村	义安村	S_r		30.5					18				C_1		1.26		
				K_s		2.9					1.2				C_2		1.53		
431	武乡县	韩北村	韩北村	S_r		30.5									C_1		1.26	1.05	
				K_s		2.9									C_2		1.77	0.95	
432	武乡县	王家峧村	王家峧村	S_r		30.5		21							C_1		1.26	1.05	
				K_s		2.9		1.4							C_2		1.53	0.95	
433	武乡县	大有村	大有村	S_r				21							C_1			1.05	
				K_s				1.4							C_2			0.95	
434	武乡县	辛庄村	辛庄村	S_r				21							C_1			1.05	
				K_s				1.4							C_2			0.95	
435	武乡县	峧口村	峧口村	S_r				21							C_1			1.05	
				K_s				1.4							C_2			0.95	

续表 5-5

序号	县(区,市)	小流域名称	村落名称	参数	灰岩森林山地	灰岩灌丛山地	灰岩土石山区	黄土丘陵阶地	砂页岩土石山区	砂页岩森林山地	砂页岩灌丛山地	耕种平地	变质岩灌丛山地	变质岩森林山地	参数	森林山地	灌丛山地	草坡山地	耕种平地
436	武乡县	型村	型村	S_r				21	19						C_1			1.05	
				K_s				1.4	1.25						C_2			0.95	
437	武乡县	李峪村	李峪村	S_r				21							C_1			1.05	
				K_s				1.4							C_2			0.95	
438	武乡县	泉沟村	泉沟村	S_r				21							C_1			1.05	
				K_s				1.4							C_2			0.95	
439	武乡县	贾豁村	贾豁村	S_r				21	19		18				C_1		1.26	1.05	
				K_s				1.4	1.25		1.2				C_2		1.53	0.95	
440	武乡县	高家庄村	高家村	S_r				21			18				C_1		1.26	1.05	
				K_s				1.4			1.2				C_2		1.53	0.95	
441	武乡县	石泉村	石泉村	S_r				21			18				C_1		1.26	1.05	
				K_s				1.4			1.2				C_2		1.53	0.95	
442	武乡县	海神沟村	海神沟村	S_r				21							C_1			1.05	
				K_s				1.4							C_2			0.95	
443	武乡县	郭村村	郭村	S_r				21			18				C_1		1.26	1.05	
				K_s				1.4			1.2				C_2		1.53	0.95	
444	武乡县	杨桃湾村	杨桃湾村	S_r					19						C_1		1.26	1.05	
				K_s					1.25						C_2		1.77	0.95	
445	武乡县	胡庄铺村	胡庄铺村	S_r				21	19						C_1		1.26	1.05	
				K_s				1.4	1.25						C_2		1.77	0.95	
446	武乡县	平家沟村	平家沟村	S_r				21							C_1			1.05	
				K_s				1.4							C_2			0.95	
447	武乡县	王路村	王路村	S_r				21	19						C_1		1.26	1.05	
				K_s				1.4	1.25						C_2		1.53	0.95	
448	武乡县	马牧村干流	马牧村	S_r				21	19						C_1		1.26	1.05	
				K_s				1.4	1.25						C_2		1.53	0.95	
449	武乡县	马牧村支流	马牧村	S_r				21	19						C_1		1.26	1.05	
				K_s				1.4	1.25						C_2		1.53	0.95	

续表 5-5

序号	县(区、市)	小流域名称	村落名称	参数	产流地类 灰岩森林山地	灰岩灌丛山地	灰岩土石山区	黄土丘陵阶地	砂页岩土石山区	砂页岩森林山地	砂页岩灌丛山地	耕种平地	变质岩灌丛山地	变质岩森林山地	参数	汇流地类 森林山地	灌丛山地	草坡山地	耕种平地
450	武乡县	南村村	南村村	S_r				21	19						C_1		1.26	1.05	
				K_s				1.4	1.25						C_2		1.77	0.95	
451	武乡县	东寨底村	东寨底村	S_r				21							C_1			1.05	
				K_s				1.4							C_2			0.95	
452	武乡县	邵渠村	邵渠村	S_r				21							C_1			1.05	
				K_s				1.4							C_2			0.95	
453	武乡县	北涅水村	北涅水村	S_r				21							C_1			1.05	
				K_s				1.4							C_2			0.95	
454	武乡县	高台寺村	高台寺村	S_r				21	19		18				C_1		1.26	1.05	
				K_s				1.4	1.25		1.2				C_2		1.77	0.95	
455	武乡县	槐圪塔村	槐圪塔村	S_r				21	19		18				C_1		1.26	1.05	
				K_s				1.4	1.25		1.2				C_2		1.77	0.95	
456	武乡县	大寨村	大寨村	S_r				21	19		18				C_1		1.26	1.05	
				K_s				1.4	1.25		1.2				C_2		1.53	0.95	
457	武乡县	西良村	西良村	S_r				21			18				C_1		1.26	1.05	
				K_s				1.4			1.2				C_2		1.77	0.95	
458	武乡县	分水岭村	分水岭村	S_r							18				C_1		1.26		
				K_s							1.2				C_2		1.53		
459	武乡县	窑儿头村	窑儿头村	S_r							18				C_1		18		
				K_s							1.2				C_2		1.2		
460	武乡县	南关村	南关村	S_r							18				C_1		1.26	1.05	
				K_s							1.2				C_2		1.77	0.95	
461	武乡县	松庄村	松庄村	S_r							18				C_1		1.26	1.05	
				K_s							1.2				C_2		1.77	0.95	
462	武乡县	石北村	石北村	S_r				21	19						C_1		1.26	1.05	
				K_s				1.4	1.25						C_2		1.77	0.95	
463	武乡县	西黄岩村 干流	西黄岩村	S_r				21	19						C_1		1.26	1.05	
				K_s				1.4	1.25						C_2		1.77	0.95	

续表 5-5

序号	县（区、市）	小流域名称	村落名称	参数	灰岩森林山地	灰岩灌丛山地	灰岩土石山区	黄土丘陵阶地	砂页岩土石山区	砂页岩森林山地	砂页岩灌丛山地	耕种平地	变质岩灌丛山地	变质岩森林山地	参数	森林山地	灌丛山地	草坡山地	耕种平地
464	武乡县	西黄岩村支流	西黄岩村	S_r				21	19						C_1		1.26	1.05	
				K_s				1.4	1.25						C_2		1.77	0.95	
465	武乡县	型庄村	型庄村	S_r				21	19						C_1		1.26	1.05	
				K_s				1.4	1.25						C_2		1.77	0.95	
466	武乡县	长蔚村	长蔚村	S_r				21	19						C_1		1.26	1.05	
				K_s				1.4	1.25						C_2		1.77	0.95	
467	武乡县	王家渠村	王家渠村	S_r				21	19						C_1		1.26	1.05	
				K_s				1.4	1.25						C_2		1.77	0.95	
468	武乡县	长庆村	长庆村	S_r				21	19						C_1		1.26	1.05	
				K_s				1.4	1.25						C_2		1.77	0.95	
469	武乡县	长庆凹村	长庆凹村	S_r				21	19						C_1		1.26	1.05	
				K_s				1.4	1.25						C_2		1.77	0.95	
470	武乡县	墨镫村	墨镫村	S_r				21		23	18				C_1		1.26	1.05	
				K_s				1.4		1.5	1.2				C_2		1.53	0.95	
471	沁县	北关社区	北关社区	S_r				21		23	18				C_1	1.36	1.26	1.05	
				K_s				1.4		1.5	1.2				C_2	2.76	1.53	0.95	
472	沁县	南关社区	南关社区	S_r				21		23	18				C_1	1.36	1.26	1.05	
				K_s				1.4		1.5	1.2				C_2	2.76	1.53	0.95	
473	沁县	西苑社区	西苑社区	S_r				21		23	18				C_1	1.36	1.26	1.05	
				K_s				1.4		1.5	1.2				C_2	2.76	1.53	0.95	
474	沁县	东苑社区	东苑社区	S_r				21		23	18				C_1	1.36	1.26	1.05	
				K_s				1.4		1.5	1.2				C_2	2.76	1.53	0.95	
475	沁县	育才社区	育才社区	S_r				21		23	18				C_1	1.36	1.26	1.05	
				K_s				1.4		1.5	1.2				C_2	2.76	1.53	0.95	
476	沁县	合庄村	合庄村	S_r				21							C_1		1.26	1.05	
				K_s				1.4							C_2		1.53	0.95	
477	沁县	北寺上村	北寺上村	S_r				21							C_1		1.26	1.05	
				K_s				1.4							C_2		1.53	0.95	

续表 5-5

序号	县(区、市)	小流域名称	村落名称	参数	产流地类										参数	汇流地类			
					灰岩森林山地	灰岩灌丛山地	灰岩土石山区	黄土丘陵阶地	砂页岩土石山区	砂页岩森林山地	砂页岩灌丛山地	耕种平地	变质岩灌丛山地	变质岩森林山地		森林山地	灌丛山地	草坡山地	耕种平地
478	沁县	下曲峪村	下曲峪村	S_r				21							C_1			1.05	
				K_s				1.4							C_2			0.95	
479	沁县	迎春村	迎春村	S_r				21		23	18				C_1	1.36	1.26	1.05	
				K_s				1.4		1.5	1.2				C_2	2.76	1.53	0.95	
480	沁县	管道上	管道上	S_r				21		23	18				C_1	1.36	1.26	1.05	
				K_s				1.4		1.5	1.2				C_2	2.76	1.53	0.95	
481	沁县	北漳村	北漳村	S_r				21							C_1			1.05	
				K_s				1.4							C_2			0.95	
482	沁县	福村村	福村村	S_r				21		23	18				C_1	1.36	1.26	1.05	
				K_s				1.4		1.5	1.2				C_2	2.76	1.53	0.95	
483	沁县	郭村村	郭村村	S_r				21		23	18				C_1	1.36	1.26	1.05	
				K_s				1.4		1.5	1.2				C_2	2.76	1.53	0.95	
484	沁县	池堡村	池堡村	S_r				21		23	18				C_1	1.36	1.26	1.05	
				K_s				1.4		1.5	1.2				C_2	2.76	1.53	0.95	
485	沁县	故县村	故县村	S_r				21		23	18				C_1	1.36	1.26	1.05	
				K_s				1.4		1.5	1.2				C_2	2.76	1.53	0.95	
486	沁县	后河村	后河村	S_r				21		23	18				C_1	1.36	1.26	1.05	
				K_s				1.4		1.5	1.2				C_2	2.76	1.53	0.95	
487	沁县	徐村	徐村	S_r				21		23	18				C_1	1.36	1.26	1.05	
				K_s				1.4		1.5	1.2				C_2	2.76	1.53	0.95	
488	沁县	马连道村	马连道村	S_r				21		23	18				C_1	1.36	1.26	1.05	
				K_s				1.4		1.5	1.2				C_2	2.76	1.53	0.95	
489	沁县	徐阳村	徐阳村	S_r				21	19						C_1		1.26	1.05	
				K_s				1.4	1.25						C_2		1.53	0.95	
490	沁县	邓家坡村	邓家坡村	S_r				21	19						C_1		1.26	1.05	
				K_s				1.4	1.25						C_2		1.53	0.95	
491	沁县	南池村	南池村	S_r				21			18				C_1		1.26	1.05	
				K_s				1.4			1.2				C_2		1.53	0.95	

续表 5-5

序号	县(区、市)	小流域名称	村落名称	参数	灰岩森林山地	灰岩灌丛山地	灰岩土石山区	黄土丘陵阶地	砂页岩土石山区	砂页岩森林山地	砂页岩灌丛山地	耕种平地	变质岩灌丛山地	变质岩森林山地	参数	森林山地	灌丛山地	草坡山地	耕种平地
								产流地类									汇流地类		
492	沁县	古城村	古城村	S_r				21			18				C_1		1.26	1.05	
				K_s				1.4			1.2				C_2		1.53	0.95	
493	沁县	大里村	大里村	S_r				21			18				C_1	1.36	1.26	1.05	
				K_s				1.4			1.2				C_2	2.76	1.53	0.95	
494	沁县	西贤贤	西贤待	S_r				21			18				C_1		1.26	1.05	
				K_s				1.4			1.2				C_2		1.53	0.95	
495	沁县	芦则沟	芦则沟	S_r				21							C_1		1.26	1.05	
				K_s				1.4			1.2				C_2		1.53	0.95	
496	沁县	陈庄沟	陈庄沟	S_r				21							C_1		1.26	1.05	
				K_s				1.4							C_2		1.53	0.95	
497	沁县	沙圪道	沙圪道	S_r				21			18				C_1		1.26	1.05	
				K_s				1.4			1.2				C_2		1.53	0.95	
498	沁县	交口村	交口村	S_r				21			18				C_1		1.26	1.05	
				K_s				1.4			1.2				C_2		1.53	0.95	
499	沁县	韩曹沟	韩曹沟	S_r				21							C_1		1.26	1.05	
				K_s				1.4							C_2		1.53	0.95	
500	沁县	固亦村	固亦村	S_r				21			18				C_1		1.26	1.05	
				K_s				1.4			1.2				C_2		1.53	0.95	
501	沁县	南园则村	南园则村	S_r				21			18				C_1		1.26	1.05	
				K_s				1.4			1.2				C_2		1.53	0.95	
502	沁县	景村村	景村村	S_r				21		23	18				C_1	1.36	1.26	1.05	
				K_s				1.4		1.5	1.2				C_2	2.76	1.53	0.95	
503	沁县	羊庄村	羊庄村	S_r				21		23	18				C_1	1.36	1.26	1.05	
				K_s				1.4		1.5	1.2				C_2	2.76	1.53	0.95	
504	沁县	乔家湾村	乔家湾村	S_r				21		23	18				C_1	1.36	1.26	1.05	
				K_s				1.4		1.5	1.2				C_2	2.76	1.53	0.95	
505	沁县	山坡村	山坡村	S_r				21		23	18				C_1	1.36	1.26	1.05	
				K_s				1.4		1.5	1.2				C_2	2.76	1.53	0.95	

续表 5-5

序号	县(区,市)	小流域名称	村落名称	参数	灰岩森林山地	灰岩灌丛山地	灰岩土石山区	黄土丘陵阶地	砂页岩土石山区	砂页岩森林山地	砂页岩灌丛山地	耕种平地	变质岩灌丛山地	变质岩森林山地	参数	森林山地	灌丛山地	草坡山地	耕种平地
506	沁县	道兴村	道兴村	S_r				21		23	18				C_1	1.36	1.26	1.05	
				K_s				1.4		1.5	1.2				C_2	2.76	1.53	0.95	
507	沁县	燕垒沟村	燕垒沟村	S_r											C_1			1.05	
				K_s											C_2			0.95	
508	沁县	河止村	河止村	S_r				21		23	18				C_1	1.36	1.26	1.05	
				K_s				1.4		1.5	1.2				C_2	2.76	1.53	0.95	
509	沁县	漫水村	漫水村	S_r				21		23	18				C_1	1.36	1.26	1.05	
				K_s				1.4		1.5	1.2				C_2	2.76	1.53	0.95	
510	沁县	下湾村	下湾村	S_r				21		23	18				C_1	1.36	1.26	1.05	
				K_s				1.4		1.5	1.2				C_2	2.76	1.53	0.95	
511	沁县	寺庄村	寺庄村	S_r				21		23	18				C_1	1.36	1.26	1.05	
				K_s				1.4		1.5	1.2				C_2	2.76	1.53	0.95	
512	沁县	前庄	前庄	S_r				21							C_1			1.05	
				K_s				1.4							C_2			0.95	
513	沁县	蔡甲	蔡甲	S_r				21							C_1			1.05	
				K_s				1.4							C_2			0.95	
514	沁县	长街村	长街村	S_r				21	19						C_1	1.36	1.26	1.05	
				K_s				1.4	1.25						C_2	2.76	1.53	0.95	
515	沁县	饮村村	饮村村	S_r				21	19						C_1	1.36	1.26	1.05	
				K_s				1.4	1.25						C_2	2.76	1.53	0.95	
516	沁县	五星村	五星村	S_r				21	19						C_1	1.36	1.26	1.05	
				K_s				1.4	1.25						C_2	2.76	1.53	0.95	
517	沁县	东杨家庄村	东杨家庄村	S_r				19							C_1		1.26		
				K_s				1.25							C_2		1.53		
518	沁县	下张庄村	下张庄村	S_r				21							C_1			1.05	
				K_s				1.4							C_2			0.95	
519	沁县	唐村村	唐村村	S_r				21							C_1			1.05	
				K_s				1.4							C_2			0.95	

续表 5-5

序号	县（区、市）	小流域名称	村落名称	产流地类 参数	灰岩森林山地	灰岩灌丛山地	灰岩土石山区	黄土丘陵阶地	砂页岩土石山区	砂页岩森林山地	砂页岩灌丛山地	耕种平地	变质岩灌丛山地	变质岩森林山地	汇流地类 参数	森林山地	灌丛山地	草坡山地	耕种平地
520	沁县	中里村	中里村	S_r				21							C_1			1.05	
				K_s				1.4							C_2			0.95	
521	沁县	南泉村	南泉村	S_r						23	18				C_1	1.36	1.26	1.05	
				K_s						1.5	1.2				C_2	2.76	1.53	0.95	
522	沁县	榜口村	榜口村	S_r				21		23	18				C_1				
				K_s				1.4		1.5	1.2				C_2				
523	沁县	杨安村	杨安村	S_r						23	18				C_1	1.36	1.26		
				K_s						1.5	1.2				C_2	2.76	1.53		
524	沁源县	麻巷村	麻巷村	S_r						18	23				C_1			1.046	
				K_s						1.2	1.5				C_2			0.717	
525	沁源县	狼尾河	狼尾河	S_r						18	23				C_1			1.046	
				K_s						1.2	1.5				C_2			0.717	
526	沁源县	南石渠村	南石渠村	S_r	35.5	30.5				18	23				C_1	1.357	1.257	1.046	
				K_s	3.35	2.9				1.2	1.5				C_2	2.757	1.53	0.717	
527	沁源县	李家庄村	李家庄村	S_r						18	23				C_1				
				K_s						1.2	1.5				C_2				
528	沁源县	闫寨村	闫寨村	S_r						18	23				C_1	1.357	1.257		
				K_s						1.2	1.5				C_2	2.757	1.53		
529	沁源县	姑姑迫	姑姑迫	S_r						18	23				C_1		1.257	1.046	
				K_s						1.2	1.5				C_2		1.53	0.717	
530	沁源县	学孟村	学孟村	S_r	35.5	30.5				18	23				C_1	1.357	1.257	1.046	
				K_s	3.35	2.9				1.2	1.5				C_2	2.757	1.53	0.717	
531	沁源县	南石村	南石村	S_r	35.5	30.5				18	23				C_1	1.357	1.257		
				K_s	3.35	2.9				1.2	1.5				C_2	2.757	1.53		
532	沁源县	郭道村	郭道村	S_r	35.5	30.5				18	23				C_1	1.357	1.257		
				K_s	3.35	2.9				1.2	1.5				C_2	2.757	1.53		
533	沁源县	前兴稍村	前兴稍村	S_r						18	1.257				C_1	1.357	1.257		
				K_s						1.2	1.53				C_2	2.757	1.53		

续表 5-5

序号	县(区、市)	小流域名称	村落名称	产流地类 参数	灰岩森林山地	灰岩灌丛山地	灰岩土石山区	黄土丘陵阶地	砂页岩土石山区	砂页岩森林山地	砂页岩灌丛山地	耕种平地	变质岩灌丛山地	变质岩森林山地	汇流地类 参数	森林山地	灌丛山地	草坡山地	耕种平地
534	沁源县	朱合沟村	朱合沟村	S_r	35.5	30.5				18	23				C_1	1.357	1.257		
				K_s	3.35	2.9				1.2	1.5				C_2	2.757	1.53		
535	沁源县	东阳城村	东阳城村	S_r						18	23				C_1	1.357	1.257		
				K_s						1.2	1.5				C_2	2.757	1.53		
536	沁源县	西阳城村	西阳城村	S_r	35.5	30.5				18	23				C_1	1.357	1.257		
				K_s	3.35	2.9				1.2	1.5				C_2	2.757	1.53		
537	沁源县	永和村	永和村	S_r						18					C_1	1.357			
				K_s						1.2					C_2	2.757			
538	沁源县	兴盛村	兴盛村	S_r	35.5	30.5				18	23				C_1	1.357	1.257		
				K_s	3.35	2.9				1.2	1.5				C_2	2.757	1.53		
539	沁源县	东村村	东村村	S_r	35.5	30.5				18	23				C_1	1.357	1.257		
				K_s	3.35	2.9				1.2	1.5				C_2	2.757	1.53		
540	沁源县	棉上村	棉上村	S_r	35.5	30.5				18	23				C_1	1.357	1.257		
				K_s	3.35	2.9				1.2	1.5				C_2	2.757	1.53		
541	沁源县	乔龙沟	乔龙沟	S_r						18	23				C_1	1.357	1.257		
				K_s						1.2	1.5				C_2	2.757	1.53		
542	沁源县	新庄	新庄	S_r						18					C_1	1.357			
				K_s						1.2					C_2	2.757			
543	沁源县	段家庄村	段家庄村	S_r						18	23				C_1	1.357	1.257		
				K_s						1.2	1.5				C_2	2.757	1.53		
544	沁源县	苏家庄村	苏家庄村	S_r						18	23				C_1	1.357	1.257		
				K_s						1.2	1.5				C_2	2.757	1.53		
545	沁源县	高家山村	高家山村	S_r							23				C_1	1.357	1.257		
				K_s							1.5				C_2	2.757	1.53		
546	沁源县	伏贵村	伏贵村	S_r	35.5					18	23				C_1	1.357	1.257		
				K_s	3.35					1.2	1.5				C_2	2.757	1.53		
547	沁源县	龙门口村	龙门口村	S_r	35.5										C_1	1.357			
				K_s	3.35										C_2	2.757			

续表 5-5

序号	县（区、市）	小流域名称	村落名称	参数	灰岩森林山地	灰岩灌丛山地	灰岩土石山区	黄土丘陵阶地	砂页岩土石山区	砂页岩森林山地	砂页岩灌丛山地	耕种平地	变质岩灌丛山地	变质岩森林山地	参数	森林山地	灌丛山地	草坡山地	耕种平地
548	沁源县	定阳村	定阳村	S_r						18	23				C_1	1.357	1.257		
				K_s						1.2	1.5				C_2	2.757	1.53		
549	沁源县	向阳村	向阳村	S_r							23				C_1	1.357	1.257		
				K_s							1.5				C_2	2.757	1.53		
550	沁源县	郭家庄村	郭家庄村	S_r							23				C_1	1.357	1.257		
				K_s							1.5				C_2	2.757	1.53		
551	沁源县	校村村	校村村	S_r							23				C_1	1.357	1.257		
				K_s							1.5				C_2	2.757	1.53		
552	沁源县	南泉沟村	南泉沟村	S_r	35.5	30.5				18	23				C_1	1.357	1.257		
				K_s	3.35	2.9				1.2	1.5				C_2	2.757	1.53		
553	沁源县	上兴居村	上兴居村	S_r	35.5	30.5				18	23				C_1	1.357	1.257		
				K_s	3.35	2.9				1.2	1.5				C_2	2.757	1.53		
554	沁源县	庄则沟村	庄则沟村	S_r	35.5	30.5				18	23				C_1	1.357	1.257		
				K_s	3.35	2.9				1.2	1.5				C_2	2.757	1.53		
555	沁源县	康家洼	康家洼	S_r	35.5										C_1	1.357	1.257		
				K_s	3.35										C_2	2.757	1.53		
556	沁源县	马家占	马家占	S_r	35.5										C_1	1.357	1.257		
				K_s	3.35										C_2	2.757	1.53		
557	沁源县	下兴居村	下兴居村	S_r	35.5	30.5				18	23				C_1	1.357	1.257		
				K_s	3.35	2.9				1.2	1.5				C_2	2.757	1.53		
558	沁源县	柏子村	柏子村	S_r	35.5	30.5				18	23				C_1	1.357	1.257		
				K_s	3.35	2.9				1.2	1.5				C_2	2.757	1.53		
559	沁源县	西务村	西务村	S_r	35.5	30.5				18	23				C_1	1.357	1.257		
				K_s	3.35	2.9				1.2	1.5				C_2	2.757	1.53		
560	沁源县	王庄村	王庄村	S_r	35.5	30.5				18	23				C_1	1.357	1.257		
				K_s	3.35	2.9				1.2	1.5				C_2	2.757	1.53		
561	沁源县	第一川村	第一川村	S_r	35.5										C_1	1.357	1.257		
				K_s	3.35										C_2	2.757	1.53		

续表 5-5

序号	县(区、市)	小流域名称	村落名称	参数	灰岩森林山地	灰岩灌丛山地	灰岩土石山区	黄土丘陵阶地	砂页岩土石山区	砂页岩森林山地	砂页岩灌丛山地	耕种平地	变质岩灌丛山地	变质岩森林山地	参数	森林山地	灌丛山地	草坡山地	耕种平地
562	沁源县	北山村	北山村	S_r	35.5										C_1	1.357			
				K_s	3.35										C_2	2.757			
563	沁源县	黑峪川村	黑峪川村	S_r	35.5										C_1	1.357			
				K_s	3.35										C_2	2.757			
564	沁源县	王和村	王和村	S_r						18					C_1			1.046	
				K_s						1.2					C_2			0.717	
565	沁源县	红莲村	红莲村	S_r						18					C_1		1.257	1.046	
				K_s						1.2					C_2		1.53	0.717	
566	沁源县	西沟村	西沟村	S_r						18					C_1		1.257	1.046	
				K_s						1.2					C_2		1.53	0.717	
567	沁源县	后军家沟村	后军家沟村	S_r						18					C_1		1.257	1.046	
				K_s						1.2					C_2		1.53	0.717	
568	沁源县	后沟村	后沟村	S_r						18					C_1			1.046	
				K_s						1.2					C_2			0.717	
569	沁源县	大山沟村	大山沟村	S_r		30.5									C_1			1.046	
				K_s		2.9									C_2			0.717	
570	沁源县	前西窑沟村	前西窑沟村	S_r						18					C_1			1.046	
				K_s						1.2					C_2			0.717	
571	沁源县	南坪村	南坪村	S_r						18					C_1			1.046	
				K_s						1.2					C_2			0.717	
572	沁源县	大栅村	大栅村	S_r	35.5	30.5					23				C_1	1.357	1.257	1.046	
				K_s	3.35	2.9					1.5				C_2	2.757	1.53	0.717	
573	沁源县	铁水沟村	铁水沟村	S_r	35.5	30.5				18					C_1		1.257		
				K_s	3.35	2.9				1.2					C_2		1.53		
574	沁源县	虎限村	虎限村	S_r	35.5	30.5				18	23				C_1	1.357	1.257		
				K_s	3.35	2.9				1.2	1.5				C_2	2.757	1.53		
575	沁源县	王凤村	王凤村	S_r						18					C_1		1.257	1.046	
				K_s						1.2					C_2		1.53	0.717	

续表 5-5

产流地类 / 汇流地类

序号	县（区、市）	小流域名称	村落名称	参数	灰岩森林山地	灰岩灌丛山地	灰岩土石山区	黄土丘陵阶地	砂页岩土石山区	砂页岩森林山地	砂页岩灌丛山地	耕种平地	变质岩灌丛山地	变质岩森林山地	参数	森林山地	灌丛山地	草坡山地	耕种平地
576	沁源县	贾郭村	贾郭村	S_r						18					C_1		1.257	1.046	
				K_s						1.2					C_2		1.53	0.717	
577	沁源县	正义村	正义村	S_r	35.5					18	23				C_1	1.357	1.257		
				K_s	3.35					1.2	1.5				C_2	2.757	1.53		
578	沁源县	李成村	李成村	S_r	35.5					18	23				C_1	1.357	1.257		
				K_s	3.35					1.2	1.5				C_2	2.757	1.53		
579	沁源县	留神岭村	留神岭村	S_r						18	23				C_1	1.357	1.257		
				K_s						1.2	1.5				C_2	2.757	1.53		
580	沁源县	上庄村	上庄村	S_r	35.5					18	23				C_1	1.357	1.257		
				K_s	3.35					1.2	1.5				C_2	2.757	1.53		
581	沁源县	韩家沟村	韩家沟村	S_r						18	23				C_1	1.357	1.257		
				K_s						1.2	1.5				C_2	2.757	1.53		
582	沁源县	下庄村	下庄村	S_r	35.5					18					C_1	1.357	1.257		
				K_s	3.35					1.2					C_2	2.757	1.53		
583	沁源县	马兰沟村	马兰沟村	S_r							23				C_1	1.357	1.257		
				K_s							1.5				C_2	2.757	1.53		
584	沁源县	李元村	李元村	S_r	35.5					18	23				C_1	1.357	1.257		
				K_s	3.35					1.2	1.5				C_2	2.757	1.53		
585	沁源县	新乐园	新乐园	S_r	35.5					18	23				C_1	1.357	1.257		
				K_s	3.35					1.2	1.5				C_2	2.757	1.53		
586	沁源县	马森村	马森村	S_r	35.5	30.5				18	23				C_1	1.357	1.257		
				K_s	3.35	2.9				1.2	1.5				C_2	2.757	1.53		
587	沁源县	新章村	新章村	S_r	35.5					18	23				C_1	1.357	1.257		
				K_s	3.35					1.2	1.5				C_2	2.757	1.53		
588	沁源县	崔庄村	崔庄村	S_r							23				C_1	1.357	1.257		
				K_s							1.5				C_2	2.757	1.53		
589	沁源县	蔚村村	蔚村村	S_r	35.5	30.5				18	23				C_1	1.357	1.257		
				K_s	3.35	2.9				1.2	1.5				C_2	2.757	1.53		

续表 5-5

序号	县(区、市)	小流域名称	村落名称	参数	灰岩森林山地	灰岩灌丛山地	灰岩土石山区	黄土丘陵阶地	砂页岩土石山区	砂页岩森林山地	砂页岩灌丛山地	耕种平地	变质岩灌丛山地	变质岩森林山地	参数	森林山地	灌丛山地	草坡山地	耕种平地
590	沁源县	渣滩村	渣滩村	S_r	35.5	30.5				18	23				C_1	1.357	1.257		
				K_s	3.35	2.9				1.2	1.5				C_2	2.757	1.53		
591	沁源县	新和洼	新和洼	S_r	35.5	30.5				18	23				C_1	1.357	1.257		
				K_s	3.35	2.9				1.2	1.5				C_2	2.757	1.53		
592	沁源县	中岭店村	中岭店村	S_r	35.5	30.5				18	23				C_1	1.357	1.257		
				K_s	3.35	2.9				1.2	1.5				C_2	2.757	1.53		
593	沁源县	南岭村	南岭村	S_r	35.5	30.5				18	23				C_1	1.357	1.257		
				K_s	3.35	2.9				1.2	1.5				C_2	2.757	1.53		
594	沁源县	上庄子村	上庄子村	S_r						18	23				C_1	1.357	1.257		
				K_s						1.2	1.5				C_2	2.757	1.53		
595	沁源县	西庄子	西庄子	S_r						18	23				C_1	1.357	1.257		
				K_s						1.2	1.5				C_2	2.757	1.53		
596	沁源县	西王勇村	西王勇村	S_r	35.5	30.5				18	23				C_1	1.357	1.257		
				K_s	3.35	2.9				1.2	1.5				C_2	2.757	1.53		
597	沁源县	龙头村	龙头村	S_r	35.5	30.5				18	23				C_1	1.357	1.257		
				K_s	3.35	2.9				1.2	1.5				C_2	2.757	1.53		
598	沁源县	友仁村	友仁村	S_r						18	23				C_1	1.357	1.257		
				K_s						1.2	1.5				C_2	2.757	1.53		
599	沁源县	支角村	支角村	S_r						18	23				C_1	1.357	1.257		
				K_s						1.2	1.5				C_2	2.757	1.53		
600	沁源县	马西村	马西村	S_r						18	23				C_1	1.357	1.257		
				K_s						1.2	1.5				C_2	2.757	1.53		
601	沁源县	法中村	法中村	S_r						18	23				C_1	1.357	1.257		
				K_s						1.2	1.5				C_2	2.757	1.53		
602	沁源县	南沟村	南沟村	S_r						18	23				C_1	1.357	1.257		
				K_s						1.2	1.5				C_2	2.757	1.53		
603	沁源县	冯村村	冯村村	S_r						18	23				C_1	1.357	1.257		
				K_s						1.2	1.5				C_2	2.757	1.53		

续表 5-5

序号	县（区、市）	小流域名称	村落名称	产流地类											汇流地类				
				参数	灰岩森林山地	灰岩灌丛山地	灰岩土石山区	黄土丘陵阶地	砂页岩土石山区	砂页岩森林山地	砂页岩灌丛山地	耕种平地	变质岩灌丛山地	变质岩森林山地	参数	森林山地	灌丛山地	草坡山地	耕种平地
604	沁源县	麻坪村	麻坪村	S_r						18	23				C_1	1.357	1.257		
				K_s						1.2	1.5				C_2	2.757	1.53		
605	沁源县	水泉村	水泉村	S_r						18	23				C_1	1.357	1.257		
				K_s						1.2	1.5				C_2	2.757	1.53		
606	沁源县	自强村	自强村	S_r	35.5	30.5				18	23				C_1	1.357	1.257	1.046	
				K_s	3.35	2.9				1.2	1.5				C_2	2.757	1.53	0.717	
607	沁源县	后泉峪沟	后泉峪沟	S_r	35.5	30.5				18	23				C_1	1.357	1.257	1.046	
				K_s	3.35	2.9				1.2	1.5				C_2	2.757	1.53	0.717	
608	沁源县	侯壁村	侯壁村	S_r	35.5	30.5				18	23				C_1	1.357	1.257	1.046	
				K_s	3.35	2.9				1.2	1.5				C_2	2.757	1.53	0.717	
609	沁源县	交口村	交口村	S_r						18	23				C_1	1.357	1.257		
				K_s						1.2	1.5				C_2	2.757	1.53		
610	沁源县	石壑村	石壑村	S_r						18	23				C_1	1.357	1.257		
				K_s						1.2	1.5				C_2	2.757	1.53		
611	沁源县	南洪林村	南洪林村	S_r	35.5	30.5				18	23				C_1	1.357	1.257	1.046	
				K_s	3.35	2.9				1.2	1.5				C_2	2.757	1.53	0.717	
612	沁源县	新毅村	新毅村	S_r						18	23				C_1	1.357	1.257		
				K_s						1.2	1.5				C_2	2.757	1.53		
613	沁源县	安乐村	安乐村	S_r						18	23				C_1	1.357	1.257		
				K_s						1.2	1.5				C_2	2.757	1.53		
614	沁源县	铺上村	铺上村	S_r						18	23				C_1	1.357	1.257		
				K_s						1.2	1.5				C_2	2.757	1.53		
615	沁源县	马泉村	马泉村	S_r						18	23				C_1	1.357	1.257		
				K_s						1.2	1.5				C_2	2.757	1.53		
616	沁源县	聪子峪村	聪子峪村	S_r	35.5					18	23				C_1	1.357	1.257		
				K_s	3.35					1.2	1.5				C_2	2.757	1.53		
617	沁源县	水峪村	水峪村	S_r	35.5	30.5				18	23				C_1	1.357	1.257		
				K_s	3.35	2.9				1.2	1.5				C_2	2.757	1.53		

续表 5-5

序号	县(区、市)	小流域名称	村落名称	产流地类											汇流地类				
				参数	灰岩森林山地	灰岩灌丛山地	灰岩土石山区	黄土丘陵阶地	砂页岩土石山区	砂页岩森林山地	砂页岩灌丛山地	耕种平地	变质岩灌丛山地	变质岩森林山地	参数	森林山地	灌丛山地	草坡山地	耕种平地
618	沁源县	才子坪村	才子坪村	S_r	35.5	30.5				18	23				C_1	1.357	1.257		
				K_s	3.35	2.9				1.2	1.5				C_2	2.757	1.53		
619	沁源县	小岭底村	小岭底村	S_r	35.5	30.5				18	23				C_1	1.357	1.257		
				K_s	3.35	2.9				1.2	1.5				C_2	2.757	1.53		
620	沁源县	土岭底村	土岭底村	S_r	35.5	30.5				18	23				C_1	1.357	1.257		
				K_s	3.35	2.9				1.2	1.5				C_2	2.757	1.53		
621	沁源县	新店上村	新店上村	S_r	35.5	30.5				18	23				C_1	1.357	1.257		
				K_s	3.35	2.9				1.2	1.5				C_2	2.757	1.53		
622	沁源县	王家沟村	王家沟村	S_r	35.5						23				C_1	1.357	1.257		
				K_s	3.35						1.5				C_2	2.757	1.53		
623	沁源县	程壁村	程壁村	S_r	35.5					18	23				C_1	1.357	1.257		
				K_s	3.35					1.2	1.5				C_2	2.757	1.53		
624	沁源县	下窑村	下窑村	S_r	35.5					18	23				C_1	1.357	1.257		
				K_s	3.35					1.2	1.5				C_2	2.757	1.53		
625	沁源县	王家湾村	王家湾村	S_r	35.5										C_1	1.357			
				K_s	3.35										C_2	2.757			
626	沁源县	奠基村	奠基村	S_r	35.5										C_1	1.357			
				K_s	3.35										C_2	2.757			
627	沁源县	上舍村	上舍村	S_r	35.5	30.5				18	23				C_1	1.357	1.257		
				K_s	3.35	2.9				1.2	1.5				C_2	2.757	1.53		
628	沁源县	泽山村	泽山村	S_r	35.5	30.5				18	23				C_1	1.357	1.257		
				K_s	3.35	2.9				1.2	1.5				C_2	2.757	1.53		
629	沁源县	仁道村	仁道村	S_r	35.5										C_1	1.357			
				K_s	3.35										C_2	2.757			
630	沁源县	鱼儿泉村	鱼儿泉村	S_r	35.5										C_1	1.357			
				K_s	3.35										C_2	2.757			
631	沁源县	磨扇平	磨扇平	S_r	35.5										C_1	1.357			
				K_s	3.35										C_2	2.757			

续表 5-5

序号	县(区、市)	小流域名称	村落名称	参数	产流地类										参数	汇流地类			
					灰岩森林山地	灰岩灌丛山地	灰岩土石山区	黄土丘陵阶地	砂页岩土石山区	砂页岩森林山地	砂页岩灌丛山地	耕种平地	变质岩灌丛山地	变质岩森林山地		森林山地	灌丛山地	草坡山地	耕种平地
632	沁源县	红窑上村	红窑上村	S_r	35.5										C_1	1.357			
				K_s	3.35										C_2	2.757			
633	沁源县	琴峪村	琴峪村	S_r							23				C_1	1.357			
				K_s							1.5				C_2	2.757			
634	沁源县	紫红村	紫红村	S_r							23				C_1	1.357			
				K_s							1.5				C_2	2.757			
635	沁源县	崖头村	崖头村	S_r							23				C_1	1.357			
				K_s							1.5				C_2	2.757			
636	沁源县	活凤村	活凤村	S_r							23				C_1	1.357			
				K_s							1.5				C_2	2.757			
637	沁源县	陈家峪村	陈家峪村	S_r							23				C_1	1.357			
				K_s							1.5				C_2	2.757			
638	沁源县	汝家庄村	汝家庄村	S_r							23				C_1	1.357			
				K_s							1.5				C_2	2.757			
639	沁源县	马家峪村	马家峪村	S_r							23				C_1	1.357			
				K_s							1.5				C_2	2.757			
640	沁源县	庞家沟	庞家沟	S_r							23				C_1	1.357			
				K_s							1.5				C_2	2.757			
641	沁源县	南湾村	南湾村	S_r							23				C_1	1.357			
				K_s							1.5				C_2	2.757			
642	沁源县	倪庄村	倪庄村	S_r						18	23				C_1	1.357	1.257	1.046	
				K_s						1.2	1.5				C_2	2.757	1.53	0.717	
643	沁源县	武家沟村	武家沟村	S_r							23				C_1	1.357			
				K_s							1.5				C_2	2.757			
644	沁源县	段家坡底村	段家坡底村	S_r							23				C_1	1.357			
				K_s							1.5				C_2	2.757			
645	沁源县	胡家庄村	胡家庄村	S_r							23				C_1	1.357			
				K_s							1.5				C_2	2.757			

续表 5-5

序号	县(区、市)	小流域名称	村落名称	参数	灰岩森林山地	灰岩灌丛山地	灰岩土石山区	黄土丘陵阶地	砂页岩土石山区	砂页岩森林山地	砂页岩灌丛山地	耕种平地	变质岩灌丛山地	变质岩森林山地	参数	森林山地	灌丛山地	草坡山地	耕种平地
										产流地类							汇流地类		
646	沁源县	胡汉坪	胡汉坪	S_r											C_1	1.357			
				K_s											C_2	2.757			
647	沁源县	善朴村	善朴村	S_r						18	23				C_1	1.357	1.257	1.046	
				K_s						1.2	1.5				C_2	2.757	1.53	0.717	
648	沁源县	庄儿上村	庄儿上村	S_r							23				C_1	1.357			
				K_s							1.5				C_2	2.757			
649	沁源县	沙坪村	沙坪村	S_r						18	23				C_1	1.357	1.257		
				K_s						1.2	1.5				C_2	2.757	1.53		
650	沁源县	豆壁村	豆壁村	S_r						18	23				C_1	1.357	1.257	1.046	
				K_s						1.2	1.5				C_2	2.757	1.53	0.717	
651	沁源县	牛郎沟村	牛郎沟村	S_r	35.5										C_1	1.357			
				K_s	3.35										C_2	2.757			
652	沁源县	马凤沟村	马凤沟村	S_r						18					C_1		1.257		
				K_s						1.2					C_2		1.53		
653	沁源县	城艾庄村	城艾庄村	S_r						18	23				C_1	1.357	1.257		
				K_s						1.2	1.5				C_2	2.757	1.53		
654	沁源县	花坡村	花坡村	S_r	35.5										C_1	1.357			
				K_s	3.35										C_2	2.757			
655	沁源县	八眼泉村	八眼泉村	S_r	35.5										C_1	1.357			
				K_s	3.35										C_2	2.757			
656	沁源县	土岭上村	土岭上村	S_r	35.5										C_1	1.357			
				K_s	3.35										C_2	2.757			
657	潞城市	会山底村	会山底村	S_r		30.5									C_1			1.05	
				K_s		2.9									C_2			0.72	
658	潞城市	下社村	下社村	S_r		30.5									C_1		1.26	1.05	
				K_s		2.9									C_2		1.53	0.72	
659	潞城市	下社村	后交	S_r		30.5									C_1		1.26	1.05	
				K_s		2.9									C_2		1.53	0.72	

续表 5-5

序号	县(区、市)	小流域名称	村落名称	参数	灰岩森林山地	灰岩灌丛山地	灰岩土石山区	黄土丘陵阶地	砂页岩土石山区	砂页岩森林山地	砂页岩灌丛山地	耕种平地	变质岩灌丛山地	变质岩森林山地	参数	森林山地	灌丛山地	草坡山地	耕种平地
660	潞城市	河西村	河西村	S_r		30.5									C_1			1.05	
				K_s		2.9									C_2			0.72	
661	潞城市	后岭村	后岭村	S_r		30.5									C_1		1.26	1.05	
				K_s		2.9									C_2		1.53	0.72	
662	潞城市	申家村	申家村	S_r		30.5									C_1		1.26	1.05	
				K_s		2.9									C_2		1.53	0.72	
663	潞城市	苗家村	苗家村	S_r		30.5									C_1		1.26	1.05	
				K_s		2.9									C_2		1.53	0.72	
664	潞城市	苗家村庄上	苗家村庄上	S_r		30.5									C_1		1.26	1.05	
				K_s		2.9									C_2		1.53	0.72	
665	潞城市	寒臻村	寒臻村	S_r			24					27			C_1		1.26	1.05	
				K_s			1.7					1.9			C_2		1.53	0.72	
666	潞城市	赤头村	赤头村	S_r		30.5	24					27			C_1		1.26	1.05	
				K_s		2.9	1.7					1.9			C_2		1.53	0.72	
667	潞城市	马江沟村	马江沟村	S_r								27			C_1		1.26	1.05	
				K_s								1.9			C_2		1.53	0.72	
668	潞城市	弓家岭	弓家岭	S_r								27			C_1		1.26	1.05	
				K_s								1.9			C_2		1.53	0.72	
669	潞城市	红江沟	红江沟	S_r								27			C_1		1.26	1.05	
				K_s								1.9			C_2		1.53	0.72	
670	潞城市	曹家沟村	曹家沟村	S_r		30.5	24					27			C_1		1.26	1.05	
				K_s		2.9	1.7					1.9			C_2		1.53	0.72	
671	潞城市	韩村	韩村	S_r		30.5	24					27			C_1		1.26	1.05	
				K_s		2.9	1.7					1.9			C_2		1.53	0.72	
672	潞城市	冯村	冯村	S_r			24					27			C_1		1.26	1.05	
				K_s			1.7					1.9			C_2		1.53	0.72	
673	潞城市	韩家园村	韩家园村	S_r		30.5	24					27			C_1		1.26	1.05	
				K_s		2.9	1.7					1.9			C_2		1.53	0.72	

续表 5-5

序号	县（区、市）	小流域名称	村落名称	参数	产流地类										参数	汇流地类			
					灰岩森林山地	灰岩灌丛山地	灰岩土石山区	黄土丘陵阶地	砂页岩土石山区	砂页岩森林山地	砂页岩灌丛山地	耕种平地	变质岩灌丛山地	变质岩森林山地		森林山地	灌丛山地	草坡山地	耕种平地
674	潞城市	李家庄村	李家庄村	S_r			24					27			C_1		1.26	1.05	
				K_s			1.7					1.9			C_2		1.53	0.72	
675	潞城市	漫流河村	漫流河村	S_r			24					27			C_1		1.26	1.05	
				K_s			1.7					1.9			C_2		1.53	0.72	
676	潞城市	石匣村	石匣村	S_r			24					27			C_1		1.26	1.05	
				K_s			1.7					1.9			C_2		1.53	0.72	
677	潞城市	申家山村	申家山村	S_r			24								C_1		1.26	1.05	
				K_s			1.7								C_2		1.53	0.72	
678	潞城市	井岭村	井岭村	S_r			24								C_1		1.26	1.05	
				K_s			1.7								C_2		1.53	0.72	
679	潞城市	南马庄村	南马庄村	S_r			24								C_1		1.26	1.05	
				K_s			1.7								C_2		1.53	0.72	
680	潞城市	五里坡村	五里坡村	S_r			24								C_1		1.26	1.05	
				K_s			1.7								C_2		1.53	0.72	
681	潞城市	西北村	西北村	S_r			24								C_1		1.26	1.05	
				K_s			1.7								C_2		1.53	0.72	
682	潞城市	西南村	西南村	S_r			24								C_1		1.26	1.05	
				K_s			1.7								C_2		1.53	0.72	
683	潞城市	南流村	南流村	S_r		30.5									C_1		1.26	1.05	
				K_s		2.9									C_2		1.53	0.72	
684	潞城市	洞口村	洞口村	S_r			24					27			C_1		1.26	1.05	
				K_s			1.7					1.9			C_2		1.53	0.72	
685	潞城市	斜底村	斜底村	S_r			24								C_1		1.26	1.05	
				K_s			1.7								C_2		1.53	0.72	
686	潞城市	中村	中村	S_r			24					27			C_1		1.26		
				K_s			1.7					1.9			C_2		1.53		
687	潞城市	堡头村	堡头村	S_r	35.5							27			C_1	1.36	1.26		
				K_s	3.35							1.9			C_2	2.76	1.53		

续表 5-5

序号	县(区、市)	小流域名称	村落名称	参数	产流地类										参数	汇流地类			
					灰岩森林山地	灰岩灌丛山地	灰岩土石山区	黄土丘陵阶地	砂页岩土石山区	砂页岩森林山地	砂页岩灌丛山地	耕种平地	变质岩灌丛山地	变质岩森林山地		森林山地	灌丛山地	草坡山地	耕种平地
688	潞城市	河后村	河后村	S_r								27			C_1		1.26		
				K_s								1.9			C_2		1.53		
689	潞城市	桥堡村	桥堡村	S_r	35.5							27			C_1	1.36	1.26		
				K_s	3.35							1.9			C_2	2.76	1.53		
690	潞城市	东山村	东山村	S_r			24								C_1		1.26	1.05	
				K_s			1.7								C_2		1.53	0.72	
691	潞城市	西坡村	西坡村	S_r			24								C_1		1.26	1.05	
				K_s			1.7								C_2		1.53	0.72	
692	潞城市	西坡村东坡	西坡村东坡	S_r			24								C_1		1.26	1.05	
				K_s			1.7								C_2		1.53	0.72	
693	潞城市	儒教村	儒教村	S_r			24								C_1		1.26		
				K_s			1.7								C_2		1.53		
694	潞城市	王家庄村后交	王家庄村后交	S_r		30.5									C_1		1.26		
				K_s		2.9									C_2		1.53		
695	潞城市	上黄村向阳庄	上黄村向阳庄	S_r		30.5	24								C_1		1.26		
				K_s		2.9	1.7								C_2		1.53		
696	潞城市	南花山村	南花山村	S_r		30.5									C_1			1.05	
				K_s		2.9									C_2			0.72	
697	潞城市	辛安村	辛安村	S_r		30.5	24					27			C_1		1.26	1.05	
				K_s		2.9	1.7					1.9			C_2		1.53	0.72	
698	潞城市	辽河村	辽河村	S_r		30.5	24								C_1		1.26	1.05	
				K_s		2.9	1.7								C_2		1.53	0.72	
699	潞城市	辽河村车旺	辽河村车旺	S_r		30.5	24								C_1		1.26	1.05	
				K_s		2.9	1.7								C_2		1.53	0.72	
700	潞城市	曲里村	曲里村	S_r		30.5	24					27			C_1		1.26	1.05	
				K_s		2.9	1.7					1.9			C_2		1.53	0.72	

5.6.1.2　设计净雨过程

设计净雨过程采用变损失率推理扣损法计算。

具体计算步骤如下：

(1)由式(5-8)求解产流历时 t_c：

$$R_P = \begin{cases} n_s S_{P,A} t^{1+\lambda-n} & \lambda \neq 0 \\ n_s S_{P,A} t^{1-n_s} & \lambda = 0 \end{cases}, n = n_s \frac{t^{\lambda}-1}{\lambda \ln t} \tag{5-8}$$

式中：R_P 为用双曲正切模型计算的场次洪水设计净雨深，mm；其他符号意义同前。

(2)由式(5-9)计算损失率 μ。

$$\mu = (1 - n_s t_c^{\lambda}) S_{P,A} \cdot t_c^{-n} \qquad n = n_s \frac{t_c^{\lambda}-1}{\lambda \ln t_c} \tag{5-9}$$

(3)由式(5-10)和式(5-11)计算时段净雨及净雨过程。

$$\Delta h_{P,j} = h_P(t_j) - h_P(t_{j-1}) \tag{5-10}$$

$$h_P(t) = H_{P,A}(t) - \mu t \qquad t \leq t_c \tag{5-11}$$

式中：Δh_P 为设计时段净雨深，mm；j 为时雨型"模板"中的序位编号；t_{j-1} 为 j 时段的开始时刻；其他符号意义同前。

(4)把计算出的时段净雨按序位编号安排在设计雨型"模板"中相应序位位置，即得净雨过程。

5.6.2　汇流计算

流域模型法汇流计算采用综合瞬时单位线计算。

5.6.2.1　方法介绍

瞬时汇流曲线按式(5-12)计算：

$$u_n(0,t) = \frac{1}{k\Gamma(n)} \left(\frac{t}{k}\right)^{n-1} e^{-\frac{t}{k}} \tag{5-12}$$

式中：n 为线性水库个数；k 为一个线性水库的调蓄参数；t 为时间，h；$\Gamma(n)$ 为伽马函数。

单位强度净雨过程在流域出口断面形成的水体时间概率分布函数称为 $S_n(t)$ 曲线，它是瞬时汇流曲线对时间的积分，无量纲，按式(5-13)计算：

$$S_n(t) = \int_0^t u_n(0,t)\mathrm{d}t = \Gamma(n,m) \qquad m = \frac{t}{k} \tag{5-13}$$

式中：$\Gamma(n,m)$ 称为 n 阶不完全伽马函数。

时段单位净雨在流域出口断面形成的概率密度曲线称为时段汇流曲线，按式(5-14)计算。

$$u_n(\Delta t, t) = \begin{cases} S_n(t) & 0 \leq t \leq \Delta t \\ S_n(t) - S_n(t - \Delta t) & t > \Delta t \end{cases} \tag{5-14}$$

流域出口断面的洪水过程根据时段净雨序列与时段汇流曲线用卷积公式(5-15)计算。

$$Q(i\Delta t) = \sum_{j=1}^{M} u_n(\Delta t, (i + 1 - j)\Delta t) \frac{\Delta h_j}{3.6\Delta t} A \qquad 0 \leqslant i + 1 - j \leqslant M \qquad j = 1, 2, \cdots, M$$

$$(5\text{-}15)$$

式中：Δt 为计算时段，h；Δh 为时段净雨深，mm；A 为流域面积，km²；3.6 为单位换算系数；M 为净雨时段数。

5.6.2.2　参数计算

参数 n 采用式(5-16)和式(5-17)计算：

$$n = C_{1,A} (A/J)^{\beta_1} \tag{5-16}$$

$$C_{1,A} = \sum a_i \cdot C_{1,i} \qquad i = 1, 2\cdots \tag{5-17}$$

式中：A 为流域面积，km²；J 为河流纵比降，‰；$C_{1,A}$ 为复合地类汇流参数；$C_{1,i}$ 为单地类汇流参数；β_1 为经验性指数；a_i 为某种地类的面积权重，以小数计。

m_1 采用下列经验公式(式(5-18)～式(5-21))计算：

$$m_1 = m_{\tau,1} (\bar{i_\tau})^{-\beta_2} \tag{5-18}$$

$$m_{\tau,1} = C_{2,A} (L/J^{\frac{1}{3}})^{\alpha} \tag{5-19}$$

$$C_{2,A} = \sum a_i C_{2,i} \qquad i = 1, 2\cdots \tag{5-20}$$

$$\bar{i_\tau} = \frac{Q_P}{0.278A} \tag{5-21}$$

式中：$\bar{i_\tau}$ 为 τ 历时平均净雨强度，mm/h；τ 为汇流历时，h；$m_{\tau,1}$ 为 $\bar{i_\tau} = 1$ mm/h 时瞬时单位线的滞时，h；Q_P 为设计洪峰流量，m³/s；L 为河长，km；$C_{2,A}$ 为复合地类汇流参数；$C_{2,i}$ 为单地类汇流参数；α、β_2 为经验性指数。

根据流域的实际情况，从《山西省水文计算手册》中选取单地类汇流参数 C_1、C_2 和经验性指数 α、β_1、β_2 (C_2 取值见表5-5)。

5.7　设计洪水成果

控制断面设计洪水成果表(详见表5-6)，内容包括：682 个沿河村落控制断面各频率(重现期)设计洪水的洪峰、洪量、洪水历时等洪水要素以及控制断面各频率洪峰水位。

12 个县(市、区)(不含长治市城区)共有 682 个村，进行了设计洪水计算，其中部分村庄位于河流左右岸，以及接近断面出口，没有其他汇水面积，采用了同一计算断面。各县(区、市)计算情况见表5-7。

长治市百年一遇设计洪水分布见图5-4，百年一遇洪峰模数分布见图5-5。

表 5-6　长治市控制断面设计洪水成果

（单位：m³/s）

序号	县（区、市）	行政区划名称	小流域名称	100年($Q_{1\%}$)	50年($Q_{2\%}$)	20年($Q_{5\%}$)	10年($Q_{10\%}$)	5年($Q_{20\%}$)
1	长治市郊区	关村	关村	11.0	9.00	6.00	4.00	2.00
2	长治市郊区	沟西村	沟西村	121	102	76.0	56.0	37.0
3	长治市郊区	西长井村	西长井村	29.0	24.0	17.0	11.0	7.00
4	长治市郊区	石桥村	石桥村	29.0	23.0	16.0	10.0	6.00
5	长治市郊区	大天桥村	大天桥村	78.0	64.0	45.0	32.0	21.0
6	长治市郊区	中天桥村	中天桥村	56.0	46.0	33.0	24.0	16.0
7	长治市郊区	毛站村	毛站村	56.0	46.0	33.0	24.0	15.0
8	长治市郊区	南天桥村	南天桥村	30.0	25.0	19.0	14.0	9.00
9	长治市郊区	南垂村	南垂村	56.0	45.0	31.0	22.0	13.0
10	长治市郊区	鸡坡村	鸡坡村	14.0	12.0	9.00	6.00	4.00
11	长治市郊区	盐店沟村	盐店沟村	40.0	33.0	24.0	17.0	11.0
12	长治市郊区	小龙脑村	小龙脑村	11.0	9.00	7.00	5.00	3.00
13	长治市郊区	瓦窑沟村	瓦窑沟村	36.0	30.0	22.0	16.0	10.0
14	长治市郊区	滴谷寺村	滴谷寺村	14.0	12.0	9.00	6.00	4.00
15	长治市郊区	东沟村	东沟村	15.0	13.0	10.0	7.00	4.00
16	长治市郊区	苗圃村	苗圃村	7.00	6.00	4.00	3.00	2.00
17	长治市郊区	老巴山村	老巴山村	37.0	31.0	22.0	16.0	10.0
18	长治市郊区	二龙山村	二龙山村	12.0	10.0	7.00	5.00	3.00
19	长治市郊区	余庄村	余庄村	8.00	7.00	5.00	3.00	2.00
20	长治市郊区	店上村	店上村	16.0	12.0	8.00	6.00	3.00
21	长治市郊区	马庄村	马庄村	224	181	127	84.0	51.0
22	长治市郊区	故县村	故县村	220	164	101	64.0	36.0
23	长治市郊区	葛家庄村	葛家庄村	9.00	7.00	5.00	3.00	2.00
24	长治市郊区	良才村	良才村	10.0	8.00	6.00	4.00	2.00
25	长治市郊区	史家庄村	史家庄村	33.0	26.0	18.0	13.0	7.00
26	长治市郊区	西沟村	西沟村	8.00	6.00	4.00	3.00	2.00
27	长治市郊区	西白兔村	西白兔村	103	82.0	57.0	38.0	22.0
28	长治市郊区	漳村	漳村	5.00	4.00	3.00	2.00	1.00
29	长治县	柳林村	柳林村	106	85.0	59.0	41.0	25.0
30	长治县	林移村	林移村	138	108	71.0	46.0	28.0
31	长治县	柳林庄村	柳林庄村	130	102	69.6	46.9	27.9
32	长治县	司马村	司马村	408	314	202	130	77.6

续表 5-6

序号	县(区、市)	行政区划名称	小流域名称	100年($Q_{1\%}$)	50年($Q_{2\%}$)	20年($Q_{5\%}$)	10年($Q_{10\%}$)	5年($Q_{20\%}$)
33	长治县	荫城村	荫城村	507	493	335	226	142
34	长治县	河下村	河下村	561	450	307	207	131
35	长治县	横河村	横河村	539	432	294	207	131
36	长治县	桑梓一村	桑梓一村	598	497	361	254	164
37	长治县	桑梓二村	桑梓二村	61.0	52.0	39.0	29.0	20.0
38	长治县	北头村	北头村	515	431	317	226	148
39	长治县	内王村	内王村	69.0	58.0	43.0	31.0	22.0
40	长治县	王坊村	王坊村	866	693	463	318	207
41	长治县	中村	中村	866	693	463	318	207
42	长治县	李坊村	李坊村	837	669	452	317	208
43	长治县	北王庆村	北王庆村	6.00	5.00	4.00	3.00	2.00
44	长治县	桥头村	桥头村	108	92.0	69.0	52.0	36.0
45	长治县	下赵家庄村	下赵家庄村	21.0	18.0	14.0	11.0	8.00
46	长治县	南河村	南河村	9.00	8.00	6.00	5.00	4.00
47	长治县	羊川村	羊川村	87.0	70.0	49.0	35.0	22.0
48	长治县	八义村	八义村	168	141	106	77.0	52.0
49	长治县	狗湾村	狗湾村	637	530	388	276	175
50	长治县	北楼底村	北楼底村	82.0	70.0	54.0	40.0	28.0
51	长治县	南楼底村	南楼底村	493	412	306	221	143
52	长治县	新庄村	新庄村	14.0	12.0	9.00	6.00	4.00
53	长治县	定流村	定流村	61.0	50.0	37.0	26.0	18.0
54	长治县	北郭村	北郭村	492	377	240	152	90.0
55	长治县	岭上村	岭上村	419	322	207	132	79.0
56	长治县	高河村	高河村	2 640	2 042	1 349	367	207
57	长治县	西池村	西池村	62.0	49.0	31.0	20.0	13.0
58	长治县	东池村	东池村	54.0	42.0	27.0	18.0	11.0
59	长治县	小河村	小河村	40.0	34.0	26.0	19.0	14.0
60	长治县	沙峪村	沙峪村	14.0	12.0	9.00	7.00	5.00
61	长治县	土桥村	土桥村	69.0	57.0	41.0	29.0	18.0
62	长治县	河头村	河头村	304	220	132	80.0	47.0
63	长治县	小川村	小川村	15.0	11.0	7.00	5.00	3.00
64	长治县	北呈村	北呈村	118	94.0	63.0	40.0	23.0

续表 5-6

序号	县（区，市）	行政区划名称	小流域名称	100 年（$Q_{1\%}$）	50 年（$Q_{2\%}$）	20 年（$Q_{5\%}$）	10 年（$Q_{10\%}$）	5 年（$Q_{20\%}$）
65	长治县	大沟村	大沟村	429	321	188	109	61.0
66	长治县	南岭头村	南岭头村	104	83.0	57.0	38.0	23.0
67	长治县	北岭头村	北岭头村	317	246	161	104	63.0
68	长治县	须村	须村	21.0	17.0	13.0	9.00	6.00
69	长治县	东和村	东和村	429	321	188	109	61.0
70	长治县	中和村	中和村	429	321	188	109	61.0
71	长治县	西和村	西和村	429	321	188	109	61.0
72	长治县	曹家沟村	曹家沟村	429	321	188	109	61.0
73	长治县	琚家沟村	琚家沟村	429	321	188	109	61.0
74	长治县	屈家山村	屈家山村	31.0	26.0	20.0	15.0	10.0
75	长治县	辉河村	辉河村	10.0	8.00	6.00	4.00	3.00
76	长治县	子乐沟村	子乐沟村	19.0	16.0	13.0	10.0	7.00
77	襄垣县	石灰窑村	石灰窑村	397	315	211	137	79.8
78	襄垣县	返底村	返底村	48.5	40.1	28.6	20.1	13.1
79	襄垣县	普头村	普头村	540	423	268	166	94.7
80	襄垣县	安沟村	安沟村	168	139	102	73.5	48.6
81	襄垣县	阎村	阎村	516	425	302	208	129
82	襄垣县	南马喊村	南马喊村	220	186	139	102	70.2
83	襄垣县	胡家沟村	胡家沟村	220	186	139	102	70.2
84	襄垣县	河口村	河口村	364	303	221	159	105
85	襄垣县	北田漳村	北田漳村	458	385	287	212	146
86	襄垣县	南邯村	南邯村	329	274	200	142	92.0
87	襄垣县	小河村	小河村	327	272	199	143	92.7
88	襄垣县	白堰底村	白堰底村	165	138	102	75.3	51.1
89	襄垣县	西洞上村	西洞上村	248	208	155	113	75.3
90	襄垣县	王村	王村	659	551	402	285	185
91	襄垣县	下庙村	下庙村	683	570	417	299	200
92	襄垣县	史属村	史属村	124	106	81.8	62.2	43.8
93	襄垣县	店上村	店上村	1 186	978	693	471	291
94	襄垣县	北姚村	北姚村	1 151	955	691	484	309
95	襄垣县	垴上村	垴上村	580	487	363	266	180
96	襄垣县	史北村	史北村	580	487	363	266	180

续表 5-6

序号	县（区、市）	行政区划名称	小流域名称	100年（$Q_{1\%}$）	50年（$Q_{2\%}$）	20年（$Q_{5\%}$）	10年（$Q_{10\%}$）	5年（$Q_{20\%}$）
97	襄垣县	前王沟村	前王沟村	339	283	208	150	100
98	襄垣县	任庄村	任庄村	28.3	24.1	18.5	14.2	10.0
99	襄垣县	高家沟村	高家沟村	55.4	47.4	36.6	28.0	19.8
100	襄垣县	下良村	下良村	1 104	867	563	357	211
101	襄垣县	水碾村	水碾村	1 074	819	519	322	188
102	襄垣县	寨沟村	寨沟村	37.4	28.4	18.8	12.1	6.96
103	襄垣县	庄里村	庄里村	41.2	35.5	27.8	21.6	15.5
104	襄垣县	桑家河村	桑家河村	417	342	244	173	116
105	襄垣县	固村	固村	1 199	961	645	417	241
106	襄垣县	阳沟村	阳沟村	966	772	516	331	190
107	襄垣县	温泉村	温泉村	931	743	496	317	181
108	襄垣县	燕家沟村	燕家沟村	178	148	108	78.4	51.3
109	襄垣县	高崖底村	高崖底村	909	727	486	310	176
110	襄垣县	里阙村	里阙村	972	777	519	334	192
111	襄垣县	合漳村	合漳村	496	411	299	213	140
112	襄垣县	西底村	西底村	694	574	413	289	185
113	襄垣县	返头村	返头村	694	574	413	289	185
114	襄垣县	南田漳村	南田漳村	21.1	16.6	11.3	7.19	4.17
115	襄垣县	北马㘰村	北马㘰村	289	246	188	141	98.7
116	襄垣县	南底村	南底村	105	88.3	65.4	48.1	32.4
117	襄垣县	兴民村	兴民村	98.7	78.3	53.0	35.7	20.8
118	襄垣县	路家沟村	路家沟村	142	122	94.3	72.0	50.9
119	襄垣县	南漳村	南漳村	11.5	8.98	6.08	3.93	2.23
120	襄垣县	东坡村	东坡村	214	181	138	104	73.3
121	襄垣县	九龙村	九龙村	1 673	1 399	1 030	738	483
122	屯留县	杨家湾村	杨家湾村	84.9	71.3	53.3	39.2	25.8
123	屯留县	贾庄村	贾庄村	197	163	118	83.0	52.0
124	屯留县	魏村	魏村	121	94.0	60.0	39.0	21.0
125	屯留县	吾元村	吾元村	119	99.0	73.0	53.0	34.0
126	屯留县	丰秀岭村	丰秀岭村	13.6	11.5	8.79	6.70	4.68
127	屯留县	南阳坡村	南阳坡村	90.4	73.9	52.1	35.1	21.1
128	屯留县	罗村	罗村	119	95.0	65.0	44.0	27.0

续表 5-6

序号	县(区,市)	行政区划名称	小流域名称	100年($Q_{1\%}$)	50年($Q_{2\%}$)	20年($Q_{5\%}$)	10年($Q_{10\%}$)	5年($Q_{20\%}$)
129	屯留县	煤窑沟村	煤窑沟村	83.0	68.0	46.0	30.0	17.0
130	屯留县	东坡村	东坡村	1 055	856	590	385	219
131	屯留县	三交村	三交村	1 036	841	590	385	220
132	屯留县	贾庄	贾庄	250	208	150	107	65.0
133	屯留县	老庄沟	老庄沟	122	101	74.0	53.0	34.0
134	屯留县	北沟庄	北沟庄	185	153	110	77.0	48.0
135	屯留县	老庄沟西坡	老庄沟西坡	207	172	125	88.0	55.0
136	屯留县	秦家村	秦家村	33.0	28.0	21.0	16.0	11.0
137	屯留县	张店村	张店村	1 020	804	531	324	174
138	屯留县	甄湖村	甄湖村	768	612	404	250	136
139	屯留县	张村	张村	404	322	212	130	70.0
140	屯留县	南里庄村	南里庄村	131	108	79.4	57.5	36.7
141	屯留县	上立寨村	上立寨村	71.0	58.0	41.0	28.0	16.0
142	屯留县	大羊沟	大羊沟	91.0	74.0	53.0	35.0	20.0
143	屯留县	五龙沟	五龙沟	73.6	61.2	45.0	32.6	20.7
144	屯留县	李家庄村	李家庄村	108	89.2	65.0	46.5	29.0
145	屯留县	马家庄	马家庄	108	89.2	65.0	46.5	29.0
146	屯留县	帮家庄	帮家庄	108	89.2	65.0	46.5	29.0
147	屯留县	秋树坡	秋树坡	108	89.2	65.0	46.5	29.0
148	屯留县	李家庄村西坡	李家庄村西坡	108	89.2	65.0	46.5	29.0
149	屯留县	半坡村	半坡村	44.3	37.1	27.5	20.2	13.1
150	屯留县	霜泽村	霜泽村	387	314	221	150	85.0
151	屯留县	雁落坪村	雁落坪村	346	281	197	133	76.0
152	屯留县	雁落坪村西坡	雁落坪村西坡	346	281	197	133	76.0
153	屯留县	宜丰村	宜丰村	208	170	120	81.0	47.0
154	屯留县	浪井沟	浪井沟	208	170	120	81.0	47.0
155	屯留县	宜丰村西坡	宜丰村西坡	208	170	120	81.0	47.0
156	屯留县	中村村	中村村	13.1	11.0	8.22	6.11	4.08
157	屯留县	河西村	河西村	152	122	84.0	57.0	36.0
158	屯留县	柳树庄村	柳树庄村	87.0	70.0	55.0	39.0	24.0
159	屯留县	柳树庄	柳树庄	87.0	70.0	55.0	39.0	24.0
160	屯留县	老洪沟	老洪沟	129	107	77.0	54.0	33.0

续表 5-6

序号	县(区、市)	行政区划名称	小流域名称	100 年($Q_{1\%}$)	50 年($Q_{2\%}$)	20 年($Q_{5\%}$)	10 年($Q_{10\%}$)	5 年($Q_{20\%}$)
161	屯留县	崔底村	崔底村	275	225	156	103	58.0
162	屯留县	唐王庙村	唐王庙村	98.2	81.5	60.0	43.6	28.1
163	屯留县	南掌	南掌	254	195	121	72.7	39.6
164	屯留县	徐家庄	徐家庄	155	125	85.0	54.2	30.5
165	屯留县	郭家庄	郭家庄	121	98.2	68.4	45.2	26.4
166	屯留县	沿湾	沿湾	135	110	77.8	52.7	30.6
167	屯留县	王家庄	王家庄	102	83.2	58.5	39.5	23.2
168	屯留县	林庄村	林庄村	306	245	162	100	54.0
169	屯留县	八泉村	八泉村	154	125	85.0	54.0	30.0
170	屯留县	七泉村	七泉村	345	276	185	115	63.0
171	屯留县	鸡窝圪窢	鸡窝圪窢	345	276	185	115	63.0
172	屯留县	南沟村	南沟村	127	104	72.0	48.0	27.0
173	屯留县	棋盘新庄	棋盘新庄	127	104	72.0	48.0	27.0
174	屯留县	羊岔	羊岔	127	104	72.0	48.0	27.0
175	屯留县	小桥	小桥	127	104	72.0	48.0	27.0
176	屯留县	寨上村	寨上村	104	85.0	57.0	38.0	21.0
177	屯留县	寨上	寨上	104	85.0	57.0	38.0	21.0
178	屯留县	吴而村	吴而村	96.0	87.0	67.0	44.0	25.0
179	屯留县	西上村	西上村	255	206	145	95.0	54.0
180	屯留县	西沟河村	西沟河村	348	278	183	112	61.0
181	屯留县	西岸上	西岸上	348	278	183	112	61.0
182	屯留县	西村	西村	348	278	183	112	61.0
183	屯留县	西丰宜村	西丰宜村	713	573	397	272	154
184	屯留县	郝家庄村	郝家庄村	26.0	22.0	16.0	12.0	8.00
185	屯留县	石泉村	石泉村	9.85	8.42	6.54	5.07	3.60
186	屯留县	西洼村	西洼村	193	155	106	73.0	44.0
187	屯留县	河神庙	河神庙	205	175	134	102	70.0
188	屯留县	梨树庄村	梨树庄村	108	89.7	66.4	48.7	31.9
189	屯留县	庄洼	庄洼	108	89.7	66.4	48.7	31.9
190	屯留县	西沟村	西沟村	58.8	47.6	33.5	22.3	12.4
191	屯留县	老婆角	老婆角	58.8	47.6	33.5	22.3	12.4
192	屯留县	西沟口	西沟口	58.8	47.6	33.5	22.3	12.4

续表 5-6

序号	县(区,市)	行政区划名称	小流域名称	100 年($Q_{1\%}$)	50 年($Q_{2\%}$)	20 年($Q_{5\%}$)	10 年($Q_{10\%}$)	5 年($Q_{20\%}$)
193	屯留县	司家沟	司家沟	81.3	68.5	51.7	38.8	26.1
194	屯留县	龙王沟村	龙王沟村	205	175	134	102	70.0
195	屯留县	西流兼村	西流兼村	440	357	251	172	99.0
196	屯留县	马家庄	马家庄	110	91.0	65.0	47.0	29.0
197	屯留县	大会村	大会村	399	325	228	156	90.0
198	屯留县	西大会	西大会	399	325	228	156	90.0
199	屯留县	河长头村	河长头村	566	457	319	216	122
200	屯留县	南庄村	南庄村	632	509	353	238	138
201	屯留县	中理村	中理村	120	100	71.0	50.0	30.0
202	屯留县	吴寨村	吴寨村	303	247	175	120	69.0
203	屯留县	桑园	桑园	303	247	175	120	69.0
204	屯留县	黑家口	黑家口	230	189	134	92.0	53.0
205	屯留县	上莲村	上莲村	310	258	189	134	86.1
206	屯留县	前上莲	前上莲	310	258	189	134	86.1
207	屯留县	后上莲	后上莲	260	215	154	109	69.0
208	屯留县	山角村	山角村	213	176	127	89.0	57.0
209	屯留县	马庄	马庄	310	258	189	134	86.1
210	屯留县	交川村	交川村	78.0	65.0	48.0	35.0	23.0
211	平顺县	洪岭村	洪岭村	31.0	24.0	15.8	10.3	6.50
212	平顺县	椿树沟村	椿树沟村	26.0	20.0	12.4	7.90	4.90
213	平顺县	贾家村	贾家村	49.0	38.0	23.9	15.4	9.70
214	平顺县	南北头村	南北头村	63.0	47.0	30.1	19.3	12.1
215	平顺县	河则	河则	274	207	130	82.9	51.2
216	平顺县	路家口村	路家口村	274	207	130	82.9	51.2
217	平顺县	北坡村	北坡村支流	20.1	15.6	10.6	6.53	3.83
218	平顺县	北坡村	北坡村干流	99.0	73.0	47.3	28.7	16.5
219	平顺县	龙镇村	龙镇村	131	100	60.5	37.2	21.4
220	平顺县	南坡村	南坡村	153	115	70.7	43.4	25.3
221	平顺县	东迷村	东迷村	140	113	78.5	50.3	30.5
222	平顺县	正村	正村	202	150	91.9	56.7	33.5
223	平顺县	龙家村	龙家村	213	159	98.2	61.2	36.7
224	平顺县	申家坪村	申家坪村	215	161	101	63.7	38.6

续表 5-6

序号	县(区、市)	行政区划名称	小流域名称	100年($Q_{1\%}$)	50年($Q_{2\%}$)	20年($Q_{5\%}$)	10年($Q_{10\%}$)	5年($Q_{20\%}$)
225	平顺县	下井村	下井村	162	129	88.1	55.3	32.8
226	平顺县	青行头村	青行头村	158	117	71.8	44.8	27.2
227	平顺县	南赛	南赛	327	239	144	88.1	51.0
228	平顺县	东峪	东峪	165	130	89.6	57.0	33.1
229	平顺县	西沟村	西沟村	396	286	171	103	58.4
230	平顺县	川底村	川底村	381	283	176	111	67.1
231	平顺县	石埠头村	石埠头村	416	305	185	113	65.8
232	平顺县	小东峪村	小东峪村	69.0	53.0	34.8	22.9	13.5
233	平顺县	城关村	城关村	431	318	195	122	72.9
234	平顺县	峪峪村	峪峪村	121	94.0	63.9	40.1	23.6
235	平顺县	张井村	张井村	140	106	68.7	44.3	27.7
236	平顺县	回源峧村	回源峧村	54.0	44.0	31.9	21.4	13.3
237	平顺县	小赛村	小赛村	574	420	255	156	92.8
238	平顺县	后留村	后留村	89.0	73.0	52.8	37.1	22.6
239	平顺县	常家村	常家村	21.0	16.0	9.90	6.20	3.70
240	平顺县	庙后村	庙后村	110	85.0	54.3	36.1	21.8
241	平顺县	黄崖村	黄崖村	233	183	105	61.0	32.2
242	平顺县	牛石窑村	牛石窑村	481	382	225	118	59.4
243	平顺县	玉峡关村支流	玉峡关村支流	51.0	43.0	31.1	19.4	10.5
244	平顺县	玉峡关村干流	玉峡关村干流	159	131	90.2	49.8	24.4
245	平顺县	南地	南地	1 018	794	465	222	103
246	平顺县	阱沟	阱沟	37.0	31.0	19.8	10.9	5.10
247	平顺县	石窑滩村	石窑滩村	56.0	46.0	31.0	19.5	10.6
248	平顺县	羊老岩村	羊老岩村	72.0	57.0	34.8	21.9	11.6
249	平顺县	河口	河口	151	119	69.3	36.4	23.8
250	平顺县	底河村	底河村	172	127	69.3	41.3	22.8
251	平顺县	西湾村	西湾村	514	352	187	109	59.1
252	平顺县	焦底村	焦底村	12.0	9.00	5.90	3.80	2.20
253	平顺县	棠梨村	棠梨村	25.0	18.0	12.3	7.70	4.50
254	平顺县	大山村	大山村	86.0	70.0	44.8	29.5	16.0
255	平顺县	安阳村	安阳村	133	101	61.7	40.3	21.9
256	平顺县	虎窑村	虎窑村	1 089	790	457	283	154

续表 5-6

序号	县(区,市)	行政区划名称	小流域名称	100 年($Q_{1\%}$)	50 年($Q_{2\%}$)	20 年($Q_{5\%}$)	10 年($Q_{10\%}$)	5 年($Q_{20\%}$)
257	平顺县	军寨	军寨	715	471	244	141	75.5
258	平顺县	东寺头村	东寺头村	703	473	237	134	71.5
259	平顺县	后庄村	后庄村	87.0	65.0	43.4	27.1	15.6
260	平顺县	前庄村	前庄村	130	93.0	56.3	35.4	19.9
261	平顺县	虹梯关村	虹梯关村	169	123	75.5	46.9	27.5
262	平顺县	梯后村	梯后村	836	556	309	181	97.7
263	平顺县	碑滩村	碑滩村	861	578	301	174	92.7
264	平顺县	虹觅村	虹觅村	820	542	292	169	89.6
265	平顺县	茶兰岩村	茶兰岩村	825	543	291	167	88.5
266	平顺县	堕磊沰	堕磊沰	861	563	298	170	89.6
267	平顺县	斩家园村	靳家园村	66.0	45.0	25.3	14.4	7.50
268	平顺县	棚头村	棚头村	235	178	107	64.1	35.0
269	平顺县	南耽车村	南耽车村	387	297	191	125	68.6
270	平顺县	椰树园村	椰树园村	263	192	115	69.6	39.4
271	平顺县	堂耳庄村	堂耳庄村	151	109	63.7	37.6	20.7
272	平顺县	源头村	源头村	198	142	82.7	48.3	26.2
273	平顺县	豆峪村	豆峪村	309	230	136	79.1	41.6
274	平顺县	井底村	井底村	168	126	76.3	44.7	23.8
275	平顺县	消军岭村	消军岭村	805	589	278	123	57.1
276	平顺县	天脚村	天脚村	32.6	26.6	18.8	12.6	7.29
277	平顺县	安咀村	安咀村	574	420	255	156	92.8
278	平顺县	上五井村	上五井村	514	352	187	109	59.1
279	平顺县	石灰窑	石灰窑	406	301	185	114	67.0
280	平顺县	驮山	驮山	51.7	42.8	31.0	18.5	11.3
281	平顺县	峦门前	峦门前	1 620	197	118	70.8	41.3
282	平顺县	中五井村	中五井村	80.4	64.7	43.1	28.3	17.9
283	平顺县	西安村	西安村	119	98.0	70.6	48.5	30.7
284	平顺县	东洼	东安村	165	132	77.0	45.9	24.9
285	黎城县	东洼	东洼	1 091	794	461	264	138
286	黎城县	仁庄	仁庄	182	145	98.2	65.2	39.8
287	黎城县	北泉寨	北泉寨	958	709	420	244	130
288	黎城县	茱家庄	茱家庄	225	172	104.5	62.2	34.0

续表 5-6

序号	县(区,市)	行政区划名称	小流域名称	100年($Q_{1\%}$)	50年($Q_{2\%}$)	20年($Q_{5\%}$)	10年($Q_{10\%}$)	5年($Q_{20\%}$)
289	黎城县	苏家峧	苏家峧	58.0	47.0	33.3	23.0	13.5
290	黎城县	岚沟村	岚沟村	90.0	73.0	50.6	32.7	18.2
291	黎城县	后寨村	后寨村	62.0	52.0	38.9	28.9	19.4
292	黎城县	寺底村	寺底村	1 007	744	444	259	137
293	黎城县	北委泉村	北委泉村	138	112	77.0	49.4	27.5
294	黎城县	车元村	车元村	95.0	77.0	54.2	36.1	21.3
295	黎城县	茶棚滩村	茶棚滩村	370	292	190	116	62.3
296	黎城县	佛崖底村	佛崖底村	533	430	293	189	109
297	黎城县	小寨村	小寨村	211	166	107	66.0	37.4
298	黎城县	西村村	西村村	205	161	103	63.1	35.6
299	黎城县	北停河村	北停河村	277	215	141	92.9	51.9
300	黎城县	柏官庄村	柏官庄村	259	209	140	90.9	50.7
301	黎城县	郭家庄村	郭家庄村	62.0	46.0	27.0	16.0	8.70
302	黎城县	前庄村	前庄村	148	118	81.9	53.7	30.7
303	黎城县	曹庄村	曹庄村	468	361	229	140	75.9
304	黎城县	三十亩村	三十亩村	415	314	191	115	61.6
305	黎城县	孔家峧村	孔家峧村	63.7	50.4	32.3	19.7	10.7
306	黎城县	龙王庙村	龙王庙村	368	279	173	102	55.0
307	黎城县	秋树垣村	秋树垣村	551	414	254	150	80.2
308	黎城县	南委泉村	南委泉村	241	190	126	77.5	42.1
309	黎城县	牛居村	牛居村	127	105	76.5	53.7	32.0
310	黎城县	彭庄村	彭庄村	189	153	106	68.6	39.3
311	黎城县	青坡村	青坡村	150	121	83.3	53.4	50.0
312	黎城县	平头村	平头村	210	149	85.3	49.0	25.8
313	黎城县	中庄村	中庄村	261	216	158	112	68.0
314	黎城县	清泉村	清泉村	1035	824	543	340	191
315	壶关县	桥上	桥上	640	494	299	136	56.6
316	壶关县	盘底村	盘底村	1 318	943	452	219	105
317	壶关县	沙滩村	沙滩村	1 262	895	423	204	98.3
318	壶关县	潭上	潭上	1 488	1 053	495	237	113
319	壶关县	庄则上村	庄则上村	1 451	1 062	524	261	127
320	壶关县	土圪堆	土圪堆	988	725	355	178	87.6

续表 5-6

序号	县(区,市)	行政区划名称	小流域名称	100 年($Q_{1\%}$)	50 年($Q_{2\%}$)	20 年($Q_{5\%}$)	10 年($Q_{10\%}$)	5 年($Q_{20\%}$)
321	壶关县	下石坡村	下石坡村	298	201	119	70.7	39.2
322	壶关县	黄崖底	黄崖底	581	464	300	163	63.0
323	壶关县	西坡上	西坡上	156	131	95.9	64.2	31.6
324	壶关县	靳家庄	靳家庄	403	323	211	110	45.5
325	壶关县	碾盘街	碾盘街	690	556	364	197	72.2
326	壶关县	东黄花水村	东黄花水村	104	82.9	57.3	36.1	21.1
327	壶关县	西黄花水村	西黄花水村	93.4	75.4	52.3	36.5	21.9
328	壶关县	安口村	安口村	24.0	19.3	13.1	8.26	4.95
329	壶关县	北平头坞村	北平头坞村	463	360	225	141	83.8
330	壶关县	南平头坞村	南平头坞村	171	133	80.9	48.3	27.1
331	壶关县	双井村	双井村	153	119	76.9	51.0	28.4
332	壶关县	石河冰村	石河冰村	73.7	58.0	33.7	16.3	7.60
333	壶关县	口头村	口头村	60.8	47.6	32.0	19.7	11.4
334	壶关县	大井村	大井村	5.70	4.30	2.61	1.50	0.700
335	壶关县	坡寨村	坡寨村	31.3	23.3	14.5	9.10	5.42
336	壶关县	薛家园村	薛家园村	8.50	6.40	3.90	2.30	1.10
337	壶关县	西底村	西底村	22.9	17.1	10.7	6.78	4.16
338	壶关县	神北村	神北村	325	237	144	87.1	49.1
339	壶关县	神南村	神南村	311	226	137	82.7	46.5
340	壶关县	上河村	上河村	172	128	78.6	48.2	27.9
341	壶关县	福头村	福头村	138	91.5	53.3	31.3	17.2
342	壶关县	西七里村	西七里村	137	101	61.5	38.0	22.4
343	壶关县	角脚底村	角脚底村	57.3	47.9	29.3	18.0	10.4
344	壶关县	北河村	北河村	306	254	165	108	68.2
345	长子县	红星庄	红星庄	100	85.0	66.0	51.0	35.0
346	长子县	石家庄村	石家庄村	1 520	1 224	845	567	307
347	长子县	西河庄村	西河庄村	1 520	1 224	845	567	307
348	长子县	晋义村	晋义村	394	320	225	155	87.0
349	长子县	刁黄村	刁黄村	394	320	225	155	87.0
350	长子县	南沟河村	南沟河村	199	162	113	77.0	43.0
351	长子县	良坪村	良坪村	198	161	113	76.0	43.0
352	长子县	乱石河村	乱石河村	671	545	379	260	149

续表 5-6

序号	县(区、市)	行政区划名称	小流域名称	100 年($Q_{1\%}$)	50 年($Q_{2\%}$)	20 年($Q_{5\%}$)	10 年($Q_{10\%}$)	5 年($Q_{20\%}$)
353	长子县	两都村	两都村	311	253	180	123	71.0
354	长子县	苇池村	苇池村	123	100	72.0	48.0	27.0
355	长子县	李家庄村	李家庄村	120	99.0	70.0	48.0	29.0
356	长子县	圪倒村	圪倒村	671	545	379	260	149
357	长子县	高桥沟村	高桥沟村	671	545	379	260	149
358	长子县	花家坪村	花家坪村	671	545	379	260	149
359	长子县	洪珍村	洪珍村	440	356	248	170	97.0
360	长子县	郭家沟村	郭家沟村	38.0	31.0	22.0	15.0	8.00
361	长子县	南岭庄	南岭庄	523	431	309	219	133
362	长子县	大山	大山	523	431	309	219	133
363	长子县	羊窑沟	羊窑沟	523	431	309	219	133
364	长子县	响水铺	响水铺	619	508	363	255	154
365	长子县	东沟庄	东沟庄	54.0	44.0	31.0	22.0	13.0
366	长子县	九亩沟	九亩沟	193	160	116	84.0	54.0
367	长子县	小豆沟	小豆沟	411	333	234	160	92.0
368	长子县	尧神沟村	尧神沟村	8.00	7.00	5.00	4.00	3.00
369	长子县	沙河村	沙河村	296	242	167	108	65.0
370	长子县	韩坊村	韩坊村	575	465	312	202	125
371	长子县	交里村	交里村	1 595	1 262	860	551	296
372	长子县	西田良村	西田良村	311	260	194	141	91.0
373	长子县	南贾村	南贾村	166	140	106	78.0	52.0
374	长子县	东田良村	东田良村	313	263	196	142	92.0
375	长子县	南张店村	南张店村	160	135	102	76.0	50.0
376	长子县	西池村	西池村	74.0	63.0	48.0	37.0	26.0
377	长子县	东池村	东池村	160	135	102	76.0	50.0
378	长子县	崔庄村	崔庄村	166	140	106	78.0	52.0
379	长子县	龙泉村	龙泉村	160	135	102	76.0	50.0
380	长子县	程家庄村	程家庄村	28.0	24.0	19.0	15.0	10.0
381	长子县	笤下村	笤下村	202	171	130	97.0	66.0
382	长子县	赵家庄村	赵家庄村	38.0	33.0	26.0	20.0	14.0
383	长子县	陈家庄村	陈家庄村	38.0	33.0	26.0	20.0	14.0
384	长子县	吴家庄村	吴家庄村	38.0	33.0	26.0	20.0	14.0
385	长子县	曹家沟村	曹家沟村	202	171	130	97.0	66.0

续表 5-6

序号	县(区,市)	行政区划名称	小流域名称	100 年($Q_{1\%}$)	50 年($Q_{2\%}$)	20 年($Q_{5\%}$)	10 年($Q_{10\%}$)	5 年($Q_{20\%}$)
386	长子县	琚村	琚村	295	248	186	137	91.0
387	长子县	平西沟村	平西沟村	329	276	207	152	100
388	长子县	南漳村	南漳村	366	285	179	116	67.0
389	长子县	吴村	吴村	1 333	1 064	731	463	253
390	长子县	安西村	安西村	297	241	170	116	65.0
391	长子县	金村	金村	297	241	170	116	65.0
392	长子县	丰村	丰村	179	146	103	70.0	40.0
393	长子县	苏村	苏村	341	286	212	155	100
394	长子县	西沟村	西沟村	91.0	77.0	57.0	43.0	28.0
395	长子县	西岭村	西岭村	135	113	85.0	63.0	41.0
396	长子县	东岭村	东岭村	135	113	84.0	62.0	41.0
397	长子县	城阳村	城阳村	406	331	235	163	96.0
398	长子县	阳鲁村	阳鲁村	186	154	113	80.0	49.0
399	长子县	善村	善村	197	162	117	81.0	49.0
400	长子县	南庄村	南庄村	197	162	117	81.0	49.0
401	长子县	大南石村	大南石村	7.00	6.00	5.00	4.00	3.00
402	长子县	小南石村	小南石村	16.0	14.0	11.0	8.00	6.00
403	长子县	申村	申村	1 547	1 253	873	590	323
404	长子县	西向村	西向村	1 335	1 052	671	402	216
405	长子县	鲍寨村	鲍寨村	202	171	130	97.0	66.0
406	长子县	南庄村	南庄村	523	431	309	219	133
407	长子县	南沟	南沟	26.0	22.0	17.0	12.0	8.00
408	长子县	庞庄	庞庄	218	185	143	109	75.0
409	武乡县	洪水村	洪水村	513	388	252	161	95.4
410	武乡县	寨坪村	寨坪村	985	759	471	301	181
411	武乡县	下寨村	下寨村	223	186	137	97.8	65.4
412	武乡县	中村村	中村村	167	131	86.3	58.0	33.1
413	武乡县	义安村	义安村	167	131	86.3	58.0	33.1
414	武乡县	韩北村	韩北村	79.0	60.0	37.1	24.3	13.5
415	武乡县	王家峪村	王家峪村	46.0	37.0	25.3	17.5	10.5
416	武乡县	大有村	大有村	407	341	250	178	117
417	武乡县	辛庄村	辛庄村	407	341	250	178	117
418	武乡县	峪口村	峪口村	466	387	278	194	124

续表 5-6

序号	县(区、市)	行政区划名称	小流域名称	100年($Q_{1\%}$)	50年($Q_{2\%}$)	20年($Q_{5\%}$)	10年($Q_{10\%}$)	5年($Q_{20\%}$)
419	武乡县	型村村	型村	12.0	10.0	7.70	5.70	3.90
420	武乡县	李峪村	李峪村	255	212	154	108	69.2
421	武乡县	泉沟村	泉沟村	255	212	154	108	69.2
422	武乡县	贾豁村	贾豁村	392	319	221	147	91.4
423	武乡县	高家庄村	高家庄村	233	195	143	102	67.3
424	武乡县	石泉村	石泉村	152	128	95.1	69.8	48.3
425	武乡县	海神沟村	海神沟村	24.0	21.0	16.2	12.5	9.10
426	武乡县	郭村村	郭村村	219	183	134	96.5	65.4
427	武乡县	杨桃湾村	杨桃湾村	72.0	62.0	47.3	36.0	25.3
428	武乡县	胡庄铺村	胡庄铺村	167	140	104	75.3	50.4
429	武乡县	平家沟村	平家沟村	57.0	49.0	38.2	29.3	20.6
430	武乡县	王路村	王路村	44.0	37.0	27.5	19.8	12.7
431	武乡县	马牧村	马牧村干流	842	692	493	333	195
432	武乡县	马牧村	马牧村支流	269	221	158	107	64.6
433	武乡县	南村村	南村村	759	618	432	286	162
434	武乡县	东寨底村	东寨底村	120	99.0	71.1	49.4	30.4
435	武乡县	邵渠村	邵渠村	105	87.0	62.9	43.9	27.3
436	武乡县	北涅水村	北涅水村	76.0	64.0	48.0	35.4	23.5
437	武乡县	高台寺村	高台寺村	1 089	879	607	394	213
438	武乡县	槐圪塔村	槐圪塔村	672	547	387	262	150
439	武乡县	大寨村	大寨村	661	537	378	254	146
440	武乡县	西良村	西良村	385	315	225	155	89.5
441	武乡县	分水岭村	分水岭村	171	142	103	73.4	45.2
442	武乡县	畛儿头村	畛儿头村	167	137	97.5	66.6	38.3
443	武乡县	南关村	南关村	542	437	305	203	112
444	武乡县	松庄村	松庄村	228	187	134	92.4	53.0
445	武乡县	石北村	石北村	234	194	141	98.4	59.0
446	武乡县	西黄岩村	西黄岩村	63.0	53.0	39.5	29.0	19.1
447	武乡县	型庄村	型庄村	636	525	376	256	151
448	武乡县	长蔚村	长蔚村	753	612	430	286	162
449	武乡县	王家渠村	王家渠村	54.0	46.0	35.7	27.2	18.9
450	武乡县	长庆村	长庆村	31.0	26.0	20.2	15.3	10.6
451	武乡县	长庆凹村	长庆凹村	71.0	60.0	45.5	33.6	22.5

续表 5-6

序号	县(区，市)	行政区划名称	小流域名称	100 年（$Q_{1\%}$）	50 年（$Q_{2\%}$）	20 年（$Q_{5\%}$）	10 年（$Q_{10\%}$）	5 年（$Q_{20\%}$）
452	武乡县	墨镫村	墨镫村	153	128	95.8	69.7	46.2
453	沁县	北关社区	北关社区	895	706	479	304	159
454	沁县	南关社区	南关社区	2 230	1 772	1 219	796	422
455	沁县	西苑社区	西苑社区	1 015	800	542	343	178
456	沁县	东苑社区	东苑社区	1 015	800	542	343	178
457	沁县	育才社区	育才社区	2 230	1 772	1 219	796	422
458	沁县	合庄村	合庄村	33.0	28.0	20.8	15.3	10.1
459	沁县	北寺上村	北寺上村	156	128	91.5	62.6	37.3
460	沁县	下曲岭村	下曲岭村	67.0	56.2	41.9	30.7	20.1
461	沁县	迎春村	迎春村	824	656	449	287	160
462	沁县	官道上	官道上	1 146	914	633	420	228
463	沁县	北漳村	北漳村	101	84.8	63.0	45.7	29.6
464	沁县	福村村	福村村	390	318	225	155	88.2
465	沁县	郭村村	郭村村	108	89.1	64.5	45.5	27.4
466	沁县	池堡村	池堡村	107	88.8	64.7	45.9	28.2
467	沁县	故县村	故县村	1 188	958	671	447	247
468	沁县	后河村	后河村	399	330	240	169	103
469	沁县	徐村	徐村	1 607	1 281	882	573	312
470	沁县	马连道村	马连道村	2 067	1 681	1 188	802	455
471	沁县	徐阳村	徐阳村	592	491	357	249	157
472	沁县	邓家坡村	邓家坡村	434	356	251	169	104
473	沁县	南池村	南池村	776	637	454	310	184
474	沁县	古城村	古城村	680	560	401	277	169
475	沁县	大里村	大里村	748	614	437	300	181
476	沁县	西侍贤	西侍贤	325	271	200	145	92.9
477	沁县	芦则沟	芦则沟	21.8	18.5	14.0	10.6	7.33
478	沁县	陈庄沟	陈庄沟	70.1	59.1	44.5	33.2	22.6
479	沁县	沙圪道	沙圪道	527	434	312	217	132
480	沁县	交口村	交口村	353	289	215	140	79.2
481	沁县	韩曹沟	韩曹沟	90.0	76.0	56.0	40.5	25.9
482	沁县	固亦村	固亦村	518	419	295	196	109
483	沁县	南园则村	南园则村	518	419	295	196	109
484	沁县	景村村	景村村	411	320	214	131	68.3

续表 5-6

序号	县(区、市)	行政区划名称	小流域名称	100年($Q_{1\%}$)	50年($Q_{2\%}$)	20年($Q_{5\%}$)	10年($Q_{10\%}$)	5年($Q_{20\%}$)
485	沁县	羊庄村	羊庄村	203	162	110	68.6	35.7
486	沁县	乔家湾村	乔家湾村	156	126	87.7	57.3	31.3
487	沁县	山坡村	山坡村	319	254	174	110	58.1
488	沁县	道兴村	道兴村	848	683	478	324	182
489	沁县	燕垒沟村	燕垒沟村	41.0	34.0	25.6	18.9	12.4
490	沁县	河止村	河止村	793	645	457	315	181
491	沁县	漫水村	漫水村	494	403	286	197	113
492	沁县	下湾村	下湾村	552	448	313	215	121
493	沁县	寺庄村	寺庄村	491	399	282	194	110
494	沁县	前庄	前庄	109	91.0	65.8	45.7	27.6
495	沁县	蔡甲	蔡甲	109	91.0	65.8	45.7	27.6
496	沁县	长街村	长街村	250	210	155	111	70.5
497	沁县	次村村	次村村	469	392	289	206	134
498	沁县	五星村	五星村	509	423	309	217	137
499	沁县	东杨家庄村	东杨家庄村	102	86.0	65.2	48.6	33.1
500	沁县	下张庄村	下张庄村	294	244	179	129	81.9
501	沁源县	唐村村	唐村村	68.5	57.7	43.4	32.4	21.8
502	沁源县	中里村	中里村	73.1	61.4	46.0	34.1	22.7
503	沁源县	南泉村	南泉村	269	222	160	112	67.1
504	沁源县	榜口村	榜口村	393	320	228	156	90.4
505	沁源县	杨安村	杨安村	411	334	233	155	89.0
506	沁源县	麻巷村	麻巷村	98.0	77.0	53.0	35.0	19.0
507	沁源县	狼尾河	狼尾河	98.0	77.0	53.0	35.0	19.0
508	沁源县	南石渠村	南石渠村	2 002	1 429	807	451	223
509	沁源县	李家庄村	李家庄村	275	224	160	111	66.0
510	沁源县	闫寨村	闫寨村	1 045	834	571	376	209
511	沁源县	姑姑池	姑姑池	881	697	473	300	166
512	沁源县	学孟村	学孟村	2 493	1 788	1 022	569	281
513	沁源县	南石村	南石村	2 460	1 772	1 010	562	278
514	沁源县	郭道村	郭道村	1 758	1 268	726	406	208
515	沁源县	前兴稍村	前兴稍村	297	250	188	141	93.5
516	沁源县	朱合沟村	朱合沟村	475	335	197	112	57.0
517	沁源县	东阳城村	东阳城村	1 050	782	463	256	127

续表 5-6

序号	县(区,市)	行政区划名称	小流域名称	100年($Q_{1\%}$)	50年($Q_{2\%}$)	20年($Q_{5\%}$)	10年($Q_{10\%}$)	5年($Q_{20\%}$)
518	沁源县	西阳城村	西阳城村	1 663	1 203	691	392	205
519	沁源县	永和村	永和村	986	743	442	252	127
520	沁源县	兴盛村	兴盛村	1 061	790	463	275	141
521	沁源县	东村村	东村村	1 018	759	443	264	135
522	沁源县	棉上村	棉上村	517	402	248	146	80.0
523	沁源县	乔龙沟	乔龙沟	16.0	14.0	10.0	8.00	5.00
524	沁源县	新庄	新庄	178	126	73.0	41.0	20.0
525	沁源县	段家庄村	段家庄村	152	107	59.0	34.0	17.0
526	沁源县	苏家庄村	苏家庄村	93.0	76.0	54.0	37.0	21.0
527	沁源县	高家山村	高家山村	14.0	12.0	8.00	6.00	3.00
528	沁源县	伏贵村	伏贵村	165	115	65.1	37.1	19.2
529	沁源县	龙门口村	龙门口村	91.0	63.0	34.0	20.0	10.0
530	沁源县	定阳村	定阳村	356	277	177	102	53.0
531	沁源县	向阳村	向阳村	106	85.0	57.0	36.0	19.0
532	沁源县	郭家庄村	郭家庄村	321	250	162	97.0	49.0
533	沁源县	梭村村	梭村村	289	223	148	87.0	44.0
534	沁源县	南泉沟村	南泉沟村	55.0	40.0	23.0	13.0	7.00
535	沁源县	上兴居村	上兴居村	59.0	43.0	25.0	14.0	7.00
536	沁源县	庄则沟村	庄则沟村	35.0	27.0	17.0	10.0	5.00
537	沁源县	康家洼	康家洼	59.0	44.0	25.0	14.0	7.00
538	沁源县	马家占	马家占	3.00	2.00	1.00	1.00	1.00
539	沁源县	下兴居村	下兴居村	59.0	43.0	25.0	14.0	7.00
540	沁源县	柏子村	柏子村	139	98.0	57.0	33.0	18.0
541	沁源县	西务村	西务村	99.0	70.0	40.0	23.0	12.0
542	沁源县	王庄村	王庄村	277	197	115	67.0	37.0
543	沁源县	第一川村	第一川村	34.0	25.0	14.0	8.00	4.00
544	沁源县	北山村	北山村	59.0	44.0	25.0	14.0	7.00
545	沁源县	黑峪川村	黑峪川村	17.0	12.0	7.00	4.00	2.00
546	沁源县	王和村	王和村	65.0	55.0	41.3	31.0	21.5
547	沁源县	红莲村	红莲村	325	274	204	151	101
548	沁源县	西沟村	西沟村	330	277	205	151	100
549	沁源县	后军家沟村	后军家沟村	330	278	206	152	101
550	沁源县	后沟村	后沟村	144	122	93.0	70.0	47.0

续表 5-6

序号	县(区、市)	行政区划名称	小流域名称	100年($Q_{1\%}$)	50年($Q_{2\%}$)	20年($Q_{5\%}$)	10年($Q_{10\%}$)	5年($Q_{20\%}$)
551	沁源县	大山沟村	大山沟村	157	133	100	75.0	51.0
552	沁源县	前西窑沟村	前西窑沟村	193	164	123	92.0	63.0
553	沁源县	南坪村	南坪村	40.0	30.0	20.0	12.0	7.00
554	沁源县	大栅村	大栅村	105	83.0	57.0	37.0	21.0
555	沁源县	铁水沟村	铁水沟村	28.0	24.0	18.0	13.0	9.00
556	沁源县	虎限村	虎限村	37.0	28.0	17.0	10.0	6.00
557	沁源县	王凤村	王凤村	268	224	163	117	76.0
558	沁源县	贾郭村	贾郭村	798	661	479	344	221
559	沁源县	正义村	正义村	242	200	145	104	65.0
560	沁源县	李成村	李成村	261	218	159	116	73.6
561	沁源县	留神峪村	留神峪村	60.0	49.0	35.0	24.0	14.0
562	沁源县	上庄村	上庄村	269	222	158	111	67.0
563	沁源县	韩家沟村	韩家沟村	56.0	47.0	36.0	27.0	18.0
564	沁源县	下庄村	下庄村	242	200	145	104	65.0
565	沁源县	马兰沟村	马兰沟村	112	92.0	66.0	45.0	25.0
566	沁源县	李元村	李元村	419	338	236	158	89.0
567	沁源县	新乐园	新乐园	321	259	180	123	69.0
568	沁源县	马森村	马森村	486	391	263	175	94.0
569	沁源县	新章村	新章村	462	365	246	161	85.0
570	沁源县	崔庄村	崔庄村	94.0	76.0	53.0	35.0	19.0
571	沁源县	蔚庄村	蔚庄村	466	340	200	118	63.0
572	沁源县	渣滩村	渣滩村	500	368	219	129	69.0
573	沁源县	新和洼	新和洼	505	371	221	131	70.0
574	沁源县	中峪店村	中峪店村	631	472	283	167	89.0
575	沁源县	南峪村	南峪村	129	107	79.0	57.0	36.0
576	沁源县	上庄子村	上庄子村	109	93.0	71.0	55.0	38.0
577	沁源县	西庄子	西庄子	93.0	77.0	57.0	42.0	27.0
578	沁源县	西王勇村	西王勇村	770	585	355	208	112
579	沁源县	龙头村	龙头村	777	593	359	213	114
580	沁源县	友仁村	友仁村	103	84.0	57.0	38.0	21.0
581	沁源县	支角村	支角村	380	307	214	145	82.0
582	沁源县	马西村	马西村	476	385	269	180	102
583	沁源县	法中村	法中村	470	380	266	179	104

续表 5-6

序号	县(区,市)	行政区划名称	小流域名称	100 年($Q_{1\%}$)	50 年($Q_{2\%}$)	20 年($Q_{5\%}$)	10 年($Q_{10\%}$)	5 年($Q_{20\%}$)
584	沁源县	南沟村	南沟村	379	307	214	144	82.0
585	沁源县	冯村村	冯村村	313	304	213	144	83.0
586	沁源县	麻坪村	麻坪村	105	86.0	61.0	41.0	24.0
587	沁源县	水泉村	水泉村	125	103	74.0	51.0	30.0
588	沁源县	自强村	自强村	1 828	1 304	734	410	210
589	沁源县	后泉峪沟	后泉峪沟	1 835	1 309	737	411	211
590	沁源县	侯壁村	侯壁村	2 203	1 592	915	511	261
591	沁源县	交口村	交口村	717	569	385	243	133
592	沁源县	石鏊村	石鏊村	585	461	305	192	102
593	沁源县	南洪林村	南洪林村	1 933	1 382	780	446	221
594	沁源县	新毅村	新毅村	485	382	262	171	90.0
595	沁源县	安乐村	安乐村	541	431	289	184	96.0
596	沁源县	铺上村	铺上村	541	430	288	183	96.0
597	沁源县	马泉村	马泉村	234	200	153	117	81.0
598	沁源县	聪子峪村	聪子峪村	58.0	41.0	24.0	13.0	7.00
599	沁源县	水峪村	水峪村	65.0	47.0	28.0	16.0	9.00
600	沁源县	才子坪村	才子坪村	215	173	119	76.0	44.0
601	沁源县	小岭底村	小岭底村	215	173	119	76.0	44.0
602	沁源县	土岭底村	土岭底村	230	188	128	84.0	47.0
603	沁源县	新店上村	新店上村	526	409	252	149	82.0
604	沁源县	王家沟村	王家沟村	43.0	31.0	17.0	10.0	5.00
605	沁源县	程壁村	程壁村	225	158	89.0	52.0	27.0
606	沁源县	下窎村	下窎村	149	109	61.0	34.0	18.0
607	沁源县	王家湾村	王家湾村	119	83.0	47.0	28.0	15.0
608	沁源县	奠基村	奠基村	87.0	61.0	35.0	21.0	11.0
609	沁源县	上合村	上合村	113	80.0	46.0	26.0	14.0
610	沁源县	泽山村	泽山村	58.0	41.0	23.0	13.0	6.00
611	沁源县	仁道村	仁道村	36.0	27.0	15.0	8.00	4.00
612	沁源县	鱼儿泉村	鱼儿泉村	25.0	18.0	10.0	6.00	3.00
613	沁源县	磨嫡平	磨嫡平	77.0	54.0	31.0	18.0	9.00
614	沁源县	红窑上村	红窑上村	17.0	12.0	7.00	4.00	2.00
615	沁源县	琴峪村	琴峪村	102	82.0	54.0	34.0	18.0
616	沁源县	紫红村	紫红村	747	564	336	189	91.0

续表 5-6

序号	县(区,市)	行政区划名称	小流域名称	100年($Q_{1\%}$)	50年($Q_{2\%}$)	20年($Q_{5\%}$)	10年($Q_{10\%}$)	5年($Q_{20\%}$)
617	沁源县	崖头村	崖头村	395	298	190	105	50.0
618	沁源县	活凤村	活凤村	289	222	144	82.0	39.0
619	沁源县	陈家岭村	陈家岭村	87.0	69.0	46.0	27.0	13.0
620	沁源县	汝家庄村	汝家庄村	101	81.0	54.0	33.0	18.0
621	沁源县	马家岭村	马家岭村	142	114	75.0	46.0	24.0
622	沁源县	庞家沟	庞家沟	7.00	6.00	4.00	3.00	2.00
623	沁源县	南湾村	南湾村	70.0	56.0	38.0	22.0	12.0
624	沁源县	倪庄村	倪庄村	352	277	176	109	61.0
625	沁源县	武家沟村	武家沟村	44.0	35.0	24.0	15.0	9.00
626	沁源县	段家坡底村	段家坡底村	44.0	35.0	24.0	15.0	9.00
627	沁源县	胡家庄村	胡家庄村	44.0	35.0	24.0	15.0	9.00
628	沁源县	胡汉坪	胡汉坪	44.0	35.0	24.0	15.0	9.00
629	沁源县	善朴村	善朴村	123	100	70.0	46.0	29.0
630	沁源县	庄儿上村	庄儿上村	124	99.0	63.0	39.0	21.0
631	沁源县	沙坪村	沙坪村	6.00	5.00	4.00	3.00	2.00
632	沁源县	豆壁村	豆壁村	237	198	146	107	71.0
633	沁源县	牛郎沟村	牛郎沟村	47.0	40.0	30.0	23.0	16.0
634	沁源县	马凤沟村	马凤沟村	47.0	40.0	30.0	23.0	16.0
635	沁源县	城艾庄村	城艾庄村	90.0	76.0	58.0	44.0	30.0
636	沁源县	花坡村	花坡村	7.00	5.00	3.00	2.00	1.00
637	沁源县	八眼泉村	八眼泉村	55.0	39.0	23.0	14.0	7.00
638	沁源县	土岭上村	土岭上村	110	77.0	44.0	26.0	14.0
639	潞城市	会山底村	会山底村	8.09	6.60	4.70	3.19	1.94
640	潞城市	下社村	下社村	58.4	44.5	27.7	17.3	10.1
641	潞城市	下社村后交	下社村后交	58.4	44.5	27.7	17.3	10.1
642	潞城市	河西村	河西村	25.5	21.3	15.7	11.3	7.60
643	潞城市	后峧村	后峧村	28.0	21.7	13.7	8.72	5.26
644	潞城市	申家村	申家村	152	115	72.3	45.5	27.1
645	潞城市	苗家村	苗家村	152	115	72.3	45.5	27.1
646	潞城市	苗家村庄上	苗家村庄上	152	115	72.3	45.5	27.1
647	潞城市	枣臻村	枣臻村	157	123	78.9	49.4	28.4
648	潞城市	赤头村	赤头村	166	133	89.8	58.8	34.7
649	潞城市	马江沟村	马江沟村	24.7	19.9	13.6	8.91	5.70

续表 5-6

序号	县(区、市)	行政区划名称	小流域名称	100年($Q_{1\%}$)	50年($Q_{2\%}$)	20年($Q_{5\%}$)	10年($Q_{10\%}$)	5年($Q_{20\%}$)
650	潞城市	弓家岭	弓家岭	11.7	9.70	6.90	4.90	3.21
651	潞城市	红江沟	红江沟	8.32	6.94	5.12	3.64	2.43
652	潞城市	曹家沟村	曹家沟村	717	524	316	190	107
653	潞城市	韩村	韩村	944	697	423	255	145
654	潞城市	冯村	冯村	227	188	135	95.2	63.0
655	潞城市	韩家园村	韩家园村	261	213	149	102	62.8
656	潞城市	李家庄村	李家庄村	139	114	81.4	56.4	35.5
657	潞城市	漫流河村	漫流河村	201	165	115	78.4	48.2
658	潞城市	石匣村	石匣村	544	439	295	190	112
659	潞城市	申家山村	申家山村	59.7	48.7	33.9	22.8	13.9
660	潞城市	井岭村	井岭村	127	106	77.7	55.4	36.2
661	潞城市	南马庄村	南马庄村	205	166	113	73.3	42.9
662	潞城市	五里坡村	五里坡村	51.7	42.8	30.6	21.2	13.2
663	潞城市	西北村	西北村	180	147	103	70.7	44.8
664	潞城市	西南村	西南村	180	147	103	70.7	44.8
665	潞城市	南流村	南流村	8.60	7.10	5.20	3.70	2.20
666	潞城市	洞口村	洞口村	566	455	305	196	115
667	潞城市	斜底村	斜底村	28.9	24.2	17.7	12.7	8.30
668	潞城市	中村	中村	103	81.1	53.0	33.8	19.3
669	潞城市	堡头村	堡头村	166	126	77.8	47.2	26.4
670	潞城市	河后村	河后村	12.9	10.4	7.20	4.90	3.10
671	潞城市	桥堡村	桥堡村	99.6	76.1	48.8	29.8	16.8
672	潞城市	东山村	东山村	204	166	115	77.8	46.4
673	潞城市	西坡村	西坡村	202	168	120	82.6	50.4
674	潞城市	西坡村东坡	西坡村东坡	17.1	14.3	10.4	7.53	4.99
675	潞城市	儒教村	儒教村	115	95.5	68.3	47.0	28.8
676	潞城市	王家庄村后交	王家庄村后交	26.0	21.9	16.3	11.7	7.40
677	潞城市	上黄村向阳庄	上黄村向阳庄	4.80	4.00	2.90	2.10	1.40
678	潞城市	南花山村	南花山村	55.5	44.9	31.3	21.2	12.5
679	潞城市	辛安村	辛安村	1 550	1 166	721	429	240
680	潞城市	辽河村	辽河村	237	188	125	81.4	47.6
681	潞城市	辽河村车旺	辽河村车旺	237	188	125	81.4	47.6
682	潞城市	曲里村	曲里村	966	716	437	266	152

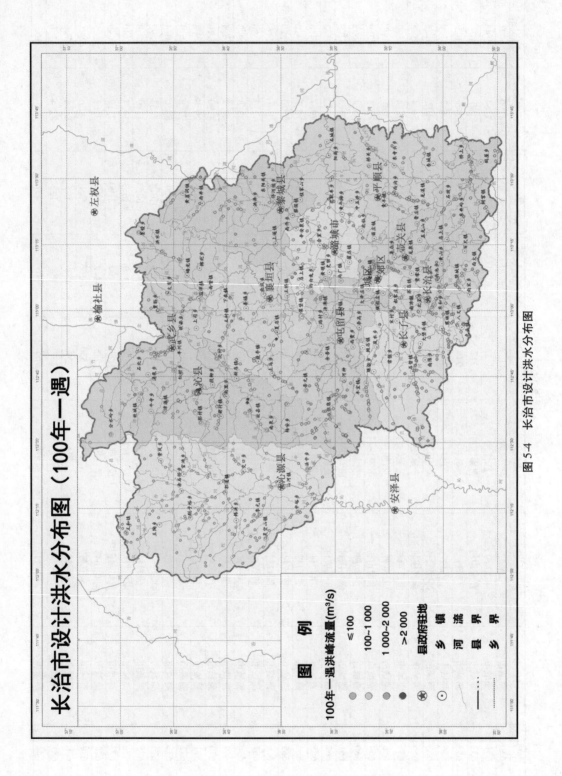

图 5-4 长治市设计洪水分布图

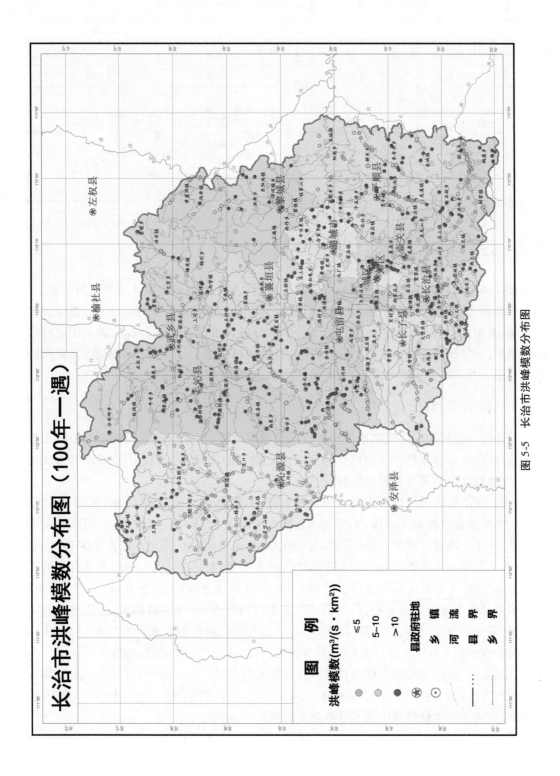

图 5-5　长治市洪峰模数分布图

表 5-7　长治市沿河村落控制断面设计洪水成果情况统计

县（区、市）	计算个数	县（区、市）	计算个数
长治市郊区	28	长子县	64
长治县	48	武乡县	44
襄垣县	45	沁县	53
屯留县	89	沁源县	133
平顺县	74	潞城市	44
黎城县	30	合计	682
壶关县	30		

5.8　设计洪水成果合理性分析

设计洪水的合理性分析与检查，可通过本流域及邻近地区调查洪水成果进行验证，并与上下游和邻近地区设计洪水成果等进行比较分析。无资料地区采用设计暴雨推求设计洪水时，必须结合调查历史洪水予以验证。本次分析评价设计洪水计算成果采用流域模型法成果，为保证设计洪水成果的合理性，对各沿河村落进行了历史洪水调查，并根据洪水情形推求其洪峰流量和相应频率，与设计洪水进行对照分析。

5.8.1　长治市郊区

各分析评价村均采用流域模型法进行设计洪水计算，与调查到的实际发生的洪水进行比较，检验成果合理性。实地调查到两场历史洪水的洪痕，时间发生在 1962 年 8 月 1 日，洪痕地址在南天桥村和老巴山村。

实测 1962 年南天桥村历史洪水位 1 044.19 m，计算相应流量 23.2 m^3/s，由于 1962 年洪水当时没有进行频率分析，距今 52 年，基本可确定为 50 年一遇洪水，采用流域模型法计算 50 年一遇设计洪水，洪峰流量 25.0 m^3/s，相应洪痕所在断面水位为 1 044.21 m，与 1962 年洪痕水位相差 0.02 m，流量差 8%，基本接近，由此可认为计算结果是合理的。

实测 1962 年老巴山村历史洪水位 973.10 m，计算的相应流量 29.0 m^3/s，由于 1962 年洪水当时没有进行频率分析，距今 52 年，基本可确定为 50 年一遇洪水，由流域模型法计算 50 年一遇设计洪水，洪峰流量 31.0 m^3/s，相应洪痕所在断面水位为 973.12 m，与历史洪痕水位相差 0.02 m，流量差 8%，基本接近，由此认为计算结果是合理的。

综上分析，南天桥村和老巴山村流域计算结果合理，其他小流域设计暴雨洪水计算所用资料和方法同上述两个流域，均来源于《山西省水文计算手册》，并经过相关人员的详细核查，故认为本次设计暴雨洪水计算成果合理。

5.8.2　长治县

根据历史洪水调查成果，1900 年曹家沟河段发生洪水，洪峰流量 1 260 m^3/s，到目前为止未发生过洪水,采用流域模型法计算 100 年一遇设计洪峰流量为 1 205 m³/s,与 1900 年洪峰流量接近,所以认为计算结果合理。

其他小流域设计暴雨洪水计算所用资料和方法与曹家沟小流域相同,均来源于《山西省水文计算手册》,并经过相关人员的详细核查,故认为本次设计暴雨洪水计算成果合理。

5.8.3 襄垣县

襄垣县境内仅有后湾水库 1 个水库水文站,且浊漳河西源水库上游小水库较多,水库调蓄影响较大。根据历史洪水资料记载,西底河段 1937 年、1954 年、1959 年和 1973 年后湾村有 4 场洪水,其中 1937 年、1954 年、1959 年资料中未推算洪峰流量,1973 年推算洪峰流量为 390 m³/s,可靠程度为较可靠,距 1959 年场次洪水 24 年,采用流域模型法计算得到的西底村 20 年一遇设计洪水为 413 m³/s,与 1973 年洪峰流量接近,计算结果合理;据历史资料记载里阚河段 1945 年、1961 年有 2 场洪水,洪峰流量分别为 332 m³/s 和 134 m³/s,本次采用流域模型法计算 10 年一遇设计洪峰流量为 334 m³/s,与 1945 年场次洪水洪峰流量较为接近,认为计算结果合理。

综上分析,西底村、里阚村设计洪水计算结果合理,其他村落设计暴雨洪水计算所用资料和方法同上述沿河村落,均来源于《山西省水文计算手册》,并经过相关人员的详细核查,故认为本次设计暴雨洪水计算成果合理。

5.8.4 屯留县

屯留县实地调查到的历史洪水的洪痕,与评价村落断面一致的主要有张店镇张店村、丰宜镇西丰宜村。

根据历史洪水资料记载,张店村共有 2 段年调查成果,1922 年和 1964 年,洪峰流量分别为 1 228 m³/s、868 m³/s,其中 1964 年 868 m³/s 为水文站实测成果。采用流域模型法计算 100 年一遇设计洪峰流量为 1 020 m³/s,50 年一遇设计洪峰流量为 804 m³/s,与调查洪水洪峰流量比较接近,可认为该结果是基本合理的。

根据历史洪水资料记载,丰宜镇西丰宜村共有 2 段年调查成果,1914 年和 1932 年,洪峰流量分别为 532 m³/s 和 733 m³/s。1914 年洪水发生后至今,只 1932 年发生过较大洪水,此后于 1975 年、1993 年发生过洪水,但没有进行调查测量,具体量级无法考证,可以肯定均没有超过 1914 年洪峰流量,可认为 1914 年洪水位于 20~50 年一遇。采用流域模型法计算 50 年一遇设计洪峰流量为 573 m³/s,20 年一遇设计洪峰流量为 397 m³/s,1914 年调查洪水洪峰流量为 532 m³/s,介于 20~50 年一遇,可认为该结果是基本合理的。

综上分析,张店村、西丰宜村设计洪水计算结果合理,其他小流域设计暴雨洪水计算所用资料和方法同上述两个小流域,均参考《山西省水文计算手册》,并经过相关人员的详细核查,故认为本次设计暴雨洪水计算成果合理。

5.8.5 平顺县

由于资料条件的限制,平顺县境内无水文站,无长系列资料进行比对,根据历史洪水资料记载,1975 年东峪沟有 1 场洪水,洪峰流量 62.0 m³/s,到目前为止未发生过洪水,采用流域模型法计算 50 年一遇设计洪峰流量为 53.0 m³/s,与 1975 年洪峰流量接近,计算结果合理;同年西湾村发生洪水,洪峰流量 446 m³/s,流域模型法计算 50 年一遇设计洪峰流量为 352 m³/s,100 年一遇设计洪峰流量 514 m³/s,1975 年以来未发生过洪水,认为计算结果合理;虎窑村同年洪水洪峰流量 775 m³/s,计算 50 年一遇设计洪水 790 m³/s,与 1975 年洪峰流量接近,且 40 年来未发生过洪水,计算结果合理。

综上分析,东峪沟、虎窑村、西湾村设计洪水计算结果合理,其他村落设计暴雨洪水计算所用资料和方法同上述沿河村落,均来源于《山西省水文计算手册》,并经过相关人员的详细核查,故认为本次设计暴雨洪水计算成果合理。

5.8.6　黎城县

黎城县实地调查到一场历史洪水的洪痕:柏官庄河流域孔家峧村现有洪痕高程 951.71 m,位于第二条实测断面上游 2 m 处,为新中国成立以来最大洪水,1993 年和 1996 虽发生过较大洪水但无法计算其洪峰流量,且可以肯定 1996 年洪水比 1993 年洪水小,所以可认为该村洪痕为 1993 年洪水,且超过 50 年一遇,经水文计算,孔家峧村断面 50 年一遇洪峰流量为 448 m³/s,洪峰水位为 951.70 m,100 年洪峰流量为 599 m³/s,洪峰水位为 951.84 m,水文计算与调查基本一致,可以认为成果合理。

综上分析,柏官庄河流域计算结果合理,其他小流域设计暴雨洪水计算所用资料和方法与其相同,均参考《山西省水文计算手册》,并经过相关人员的详细核查,故认为本次设计暴雨洪水计算成果合理。

5.8.7　壶关县

壶关县境内有 7 个河段的历史洪水调查成果,包括陶清河东源神东断面、陶清河东源寨上村断面、龙丽河北河村断面、陶清河西韩村断面、郊沟河西河桥上村断面、后沟桥上后沟桥上河段、郊沟河桥上河段。实地调查到的历史洪水的洪痕,与沿河村落断面一致的主要有龙泉镇北河村。

南运河水系龙丽河北河村断面位于壶关县龙泉镇北河村,集水面积 47.7 km²。调查河段基本顺直,位于龙丽河水库坝上游。断面呈 U 形,主槽两岸较陡,并有些滩地,土壤为黄黏土。该河段共有 4 次调查成果,1913 年、1943 年和 1962 年未进行推流,1927 年洪峰流量为 330 m³/s,估算该洪水频率为 1%,本次计算 100 年一遇洪峰流量 306 m³/s,与该河段的设计洪水接近,认为此次计算成果合理。

其他小流域设计暴雨洪水计算所用资料和方法相同,均参考《山西省水文计算手册》,并经过相关人员的详细核查,采用河道上下游设计成果对比分析、相邻流域设计成果对比分析。通过对比分析,沿河村落不同频率设计洪水成果合理,故认为本次设计暴雨洪水计算成果合理。

5.8.8　长子县

经查阅《山西省历史洪水调查成果》和《山西洪水研究》,依据《长子县历史洪水调查报告》,长子县境内有 7 个断面的历史洪水调查成果。本次实地调查按照历史洪水调查相关要求而开展,考证了洪水痕迹,对洪痕所在河道断面进行了测量,收集了调查洪水相应的降雨资料,估算了洪峰流量和洪水重现期。

结合调查成果和重点防治区情况,良坪、城阳和西河庄三个村既是重点防治区又有历史洪水调查成果,故将计算结果与调查及以前掌握的资料进行对比分析。

5.8.8.1　良坪

南运河水系浊漳河南源良坪断面位于长子县石哲镇花家坪村西。断面以上为土石山区,有部分林区,植被一般,河道坡度大,水流急。

调查河段基本顺直,河段上游约 500 m 处有一公路桥,300 m 以上为弯道,洪水时无支流汇入。单式砂卵石河床,坡度大,洪水时冲淤变化不大。

该河段 2007 年调查成果,洪峰流量为 92.1 m³/s,此次洪水重现期为 10 年左右,本次计算成果良坪村 10 年一遇设计洪峰流量为 76 m³/s,20 年一遇设计洪峰流量为 113 m³/s。92.1 m³/s 在 10～20 年一遇洪水,基本符合调查情况。

5.8.8.2　城阳

南运河水系浊漳河南源城阳断面位于长子县南陈乡城阳村,集水面积 41.0 km²。流域呈扇形,河长 8.9 km。石山区分布在河流一带,土石山区则在山腰及各支流的中游,石山区为砂页岩,土质为黏土,常年有清水。

调查河段距申村水库坝址 7.2 km,不受回水影响,河段顺直,上、下游有弯道。

该河段 1962 年调查成果,洪峰流量 369 m³/s,此次洪水重现期为 50 年左右,本次城阳村断面计算 50 年一遇设计洪峰流量为 331 m³/s,与调查结果很接近,设计洪水计算结果也是基本合理的。

5.8.8.3　西河庄

南运河水系浊漳河南源西河庄断面位于长子县石哲镇西河庄村,集水面积 236 km²。流域呈扇形,流域内上游主要为紫红色砂页岩石山区,中游为土石山区,沿河两岸为少量的丘陵阶地,土壤以红黏土为多,植被较差。

调查河段位于申村水库坝址下游,西河庄附近河道弯曲,西河庄以下顺直段较长。断面呈 V 形的单式河槽,河床由粗砂组成,冲淤变化较大。

该河段共有 5 年调查成果,以 1921 年和 1927 年洪水为大洪水,洪峰流量分别为 953 m³/s 和 1 150 m³/s,1927 年这场洪水重现期为 90 年一遇。本次设计西河庄村 100 年一遇设计流量为 1 520 m³/s,与之相比较,设计洪水计算结果是基本合理的。

经过有资料且又是沿河村落的断面对比,良坪、城阳以及西河庄流域计算结果都合理,表明本次计算方法是正确的。其他小流域设计暴雨洪水计算所用资料和方法与上述流域一致,均来源于《山西省水文计算手册》,并经过相关人员的详细核查,故认为本次设计暴雨洪水计算成果合理。

5.8.9　武乡县

实地调查到的历史洪水的洪痕,与评价村落断面一致的主要有故城镇西良村和高台寺村。

根据历史洪水资料记载,西良村共有 2 段年调查成果,1928 年和 1970 年,洪峰流量分别为 291 m³/s 和 252 m³/s。1970 年洪水发生之后至今,只 1993 年发生过洪水,但没有进行调查测量,具体量级无法考证,可以肯定均没有超过 1928 年洪峰流量,可认为 1928 年和 1970 年洪水均位于 20 年 ~ 50 年一遇。采用流域模型法计算西良村 50 年一遇设计洪峰流量为 315 m³/s,20 年一遇设计洪峰流量为 225 m³/s,1928 年和 1970 年的调查洪水洪峰流量分别为 291 m³/s 和 252 m³/s,介于 20 ~ 50 年一遇,可认为该结果是基本合理的。

高台寺村集水面积 50.4 km²,洪峰流量分别为 153 m³/s(1928 年)、219 m³/s(1962 年),其他洪水未调查到,则 153 ~ 219 m³/s 为一般性洪水,本次计算一般性洪水洪峰流量 213 m³/s,与调查值基本一致。

其他小流域设计暴雨洪水计算所用资料和方法同前,均参考《山西省水文计算手册》,并经过相关人员的详细核查,故认为本次设计暴雨洪水计算成果合理。

5.8.10　沁县

实地调查到的历史洪水的洪痕,与评价村落断面一致的主要有交口村洪水。

根据历史洪水资料记载,1993 年 8 月 4 日交口村发生洪水,洪峰流量 93.5 m³/s,此后分别于 1998 年、2010 年发生洪水,但没有进行调查测量,具体量级无法考证,综合判断调查到的 1993 年洪水应大于 5 年一遇。采用流域模型法计算 5 年一遇设计洪峰流量为 79.2 m³/s,10 年一遇设计洪峰流量为 140 m³/s,调查洪水洪峰流量为 93.5 m³/s,介于 5 ~ 10 年一遇,可认为该结果是基本合理的。

其他小流域设计暴雨洪水计算所用资料和方法分上述相同,均参考《山西省水文计算手册》,并经过相关人员的详细核查,故认为本次设计暴雨洪水计算成果合理。

5.8.11　沁源县

1993 年,沁源县全县大部遭遇洪水侵袭,此次洪水为新中国成立以来发生的较大洪水,可认为其位于 50 ~ 100 年。根据历史洪水资料记载,自强河段 1993 年洪峰流量为 1 780 m³/s,流域模型法计算自强村 100 年一遇设计洪峰流量为 1 828 m³/s,50 年一遇设计洪峰流量为 1 304 m³/s,与调查洪水洪峰流量比较接近,可认为该结果是基本合理的;孔家坡河段 1993 年洪峰流量为 2 210 m³/s,为水文站实测成果,位于其上游的南石渠村,流域模型法计算 100 年一遇设计洪峰流量为 2 002 m³/s,可认为该结果基本合理;永和河段 1993 年洪峰流量为 713 m³/s,流域模型法计算永和村 50 年一遇设计洪峰流量为 743 m³/s,可认为该结果是基本合理的。

其他小流域设计暴雨洪水计算所用资料和方法同前,均参考《山西省水文计算手册》,并经过相关人员的详细核查,故认为本次设计暴雨洪水计算成果合理。

5.8.12　潞城市

潞城市实地调查到 2 场历史洪水的洪痕:1993 年黄碾河桥堡村洪水和 1993 年南大河冯村洪水。1993 年桥堡村洪峰流量为 94.0 m³/s,为 1964 年以来最大洪水,且 1962 年和 1964 年虽发生过较大洪水但无法计算洪峰流量,且可以肯定比 1993 年洪水小,所以 1993 年洪水超过 50 年一遇,经水文计算,桥堡断面 50 年一遇洪峰流量为 76.1 m^3/s,100 年一遇洪峰流量为 99.6 m^3/s。水文计算与调查基本一致,可以肯定成果合理。1993 年冯村历史洪水位为 888.93 m,此后未发生过较大洪水,经水文计算,冯村断面 20 年一遇设计洪水位为 889.10 m,基本接近,计算结果合理。

综上分析,黄碾河、南大河流域计算结果合理,其他小流域设计暴雨洪水计算所用资料和方法同上述两个流域,均参考《山西省水文计算手册》,并经过相关人员的详细核查,故认为本次设计暴雨洪水计算成果合理。

第6章　洪灾分析

本次工作是在长治市山洪灾害调查结果的基础上,主要针对长治市 12 个县(市、区)(不含长治市城区)共计 760 个沿河村落进行了分析,各县(区、市)统计情况见表6-1。长治市重点防治区分析评价名录详见表6-2。

表6-1　长治市山洪灾害分析评价名录统计

序号	1	2	3	4	5	6	合计
所在行政区	长治市郊区	长治县	襄垣县	屯留县	平顺县	黎城县	
小计	28	50	45	89	105	54	
序号	7	8	9	10	11	12	760
所在行政区	壶关县	长子县	武乡县	沁县	沁源县	潞城市	
小计	49	64	53	133	45		

表6-2　长治市重点防治区分析评价名录

序号	县(区、市)	行政区划名称	行政区划代码	小流域名称	控制断面代码
1	长治市郊区	关村	140411100001000	关村	140411100001000000000
2	长治市郊区	沟西村	140411100203000	沟西村	1404111002030008900t
3	长治市郊区	西长井村	140411100205000	西长井村	1404111002050008900L
4	长治市郊区	石桥村	140411100206000	石桥村	1404111002060008900F
5	长治市郊区	大天桥村	140411100207000	大天桥村	1404111002070008900h
6	长治市郊区	中天桥村	140411100208000	中天桥村	1404111002080007V01t
7	长治市郊区	毛站村	140411100209000	毛站村	140411100209000000000
8	长治市郊区	南天桥村	140411100210000	南天桥村	1404111002100007V01N
9	长治市郊区	南垂村	140411100211000	南垂村	1404111002110007V00w
10	长治市郊区	鸡坡村	140411100226000	鸡坡村	140411100226000000000
11	长治市郊区	盐店沟村	140411100227000	盐店沟村	1404111002270008900R
12	长治市郊区	小龙脑村	140411100228000	小龙脑村	1404111002280008901e
13	长治市郊区	瓦窑沟村	140411100229000	瓦窑沟村	1404111002290008901g
14	长治市郊区	滴谷寺村	140411100230000	滴谷寺村	140411100230000000000
15	长治市郊区	东沟村	140411100231000	东沟村	1404111002310007V00J
16	长治市郊区	苗圃村	140411100232000	苗圃村	140411100232000000000
17	长治市郊区	老巴山村	140411100233000	老巴山村	1404111002330007V00C
18	长治市郊区	二龙山村	140411100234000	二龙山村	1404111002340008901b
19	长治市郊区	余庄村	140411101203000	余庄村	140411101203000000000
20	长治市郊区	店上村	140411101206000	店上村	1404111012060008900n
21	长治市郊区	马庄村	140411103208000	马庄村	140411103208000000000
22	长治市郊区	故县村	140411104202000	故县村	1404111042020008900w
23	长治市郊区	葛家庄村	140411104203000	葛家庄村	1404111042030007V01z
24	长治市郊区	良才村	140411104204000	良才村	1404111042040008900z
25	长治市郊区	史家庄村	140411104205000	史家庄村	1404111042050007V014
26	长治市郊区	西沟村	140411104206000	西沟村	1404111042060007V01h
27	长治市郊区	西白兔村	140411200200000	西白兔村	1404112002000007V01v
28	长治市郊区	漳村	140411200204000	漳村	1404112002040008900U
29	长治县	柳林村	140421100212000	黑水河柳林村	1404211002120004t00G

续表 6-2

序号	县(区、市)	行政区划名称	行政区划代码	小流域名称	控制断面代码
30	长治县	林移村	140421100215000	林移村	1404211002150004t00A
31	长治县	柳林庄村	140421100216000	柳林庄村	1404211002160004t00J
32	长治县	司马村	140421101214000	司马村	1404211012140004t00W
33	长治县	荫城村	140421102200000	荫城村	1404211022000007V05O
34	长治县	河下村	140421102202000	河下村	1404211022020007V04Q
35	长治县	横河村	140421102203000	横河村	1404211022030007V04Z
36	长治县	桑梓一村	140421102216000	桑梓一村	1404211022160007V05r
37	长治县	桑梓二村	140421102217000	桑梓二村	1404211022170007V045
38	长治县	北头村	140421102218000	北头村	1404211022180004t007
39	长治县	内王村	140421102220000	内王村	1404211022200007V05g
40	长治县	王坊村	140421102223000	王坊村	1404211022230007V06m
41	长治县	中村	140421102224000	中村	1404211022240007V06r
42	长治县	河南村	140421102225000	河南村	1404211022250004t00s
43	长治县	李坊村	140421102226000	李坊村	1404211022260007V06u
44	长治县	北王庆村	140421102229000	北王庆村	1404211022290005M008
45	长治县	桥头村	140421103203000	桥头村	1404211032030007V05k
46	长治县	下赵家庄村	140421103219000	下赵家庄村	1404211032190005M00o
47	长治县	南河村	140421103227000	南河村	1404211032270007V05d
48	长治县	羊川村	140421103232000	羊川村	1404211032320004t01h
49	长治县	八义村	140421104200000	八义村	1404211042000007V04c
50	长治县	狗湾村	140421104213000	狗湾村	1404211042130004t00o
51	长治县	北楼底村	140421104220000	北楼底村	1404211042200007V04t
52	长治县	南楼底村	140421104221000	南楼底村	1404211042210004t00Q
53	长治县	新庄村	140421105204000	新庄村	1404211052040007V05J
54	长治县	定流村	140421105207000	定流村	1404211052070007V04y
55	长治县	北郭村	140421200201000	北郭村	1404212002010007V04m
56	长治县	岭上村	140421200205000	岭上村	1404212002050004t00C
57	长治县	高河村	140421200211000	高河村	1404212002110007V04J
58	长治县	西池村	140421201200000	西池村	1404212012000007V05D
59	长治县	东池村	140421201201000	东池村	1404212012010007V04I
60	长治县	小河村	140421201203000	小河村	1404212012030005M00r
61	长治县	沙峪村	140421201209000	沙峪村	1404212012090005M00d
62	长治县	土桥村	140421201210000	土桥村	1404212012100007V05x
63	长治县	河头村	140421201214000	河头村	1404212012140007V04N
64	长治县	小川村	140421201215000	小川村	1404212012150007V05F
65	长治县	北呈村	140421202200000	北呈村	1404212022000007V04i
66	长治县	大沟村	140421202203000	大沟村	1404212022030004t00g
67	长治县	南岭头村	140421202211000	南岭头村	1404212022110004t00M
68	长治县	北岭头村	140421202212000	北岭头村	1404212022120007V04s
69	长治县	须村	140421202214000	须村	1404212022140005M00w
70	长治县	东和村	140421203200000	东和村	1404212032000004t00j
71	长治县	中和村	140421203201000	中和村	1404212032010004t01k
72	长治县	西和村	140421203203000	西和村	1404212032030004t012
73	长治县	曹家沟村	140421203206000	曹家沟村	1404212032060004t00e
74	长治县	琚家沟村	140421203207000	琚家沟村	1404212032070004t00y
75	长治县	屈家山村	140421203208000	屈家山村	1404212032080007V05n
76	长治县	辉河村	140421203209000	辉河村	1404212032090005M00k
77	长治县	子乐沟村	140421204214000	子乐沟村	1404212042140007V05X
78	长治县	北宋村	140421204217000	北宋村	1404212042170004t005
79	襄垣县	石灰窑村	140423100208000	石灰窑村	1404231002080000000

续表 6-2

序号	县(区、市)	行政区划名称	行政区划代码	小流域名称	控制断面代码
80	襄垣县	返底村	140423101218000	返底村	14042310121800003402D
81	襄垣县	普头村	140423101220000	普头村	14042310122000003402x
82	襄垣县	安沟村	140423102217000	安沟村	14042310222170003400b
83	襄垣县	阎村	140423102220000	阎村	14042310222000000000
84	襄垣县	南马喊村	140423103204000	南马喊村	14042310320400004500j
85	襄垣县	胡家沟村	140423103219000	胡家沟村	14042310221600000000
86	襄垣县	河口村	140423103223000	河口村	14042310322300003401Z
87	襄垣县	北田漳村	140423103231000	北田漳村	14042310323100000000
88	襄垣县	南邯村	140423103239000	南邯村	14042310323900003402c
89	襄垣县	小河村	140423104207000	小河村	14042310420800003400V
90	襄垣县	白堰底村	140423104224000	白堰底村	14042310422500003400L
91	襄垣县	西洞上村	140423104227000	西洞上村	14042310422800003400Q
92	襄垣县	王村	140423106200000	王村	14042321062000003401s
93	襄垣县	下庙村	140423106201000	下庙村	14042310620100003401w
94	襄垣县	史属村	140423106202000	史属村	14042310620200003401o
95	襄垣县	店上村	140423106207000	店上村	14042310620700000000
96	襄垣县	北姚村	140423106208000	北姚村	14042310620800000000
97	襄垣县	史北村	140423106210000	史北村	14042310621000003401k
98	襄垣县	墙上村	140423106211000	墙上村	14042310621000034011
99	襄垣县	前王沟村	140423103221000	前王沟村	14042310621200003402k
100	襄垣县	任庄村	140423106214000	任庄村	14042310621400003401g
101	襄垣县	高家沟村	140423106223000	高家沟村	14042310621300003401d
102	襄垣县	下良村	140423107200000	下良村	14042310720000003401E
103	襄垣县	水碾村	140423107217000	水碾村	14042310721700003401z
104	襄垣县	寨沟村	140423107219000	寨沟村	14042310721900003401H
105	襄垣县	庄里村	140423200209000	庄里村	14042310621000003400e
106	襄垣县	桑家河村	140423200212000	桑家河村	14042320021200003400i
107	襄垣县	固村	140423202205000	固村	14042320220500003400w
108	襄垣县	阳沟村	140423202206000	阳沟村	14042320220600003400H
109	襄垣县	温泉村	140423202208000	温泉村	14042320220800003400B
110	襄垣县	燕家沟村	140423202211000	燕家沟村	14042320221100003400E
111	襄垣县	高崖底村	140423202209000	高崖底村	14042320220900003400t
112	襄垣县	里阙村	140423202207000	里阙村	14042320220700004t009
113	襄垣县	合漳村	140423103241000	合漳村	14042310324100004t00f
114	襄垣县	西底村	140423104203000	西底村	14042310420300004t00h
115	襄垣县	返头村	140423104204000	返头村	14042310420400004t00a
116	襄垣县	南田漳村	140423100212000	南田漳村	14042310021200003402g
117	襄垣县	北马喊村	140423103232000	北马喊村	14042310323200003401M
118	襄垣县	南底村	140423103249000	南底村	14042310324900000000
119	襄垣县	兴民村	140423105219000	兴民村	14042310521900003402r
120	襄垣县	路家沟村	140423200211000	路家沟村	14042320021100003400o
121	襄垣县	南漳村	140423105202000	南漳村	14042310520200004t00n
122	襄垣县	东坡村	140423106220000	东坡村	14042310622000000000
123	襄垣县	九龙村	140423103240000	九龙村	14042310324000004t004
124	屯留县	杨家湾村	140424100218000	杨家湾	14042410021800007V00q
125	屯留县	贾庄村	140424103212000	贾庄村	14042410321200003B00k
126	屯留县	魏村	140424103218000	魏村	14042410321800003B00I
127	屯留县	吾元村	140424104201000	吾元	14042410420100003B00g
128	屯留县	丰秀岭村	140424104202000	丰秀岭	14042410420200007V00z
129	屯留县	南阳坡村	140424104210000	南阳坡	14042410421000003B00B

续表 6-2

序号	县(区、市)	行政区划名称	行政区划代码	小流域名称	控制断面代码
130	屯留县	罗村	140424104211000	罗村	1404241042110003B00n
131	屯留县	煤窑沟村	140424104213000	煤窑沟	1404241042130003B00j
132	屯留县	东坡村	140424104214000	东坡	1404241042140003B00f
133	屯留县	三交村	140424104220000	三交	1404241042200007V00O
134	屯留县	贾庄	140424104223000	贾庄	1404241032120007V01K
135	屯留县	老庄沟	140424104224000	老庄沟	1404241042240007V00H
136	屯留县	北沟庄	140424104224101	北沟庄	1404241042240007V00D
137	屯留县	老庄沟西坡	140424104224104	老庄沟西坡	1404241042240007V00J
138	屯留县	秦家村	140424104226000	秦家村	1404241042260003B00p
139	屯留县	张店村	140424105201000	张店	1404241052010004t006
140	屯留县	甄湖村	140424105202000	甄湖	1404241052020003B00Z
141	屯留县	张村	140424105203000	张村	1404241052030003B00U
142	屯留县	南里庄村	140424105206000	南里庄	1404241052060003B00E
143	屯留县	上立寨村	140424105208000	上立寨	1404241052080007V02K
144	屯留县	大半沟	140424105208101	大半沟	1404241052080007V02M
145	屯留县	五龙沟	140424105212000	五龙沟	1404241052120007V032
146	屯留县	李家庄村	140424105213000	李家庄	1404241052130007V02c
147	屯留县	马家庄	140424105213102	马家庄	1404241052130007V02f
148	屯留县	帮家庄	140424105213110	帮家庄	1404241052130007V02h
149	屯留县	秋树坡	140424105213111	秋树坡	1404241052130007V028
150	屯留县	李家庄村西坡	140424105213116	李家庄村西坡	1404241052131163B011
151	屯留县	半坡村	140424105217000	半坡	1404241052170007V01X
152	屯留县	霜泽村	140424105218000	霜泽	1404241052180007V02P
153	屯留县	雁落坪村	140424105219000	雁落坪村	1404241052190007V03f
154	屯留县	雁落坪村西坡	140424105219103	雁落坪村西坡	1404241052190006n00n
155	屯留县	宜丰村	140424105220000	宜丰村	1404241052200007V03k
156	屯留县	浪井沟	140424105220101	浪井沟	1404241052200007V03k
157	屯留县	宜丰村西坡	140424105220102	宜丰村西坡	1404241052200007V03k
158	屯留县	中村村	140424105221000	中村	1404241052210007V03w
159	屯留县	河西村	140424105222000	河西	1404241052220003B00h
160	屯留县	柳树庄村	140424105223000	柳树庄村	1404241052230007V02x
161	屯留县	柳树庄	140424105223100	柳树庄	1404241052230007V02x
162	屯留县	老洪沟	140424105223101	老洪沟	1404241052231013B002
163	屯留县	崖底村	140424105224000	崖底	1404241052240003B00Q
164	屯留县	唐王庙村	140424105226000	唐王庙村	1404241052260003B00G
165	屯留县	南掌	140424105226101	南掌	1404241052260007V02R
166	屯留县	徐家庄	140424105227100	徐家庄	1404241052271007V025
167	屯留县	郭家庄	140424105227104	郭徐庄	1404241052270007V020
168	屯留县	沿湾	140424105227107	沿湾	1404241052271073B009
169	屯留县	王家庄	140424105227108	王家庄	1404241052271083B00a
170	屯留县	林庄村	140424105229000	林庄	1404241052290007V02r
171	屯留县	八泉村	140424105231000	八泉	1404241052310007V01P
172	屯留县	七泉村	140424105232000	七泉	1404241052320007V02G
173	屯留县	鸡窝圪套	140424105232107	鸡窝圪套	1404241052320006n00j
174	屯留县	南沟村	140424105233000	南沟	1404241052330007V02A
175	屯留县	棋盘新庄	140424105233100	棋盘新庄	1404241052330007V02A
176	屯留县	羊窑	140424105233101	羊窑	1404241052330006n00f
177	屯留县	小桥	140424105233114	小桥	1404241052330006n00f
178	屯留县	寨上村	140424105234000	寨上村	1404241052340007V03m
179	屯留县	寨上	140424105234100	寨上	1404241052340006n00o

续表 6-2

序号	县(区、市)	行政区划名称	行政区划代码	小流域名称	控制断面代码
180	屯留县	吴而村	140424105235000	吴而	1404241052350007V02U
181	屯留县	西上村	140424105236000	西上	1404241052360007V03b
182	屯留县	西沟河村	140424105237000	西沟河村	1404241052370007V037
183	屯留县	西岸上	140424105237102	西岸上	1404241052370007V037
184	屯留县	西村	140424105237103	西村	1404241052370006n001
185	屯留县	西丰宜村	140424106202000	西丰宜	1404241062020007V005
186	屯留县	郝家庄村	140424106206000	郝家庄	1404241062060003B00e
187	屯留县	石泉村	140424106207000	石泉	1404241062070007V001
188	屯留县	西洼村	140424201215000	西洼	1404242012150003B00O
189	屯留县	河神庙	140424202201000	河神庙	1404242022300003B00t
190	屯留县	梨树庄村	140424202220000	梨树庄	1404242022201023B00n
191	屯留县	庄洼	140424202220102	庄洼	1404242022201023B00n
192	屯留县	西沟村	140424202221000	西沟村	1404242022210007V00i
193	屯留县	老婆角	140424202221105	老婆角	1404242022210007V00i
194	屯留县	西沟口	140424202221106	西沟口	1404242022210007V00i
195	屯留县	司家沟	140424202224100	司家沟	1404242022241006n003
196	屯留县	龙王沟村	140424202230000	龙王沟	1404242022300007V00e
197	屯留县	西流寨村	140424400201000	西流寨	1404244002010007V01B
198	屯留县	马家庄	140424400202000	马家庄	1404244002020007V01c
199	屯留县	大会村	140424400203000	大会村	1404244002030007V00V
200	屯留县	西大会	140424400203101	西大会	1404244002030006n008
201	屯留县	河长头村	140424400204000	河长头	1404244002040007V00Z
202	屯留县	南庄村	140424400205000	南庄	1404244002050003B00L
203	屯留县	中理村	140424400206000	中理	1404244002060007V01E
204	屯留县	吴寨村	140424400207000	吴寨村	1404244002070007V01x
205	屯留县	桑园	140424400207103	桑园	1404244002070007V01u
206	屯留县	黑家口	140424400208000	黑家口	1404244002080007V014
207	屯留县	上莲村	140424402201000	上莲村	1404244022010007V00v
208	屯留县	前上莲	140424402201100	前上莲	1404244022010006n006
209	屯留县	后上莲	140424402201101	后上莲	1404244022011013B00v
210	屯留县	山角村	140424402201105	山角村	1404244022011053B00C
211	屯留县	马庄	140424402201106	马庄	1404244022010007V00x
212	屯留县	交川村	140424402209000	交川村	1404244022090003B00z
213	平顺县	城关村	140425100200000	城关村	1404251002000004504d
214	平顺县	小东峪村	140425100203000	小东峪村	1404251002030004503z
215	平顺县	前庄上	140425100203100	前庄上	1404251002030004503C
216	平顺县	当庄上	140425100203101	当庄上	1404251002030004503y
217	平顺县	三亩地	140425100203102	三亩地	1404251002030004503x
218	平顺县	石片上	140425100203103	石片上	1404251002030004503w
219	平顺县	张井村	140425100206000	张井村	1404251002060004503X
220	平顺县	回源峧村	140425100207000	回源峧村	1404251002070004501C
221	平顺县	峪峪村	140425100208000	峪峪村	1404251002080004502u
222	平顺县	红公	140425100208100	红公	1404251002080004502t
223	平顺县	路家口村	140425100216000	路家口村	1404251002160004502p
224	平顺县	蒋家	140425100216101	蒋家	1404251002160004502q
225	平顺县	河则	140425100216102	河则	1404251002160004502r
226	平顺县	西坪上	140425100216106	西坪上	1404251002160004502s
227	平顺县	洪岭村	140425100221000	洪岭村	1404251002210004501n
228	平顺县	椿树沟村	140425100222000	椿树沟村	1404251002220004500s
229	平顺县	贾家村	140425100223000	贾家村	1404251002230004501H

续表 6-2

序号	县(区、市)	行政区划名称	行政区划代码	小流域名称	控制断面代码
230	平顺县	王家村	140425100224000	王家村	1404251002240004503g
231	平顺县	南北头村	140425100225000	南北头村	1404251002250004502w
232	平顺县	秦家崖	140425100225102	秦家崖	1404251002251024502O
233	平顺县	东寺头村	140425201200000	东寺头村	1404252012000004500f
234	平顺县	西平上	140425201200100	西平上	1404252012001004500L
235	平顺县	军寨	140425201200101	军寨	1404252012001014501c
236	平顺县	虎窑村	140425201201000	虎窑村	1404252012010004501t
237	平顺县	黄花井	140425201201103	黄花井	1404252012011034501x
238	平顺县	西湾村	140425201202000	西湾村	1404252012020004503r
239	平顺县	安咀村	140425201203000	安咀村	1404252012030000000
240	平顺县	安阳村	140425201204000	安阳村	1404252012030000000
241	平顺县	棠梨村	140425201205000	棠梨村	1404252010000004503c
242	平顺县	焦底村	140425201206000	焦底村	1404252010000004501L
243	平顺县	后庄村	140425201211000	后庄村	1404252012110000000
244	平顺县	前庄村	140425201212000	前庄村	1404252012120004502M
245	平顺县	大山村	140425201213000	大山村	1404252012130004500u
246	平顺县	石窑滩村	140425201215000	石窑滩村	1404252012150000000
247	平顺县	井底村	140425201216000	井底村	—
248	平顺县	庄谷练	140425201216104	庄谷练	—
249	平顺县	里沟	140425201216109	里沟	1404252012160004501S
250	平顺县	南地	140425201216111	南地	1404252012160004501R
251	平顺县	阱沟	140425201216113	阱沟	1404252012161134501X
252	平顺县	羊老岩村	140425201220000	羊老岩村	1404252012200004503I
253	平顺县	后庄	140425201220100	后庄	1404252012200004503J
254	平顺县	后南站	140425201220104	后南站	1404252012200004503H
255	平顺县	沟口	140425201220112	沟口	1404252012201120000
256	平顺县	土地后庄	140425201220114	土地后庄	—
257	平顺县	河口	140425201220116	河口	1404252012201160000
258	平顺县	堂耳庄村	140425203210000	堂耳庄村	1404252032100000000
259	平顺县	榔树园村	140425203211000	榔树园村	1404252032110000000
260	平顺县	豆峪村	140425102204000	豆峪村	1404251022040004500S
261	平顺县	源头村	140425102208000	源头村	1404251022080004503U
262	平顺县	南耽车村	140425204201000	南耽车村	1404252042010004502x
263	平顺县	棚头村	140425204214000	棚头村	1404252042140000000
264	平顺县	靳家园村	140425204215000	靳家园村	1404252042150004501Q
265	平顺县	后留村	140425205200000	后留村	1404252052000004501q
266	平顺县	中五井村	140425205206000	中五井村	1404252052060000000
267	平顺县	寺峪口	140425205206100	寺峪口	—
268	平顺县	窑门前	140425205206101	窑门前	—
269	平顺县	北头村	140425205207000	北头村	—
270	平顺县	驮山	140425205207100	驮山	—
271	平顺县	石灰窑	140425205207101	石灰窑	—
272	平顺县	堡沟	140425205207103	堡沟	—
273	平顺县	上五井村	140425205208000	上五井村	1404252052080004502U
274	平顺县	天脚村	140425205210000	天脚村	—
275	平顺县	小赛村	140425205211000	小赛村	1404252052110004503F
276	平顺县	西沟村	140425200200000	西沟村	1404252002000004503n
277	平顺县	东峪	140425200200104	东峪	1404252002001044500P
278	平顺县	南赛	140425200200105	南赛	1404252002001054502H
279	平顺县	池底	140425200200109	池底	1404252002000045031

续表 6-2

序号	县(区、市)	行政区划名称	行政区划代码	小流域名称	控制断面代码
280	平顺县	刘家地	140425200200110	刘家地	14042520020000004503m
281	平顺县	川底村	140425200201000	川底村	14042520020100004500o
282	平顺县	石埠头村	140425200202000	石埠头村	14042520020200000000
283	平顺县	东岸	140425200202100	东岸	14042520020200000000
284	平顺县	青行头村	140425200207000	青行头村	14042520020700004502R
285	平顺县	申家坪村	140425200208000	申家坪村	14042520020800004502X
286	平顺县	龙家村	140425200209000	龙家村	14042520020900004502a
287	平顺县	正村	140425200210000	正村	14042520021000000000
288	平顺县	下井村	140425200211000	下井村	14042520021100004503u
289	平顺县	常家村	140425206204000	常家村	14042520620400004500h
290	平顺县	庙后村	140425206213000	庙后村	14042520621300008g003
291	平顺县	西安村	140425104206000	西安村	—
292	平顺县	黄崖村	140425104210000	黄崖村	14042510421000004501A
293	平顺县	牛石窑村	140425104211000	牛石窑村	14042510421100004502J
294	平顺县	玉峡关村	140425104217000	玉峡关村干流	14042510421700004503N
295	平顺县	玉峡关村	140425104217115	玉峡关村支流	14042510421700004503L
296	平顺县	虹梯关村	140425202200000	虹梯关村	14042520220000004501h
297	平顺县	梯后村	140425202209000	梯后村	14042520220900004504a
298	平顺县	碑滩村	140425202210000	碑滩村	14042520221000008g008
299	平顺县	高滩	140425202210100	高滩	—
300	平顺县	梯根	140425202210101	梯根	—
301	平顺县	虹霓村	140425202211000	虹霓村	14042520221100008g00b
302	平顺县	秋方沟	140425202211100	秋方沟	—
303	平顺县	苤兰岩村	140425202213000	苤兰岩村	14042520221300004500W
304	平顺县	小葫芦	140425202213100	小葫芦	—
305	平顺县	闺女峧口	140425202213101	闺女峧口	—
306	平顺县	龙柏庵村	140425202214000	龙柏庵村	—
307	平顺县	堕磊汕	140425202214100	堕磊汕	14042520221400000000
308	平顺县	库峧村	140425202215000	库峧村	14042520221500004501Z
309	平顺县	龙镇村	140425101200000	龙镇村	14042510120000004502d
310	平顺县	北坡村	140425101202000	北坡村	14042510120200004500b
311	平顺县	北坡	140425101202100	北坡	14042510120200004500e
312	平顺县	底河村	140425101209000	底河村	14042510120900004500x
313	平顺县	东迷村	140425101217000	东迷村	14042510121700004500C
314	平顺县	南坡村	140425101218000	南坡村	14042510121800004502B
315	平顺县	消军岭村	140425101222000	消军岭村	—
316	平顺县	后河	140425101222100	后河	—
317	平顺县	前河	140425101222101	前河	—
318	黎城县	南关村	140426100205000	南关村	—
319	黎城县	上桂花村	140426100206000	上桂花村	—
320	黎城县	下桂花村	140426100207000	下桂花村	—
321	黎城县	东洼村	140426100209000	东洼村	14042610020900008g014
322	黎城县	仁庄村	140426100211000	仁庄村	14042610021100008g001
323	黎城县	北泉寨村	140426100225000	北泉寨村	14042610022500008g00W
324	黎城县	城南村	140426100229000	城南村	—
325	黎城县	城西村	140426100230000	城西村	—
326	黎城县	古县村	140426100232000	古县村	—
327	黎城县	下村	140426100224000	下村	—
328	黎城县	上庄村	140426100234000	上庄村	—
329	黎城县	宋家庄村	140426100242000	宋家庄村	14042610024200008g019

续表 6-2

序号	县(区、市)	行政区划名称	行政区划代码	小流域名称	控制断面代码
330	黎城县	东阳关村	140426101201000	东阳关村	—
331	黎城县	火巷道村	140426101202000	火巷道村	—
332	黎城县	香炉峧村	140426101210000	香炉峧村	—
333	黎城县	苏家峧村	140426101223000	苏家峧村	1404261012230008g00n
334	黎城县	龙王庙村	140426101222000	龙王庙村	1404261012220008g00g
335	黎城县	秋树垣村	140426101225000	秋树垣村	1404261012250008g00m
336	黎城县	高石河村	140426101229000	高石河村	—
337	黎城县	前庄村	140426102226000	前庄村	1404261022260008g01i
338	黎城县	中庄村	140426102227000	中庄村	1404261022270008g01l
339	黎城县	行曹村	140426102228000	行曹村	
340	黎城县	岚沟村	140426102241000	岚沟村	1404261022410008g01d
341	黎城县	平头村	140426102231000	平头村	1404261022310008g01g
342	黎城县	后寨村	140426103207000	后寨村	1404261032070008g01N
343	黎城县	彭庄村	140426103209000	彭庄村	1404261032090008g01Y
344	黎城县	背坡村	140426103210000	背坡村	1404261032100008g01x
345	黎城县	南委泉村	140426103234000	南委泉村	1404261032340008g01R
346	黎城县	北委泉村	140426103235000	北委泉村	1404261032350008g01s
347	黎城县	牛居村	140426103240000	牛居村	1404261032400008g01V
348	黎城县	新庄村	140426103241000	新庄村	—
349	黎城县	车元村	140426103242000	车元村	1404261032420008g01G
350	黎城县	茶棚滩村	140426103243000	茶棚滩村	1404261032430008g01z
351	黎城县	寺底村	140426103225000	寺底村	1404261032250008g020
352	黎城县	西骆驼村	140426103230000	西骆驼村	—
353	黎城县	朱家峧村	140426103231000	朱家峧村	—
354	黎城县	郭家庄村	140426103232000	郭家庄村	1404261032320008g01K
355	黎城县	南陌村	140426104202000	南陌村	—
356	黎城县	佛崖底村	140426104213000	佛崖底村	1404261042130008g00L
357	黎城县	看后村	140426104214000	看后村	—
358	黎城县	清泉村	140426104215000	清泉村	1404261042150008g00P
359	黎城县	小寨村	140426104218000	小寨村	1404261042180008g00T
360	黎城县	西村村	140426104220000	西村村	1404261042200008g00Q
361	黎城县	元村村	140426201210000	元村村	—
362	黎城县	北停河村	140426201212000	北停河村	1404262012120008g01n
363	黎城县	程家山村	140426202201000	程家山村	—
364	黎城县	段家庄村	140426202211000	段家庄村	—
365	黎城县	西庄头村	140426203213000	西庄头村	—
366	黎城县	柏官庄村	140426203216000	柏官庄村	1404262032160008g00t
367	黎城县	鸽子峧村	140426203218000	鸽子峧村	—
368	黎城县	黄草辿村	140426203219000	黄草辿村	—
369	黎城县	孔家峧村	140426203220000	孔家峧村	1404262032200008g00C
370	黎城县	曹庄村	140426203223000	曹庄村	1404262032230008g00w
371	黎城县	三十亩村	140426203224000	三十亩村	1404262032240008g00F
372	壶关县	桥上村	140427206200000	桥上村	1404272062000003401k
373	壶关县	盘底村	140427206201000	盘底村	1404272062010003401d
374	壶关县	石咀上	140427206201100	石咀上	1404272062011003401L
375	壶关县	王家庄村	140427206202000	王家庄村	1404272062020007V00k
376	壶关县	沙滩村	140427206203000	沙滩村	1404272062030003401r
377	壶关县	丁家岩村	140427206205000	丁家岩村	1404272062050007V00b
378	壶关县	潭上	140427206205100	潭上	1404272062051003401W
379	壶关县	河东	140427206205102	河东	1404272062051023400y

续表 6-2

序号	县(区、市)	行政区划名称	行政区划代码	小流域名称	控制断面代码
380	壶关县	大河村	140427206206000	大河村	1404272062060003400j
381	壶关县	坡底	140427206206103	坡底	1404272062061033401h
382	壶关县	南坡	140427206206104	南坡	1404272062061047V005
383	壶关县	杨家池村	140427206207000	杨家池村	1404272062070007V00t
384	壶关县	河东岸	140427206207100	河东岸	1404272062071003400B
385	壶关县	东川底村	140427206208000	东川底村	1404272062080003400m
386	壶关县	庄则上村	140427206217000	庄则上村	1404272062170003402p
387	壶关县	土圪堆	140427206217100	土圪堆	1404272062171007V00v
388	壶关县	下石坡村	140427206220000	下石坡村	1404272062200003402g
389	壶关县	黄崖底村	140427205211000	黄崖底村	1404272052110003400E
390	壶关县	西坡上	140427205211106	西坡上	1404272052111067V00q
391	壶关县	靳家庄	140427205211123	靳家庄	1404272052111233400L
392	壶关县	碾盘街	140427205211163	碾盘街	1404272052111633401b
393	壶关县	五里沟村	140427205215000	五里沟村	1404272052150000000
394	壶关县	石坡村	140427203200000	石坡村	1404272032000007V00g
395	壶关县	东黄花水村	140427203201000	东黄花水村	1404272032010003400p
396	壶关县	西黄花水村	140427203202000	西黄花水村	1404272032020007V00m
397	壶关县	安口村	140427203204000	安口村	1404272032040000000
398	壶关县	北平头坞村	140427203207000	北平头坞村	1404272032070000000
399	壶关县	南平头坞村	140427203208000	南平头坞村	1404272032080000000
400	壶关县	双井村	140427203213000	双井村	1404272032130003401O
401	壶关县	石河沐村	140427203215000	石河沐村	1404272032150003401G
402	壶关县	口头村	140427202202000	口头村	1404272022020003400P
403	壶关县	三郊口村	140427202204000	三郊口村	1404272022040003401o
404	壶关县	大井村	140427202207000	大井村	1404272022070007V008
405	壶关县	城寨村	140427202222000	城寨村	1404272022220003400f
406	壶关县	土寨	140427202207100	土寨	1404272022071000000
407	壶关县	薛家园村	140427201203000	薛家园村	1404272012030003402n
408	壶关县	西底村	140427201208000	西底村	1404272012080000000
409	壶关县	磨掌村	140427104205000	磨掌村	1404271042050000000
410	壶关县	神北村	140427104210000	神北村	1404271042100003401y
411	壶关县	神南村	140427104211000	神南村	1404271042100000S002
412	壶关县	上河村	140427104213000	上河村	1404271042130003401w
413	壶关县	福头村	140427104221000	福头村	1404271042210003400w
414	壶关县	西七里村	140427103204000	西七里村	1404271032040003402b
415	壶关县	料阳村	140427103214000	料阳村	1404271032140003400V
416	壶关县	南岸上	140427102208101	南岸上	1404271022081016n00e
417	壶关县	鲍家则	140427102208100	鲍家则	1404271022081007V002
418	壶关县	南沟村	140427102209000	南沟村	1404271022090000000
419	壶关县	角脚底村	140427102210000	角脚底村	1404271022100003400I
420	壶关县	北河村	140427100214000	北河村	1404271002140000000
421	长子县	红星庄	140428102205000	红星庄	1404281022050006k00I
422	长子县	石家庄村	140428102215000	石家庄村	1404281022150006k01I
423	长子县	西河庄村	140428102216000	西河庄村	1404281022160007V037
424	长子县	晋义村	140428102217000	晋义村	1404281022170006k00Y
425	长子县	刁黄村	140428102218000	刁黄村	1404281022180006k00g
426	长子县	南沟河村	140428102219000	南沟河村	1404281022190006k01l
427	长子县	良坪村	140428102220000	良坪村	1404281022200006k01b
428	长子县	乱石河村	140428102221000	乱石河村	1404281022210006k00z
429	长子县	两都村	140428102225000	两都村	1404281022250006k01f

续表 6-2

序号	县(区、市)	行政区划名称	行政区划代码	小流域名称	控制断面代码
430	长子县	苇池村	140428102226000	苇池村	1404281022260006k01O
431	长子县	李家庄村	140428102227000	李家庄村	1404281022270006k017
432	长子县	圪倒村	140428102229000	圪倒村	1404281022290006k01i
433	长子县	高桥沟村	140428102230000	高桥沟村	1404281022300006k00w
434	长子县	花家坪村	140428102231000	花家坪村	1404281022310006k00P
435	长子县	洪珍村	140428102237000	洪珍村	1404281022370006k00M
436	长子县	郭家沟村	140428102241000	郭家沟村	1404281022410006k00C
437	长子县	南岭庄	140428102251100	南岭庄	1404281022511007V02m
438	长子县	大山	140428102253100	大山	1404281022531007V03i
439	长子县	羊窑沟	140428102253101	羊窑沟	1404281022531017V022
440	长子县	响水铺	140428102256100	响水铺	1404281022561007V03a
441	长子县	东沟庄	140428102257103	东沟庄	1404281022571036k00j
442	长子县	九亩沟	140428102258102	九亩沟	1404281022581027V02t
443	长子县	小豆沟	140428102264100	小豆沟	1404281022641007V03e
444	长子县	尧神沟村	140428103202000	尧神沟村	1404281032020006k02e
445	长子县	沙河村	140428103211000	沙河村	1404281032110006k01z
446	长子县	韩坊村	140428103212000	韩坊村	1404281032120006k00F
447	长子县	交里村	140428103213000	交里村	1404281032130006k00V
448	长子县	西田良村	140428104201000	西田良村	1404281042010006k01Z
449	长子县	南贾村	140428104202000	南贾村	1404281042020006k00S
450	长子县	东田良村	140428104203000	东田良村	1404281042030006k00n
451	长子县	南张店村	140428104215000	南张店村	1404281042150006k02l
452	长子县	西范村	140428104216000	西范村	1404281042160007V032
453	长子县	东范村	140428104217000	东范村	1404281042170007V027
454	长子县	崔庄村	140428104219000	崔庄村	1404281042190007V01X
455	长子县	龙泉村	140428104225000	龙泉村	1404281042250007V02D
456	长子县	程家庄村	140428104231000	程家庄村	1404281042310006k00a
457	长子县	窑下村	140428105205000	窑下村	1404281052050004t002
458	长子县	赵家庄村	140428105206000	赵家庄村	1404281052060006k02p
459	长子县	陈家庄村	140428105206100	陈家庄村	1404281052061006k02Y
460	长子县	吴家庄村	140428105206101	吴家庄村	1404281052061016k02T
461	长子县	曹家沟村	140428105208000	曹家沟村	1404281052080006k007
462	长子县	琚村	140428105210000	琚村	1404281052100006k012
463	长子县	平西沟村	140428105213000	平西沟村	1404281052130006k01v
464	长子县	南漳村	140428106200000	南漳村	1404281062000007V02J
465	长子县	吴村	140428200210000	吴村	1404282002100007V02V
466	长子县	安西村	140428201211000	安西村	1404282012110006k003
467	长子县	金村	140428201213000	金村	1404282012130007V02q
468	长子县	丰村	140428201217000	丰村	1404282012170007V02d
469	长子县	苏村	140428203210000	苏村	1404282032100006k01L
470	长子县	西沟村	140428203211000	西沟村	1404282032110006k01R
471	长子县	西峪村	140428203212000	西峪村	1404282032120006k023
472	长子县	东峪村	140428203213000	东峪村	1404282032130006k00r
473	长子县	城阳村	140428203220000	城阳村	1404282032200006k02u
474	长子县	阳鲁村	140428203221000	阳鲁村	1404282032210006k02a
475	长子县	善村	140428203222000	善村	1404282032220006k01C
476	长子县	南庄村	140428203223000	南庄村	1404282032230006k01o
477	长子县	大南石村	140428203225000	大南石村	1404282032250006k00d
478	长子县	小南石村	140428203226000	小南石村	1404282032260006k026
479	长子县	申村	140428203230000	申村	1404282032300006k01F

续表 6-2

序号	县(区、市)	行政区划名称	行政区划代码	小流域名称	控制断面代码
480	长子县	西何村	140428204229000	西何村	1404282042290006k01V
481	长子县	鲍寨村	140428105201000	鲍寨村	1404281052010007V01P
482	长子县	南庄村	140428102251101	南庄村	1404281022510007V02i
483	长子县	南沟	140428201217100	南沟	1404282012171007V02P
484	长子县	庞庄	140428203232000	庞庄	1404282032320006k01s
485	武乡县	洪水村	140429101200000	洪水村	1404291012000004t02j
486	武乡县	寨坪村	140429101217000	寨坪村	1404291012170004t03r
487	武乡县	下寨村	140429101224000	下寨村	1404291012240004t03e
488	武乡县	中村村	140429101225000	中村村	1404291012250004t003
489	武乡县	义安村	140429101225100	义安村	1404291012250004t003
490	武乡县	韩北村	140429201200000	韩北村	1404292012000003B00n
491	武乡县	王家峪村	140429201208000	王家峪村	1404292012000004t02Z
492	武乡县	大有村	140429202200000	大有村	1404292022001004t01T
493	武乡县	辛庄村	140429202200100	辛庄村	1404292022001004t01T
494	武乡县	峪口村	140429202222000	峪口村	1404292022220004t03n
495	武乡县	型村	140429202222102	型村	1404292022220034t00m
496	武乡县	长乐村	140429202223000	长乐村	1404292022230004t03u
497	武乡县	李峪村	140429202224000	李峪村	1404292022241004t02y
498	武乡县	泉沟村	140429202224100	泉沟村	1404292022241004t02y
499	武乡县	贾豁村	140429203200000	贾豁村	1404292032000004t02t
500	武乡县	高家庄村	140429203200100	高家庄村	1404292032001004t024
501	武乡县	石泉村	140429203212000	石泉村	1404292032120004t02T
502	武乡县	海神沟村	140429203212101	海神沟村	1404292032121014t02f
503	武乡县	郭村村	140429203213000	郭村村	1404292032120004t02c
504	武乡县	杨桃湾村	140429203225100	杨桃湾村	1404292032251003B00q
505	武乡县	胡庄铺村	140429100206000	胡庄铺村	1404291002060004t02n
506	武乡县	平家沟村	140429100207000	平家沟村	1404291002070003B002
507	武乡县	王路村	140429100209000	王路村	1404291002090004t032
508	武乡县	马牧村	140429100210000	马牧村干流	1404291002100004t02E
				马牧村支流	1404291002100004t02F
509	武乡县	南村村	140429100212000	南村村	1404291002120004t02N
510	武乡县	东寨底村	140429104208000	东寨底村	1404291042080004t005
511	武乡县	邵渠村	140429104209000	邵渠村	1404291042090003B00i
512	武乡县	北涅水村	140429104210000	北涅水村	1404291042100004t00h
513	武乡县	高台寺村	140429104211000	高台寺村	1404291042110004t029
514	武乡县	槐圪塔村	140429104211100	槐圪塔村	1404291042111004t02r
515	武乡县	大寨村	140429104219000	大寨村	1404291042190004t01Y
516	武乡县	西良村	140429104222000	西良村	1404291042220004t03a
517	武乡县	分水岭村	140429208200000	分水岭村	1404292082000004t022
518	武乡县	窑儿头村	140429208210000	窑儿头村	1404292082100004t03k
519	武乡县	南关村	140429208211000	南关村	1404292082110004t02Q
520	武乡县	胡庄村	140429208220000		
521	武乡县	松庄村	140429208226000	松庄村	1404292082260004t02X
522	武乡县	石北村	140429206201000	石北村	1404292062010004t02R
523	武乡县	西黄岩村	140429206211000	西黄岩村	1404292062110004t036
524	武乡县	型庄村	140429206213000	型庄村	1404292062130004t03i
525	武乡县	长蔚村	140429206214000	长蔚村	1404292062140003B00e
526	武乡县	玉家渠村	140429206214100	玉家渠村	1404292062141003B00a
527	武乡县	长庆村	140429206214101	长庆村	1404292062141014t03B
528	武乡县	长庆凹村	140429206215000	长庆凹村	1404292062150004t03x

续表 6-2

序号	县(区、市)	行政区划名称	行政区划代码	小流域名称	控制断面代码
529	武乡县	墨镫村	140429200200000	墨镫村	1404292002000004t02J
530	沁县	北关社区	140430100001000	北关社区	1404301000010008y01u
531	沁县	南关社区	140430100002000	南关社区	1404301000020008y01D
532	沁县	西苑社区	140430100003000	西苑社区	1404301000030008y01p
533	沁县	东苑社区	140430100004000	东苑社区	1404301000040008y01K
534	沁县	育才社区	140430100005000	育才社区	1404301000050008y01x
535	沁县	合庄村	140430100202000	合庄村	1404301002020004t03v
536	沁县	北寺上村	140430100205000	北寺上村	1404301002050008y021
537	沁县	下曲峪村	140430100209000	下曲峪村	1404301002090008y01X
538	沁县	迎春村	140430100223000	迎春村	1404301002230004t04v
539	沁县	官道上	140430100229101	官道上	1404301002291018y01R
540	沁县	北漳村	140430100232000	北漳村	1404301002370004t03d
541	沁县	福村村	140430100237000	福村村	1404301012010004t03o
542	沁县	郭村村	140430101201000	郭村村	1404301022010007t001
543	沁县	池堡村	140430101208000	池堡村	1404301022020004t03B
544	沁县	故县村	140430102201000	故县村	1404301022030008y00T
545	沁县	后河村	140430102202000	后河村	1404301022040008y00J
546	沁县	徐村	140430102203000	徐村	1404301032090008y00D
547	沁县	马连道村	140430102204000	马连道村	1404301032220008y011
548	沁县	徐阳村	140430103205000	徐阳村	1404301032251007t003
549	沁县	邓家坡村	140430103209000	邓家坡村	1404301032341007t004
550	沁县	南池村	140430103215000	南池村	1404301042010004t03G
551	沁县	古城村	140430103221000	古城村	1404301042081004t03r
552	沁县	太里村	140430103222000	太里村	1404301042140007t005
553	沁县	西待贤	140430103225100	西待贤	1404301042150003B00p
554	沁县	芦则沟	140430103227100	芦则沟	1404301042200004t04p
555	沁县	陈庄沟	140430103227105	陈庄沟	1404301042300003B006
556	沁县	沙圪道	140430103234100	沙圪道	1404301042320004t03Y
557	沁县	交口村	140430104201000	交口村	1404301052130004t03b
558	沁县	韩曹沟	140430104208100	韩曹沟	1404301052180004t04m
559	沁县	固亦村	140430104209000	固亦村	1404301052190004t03z
560	沁县	南园则村	140430104214000	南园则村	1404301052200004t03K
561	沁县	景村村	140430104215000	景村村	1404301052210003B009
562	沁县	羊庄村	140430104220000	羊庄村	1404301052230004t043
563	沁县	乔家湾村	140430104230000	乔家湾村	1404302042081034t03R
564	沁县	山坡村	140430104232000	山坡村	1404302012151014t034
565	沁县	道兴村	140430105213000	道兴村	1404302012180004t04y
566	沁县	燕垒沟村	140430105218000	燕垒沟村	1404302022010003B00f
567	沁县	河止村	140430105219000	河止村	1404302022020003B00c
568	沁县	漫水村	140430105220000	漫水村	1404302022060004t04s
569	沁县	下湾村	140430105221000	下湾村	1404302042060004t04i
570	沁县	寺庄村	140430105223000	寺庄村	1404302042090008y01b
571	沁县	前庄	140430201215100	前庄	1404302042100008y01e
572	沁县	蔡甲	140430201215101	蔡甲	1404302052010003B00i
573	沁县	长街村	140430201218000	长街村	1404302052030003B00m
574	沁县	次村村	140430202201000	次村村	1404302062010007t006
575	沁县	五星村	140430202202000	五星村	1404301002320003B00t
576	沁县	东杨家庄村	140430202206000	东杨家庄村	1404301012080004t038
577	沁县	下张庄村	140430204206000	下张庄村	1404301032050008y00Y
578	沁县	唐村村	140430204209000	唐村村	1404301032150008y00O

续表 6-2

序号	县(区、市)	行政区划名称	行政区划代码	小流域名称	控制断面代码
579	沁县	中里村	140430204210000	中里村	1404301032210007t002
580	沁县	南泉村	140430205201000	南泉村	1404301032271034t03I
581	沁县	榜口村	140430205203000	榜口村	1404301032271054t04d
582	沁县	杨安村	140430206201000	杨安村	1404301042090008y003
583	沁源县	麻巷村	140431100203000	麻巷村	—
584	沁源县	狼尾河	140431100203101	狼尾河	—
585	沁源县	南石渠村	140431100206000	南石渠村	—
586	沁源县	李家庄村	140431100211000	李家庄村	—
587	沁源县	闫寨村	140431100216000	闫寨村	1404311002160004501z
588	沁源县	姑姑迪	140431100216100	姑姑迪	1404311002161004506L
589	沁源县	学孟村	140431100218000	学孟村	1404311002180004504R
590	沁源县	南石村	140431100219000	南石村	1404311002190004504L
591	沁源县	郭道村	140431101201000	郭道村	1404311012010006k017
592	沁源县	前兴稍村	140431101202000	前兴稍村	1404311012020006k01b
593	沁源县	朱合沟村	140431101204000	朱合沟村	1404311012040006k01h
594	沁源县	东阳城村	140431101206000	东阳城村	1404311012060006k01P
595	沁源县	西阳城村	140431101207000	西阳城村	1404311012070006k00p
596	沁源县	永和村	140431101208000	永和村	1404311012080006k00x
597	沁源县	兴盛村	140431101210000	兴盛村	1404311012100006k01k
598	沁源县	东村村	140431101211000	东村村	1404311012110006k014
599	沁源县	棉上村	140431101213000	棉上村	1404311012130006k00L
600	沁源县	乔龙沟	140431101213100	乔龙沟	—
601	沁源县	新庄	140431101213101	新庄	1404311012132006k00Y
602	沁源县	段家庄村	140431101214000	段家庄村	—
603	沁源县	苏家庄村	140431101215000	苏家庄村	1404311012150000000
604	沁源县	高家山村	140431101216000	高家山村	—
605	沁源县	伏贵村	140431101217000	伏贵村	1404311012170003k001
606	沁源县	龙门口村	140431101218000	龙门口村	1404311012180000000
607	沁源县	定阳村	140431101219000	定阳村	1404311012190004501O
608	沁源县	向阳村	140431101221000	向阳村	1404311012210000000
609	沁源县	郭家庄村	140431101222000	郭家庄村	1404311012220004506t
610	沁源县	梭村村	140431101223000	梭村村	—
611	沁源县	南泉沟村	140431102202000	南泉沟村	1404311022020004504h
612	沁源县	上兴居村	140431102203000	上兴居村	1404311022030004504j
613	沁源县	庄则沟村	140431102204000	庄则沟村	—
614	沁源县	康家洼	140431102204102	康家洼	—
615	沁源县	马家占	140431102204105	马家占	—
616	沁源县	下兴居村	140431102205000	下兴居村	1404311022050004504t
617	沁源县	柏子村	140431102207000	柏子村	—
618	沁源县	西务村	140431102209000	西务村	—
619	沁源县	王庄村	140431102211000	王庄村	1404311022110004504n
620	沁源县	第一川村	140431102218000	第一川村	1404311022180000000
621	沁源县	北山村	140431102218100	北山村	—
622	沁源县	黑峪川村	140431102219000	黑峪川村	—
623	沁源县	王和村	140431103201000	王和村	1404311032010006k01C
624	沁源县	红莲村	140431103202000	红莲村	—
625	沁源县	西沟村	140431103203000	西沟村	1404311032030004505u
626	沁源县	后军家沟村	140431103206000	后军家沟村	1404311032060000000
627	沁源县	后沟村	140431103208000	后沟村	1404311032080000000
628	沁源县	太山沟村	140431103210000	太山沟村	1404311032100006k01H

续表 6-2

序号	县(区、市)	行政区划名称	行政区划代码	小流域名称	控制断面代码
629	沁源县	前西窑沟村	140431103211000	前西窑沟村	1404311032110004505k
630	沁源县	南坪村	140431103214000	南坪村	1404311032140004505h
631	沁源县	大栅村	140431103215000	大栅村	1404311032150004504U
632	沁源县	铁水沟村	140431103216000	铁水沟村	1404311032160004505o
633	沁源县	虎限村	140431103217000	虎限村	—
634	沁源县	王凤村	140431103220000	王凤村	1404311032200004505q
635	沁源县	贾郭村	140431103221000	贾郭村	1404311032210004505e
636	沁源县	正义村	140431104201000	正义村	1404311042010000000
637	沁源县	李成村	140431104202000	李成村	1404311042020004503J
638	沁源县	留神峪村	140431104203000	留神峪村	1404311042030004503T
639	沁源县	上庄村	140431104204000	上庄村	1404311042040006k01t
640	沁源县	韩家沟村	140431104205000	韩家沟村	1404311042050004503G
641	沁源县	下庄村	140431104206000	下庄村	1404311042060006k01w
642	沁源县	马兰沟村	140431104207000	马兰沟村	—
643	沁源县	李元村	140431104208000	李元村	1404311042080004503N
644	沁源县	新乐园	140431104208100	新乐园	—
645	沁源县	马森村	140431104210000	马森村	1404311042100006k01m
646	沁源县	新章村	140431104211000	新章村	1404311042110004503Z
647	沁源县	崔庄村	140431104213000	崔庄村	—
648	沁源县	蔚村村	140431200201000	蔚村村	1404312002010000000
649	沁源县	渣滩村	140431200202000	渣滩村	—
650	沁源县	新和洼	140431200202100	新和洼	1404312002021004506U
651	沁源县	中峪店村	140431200205000	中峪店村	1404312002050004506b
652	沁源县	南峪村	140431200206000	南峪村	1404312002060004505W
653	沁源县	上庄子村	140431200207000	上庄子村	—
654	沁源县	西庄子	140431200207100	西庄子	1404312002071000000
655	沁源县	西王勇村	140431200209000	西王勇村	—
656	沁源县	龙头村	140431200211000	龙头村	—
657	沁源县	友仁村	140431201201000	友仁村	—
658	沁源县	支角村	140431201202000	支角村	—
659	沁源县	马西村	140431201203000	马西村	—
660	沁源县	法中村	140431201207000	法中村	—
661	沁源县	南沟村	140431201208000	南沟村	1404312012080004501l
662	沁源县	冯村村	140431201209000	冯村村	1404312012090000000
663	沁源县	麻坪村	140431201212000	麻坪村	—
664	沁源县	水泉村	140431201216000	水泉村	—
665	沁源县	自强村	140431202201000	自强村	1404312022010004503l
666	沁源县	后泉峪沟	140431202201101	后泉峪沟	1404312022011014503o
667	沁源县	侯壁村	140431202203000	侯壁村	1404312022030006k00i
668	沁源县	交口村	140431202206000	交口村	1404312022060003k004
669	沁源县	石壑村	140431202207000	石壑村	—
670	沁源县	南洪林村	140431202211000	南洪林村	1404312022110004503i
671	沁源县	新毅村	140431202219000	新毅村	1404312022190004503f
672	沁源县	安乐村	140431202220000	安乐村	—
673	沁源县	铺上村	140431202221000	铺上村	—
674	沁源县	马泉村	140431202222000	马泉村	—
675	沁源县	聪子峪村	140431203201000	聪子峪村	—
676	沁源县	水峪村	140431203202000	水峪村	1404312032020004500B
677	沁源县	才子坪村	140431203203000	才子坪村	1404312032030004500k
678	沁源县	小岭底村	140431203205000	小岭底村	1404312032050004500U

续表 6-2

序号	县(区、市)	行政区划名称	行政区划代码	小流域名称	控制断面代码
679	沁源县	土岭底村	140431203206000	土岭底村	14043120320600004500O
680	沁源县	新店上村	140431203208000	新店上村	1404312032080004500X
681	沁源县	王家沟村	140431203209000	王家沟村	1404312032090004500R
682	沁源县	程壁村	140431204204000	程壁村	1404312042040004502G
683	沁源县	下窑村	140431204209000	下窑村	1404312042090004502P
684	沁源县	王家湾村	140431204214000	王家湾村	1404312042140004502L
685	沁源县	奠基村	140431204215000	奠基村	1404312042150004502g
686	沁源县	上舍村	140431204216000	上舍村	1404312042160004502o
687	沁源县	泽山村	140431204217000	泽山村	1404312042170004502r
688	沁源县	仁道村	140431204218000	仁道村	—
689	沁源县	鱼儿泉村	140431204219000	鱼儿泉村	1404312042190004502A
690	沁源县	磨扇平	140431204219100	磨扇平	1404312042191004502D
691	沁源县	红窑上村	140431204220000	红窑上村	—
692	沁源县	琴峪村	140431205202000	琴峪村	
693	沁源县	紫红村	140431205204000	紫红村	1404312052040004502d
694	沁源县	崖头村	140431205209000	崖头村	—
695	沁源县	活凤村	140431205210000	活凤村	1404312052100004501F
696	沁源县	陈家峪村	140431205211000	陈家峪村	—
697	沁源县	汝家庄村	140431206201000	汝家庄村	
698	沁源县	马家峪村	140431206204000	马家峪村	
699	沁源县	庞家沟	140431206204100	庞家沟	
700	沁源县	南湾村	140431206208000	南湾村	1404312062080004503x
701	沁源县	倪庄村	140431207208000	倪庄村	1404312072080000000
702	沁源县	武家沟村	140431207209000	武家沟村	1404312072090004500e
703	沁源县	段家坡底村	140431207211000	段家坡底村	1404312072110000000
704	沁源县	胡家庄村	140431207213000	胡家庄村	1404312072130000000
705	沁源县	胡汉坪	140431207213100	胡汉坪	1404312072131004506h
706	沁源县	善朴村	140431207215000	善朴村	1404312072150004500b
707	沁源县	庄儿上村	140431207217000	庄儿上村	1404312072170004500h
708	沁源县	沙坪村	140431208204000	沙坪村	—
709	沁源县	豆壁村	140431208208000	豆壁村	—
710	沁源县	牛郎沟村	140431208209000	牛郎沟村	—
711	沁源县	马凤沟村	140431208210000	马凤沟村	—
712	沁源县	城艾庄村	140431208211000	城艾庄村	
713	沁源县	花坡村	140431208221000	花坡村	
714	沁源县	八眼泉村	140431208224000	八眼泉村	—
715	沁源县	土岭上村	140431208228000	土岭上村	1404312082280004505N
716	潞城市	会山底村	140481002216000	会山底村	1404810022160003B005
717	潞城市	下社村	140481002219000	下社	1404810022190008y00d
718	潞城市	下社村后交	140481002219100	下社村后交	1404810022191008y00g
719	潞城市	河西村	140481002220000	河西村	1404810022200003B002
720	潞城市	后峧村	140481002225000	后峧村	1404810022250008y002
721	潞城市	申家村	140481002227000	申家	1404810022270008y00a
722	潞城市	苗家村	140481002228000	申家	1404810022280008y005
723	潞城市	苗家村庄上	140481002228100	申家	1404810022281008y008
724	潞城市	枣臻村	140481100202000	枣臻村	1404811002020008y00B
725	潞城市	赤头村	140481100214000	赤头村	1404811002140008y00M
726	潞城市	马江沟村	140481100215000	马江沟村	1404811002150008y00G
727	潞城市	弓家岭	140481100215100	弓家岭	1404811002151003B00k
728	潞城市	红江沟	140481100215101	红江沟	1404811002151013B00m

续表6-2

序号	县(区、市)	行政区划名称	行政区划代码	小流域名称	控制断面代码
729	潞城市	曹家沟村	140481100217000	曹家沟村	1404811002170008y00v
730	潞城市	韩村	140481100221000	韩村	1404811002210008y00y
731	潞城市	冯村	140481101205000	冯村	1404811012050003B00a
732	潞城市	韩家园村	140481101210000	韩家园村	1404811012100008y003
733	潞城市	李家庄村	140481101212000	李家庄村	1404811012120008y017
734	潞城市	漫流河村	140481101218000	漫流河村	1404811012180008y00r
735	潞城市	石匣村	140481101226000	石匣村	1404811012260008y00a
736	潞城市	石梁村	140481102200000		
737	潞城市	申家山村	140481102206000	申家山村	1404811022060008y014
738	潞城市	井峪村	140481102209000	井峪村	1404811022090008y00U
739	潞城市	南马庄村	140481102210000	南马庄村	1404811022100008y00T
740	潞城市	五里坡村	140481102212000	五里坡村	1404811022120008y00X
741	潞城市	西北村	140481102213000	西流	1404811022130007t001
742	潞城市	西南村	140481102214000	西流	1404811022140003B00j
743	潞城市	南流村	140481102215000	南流村	1404811022150008y00m
744	潞城市	涧口村	140481102217000	涧口村	1404811022170008y00e
745	潞城市	斜底村	140481102218000	斜底村	1404811022180008y00p
746	潞城市	中村	140481200203000	中村	1404812002030003B018
747	潞城市	堡头村	140481200204000	堡头村	1404812002040003B00W
748	潞城市	河后村	140481200207000	河后村	1404812002070003B00Z
749	潞城市	桥堡村	140481200211000	桥堡村	1404812002110003B00R
750	潞城市	东山村	140481200212000	东山村	1404812002120008y007
751	潞城市	西坡村	140481200214000	西坡村	1404812002140007t01A
752	潞城市	西坡村东坡	140481200214100	西坡村东坡	1404812002140003B008
753	潞城市	儒教村	140481200217000	儒教村	1404812002170007t01J
754	潞城市	王家庄村后交	140481201201100	王家庄村后交	1404812012011003B00d
755	潞城市	上黄村向阳庄	140481201210100	向阳庄	1404812012101003B00h
756	潞城市	南花山村	140481201214000	南花山村	1404812012140008y00o
757	潞城市	辛安村	140481201216000	辛安村	1404812012160008y00r
758	潞城市	辽河村	140481201218000	辽河	1404812012180008y00t
759	潞城市	辽河村车旺	140481201218100	辽河	1404812012181003B00b
760	潞城市	曲里村	140481202201000	曲里村	1404812022010008y00P

6.1　河道洪水水面线计算方法

河道洪水水面线的计算就是从某控制断面的已知水位开始,根据相关水文和地形等资料,运用水面曲线基本方程式,逐河段推算其他断面水位的一种水力计算。各频率设计洪水水面线采用水力学方法推求,其原理是由 Godunov 格式的有限体积法建立的复杂明渠水流运动的高适用性数学模型。

6.1.1　控制方程

描述天然河道一维浅水运动控制方程的向量形式如下:

$$D\frac{\partial U}{\partial t} + \frac{\partial F}{\partial x} = S \tag{6-1}$$

其中,$D = \begin{bmatrix} B & 0 \\ 0 & 1 \end{bmatrix}$, $U = \begin{bmatrix} Z \\ Q \end{bmatrix}$, $F(U) = \begin{bmatrix} f_1 \\ f_2 \end{bmatrix} = \begin{bmatrix} Q \\ \dfrac{\alpha Q^2}{A} \end{bmatrix}$, $S = \begin{bmatrix} 0 \\ -gA\dfrac{\partial Z}{\partial x} - gAJ \end{bmatrix}$

式中:B 为水面宽度;Q 为断面流量;Z 为水位;A 为过水断面面积;α 为动量修正系数,一般默认为 1.0;f_1 和 f_2 分别代表向量 $F(U)$ 的两个分量;g 为重力加速度;t 为时间变量;J 为沿程阻力损失,其表达式为 $J = \dfrac{n^2 Q |Q|}{A^2 R^{4/3}}$;$R$ 为水力半径,n 为糙率。

　　浅水运动控制方程的以上表达形式在工程上应用较广,源项部分采用水面坡度代表压力项的影响,其优点是水面变化一般比河道底坡变化平缓,因此即使底坡非常陡峭,对计算格式稳定性的影响也不大。另外,该形式还可以很好地避免由采用不理想的底坡项离散方法平衡数值通量时所带来的水量不守恒问题。

6.1.2　数值离散方法

　　采用中心格式的有限体积法,把变量存在单元的中心,如图 6-1 所示。

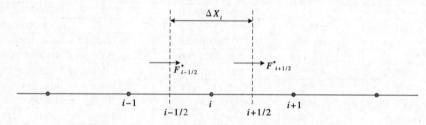

图 6-1　中心格式的有限体积法示意图

　　将式(6-1)在控制体 i 上进行积分并运用 Gauss 定理离散后得

$$U_i^{n+1} = U_i^n - \frac{\Delta t}{\Delta x_i} D_i^{-1} (F_{i+1/2}^* - F_{i-1/2}^*) + \Delta t D_i^{-1} S_i \qquad (6\text{-}2)$$

式中:U_i 为第 i 个单元变量的平均值;$F_{i-1/2}^*$、$F_{i+1/2}^*$ 分别为单元 i 左右两侧界面的通量值;Δx_i 为第 i 个单元的边长;S_i 为第 i 个单元源项的平均值。

6.1.2.1　HLL 格式的近似 Riemann 解

　　对界面通量计算采用 HLL(Harten,Lax,vanLeer)格式,该格式求解 Riemann 近似问题时的形式简单,在处理干单元时的功能要优于其他的格式,通量求解过程如下:

$$F^* = \begin{cases} F(U_L) & s_L \geq 0 \\ F_{LR} = \left[\dfrac{B_R s_R f_1^L - B_L s_L f_1^R + B_R s_L s_R (Z_R - Z_L)}{B_R s_R - B_L s_L}, \dfrac{s_R f_1^L - s_L f_2^R + s_L s_R (Q_R - Q_L)}{s_R - s_L} \right]^T & s_L < 0 < s_R \\ F(U_R) & s_R \leq 0 \end{cases}$$

(6-3)

式中:s_L 和 s_R 为计算单元左右两侧的波速,当 $s_L \geq 0$ 和 $s_R \leq 0$ 时,计算单元界面的通量值分别由其左右两侧单元的水力要素确定,当 $s_L \leq 0 \leq s_R$ 时,计算单元界面的通量由 HLL 近似 Riemann 解给出。

　　经过离散后,式(6-2)中的连续方程变为如下形式:

$$Z_i^{n+1} = Z_i^n - \frac{1}{B_i} \frac{\Delta t}{\Delta x_i} [(f_1)_{i+1/2}^* - (f_1)_{i-1/2}^*] \tag{6-4}$$

可以看出,式中变量 Q 被通量 f_1 取代,由于通量 f_1 可以保持很好的守恒特性,而变量 Q 不具备这个特点,因此为了保持计算格式的和谐性,Ying 等提出采用通量 f_1 的值取代输出结果中的 Q 值,而由动量方程计算得出的 Q 值仅作为计算 Riemann 问题的中间变量。

6.1.2.2 二阶数值重构

采用 HLL 格式近似 Riemann 解求解界面通量在空间上仅具有一阶精度,为了使数值解的空间精度提高到二阶,采用 MUSCL 方法对界面左右两侧的变量进行数值重构,其表达式为

$$U_{i+1/2}^L = U_i + \frac{1}{2}\varphi(r_i)(U_i - U_{i-1}), U_{i+1/2}^R = U_{i+1} - \frac{1}{2}\varphi(r_{i+1})(U_{i+2} - U_{i+1}) \tag{6-5}$$

式中: $r_i = \dfrac{U_{i+1} - U_i}{U_i - U_{i-1}}$, $r_{i+1} = \dfrac{U_{i+1} - U_i}{U_{i+2} - U_{i+1}}$; φ 为限制器函数,本书采用应用较为广泛的 Minmod 限制器,该限制器可以使格式保持较好的 TVD 性质。

为使数值解整体上提高到二阶精度同时维持数值解的稳定性,对时间步采用 Hancock 预测、校正的两步格式:

$$\begin{aligned}
U_i^{n+1/2} &= U_i^n - \frac{1}{2}\frac{\Delta t}{\Delta x_i}D_i^{-1}[F_{i+1/2}(U_{i+1/2}^n) - F_{i-1/2}(U_{i-1/2}^n)] \\
U_i^{n+1} &= U_i^{n+1/2} - \frac{\Delta t}{\Delta x_i}D_i^{-1}[F_{i+1/2}^*(U_{i+1/2}^{n+1/2}) - F_{i-1/2}^*(U_{i-1/2}^{n+1/2})] + \Delta t D_i^{-1}S_i
\end{aligned} \tag{6-6}$$

其中, $U_{i+1/2}^{n+1/2}$、$U_{i-1/2}^{n+1/2}$ 为计算的中间变量。

6.1.2.3 源项的处理

源项包括水面梯度项和摩阻项。摩阻项直接采用显格式处理。对于水面梯度项的处理,为了保持数值解的光滑性,采用空间数值重构后的水位变量值来计算水面梯度,其表达式如下:

$$\frac{\partial Z}{\partial x_i} = \frac{\overline{Z}_{i+1/2} - \overline{Z}_{i-1/2}}{\Delta x_i} \tag{6-7}$$

其中, $\overline{Z}_{i+1/2} = \dfrac{Z_{i+1/2}^L + Z_{i+1/2}^R}{2}$, $\overline{Z}_{i-1/2} = \dfrac{Z_{i-1/2}^L + Z_{i-1/2}^R}{2}$。 $Z_{i\pm1/2}^L$ 和 $Z_{i\pm1/2}^R$ 为采用 TVD – MUSCL 方法差值后的水位值。

本次河道水面线的推求,根据沿河村落断面的实际情况,考虑了防洪堤、桥梁、涵洞等涉水建筑物对水流的影响,采用水力学法,应用水面线软件,对 5 种频率设计洪水的水面线进行推求。

天然河道直接采用水面线软件推求。涉水建筑物主要包括塘坝、桥梁、路涵、水库等。塘坝主要为淤地坝,其下泄流量采用设计资料。桥梁与路涵受其河床变化影响较大,一般采用其现状断面情况计算其过水能力。对建设规模相对较大、基本不影响河道过水能力的桥梁与路涵通过水面线法来推求其相应过水流量;对河道过水能力影响较大的桥梁与路涵,本次采用水力学法计算其过水能力。对于有水库影响河段,参考水库相关设计参数进行水面线推求。

6.2　洪灾危险区范围

危险区范围为最高历史洪水位和100年一遇设计洪水位中的较高水位淹没范围以内的居民区域。根据推求所得各个沿河村落河段100年一遇设计洪水水面线,与最高历史洪水位对比,结合沿河村落地形及居民户高程,勾绘沿河村落洪水的淹没范围。

根据各县、各村汇水不同分别计算是否受(河)沟道洪水影响,同时对部分村庄存在受坡面流影响也进行了统计。受(河)沟道洪水影响的有711个村,受坡面流影响的有195个村,其中既受(河)沟道洪水影响又受坡面流影响的有146个村,具体结果详见表6-3。

表6-3　山洪灾害威胁村普查结果统计

序号	县(区、市)	村落名称	行政区划代码	所在乡(镇)	是否受(河)沟道洪水影响	是否受坡面流影响	备注
1	长治市郊区	关村	140411100001000		是		
2	长治市郊区	沟西村	140411100203000		是		
3	长治市郊区	西长井村	140411100205000		是		
4	长治市郊区	石桥村	140411100206000		是		
5	长治市郊区	大天桥村	140411100207000		是		
6	长治市郊区	中天桥村	140411100208000		是		
7	长治市郊区	毛站村	140411100209000		是		
8	长治市郊区	南天桥村	140411100210000		是		
9	长治市郊区	南垂村	140411100211000		是		
10	长治市郊区	鸡坡村	140411100226000	老顶山镇	是		
11	长治市郊区	盐店沟村	140411100227000		是		
12	长治市郊区	小龙脑村	140411100228000		是		
13	长治市郊区	瓦窑沟村	140411100229000		是		
14	长治市郊区	滴谷寺村	140411100230000		是		
15	长治市郊区	东沟村	140411100231000		是		
16	长治市郊区	苗圃村	140411100232000		是		
17	长治市郊区	老巴山村	140411100233000		是		
18	长治市郊区	二龙山村	140411100234000		是		
19	长治市郊区	余庄村	140411101203000	堠北庄镇	是		
20	长治市郊区	店上村	140411101206000		是		
21	长治市郊区	马庄村	140411103208000	马厂镇	是		
22	长治市郊区	故县村	140411104202000		是		
23	长治市郊区	葛家庄村	140411104203000		是		
24	长治市郊区	良才村	140411104204000	黄碾镇	是		
25	长治市郊区	史家庄村	140411104205000		是		
26	长治市郊区	西沟村	140411104206000		是		
27	长治市郊区	西白兔村	140411200200000	西白兔乡	是		
28	长治市郊区	漳村	140411200204000		是		
29	长治县	柳林村	140421100212000		是		
30	长治县	林移村	140421100215000	韩店镇	是		
31	长治县	柳林庄村	140421100216000		是		
32	长治县	司马村	140421101214000	苏店镇	是		

续表 6-3

序号	县(区、市)	村落名称	行政区划代码	所在乡(镇)	是否受(河)沟道洪水影响	是否受坡面流影响	备注
33	长治县	荫城村	140421102200000	荫城镇	是		
34	长治县	河下村	140421102202000		是		
35	长治县	横河村	140421102203000		是		
36	长治县	桑梓一村	140421102216000		是		
37	长治县	桑梓二村	140421102217000		是		
38	长治县	北头村	140421102218000		是		
39	长治县	内王村	140421102220000		是		
40	长治县	王坊村	140421102223000		是		
41	长治县	中村	140421102224000		是		
42	长治县	河南村	140421102225000		是		
43	长治县	李坊村	140421102226000		是		
44	长治县	北王庆村	140421102229000		是		
45	长治县	桥头村	140421103203000	西火镇	是		
46	长治县	下赵家庄村	140421103219000		是		
47	长治县	南河村	140421103227000		是		
48	长治县	羊川村	140421103232000		是		
49	长治县	八义村	140421104200000	八义镇	是		
50	长治县	狗湾村	140421104213000		是		
51	长治县	北楼底村	140421104220000		是		
52	长治县	南楼底村	140421104221000		是		
53	长治县	新庄村	140421105204000	贾掌镇	是		
54	长治县	定流村	140421105207000		是		
55	长治县	北郭村	140421200201000	郝家庄乡	是		
56	长治县	岭上村	140421200205000		是		
57	长治县	高河村	140421200211000		是		
58	长治县	西池村	140421201200000	西池乡	是		
59	长治县	东池村	140421201201000		是		
60	长治县	小河村	140421201203000		是		
61	长治县	沙峪村	140421201209000		是		
62	长治县	土桥村	140421201210000		是		
63	长治县	河头村	140421201214000		是		
64	长治县	小川村	140421201215000		是		
65	长治县	北呈村	140421202200000	北呈乡	是		
66	长治县	大沟村	140421202203000		是		
67	长治县	南岭头村	140421202211000		是		
68	长治县	北岭头村	140421202212000		是		
69	长治县	须村	140421202214000		是		
70	长治县	东和村	140421203200000	东和乡	是		
71	长治县	中和村	140421203201000		是		
72	长治县	西和村	140421203203000		是		
73	长治县	曹家沟村	140421203206000		是		
74	长治县	琚家沟村	140421203207000		是		
75	长治县	屈家山村	140421203208000		是		
76	长治县	辉河村	140421203209000		是		
77	长治县	子乐沟村	140421204214000	南宋乡	是		
78	长治县	北宋村	140421204217000		是		
79	襄垣县	石灰窑村	140423100208000	古韩镇	是		

续表6-3

序号	县(区、市)	村落名称	行政区划代码	所在乡(镇)	是否受(河)沟道洪水影响	是否受坡面流影响	备注
80	襄垣县	返底村	140423101218000	王桥镇	是		
81	襄垣县	普头村	140423101220000		是		
82	襄垣县	安沟村	140423102217000	侯堡镇	是		
83	襄垣县	阎村	140423102220000		是		
84	襄垣县	南马喊村	140423103204000		是		
85	襄垣县	胡家沟村	140423103219000		是		
86	襄垣县	河口村	140423103223000	夏店镇	是		
87	襄垣县	北田漳村	140423103231000		是		
88	襄垣县	南邯村	140423103239000		是		
89	襄垣县	小河村	140423104207000		是		
90	襄垣县	白堰底村	140423104224000	虒亭镇	是		
91	襄垣县	西洞上村	140423104227000		是		
92	襄垣县	王村	140423106200000		是		
93	襄垣县	下庙村	140423106201000		是		
94	襄垣县	史属村	140423106202000		是		
95	襄垣县	店上村	140423106207000	王村镇	是		
96	襄垣县	北姚村	140423106208000		是		
97	襄垣县	史北村	140423106210000		是		
98	襄垣县	坳上村	140423106211000		是		
99	襄垣县	前王沟村	140423103221000	夏店镇	是		
100	襄垣县	任庄村	140423106214000	王村镇	是		
101	襄垣县	高家沟村	140423106223000		是		
102	襄垣县	下良村	140423107200000		是		
103	襄垣县	水碾村	140423107217000	下良镇	是		
104	襄垣县	寨沟村	140423107219000		是		
105	襄垣县	庄里村	140423200209000	善福乡	是		
106	襄垣县	桑家河村	140423200212000		是		
107	襄垣县	固村	140423202205000		是		
108	襄垣县	阳沟村	140423202206000		是		
109	襄垣县	温泉村	140423202208000	上马乡	是		
110	襄垣县	燕家沟村	140423202211000		是		
111	襄垣县	高崖底村	140423202209000		是		
112	襄垣县	里阚村	140423202207000		是		
113	襄垣县	合漳村	140423103241000	夏店镇	是		
114	襄垣县	西底村	140423104203000	虒亭镇	是		
115	襄垣县	返头村	140423104204000		是		
116	襄垣县	南田漳村	140423100212000	古韩镇	是	是	
117	襄垣县	北马喊村	140423103232000	夏店镇	是	是	
118	襄垣县	南底村	140423103249000		是	是	
119	襄垣县	兴民村	140423105219000	西营镇		是	
120	襄垣县	路家沟村	140423200211000	善福乡		是	
121	襄垣县	南漳村	140423105202000	西营镇		是	
122	襄垣县	东坡村	140423106220000	王村镇		是	
123	襄垣县	九龙村	140423103240000	夏店镇	是		后湾水库下游
124	屯留县	杨家湾村	140424100218000	麟绛镇	是		

续表 6-3

序号	县(区、市)	村落名称	行政区划代码	所在乡(镇)	是否受(河)沟道洪水影响	是否受坡面流影响	备注
125	屯留县	贾庄村	140424103212000	余吾镇	是	是	
126	屯留县	魏村	140424103218000		是		
127	屯留县	吾元村	140424104201000	吾元镇	是		
128	屯留县	丰秀岭村	140424104202000		是		
129	屯留县	南阳坡村	140424104210000		是		
130	屯留县	罗村	140424104211000		是		
131	屯留县	煤窑沟村	140424104213000		是		
132	屯留县	东坡村	140424104214000		是		
133	屯留县	三交村	140424104220000		是		
134	屯留县	贾庄	140424104223000		是		
135	屯留县	老庄沟	140424104224000		是		
136	屯留县	北沟庄	140424104224101		是		
137	屯留县	老庄沟西坡	140424104224104		是		
138	屯留县	秦家村	140424104226000		是	是	
139	屯留县	张店村	140424105201000	张店镇	是		
140	屯留县	甄湖村	140424105202000		是		
141	屯留县	张村	140424105203000		是		
142	屯留县	南里庄村	140424105206000		是		
143	屯留县	上立寨村	140424105208000		是		
144	屯留县	大半沟	140424105208101		是		
145	屯留县	五龙沟	140424105212000		是		
146	屯留县	李家庄村	140424105213000		是		
147	屯留县	马家庄	140424105213102		是		
148	屯留县	帮家庄	140424105213110		是		
149	屯留县	秋树坡	140424105213111		是		
150	屯留县	李家庄村西坡	140424105213116		是		
151	屯留县	半坡村	140424105217000		是		
152	屯留县	霜泽村	140424105218000		是		
153	屯留县	雁落坪村	140424105219000		是		
154	屯留县	雁落坪村西坡	140424105219103		是		
155	屯留县	宜丰村	140424105220000		是		
156	屯留县	浪井沟	140424105220101		是		
157	屯留县	宜丰村西坡	140424105220102		是		
158	屯留县	中村村	140424105221000		是		
159	屯留县	河西村	140424105222000		是		
160	屯留县	柳树庄村	140424105223000		是		
161	屯留县	柳树庄	140424105223100		是		
162	屯留县	老洪沟	140424105223101		是	是	
163	屯留县	崖底村	140424105224000		是		
164	屯留县	唐王庙村	140424105226000		是		
165	屯留县	南掌	140424105226101		是		
166	屯留县	徐家庄	140424105227100		是		
167	屯留县	郭家庄	140424105227104		是		
168	屯留县	沿湾	140424105227107		是		
169	屯留县	王家庄	140424105227108		是		
170	屯留县	林庄村	140424105229000		是		
171	屯留县	八泉村	140424105231000		是		

续表6-3

序号	县(区、市)	村落名称	行政区划代码	所在乡(镇)	是否受(河)沟道洪水影响	是否受坡面流影响	备注
172	屯留县	七泉村	140424105232000	张店镇	是		
173	屯留县	鸡窝圪套	140424105232107		是		
174	屯留县	南沟村	140424105233000		是		
175	屯留县	棋盘新庄	140424105233100		是		
176	屯留县	羊窑	140424105233101		是		
177	屯留县	小桥	140424105233114		是		
178	屯留县	寨上村	140424105234000		是		
179	屯留县	寨上	140424105234100		是		
180	屯留县	吴而村	140424105235000		是		
181	屯留县	西上村	140424105236000		是		
182	屯留县	西沟河村	140424105237000		是		
183	屯留县	西岸上	140424105237102		是		
184	屯留县	西村	140424105237103		是		
185	屯留县	西丰宜村	140424106202000	丰宜镇	是		
186	屯留县	郝家庄村	140424106206000		是	是	
187	屯留县	石泉村	140424106207000		是		
188	屯留县	西洼村	140424201215000	路村乡	是		
189	屯留县	河神庙	140424202201000	河神庙乡	是		
190	屯留县	梨树庄村	140424202220000		是		
191	屯留县	庄洼	140424202220102		是		
192	屯留县	西沟村	140424202221000		是		
193	屯留县	老婆角	140424202221105		是		
194	屯留县	西沟口	140424202221106		是		
195	屯留县	司家沟	140424202224100		是		
196	屯留县	龙王沟村	140424202230000		是		
197	屯留县	西流寨村	140424400201000	西流寨经济开发区	是		
198	屯留县	马家庄	140424400202000		是		
199	屯留县	大会村	140424400203000		是		
200	屯留县	西大会	140424400203101		是		
201	屯留县	河长头村	140424400204000		是		
202	屯留县	南庄村	140424400205000		是	是	
203	屯留县	中理村	140424400206000		是		
204	屯留县	吴寨村	140424400207000		是		
205	屯留县	桑园	140424400207103		是		
206	屯留县	黑家口	140424400208000		是		
207	屯留县	上莲村	140424402201000	上莲开发区	是		
208	屯留县	前上莲	140424402201100		是		
209	屯留县	后上莲	140424402201101		是		
210	屯留县	山角村	140424402201105		是	是	
211	屯留县	马庄	140424402201106		是		
212	屯留县	交川村	140424402209000		是		
213	平顺县	城关村	140425100200000	青羊镇	是		重要城镇集镇
214	平顺县	小东峪村	140425100203000		是		
215	平顺县	前庄上	140425100203100		是		
216	平顺县	当庄上	140425100203101		是		
217	平顺县	三亩地	140425100203102		是		

续表 6-3

序号	县(区、市)	村落名称	行政区划代码	所在乡(镇)	是否受(河)沟道洪水影响	是否受坡面流影响	备注
218	平顺县	石片上	140425100203103	青羊镇		是	
219	平顺县	张井村	140425100206000		是		
220	平顺县	回源峧村	140425100207000		是	是	
221	平顺县	峪峪村	140425100208000		是		
222	平顺县	红公	140425100208100		是		
223	平顺县	路家口村	140425100216000		是		
224	平顺县	蒋家	140425100216101		是	是	
225	平顺县	河则	140425100216102		是	是	
226	平顺县	西坪上	140425100216106		是	是	
227	平顺县	洪岭村	140425100221000		是	是	
228	平顺县	椿树沟村	140425100222000		是	是	
229	平顺县	贾家村	140425100223000		是		
230	平顺县	王家村	140425100224000		是		
231	平顺县	南北头村	140425100225000		是	是	
232	平顺县	秦家崖	140425100225102		是	是	
233	平顺县	东寺头村	140425201200000	东寺头乡	是	是	
234	平顺县	西平上	140425201200100		是	是	
235	平顺县	军寨	140425201200101		是	是	
236	平顺县	虎窑村	140425201201000		是	是	
237	平顺县	黄花井	140425201201103		是	是	
238	平顺县	西湾村	140425201202000		是		
239	平顺县	安咀村	140425201203000		是	是	
240	平顺县	安阳村	140425201204000		是		
241	平顺县	棠梨村	140425201205000		是	是	
242	平顺县	焦底村	140425201206000		是	是	
243	平顺县	后庄村	140425201211000		是	是	
244	平顺县	前庄村	140425201212000		是		
245	平顺县	大山村	140425201213000		是		
246	平顺县	石窑滩村	140425201215000		是	是	
247	平顺县	井底村	140425201216000		是	是	
248	平顺县	庄谷练	140425201216104			是	
249	平顺县	里沟	140425201216109		是	是	
250	平顺县	南地	140425201216111		是	是	
251	平顺县	阱沟	140425201216113		是	是	
252	平顺县	羊老岩村	140425201220000		是		
253	平顺县	后庄	140425201220100		是		
254	平顺县	后南站	140425201220104		是		
255	平顺县	沟口	140425201220112		是		
256	平顺县	土地后庄	140425201220114			是	
257	平顺县	河口	140425201220116		是	是	
258	平顺县	堂耳庄村	140425203210000	阳高乡	是		
259	平顺县	椰树园村	140425203211000		是		
260	平顺县	豆峪村	140425102204000	石城镇	是		
261	平顺县	源头村	140425102208000		是		
262	平顺县	南耽车村	140425204201000	北耽车乡	是		
263	平顺县	棚头村	140425204214000		是	是	
264	平顺县	靳家园村	140425204215000		是	是	

续表 6-3

序号	县(区、市)	村落名称	行政区划代码	所在乡(镇)	是否受(河)沟道洪水影响	是否受坡面流影响	备注
265	平顺县	后留村	140425205200000	中五井乡	是		
266	平顺县	中五井村	140425205206000			是	
267	平顺县	寺峪口	140425205206100			是	
268	平顺县	窑门前	140425205206101			是	
269	平顺县	北头村	140425205207000			是	
270	平顺县	驮山	140425205207100			是	
271	平顺县	石灰窑	140425205207101			是	
272	平顺县	堡沟	140425205207103			是	
273	平顺县	上五井村	140425205208000			是	
274	平顺县	天脚村	140425205210000			是	
275	平顺县	小赛村	140425205211000		是		
276	平顺县	西沟村	140425200200000	西沟乡	是		
277	平顺县	东峪	140425200200104		是		
278	平顺县	南赛	140425200200105		是		
279	平顺县	池底	140425200200109		是		
280	平顺县	刘家地	140425200200110		是		
281	平顺县	川底村	140425200201000		是		
282	平顺县	石埠头村	140425200202000		是		
283	平顺县	东岸	140425200202100		是	是	
284	平顺县	青行头村	140425200207000		是		
285	平顺县	申家坪村	140425200208000		是		
286	平顺县	龙家村	140425200209000		是		
287	平顺县	正村	140425200210000		是		
288	平顺县	下井村	140425200211000		是		
289	平顺县	常家村	140425206204000	北社乡	是		
290	平顺县	庙后村	140425206213000		是	是	
291	平顺县	西安村	140425104206000	杏城镇		是	
292	平顺县	黄崖村	140425104210000		是	是	
293	平顺县	牛石窑村	140425104211000		是		
294	平顺县	玉峡关村	140425104217000		是		
295	平顺县	玉峡关	140425104217115		是		
296	平顺县	虹梯关村	140425202200000	虹梯关乡	是		
297	平顺县	梯后村	140425202209000		是		
298	平顺县	碑滩村	140425202210000		是		
299	平顺县	高滩	140425202210100			是	
300	平顺县	梯根	140425202210101			是	
301	平顺县	虹霓村	140425202211000		是		
302	平顺县	秋方沟	140425202211100			是	
303	平顺县	苿兰岩村	140425202213000		是		
304	平顺县	小葫芦	140425202213100			是	
305	平顺县	闺女峧口	140425202213101			是	
306	平顺县	龙柏庵村	140425202214000			是	
307	平顺县	堕磊汕	140425202214100		是	是	
308	平顺县	库峧村	140425202215000		是		

续表 6-3

序号	县(区、市)	村落名称	行政区划代码	所在乡(镇)	是否受(河)沟道洪水影响	是否受坡面流影响	备注
309	平顺县	龙镇村	140425101200000	龙溪镇	是		
310	平顺县	北坡村	140425101202000		是		
311	平顺县	北坡村	140425101202100		是		
312	平顺县	底河村	140425101209000		是		
313	平顺县	东迷村	140425101217000		是		
314	平顺县	南坡村	140425101218000		是		
315	平顺县	消军岭村	140425101222000			是	
316	平顺县	后河	140425101222100			是	
317	平顺县	前河	140425101222101			是	
318	黎城县	南关村	140426100205000	黎侯镇	是	是	
319	黎城县	上桂花村	140426100206000			是	
320	黎城县	下桂花村	140426100207000			是	
321	黎城县	东洼村	140426100209000		是		
322	黎城县	仁庄村	140426100211000		是		
323	黎城县	北泉寨村	140426100225000		是		
324	黎城县	城南村	140426100229000			是	
325	黎城县	城西村	140426100230000			是	
326	黎城县	古县村	140426100232000		是	是	
327	黎城县	上庄村	140426100234000			是	
328	黎城县	下村村	140426100224000			是	
329	黎城县	宋家庄村	140426100242000		是		
330	黎城县	东阳关村	140426101201000	东阳关	是	是	
331	黎城县	火巷道村	140426101202000			是	
332	黎城县	香炉峧村	140426101210000			是	
333	黎城县	苏家峧村	140426101223000		是		
334	黎城县	龙王庙村	140426101222000		是		
335	黎城县	秋树垣村	140426101225000		是		
336	黎城县	高石河村	140426101229000			是	
337	黎城县	前庄村	140426102226000	上瑶乡	是		
338	黎城县	中庄村	140426102227000		是		
339	黎城县	行曹村	140426102228000			是	
340	黎城县	岚沟村	140426102241000		是		
341	黎城县	平头村	140426102231000		是		
342	黎城县	后寨村	140426103207000	西井镇	是		
343	黎城县	彭庄村	140426103209000		是		
344	黎城县	背坡村	140426103210000		是		
345	黎城县	南委泉村	140426103234000		是		
346	黎城县	北委泉村	140426103235000		是		
347	黎城县	牛居村	140426103240000		是		
348	黎城县	新庄村	140426103241000			是	
349	黎城县	车元村	140426103242000		是		
350	黎城县	茶棚滩村	140426103243000		是		
351	黎城县	寺底村	140426103225000		是		
352	黎城县	西骆驼村	140426103230000			是	
353	黎城县	朱家峧村	140426103231000			是	
354	黎城县	郭家庄村	140426103232000		是		

续表 6-3

序号	县(区、市)	村落名称	行政区划代码	所在乡(镇)	是否受(河)沟道洪水影响	是否受坡面流影响	备注
355	黎城县	南陌村	140426104202000	黄崖洞镇		是	
356	黎城县	佛崖底村	140426104213000		是		
357	黎城县	看后村	140426104214000			是	
358	黎城县	清泉村	140426104215000		是		
359	黎城县	小寨村	140426104218000		是		
360	黎城县	西村村	140426104220000		是		
361	黎城县	元村村	140426201210000	停河铺乡		是	
362	黎城县	北停河村	140426201212000		是		
363	黎城县	程家山村	140426202201000	程家山		是	
364	黎城县	段家庄村	140426202211000		是	是	
365	黎城县	西庄头村	140426203213000	洪井乡		是	
366	黎城县	柏官庄村	140426203216000		是		
367	黎城县	鸽子峧村	140426203218000			是	
368	黎城县	黄草辿村	140426203219000			是	
369	黎城县	孔家峧村	140426203220000		是		
370	黎城县	曹庄村	140426203223000		是		
371	黎城县	三十亩村	140426203224000		是		
372	壶关县	桥上村	140427206200000	桥上乡	是		
373	壶关县	盘底村	140427206201000		是		
374	壶关县	石咀上	140427206201100		是	是	
375	壶关县	王家庄村	140427206202000		是	是	
376	壶关县	沙滩村	140427206203000		是		
377	壶关县	丁家岩村	140427206205000		是	是	
378	壶关县	潭上	140427206205100		是		
379	壶关县	河东	140427206205102		是	是	
380	壶关县	大河村	140427206206000		是	是	
381	壶关县	坡底	140427206206103		是	是	
382	壶关县	南坡	140427206206104		是	是	
383	壶关县	杨家池村	140427206207000		是	是	
384	壶关县	河东岸	140427206207100		是	是	
385	壶关县	东川底村	140427206208000		是	是	
386	壶关县	庄则上村	140427206217000		是		
387	壶关县	土圪堆	140427206217100		是		
388	壶关县	下石坡村	140427206220000		是		
389	壶关县	黄崖底村	140427205211000	鹅屋乡	是		
390	壶关县	西坡上	140427205211106		是		
391	壶关县	靳家庄	140427205211123		是		
392	壶关县	碾盘街	140427205211163		是		
393	壶关县	五里沟村	140427205215000		是	是	
394	壶关县	石坡村	140427203200000	石坡乡	是	是	
395	壶关县	东黄花水村	140427203201000		是		
396	壶关县	西黄花水村	140427203202000		是		
397	壶关县	安口村	140427203204000		是		
398	壶关县	北平头坞村	140427203207000		是		
399	壶关县	南平头坞村	140427203208000		是		
400	壶关县	双井村	140427203213000		是		
401	壶关县	石河沐村	140427203215000		是		

续表 6-3

序号	县(区、市)	村落名称	行政区划代码	所在乡(镇)	是否受(河)沟道洪水影响	是否受坡面流影响	备注
402	壶关县	口头村	140427202202000	东井岭乡	是		
403	壶关县	三郊口村	140427202204000		是	是	
404	壶关县	大井村	140427202207000		是		
405	壶关县	城寨村	140427202222000		是		
406	壶关县	土寨	140427202207100		是	是	
407	壶关县	薛家园村	140427201203000	黄山乡	是		
408	壶关县	西底村	140427201208000		是		
409	壶关县	磨掌村	140427104205000	树掌镇	是	是	
410	壶关县	神北村	140427104210000		是		
411	壶关县	神南村	140427104211000		是		
412	壶关县	上河村	140427104213000		是		
413	壶关县	福头村	140427104221000		是		
414	壶关县	西七里村	140427103204000	晋庄镇	是		
415	壶关县	料阳村	140427103214000		是	是	
416	壶关县	南岸上	140427102208101	店上镇	是	是	
417	壶关县	鲍家则	140427102208100		是	是	
418	壶关县	南沟村	140427102209000		是	是	
419	壶关县	角脚底村	140427102210000		是		
420	壶关县	北河村	140427100214000	龙泉镇	是		
421	长子县	红星庄	140428102205000	石哲镇	是	是	
422	长子县	石家庄村	140428102215000		是	是	
423	长子县	西河庄村	140428102216000		是		
424	长子县	晋义村	140428102217000		是		
425	长子县	刁黄村	140428102218000		是	是	
426	长子县	南沟河村	140428102219000		是		
427	长子县	良坪村	140428102220000		是		
428	长子县	乱石河村	140428102221000		是		
429	长子县	两都村	140428102225000		是		
430	长子县	苇池村	140428102226000		是	是	
431	长子县	李家庄村	140428102227000		是	是	
432	长子县	圪倒村	140428102229000		是	是	
433	长子县	高桥沟村	140428102230000		是		
434	长子县	花家坪村	140428102231000		是	是	
435	长子县	洪珍村	140428102237000		是		
436	长子县	郭家沟村	140428102241000		是		
437	长子县	南岭庄	140428102251100		是		
438	长子县	南庄	140428102251101		是		
439	长子县	大山	140428102253100		是		
440	长子县	羊窑沟	140428102253101		是		
441	长子县	响水铺	140428102256100		是	是	
442	长子县	东沟庄	140428102257103		是	是	
443	长子县	九亩沟	140428102258102		是	是	
444	长子县	小豆沟	140428102264100		是		
445	长子县	尧神沟村	140428103202000	大堡头镇	是		
446	长子县	沙河村	140428103211000		是		
447	长子县	韩坊村	140428103212000		是		
448	长子县	交里村	140428103213000		是		

续表 6-3

序号	县(区、市)	村落名称	行政区划代码	所在乡(镇)	是否受(河)沟道洪水影响	是否受坡面流影响	备注
449	长子县	西田良村	140428104201000	慈林镇	是		
450	长子县	南贾村	140428104202000		是		
451	长子县	东田良村	140428104203000		是	是	
452	长子县	张店村	140428104215000		是		
453	长子县	西范村	140428104216000		是		
454	长子县	东范村	140428104217000		是		
455	长子县	崔庄村	140428104219000		是		
456	长子县	龙泉村	140428104225000		是		
457	长子县	程家庄村	140428104231000		是	是	
458	长子县	鲍寨村	140428105201000	色头镇	是		
459	长子县	窑下村	140428105205000		是	是	
460	长子县	赵家庄村	140428105206000		是		
461	长子县	陈家庄村	140428105206100		是		
462	长子县	吴家庄村	140428105206101		是		
463	长子县	曹家沟村	140428105208000		是		
464	长子县	琚村	140428105210000		是		
465	长子县	平西沟村	140428105213000		是		
466	长子县	南漳村	140428106200000	南漳镇	是		
467	长子县	吴村	140428200210000	岚水乡	是		
468	长子县	安西村	140428201211000	碾张乡	是		
469	长子县	金村	140428201213000		是	是	
470	长子县	丰村	140428201217000		是	是	
471	长子县	丰村南沟	140428201217100		是	是	
472	长子县	苏村	140428203210000	南陈乡	是		
473	长子县	西沟村	140428203211000		是		
474	长子县	西峪村	140428203212000		是		
475	长子县	东峪村	140428203213000		是		
476	长子县	城阳村	140428203220000		是		
477	长子县	阳鲁村	140428203221000		是		
478	长子县	善村	140428203222000		是		
479	长子县	南庄村	140428203223000		是		
480	长子县	大南石村	140428203225000		是	是	
481	长子县	小南石村	140428203226000		是	是	
482	长子县	申村	140428203230000		是	是	
483	长子县	庞庄村	140428203232000		是		
484	长子县	西何村	140428204229000	宋村乡	是		
485	武乡县	洪水村	140429101200000	洪水镇	是		
486	武乡县	寨坪村	140429101217000		是		
487	武乡县	下寨村	140429101224000		是		
488	武乡县	中村村	140429101225000		是		
489	武乡县	义安村	140429101225100		是		
490	武乡县	韩北村	140429201200000	韩北乡	是	是	
491	武乡县	王家峪村	140429201208000		是		
492	武乡县	大有村	140429202200000	大有乡	是		
493	武乡县	辛庄村	140429202200100		是		
494	武乡县	峪口村	140429202222000		是		
495	武乡县	型村	140429202222102		是		
496	武乡县	长乐村	140429202223000		是		

续表 6-3

序号	县(区、市)	村落名称	行政区划代码	所在乡(镇)	是否受(河)沟道洪水影响	是否受坡面流影响	备注
497	武乡县	李峪村	140429202224000	大有乡	是		
498	武乡县	泉沟村	140429202224100		是		
499	武乡县	贾豁村	140429203200000		是		
500	武乡县	高家庄村	140429203200100		是		
501	武乡县	石泉村	140429203212000	贾豁乡	是	是	
502	武乡县	海神沟村	140429203212101		是		
503	武乡县	郭村村	140429203213000		是		
504	武乡县	杨桃湾村	140429203225100		是	是	
505	武乡县	胡庄铺村	140429100206000		是		
506	武乡县	平家沟村	140429100207000		是		
507	武乡县	王路村	140429100209000	丰州镇	是		
508	武乡县	马牧村	140429100210000		是		
509	武乡县	南村村	140429100212000		是		
510	武乡县	东寨底村	140429104208000		是		
511	武乡县	邵渠村	140429104209000		是	是	
512	武乡县	北涅水村	140429104210000		是		
513	武乡县	高台寺村	140429104211000	故城镇	是		
514	武乡县	槐圪塔村	140429104211100		是		
515	武乡县	大寨村	140429104219000		是		
516	武乡县	西良村	140429104222000		是		
517	武乡县	分水岭村	140429208200000		是		
518	武乡县	窑儿头村	140429208210000		是		
519	武乡县	南关村	140429208211000	分水岭乡	是		
520	武乡县	胡庄村	140429208220000		是		
521	武乡县	松庄村	140429208226000		是		
522	武乡县	石北村	140429206201000		是		
523	武乡县	西黄岩村	140429206211000		是		
524	武乡县	型庄村	140429206213000		是		
525	武乡县	长蔚村	140429206214000	石北乡	是		
526	武乡县	玉家渠村	140429206214100		是	是	
527	武乡县	长庆村	140429206214101		是		
528	武乡县	长庆凹村	140429206215000		是		
529	武乡县	墨镫村	140429200200000	墨镫乡	是		
530	沁县	北关社区	140430100001000		是		
531	沁县	南关社区	140430100002000		是		
532	沁县	西苑社区	140430100003000		是		
533	沁县	东苑社区	140430100004000		是		
534	沁县	育才社区	140430100005000		是		
535	沁县	合庄村	140430100202000	定昌镇	是		
536	沁县	北寺上村	140430100205000		是		
537	沁县	下曲峪村	140430100209000		是		
538	沁县	迎春村	140430100223000		是		
539	沁县	官道上	140430100229101		是		
540	沁县	北漳村	140430100232000		是	是	
541	沁县	福村村	140430100237000		是		
542	沁县	郭村村	140430101201000	郭村镇	是		
543	沁县	池堡村	140430101208000		是	是	

续表 6-3

序号	县(区、市)	村落名称	行政区划代码	所在乡(镇)	是否受(河)沟道洪水影响	是否受坡面流影响	备注
544	沁县	故县村	140430102201000	故县镇	是		
545	沁县	后河村	140430102202000		是		
546	沁县	徐村	140430102203000		是		
547	沁县	马连道村	140430102204000		是		
548	沁县	徐阳村	140430103205000	新店镇	是	是	
549	沁县	邓家坡村	140430103209000		是		
550	沁县	南池村	140430103215000		是		
551	沁县	古城村	140430103221000		是		
552	沁县	太里村	140430103222000		是		
553	沁县	西待贤	140430103225100		是		
554	沁县	芦则沟	140430103227100		是	是	
555	沁县	陈庄沟	140430103227105		是	是	
556	沁县	沙圪道	140430103234100		是		
557	沁县	交口村	140430104201000	漳源镇	是		
558	沁县	韩曹沟	140430104208100		是		
559	沁县	固亦村	140430104209000		是		
560	沁县	南园则村	140430104214000		是		
561	沁县	景村村	140430104215000		是		
562	沁县	羊庄村	140430104220000		是		
563	沁县	乔家湾村	140430104230000		是		
564	沁县	山坡村	140430104232000		是		
565	沁县	道兴村	140430105213000	册村镇	是		
566	沁县	燕垒沟村	140430105218000		是		
567	沁县	河止村	140430105219000		是		
568	沁县	漫水村	140430105220000		是		
569	沁县	下湾村	140430105221000		是		
570	沁县	寺庄村	140430105223000		是		
571	沁县	前庄	140430201215100	松村乡	是		
572	沁县	蔡甲	140430201215101		是		
573	沁县	长街村	140430201218000		是		
574	沁县	次村村	140430202201000	次村乡	是		
575	沁县	五星村	140430202202000		是		
576	沁县	东杨家庄村	140430202206000		是		
577	沁县	下张庄村	140430204206000	南里乡	是		
578	沁县	唐村村	140430204209000		是		
579	沁县	中里村	140430204210000		是		
580	沁县	南泉村	140430205201000	南泉乡	是		
581	沁县	榜口村	140430205203000		是		
582	沁县	杨安村	140430206201000	杨安乡	是		
583	沁源县	麻巷村	140431100203000	沁河镇	是	是	
584	沁源县	狼尾河	140431100203101		是	是	
585	沁源县	南石渠村	140431100206000		是	是	
586	沁源县	李家庄村	140431100211000		是	是	
587	沁源县	闫寨村	140431100216000		是		
588	沁源县	姑姑栈	140431100216100		是		
589	沁源县	学孟村	140431100218000		是		
590	沁源县	南石村	140431100219000		是		

续表 6-3

序号	县(区、市)	村落名称	行政区划代码	所在乡(镇)	是否受(河)沟道洪水影响	是否受坡面流影响	备注
591	沁源县	郭道村	140431101201000	郭道镇	是		
592	沁源县	前兴稍村	140431101202000		是		
593	沁源县	朱合沟村	140431101204000		是		
594	沁源县	东阳城村	140431101206000		是		
595	沁源县	西阳城村	140431101207000		是		
596	沁源县	永和村	140431101208000		是		
597	沁源县	兴盛村	140431101210000		是		
598	沁源县	东村村	140431101211000		是		
599	沁源县	棉上村	140431101213000		是		
600	沁源县	乔龙沟	140431101213100		是	是	
601	沁源县	新庄	140431101213101		是		
602	沁源县	段家庄村	140431101214000		是	是	
603	沁源县	苏家庄村	140431101215000		是		
604	沁源县	高家山村	140431101216000		是	是	
605	沁源县	伏贵村	140431101217000		是		
606	沁源县	龙门口村	140431101218000		是		
607	沁源县	定阳村	140431101219000		是		
608	沁源县	向阳村	140431101221000		是		
609	沁源县	郭家庄村	140431101222000		是		
610	沁源县	梭村村	140431101223000		是	是	
611	沁源县	南泉沟村	140431102202000	灵空山镇	是		
612	沁源县	上兴居村	140431102203000		是		
613	沁源县	庄则沟村	140431102204000		是	是	
614	沁源县	康家洼	140431102204102			是	
615	沁源县	马家占	140431102204105		是	是	
616	沁源县	下兴居村	140431102205000		是		
617	沁源县	柏子村	140431102207000		是	是	
618	沁源县	西务村	140431102209000		是	是	
619	沁源县	王庄村	140431102211000		是		
620	沁源县	第一川村	140431102218000		是		
621	沁源县	北山村	140431102218100		是	是	
622	沁源县	黑峪川村	140431102219000		是	是	
623	沁源县	王和村	140431103201000	王和镇	是		
624	沁源县	红莲村	140431103202000			是	
625	沁源县	西沟村	140431103203000		是		
626	沁源县	后军家沟村	140431103206000		是		
627	沁源县	后沟村	140431103208000		是		
628	沁源县	太山沟村	140431103210000		是		
629	沁源县	前西窑沟村	140431103211000		是		
630	沁源县	南坪村	140431103214000		是		
631	沁源县	大栅村	140431103215000		是		
632	沁源县	铁水沟村	140431103216000		是		
633	沁源县	虎限村	140431103217000		是	是	
634	沁源县	王凤村	140431103220000		是		
635	沁源县	贾郭村	140431103221000		是		

续表 6-3

序号	县(区、市)	村落名称	行政区划代码	所在乡(镇)	是否受(河)沟道洪水影响	是否受坡面流影响	备注
636	沁源县	正义村	140431104201000	李元镇	是		
637	沁源县	李成村	140431104202000		是		
638	沁源县	留神峪村	140431104203000		是		
639	沁源县	上庄村	140431104204000		是		
640	沁源县	韩家沟村	140431104205000		是		
641	沁源县	下庄村	140431104206000		是		
642	沁源县	马兰沟村	140431104207000		是	是	
643	沁源县	李元村	140431104208000		是		
644	沁源县	新乐园	140431104208100		是	是	
645	沁源县	马森村	140431104210000		是		
646	沁源县	新章村	140431104211000		是		
647	沁源县	崔庄村	140431104213000		是	是	
648	沁源县	蔚村村	140431200201000	中峪乡	是		
649	沁源县	渣滩村	140431200202000		是	是	
650	沁源县	新和洼	140431200202100		是		
651	沁源县	中峪店村	140431200205000		是		
652	沁源县	南峪村	140431200206000		是		
653	沁源县	上庄子村	140431200207000		是	是	
654	沁源县	上庄村西庄子	140431200207100		是		
655	沁源县	西王勇村	140431200209000		是	是	
656	沁源县	龙头村	140431200211000		是	是	
657	沁源县	友仁村	140431201201000	法中乡	是	是	
658	沁源县	支角村	140431201202000		是	是	
659	沁源县	马西村	140431201203000		是	是	
660	沁源县	法中村	140431201207000		是	是	
661	沁源县	南沟村	140431201208000		是		
662	沁源县	冯村村	140431201209000		是		
663	沁源县	麻坪村	140431201212000		是	是	
664	沁源县	水泉村	140431201216000		是	是	
665	沁源县	自强村	140431202201000	交口乡	是		
666	沁源县	后泉峪沟	140431202201101		是		
667	沁源县	侯壁村	140431202203000		是		
668	沁源县	交口村	140431202206000		是		
669	沁源县	石壑村	140431202207000		是	是	
670	沁源县	南洪林村	140431202211000		是		
671	沁源县	新毅村	140431202219000		是		
672	沁源县	安乐村	140431202220000		是	是	
673	沁源县	铺上村	140431202221000		是	是	
674	沁源县	马泉村	140431202222000		是	是	
675	沁源县	聪子峪村	140431203201000	聪子峪乡	是	是	
676	沁源县	水峪村	140431203202000		是		
677	沁源县	才子坪村	140431203203000		是		
678	沁源县	小岭底村	140431203205000		是		
679	沁源县	土岭底村	140431203206000		是		
680	沁源县	新店上村	140431203208000		是		
681	沁源县	王家沟村	140431203209000		是		

续表6-3

序号	县(区、市)	村落名称	行政区划代码	所在乡(镇)	是否受(河)沟道洪水影响	是否受坡面流影响	备注
682	沁源县	程壁村	140431204204000	韩洪乡	是		
683	沁源县	下窑村	140431204209000		是		
684	沁源县	王家湾村	140431204214000		是		
685	沁源县	奠基村	140431204215000		是		
686	沁源县	上舍村	140431204216000		是		
687	沁源县	泽山村	140431204217000		是		
688	沁源县	仁道村	140431204218000		是	是	
689	沁源县	鱼儿泉村	140431204219000		是		
690	沁源县	磨扇平	140431204219100		是		
691	沁源县	红窑上村	140431204220000		是	是	
692	沁源县	琴峪村	140431205202000	官滩乡	是	是	
693	沁源县	紫红村	140431205204000		是		
694	沁源县	崖头村	140431205209000		是	是	
695	沁源县	活凤村	140431205210000		是		
696	沁源县	陈家峪村	140431205211000		是	是	
697	沁源县	汝家庄村	140431206201000	景凤乡	是	是	
698	沁源县	马家峪村	140431206204000		是	是	
699	沁源县	庞家沟	140431206204100		是	是	
700	沁源县	南湾村	140431206208000		是		
701	沁源县	倪庄村	140431207208000	赤石桥乡	是		
702	沁源县	武家沟村	140431207209000		是		
703	沁源县	段家坡底村	140431207211000		是		
704	沁源县	胡家庄村	140431207213000		是		
705	沁源县	胡汉坪	140431207213100		是		
706	沁源县	善朴村	140431207215000		是		
707	沁源县	庄儿上村	140431207217000		是		
708	沁源县	沙坪村	140431208204000	王陶乡	是	是	
709	沁源县	豆壁村	140431208208000		是	是	
710	沁源县	牛郎沟村	140431208209000			是	
711	沁源县	马凤沟村	140431208210000		是	是	
712	沁源县	城艾庄村	140431208211000		是	是	
713	沁源县	花坡村	140431208221000		是	是	
714	沁源县	八眼泉村	140431208224000		是	是	
715	沁源县	土岭上村	140431208228000		是		
716	潞城市	会山底村	140481002216000	成家川办事处	是		
717	潞城市	下社村	140481002219000		是	是	
718	潞城市	下社村后交	140481002219100		是	是	
719	潞城市	河西村	140481002220000		是		
720	潞城市	后峧村	140481002225000		是		
721	潞城市	申家村	140481002227000		是		
722	潞城市	苗家村	140481002228000		是		
723	潞城市	苗家村庄上	140481002228100		是		
724	潞城市	枣臻村	140481100202000	店上镇	是		
725	潞城市	赤头村	140481100214000		是		
726	潞城市	马江沟村	140481100215000		是		
727	潞城市	弓家岭	140481100215100		是	是	
728	潞城市	红江沟	140481100215101		是		

续表 6-3

序号	县(区、市)	村落名称	行政区划代码	所在乡(镇)	是否受(河)沟道洪水影响	是否受坡面流影响	备注
729	潞城市	曹家沟村	140481100217000	店上镇	是		
730	潞城市	韩村	140481100221000		是		
731	潞城市	冯村	140481101205000	微子镇	是		
732	潞城市	韩家园村	140481101210000		是		
733	潞城市	李家庄村	140481101212000		是		
734	潞城市	漫流河村	140481101218000		是		
735	潞城市	石匣村	140481101226000		是		
736	潞城市	石梁村	140481102200000	辛安泉镇	是		
737	潞城市	申家山村	140481102206000		是		
738	潞城市	井峪村	140481102209000		是		
739	潞城市	南马庄村	140481102210000		是		
740	潞城市	五里坡村	140481102212000		是		
741	潞城市	西北村	140481102213000		是		
742	潞城市	西南村	140481102214000		是		
743	潞城市	南流村	140481102215000		是	是	
744	潞城市	涧口村	140481102217000		是	是	
745	潞城市	斜底村	140481102218000		是	是	
746	潞城市	中村	140481200203000	合室乡	是		
747	潞城市	堡头村	140481200204000		是		
748	潞城市	河后村	140481200207000		是		
749	潞城市	桥堡村	140481200211000		是		
750	潞城市	东山村	140481200212000		是		
751	潞城市	西坡村	140481200214000		是		
752	潞城市	西坡村东坡	140481200214100		是	是	
753	潞城市	儒教村	140481200217000		是		
754	潞城市	王家庄村后交	140481201201100	黄牛蹄乡	是	是	
755	潞城市	上黄村向阳庄	140481201210100		是		
756	潞城市	南花山村	140481201214000		是		
757	潞城市	辛安村	140481201216000		是		
758	潞城市	辽河村	140481201218000		是		
759	潞城市	辽河村车旺	140481201218100		是	是	
760	潞城市	曲里村	140481202201000	史回乡	是		

6.3　成灾水位及重现期

6.3.1　各频率设计洪水水面线推求

推求长治市沿河村落50年一遇、20年一遇、10年一遇和5年一遇设计洪水水面线。

6.3.2　各频率设计洪水淹没范围确定

根据各频率设计洪水水面线成果,结合沿河村落地形及居民户高程,勾绘各频率设计洪水淹没范围。

6.3.3　成灾水位及控制断面的确定

对比临河一侧居民户高程和沿河村落河段水面线确定成灾水位,具体方法如下:

（1）将淹没范围内居民户投影到纵断面上，绘制居民户高程与各频率设计洪水水面线对比示意图，居民户低于水面线即代表被淹没。

（2）距离该水面线最远的居民户最先受灾，距离该居民户最近的横断面即为控制断面，根据该居民户高程及比降推求居民户高程在控制断面处对应水位即为成灾水位。

其中，当河道设有堤防时，村落受堤防保护，成灾水位确定为控制断面出槽水位；当河道无堤防时，为天然河道，则依据最先受灾居民点高程推求成灾水位。

6.3.4　水位流量关系计算

控制断面的水位流量关系，如有实测资料或成果，应优先采用；对于无资料地区，利用各频率水面线分析成果而得，绘制控制断面水位流量关系曲线。本次分析中，控制断面的水位流量关系由各频率水面线分析成果而得，在一段河道中取多个横断面，按照从下往上推算的原则，采用水面线求得控制断面处 5 个不同频率洪峰流量、相应水位，建立水位流量关系曲线。

6.3.5　成灾水位对应频率

根据水位流量关系推求成灾水位对应的洪峰流量，采用插值法利用洪峰流量频率曲线确定其频率，换算成重现期，得到沿河村落的现状防洪能力。

以平顺县西沟乡龙家村为例进行分析。龙家村隶属于平顺县西沟乡，所在河流为平顺河，村落以上流域控制面积 43.07 km²，河长 7.89 km，流域内均为灰岩灌丛山地，植被一般。居民户位于河道两岸，居民户高程与各频率设计洪水水面线对比如图 6-2 所示，图示位置最易出槽对应水位 1 314.05 m 为成灾水位。控制断面水位流量关系曲线成果见图 6-3。成灾水位及其对应的洪水频率见表 6-4、图 6-4。

表 6-4　龙家村成灾水位及其对应洪水频率成果

行政区划名称	成灾水位(m)	洪峰流量(m³/s)	频率(%)	重现期
龙家村	1 314.05	59.0	10.5	9

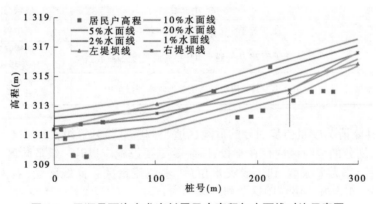

图 6-2　平顺县西沟乡龙家村居民户高程与水面线对比示意图

6.4　危险区等级划分

按照危险区等级划分标准（见表 6-5），初步划定各级危险区。

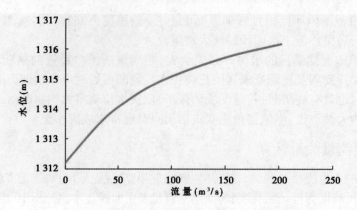

图 6-3　平顺县西沟乡龙家村控制断面水位流量关系曲线

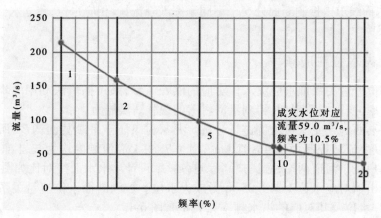

图 6-4　平顺县西沟乡龙家村成灾水位对应的洪水频率

表 6-5　危险区等级划分标准

危险区等级	洪水重现期	说明
极高危险区	小于 5 年一遇	属较高发生频次
高危险区	大于等于 5 年一遇,小于 20 年一遇	属中等发生频次
危险区	大于等于 20 年一遇至 100 年一遇或历史最高	属稀遇发生频次 不受特殊工况影响
特殊工况危险区	100 年一遇或历史最高至叠加洪水淹没范围	属稀遇发生频次 受特殊工况影响

应根据具体情况按照初步划分的危险区适当调整危险区等级：

（1）初步划分的危险区内存在学校、医院等重要设施应提升一级危险区等级；

（2）河谷形态为窄深型,到达成灾水位后,水位流量关系曲线陡峭,对人口和房屋影响严重的情况,应提升一级危险区等级。

6.5　洪灾危险区灾情分析

长治市防灾对象现状防洪能力分布见图 6-5。

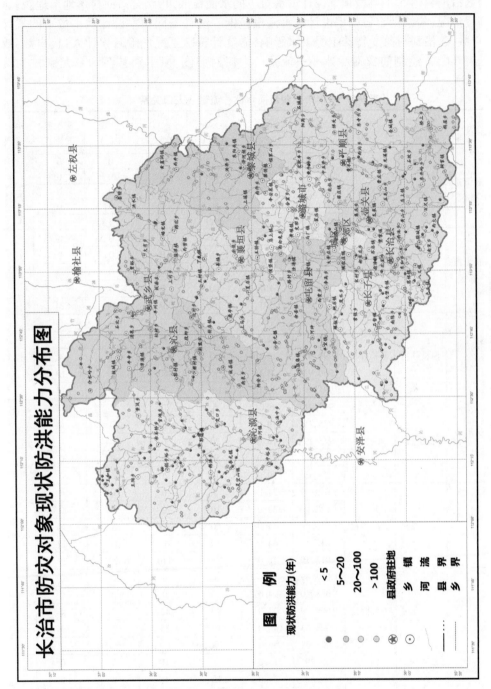

图 6-5 长治市防灾对象现状防洪能力分布图

6.5.1　危险区水位—流量—人口关系

根据沿河村落 5 个典型频率设计洪水对应的水面线成果,结合沿河村落地形地貌、居民户高程情况,勾绘划定各频率设计洪水淹没范围。统计不同频率设计洪水位下的累计人口、户数,若沿河村落受特殊工况洪水影响,需统计特殊工况危险区累计人口、户数,成果详见表6-6,并绘制防灾对象水位—流量—人口对照图,以平顺县西沟乡龙家村为例(见图6-6)。

表6-6　长治市控制断面水位—流量—人口关系

序号	县(区、市)	行政区划名称	小流域名称	水位(m)	流量(m³/s)	重现期(年)	人口(人)	户数(户)	房屋数(座)	备注
1	长治市郊区	关村	关村	931.30	2.0	5	0	0	0	
				931.32	4.0	10	0	0	0	
				931.33	6.0	20	0	0	0	
				931.35	9.0	50	0	0	0	
				931.37	11.0	100	35	5	5	
2	长治市郊区	沟西村	沟西村	959.66	37.0	5	0	0	0	
				959.74	56.0	10	0	0	0	
				959.81	76.0	20	0	0	0	
				959.89	102	50	0	4	4	
				959.95	121	100	54	14	14	
3	长治市郊区	西长井村	西长井村	990.62	7.0	5	0	0	0	
				990.77	11.0	10	0	0	0	
				990.93	17.0	20	20	4	4	
				990.93	24.0	50	50	10	10	
				991.16	29.0	100	70	14	14	
4	长治市郊区	石桥村	石桥村	975.71	6.0	5	0	0	0	
				975.74	10.0	10	0	0	0	
				975.79	16.0	20	0	0	0	
				975.84	23.0	50	0	0	0	
				975.88	29.0	100	20	6	6	
5	长治市郊区	大天桥村	大天桥村	1 012.79	21.0	5	0	0	0	
				1 012.90	32.0	10	0	0	0	
				1 013.00	45.0	20	35	10	10	
				1 013.12	64.0	50	65	17	17	
				1 013.19	78.0	100	110	29	29	
6	长治市郊区	中天桥村	中天桥村	1 007.89	16.0	5	0	0	0	
				1 008.10	24.0	10	0	0	0	
				1 008.29	33.0	20	15	4	4	
				1 008.53	46.0	50	35	9	9	
				1 008.68	56.0	100	60	15	15	
7	长治市郊区	毛站村	毛站村	999.29	15.0	5	0	0	0	
				999.57	24.0	10	0	0	0	
				999.82	33.0	20	15	5	5	
				1 000.14	46.0	50	40	13	13	
				1 000.34	56.0	100	55	18	18	

续表6-6

序号	县(区、市)	行政区划名称	小流域名称	水位(m)	流量(m³/s)	重现期(年)	人口(人)	户数(户)	房屋数(座)	备注
8	长治市郊区	南天桥村	南天桥村	1 043.49	9.00	5	0	0	0	
				1 043.73	14.0	10	0	0	0	
				1 043.96	19.0	20	0	0	0	
				1 044.21	25.0	50	30	7	7	
				1 044.36	30.0	100	75	19	19	
9	长治市郊区	南垂村	南垂村	908.16	13.0	5	50	16	16	
				908.33	22.0	10	80	25	25	
				908.49	31.0	20	115	35	35	
				908.72	45.0	50	145	39	39	
				908.91	56.0	100	165	46	46	
10	长治市郊区	鸡坡村	鸡坡村	959.97	4.0	5	0	0	0	
				960.05	6.0	10	0	0	0	
				960.11	9.0	20	0	0	0	
				960.18	12.0	50	0	0	0	
				960.22	14.0	100	0	0	0	
11	长治市郊区	盐店沟村	盐店沟村	997.15	4.0	5	0	0	0	
				997.42	7.0	10	0	0	0	
				997.63	10.0	20	0	0	0	
				997.88	14.0	50	0	0	0	
				998.03	17.0	100	0	0	0	
12	长治市郊区	小龙脑村	小龙脑村	1 104.52	3.0	5	0	0	0	
				1 104.63	5.0	10	0	0	0	
				1 104.74	7.0	20	0	0	0	
				1 104.84	9.0	50	0	0	0	
				1 104.91	11.0	100	0	0	0	
13	长治市郊区	瓦窑沟村	瓦窑沟村	1 013.81	10.0	5	0	0	0	
				1 013.91	16.0	10	0	0	0	
				1 014.00	22.0	20	0	0	0	
				1 014.11	30.0	50	30	14	14	
				1 014.18	36.0	100	55	26	26	
14	长治市郊区	滴谷寺村	滴谷寺村	1 093.12	4.00	5	0	0	0	
				1 093.20	6.00	10	0	0	0	
				1 093.27	9.00	20	0	0	0	
				1 093.34	12.0	50	25	7	7	
				1 093.38	14.0	100	60	19	19	
15	长治市郊区	东沟村	东沟村	944.44	4.00	5	0	0	0	
				944.59	7.40	10	8	2	2	
				944.72	10.0	20	23	6	6	
				944.87	13.0	50	43	14	14	
				944.97	15.0	100	73	26	26	
16	长治市郊区	苗圃村	苗圃村	968.21	2.00	5	0	0	0	
				968.29	3.00	10	0	0	0	
				968.34	4.00	20	15	4	4	
				968.41	6.00	50	40	15	15	
				968.45	7.00	100	60	24	24	

续表 6-6

序号	县(区、市)	行政区划名称	小流域名称	水位（m）	流量（m³/s）	重现期（年）	人口（人）	户数（户）	房屋数（座）	备注
17	长治市郊区	老巴山村	老巴山村	972.88	10.0	5	0	0	0	
				972.97	16.0	10	0	0	0	
				973.04	22.0	20	15	4	4	
				973.12	31.0	50	40	12	12	
				973.18	37.0	100	60	17	17	
18	长治市郊区	二龙山村	二龙山村	941.84	3.00	5	0	0	0	
				941.88	5.00	10	0	0	0	
				941.91	7.00	20	0	0	0	
				941.95	10.2	50	30	7	7	
				941.98	12.0	100	75	19	19	
19	长治市郊区	余庄村	余庄村	907.27	2.00	5	0	0	0	
				907.29	3.00	10	0	0	0	
				907.32	5.00	20	0	0	0	
				907.34	7.40	50	40	15	15	
				907.35	8.00	100	65	25	25	
20	长治市郊区	店上村	店上村	903.73	3.00	5	0	0	0	
				904.08	6.00	10	0	0	0	
				904.11	8.00	20	0	0	0	
				904.15	12.0	50	30	5	5	
				904.18	16.0	100	70	14	14	
21	长治市郊区	马庄村	马庄村	901.97	51.0	5	0	0	0	
				902.06	84.0	10	0	0	0	
				902.16	127	20	35	8	8	
				902.27	181	50	65	15	15	
				902.34	224	100	100	23	23	
22	长治市郊区	故县村	故县村	909.38	36.0	5	0	0	0	
				909.50	64.0	10	0	0	0	
				909.61	101	20	0	0	0	
				909.75	164	50	45	12	12	
				909.85	220	100	90	24	24	
23	长治市郊区	葛家庄村	葛家庄村	921.12	2.00	5	0	0	0	
				921.41	3.00	10	0	0	0	
				921.69	5.00	20	0	0	0	
				921.99	7.40	50	35	10	10	
				922.20	9.00	100	80	22	22	
24	长治市郊区	良才村	良才村	1 019.43	2.00	5	0	0	0	
				1 019.48	4.00	10	0	0	0	
				1 019.54	6.00	20	0	0	0	
				1 019.60	8.00	50	34	9	9	
				1 019.63	10.0	100	79	20	20	
25	长治市郊区	史家庄村	史家庄村	917.40	7.00	5	15	3	3	
				917.54	13.0	10	35	8	8	
				917.64	18.0	20	60	14	14	
				917.76	26.0	50	90	21	21	
				917.84	33.0	100	115	27	27	

续表 6-6

序号	县(区、市)	行政区划名称	小流域名称	水位（m）	流量（m³/s）	重现期（年）	人口（人）	户数（户）	房屋数（座）	备注
26	长治市郊区	西沟村	西沟村	894.19	2.00	5	0	0	0	
				894.43	3.00	10	10	4	4	
				894.64	4.00	20	30	11	11	
				894.84	6.00	50	60	16	16	
				894.98	8.00	100	105	20	20	
27	长治市郊区	西白兔村	西白兔村	870.01	22.0	5	0	0	0	
				870.41	38.0	10	0	0	0	
				870.80	57.0	20	0	0	0	
				871.17	82.0	50	35	9	9	
				871.43	103	100	80	21	21	
28	长治市郊区	漳村	漳村	874.10	1.00	5	0	0	0	
				874.17	2.00	10	0	0	0	
				874.22	3.00	20	0	0	0	
				874.28	4.00	50	0	0	0	
				874.31	5.00	100	0	0	0	
29	长治县	柳林村	柳林村	954.99	25.0	5	0	0	0	
				955.28	40.9	10	6	1	1	
				955.45	59.1	20	11	2	2	
				955.67	84.8	50	11	2	2	
				955.83	106	100	16	3	3	
30	长治县	林移村	林移村	947.08	28.3	5	11	3	3	
				947.13	46.0	10	36	8	8	
				947.19	70.6	20	75	19	19	
				947.26	108	50	145	34	34	
				947.30	138	100	215	51	51	
31	长治县	柳林庄村	柳林庄村	954.31	27.9	5	0	0	0	
				954.41	46.9	10	0	0	0	
				954.49	69.6	20	0	0	0	
				954.56	102	50	0	0	0	
				954.63	130	100	13	2	2	
32	长治县	司马村	司马村	935.61	77.6	5	8	3	3	
				935.72	130	10	17	6	6	
				935.85	202	20	30	11	11	
				935.99	314	50	62	23	23	
				936.07	408	100	92	34	34	
33	长治县	荫城村	荫城村	994.71	142	5	0	0	0	
				995.39	226	10	0	0	0	
				995.88	335	20	22	6	6	
				996.33	493	50	82	19	19	
				996.37	507	100	90	21	21	
34	长治县	河下村	河下村	1 013.05	131	5	0	0	0	
				1 013.82	208	10	4	1	1	
				1 014.58	307	20	4	1	1	
				1 015.28	450	50	12	3	3	
				1 015.58	561	100	21	5	5	

续表 6-6

序号	县(区、市)	行政区划名称	小流域名称	水位 （m）	流量 （m³/s）	重现期 （年）	人口 （人）	户数 （户）	房屋数 （座）	备注
35	长治县	横河村	横河村	1 020.03	131	5	4	1	1	
				1 020.23	207	10	4	1	1	
				1 020.59	294	20	28	6	6	
				1 021.08	432	50	28	6	6	
				1 021.42	539	100	28	6	6	
36	长治县	桑梓一村	桑梓一村	989.30	164	5	0	0	0	
				990.01	254	10	0	0	0	
				990.43	361	20	4	1	1	
				991.00	497	50	15	4	4	
				991.33	598	100	15	4	4	
37	长治县	桑梓二村	桑梓二村	1 001.49	20.0	5	9	2	2	
				1 001.61	28.9	10	73	15	15	
				1 001.73	38.9	20	94	19	19	
				1 001.87	51.6	50	107	22	22	
				1 001.97	61.4	100	107	22	22	
38	长治县	北头村	北头村	1 005.97	148	5	4	1	1	
				1 006.12	226	10	4	1	1	
				1 006.28	317	20	4	1	1	
				1 006.40	431	50	21	4	4	
				1 006.47	515	100	64	13	13	
39	长治县	内王村	内王村	1 009.98	21.8	5	0	0	0	
				1 010.56	31.5	10	12	3	3	
				1 010.72	42.8	20	35	8	8	
				1 010.92	57.5	50	40	9	9	
				1 011.07	68.6	100	46	10	10	
40	长治县	王坊村	王坊村	976.74	207	5	0	0	0	
				977.21	318	10	0	0	0	
				977.88	463	20	5	2	2	
				978.47	693	50	17	5	5	
				978.73	866	100	32	8	8	
41	长治县	中村	中村	975.55	207	5	0	0	0	
				976.65	318	10	0	0	0	
				977.06	463	20	4	1	1	
				977.52	693	50	40	8	8	
				977.76	866	100	81	16	16	
42	长治县	李坊村	李坊村	975.57	208	5	7	2	2	
				975.96	317	10	9	3	3	
				976.35	452	20	9	3	3	
				976.90	669	50	17	5	5	
				977.25	837	100	17	5	5	
43	长治县	北王庆村	北王庆村	974.99	2.00	5	0	0	0	
				975.08	2.90	10	0	0	0	
				975.16	3.90	20	0	0	0	
				975.25	5.10	50	0	0	0	
				975.37	6.10	100	52	15	15	

续表 6-6

序号	县(区、市)	行政区划名称	小流域名称	水位（m）	流量（m³/s）	重现期（年）	人口（人）	户数（户）	房屋数（座）	备注
44	长治县	桥头村	桥头村	1 076.46	35.7	5	7	2	2	
				1 076.69	51.6	10	7	2	2	
				1 076.92	69.4	20	11	3	3	
				1 077.17	91.7	50	11	3	3	
				1 077.36	108	100	15	4	4	
45	长治县	下赵家庄村	下赵家庄村	1 070.88	7.80	5	13	4	4	
				1 070.94	10.7	10	18	5	5	
				1 070.99	13.8	20	21	6	6	
				1 071.06	17.7	50	25	7	7	
				1 071.09	20.6	100	25	7	7	
46	长治县	南河村	南河村	1 060.47	3.60	5	7	1	1	
				1 060.56	5.00	10	11	2	2	
				1 060.64	6.40	20	21	5	5	
				1 060.72	8.10	50	34	8	8	
				1 060.77	9.30	100	59	14	14	
47	长治县	羊川村	羊川村	1 039.57	22.4	5	0	0	0	
				1 039.75	35.0	10	4	1	1	
				1 039.95	49.0	20	4	1	1	
				1 040.11	69.9	50	9	2	2	
				1 040.22	86.5	100	38	8	8	
48	长治县	八义村	八义村	985.71	51.8	5	0	0	0	
				986.12	77.2	10	0	0	0	
				986.78	106	20	30	6	6	
				987.10	142	50	74	16	16	
				987.28	168	100	106	23	23	
49	长治县	狗湾村	狗湾村	972.31	175	5	0	0	0	
				972.88	276	10	0	0	0	
				973.44	388	20	0	0	0	
				973.92	530	50	5	1	1	
				974.24	637	100	40	11	11	
50	长治县	北楼底村	北楼底村	993.76	27.8	5	0	0	0	
				993.97	40.2	10	35	7	7	
				994.11	53.6	20	74	16	16	
				994.26	70.2	50	116	26	26	
				994.34	82.5	100	156	36	36	
51	长治县	南楼底村	南楼底村	999.77	143	5	0	0	0	
				1 000.17	221	10	0	0	0	
				1 000.54	306	20	0	0	0	
				1 000.95	413	50	0	0	0	
				1 001.24	493	100	5	1	1	
52	长治县	新庄村	新庄村	1 047.54	4.10	5	13	3	3	
				1 047.62	6.20	10	17	4	4	
				1 047.70	8.60	20	17	4	4	
				1 047.80	11.9	50	24	5	5	
				1 047.87	14.4	100	45	9	9	

续表6-6

序号	县(区、市)	行政区划名称	小流域名称	水位（m）	流量（m³/s）	重现期（年）	人口（人）	户数（户）	房屋数（座）	备注
53	长治县	定流村	定流村	1 085.24	17.8	5	2	1	1	
				1 085.65	26.2	10	23	6	6	
				1 085.85	36.7	20	53	14	14	
				1 086.08	50.4	50	64	16	16	
				1 086.25	60.7	100	70	18	18	
54	长治县	北郭村	北郭村	922.52	89.6	5	20	4	4	
				922.99	152	10	40	9	9	
				923.52	240	20	100	22	22	
				924.21	377	50	172	39	39	
				924.72	492	100	253	60	60	
55	长治县	岭上村	岭上村	934.15	78.7	5	0	0	0	
				934.26	132	10	0	0	0	
				934.45	207	20	0	0	0	
				934.57	322	50	0	0	0	
				934.68	419	100	13	2	2	
56	长治县	高河村	高河村	904.78	207	5	0	0	0	
				905.45	367	10	0	0	0	
				906.28	611	20	0	0	0	
				907.35	998	50	13	3	3	
				908.10	1 310	100	16	4	4	
57	长治县	西池村	西池村	976.38	12.7	5	0	0	0	
				976.66	20.5	10	24	5	5	
				976.96	31.5	20	41	8	8	
				977.31	48.5	50	62	12	12	
				977.54	62.3	100	101	21	21	
58	长治县	东池村	东池村	994.49	11.1	5	0	0	0	
				994.59	17.9	10	0	0	0	
				994.68	27.4	20	0	0	0	
				994.77	42.2	50	0	0	0	
				994.84	54.3	100	19	5	5	
59	长治县	小河村	小河村	990.13	13.5	5	0	0	0	
				990.25	19.3	10	0	0	0	
				990.39	25.8	20	0	0	0	
				990.48	33.9	50	0	0	0	
				990.55	40.0	100	9	2	2	
60	长治县	沙峪村	沙峪村	976.14	4.90	5	0	0	0	
				976.35	6.90	10	0	0	0	
				976.56	9.10	20	0	0	0	
				976.78	11.9	50	0	0	0	
				976.93	13.9	100	67	20	20	
61	长治县	土桥村	土桥村	970.51	18.4	5	19	4	4	
				970.72	28.8	10	19	4	4	
				970.88	40.8	20	23	5	5	
				971.07	56.9	50	43	11	11	
				971.17	68.9	100	87	24	24	

续表6-6

序号	县(区、市)	行政区划名称	小流域名称	水位（m）	流量（m³/s）	重现期（年）	人口（人）	户数（户）	房屋数（座）	备注
62	长治县	河头村	河头村	988.08	46.6	5	0	0	0	
				988.78	79.5	10	0	0	0	
				989.36	132	20	0	0	0	
				990.21	220	50	0	0	0	
				990.64	304	100	30	7	7	
63	长治县	小川村	小川村	988.76	2.80	5	0	0	0	
				988.82	4.60	10	0	0	0	
				988.88	7.20	20	0	0	0	
				988.97	11.5	50	0	0	0	
				989.04	15.2	100	14	4	4	
64	长治县	北呈村	北呈村	930.12	22.6	5	76	19	19	
				930.52	40.1	10	95	23	23	
				930.94	62.9	20	102	48	48	
				931.41	94.1	50	108	68	68	
				931.72	118	100	110	78	78	
65	长治县	大沟村	大沟村	922.45	60.5	5	0	0	0	
				922.81	109	10	0	0	0	
				923.18	188	20	0	0	0	
				923.66	321	50	0	0	0	
				923.98	429	100	25	4	4	
66	长治县	南岭头村	南岭头村	944.65	23.1	5	0	0	0	
				944.78	37.8	10	0	0	0	
				944.90	56.5	20	0	0	0	
				945.08	83.5	50	0	0	0	
				945.24	105	100	6	1	1	
67	长治县	北岭头村	北岭头村	929.32	62.9	5	0	0	0	
				930.18	104	10	10	2	2	
				931.17	161	20	19	5	5	
				932.51	247	50	21	6	6	
				933.53	317	100	21	6	6	
68	长治县	须村	须村	955.12	6.00	5	0	0	0	
				955.18	9.30	10	0	0	0	
				955.23	12.9	20	5	1	1	
				955.28	17.3	50	20	5	5	
				955.32	20.5	100	48	11	11	
69	长治县	东和村	东和村	942.73	60.5	5	0	0	0	
				942.87	109	10	0	0	0	
				943.06	188	20	0	0	0	
				943.29	321	50	0	0	0	
				943.46	429	100	31	6	6	
70	长治县	中和村	中和村	938.75	60.5	5	0	0	0	
				939.03	109	10	0	0	0	
				939.25	188	20	11	2	2	
				939.55	321	50	46	10	10	
				939.75	429	100	84	20	20	

续表 6-6

序号	县(区、市)	行政区划名称	小流域名称	水位（m）	流量（m³/s）	重现期（年）	人口（人）	户数（户）	房屋数（座）	备注
71	长治县	西和村	西和村	936.53	60.5	5	0	0	0	
				936.75	109	10	0	0	0	
				937.00	188	20	9	2	2	
				937.35	321	50	17	4	4	
				937.54	429	100	45	10	10	
72	长治县	曹家沟村	曹家沟村	950.49	60.5	5	0	0	0	
				950.91	109	10	0	0	0	
				951.34	188	20	0	0	0	
				951.94	321	50	0	0	0	
				952.30	429	100	31	6	6	
73	长治县	琚家沟村	琚家沟村	949.00	60.5	5	0	0	0	
				949.31	109	10	0	0	0	
				949.82	188	20	0	0	0	
				950.19	321	50	0	0	0	
				950.59	429	100	16	3	3	
74	长治县	屈家山村	屈家山村	1 013.98	10.3	5	9	2	2	
				1 014.11	14.8	10	32	7	7	
				1 014.23	19.7	20	62	14	14	
				1 014.37	26.0	50	97	21	21	
				1 014.46	30.7	100	142	32	32	
75	长治县	辉河村	辉河村	971.10	2.90	5	0	0	0	
				971.15	4.40	10	0	0	0	
				971.20	6.10	20	15	3	3	
				971.24	8.10	50	35	8	8	
				971.27	9.60	100	57	14	14	
76	长治县	子乐沟村	子乐沟村	1 017.51	19.0	5	0	0	0	
				1 017.38	16.3	10	11	2	2	
				1 017.18	12.6	20	16	4	4	
				1 016.91	9.70	50	17	5	5	
				1 016.61	6.90	100	19	5	5	
77	襄垣县	石灰窑村	石灰窑村	903.04	79.8	5	0	0	0	
				903.33	137	10	0	0	0	
				903.59	212	20	8	3	3	
				903.87	316	50	19	6	6	
				904.08	397	100	27	8	8	
78	襄垣县	返底村	返底村	916.23	13.1	5	15	2	2	
				916.47	20.1	10	22	3	3	
				916.65	28.6	20	31	6	6	
				916.86	40.1	50	40	10	10	
				917.00	48.5	100	64	16	16	
79	襄垣县	普头村	普头村	845.23	94.7	5	0	0	0	
				845.96	167	10	0	0	0	
				846.71	269	20	0	0	0	
				847.58	423	50	0	0	0	
				848.16	541	100	14	3	3	

续表 6-6

序号	县(区、市)	行政区划名称	小流域名称	水位 (m)	流量 (m³/s)	重现期 (年)	人口 (人)	户数 (户)	房屋数 (座)	备注
80	襄垣县	安沟村	安沟村	948.53	48.6	5	12	3	3	
				948.90	73.5	10	16	4	4	
				949.16	102	20	56	13	13	
				949.43	140	50	68	17	17	
				949.57	168	100	68	17	17	
81	襄垣县	阎村	阎村	917.22	130	5	18	4	4	
				918.37	208	10	23	5	5	
				919.53	302	20	92	19	19	
				920.90	426	50	128	26	26	
				921.83	516	100	143	29	29	
82	襄垣县	南马喊村	南马喊村	903.75	70.2	5	0	0	0	
				903.95	103	10	0	0	0	
				904.07	139	20	14	3	3	
				904.20	186	50	24	7	7	
				904.29	221	100	39	13	13	
83	襄垣县	胡家沟	胡家沟	908.82	70.2	5	0	0	0	
				909.15	103	10	0	0	0	
				909.47	139	20	0	0	0	
				909.95	186	50	14	4	4	
				910.13	221	100	41	11	11	
84	襄垣县	河口村	河口村	895.86	106	5	9	2	2	
				896.05	159	10	19	4	4	
				896.26	222	20	33	8	8	
				896.49	303	50	59	16	16	
				896.66	364	100	97	25	25	
85	襄垣县	北田漳村	北田漳村	917.38	29.2	5	0	0	0	
				917.51	42.0	10	0	0	0	
				917.61	56.3	20	0	0	0	
				917.70	74.6	50	9	2	2	
				917.75	88.0	100	59	15	15	
86	襄垣县	南邯村	南邯村	901.94	92.0	5	0	0	0	
				902.31	142	10	0	0	0	
				902.72	200	20	0	0	0	
				903.14	274	50	0	0	0	
				903.41	330	100	33	9	9	
87	襄垣县	小河村	小河村	929.02	92.7	5	0	0	0	
				929.66	143	10	0	0	0	
				930.31	200	20	0	0	0	
				931.06	273	50	0	0	0	
				931.60	327	100	62	15	15	
88	襄垣县	白堰底村	白堰底村	997.35	51.1	5	0	0	0	
				997.82	75.3	10	0	0	0	
				998.25	103	20	0	0	0	
				998.74	138	50	27	6	6	
				999.05	165	100	114	24	24	

续表 6-6

序号	县(区、市)	行政区划名称	小流域名称	水位（m）	流量（m³/s）	重现期（年）	人口（人）	户数（户）	房屋数（座）	备注
89	襄垣县	西洞上村	西洞上村	975.60	75.3	5	4	1	1	
				976.10	114	10	9	3	3	
				976.55	156	20	15	5	5	
				977.01	209	50	29	8	8	
				977.21	249	100	48	13	13	
90	襄垣县	王村	王村	982.91	185	5	0	0	0	
				983.98	285	10	0	0	0	
				984.81	402	20	0	0	0	
				985.58	551	50	83	25	25	
				986.08	660	100	192	60	60	
91	襄垣县	下庙村	下庙村	1 011.04	200	5	0	0	0	
				1 011.53	300	10	0	0	0	
				1 012.18	418	20	0	0	0	
				1 012.71	571	50	0	0	0	
				1 013.04	683	100	17	3	3	
92	襄垣县	史属村	史属村	1 021.36	43.8	5	0	0	0	
				1 021.74	62.2	10	0	0	0	
				1 022.26	81.8	20	0	0	0	
				1 022.58	107	50	21	5	5	
				1 022.76	125	100	44	12	12	
93	襄垣县	店上村	店上村	948.17	292	5	0	0	0	
				948.92	472	10	0	0	0	
				949.67	693	20	0	0	0	
				950.67	978	50	22	7	7	
				951.15	1 187	100	50	15	15	
94	襄垣县	北姚村	北姚村	964.20	310	5	22	7	7	
				964.79	484	10	56	17	17	
				965.38	691	20	81	24	24	
				966.07	956	50	112	32	32	
				966.53	1 151	100	121	34	34	
95	襄垣县	史北村	史北村	1 036.25	181	5	18	5	5	
				1 036.90	266	10	47	12	12	
				1 037.76	363	20	80	20	20	
				1 038.26	488	50	122	30	30	
				1 038.86	581	100	149	37	37	
96	襄垣县	墕上村	墕上村	1 031.65	181	5	14	5	5	
				1 032.54	266	10	24	9	9	
				1 033.42	363	20	32	12	12	
				1 034.41	488	50	55	19	19	
				1 035.09	581	100	88	27	27	
97	襄垣县	前王沟村	前王沟村	900.43	101	5	8	2	2	
				900.77	150	10	30	6	6	
				901.11	209	20	53	12	12	
				901.51	284	50	75	16	16	
				901.82	340	100	107	27	27	

续表6-6

序号	县(区、市)	行政区划名称	小流域名称	水位(m)	流量(m³/s)	重现期(年)	人口(人)	户数(户)	房屋数(座)	备注
98	襄垣县	任庄村	任庄村	1 103.31	10.0	5	0	0	0	
				1 103.44	14.2	10	0	0	0	
				1 103.55	18.5	20	0	0	0	
				1 103.68	24.1	50	15	7	7	
				1 103.78	28.3	100	40	17	17	
99	襄垣县	高家沟村	高家沟村	1 099.02	19.8	5	0	0	0	
				1 099.28	28.0	10	30	6	6	
				1 099.50	36.6	20	42	9	9	
				1 099.77	47.4	50	84	18	18	
				1 100.15	55.4	100	195	39	39	
100	襄垣县	下良村	下良村	901.35	212	5	100	23	23	
				902.07	358	10	121	28	28	
				902.87	564	20	156	36	36	
				903.98	867	50	173	41	41	
				904.78	1 105	100	240	56	56	
101	襄垣县	水碾村	水碾村	886.88	188	5	0	0	0	
				888.01	323	10	16	4	4	
				889.17	520	20	48	12	12	
				890.80	820	50	72	18	18	
				892.05	1 075	100	88	22	22	
102	襄垣县	寨沟村	寨沟村	907.81	7.00	5	0	0	0	
				908.09	12.1	10	0	0	0	
				908.41	18.8	20	9	2	2	
				908.77	28.4	50	13	3	3	
				909.46	37.4	100	58	14	14	
103	襄垣县	庄里村	庄里村	1 008.50	15.5	5	0	0	0	
				1 008.65	21.6	10	8	2	2	
				1 008.81	27.8	20	48	8	8	
				1 009.02	35.5	50	68	12	12	
				1 009.16	41.2	100	82	14	14	
104	襄垣县	桑家河村	桑家河村	931.88	116	5	0	0	0	
				932.30	174	10	0	0	0	
				932.74	244	20	0	0	0	
				933.23	342	50	0	0	0	
				933.52	417	100	33	7	7	
105	襄垣县	固村	固村	925.42	242	5	0	0	0	
				926.00	418	10	22	6	6	
				926.63	645	20	52	15	15	
				927.38	961	50	73	20	20	
				927.89	1 199	100	87	24	24	
106	襄垣县	阳沟村	阳沟村	927.05	190	5	0	0	0	
				927.53	332	10	5	1	1	
				927.89	516	20	38	9	9	
				928.26	773	50	49	12	12	
				928.51	967	100	64	16	16	

续表 6-6

序号	县(区、市)	行政区划名称	小流域名称	水位（m）	流量（m³/s）	重现期（年）	人口（人）	户数（户）	房屋数（座）	备注
107	襄垣县	温泉村	温泉村	938.39	181	5	0	0	0	
				939.54	318	10	9	2	2	
				940.90	496	20	22	5	5	
				942.39	744	50	44	10	10	
				943.45	931	100	120	25	25	
108	襄垣县	燕家沟村	燕家沟村	961.30	51.3	5	0	0	0	
				961.66	78.4	10	0	0	0	
				961.99	109	20	0	0	0	
				962.37	148	50	9	2	2	
				962.64	178	100	32	7	7	
109	襄垣县	高崖底村	高崖底村	940.65	176	5	0	0	0	
				941.09	310	10	0	0	0	
				941.74	486	20	0	0	0	
				942.58	727	50	9	2	2	
				943.17	909	100	32	7	7	
110	襄垣县	里阉村	里阉村	932.52	192	5	0	0	0	
				933.40	334	10	7	2	2	
				933.86	519	20	38	10	10	
				934.25	777	50	91	23	23	
				934.43	972	100	128	32	32	
111	襄垣县	合漳村	合漳村	894.98	140	5	0	0	0	
				895.07	213	10	0	0	0	
				895.17	299	20	0	0	0	
				895.27	411	50	51	14	14	
				895.33	496	100	128	31	31	
112	襄垣县	西底村	西底村	923.41	185	5	0	0	0	
				923.63	289	10	0	0	0	
				923.86	413	20	0	0	0	
				924.13	574	50	9	2	2	
				924.33	694	100	22	6	6	
113	襄垣县	返头村	返头村	919.25	185	5	0	0	0	
				919.64	289	10	0	0	0	
				920.02	413	20	3	1	1	
				920.51	574	50	17	6	6	
				920.82	694	100	46	15	15	
114	襄垣县	九龙村	九龙村	890.59	1 310	5	0	0	0	
				890.85	1 565	10	0	0	0	
				891.13	1 857	20	0	0	0	
				891.44	2 226	50	0	0	0	
				891.64	2 500	100	65	17	17	
115	屯留县	杨家湾村	杨家湾村	963.59	25.8	5	0	0	0	
				963.88	39.2	10	0	0	0	
				964.16	53.3	20	0	0	0	
				964.45	71.3	50	13	3	3	
				964.71	84.9	100	39	9	9	

续表 6-6

序号	县(区、市)	行政区划名称	小流域名称	水位 (m)	流量 (m³/s)	重现期 (年)	人口 (人)	户数 (户)	房屋数 (座)	备注
116	屯留县	吾元村	吾元村	1 005.73	34.0	5	0	0	0	
				1 005.92	53.0	10	0	0	0	
				1 006.08	73.0	20	0	0	0	
				1 006.26	99.0	50	2	1	1	
				1 006.44	119	100	4	2	2	
117	屯留县	丰秀岭村	丰秀岭村	1 054.18	4.68	5	0	0	0	
				1 054.42	6.70	10	0	0	0	
				1 054.66	8.79	20	0	0	0	
				1 054.90	11.5	50	0	0	0	
				1 055.12	13.6	100	32	13	13	
118	屯留县	南阳坡村	南阳坡村	1 021.83	21.1	5	0	0	0	
				1 021.93	35.1	10	0	0	0	
				1 022.05	52.1	20	0	0	0	
				1 022.17	73.9	50	0	0	0	
				1 022.34	90.4	100	2	1	1	
119	屯留县	罗村	罗村	1 013.30	27.0	5	0	0	0	
				1 013.66	44.0	10	0	0	0	
				1 013.94	65.0	20	0	0	0	
				1 014.20	95.0	50	13	4	4	
				1 014.44	119	100	37	11	11	
120	屯留县	煤窑沟村	煤窑沟村	1 040.70	17.0	5	0	0	0	
				1 041.00	30.0	10	0	0	0	
				1 041.28	46.0	20	0	0	0	
				1 041.64	68.0	50	0	0	0	
				1 041.89	83.0	100	6	2	2	
121	屯留县	东坡村	东坡村	965.00	219	5	8	2	2	
				965.61	385	10	49	11	11	
				966.02	590	20	77	18	18	
				966.35	856	50	125	30	30	
				966.56	1 055	100	182	46	46	
122	屯留县	三交村	三交村	973.25	220	5	27	6	6	
				973.76	385	10	62	14	14	
				974.27	590	20	75	18	18	
				974.83	841	50	94	23	23	
				975.21	1 036	100	149	39	39	
123	屯留县	贾庄	贾庄	972.93	65.0	5	0	0	0	
				973.31	107	10	0	0	0	
				973.68	150	20	0	0	0	
				974.02	208	50	4	1	1	
				974.22	250	100	9	2	2	
124	屯留县	老庄沟	老庄沟	1 005.92	34.0	5	0	0	0	
				1 006.16	53.0	10	0	0	0	
				1 006.38	74.0	20	0	0	0	
				1 006.63	101	50	0	0	0	
				1 006.88	122	100	21	6	6	

续表 6-6

序号	县(区、市)	行政区划名称	小流域名称	水位(m)	流量(m³/s)	重现期(年)	人口(人)	户数(户)	房屋数(座)	备注
125	屯留县	北沟庄	北沟庄	990.87	48.0	5	0	0	0	
				991.08	77.0	10	0	0	0	
				991.28	110	20	0	0	0	
				991.50	153	50	0	0	0	
				991.85	185	100	42	6	6	
126	屯留县	老庄沟西坡	老庄沟西坡	983.75	55.0	5	0	0	0	
				984.02	88.0	10	0	0	0	
				984.26	125	20	0	0	0	
				984.52	172	50	6	1	1	
				984.69	207	100	21	4	4	
127	屯留县	张店村	张店村	980.85	174	5	0	0	0	
				981.14	324	10	0	0	0	
				981.46	531	20	0	0	0	
				981.81	804	50	6	1	1	
				982.15	1 020	100	260	63	63	
128	屯留县	甄湖村	甄湖村	990.15	136	5	0	0	0	
				990.70	250	10	0	0	0	
				991.28	404	20	0	0	0	
				991.94	612	50	0	0	0	
				992.38	768	100	48	12	12	
129	屯留县	张村	张村	990.59	70.0	5	0	0	0	
				991.09	130	10	0	0	0	
				991.84	212	20	8	3	3	
				992.26	322	50	31	8	8	
				992.55	404	100	57	15	15	
130	屯留县	南里庄村	南里庄村	987.99	36.7	5	0	0	0	
				988.20	57.5	10	0	0	0	
				988.38	79.4	20	0	0	0	
				988.58	108	50	0	0	0	
				988.76	131	100	18	5	5	
131	屯留县	上立寨村	上立寨村	1 004.06	17.0	5	0	0	0	
				1 004.24	28.0	10	0	0	0	
				1 004.39	41.0	20	9	2	2	
				1 004.59	60.0	50	24	6	6	
				1 004.80	75.0	100	36	8	8	
132	屯留县	大半沟	大半沟	998.07	20.0	5	1	1	1	
				998.30	35.0	10	1	1	1	
				998.72	53.0	20	1	1	1	
				999.06	74.0	50	4	2	2	
				999.35	91.0	100	8	4	4	
133	屯留县	五龙沟	五龙沟	991.13	20.7	5	0	0	0	
				991.35	32.6	10	0	0	0	
				991.58	45.0	20	0	0	0	
				991.86	61.2	50	7	3	3	
				992.06	73.6	100	19	7	7	

续表 6-6

序号	县(区、市)	行政区划名称	小流域名称	水位 (m)	流量 (m³/s)	重现期 (年)	人口 (人)	户数 (户)	房屋数 (座)	备注
134	屯留县	李家庄村	李家庄村	996.18	29.0	5	0	0	0	
				996.45	46.5	10	0	0	0	
				996.70	65.0	20	0	0	0	
				996.99	89.2	50	0	0	0	
				997.20	108	100	32	9	9	
135	屯留县	马家庄	马家庄	982.41	29.0	5	0	0	0	
				982.70	46.5	10	0	0	0	
				982.94	65.0	20	0	0	0	
				983.22	89.2	50	8	2	2	
				983.51	108	100	12	3	3	
136	屯留县	帮家庄	帮家庄	979.77	29.0	5	0	0	0	
				980.03	46.5	10	0	0	0	
				980.26	65.0	20	0	0	0	
				980.57	89.2	50	0	0	0	
				980.85	108	100	12	3	3	
137	屯留县	秋树坡	秋树坡	1 007.86	29.0	5	0	0	0	
				1 008.08	46.5	10	0	0	0	
				1 008.27	65.0	20	0	0	0	
				1 008.50	89.2	50	0	0	0	
				1 008.65	108	100	15	4	4	
138	屯留县	李家庄村西坡	李家庄村西坡	977.95	29.0	5	0	0	0	
				978.06	46.5	10	0	0	0	
				978.15	65.0	20	0	0	0	
				978.26	89.2	50	0	0	0	
				978.34	108	100	12	2	2	
139	屯留县	半坡村	半坡村	998.93	13.1	5	0	0	0	
				999.03	20.2	10	5	1	1	
				999.11	27.5	20	5	1	1	
				999.22	37.1	50	8	2	2	
				999.32	44.3	100	14	4	4	
140	屯留县	霜泽村	霜泽村	987.63	85.0	5	0	0	0	
				988.10	150	10	0	0	0	
				988.39	221	20	0	0	0	
				988.62	314	50	26	6	6	
				988.77	387	100	59	12	12	
141	屯留县	雁落坪村	雁落坪村	998.25	76.0	5	0	0	0	
				998.42	133	10	0	0	0	
				998.58	197	20	0	0	0	
				998.79	281	50	14	3	3	
				998.94	346	100	35	7	7	
142	屯留县	雁落坪村西坡	雁落坪村西坡	998.25	76.0	5	0	0	0	
				998.42	133	10	0	0	0	
				998.58	197	20	0	0	0	
				998.79	281	50	7	1	1	
				998.94	346	100	14	3	3	

续表 6-6

序号	县(区、市)	行政区划名称	小流域名称	水位(m)	流量(m³/s)	重现期(年)	人口(人)	户数(户)	房屋数(座)	备注
143	屯留县	宜丰村	宜丰村	1 021.05	47.0	5	0	0	0	
				1 021.39	81.0	10	0	0	0	
				1 021.71	120	20	0	0	0	
				1 022.01	170	50	20	5	5	
				1 022.32	208	100	64	15	15	
144	屯留县	浪井沟	浪井沟	1 021.05	47.0	5	0	0	0	
				1 021.39	81.0	10	0	0	0	
				1 021.71	120	20	0	0	0	
				1 022.01	170	50	49	10	10	
				1 022.32	208	100	57	12	12	
145	屯留县	宜丰村西坡	宜丰村西坡	1 021.05	47.0	5	0	0	0	
				1 021.39	81.0	10	0	0	0	
				1 021.71	120	20	0	0	0	
				1 022.01	170	50	0	0	0	
				1 022.32	208	100	28	7	7	
146	屯留县	中村村	中村村	1 035.35	4.08	5	0	0	0	
				1 035.46	6.11	10	0	0	0	
				1 035.56	8.22	20	0	0	0	
				1 035.74	11.0	50	0	0	0	
				1 035.84	13.1	100	25	6	6	
147	屯留县	河西村	河西村	1 031.59	36.0	5	0	0	0	
				1 031.81	57.0	10	0	0	0	
				1 032.02	84.0	20	0	0	0	
				1 032.22	122	50	0	0	0	
				1 032.50	152	100	7	2	2	
148	屯留县	柳树庄村	柳树庄村	1 045.45	24.0	5	0	0	0	
				1 045.78	39.0	10	0	0	0	
				1 046.10	55.0	20	0	0	0	
				1 046.34	70.0	50	0	0	0	
				1 046.58	87.0	100	39	8	8	
149	屯留县	柳树庄	柳树庄	1 045.45	24.0	5	0	0	0	
				1 045.78	39.0	10	0	0	0	
				1 046.10	55.0	20	0	0	0	
				1 046.34	70.0	50	0	0	0	
				1 046.58	87.0	100	10	3	3	
150	屯留县	崖底村	崖底村	1 055.00	58.0	5	0	0	0	
				1 055.25	103	10	0	0	0	
				1 055.51	156	20	0	0	0	
				1 055.78	225	50	8	2	2	
				1 056.07	275	100	27	7	7	
151	屯留县	唐王庙村	唐王庙村	1 018.89	28.1	5	0	0	0	
				1 019.01	43.6	10	0	0	0	
				1 019.08	60.0	20	0	0	0	
				1 019.16	81.5	50	0	0	0	
				1 019.21	98.2	100	20	4	4	

续表 6-6

序号	县(区、市)	行政区划名称	小流域名称	水位（m）	流量（m³/s）	重现期（年）	人口（人）	户数（户）	房屋数（座）	备注
152	屯留县	南掌	南掌	1 015.52	39.6	5	0	0	0	
				1 015.90	72.7	10	0	0	0	
				1 016.30	121	20	3	1	1	
				1 016.78	195	50	3	1	1	
				1 017.08	254	100	25	5	5	
153	屯留县	徐家庄	徐家庄	1 038.36	30.5	5	0	0	0	
				1 038.68	54.2	10	0	0	0	
				1 038.94	85.0	20	0	0	0	
				1 039.23	125	50	0	0	0	
				1 039.41	155	100	4	1	1	
154	屯留县	郭家庄	郭家庄	1 103.53	26.4	5	0	0	0	
				1 103.74	45.2	10	0	0	0	
				1 103.94	68.4	20	0	0	0	
				1 104.17	98.2	50	0	0	0	
				1 104.32	121	100	15	3	3	
155	屯留县	沿湾	沿湾	1 081.81	30.6	5	0	0	0	
				1 082.13	52.7	10	0	0	0	
				1 082.42	77.8	20	0	0	0	
				1 082.71	110	50	0	0	0	
				1 082.90	135	100	4	1	1	
156	屯留县	王家庄	王家庄	1 147.92	23.2	5	0	0	0	
				1 148.11	39.5	10	0	0	0	
				1 148.30	58.5	20	0	0	0	
				1 148.50	83.2	50	0	0	0	
				1 148.65	102	100	5	2	2	
157	屯留县	林庄村	林庄村	1 058.89	54.0	5	0	0	0	
				1 059.33	100	10	0	0	0	
				1 059.76	162	20	0	0	0	
				1 060.23	245	50	0	0	0	
				1 060.53	306	100	31	8	8	
158	屯留县	八泉村	八泉村	1 073.35	30.0	5	0	0	0	
				1 073.63	54.0	10	0	0	0	
				1 073.91	85.0	20	0	0	0	
				1 074.42	125	50	30	6	6	
				1 074.77	154	100	119	26	26	
159	屯留县	七泉村	七泉村	1 046.95	63.0	5	0	0	0	
				1 047.19	115	10	29	8	8	
				1 047.42	185	20	47	14	14	
				1 047.77	276	50	71	19	19	
				1 047.92	345	100	126	35	35	
160	屯留县	鸡窝圪套	鸡窝圪套	1 043.81	63.0	5	0	0	0	
				1 044.00	115	10	0	0	0	
				1 044.20	185	20	4	1	1	
				1 044.39	276	50	10	2	2	
				1 044.54	345	100	14	3	3	

续表 6-6

序号	县(区、市)	行政区划名称	小流域名称	水位（m）	流量（m³/s）	重现期（年）	人口（人）	户数（户）	房屋数（座）	备注
161	屯留县	南沟村	南沟村	1 064.76	27.0	5	0	0	0	
				1 064.90	48.0	10	0	0	0	
				1 065.06	72.0	20	0	0	0	
				1 065.18	104	50	11	2	2	
				1 065.35	127	100	33	7	7	
162	屯留县	棋盘新庄	棋盘新庄	1 064.76	27.0	5	0	0	0	
				1 064.90	48.0	10	0	0	0	
				1 065.06	72.0	20	0	0	0	
				1 065.18	104	50	0	0	0	
				1 065.35	127	100	14	3	3	
163	屯留县	羊窑	羊窑	1 058.90	27.0	5	0	0	0	
				1 059.22	48.0	10	0	0	0	
				1 059.36	72.0	20	0	0	0	
				1 059.46	104	50	11	2	2	
				1 059.60	127	100	25	5	5	
164	屯留县	小桥	小桥	1 058.90	27.0	5	0	0	0	
				1 059.22	48.0	10	0	0	0	
				1 059.36	72.0	20	0	0	0	
				1 059.46	104	50	3	1	1	
				1 059.60	127	100	19	4	4	
165	屯留县	寨上村	寨上村	1 084.04	21.0	5	0	0	0	
				1 084.31	38.0	10	0	0	0	
				1 084.54	57.0	20	0	0	0	
				1 084.80	85.0	50	9	3	3	
				1 084.99	104	100	43	11	11	
166	屯留县	寨上	寨上	1 078.79	21.0	5	0	0	0	
				1 079.17	38.0	10	0	0	0	
				1 079.52	57.0	20	0	0	0	
				1 079.96	85.0	50	0	0	0	
				1 080.33	104	100	20	3	3	
167	屯留县	吴而村	吴而村	1 146.80	25.0	5	0	0	0	
				1 147.12	44.0	10	0	0	0	
				1 147.42	67.0	20	0	0	0	
				1 147.64	87.0	50	16	3	3	
				1 147.83	96.0	100	61	11	11	
168	屯留县	西上村	西上村	1 068.98	54.0	5	0	0	0	
				1 069.36	95.0	10	0	0	0	
				1 069.70	145	20	0	0	0	
				1 070.04	206	50	12	2	2	
				1 070.26	255	100	12	2	2	
169	屯留县	西沟河村	西沟河村	1 016.34	61.0	5	0	0	0	
				1 016.73	112	10	0	0	0	
				1 017.20	183	20	11	3	3	
				1 017.70	278	50	20	6	6	
				1 018.11	348	100	33	10	10	

续表 6-6

序号	县(区、市)	行政区划名称	小流域名称	水位（m）	流量（m³/s）	重现期（年）	人口（人）	户数（户）	房屋数（座）	备注
170	屯留县	西岸上	西岸上	1 016.34	61.0	5	0	0	0	
				1 016.73	112	10	0	0	0	
				1 017.20	183	20	1	1	1	
				1 017.70	278	50	5	2	2	
				1 018.11	348	100	11	3	3	
171	屯留县	西村	西村	1 013.77	61.0	5	0	0	0	
				1 014.14	112	10	0	0	0	
				1 014.61	183	20	18	4	4	
				1 015.05	278	50	20	5	5	
				1 015.40	348	100	24	6	6	
172	屯留县	西丰宜村	西丰宜村	959.02	154	5	0	0	0	
				959.55	272	10	0	0	0	
				960.01	397	20	19	4	4	
				960.56	573	50	42	9	9	
				960.95	713	100	125	27	27	
173	屯留县	石泉村	石泉村	983.26	3.60	5	0	0	0	
				983.34	5.07	10	0	0	0	
				983.42	6.54	20	0	0	0	
				983.50	8.42	50	0	0	0	
				983.55	9.85	100	1	1	1	
174	屯留县	河神庙	河神庙	958.61	70.0	5	0	0	0	
				958.82	102	10	0	0	0	
				959.02	134	20	0	0	0	
				959.23	175	50	0	0	0	
				959.46	205	100	4	1	1	
175	屯留县	梨树庄村	梨树庄村	976.41	31.9	5	0	0	0	
				976.64	48.7	10	0	0	0	
				976.85	66.4	20	0	0	0	
				977.09	89.7	50	0	0	0	
				977.24	108	100	9	2	2	
176	屯留县	庄洼	庄洼	976.41	31.9	5	0	0	0	
				976.64	48.7	10	0	0	0	
				976.85	66.4	20	0	0	0	
				977.09	89.7	50	0	0	0	
				977.24	108	100	3	1	1	
177	屯留县	西沟村	西沟村	977.96	12.4	5	5	1	1	
				978.14	22.3	10	20	4	4	
				978.30	33.5	20	23	5	5	
				978.46	47.6	50	37	8	8	
				978.57	58.8	100	44	10	10	
178	屯留县	老婆角	老婆角	977.96	12.4	5	0	0	0	
				978.14	22.3	10	0	0	0	
				978.30	33.5	20	0	0	0	
				978.46	47.6	50	0	0	0	
				978.57	58.8	100	24	11	11	

续表 6-6

序号	县(区、市)	行政区划名称	小流域名称	水位（m）	流量（m³/s）	重现期（年）	人口（人）	户数（户）	房屋数（座）	备注
179	屯留县	西沟口	西沟口	977.96	12.4	5	0	0	0	
				978.14	22.3	10	0	0	0	
				978.30	33.5	20	0	0	0	
				978.46	47.6	50	0	0	0	
				978.57	58.8	100	40	10	10	
180	屯留县	司家沟	司家沟	978.26	26.1	5	0	0	0	
				978.49	38.8	10	0	0	0	
				978.62	51.7	20	0	0	0	
				978.75	68.5	50	5	1	1	
				978.85	81.3	100	13	3	3	
181	屯留县	龙王沟村	龙王沟村	990.79	70.0	5	12	3	3	
				991.20	102	10	12	3	3	
				991.45	134	20	12	3	3	
				991.74	175	50	16	4	4	
				991.93	205	100	28	7	7	
182	屯留县	西流寨村	西流寨村	993.31	99.0	5	0	0	0	
				993.68	172	10	0	0	0	
				994.00	251	20	15	4	4	
				994.36	357	50	39	12	12	
				994.61	440	100	64	18	18	
183	屯留县	马家庄	马家庄	996.24	29.0	5	0	0	0	
				996.49	47.0	10	0	0	0	
				996.66	65.0	20	5	1	1	
				996.86	91.0	50	9	2	2	
				996.99	110	100	33	8	8	
184	屯留县	大会村	大会村	1 006.97	90.0	5	0	0	0	
				1 007.29	156	10	0	0	0	
				1 007.59	228	20	0	0	0	
				1 008.18	325	50	4	1	1	
				1 008.49	399	100	8	3	3	
185	屯留县	西大会	西大会	1 011.17	90.0	5	0	0	0	
				1 011.31	156	10	0	0	0	
				1 011.43	228	20	0	0	0	
				1 011.57	325	50	4	1	1	
				1 011.66	399	100	11	3	3	
186	屯留县	河长头村	河长头村	980.51	122	5	0	0	0	
				981.00	216	10	0	0	0	
				981.17	319	20	0	0	0	
				981.37	457	50	0	0	0	
				981.61	566	100	46	10	10	
187	屯留县	中理村	中理村	972.89	30.0	5	0	0	0	
				973.28	50.0	10	0	0	0	
				973.62	71.0	20	0	0	0	
				974.00	100	50	0	0	0	
				974.22	120	100	18	4	4	

续表 6-6

序号	县(区、市)	行政区划名称	小流域名称	水位（m）	流量（m³/s）	重现期（年）	人口（人）	户数（户）	房屋数（座）	备注
188	屯留县	吴寨村	吴寨村	1 031.85	69.0	5	0	0	0	
				1 032.24	120	10	0	0	0	
				1 032.53	175	20	11	4	4	
				1 032.87	247	50	26	8	8	
				1 032.99	303	100	40	12	12	
189	屯留县	桑园	桑园	1 046.38	69.0	5	0	0	0	
				1 046.75	120	10	0	0	0	
				1 047.00	175	20	7	2	2	
				1 047.37	247	50	32	7	7	
				1 047.62	303	100	32	7	7	
190	屯留县	黑家口	黑家口	1 074.44	53.0	5	12	3	3	
				1 074.71	92.0	10	35	9	9	
				1 074.92	134	20	50	13	13	
				1 075.18	189	50	55	14	14	
				1 075.35	230	100	80	19	19	
191	屯留县	上莲村	上莲村	994.78	86.1	5	0	0	0	
				994.96	134	10	0	0	0	
				995.15	189	20	0	0	0	
				995.35	258	50	15	3	3	
				995.50	310	100	29	6	6	
192	屯留县	前上莲	前上莲	1 000.66	86.1	5	0	0	0	
				1 001.18	134	10	7	2	2	
				1 001.40	189	20	7	2	2	
				1 001.64	258	50	11	3	3	
				1 001.79	310	100	18	5	5	
193	屯留县	后上莲	后上莲	1 012.02	69.0	5	0	0	0	
				1 012.21	109	10	14	3	3	
				1 012.37	154	20	23	5	5	
				1 012.56	215	50	33	7	7	
				1 012.68	260	100	50	10	10	
194	屯留县	马庄	马庄	990.17	86.1	5	0	0	0	
				990.60	134	10	0	0	0	
				991.02	189	20	0	0	0	
				991.68	258	50	7	3	3	
				991.93	310	100	7	3	3	
195	屯留县	交川村	交川村	1 067.22	23.0	5	0	0	0	
				1 067.46	35.0	10	6	2	2	
				1 067.57	48.0	20	9	3	3	
				1 067.74	65.0	50	15	4	4	
				1 067.85	78.0	100	34	8	8	
196	平顺县	贾家村	贾家村	1 306.41	9.70	5	0	0	0	
				1 306.59	15.4	10	0	0	0	
				1 306.80	23.9	20	0	0	0	
				1 307.10	37.8	50	6	1	1	
				1 307.30	49.1	100	18	5	5	

续表6-6

序号	县(区、市)	行政区划名称	小流域名称	水位(m)	流量(m³/s)	重现期(年)	人口(人)	户数(户)	房屋数(座)	备注
197	平顺县	王家村	王家村	1 277.79	12.1	5	0	0	0	
				1 278.39	19.3	10	19	4	4	
				1 279.23	30.1	20	27	6	6	
				1 280.52	47.2	50	31	7	7	
				1 281.66	62.7	100	51	12	12	
198	平顺县	路家口村	路家口村	1 161.28	51.2	5	0	0	0	
				1 161.60	82.9	10	0	0	0	
				1 161.96	130	20	12	3	3	
				1 162.43	207	50	24	9	9	
				1 162.80	274	100	28	13	13	
199	平顺县	北坡村	北坡村	1 481.27	3.83	5	0	0	0	
				1 481.43	6.53	10	0	0	0	
				1 481.64	10.6	20	13	3	3	
				1 481.82	15.6	50	64	14	14	
				1 481.97	20.1	100	64	14	14	
200	平顺县	北坡	北坡	1 477.53	16.5	5	0	0	0	
				1 477.86	28.7	10	20	5	5	
				1 478.24	47.3	20	23	6	6	
				1 478.72	72.7	50	28	8	8	
				1 479.36	99.0	100	37	10	10	
201	平顺县	龙镇村	龙镇村	1 432.29	21.4	5	20	5	5	
				1 432.52	37.2	10	39	10	10	
				1 432.81	60.5	20	75	17	17	
				1 433.22	100	50	80	18	18	
				1 433.49	131	100	80	18	18	
202	平顺县	南坡村	南坡村	1 370.17	25.3	5	0	0	0	
				1 370.62	43.4	10	0	0	0	
				1 371.41	70.7	20	2	1	1	
				1 371.87	115	50	15	4	4	
				1 372.22	153	100	44	12	12	
203	平顺县	东迷村	东迷村	1 378.53	30.5	5	0	0	0	
				1 378.85	50.3	10	29	5	5	
				1 379.27	78.5	20	46	8	8	
				1 379.69	113	50	56	10	10	
				1 380.00	140	100	63	12	12	
204	平顺县	正村	正村	1 325.24	33.5	5	0	0	0	
				1 325.61	56.7	10	0	0	0	
				1 326.07	91.9	20	0	0	0	
				1 326.87	150	50	3	13	13	
				1 327.08	202	100	8	32	32	
205	平顺县	龙家村	龙家村	1 313.56	33.5	5	0	0	0	
				1 314.23	56.7	10	0	0	0	
				1 314.96	91.9	20	0	0	0	
				1 315.71	150	50	13	3	3	
				1 316.16	202	100	32	8	8	

续表 6-6

序号	县(区、市)	行政区划名称	小流域名称	水位(m)	流量(m³/s)	重现期(年)	人口(人)	户数(户)	房屋数(座)	备注
206	平顺县	申家坪村	申家坪村	1 297.96	38.6	5	0	0	0	
				1 298.31	63.7	10	0	0	0	
				1 298.75	101	20	3	1	1	
				1 299.53	161	50	34	8	8	
				1 299.88	215	100	51	13	13	
207	平顺县	下井村	下井村	1 326.67	32.8	5	38	11	11	
				1 326.95	55.3	10	49	14	14	
				1 327.24	88.1	20	49	14	14	
				1 327.46	129	50	49	14	14	
				1 327.63	162	100	49	14	14	
208	平顺县	青行头村	青行头村	1 278.10	27.2	5	0	0	0	
				1 278.39	44.8	10	0	0	0	
				1 278.76	71.8	20	0	0	0	
				1 279.35	117	50	0	0	0	
				1 279.83	158	100	16	4	4	
209	平顺县	南赛	南赛	1 228.20	51.0	5	0	0	0	
				1 228.44	88.1	10	0	0	0	
				1 228.75	144	20	0	0	0	
				1 229.17	239	50	17	4	4	
				1 229.53	327	100	44	9	9	
210	平顺县	东峪	东峪	1 178.50	14.0	5	5	1	1	
				1 178.68	24.2	10	5	1	1	
				1 178.90	39.5	20	9	2	2	
				1 179.14	59.6	50	31	7	7	
				1 179.30	75.2	100	31	7	7	
211	平顺县	西沟村	西沟村	1 297.96	38.6	5	0	0	0	
				1 298.31	63.7	10	0	0	0	
				1 298.75	101	20	3	1	1	
				1 299.53	161	50	34	8	8	
				1 299.88	215	100	51	13	13	
212	平顺县	刘家地	刘家地	1 297.96	38.6	5	0	0	0	
				1 298.31	63.7	10	0	0	0	
				1 298.75	101	20	3	1	1	
				1 299.53	161	50	34	8	8	
				1 299.88	215	100	51	13	13	
213	平顺县	池底	池底	1 297.96	38.6	5	0	0	0	
				1 298.31	63.7	10	0	0	0	
				1 298.75	101	20	3	1	1	
				1 299.53	161	50	34	8	8	
				1 299.88	215	100	51	13	13	
214	平顺县	川底村	川底村	1 137.05	67.1	5	0	0	0	
				1 137.96	111	10	28	6	6	
				1 138.53	176	20	28	6	6	
				1 139.19	283	50	28	6	6	
				1 139.71	381	100	28	6	6	

续表 6-6

序号	县(区、市)	行政区划名称	小流域名称	水位（m）	流量（m³/s）	重现期（年）	人口（人）	户数（户）	房屋数（座）	备注
215	平顺县	石埠头村	石埠头村	1 109.91	65.8	5	0	0	0	
				1 110.44	113	10	0	0	0	
				1 111.11	185	20	0	0	0	
				1 112.35	305	50	26	5	5	
				1 112.62	416	100	26	5	5	
216	平顺县	小东峪村	小东峪村	1 106.01	13.5	5	30	11	11	
				1 106.34	22.9	10	35	12	12	
				1 106.71	34.8	20	60	20	20	
				1 106.96	53.0	50	78	26	26	
				1 107.15	68.7	100	81	27	27	
217	平顺县	城关村	城关村	1 084.76	64.5	5	4	1	1	
				1 085.14	106	10	47	6	6	
				1 085.62	167	20	104	15	15	
				1 086.31	265	50	134	19	19	
				1 086.84	352	100	154	22	22	
218	平顺县	峪岭村	峪岭村	1 101.11	23.6	5	0	0	0	
				1 101.24	40.1	10	0	0	0	
				1 101.41	63.9	20	0	0	0	
				1 101.58	94.1	50	17	4	4	
				1 101.72	121	100	44	12	12	
219	平顺县	张井村	张井村	986.77	27.7	5	20	5	5	
				986.97	44.3	10	35	9	9	
				987.21	68.7	20	38	10	10	
				987.55	107	50	61	17	17	
				987.82	141	100	121	34	34	
220	平顺县	小赛村	小赛村	934.49	92.8	5	0	0	0	
				934.85	156	10	0	0	0	
				935.33	255	20	0	0	0	
				936.27	420	50	71	16	16	
				936.55	574	100	176	40	40	
221	平顺县	后留村	后留村	882.66	22.6	5	31	13	13	
				883.16	37.1	10	36	15	15	
				883.48	52.8	20	41	17	17	
				883.85	73.4	50	48	19	19	
				884.11	88.7	100	55	22	22	
222	平顺县	常家村	常家村	893.13	3.70	5	0	0	0	
				893.34	6.20	10	8	2	2	
				893.53	9.90	20	21	4	4	
				893.67	15.8	50	72	10	10	
				893.74	20.8	100	82	12	12	
223	平顺县	羊老岩村	羊老岩村	1 382.77	11.6	5	0	0	0	
				1 383.46	21.9	10	3	1	1	
				1 383.85	34.8	20	7	2	2	
				1 384.46	57.0	50	18	4	4	
				1 384.80	72.0	100	42	10	10	

续表 6-6

序号	县(区、市)	行政区划名称	小流域名称	水位（m）	流量（m³/s）	重现期（年）	人口（人）	户数（户）	房屋数（座）	备注
224	平顺县	底河村	底河村	1 457.97	22.8	5	6	1	1	
				1 458.31	41.3	10	6	1	1	
				1 458.60	69.3	20	13	2	2	
				1 459.07	127	50	25	5	5	
				1 460.31	172	100	44	9	9	
225	平顺县	西湾村	西湾村	1 268.06	59.1	5	0	0	0	
				1 268.55	109	10	0	0	0	
				1 269.15	187	20	7	2	2	
				1 269.98	352	50	51	16	16	
				1 270.62	514	100	93	30	30	
226	平顺县	大山村	大山村	1 365.54	16.0	5	0	0	0	
				1 366.31	29.5	10	8	2	2	
				1 366.49	44.8	20	14	4	4	
				1 366.75	69.7	50	18	5	5	
				1 366.91	85.7	100	18	5	5	
227	平顺县	安阳村	安阳村	1 289.53	21.9	5	0	0	0	
				1 290.27	40.3	10	22	6	6	
				1 290.51	61.7	20	47	12	12	
				1 290.83	101	50	54	14	14	
				1 291.05	133	100	82	21	21	
228	平顺县	前庄村	前庄村	1 216.24	19.9	5	0	0	0	
				1 216.63	35.4	10	0	0	0	
				1 217.20	56.3	20	0	0	0	
				1 217.67	93.0	50	3	1	1	
				1 217.98	130	100	7	2	2	
229	平顺县	虹梯关村	虹梯关村	1 189.50	27.5	5	0	0	0	
				1 189.98	46.9	10	0	0	0	
				1 190.57	75.5	20	20	6	6	
				1 191.77	123	50	109	27	27	
				1 192.18	169	100	128	32	32	
230	平顺县	梯后村	梯后村	800.58	97.7	5	0	0	0	
				801.40	181	10	6	1	1	
				801.94	309	20	6	1	1	
				802.82	556	50	40	7	7	
				803.66	836	100	45	8	8	
231	平顺县	碑滩村	碑滩村	776.77	92.7	5	0	0	0	
				777.99	174	10	0	0	0	
				779.41	301	20	19	6	6	
				781.92	578	50	38	10	10	
				784.07	861	100	38	10	10	
232	平顺县	虹霓村	虹霓村	752.81	89.6	5	0	0	0	
				753.25	169	10	0	0	0	
				753.78	292	20	13	3	3	
				754.68	542	50	41	11	11	
				755.52	820	100	67	17	17	

续表 6-6

序号	县(区、市)	行政区划名称	小流域名称	水位（m）	流量（m³/s）	重现期（年）	人口（人）	户数（户）	房屋数（座）	备注
233	平顺县	茱兰岩村	茱兰岩村	651.29	88.5	5	0	0	0	
				651.76	167	10	0	0	0	
				652.30	291	20	0	0	0	
				653.25	543	50	0	0	0	
				654.24	825	100	35	6	6	
234	平顺县	玉峡关村	玉峡关村	1 416.07	24.4	5	0	0	0	
				1 416.63	49.8	10	0	0	0	
				1 417.35	90.2	20	5	1	1	
				1 417.90	131	50	32	9	9	
				1 418.26	159	100	23	8	8	
235	平顺县	库峧村	库峧村	731.61	7.50	5	0	0	0	
				731.91	14.4	10	0	0	0	
				732.29	25.3	20	0	0	0	
				733.01	45.0	50	0	0	0	
				733.38	66.0	100	22	6	6	
236	平顺县	南耽车村	南耽车村	591.61	39.4	5	0	0	0	
				591.83	69.6	10	3	1	1	
				592.11	115	20	7	2	2	
				592.49	192	50	18	4	4	
				592.77	263	100	42	10	10	
237	平顺县	源头村	源头村	568.03	41.6	5	0	0	0	
				568.53	79.1	10	0	0	0	
				569.13	136	20	0	0	0	
				570.31	230	50	24	5	5	
				570.72	309	100	48	10	10	
238	平顺县	豆峪村	豆峪村	627.14	23.8	5	6	1	1	
				627.69	44.7	10	6	1	1	
				628.15	76.3	20	13	2	2	
				628.57	126	50	25	5	5	
				628.88	16.0	100	44	9	9	
239	平顺县	椰树园村	椰树园村	721.06	20.7	5	0	0	0	
				721.31	37.6	10	0	0	0	
				721.63	63.7	20	9	2	2	
				722.08	109	50	15	3	3	
				722.63	151	100	43	9	9	
240	平顺县	堂耳庄村	堂耳庄村	695.13	26.2	5	0	0	0	
				695.43	48.3	10	0	0	0	
				695.74	82.7	20	0	0	0	
				696.15	142	50	0	0	0	
				696.96	198	100	6	2	2	
241	平顺县	牛石窑村	牛石窑村	1 340.60	59.4	5	0	0	0	
				1 341.05	128	10	0	0	0	
				1 341.52	225	20	0	0	0	
				1 341.82	309	50	0	0	0	
				1 342.77	481	100	19	5	5	

续表 6-6

序号	县(区、市)	行政区划名称	小流域名称	水位（m）	流量（m³/s）	重现期（年）	人口（人）	户数（户）	房屋数（座）	备注
242	黎城县	东洼	东洼	704.28	138	5	0	0	0	
				705.22	264	10	0	0	0	
				706.32	461	20	46	9	9	
				707.84	794	50	46	9	9	
				709.02	1 091	100	46	9	9	
243	黎城县	仁庄	仁庄	725.89	39.8	5	0	0	0	
				726.11	65.2	10	0	0	0	
				726.38	98.2	20	0	0	0	
				726.76	145	50	7	2	2	
				727.08	182	100	19	6	6	
244	黎城县	北泉寨	北泉寨	724.64	130	5	8	2	2	
				725.70	244	10	8	2	2	
				727.04	420	20	8	2	2	
				728.90	709	50	8	2	2	
				730.29	958	100	8	2	2	
245	黎城县	宋家庄	宋家庄	944.02	34.0	5	0	0	0	
				944.51	62.0	10	0	0	0	
				945.10	105	20	0	0	0	
				946.04	172	50	22	6	6	
				946.40	225	100	27	7	7	
246	黎城县	苏家峧	苏家峧	800.23	14.0	5	4	1	1	
				800.40	23.0	10	4	1	1	
				800.57	33.0	20	6	2	2	
				800.76	47.0	50	9	3	3	
				800.90	58.0	100	11	4	4	
247	黎城县	岚沟村	岚沟村	1 174.99	18.0	5	0	0	0	
				1 175.45	33.0	10	0	0	0	
				1 175.69	51.0	20	0	0	0	
				1 175.94	73.0	50	0	0	0	
				1 176.11	90.0	100	5	2	2	
248	黎城县	后寨村	后寨村	856.49	19.0	5	26	7	7	
				856.73	29.0	10	44	12	12	
				857.04	39.0	20	46	13	13	
				857.29	52.0	50	64	17	17	
				857.47	62.0	100	64	17	17	
249	黎城县	寺底村	寺底村	663.90	137	5	0	0	0	
				664.53	259	10	0	0	0	
				665.25	444	20	6	1	1	
				666.18	744	50	11	2	2	
				666.88	1 007	100	13	3	3	
250	黎城县	北委泉村	北委泉村	929.43	27.5	5	0	0	0	
				929.77	49.4	10	0	0	0	
				930.19	77.0	20	18	4	4	
				930.44	112	50	32	8	8	
				930.61	138	100	33	9	9	

续表 6-6

序号	县(区、市)	行政区划名称	小流域名称	水位(m)	流量(m³/s)	重现期(年)	人口(人)	户数(户)	房屋数(座)	备注
251	黎城县	车元村	车元村	873.40	21.0	5	0	0	0	
				874.28	36.0	10	18	5	5	
				874.97	54.0	20	22	6	6	
				875.23	77.0	50	38	10	10	
				875.41	95.0	100	38	10	10	
252	黎城县	茶棚滩村	茶棚滩村	805.99	62.0	5	0	0	0	
				806.39	116	10	0	0	0	
				806.55	190	20	0	0	0	
				806.75	292	50	0	0	0	
				806.88	371	100	54	15	15	
253	黎城县	佛崖底村	佛崖底村	662.30	109	5	0	0	0	
				662.87	189	10	0	0	0	
				663.74	293	20	17	3	3	
				663.92	430	50	34	7	7	
				664.03	533	100	34	7	7	
254	黎城县	小寨村	小寨村	880.59	37.4	5	0	0	0	
				881.02	66.0	10	0	0	0	
				881.40	107	20	0	0	0	
				881.87	166	50	16	3	3	
				882.36	211	100	21	4	4	
255	黎城县	西村村	西村村	911.45	35.6	5	0	0	0	
				911.78	63.1	10	0	0	0	
				912.08	103	20	4	1	1	
				912.33	161	50	27	5	5	
				912.50	205	100	41	8	8	
256	黎城县	北停河村	北停河村	758.50	51.9	5	5	2	2	
				758.66	92.9	10	5	2	2	
				758.83	141	20	5	2	2	
				759.06	215	50	7	3	3	
				759.26	277	100	8	4	4	
257	黎城县	柏官庄村	柏官庄村	916.50	50.7	5	0	0	0	
				916.81	90.9	10	18	5	5	
				917.11	140	20	22	6	6	
				917.35	209	50	38	10	10	
				917.50	259	100	38	10	10	
258	黎城县	郭家庄村	郭家庄村	805.03	8.70	5	0	0	0	
				805.23	16.0	10	0	0	0	
				805.49	27.0	20	0	0	0	
				805.82	45.5	50	0	0	0	
				806.14	62.4	100	18	18	18	
259	黎城县	前庄村	前庄村	879.62	30.7	5	0	0	0	
				879.78	53.7	10	0	0	0	
				879.92	81.9	20	24	4	4	
				880.07	118	50	24	4	4	
				880.20	148	100	24	4	4	

续表 6-6

序号	县(区、市)	行政区划名称	小流域名称	水位(m)	流量(m³/s)	重现期(年)	人口(人)	户数(户)	房屋数(座)	备注
260	黎城县	曹庄村	曹庄村	834.48	75.9	5	0	0	0	
				834.70	140	10	0	0	0	
				834.87	229	20	0	0	0	
				835.09	361	50	0	0	0	
				835.24	468	100	0	0	0	
261	黎城县	三十亩村	三十亩村	776.90	61.6	5	0	0	0	
				777.22	115	10	0	0	0	
				777.57	191	20	0	0	0	
				777.87	314	50	0	0	0	
				778.13	415	100	0	0	0	
262	黎城县	孔家峧村	孔家峧村	962.22	10.7	5	0	0	0	
				962.53	19.7	10	0	0	0	
				962.85	32.3	20	0	0	0	
				963.21	50.4	50	4	1	1	
				963.44	63.7	100	4	1	1	
263	黎城县	龙王庙村	龙王庙村	712.99	54.9	5	0	0	0	
				713.39	102	10	0	0	0	
				713.85	173	20	0	0	0	
				714.41	279	50	6	1	1	
				714.81	368	100	6	1	1	
264	黎城县	秋树垣村	秋树垣村	678.63	80.2	5	0	0	0	
				679.15	150	10	0	0	0	
				679.75	254	20	0	0	0	
				680.61	414	50	0	0	0	
				681.13	551	100	3	1	1	
265	黎城县	南委泉村	南委泉村	850.26	42.1	5	0	0	0	
				850.52	77.5	10	0	0	0	
				850.76	127	20	0	0	0	
				850.93	190	50	0	0	0	
				851.05	241	100	4	1	1	
266	黎城县	牛居村	牛居村	939.49	32.0	5	0	0	0	
				939.79	53.7	10	0	0	0	
				940.10	76.5	20	0	0	0	
				940.31	105	50	0	0	0	
				940.45	128	100	0	0	0	
267	黎城县	彭庄村	彭庄村	924.30	39.3	5	0	0	0	
				924.68	68.6	10	0	0	0	
				925.00	106	20	0	0	0	
				925.29	153	50	0	0	0	
				925.51	189	100	0	0	0	
268	黎城县	背坡村	背坡村	983.76	30.5	5	0	0	0	
				984.11	53.4	10	0	0	0	
				984.61	83.3	20	0	0	0	
				984.81	122	50	3	1	1	
				985.10	150	100	0	0	0	

续表 6-6

序号	县(区、市)	行政区划名称	小流域名称	水位(m)	流量(m³/s)	重现期(年)	人口(人)	户数(户)	房屋数(座)	备注
269	黎城县	平头村	平头村	980.39	25.8	5	0	0	0	
				981.02	49.0	10	0	0	0	
				981.20	85.3	20	4	1	1	
				981.44	149	50	8	2	2	
				981.63	210	100	8	2	2	
270	黎城县	中庄村	中庄村	939.19	68.0	5	0	0	0	
				939.37	112	10	0	0	0	
				939.53	158	20	0	0	0	
				939.73	216	50	0	0	0	
				939.86	261	100	8	2	2	
271	黎城县	清泉村	清泉村	601.75	191	5	0	0	0	
				602.31	340	10	0	0	0	
				602.93	543	20	0	0	0	
				603.49	824	50	0	0	0	
				603.84	1 035	100	8	2	2	
272	壶关县	桥上村	桥上村	670.74	640	100	16	3	3	
				670.25	494	50	0	0	0	
				669.49	299	20	0	0	0	
				668.70	136	10	0	0	0	
				668.17	56.6	5	0	0	0	
273	壶关县	盘底村	盘底村	768.59	1 318	100	35	9	9	
				767.91	943	50	21	5	5	
				766.81	452	20	5	1	1	
				765.78	219	10	0	0	0	
				765.17	105	5	0	0	0	
274	壶关县	沙滩村	沙滩村	689.17	1 262	100	4	1	1	
				688.24	895	50	4	1	1	
				686.78	423	20	0	0	0	
				685.86	204	10	0	0	0	
				685.27	98.3	5	0	0	0	
275	壶关县	潭上	潭上	644.57	1 488	100	4	1	1	
				643.88	1 053	50	0	0	0	
				642.79	495	20	0	0	0	
				642.09	237	10	0	0	0	
				641.59	113	5	0	0	0	
276	壶关县	庄则上村	庄则上村	956.74	1 451	100	10	3	3	
				955.80	1 062	50	0	0	0	
				954.21	524	20	0	0	0	
				953.19	261	10	0	0	0	
				952.49	127	5	0	0	0	
277	壶关县	土圪堆	土圪堆	974.00	988	100	1	1	1	
				973.60	725	50	0	0	0	
				972.81	355	20	0	0	0	
				972.25	178	10	0	0	0	
				971.83	87.6	5	0	0	0	

续表 6-6

序号	县(区、市)	行政区划名称	小流域名称	水位(m)	流量(m³/s)	重现期(年)	人口(人)	户数(户)	房屋数(座)	备注
278	壶关县	下石坡村	下石坡村	1 258.77	298	100	47	11	11	
				1 257.93	201	50	10	2	2	
				1 257.09	119	20	0	0	0	
				1 256.48	70.7	10	0	0	0	
				1 255.98	39.2	5	0	0	0	
279	壶关县	黄崖底	黄崖底	751.12	581	100	8	2	2	
				750.49	464	50	15	3	3	
				749.48	300	20	7	3	3	
				748.45	163	10	0	0	0	
				747.42	63.0	5	0	0	0	
280	壶关县	西坡上	西坡上	785.31	156	100	9	3	3	
				785.25	131	50	0	0	0	
				785.17	95.9	20	3	1	1	
				785.08	64.2	10	0	0	0	
				784.98	31.6	5	0	0	0	
281	壶关县	靳家庄	靳家庄	809.89	403	100	4	1	1	
				808.88	323	50	0	0	0	
				807.27	211	20	6	1	1	
				805.50	110	10	3	1	1	
				803.96	45.5	5	0	0	0	
282	壶关县	碾盘街	碾盘街	783.45	690	100	0	0	0	
				783.17	556	50	0	0	0	
				782.72	364	20	3	1	1	
				782.25	197	10	0	0	0	
				781.66	72.2	5	0	0	0	
283	壶关县	东黄花水村	东黄花水村	1 438.99	104	100	1	1	1	
				1 438.62	82.9	50	0	0	0	
				1 438.13	57.3	20	0	0	0	
				1 437.66	36.1	10	0	0	0	
				1 437.25	21.1	5	0	0	0	
284	壶关县	西黄花水村	西黄花水村	1 467.99	93.4	100	0	0	0	
				1 467.89	75.4	50	0	0	0	
				1 467.74	52.3	20	0	0	0	
				1 467.57	36.5	10	3	1	1	
				1 467.38	21.9	5	0	0	0	
285	壶关县	安口村	安口村	1 474.88	24.0	100	4	1	1	
				1 474.83	19.3	50	0	0	0	
				1 474.77	13.1	20	0	0	0	
				1 474.70	8.26	10	0	0	0	
				1 474.65	4.95	5	35	7	7	
286	壶关县	北平头坞村	北平头坞村	1 324.77	463	100	0	0	0	
				1 324.54	360	50	5	1	1	
				1 324.20	225	20	4	5	5	
				1 323.94	141	10	18	1	1	
				1 323.59	83.8	5	3	1	1	

序号	县(区、市)	行政区划名称	小流域名称	水位 (m)	流量 (m³/s)	重现期 (年)	人口 (人)	户数 (户)	房屋数 (座)	备注
287	壶关县	南平头坞村	南平头坞村	1 304.65	171	100	5	1	1	
				1 304.43	133	50	0	0	0	
				1 304.08	80.9	20	0	0	0	
				1 303.81	48.3	10	0	0	0	
				1 303.60	27.1	5	0	0	0	
288	壶关县	双井村	双井村	1 471.81	153	100	0	0	0	
				1 471.53	119	50	6	1	1	
				1 471.14	76.9	20	0	0	0	
				1 470.86	51.0	10	0	0	0	
				1 470.54	28.4	5	0	0	0	
289	壶关县	石河沐村	石河沐村	1 239.35	73.7	100	3	1	1	
				1 238.88	58.0	50	20	5	5	
				1 238.03	33.7	20	0	0	0	
				1 237.24	16.3	10	46	10	10	
				1 236.71	7.62	5	54	12	12	
290	壶关县	口头村	口头村	1 393.00	60.8	100	3	1	1	
				1 392.91	47.6	50	0	0	0	
				1 392.80	32.0	20	0	0	0	
				1 392.70	19.7	10	0	0	0	
				1 392.61	11.4	5	0	0	0	
291	壶关县	大井村	大井村	1 465.03	5.70	100	0	0	0	
				1 464.94	4.00	50	0	0	0	
				1 464.88	3.00	20	0	0	0	
				1 464.82	2.00	10	5	2	2	
				1 464.68	0.70	5	8	3	3	
292	壶关县	城寨村	城寨村	278.35	31.3	100	6	2	2	
				278.14	23.3	50	23	5	5	
				277.71	14.5	20	4	1	1	
				277.39	9.10	10	36	9	9	
				277.09	5.42	5	13	3	3	
293	壶关县	薛家园村	薛家园村	1 072.75	8.50	100	9	2	2	
				1 072.68	6.00	50	0	0	0	
				1 072.62	4.00	20	0	0	0	
				1 072.55	2.00	10	4	1	1	
				1 072.50	1.00	5	7	2	2	
294	壶关县	西底村	西底村	1 071.38	22.9	100	6	1	1	
				1 071.24	17.1	50	5	1	1	
				1 071.07	10.7	20	0	0	0	
				1 070.94	6.78	10	0	0	0	
				1 070.82	4.16	5	0	0	0	
295	壶关县	神北村	神北村	1 263.41	325	100	3	1	1	
				1 263.22	237	50	0	0	0	
				1 262.99	144	20	0	0	0	
				1 262.78	87.1	10	0	0	0	
				1 262.60	49.1	5	0	0	0	

续表 6-6

序号	县(区、市)	行政区划名称	小流域名称	水位（m）	流量（m³/s）	重现期（年）	人口（人）	户数（户）	房屋数（座）	备注
296	壶关县	神南村	神南村	1 263.04	311	100	18	4	4	
				1 262.81	226	50	18	5	5	
				1 262.53	137	20	0	0	0	
				1 262.28	82.7	10	0	0	0	
				1 262.06	46.5	5	0	0	0	
297	壶关县	上河村	上河村	1 270.47	172	100	13	4	4	
				1 269.81	128	50	0	0	0	
				1 269.14	78.6	20	0	0	0	
				1 268.69	48.2	10	0	0	0	
				1 268.26	27.9	5	0	0	0	
298	壶关县	福头村	福头村	1 230.02	138	100	9	2	2	
				1 229.88	91.5	50	10	3	3	
				1 229.68	53.3	20	0	0	0	
				1 229.57	31.3	10	5	1	1	
				1 229.46	17.2	5	0	0	0	
299	壶关县	西七里村	西七里村	1 259.54	137	100	11	2	2	
				1 259.15	101	50	8	2	2	
				1 258.62	61.5	20	6	1	1	
				1 258.19	38.0	10	6	1	1	
				1 257.83	22.4	5	0	0	0	
300	壶关县	角脚底村	角脚底村	1 279.03	57.3	100	0	0	0	
				1 278.77	47.9	50	5	1	1	
				1 278.20	29.3	20	5	1	1	
				1 277.77	18.0	10	0	0	0	
				1 277.42	10.4	5	0	0	0	
301	壶关县	北河村	北河村	1 001.52	306	100	0	0	0	
				1 000.25	254	50	0	0	0	
				997.83	165	20	18	3	3	
				995.99	108	10	46	9	9	
				994.46	68.2	5	20	5	5	
302	长子县	红星庄	红星庄	964.88	35.0	5	0	0	0	
				965.00	51.0	10	252	77	77	
				965.09	66.0	20	252	77	77	
				965.19	85.0	50	252	77	77	
				965.26	100	100	252	77	77	
303	长子县	石家庄村	石家庄村	930.06	307	5	0	0	0	
				930.78	567	10	764	204	204	
				931.38	845	20	764	204	204	
				932.05	1 224	50	764	204	204	
				932.49	1 520	100	764	204	204	
304	长子县	西河庄村	西河庄村	933.81	307	5	3	1	1	
				934.46	567	10	3	1	1	
				935.00	845	20	3	1	1	
				935.48	1 224	50	3	1	1	
				935.81	1 520	100	3	1	1	

续表6-6

序号	县(区、市)	行政区划名称	小流域名称	水位（m）	流量（m³/s）	重现期（年）	人口（人）	户数（户）	房屋数（座）	备注
305	长子县	晋义村	晋义村	970.97	87.0	5	0	0	0	
				971.36	155	10	12	3	3	
				971.63	225	20	20	5	5	
				971.89	320	50	20	5	5	
				972.04	394	100	20	5	5	
306	长子县	刁黄村	刁黄村	971.18	87.0	5	0	0	0	
				971.60	155	10	302	80	80	
				971.99	225	20	302	80	80	
				972.21	320	50	302	80	80	
				972.34	394	100	302	80	80	
307	长子县	南沟河	南沟河	997.31	43.0	5	4	1	1	
				997.73	77.0	10	12	3	3	
				997.99	113	20	24	6	6	
				998.22	162	50	28	7	7	
				998.41	199	100	28	7	7	
308	长子县	良坪村	良坪村	1 058.54	43.0	5	0	0	0	
				1 058.04	76.0	10	0	0	0	
				1 059.48	113	20	0	0	0	
				1 059.94	161	50	8	2	2	
				1 060.50	198	100	8	2	2	
309	长子县	乱石河村	乱石河村	966.64	149	5	0	0	0	
				967.55	260	10	0	0	0	
				967.81	379	20	0	0	0	
				968.14	545	50	4	1	1	
				968.36	671	100	4	1	1	
310	长子县	两都村	两都村	984.72	71.0	5	4	1	1	
				985.00	123	10	8	2	2	
				985.24	180	20	32	8	8	
				985.48	253	50	40	10	10	
				985.63	311	100	40	10	10	
311	长子县	苇池村	苇池村	1 008.12	27.0	5	0	0	0	
				1 008.31	48.0	10	202	55	55	
				1 008.49	72.0	20	202	55	55	
				1 008.66	100	50	202	55	55	
				1 008.77	123	100	202	55	55	
312	长子县	李家庄村	李家庄村	1 079.93	29.0	5	0	0	0	
				1 080.25	48.0	10	444	120	120	
				1 080.54	70.0	20	444	120	120	
				1 080.85	99.0	50	444	120	120	
				1 081.05	120	100	444	120	120	
313	长子县	圪倒村	圪倒村	966.21	149	5	0	0	0	
				966.77	260	10	240	53	53	
				967.26	379	20	240	53	53	
				967.80	545	50	240	53	53	
				968.15	671	100	240	53	53	

续表 6-6

序号	县(区、市)	行政区划名称	小流域名称	水位（m）	流量（m³/s）	重现期（年）	人口（人）	户数（户）	房屋数（座）	备注
314	长子县	高桥沟村	高桥沟村	958.11	149	5	0	0	0	
				958.64	260	10	0	0	0	
				959.07	379	20	0	0	0	
				959.47	545	50	16	4	4	
				959.73	671	100	16	4	4	
315	长子县	花家坪村	花家坪村	956.64	149	5	0	0	0	
				957.05	260	10	234	54	54	
				957.38	379	20	234	54	54	
				957.76	545	50	234	54	54	
				958.00	671	100	234	54	54	
316	长子县	洪珍村	洪珍村	975.03	97.0	5	4	1	1	
				975.28	170	10	4	1	1	
				975.47	248	20	4	1	1	
				975.70	356	50	4	1	1	
				975.85	440	100	4	1	1	
317	长子县	郭家沟村	郭家沟村	1 063.65	8.00	5	0	0	0	
				1 064.01	15.0	10	0	0	0	
				1 064.27	22.0	20	0	0	0	
				1 064.53	31.0	50	0	0	0	
				1 064.69	38.0	100	4	1	1	
318	长子县	南岭庄	南岭庄	1 109.42	133	5	0	0	0	
				1 109.83	219	10	13	2	2	
				1 110.17	309	20	13	2	2	
				1 110.55	431	50	13	2	2	
				1 110.81	523	100	13	2	2	
319	长子县	大山	大山	1 100.19	133	5	0	0	0	
				1 100.57	219	10	0	0	0	
				1 100.90	309	20	11	2	2	
				1 101.31	431	50	36	7	7	
				1 101.55	523	100	36	7	7	
320	长子县	羊窑沟	羊窑沟	1 102.69	133	5	4	1	1	
				1 103.02	219	10	4	1	1	
				1 103.28	309	20	4	1	1	
				1 103.57	431	50	10	3	3	
				1 103.77	523	100	12	4	4	
321	长子县	响水铺	响水铺	1 040.19	154	5	0	0	0	
				1 040.59	255	10	60	26	26	
				1 040.95	363	20	60	26	26	
				1 041.38	508	50	60	26	26	
				1 041.66	619	100	60	26	26	
322	长子县	东沟庄	东沟庄	1 175.38	13.0	5	0	0	0	
				1 175.52	22.0	10	19	9	9	
				1 175.63	31.0	20	19	9	9	
				1 175.76	44.0	50	19	9	9	
				1 175.85	54.0	100	19	9	9	

续表 6-6

序号	县(区、市)	行政区划名称	小流域名称	水位（m）	流量（m³/s）	重现期（年）	人口（人）	户数（户）	房屋数（座）	备注
323	长子县	九亩沟	九亩沟	1 232.59	54.0	5	0	0	0	
				1 232.97	84.0	10	54	27	27	
				1 233.29	116	20	54	27	27	
				1 233.64	160	50	54	27	27	
				1 233.85	193	100	54	27	27	
324	长子县	小豆沟	小豆沟	1 141.15	92.0	5	16	3	3	
				1 141.56	160	10	17	4	4	
				1 141.92	234	20	21	5	5	
				1 142.30	333	50	25	6	6	
				1 142.56	411	100	34	8	8	
325	长子县	尧神沟村	尧神沟村	964.54	3.00	5	12	3	3	
				964.56	4.00	10	12	3	3	
				964.58	5.00	20	12	3	3	
				964.60	7.00	50	12	3	3	
				964.62	8.00	100	12	3	3	
326	长子县	沙河村	沙河村	931.98	65.0	5	0	0	0	
				932.24	108	10	0	0	0	
				932.89	167	20	0	0	0	
				933.37	242	50	0	0	0	
				933.66	296	100	16	4	4	
327	长子县	韩坊村	韩坊村	923.02	125	5	16	4	4	
				923.27	202	10	20	5	5	
				923.53	312	20	24	6	6	
				923.79	465	50	36	9	9	
				923.95	575	100	36	9	9	
328	长子县	交里村	交里村	919.50	296	5	4	1	1	
				920.61	551	10	8	2	2	
				921.08	860	20	16	4	4	
				921.78	1 262	50	48	12	12	
				922.36	1 595	100	124	31	31	
329	长子县	西田良村	西田良村	958.22	91.0	5	0	0	0	
				958.38	141	10	0	0	0	
				958.53	194	20	0	0	0	
				958.68	260	50	44	11	11	
				958.77	311	100	52	13	13	
330	长子县	南贾村	南贾村	964.44	52.0	5	0	0	0	
				964.68	78.0	10	0	0	0	
				964.89	106	20	0	0	0	
				965.08	140	50	0	0	0	
				965.21	166	100	4	1	1	
331	长子县	东田良村	东田良村	959.42	92.0	5	0	0	0	
				959.64	142	10	0	0	0	
				959.82	196	20	651	192	192	
				960.00	263	50	651	192	192	
				960.10	313	100	651	192	192	

续表 6-6

序号	县(区、市)	行政区划名称	小流域名称	水位（m）	流量（m³/s）	重现期（年）	人口（人）	户数（户）	房屋数（座）	备注
332	长子县	南张店村	南张店村	985.72	50.0	5	64	16	16	
				985.98	76.0	10	72	18	18	
				986.02	102	20	72	18	18	
				986.05	135	50	72	18	18	
				986.08	160	100	76	19	19	
333	长子县	西范村	西范村	998.26	26.0	5	30	6	6	
				998.51	37.0	10	79	18	18	
				998.69	48.0	20	94	21	21	
				998.89	63.0	50	104	23	23	
				999.04	74.0	100	104	23	23	
334	长子县	东范村	东范村	978.01	50.0	5	0	0	0	
				978.34	76.0	10	11	4	4	
				978.59	102	20	41	13	13	
				978.82	135	50	68	18	18	
				978.98	160	100	82	21	21	
335	长子县	崔庄村	崔庄村	968.54	52.0	5	0	0	0	
				968.82	78.0	10	6	1	1	
				969.07	106	20	10	2	2	
				969.34	140	50	36	7	7	
				969.53	166	100	81	17	17	
336	长子县	龙泉村	龙泉村	993.18	50.0	5	44	11	11	
				993.52	76.0	10	78	20	20	
				993.80	102	20	99	24	24	
				994.11	135	50	101	25	25	
				994.33	160	100	117	28	28	
337	长子县	程家庄村	程家庄村	1 011.86	10.0	5	0	0	0	
				1 011.91	15.0	10	0	0	0	
				1 011.95	19.0	20	197	58	58	
				1 011.99	24.0	50	197	58	58	
				1 012.02	28.0	100	197	58	58	
338	长子县	窑下村	窑下村	1 020.29	66.0	5	0	0	0	
				1 020.35	97.0	10	0	0	0	
				1 020.41	130	20	0	0	0	
				1 020.49	171	50	0	0	0	
				1 020.54	202	100	683	202	202	
339	长子县	赵家庄村	赵家庄村	1 085.63	14.0	5	0	0	0	
				1 085.79	20.0	10	0	0	0	
				1 085.92	26.0	20	0	0	0	
				1 086.04	33.0	50	110	25	25	
				1 086.12	38.0	100	110	25	25	
340	长子县	陈家庄村	陈家庄村	1 085.63	14.0	5	0	0	0	
				1 085.79	20.0	10	0	0	0	
				1 085.92	26.0	20	0	0	0	
				1 086.04	33.0	50	110	25	25	
				1 086.12	38.0	100	110	25	25	

续表 6-6

序号	县(区、市)	行政区划名称	小流域名称	水位（m）	流量（m³/s）	重现期（年）	人口（人）	户数（户）	房屋数（座）	备注
341	长子县	吴家庄村	吴家庄村	1 085.63	14.0	5	0	0	0	
				1 085.79	20.0	10	0	0	0	
				1 085.92	26.0	20	0	0	0	
				1 086.04	33.0	50	110	25	25	
				1 086.12	38.0	100	110	25	25	
342	长子县	曹家沟村	曹家沟村	1 042.50	66.0	5	80	20	20	
				1 042.74	97.0	10	80	20	20	
				1 042.94	130	20	80	20	20	
				1 043.17	171	50	80	20	20	
				1 043.33	202	100	80	20	20	
343	长子县	琚村	琚村	1 018.20	91.0	5	100	25	25	
				1 018.59	137	10	116	29	29	
				1 018.77	186	20	116	29	29	
				1 018.77	248	50	116	29	29	
				1 018.77	295	100	116	29	29	
344	长子县	平西沟村	平西沟村	1 033.44	100	5	0	0	0	
				1 033.59	152	10	0	0	0	
				1 033.73	207	20	0	0	0	
				1 033.88	276	50	0	0	0	
				1 033.98	329	100	136	34	34	
345	长子县	南漳村	南漳村	917.08	67.0	5	0	0	0	
				917.66	116	10	0	0	0	
				918.25	179	20	204	41	41	
				918.97	285	50	246	49	49	
				919.50	366	100	259	52	52	
346	长子县	吴村	吴村	937.64	253	5	302	66	66	
				940.10	463	10	307	68	68	
				943.23	731	20	307	68	68	
				947.12	1 064	50	307	68	68	
				950.26	1 333	100	307	68	68	
347	长子县	安西村	安西村	980.61	65.0	5	0	0	0	
				980.93	116	10	0	0	0	
				981.20	170	20	0	0	0	
				981.49	241	50	8	2	2	
				981.69	297	100	8	2	2	
348	长子县	金村	金村	985.79	65.0	5	0	0	0	
				986.12	116	10	0	0	0	
				986.33	170	20	0	0	0	
				986.53	241	50	0	0	0	
				986.67	297	100	546	168	168	
349	长子县	丰村	丰村	1 008.12	40.0	5	0	0	0	
				1 008.45	70.0	10	0	0	0	
				1 008.72	103	20	0	0	0	
				1 009.01	146	50	0	0	0	
				1 009.18	179	100	440	133	133	

续表 6-6

序号	县(区、市)	行政区划名称	小流域名称	水位（m）	流量（m³/s）	重现期（年）	人口（人）	户数（户）	房屋数（座）	备注
350	长子县	苏村	苏村	971.82	100	5	8	2	2	
				972.03	155	10	12	3	3	
				972.19	212	20	16	4	4	
				972.36	286	50	24	6	6	
				972.48	341	100	24	6	6	
351	长子县	西沟村	西沟村	990.06	28.0	5	0	0	0	
				990.14	43.0	10	0	0	0	
				990.22	57.0	20	0	0	0	
				990.31	77.0	50	12	3	3	
				990.36	91.0	100	12	3	3	
352	长子县	西峪村	西峪村	1 004.15	41.0	5	0	0	0	
				1 004.46	63.0	10	0	0	0	
				1 004.72	85.0	20	156	39	39	
				1 004.96	113	50	208	52	52	
				1 005.10	135	100	224	56	56	
353	长子县	东峪村	东峪村	997.78	41.0	5	0	0	0	
				997.99	62.0	10	0	0	0	
				998.17	84.0	20	0	0	0	
				998.36	113	50	0	0	0	
				998.48	135	100	100	25	25	
354	长子县	城阳村	城阳村	962.54	96.0	5	0	0	0	
				962.84	163	10	0	0	0	
				963.09	235	20	4	1	1	
				963.38	331	50	4	1	1	
				963.57	406	100	8	2	2	
355	长子县	阳鲁村	阳鲁村	983.78	49.0	5	0	0	0	
				984.08	80.0	10	0	0	0	
				984.29	113	20	24	6	6	
				984.51	154	50	24	6	6	
				984.65	186	100	24	6	6	
356	长子县	善村	善村	990.62	49.0	5	0	0	0	
				990.88	81.0	10	0	0	0	
				991.08	117	20	0	0	0	
				991.27	162	50	4	1	1	
				991.40	197	100	8	2	2	
357	长子县	南庄村	南庄村	998.51	49.0	5	0	0	0	
				998.77	81.0	10	4	1	1	
				998.94	117	20	20	5	5	
				999.06	162	50	24	6	6	
				999.13	197	100	28	7	7	
358	长子县	大南石村	大南石村	948.94	3.00	5	0	0	0	
				948.97	4.00	10	0	0	0	
				948.99	5.00	20	0	0	0	
				949.01	6.00	50	0	0	0	
				949.02	7.00	100	437	162	162	

续表 6-6

序号	县(区、市)	行政区划名称	小流域名称	水位(m)	流量(m³/s)	重现期(年)	人口(人)	户数(户)	房屋数(座)	备注
359	长子县	小南石	小南石	948.64	6.00	5	0	0	0	
				948.65	8.00	10	0	0	0	
				948.65	11.0	20	0	0	0	
				948.66	14.0	50	0	0	0	
				948.67	16.0	100	531	195	195	
360	长子县	申村	申村	949.56	323	5	0	0	0	
				949.78	590	10	0	0	0	
				949.95	873	20	0	0	0	
				950.15	1 253	50	0	0	0	
				950.29	1 547	100	774	272	272	
361	长子县	西何村	西何村	924.35	216	5	92	23	23	
				925.07	402	10	92	23	23	
				925.87	671	20	92	23	23	
				926.71	1 052	50	92	23	23	
				927.25	1 335	100	92	23	23	
362	长子县	鲍寨村	鲍寨村	1 037.36	66.0	5	0	0	0	
				1 037.70	97.0	10	0	0	0	
				1 037.98	130	20	365	78	78	
				1 038.22	171	50	365	78	78	
				1 038.37	202	100	365	78	78	
363	长子县	南庄	南庄	1 105.57	133	5	15	4	4	
				1 106.03	219	10	16	5	5	
				1 106.48	309	20	31	9	9	
				1 107.08	431	50	38	13	13	
				1 107.54	523	100	39	14	14	
364	长子县	南沟	南沟	1 109.32	8.00	5	0	0	0	
				1 109.42	12.0	10	0	0	0	
				1 109.51	17.0	20	0	0	0	
				1 109.60	22.0	50	0	0	0	
				1 109.67	26.0	100	3	2	2	
365	长子县	庞庄村	庞庄村	1 026.72	75.0	5	0	0	0	
				1 026.95	109	10	4	1	1	
				1 027.15	143	20	4	1	1	
				1 027.36	185	50	8	2	2	
				1 027.51	218	100	16	4	4	
366	武乡县	洪水村	洪水村	1 095.67	95.4	5	0	0	0	
				1 096.10	161	10	0	0	0	
				1 096.75	252	20	24	5	5	
				1 097.20	388	50	50	10	10	
				1 097.62	513	100	59	14	14	
367	武乡县	寨坪村	寨坪村	1 085.85	181	5	0	0	0	
				1 086.30	301	10	0	0	0	
				1 086.84	471	20	0	0	0	
				1 087.60	759	50	0	0	0	
				1 088.09	985	100	7	2	2	

续表 6-6

序号	县(区、市)	行政区划名称	小流域名称	水位（m）	流量（m³/s）	重现期（年）	人口（人）	户数（户）	房屋数（座）	备注
368	武乡县	下寨村	下寨村	1 054.76	65.4	5	0	0	0	
				1 055.03	97.8	10	13	3	3	
				1 055.32	137	20	17	4	4	
				1 055.84	186	50	17	4	4	
				1 055.98	223	100	17	4	4	
369	武乡县	中村村	中村村	1 049.37	33.1	5	7	1	1	
				1 049.81	58.0	10	23	4	4	
				1 050.23	86.3	20	23	4	4	
				1 050.79	131	50	23	4	4	
				1 051.20	167	100	32	6	6	
370	武乡县	义安村	义安村	1 049.37	33.1	5	7	1	1	
				1 049.81	58.0	10	23	4	4	
				1 050.23	86.3	20	23	4	4	
				1 050.79	131	50	23	4	4	
				1 051.20	167	100	32	6	6	
371	武乡县	王家峪村	王家峪村	934.67	10.5	5	0	0	0	
				935.18	17.5	10	10	2	2	
				935.77	25.3	20	10	2	2	
				936.01	37.0	50	10	2	2	
				936.25	46.0	100	15	3	3	
372	武乡县	大有村	大有村	1 021.11	117	5	0	0	0	
				1 021.66	178	10	0	0	0	
				1 022.19	250	20	0	0	0	
				1 022.78	341	50	16	4	4	
				1 023.15	407	100	26	7	7	
373	武乡县	辛庄村	辛庄村	1 021.11	117	5	0	0	0	
				1 021.66	178	10	0	0	0	
				1022.19	250	20	0	0	0	
				1 022.78	341	50	12	3	3	
				1 023.15	407	100	19	5	5	
374	武乡县	峪口村	峪口村	904.80	124	5	0	0	0	
				905.25	194	10	16	2	2	
				905.71	278	20	31	7	7	
				906.22	387	50	31	7	7	
				906.47	446	100	31	7	7	
375	武乡县	型村	型村	909.96	3.90	5	0	0	0	
				910.03	5.70	10	0	0	0	
				910.10	7.70	20	7	1	1	
				910.18	10.0	50	11	2	2	
				910.23	12.0	100	19	4	4	
376	武乡县	李峪村	李峪村	894.34	69.2	5	0	0	0	
				894.75	108	10	0	0	0	
				895.17	154	20	0	0	0	
				895.62	212	50	0	0	0	
				895.93	255	100	10	2	2	

续表 6-6

序号	县(区、市)	行政区划名称	小流域名称	水位(m)	流量(m³/s)	重现期(年)	人口(人)	户数(户)	房屋数(座)	备注
377	武乡县	泉沟村	泉沟村	894.34	69.2	5	0	0	0	
				894.75	108	10	0	0	0	
				895.17	154	20	0	0	0	
				895.62	212	50	0	0	0	
				895.93	255	100	4	1	1	
378	武乡县	贾豁村	贾豁村	1 036.36	91.4	5	0	0	0	
				1 036.79	147	10	0	0	0	
				1 037.20	221	20	0	0	0	
				1 038.16	319	50	28	7	7	
				1 038.38	392	100	35	10	10	
379	武乡县	高家庄村	高家庄村	1 036.36	67.3	5	0	0	0	
				1 036.79	102	10	0	0	0	
				1 037.20	143	20	0	0	0	
				1 038.16	195	50	28	7	7	
				1 038.38	233	100	35	10	10	
380	武乡县	海神沟村	海神沟村	1 054.99	65.4	5	0	0	0	
				1 055.34	96.5	10	0	0	0	
				1 055.71	134	20	11	3	3	
				1 056.21	183	50	58	14	14	
				1 056.45	219	100	73	18	18	
381	武乡县	郭村村	郭村村	1 054.99	65.4	5	0	0	0	
				1 055.34	96.5	10	0	0	0	
				1055.71	134	20	11	3	3	
				1 056.21	183	50	58	14	14	
				1 056.45	219	100	73	18	18	
382	武乡县	胡庄铺村	胡庄铺村	939.85	50.4	5	0	0	0	
				940.18	75.3	10	52	15	15	
				940.43	104	20	58	16	16	
				940.68	140	50	58	16	16	
				940.84	167	100	73	20	20	
383	武乡县	平家沟村	平家沟村	949.65	20.6	5	0	0	0	
				949.70	29.3	10	0	0	0	
				949.74	38.2	20	0	0	0	
				949.79	49.0	50	20	7	7	
				949.82	57.0	100	50	16	16	
384	武乡县	王路村	王路村	951.90	12.7	5	0	0	0	
				952.05	19.8	10	0	0	0	
				952.19	27.5	20	0	0	0	
				952.34	37.0	50	0	0	0	
				952.43	44.0	100	8	1	1	
385	武乡县	马牧村	马牧村干流	951.42	195	5	5	1	1	
				952.06	333	10	27	7	7	
				952.44	493	20	31	8	8	
				952.82	692	50	31	8	8	
				953.08	842	100	31	8	8	

续表 6-6

序号	县(区、市)	行政区划名称	小流域名称	水位(m)	流量(m³/s)	重现期(年)	人口(人)	户数(户)	房屋数(座)	备注
386	武乡县	马牧村	马牧村支流	950.98	64.6	5	7	1	1	
				951.24	107	10	17	3	3	
				951.48	158	20	20	4	4	
				951.73	221	50	20	4	4	
				951.90	269	100	20	4	4	
387	武乡县	南村村	南村村	940.97	225	5	0	0	0	
				941.58	358	10	3	1	1	
				942.20	529	20	10	3	3	
				942.97	778	50	14	4	4	
				943.53	983	100	19	6	6	
388	武乡县	东寨底村	东寨底村	987.65	30.4	5	0	0	0	
				987.84	49.4	10	0	0	0	
				988.01	71.1	20	0	0	0	
				988.19	99.0	50	48	15	15	
				988.31	120	100	85	25	25	
389	武乡县	北涅水村	北涅水村	983.61	23.5	5	0	0	0	
				983.87	35.4	10	0	0	0	
				984.32	48.0	20	0	0	0	
				984.53	64.0	50	0	0	0	
				984.60	76.0	100	7	2	2	
390	武乡县	高台寺村	高台寺村	982.25	213	5	0	0	0	
				982.68	394	10	0	0	0	
				983.10	607	20	19	4	4	
				983.54	879	50	33	8	8	
				983.85	1 089	100	48	11	11	
391	武乡县	西良村	西良村	1 010.34	89.5	5	0	0	0	
				1 010.71	154	10	0	0	0	
				1 010.96	224	20	0	0	0	
				1 011.25	315	50	0	0	0	
				1 011.46	385	100	15	4	4	
392	武乡县	分水岭村	分水岭村	1 331.77	45.2	5	0	0	0	
				1 332.01	73.4	10	5	1	1	
				1 332.21	103	20	5	1	1	
				1 332.44	142	50	5	1	1	
				1 332.57	172	100	5	1	1	
393	武乡县	南关村	南关村	1 182.65	112	5	0	0	0	
				1 183.23	203	10	0	0	0	
				1 183.78	305	20	0	0	0	
				1 184.74	437	50	7	2	2	
				1 185.02	542	100	21	7	7	
394	武乡县	松庄村	松庄村	1 119.51	53.0	5	5	1	1	
				1 119.83	92.4	10	23	5	5	
				1 120.13	134	20	31	7	7	
				1 120.47	187	50	31	7	7	
				1 120.70	228	100	35	8	8	

续表 6-6

序号	县(区、市)	行政区划名称	小流域名称	水位（m）	流量（m³/s）	重现期（年）	人口（人）	户数（户）	房屋数（座）	备注
395	武乡县	石北村	石北村	1 007.53	59.0	5	0	0	0	
				1 008.19	98.4	10	0	0	0	
				1 008.58	141	20	35	18	18	
				1 008.93	194	50	35	18	18	
				1 009.16	234	100	48	24	24	
396	武乡县	西黄岩村	西黄岩村	989.32	19.1	5	0	0	0	
				989.65	29.0	10	0	0	0	
				989.91	39.5	20	0	0	0	
				990.18	53.0	50	12	5	5	
				990.36	63.0	100	21	10	10	
397	武乡县	型庄村	型庄村	961.42	151	5	0	0	0	
				962.10	256	10	9	3	3	
				962.73	376	20	76	20	20	
				963.55	525	50	78	21	21	
				963.87	636	100	80	22	22	
398	武乡县	长蔚村	长蔚村	955.80	162	5	0	0	0	
				956.12	286	10	0	0	0	
				956.46	430	20	0	0	0	
				956.77	612	50	13	3	3	
				956.96	753	100	19	5	5	
399	武乡县	长庆村	长庆村	960.54	10.6	5	0	0	0	
				960.64	15.3	10	19	3	3	
				960.74	20.2	20	29	5	5	
				960.82	26.0	50	34	6	6	
				960.88	31.0	100	41	7	7	
400	武乡县	长庆凹村	长庆凹村	967.61	22.5	5	0	0	0	
				967.72	33.6	10	0	0	0	
				967.84	45.5	20	0	0	0	
				967.96	60.0	50	12	5	5	
				968.04	71.0	100	15	6	6	
401	武乡县	墨镫村	墨镫村	1 238.80	46.2	5	0	0	0	
				1 239.39	69.7	10	32	11	11	
				1 239.67	95.8	20	52	17	17	
				1 240.02	129	50	78	24	24	
				1 240.23	153	100	95	28	28	
402	沁县	北关社区	北关社区	951.57	159	5	0	0	0	
				952.01	304	10	0	0	0	
				952.43	479	20	0	0	0	
				952.89	706	50	16	3	3	
				953.22	895	100	361	123	123	
403	沁县	南关社区	南关社区	946.68	422	5	0	0	0	
				947.52	796	10	31	9	9	
				947.99	1 219	20	56	16	16	
				948.53	1 772	50	114	33	33	
				948.92	2 230	100	574	176	176	

续表6-6

序号	县(区、市)	行政区划名称	小流域名称	水位（m）	流量（m³/s）	重现期（年）	人口（人）	户数（户）	房屋数（座）	备注
404	沁县	西苑社区	西苑社区	955.13	178	5	0	0	0	
				955.45	343	10	37	10	10	
				955.79	542	20	83	24	24	
				956.11	800	50	146	41	41	
				956.34	1 015	100	987	250	250	
405	沁县	东苑社区	东苑社区	954.78	178	5	0	0	0	
				955.20	343	10	0	0	0	
				955.54	542	20	74	21	21	
				955.86	800	50	104	27	27	
				956.09	1 015	100	668	147	147	
406	沁县	育才社区	育才社区	948.64	422	5	0	0	0	
				949.18	796	10	0	0	0	
				949.65	1 219	20	0	0	0	
				950.19	1 772	50	114	33	33	
				950.58	2 230	100	873	247	247	
407	沁县	合庄村	合庄村	945.84	10.1	5	0	0	0	
				945.99	15.3	10	0	0	0	
				946.12	20.8	20	0	0	0	
				946.29	27.8	50	9	2	2	
				946.38	33.1	100	30	5	5	
408	沁县	北寺上村	北寺上村	954.14	37.3	5	0	0	0	
				954.47	62.6	10	0	0	0	
				954.83	91.5	20	0	0	0	
				955.19	128	50	0	0	0	
				955.55	156	100	719	220	220	
409	沁县	下曲峪村	下曲峪村	969.34	20.1	5	13	6	6	
				969.40	30.7	10	16	8	8	
				969.45	41.9	20	24	11	11	
				969.52	56.2	50	26	12	12	
				969.56	67.0	100	36	16	16	
410	沁县	迎春村	迎春村	940.61	160	5	0	0	0	
				941.35	287	10	17	3	3	
				942.06	449	20	105	19	19	
				942.81	656	50	143	29	29	
				943.36	824	100	173	37	37	
411	沁县	官道上	官道上	952.52	228	5	0	0	0	
				953.04	420	10	7	2	2	
				953.51	633	20	10	3	3	
				954.29	914	50	20	7	7	
				954.64	1 146	100	43	15	15	
412	沁县	福村村	福村村	955.40	88.2	5	0	0	0	
				956.13	155	10	0	0	0	
				956.81	225	20	0	0	0	
				957.48	318	50	0	0	0	
				957.95	391	100	36	9	9	

续表 6-6

序号	县(区、市)	行政区划名称	小流域名称	水位（m）	流量（m³/s）	重现期（年）	人口（人）	户数（户）	房屋数（座）	备注
413	沁县	郭村村	郭村村	993.43	27.4	5	0	0	0	
				993.52	45.5	10	0	0	0	
				993.60	64.5	20	0	0	0	
				993.68	89.1	50	21	6	6	
				993.74	108	100	54	14	14	
414	沁县	故县村	故县村	933.00	247	5	0	0	0	
				934.13	447	10	3	1	1	
				935.15	671	20	17	4	4	
				936.41	985	50	44	12	12	
				937.13	1 188	100	91	24	24	
415	沁县	后河村	后河村	935.17	103	5	0	0	0	
				935.69	169	10	0	0	0	
				936.15	240	20	9	2	2	
				936.67	330	50	13	3	3	
				937.01	399	100	13	3	3	
416	沁县	徐村	徐村	947.36	455	5	0	0	0	
				948.01	809	10	0	0	0	
				948.67	1 205	20	0	0	0	
				949.32	1 709	50	157	26	26	
				949.76	2 108	100	213	39	39	
417	沁县	马连道村	马连道村	947.53	455	5	0	0	0	
				948.26	802	10	0	0	0	
				949.15	1 188	20	0	0	0	
				949.78	1 681	50	81	22	22	
				950.16	2 067	100	148	37	37	
418	沁县	邓家坡村	邓家坡村	950.68	104	5	0	0	0	
				951.01	169	10	0	0	0	
				951.34	251	20	3	1	1	
				951.70	356	50	10	3	3	
				952.04	434	100	25	10	10	
419	沁县	太里村	太里村	923.65	181	5	0	0	0	
				923.92	300	10	0	0	0	
				924.18	437	20	0	0	0	
				924.47	614	50	0	0	0	
				924.67	748	100	10	3	3	
420	沁县	西待贤	西待贤	953.20	92.9	5	0	0	0	
				953.48	145	10	0	0	0	
				953.75	200	20	0	0	0	
				954.06	271	50	0	0	0	
				954.28	325	100	20	6	6	
421	沁县	沙圪道	沙圪道	916.59	132	5	0	0	0	
				916.98	217	10	0	0	0	
				917.36	312	20	0	0	0	
				917.78	434	50	4	1	1	
				918.07	527	100	13	4	4	

续表 6-6

序号	县(区、市)	行政区划名称	小流域名称	水位（m）	流量（m³/s）	重现期（年）	人口（人）	户数（户）	房屋数（座）	备注
422	沁县	交口村	交口村	992.61	79.2	5	0	0	0	
				993.24	140	10	0	0	0	
				993.83	215	20	4	1	1	
				994.51	289	50	4	1	1	
				994.90	353	100	54	10	10	
423	沁县	韩曹沟	韩曹沟	987.58	25.9	5	0	0	0	
				987.75	40.5	10	0	0	0	
				987.93	56.0	20	0	0	0	
				988.10	75.6	50	6	1	1	
				988.19	90.3	100	6	1	1	
424	沁县	南园则村	南园则村	952.24	108	5	0	0	0	
				952.69	196	10	0	0	0	
				953.08	295	20	0	0	0	
				953.59	419	50	0	0	0	
				953.83	518	100	39	14	14	
425	沁县	景村村	景村村	978.71	68.3	5	0	0	0	
				979.75	131	10	0	0	0	
				980.70	214	20	4	1	1	
				981.59	320	50	15	4	4	
				982.24	411	100	64	16	16	
426	沁县	羊庄村	羊庄村	1 002.12	24.0	5	0	0	0	
				1 002.85	46.9	10	0	0	0	
				1 002.98	78.0	20	0	0	0	
				1 003.09	118	50	0	0	0	
				1 003.17	150	100	9	2	2	
427	沁县	乔家湾村	乔家湾村	981.94	31.3	5	8	2	2	
				982.14	57.3	10	13	4	4	
				982.31	87.7	20	29	9	9	
				982.45	126	50	37	11	11	
				982.52	156	100	49	14	14	
428	沁县	山坡村	山坡村	979.79	58.7	5	0	0	0	
				980.48	111	10	0	0	0	
				980.96	175	20	23	4	4	
				981.61	256	50	32	6	6	
				982.06	320	100	57	18	18	
429	沁县	道兴村	道兴村	940.63	124	5	0	0	0	
				941.34	229	10	7	1	1	
				941.62	349	20	7	1	1	
				941.93	511	50	12	2	2	
				942.15	644	100	58	14	14	
430	沁县	燕垒沟村	燕垒沟村	955.08	12.4	5	0	0	0	
				955.47	18.9	10	0	0	0	
				955.65	25.6	20	0	0	0	
				955.76	34.2	50	29	7	7	
				955.82	40.7	100	31	8	8	

续表 6-6

序号	县(区、市)	行政区划名称	小流域名称	水位（m）	流量（m³/s）	重现期（年）	人口（人）	户数（户）	房屋数（座）	备注
431	沁县	河止村	河止村	951.50	124	5	0	0	0	
				951.87	225	10	0	0	0	
				952.01	336	20	0	0	0	
				952.29	487	50	5	1	1	
				952.49	609	100	55	14	14	
432	沁县	漫水村	漫水村	1 000.19	77.3	5	0	0	0	
				1 000.72	141	10	0	0	0	
				1 001.32	211	20	0	0	0	
				1 001.65	306	50	0	0	0	
				1 001.94	381	100	20	5	5	
433	沁县	下湾村	下湾村	990.47	121	5	26	10	10	
				990.84	215	10	43	15	15	
				991.15	313	20	46	16	16	
				991.50	448	50	51	18	18	
				991.76	552	100	51	18	18	
434	沁县	寺庄村	寺庄村	978.92	75.6	5	0	0	0	
				979.35	138	10	4	2	2	
				979.75	207	20	4	2	2	
				980.04	301	50	4	2	2	
				980.23	376	100	13	5	5	
435	沁县	前庄	前庄	974.75	27.6	5	0	0	0	
				975.07	45.7	10	0	0	0	
				975.25	65.8	20	0	0	0	
				975.44	90.7	50	0	0	0	
				975.57	109	100	26	9	9	
436	沁县	蔡甲	蔡甲	976.31	27.6	5	0	0	0	
				976.48	45.7	10	0	0	0	
				976.62	65.8	20	0	0	0	
				976.76	90.7	50	9	2	2	
				976.82	109	100	32	12	12	
437	沁县	长街村	长街村	954.00	70.5	5	0	0	0	
				954.33	111	10	16	4	4	
				954.48	155	20	32	8	8	
				954.62	210	50	40	10	10	
				954.69	250	100	49	13	13	
438	沁县	次村村	次村村	994.80	134	5	0	0	0	
				995.69	206	10	4	1	1	
				996.01	289	20	9	2	2	
				996.22	392	50	14	3	3	
				996.33	469	100	58	24	24	
439	沁县	五星村	五星村	964.66	137	5	0	0	0	
				965.25	217	10	0	0	0	
				965.81	309	20	10	3	3	
				966.67	423	50	37	11	11	
				966.89	509	100	54	16	16	

续表 6-6

序号	县(区、市)	行政区划名称	小流域名称	水位（m）	流量（m³/s）	重现期（年）	人口（人）	户数（户）	房屋数（座）	备注
440	沁县	东杨家庄村	东杨家庄村	1 004.77	33.1	5	0	0	0	
				1 005.19	48.6	10	0	0	0	
				1 005.50	65.2	20	0	0	0	
				1 005.80	86.3	50	2	1	1	
				1 005.99	102	100	12	5	5	
441	沁县	下张庄村	下张庄村	944.01	81.9	5	0	0	0	
				944.38	129	10	0	0	0	
				944.53	180	20	0	0	0	
				944.72	244	50	32	6	6	
				944.84	294	100	66	12	12	
442	沁县	唐村村	唐村村	950.54	21.8	5	0	0	0	
				950.69	32.4	10	0	0	0	
				950.74	43.4	20	4	1	1	
				950.79	57.7	50	4	1	1	
				950.83	68.5	100	77	21	21	
443	沁县	中里村	中里村	954.35	22.7	5	0	0	0	
				954.51	34.1	10	0	0	0	
				954.72	46.0	20	5	3	3	
				954.82	61.4	50	5	3	3	
				954.89	73.1	100	13	7	7	
444	沁县	南泉村	南泉村	1 018.29	67.1	5	0	0	0	
				1 018.60	112	10	5	1	1	
				1 019.04	160	20	7	2	2	
				1 019.22	222	50	17	6	6	
				1 019.32	269	100	35	13	13	
445	沁县	榜口村	榜口村	982.75	90.4	5	0	0	0	
				982.96	156	10	1	1	1	
				983.21	228	20	13	5	5	
				983.41	320	50	21	8	8	
				983.51	393	100	38	14	14	
446	沁县	杨安村	杨安村	981.70	89.0	5	0	0	0	
				982.09	155	10	0	0	0	
				982.46	233	20	14	3	3	
				982.83	334	50	29	6	6	
				983.08	411	100	31	7	7	
447	沁县	南池村	南池村	922.37	184	5	0	0	0	
				922.69	310	10	0	0	0	
				922.95	454	20	0	0	0	
				923.26	638	50	30	4	4	
				923.46	776	100	50	7	7	
448	沁县	古城村	古城村	909.13	169	5	0	0	0	
				909.76	277	10	0	0	0	
				910.31	401	20	0	0	0	
				910.96	560	50	21	5	5	
				911.44	680	100	41	9	9	

续表 6-6

序号	县(区、市)	行政区划名称	小流域名称	水位(m)	流量(m³/s)	重现期(年)	人口(人)	户数(户)	房屋数(座)	备注
449	沁县	固亦村	固亦村	970.64	108	5	0	0	0	
				971.07	196	10	0	0	0	
				971.31	295	20	0	0	0	
				971.54	419	50	0	0	0	
				971.71	518	100	29	9	9	
450	沁源县	闫寨村	闫寨村	973.15	207	5	95	36	36	
				973.39	373	10	130	47	47	
				973.55	567	20	165	58	58	
				973.76	828	50	209	74	74	
				973.92	1 037	100	235	79	79	
451	沁源县	姑姑迪	姑姑迪	976.05	207	5	0	0	0	
				976.43	374	10	17	4	4	
				976.76	569	20	32	8	8	
				977.10	829	50	45	12	12	
				977.31	1 038	100	55	14	14	
452	沁源县	学孟村	学孟村	974.16	281	5	0	0	0	
				974.83	569	10	40	8	8	
				975.54	1 022	20	70	14	14	
				976.39	1 788	50	120	26	26	
				977.02	2 493	100	140	30	30	
453	沁源县	南石村	南石村	958.83	278	5	0	0	0	
				959.29	562	10	0	0	0	
				959.63	1 010	20	0	0	0	
				959.98	1 772	50	0	0	0	
				960.19	2 460	100	5	1	1	
454	沁源县	郭道村	郭道村	1 123.01	58.0	5	109	29	29	
				1 123.61	113	10	164	40	40	
				1 124.32	200	20	192	47	47	
				1 125.40	341	50	228	56	56	
				1 126.50	484	100	228	56	56	
455	沁源县	前兴稍村	前兴稍村	1 172.29	44.0	5	25	7	7	
				1 172.82	70.0	10	39	61	61	
				1 173.37	97.0	20	50	106	106	
				1 174.13	134	50	58	140	140	
				1 174.70	162	100	61	153	153	
456	沁源县	朱合沟村	朱合沟村	1 145.73	57.0	5	0	0	0	
				1 146.98	112	10	10	2	2	
				1 148.92	197	20	25	5	5	
				1 152.08	335	50	25	5	5	
				1 155.29	475	100	30	7	7	
457	沁源县	东阳城村	东阳城村	1 095.16	127	5	0	0	0	
				1 096.25	256	10	0	0	0	
				1 096.72	463	20	207	59	59	
				1 097.36	782	50	218	62	62	
				1 097.87	1 050	100	223	64	64	

续表6-6

序号	县(区、市)	行政区划名称	小流域名称	水位(m)	流量(m³/s)	重现期(年)	人口(人)	户数(户)	房屋数(座)	备注
458	沁源县	西阳城村	西阳城村	1 096.71	205	5	0	0	0	
				1 097.20	392	10	137	49	49	
				1 097.63	691	20	141	50	50	
				1 098.15	1 203	50	141	50	50	
				1 098.49	1 663	100	146	52	52	
459	沁源县	永和村	永和村	1 108.05	112	5	10	2	2	
				1 109.08	225	10	45	9	9	
				1 110.17	403	20	60	12	12	
				1 111.45	706	50	70	14	14	
				1 112.35	946	100	70	14	14	
460	沁源县	兴盛村	兴盛村	1 148.58	141	5	24	6	6	
				1 149.67	275	10	24	6	6	
				1 151.20	463	20	24	6	6	
				1 153.86	790	50	24	6	6	
				1 156.06	1 061	100	24	6	6	
461	沁源县	东村村	东村村	1 153.84	135	5	0	0	0	
				1 154.29	264	10	0	0	0	
				1 154.75	443	20	15	3	3	
				1 155.38	759	50	32	7	7	
				1 155.80	1 018	100	37	8	8	
462	沁源县	棉上村	棉上村	1 195.79	80.0	5	0	0	0	
				1 197.14	146	10	25	6	6	
				1 199.23	248	20	155	32	32	
				1 202.40	402	50	242	55	55	
				1 204.77	517	100	279	64	64	
463	沁源县	新庄	新庄	1 221.91	20.0	5	10	2	2	
				1 222.52	41.0	10	25	5	5	
				1 223.12	73.0	20	30	6	6	
				1 223.58	126	50	30	6	6	
				1 223.91	178	100	30	6	6	
464	沁源县	苏家庄村	苏家庄村	1 284.05	21.0	5	0	0	0	
				1 284.11	37.0	10	0	0	0	
				1 284.17	54.0	20	30	6	6	
				1 284.25	76.0	50	44	11	11	
				1 284.31	93.0	100	50	12	12	
465	沁源县	伏贵村	伏贵村	1 327.27	19.2	5	0	0	0	
				1 327.56	37.1	10	3	15	15	
				1 327.86	65.1	20	6	32	32	
				1 328.19	115	50	10	50	50	
				1 328.44	165	100	12	57	57	
466	沁源县	龙门口村	龙门口村	1 449.97	10.0	5	15	3	3	
				1 450.13	20.0	10	25	5	5	
				1 450.30	34.0	20	35	7	7	
				1 450.38	63.0	50	35	7	7	
				1 450.45	91.0	100	40	8	8	

序号	县(区、市)	行政区划名称	小流域名称	水位（m）	流量（m³/s）	重现期（年）	人口（人）	户数（户）	房屋数（座）	备注
467	沁源县	定阳村	定阳村	1 155.07	53.0	5	0	0	0	
				1 155.28	102	10	30	6	6	
				1 155.48	177	20	35	7	7	
				1 155.60	277	50	50	10	10	
				1 155.65	356	100	55	11	11	
468	沁源县	向阳村	向阳村	1 152.89	19.0	5	30	6	6	
				1 153.13	36.0	10	35	7	7	
				1 153.35	57.0	20	40	8	8	
				1 153.57	85.0	50	55	11	11	
				1 153.69	106	100	60	12	12	
469	沁源县	郭家庄村	郭家庄村	1 192.12	49.0	5	0	0	0	
				1 192.44	97.0	10	0	0	0	
				1 192.66	162	20	4	1	1	
				1 192.89	250	50	10	3	3	
				1 193.03	321	100	83	23	23	
470	沁源县	南泉沟村	南泉沟村	1 286.04	7.00	5	0	0	0	
				1 286.35	13.0	10	0	0	0	
				1 286.68	23.0	20	0	0	0	
				1 287.09	40.0	50	5	1	1	
				1 287.38	55.0	100	35	7	7	
471	沁源县	上兴居村	上兴居村	1 234.72	7.00	5	0	0	0	
				1 234.97	14.0	10	7	2	2	
				1 235.17	25.0	20	12	3	3	
				1 235.44	43.0	50	22	5	5	
				1 235.61	59.0	100	27	6	6	
472	沁源县	下兴居村	下兴居村	1 234.59	7.00	5	0	0	0	
				1 234.90	14.0	10	26	6	6	
				1 235.12	25.0	20	39	10	10	
				1 235.35	43.0	50	48	13	13	
				1 235.56	59.0	100	66	18	18	
473	沁源县	王庄村	王庄村	1 139.91	37.0	5	0	0	0	
				1 140.14	67.0	10	0	0	0	
				1 140.42	115	20	0	0	0	
				1 140.74	197	50	0	0	0	
				1 141.01	277	100	10	2	2	
474	沁源县	第一川村	第一川村	1 617.65	4.00	5	0	0	0	
				1 617.79	8.00	10	0	0	0	
				1 617.86	14.0	20	0	0	0	
				1 617.96	25.0	50	0	0	0	
				1 618.06	34.0	100	15	3	3	
475	沁源县	王和村	王和村	1 435.99	101	5	0	0	0	
				1 443.35	152	10	67	19	19	
				1 451.09	206	20	77	23	23	
				1 461.24	275	50	620	259	259	
				1 468.64	327	100	802	346	346	

续表6-6

序号	县(区、市)	行政区划名称	小流域名称	水位(m)	流量(m³/s)	重现期(年)	人口(人)	户数(户)	房屋数(座)	备注
476	沁源县	西沟村	西沟村	1 384.40	100	5	0	0	0	
				1 384.55	151	10	0	0	0	
				1 384.69	205	20	3	1	1	
				1 384.85	277	50	18	5	5	
				1 384.95	330	100	51	14	14	
477	沁源县	后军家沟村	后军家沟村	1 424.45	101	5	0	0	0	
				1 424.75	152	10	10	2	2	
				1 424.97	206	20	18	5	5	
				1 425.20	278	50	23	6	6	
				1 425.36	330	100	53	12	12	
478	沁源县	后沟村	后沟村	1 451.52	47.0	5	0	0	0	
				1 451.66	70.0	10	0	0	0	
				1 451.78	93.0	20	10	2	2	
				1 451.93	122	50	15	3	3	
				1 452.05	144	100	20	4	4	
479	沁源县	太山沟村	太山沟村	1 491.89	51.0	5	60	13	13	
				1 492.29	75.0	10	60	13	13	
				1 492.62	100	20	60	13	13	
				1 492.99	133	50	60	13	13	
				1 493.22	157	100	60	13	13	
480	沁源县	前西窑沟村	前西窑沟村	1 448.67	63.0	5	0	0	0	
				1 448.89	92.0	10	0	0	0	
				1 449.09	123	20	0	0	0	
				1 449.24	164	50	25	5	5	
				1 449.36	193	100	100	22	22	
481	沁源县	南坪村	南坪村	1 350.80	7.00	5	0	0	0	
				1 350.89	12.0	10	0	0	0	
				1 351.00	20.0	20	7	2	2	
				1 351.09	30.0	50	18	6	6	
				1 351.18	40.0	100	49	13	13	
482	沁源县	大栅村	大栅村	1 346.47	21.0	5	0	0	0	
				1 346.68	37.0	10	25	5	5	
				1 346.96	57.0	20	44	9	9	
				1 347.10	83.0	50	61	13	13	
				1 347.21	105	100	71	15	15	
483	沁源县	铁水沟村	铁水沟村	1 484.03	9.00	5	0	0	0	
				1 484.16	13.0	10	0	0	0	
				1 484.30	18.0	20	15	3	3	
				1 484.47	24.0	50	15	3	3	
				1 484.52	28.0	100	15	3	3	
484	沁源县	王凤村	王凤村	1 497.98	76.0	5	75	19	19	
				1 498.10	117	10	89	23	23	
				1 498.22	163	20	96	25	25	
				1 498.34	224	50	114	30	30	
				1 498.42	268	100	151	42	42	

续表 6-6

序号	县(区、市)	行政区划名称	小流域名称	水位（m）	流量（m³/s）	重现期（年）	人口（人）	户数（户）	房屋数（座）	备注
485	沁源县	贾郭村	贾郭村	1 416.43	221	5	0	0	0	
				1 416.60	344	10	20	4	4	
				1 416.77	479	20	50	11	11	
				1 416.92	661	50	75	17	17	
				1 417.04	798	100	103	23	23	
486	沁源县	正义村	正义村	1 160.82	65.0	5	0	0	0	
				1 161.47	104	10	0	0	0	
				1 162.00	145	20	0	0	0	
				1 162.46	200	50	18	4	4	
				1 162.73	242	100	53	11	11	
487	沁源县	李成村	李成村	1 195.72	73.6	5	0	0	0	
				1 196.28	116	10	0	0	0	
				1 196.59	159	20	0	0	0	
				1 196.90	218	50	38	13	13	
				1 197.07	261	100	111	33	33	
488	沁源县	留神峪村	留神峪村	1 212.41	14.0	5	0	0	0	
				1 212.51	24.0	10	0	0	0	
				1 212.62	35.0	20	23	6	6	
				1 212.77	49.0	50	73	16	16	
				1 212.88	60.0	100	88	19	19	
489	沁源县	上庄村	上庄村	1 166.46	67.0	5	0	0	0	
				1 167.63	111	10	0	0	0	
				1 168.56	158	20	0	0	0	
				1 169.17	222	50	0	0	0	
				1 169.55	269	100	39	9	9	
490	沁源县	韩家沟村	韩家沟村	1 221.95	18.0	5	0	0	0	
				1 222.13	27.0	10	5	2	2	
				1 222.28	36.0	20	12	5	5	
				1 222.40	47.0	50	27	8	8	
				1 222.50	56.0	100	32	9	9	
491	沁源县	下庄村	下庄村	1 160.82	65.0	5	0	0	0	
				1 161.47	104	10	0	0	0	
				1 162.00	145	20	0	0	0	
				1 162.46	200	50	24	5	5	
				1 162.73	242	100	87	19	19	
492	沁源县	李元村	李元村	1 122.43	89.0	5	9	3	3	
				1 122.77	158	10	53	16	16	
				1 123.09	236	20	78	21	21	
				1 123.43	338	50	153	36	36	
				1 123.67	419	100	188	43	43	
493	沁源县	马森村	马森村	1 090.12	84.0	5	0	0	0	
				1 090.99	154	10	3	1	1	
				1 091.94	231	20	12	38	38	
				1 093.22	335	50	17	60	60	
				1 094.31	423	100	49	201	201	

续表 6-6

序号	县(区、市)	行政区划名称	小流域名称	水位(m)	流量(m³/s)	重现期(年)	人口(人)	户数(户)	房屋数(座)	备注
494	沁源县	新章村	新章村	1 058.42	85.0	5	0	0	0	
				1 058.69	161	10	0	0	0	
				1 058.91	246	20	8	2	2	
				1 059.17	365	50	34	9	9	
				1 059.35	462	100	79	24	24	
495	沁源县	蔚村村	蔚村村	1 064.80	63.0	5	0	0	0	
				1 064.89	118	10	0	0	0	
				1 065.10	200	20	0	0	0	
				1 065.36	340	50	0	0	0	
				1 065.55	466	100	11	2	2	
496	沁源县	新和洼	渣滩村新和洼	1 038.72	70.0	5	0	0	0	
				1 038.82	131	10	0	0	0	
				1 038.98	221	20	0	0	0	
				1 039.24	371	50	11	2	2	
				1 039.36	505	100	39	10	10	
497	沁源县	中峪店村	中峪店村	1 022.52	89.0	5	0	0	0	
				1 022.84	167	10	14	4	4	
				1 023.12	283	20	74	16	16	
				1 023.43	472	50	119	27	27	
				1 023.63	631	100	219	47	47	
498	沁源县	南峪村	南峪村	1 019.60	36.0	5	80	16	16	
				1 019.78	57.0	10	105	21	21	
				1 019.84	79.0	20	120	24	24	
				1 019.93	107	50	135	27	27	
				1 019.99	129	100	135	27	27	
499	沁源县	西庄子	西庄子	1 051.95	27.0	5	0	0	0	
				1 052.20	42.0	10	0	0	0	
				1 052.41	57.0	20	7	2	2	
				1 052.64	77.0	50	7	2	2	
				1 052.78	93.0	100	17	4	4	
500	沁源县	南沟村	南沟村	1 016.08	82.0	5	8	3	3	
				1 016.50	144	10	11	6	6	
				1 016.82	214	20	16	7	7	
				1 017.12	307	50	31	10	10	
				1 017.31	379	100	36	12	12	
501	沁源县	冯村村	冯村村	1 026.15	83.0	5	0	0	0	
				1 026.35	144	10	0	0	0	
				1 026.46	213	20	47	10	10	
				1 026.59	304	50	89	19	19	
				1 026.60	313	100	89	19	19	
502	沁源县	自强村	自强村	1 082.57	210	5	0	0	0	
				1 083.19	410	10	4	1	1	
				1 083.73	734	20	38	9	9	
				1 084.31	1 304	50	96	20	20	
				1 084.70	1 828	100	156	32	32	

续表 6-6

序号	县(区、市)	行政区划名称	小流域名称	水位（m）	流量（m³/s）	重现期（年）	人口（人）	户数（户）	房屋数（座）	备注
503	沁源县	自强村后泉峪沟	自强村后泉峪沟	1 084.40	211	5	0	0	0	
				1 085.01	411	10	14	3	3	
				1 085.65	737	20	40	9	9	
				1 086.28	1 309	50	50	13	13	
				1 086.64	1 835	100	58	16	16	
504	沁源县	侯壁村	侯壁村	1 075.44	261	5	0	0	0	
				1 076.03	511	10	0	0	0	
				1 076.80	915	20	0	0	0	
				1 077.94	1 592	50	23	5	5	
				1 078.80	2 203	100	64	18	18	
505	沁源县	交口村	交口村	1 055.69	133	5	0	0	0	
				1 056.57	243	10	36	13	13	
				1 057.04	385	20	57	18	18	
				1 057.48	569	50	89	29	29	
				1 057.76	717	100	180	54	54	
506	沁源县	南洪林村	南洪林村	1 039.81	221	5	0	0	0	
				1 040.04	446	10	3	1	1	
				1 040.05	780	20	7	3	3	
				1 040.17	1 382	50	24	7	7	
				1 040.33	1 933	100	34	9	9	
507	沁源县	新毅村	新毅村	1 122.13	90.0	5	45	10	10	
				1 122.46	171	10	50	15	15	
				1 122.83	262	20	80	22	22	
				1 123.32	382	50	170	42	42	
				1 123.74	485	100	240	59	59	
508	沁源县	水峪村	水峪村	1 250.83	9.00	5	0	0	0	
				1 251.01	16.0	10	90	20	20	
				1 251.22	28.0	20	120	26	26	
				1 251.31	47.0	50	130	28	28	
				1 251.36	65.0	100	166	37	37	
509	沁源县	才子坪村	才子坪村	1 315.36	44.0	5	0	0	0	
				1 315.58	76.0	10	90	28	28	
				1 315.81	119	20	104	31	31	
				1 316.03	173	50	152	41	41	
				1 316.17	215	100	162	43	43	
510	沁源县	小岭底村	小岭底村	1 315.36	44.0	5	0	0	0	
				1 315.58	76.0	10	80	18	18	
				1 315.81	119	20	94	21	21	
				1 316.03	173	50	142	31	31	
				1 316.17	215	100	152	33	33	
511	沁源县	土岭底村	土岭底村	1 314.02	47.0	5	7	2	2	
				1 314.15	84.0	10	42	9	9	
				1 314.30	128	20	42	9	9	
				1 314.51	188	50	42	9	9	
				1 314.65	230	100	42	9	9	

续表 6-6

序号	县(区、市)	行政区划名称	小流域名称	水位（m）	流量（m³/s）	重现期（年）	人口（人）	户数（户）	房屋数（座）	备注
512	沁源县	新店上村	新店上村	1 214.07	82.0	5	10	2	2	
				1 214.41	149	10	30	6	6	
				1 214.81	252	20	65	13	13	
				1 215.27	409	50	120	26	26	
				1 215.55	526	100	176	40	40	
513	沁源县	王家沟村	王家沟村	1 420.33	5.00	5	0	0	0	
				1 420.43	10.0	10	0	0	0	
				1 420.53	17.0	20	40	8	8	
				1 420.73	31.0	50	50	10	10	
				1 420.83	43.0	100	95	19	19	
514	沁源县	程壁村	程壁村	1 179.81	27.0	5	0	0	0	
				1 179.98	52.0	10	0	0	0	
				1 180.11	89.0	20	0	0	0	
				1 180.28	158	50	10	2	2	
				1 180.41	225	100	51	10	10	
515	沁源县	下窑村	下窑村	1 280.56	18.0	5	0	0	0	
				1 280.68	34.0	10	10	2	2	
				1 280.88	61.0	20	23	5	5	
				1 281.04	109	50	66	15	15	
				1 281.14	149	100	103	24	24	
516	沁源县	王家湾村	王家湾村	1 511.89	15.0	5	0	0	0	
				1 512.20	28.0	10	4	1	1	
				1 512.30	47.0	20	7	2	2	
				1 512.49	83.0	50	21	6	6	
				1 512.69	119	100	49	15	15	
517	沁源县	奠基村	奠基村	1 352.61	11.0	5	0	0	0	
				1 352.74	21.0	10	4	1	1	
				1 352.93	35.0	20	11	3	3	
				1 353.27	61.0	50	37	10	10	
				1 353.49	87.0	100	65	19	19	
518	沁源县	上舍村	上舍村	1 289.43	14.0	5	0	0	0	
				1 289.73	26.0	10	0	0	0	
				1 290.04	46.0	20	19	5	5	
				1 290.41	80.0	50	66	19	19	
				1 290.62	113	100	110	32	32	
519	沁源县	泽山村	泽山村	1 343.27	6.00	5	0	0	0	
				1 343.38	13.0	10	0	0	0	
				1 343.57	23.0	20	0	0	0	
				1 343.66	41.0	50	10	2	2	
				1 343.72	58.0	100	25	5	5	
520	沁源县	鱼儿泉村	鱼儿泉村	1 702.60	3.00	5	0	0	0	
				1 702.70	6.00	10	4	1	1	
				1 702.85	10.0	20	10	3	3	
				1 702.95	18.0	50	19	5	5	
				1 703.04	25.0	100	24	6	6	

续表6-6

序号	县(区、市)	行政区划名称	小流域名称	水位（m）	流量（m³/s）	重现期（年）	人口（人）	户数（户）	房屋数（座）	备注
521	沁源县	磨扇平	磨扇平	1 678.68	9.0	5	0	0	0	
				1 678.82	18.0	10	0	0	0	
				1 679.02	31.0	20	4	1	1	
				1 679.38	54.0	50	19	4	4	
				1 679.66	77.0	100	29	6	6	
522	沁源县	紫红村	紫红村	1 209.53	91.0	5	0	0	0	
				1 209.97	189	10	5	1	1	
				1 210.40	336	20	5	1	1	
				1 210.89	564	50	12	3	3	
				1 211.22	747	100	16	4	4	
523	沁源县	活凤村	活凤村	1 334.42	39.0	5	10	2	2	
				1 334.88	82.0	10	80	18	18	
				1 335.15	144	20	157	34	34	
				1 335.31	222	50	192	41	41	
				1 335.42	289	100	217	46	46	
524	沁源县	南湾村	南湾村	1 461.84	12.0	5	0	0	0	
				1 462.01	22.0	10	3	1	1	
				1 462.19	38.0	20	14	5	5	
				1 462.36	56.0	50	19	6	6	
				1 462.46	70.0	100	24	8	8	
525	沁源县	倪庄村	倪庄村	1 335.96	61.0	5	0	0	0	
				1 335.99	109	10	0	0	0	
				1 336.03	176	20	11	3	3	
				1 336.10	277	50	36	9	9	
				1 336.15	352	100	78	19	19	
526	沁源县	武家沟村	武家沟村	1 316.17	9.0	5	0	0	0	
				1 316.47	15.0	10	0	0	0	
				1 316.68	24.0	20	0	0	0	
				1 316.88	35.0	50	14	3	3	
				1 316.99	44.0	100	51	14	14	
527	沁源县	段家坡底村	段家坡底村	1 285.15	9.0	5	0	0	0	
				1 285.34	15.0	10	8	2	2	
				1 285.56	24.0	20	13	4	4	
				1 285.79	35.0	50	18	5	5	
				1 285.90	44.0	100	28	8	8	
528	沁源县	胡家庄村	胡家庄村	1 314.84	9.0	5	0	0	0	
				1 315.16	15.0	10	0	0	0	
				1 315.46	24.0	20	23	5	5	
				1 315.63	35.0	50	54	15	15	
				1 315.72	44.0	100	64	17	17	
529	沁源县	胡汉坪	胡汉坪	1 386.01	9.0	5	0	0	0	
				1 386.13	15.0	10	62	15	15	
				1 386.21	24.0	20	69	17	17	
				1 386.29	35.0	50	74	18	18	
				1 386.36	44.0	100	76	19	19	

续表6-6

序号	县(区、市)	行政区划名称	小流域名称	水位(m)	流量(m³/s)	重现期(年)	人口(人)	户数(户)	房屋数(座)	备注
530	沁源县	善朴村	善朴村	1 391.71	29.0	5	0	0	0	
				1 391.84	46.0	10	9	2	2	
				1 392.02	70.0	20	13	3	3	
				1 392.12	100	50	20	5	5	
				1 392.21	123	100	35	9	9	
531	沁源县	庄儿上村	庄儿上村	1 410.89	21.0	5	0	0	0	
				1 411.00	39.0	10	7	2	2	
				1 411.14	63.0	20	12	4	4	
				1 411.35	99.0	50	27	7	7	
				1 411.50	124	100	47	13	13	
532	沁源县	土岭上村	土岭上村	1 747.98	14.0	5	55	12	12	
				1 748.17	26.0	10	80	17	17	
				1 748.40	44.0	20	81	18	18	
				1 748.62	77.0	50	91	20	20	
				1 748.84	110	100	94	21	21	
533	潞城市	会山底村	会山底村	910.30	1.94	5	0	0	0	
				910.52	3.19	10	0	0	0	
				910.74	4.70	20	0	0	0	
				910.96	6.60	50	0	0	0	
				911.17	8.10	100	263	79	79	
534	潞城市	河西村	河西村	883.67	7.60	5	0	0	0	
				883.92	11.3	10	0	0	0	
				884.16	15.7	20	0	0	0	
				884.40	21.3	50	0	0	0	
				884.64	25.5	100	168	47	47	
535	潞城市	后岭村	后岭村	966.47	5.26	5	0	0	0	
				966.72	8.72	10	0	0	0	
				966.98	13.7	20	0	0	0	
				967.26	21.7	50	7	2	2	
				967.51	28.0	100	12	3	3	
536	潞城市	枣臻村	枣臻村	900.91	28.4	5	0	0	0	
				901.11	49.4	10	10	2	2	
				901.31	78.9	20	18	5	5	
				901.53	123	50	22	7	7	
				901.70	157	100	40	13	13	
537	潞城市	赤头村	赤头村	917.07	34.7	5	16	5	5	
				917.85	58.8	10	41	12	12	
				918.58	89.8	20	45	14	14	
				919.73	133	50	52	16	16	
				920.68	165	100	59	18	18	
538	潞城市	马江沟村	马江沟村	973.08	5.70	5	0	0	0	
				973.91	8.91	10	0	0	0	
				974.63	13.6	20	12	3	3	
				975.17	19.9	50	19	6	6	
				975.70	24.7	100	25	9	9	

续表 6-6

序号	县(区、市)	行政区划名称	小流域名称	水位（m）	流量（m³/s）	重现期（年）	人口（人）	户数（户）	房屋数（座）	备注
539	潞城市	红江沟	红江沟	970.80	2.40	5	0	0	0	
				971.15	3.60	10	4	1	1	
				971.50	5.10	20	7	2	2	
				971.86	6.90	50	21	5	5	
				972.19	8.30	100	32	8	8	
540	潞城市	曹家沟村	曹家沟村	868.37	107	5	0	0	0	
				868.97	190	10	0	0	0	
				869.48	316	20	0	0	0	
				870.27	524	50	0	0	0	
				870.95	717	100	18	5	5	
541	潞城市	韩村	韩村	874.79	145	5	0	0	0	
				875.37	255	10	0	0	0	
				876.11	423	20	0	0	0	
				877.06	697	50	6	3	3	
				877.77	944	100	36	10	10	
542	潞城市	冯村	冯村	879.95	51.2	5	0	0	0	
				880.30	78.1	10	0	0	0	
				880.65	112	20	0	0	0	
				881.06	159	50	13	4	4	
				881.34	194	100	29	8	8	
543	潞城市	韩家园村	韩家园村	823.28	62.8	5	0	0	0	
				824.04	102	10	0	0	0	
				824.77	149	20	0	0	0	
				825.47	213	50	0	0	0	
				826.18	261	100	19	7	7	
544	潞城市	李家庄村	李家庄村	845.44	36.0	5	0	0	0	
				845.68	56.0	10	0	0	0	
				845.91	81.0	20	0	0	0	
				846.16	114	50	0	0	0	
				846.43	139	100	21	8	8	
545	潞城市	漫流河村	漫流河村	791.48	48.2	5	0	0	0	
				792.04	78.4	10	0	0	0	
				792.59	115	20	0	0	0	
				793.23	165	50	5	1	1	
				793.59	201	100	18	6	6	
546	潞城市	申家山村	申家山村	818.56	13.9	5	0	0	0	
				819.14	22.8	10	0	0	0	
				819.71	33.9	20	0	0	0	
				820.31	48.7	50	0	0	0	
				820.84	59.7	100	15	4	4	
547	潞城市	井峪村	井峪村	901.29	36.2	5	0	0	0	
				901.62	55.4	10	0	0	0	
				901.80	77.7	20	0	0	0	
				901.99	106	50	3	1	1	
				902.18	127	100	10	3	3	

续表 6-6

序号	县(区、市)	行政区划名称	小流域名称	水位 (m)	流量 (m³/s)	重现期 (年)	人口 (人)	户数 (户)	房屋数 (座)	备注
548	潞城市	南马庄村	南马庄村	776.89	42.9	5	0	0	0	
				777.42	73.3	10	0	0	0	
				777.85	113	20	2	1	1	
				778.09	166	50	7	3	3	
				778.39	205	100	11	5	5	
549	潞城市	西北村	西北村	653.66	44.8	5	0	0	0	
				653.77	70.7	10	2	1	1	
				653.90	103	20	5	3	3	
				654.05	147	50	12	5	5	
				654.15	180	100	20	7	7	
550	潞城市	西南村	西南村	653.66	44.8	5	15	5	5	
				653.77	70.7	10	27	10	10	
				653.90	103	20	31	12	12	
				654.05	147	50	39	14	14	
				654.15	180	100	47	16	16	
551	潞城市	中村	中村	973.30	19.3	5	0	0	0	
				974.15	33.8	10	0	0	0	
				974.80	53.0	20	186	39	39	
				976.30	81.1	50	186	39	39	
				977.75	103	100	186	39	39	
552	潞城市	堡头村	堡头村	969.26	26.4	5	0	0	0	
				969.61	47.2	10	0	0	0	
				969.99	77.8	20	123	37	37	
				970.50	126	50	123	37	37	
				971.00	166	100	123	37	37	
553	潞城市	河后村	河后村	977.50	3.10	5	0	0	0	
				977.65	4.90	10	0	0	0	
				977.80	7.20	20	0	0	0	
				977.95	10.4	50	142	36	36	
				978.05	12.9	100	142	36	36	
554	潞城市	桥堡村	桥堡村	980.97	16.8	5	0	0	0	
				981.34	29.8	10	7	1	1	
				981.67	48.8	20	152	34	34	
				982.00	76.1	50	152	34	34	
				982.22	99.6	100	152	34	34	
555	潞城市	东山村	东山村	923.10	46.4	5	0	0	0	
				923.60	77.8	10	0	0	0	
				924.12	115	20	0	0	0	
				924.61	166	50	0	0	0	
				925.09	204	100	20	6	6	
556	潞城市	西坡村	西坡村	948.68	50.4	5	0	0	0	
				949.53	82.6	10	0	0	0	
				950.30	120	20	10	3	3	
				951.09	168	50	21	7	7	
				951.58	202	100	53	17	17	

续表 6-6

序号	县(区、市)	行政区划名称	小流域名称	水位（m）	流量（m³/s）	重现期（年）	人口（人）	户数（户）	房屋数（座）	备注
557	潞城市	儒教村	儒教村	936.29	28.8	5	0	0	0	
				936.75	47.0	10	0	0	0	
				937.22	68.3	20	0	0	0	
				937.66	95.5	50	0	0	0	
				937.92	115	100	7	2	2	
558	潞城市	王家庄村后交	王家庄村后交	848.39	7.40	5	0	0	0	
				848.69	11.7	10	0	0	0	
				848.98	16.3	20	0	0	0	
				849.27	21.9	50	0	0	0	
				849.53	26.0	100	15	3	3	
559	潞城市	南花山村	南花山村	762.17	12.5	5	0	0	0	
				762.56	21.2	10	0	0	0	
				762.94	31.3	20	0	0	0	
				763.32	44.9	50	0	0	0	
				763.69	55.5	100	10	3	3	
560	潞城市	辛安村	辛安村	622.09	240	5	0	0	0	
				622.91	429	10	0	0	0	
				623.56	721	20	0	0	0	
				624.36	1 166	50	0	0	0	
				624.95	1 550	100	23	5	5	
561	潞城市	辽河村	辽河村	690.39	47.6	5	0	0	0	
				690.78	81.4	10	0	0	0	
				691.19	125	20	0	0	0	
				691.67	188	50	4	1	1	
				691.99	237	100	13	3	3	
562	潞城市	曲里村	曲里村	880.90	152	5	0	0	0	
				881.53	266	10	0	0	0	
				882.05	437	20	0	0	0	
				882.74	716	50	7	2	2	
				883.26	966	100	35	10	10	
563	潞城市	石匣村	石匣村	714.36	112	5	0	0	0	
				715.17	190	10	0	0	0	
				716.02	295	20	0	0	0	
				716.96	439	50	0	0	0	
				717.60	544	100	18	6	6	
564	潞城市	五里坡村	五里坡村	887.92	13.0	5	0	0	0	
				888.08	21.0	10	0	0	0	
				888.23	31.0	20	0	0	0	
				888.41	43.0	50	0	0	0	
				888.51	52.0	100	19	4	4	

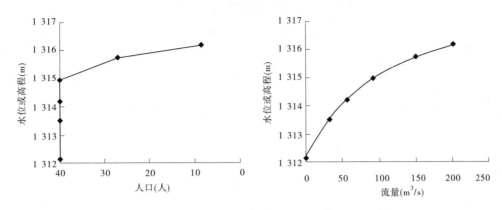

图6-6　平顺县西沟乡龙家村水位—流量—人口对照图

6.5.2　各级危险区人口统计

根据水位—流量—人口关系成果获得各级危险区对应的人口、户数等信息,统计每县(区、市)不同危险等级下的相应受灾人口。长治市处于极高危险区的人口有2 455人,处于高危险区的人口有15 221人,处于危险区的人口有99 961人,共计117 637人。各行政区汇总成果见表6-7。

表 6-7　长治市危险区人口成果

序号	所在政区	极高 (小于5年一遇)	高危 (5~20年一遇)	危险 (大于20年一遇)	合计
1	长治市郊区	35	313	1 433	1 781
2	长治县	209	761	1 766	2 736
3	襄垣县	220	1 415	4 721	6 356
4	屯留县	65	1 644	2 431	4 140
5	平顺县	156	474	1 533	2 163
6	黎城县	43	714	15 566	16 323
7	壶关县	150	233	8 456	8 839
8	长子县	922	2 531	4 089	7 542
9	武乡县	63	604	2 314	2 981
10	沁县	47	545	34 610	35 202
11	沁源县	514	2 549	20 702	23 765
12	潞城市	31	3 438	2 340	5 809
	合计	2 455	15 221	99 961	117 637

6.5.3　现状防洪能力评价

现状防洪能力评价结果显示,长治市760个沿河村落中,有26个村落位于100年一遇以上,734个村落位于100年一遇以下,其中处于极高危险的村有102个村,处于高危险的村有230个村,处于危险的村有402个村。

各行政区现状防洪能力情况统计见表6-8。防洪现状评价成果详见表6-9。

表6-8　长治市防洪现状评价成果汇总

| 序号 | 所在行政区 | 各危险区等级包含村落数目 | | | 合计 |
		极高 （小于5年一遇）	高危 （5~20年一遇）	危险 （20~100年一遇）	
1	长治市郊区	2	8	14	24
2	长治县	14	17	17	48
3	襄垣县	11	14	20	45
4	屯留县	6	22	59	87
5	平顺县	10	31	62	103
6	黎城县	4	11	36	51
7	壶关县	8	8	33	49
8	长子县	20	16	22	58
9	武乡县	5	13	23	41
10	沁县	3	21	29	53
11	沁源县	17	51	65	133
12	潞城市	2	18	22	42
	合计	102	230	402	734

表6-9　长治市防洪现状评价成果

| 序号 | 县（区、市） | 行政区划名称 | 小流域名称 | 防洪能力（年） | 极高（小于5年一遇） | | 高危（5~20年一遇） | | 危险（20~100年一遇） | |
					人口（人）	房屋（座）	人口（人）	房屋（座）	人口（人）	房屋（座）
1	长治市郊区	关村	关村	70	0	0	0	0	35	5
2	长治市郊区	沟西村	沟西村	65	0	0	0	0	54	14
3	长治市郊区	西长井村	西长井村	13	0	0	20	4	50	10
4	长治市郊区	石桥村	石桥村	74	0	0	0	0	20	6
5	长治市郊区	大天桥村	大天桥村	11	0	0	35	10	75	19
6	长治市郊区	中天桥村	中天桥村	23	0	0	15	4	45	11
7	长治市郊区	毛站村	毛站村	20	0	0	15	5	40	13
8	长治市郊区	南天桥村	南天桥村	50	0	0	0	0	75	19
9	长治市郊区	南垂村	南垂村	4	20	7	65	19	50	11
10	长治市郊区	鸡坡村	鸡坡村	>100	0	0	0	0	0	0
11	长治市郊区	盐店沟村	盐店沟村	>100	0	0	0	0	0	0
12	长治市郊区	小龙脑村	小龙脑村	>100	0	0	0	0	0	0
13	长治市郊区	瓦窑沟村	瓦窑沟村	83	0	0	0	0	55	26
14	长治市郊区	滴谷寺村	滴谷寺村	50	0	0	0	0	60	19
15	长治市郊区	东沟村	东沟村	10	0	0	23	6	50	20
16	长治市郊区	苗圃村	苗圃村	17	0	0	15	4	45	20
17	长治市郊区	老巴山村	老巴山村	20	0	0	15	4	45	13
18	长治市郊区	二龙山村	二龙山村	50	0	0	0	0	75	19
19	长治市郊区	余庄村	余庄村	50	0	0	0	0	65	25
20	长治市郊区	店上村	店上村	40	0	0	0	0	70	14
21	长治市郊区	马庄村	马庄村	17	0	0	35	8	65	15

续表6-9

序号	县(区、市)	行政区划名称	小流域名称	防洪能力(年)	极高(小于5年一遇)		高危(5~20年一遇)		危险(20~100年一遇)	
					人口(人)	房屋(座)	人口(人)	房屋(座)	人口(人)	房屋(座)
22	长治市郊区	故县村	故县村	33	0	0	0	0	90	24
23	长治市郊区	葛家庄村	葛家庄村	48	0	0	0	0	80	22
24	长治市郊区	良才村	良才村	40	0	0	0	0	79	20
25	长治市郊区	史家庄村	史家庄村	4	15	3	45	11	55	13
26	长治市郊区	西沟村	西沟村	9	0	0	30	11	75	9
27	长治市郊区	西白兔村	西白兔村	21	0	0	0	0	80	21
28	长治市郊区	漳村	漳村	>100	0	0	0	0	0	0
29	长治县	柳林村	柳林村	5.1	0	0	11	2	5	1
30	长治县	林移村	林移村	4.9	11	3	64	16	140	32
31	长治县	柳林庄村	柳林庄村	>100	0	0	0	0	13	2
32	长治县	司马村	司马村	4.9	8	3	22	8	62	23
33	长治县	荫城村	荫城村	11.5	0	0	22	6	68	15
34	长治县	河下村	河下村	5.1	0	0	4	1	17	4
35	长治县	横河村	横河村	4.9	4	1	24	5	0	0
36	长治县	桑梓一村	桑梓一村	19	0	0	4	1	11	3
37	长治县	桑梓二村	桑梓二村	5	9	2	85	17	13	3
38	长治县	北头村	北头村	4.9	4	1	0	0	60	12
39	长治县	内王村	内王村	8.4	0	0	35	8	11	2
40	长治县	王坊村	王坊村	15.5	0	0	5	2	27	6
41	长治县	中村	中村	12.5	0	0	4	1	77	15
42	长治县	李坊村	李坊村	4.9	7	2	2	1	8	2
43	长治县	北王庆村	北王庆村	89	0	0	0	0	52	15
44	长治县	桥头村	桥头村	4.9	7	2	4	1	4	1
45	长治县	下赵家庄村	下赵家庄村	4.9	13	4	8	2	4	1
46	长治县	南河村	南河村	4.9	7	1	14	4	38	9
47	长治县	羊川村	羊川村	5.9	0	0	4	1	34	7
48	长治县	八义村	八义村	14.8	0	0	30	6	76	17
49	长治县	狗湾村	狗湾村	41	0	0	0	0	40	11
50	长治县	北楼底村	北楼底村	5.8	0	0	74	16	82	20
51	长治县	南楼底村	南楼底村	78	0	0	0	0	5	1
52	长治县	新庄村	新庄村	4.9	13	3	4	1	28	5
53	长治县	定流村	定流村	4.9	2	1	51	13	17	4
54	长治县	北郭村	北郭村	4.9	20	4	80	18	153	38
55	长治县	岭上村	岭上村	64	0	0	0	0	13	2
56	长治县	高河村	高河村	38	0	0	0	0	16	4
57	长治县	西池村	西池村	5.3	0	0	41	8	60	13
58	长治县	东池村	东池村	70	0	0	0	0	19	5
59	长治县	小河村	小河村	22	0	0	0	0	9	2
60	长治县	沙峪村	沙峪村	85	0	0	0	0	67	20
61	长治县	土桥村	土桥村	4.9	19	4	4	1	64	19
62	长治县	河头村	河头村	78	0	0	0	0	30	7

续表6-9

序号	县(区、市)	行政区划名称	小流域名称	防洪能力(年)	极高(小于5年一遇)		高危(5~20年一遇)		危险(20~100年一遇)	
					人口(人)	房屋(座)	人口(人)	房屋(座)	人口(人)	房屋(座)
63	长治县	小川村	小川村	80	0	0	0	0	14	4
64	长治县	北呈村	北呈村	4.9	76	19	26	29	8	30
65	长治县	大沟村	大沟村	76	0	0	0	0	25	4
66	长治县	南岭头村	南岭头村	75	0	0	0	0	6	1
67	长治县	北岭头村	北岭头村	8.3	0	0	19	5	2	1
68	长治县	须村	须村	20	0	0	5	1	43	10
69	长治县	东和村	东和村	65	0	0	0	0	31	6
70	长治县	中和村	中和村	13	0	0	11	2	73	18
71	长治县	西和村	西和村	14	0	0	9	2	36	8
72	长治县	曹家沟村	曹家沟村	61	0	0	0	0	31	6
73	长治县	琚家沟村	琚家沟村	87	0	0	0	0	16	3
74	长治县	屈家山村	屈家山村	4.9	9	2	53	12	80	18
75	长治县	河南村	河南村	>100	0	0	0	0	0	0
76	长治县	北宋村	北宋村	>100	0	0	0	0	0	0
77	长治县	辉河村	辉河村	5.1	0	0	15	3	42	11
78	长治县	子乐沟村	子乐沟村	6.2	0	0	27	6	36	10
79	襄垣县	石灰窑村	石灰窑村	12.5	0	0	8	3	19	5
80	襄垣县	返底村	返底村	4	15	2	16	4	33	10
81	襄垣县	普头村	普头村	71	0	0	0	0	14	3
82	襄垣县	安沟村	安沟村	4	12	3	44	10	12	4
83	襄垣县	阎村	阎村	4	18	4	74	15	51	10
84	襄垣县	南马喊村	南马喊村	12.5	0	0	14	3	25	10
85	襄垣县	胡家沟村	胡家沟村	45.5	0	0	0	0	41	11
86	襄垣县	河口村	河口村	4	9	2	24	6	64	17
87	襄垣县	北田漳村	北田漳村	30	0	0	0	0	59	15
88	襄垣县	南邯村	南邯村	52.6	0	0	0	0	33	9
89	襄垣县	小河村	小河村	66.7	0	0	0	0	62	15
90	襄垣县	白堰底村	白堰底村	20	0	0	0	0	114	24
91	襄垣县	西洞上村	西洞上村	4	4	1	11	4	33	8
92	襄垣县	王村	王村	26	0	0	0	0	192	60
93	襄垣县	下庙村	下庙村	70	0	0	0	0	17	3
94	襄垣县	史属村	史属村	21	0	0	0	0	44	12
95	襄垣县	店上村	店上村	23.8	0	0	0	0	50	15
96	襄垣县	北姚村	北姚村	4	22	7	59	17	40	10
97	襄垣县	史北村	史北村	4	18	5	62	15	69	17
98	襄垣县	墒上村	墒上村	4	14	5	18	7	56	15
99	襄垣县	前王沟村	前王沟村	4	8	2	45	10	54	15
100	襄垣县	任庄村	任庄村	22.5	0	0	0	0	40	17
101	襄垣县	高家沟村	高家沟村	9.2	0	0	42	9	153	30
102	襄垣县	下良村	下良村	9	100	23	56	13	84	20
103	襄垣县	水碾村	水碾村	9	0	0	48	12	40	10

续表 6-9

序号	县（区、市）	行政区划名称	小流域名称	防洪能力（年）	极高（小于 5 年一遇）		高危（5～20 年一遇）		危险（20～100 年一遇）	
					人口（人）	房屋（座）	人口（人）	房屋（座）	人口（人）	房屋（座）
104	襄垣县	寨沟村	寨沟村	17	0	0	9	2	49	12
105	襄垣县	庄里村	庄里村	5.8	0	0	48	8	34	6
106	襄垣县	桑家河村	桑家河村	57	0	0	0	0	33	7
107	襄垣县	固村	固村	5.7	0	0	52	15	35	9
108	襄垣县	阳沟村	阳沟村	5.4	0	0	38	9	26	7
109	襄垣县	温泉村	温泉村	6	0	0	22	5	98	20
110	襄垣县	燕家沟村	燕家沟村	41	0	0	0	0	32	7
111	襄垣县	高崖底村	高崖底村	41	0	0	0	0	32	7
112	襄垣县	里阚村	里阚村	9.5	0	0	38	10	90	22
113	襄垣县	合漳村	合漳村	23	0	0	0	0	128	31
114	襄垣县	西底村	西底村	57	0	0	0	0	22	6
115	襄垣县	返头村	返头村	20	0	0	3	1	43	14
116	襄垣县	九龙村	九龙村	68	0	0	0	0	65	17
117	襄垣县	北马喊村	北马喊村	20	0	0	845	244	0	0
118	襄垣县	南底村	南底村	20	0	0	394	109	0	0
119	襄垣县	兴民村	兴民村	20	0	0	521	133	0	0
120	襄垣县	路家沟村	路家沟村	50	0	0	0	0	224	62
121	襄垣县	南漳村	南漳村	50	0	0	0	0	533	150
122	襄垣县	东坡村	东坡村	50	0	0	0	0	699	239
123	襄垣县	南田漳村	南田漳村	50	0	0	0	0	628	176
124	屯留县	杨家湾村	杨家湾村	28	0	0	0	0	39	9
125	屯留县	吾元村	吾元村	33	0	0	0	0	4	2
126	屯留县	丰秀岭村	丰秀岭村	54	0	0	0	0	32	13
127	屯留县	南阳坡村	南阳坡村	90	0	0	0	0	2	1
128	屯留县	罗村	罗村	23	0	0	0	0	37	11
129	屯留县	煤窑沟村	煤窑沟村	94	0	0	0	0	6	2
130	屯留县	东坡村	东坡村	4	8	2	69	16	105	28
131	屯留县	三交村	三交村	4	27	6	48	12	74	21
132	屯留县	贾庄	贾庄	32	0	0	0	0	9	2
133	屯留县	老庄沟	老庄沟	71	0	0	0	0	21	6
134	屯留县	北沟庄	北沟庄	67	0	0	0	0	42	6
135	屯留县	老庄沟西坡	老庄沟西坡	44	0	0	0	0	21	4
136	屯留县	张店村	张店村	49	0	0	0	0	260	63
137	屯留县	甄湖村	甄湖村	54	0	0	0	0	48	12
138	屯留县	张村	张村	15	0	0	8	3	49	12
139	屯留县	南里庄村	南里庄村	96	0	0	0	0	18	5
140	屯留县	上立寨村	上立寨村	12	0	0	9	2	27	6
141	屯留县	大半沟	大半沟	4	1	1	0	0	7	3
142	屯留县	五龙沟	五龙沟	34	0	0	0	0	19	7
143	屯留县	李家庄村	李家庄村	60	0	0	0	0	32	9

续表6-9

序号	县(区、市)	行政区划名称	小流域名称	防洪能力(年)	极高(小于5年一遇)		高危(5~20年一遇)		危险(20~100年一遇)	
					人口(人)	房屋(座)	人口(人)	房屋(座)	人口(人)	房屋(座)
144	屯留县	马家庄	马家庄	32	0	0	0	0	12	3
145	屯留县	帮家庄	帮家庄	74	0	0	0	0	12	3
146	屯留县	秋树坡	秋树坡	69	0	0	0	0	15	4
147	屯留县	李家庄村西坡	李家庄村西坡	72	0	0	0	0	12	2
148	屯留县	半坡村	半坡村	6	0	0	5	1	9	3
149	屯留县	霜泽村	霜泽村	26	0	0	0	0	59	12
150	屯留县	雁落坪村	雁落坪村	34	0	0	0	0	35	7
151	屯留县	雁落坪村西坡	雁落坪村西坡	34	0	0	0	0	14	3
152	屯留县	宜丰村	宜丰村	25	0	0	0	0	64	15
153	屯留县	浪井沟	浪井沟	25	0	0	0	0	57	12
154	屯留县	宜丰村西坡	宜丰村西坡	25	0	0	0	0	28	7
155	屯留县	中村村	中村村	59	0	0	0	0	25	6
156	屯留县	河西村	河西村	67	0	0	0	0	7	2
157	屯留县	柳树庄村	柳树庄村	59	0	0	0	0	39	8
158	屯留县	柳树庄	柳树庄	59	0	0	0	0	10	3
159	屯留县	崖底村	崖底村	41	0	0	0	0	27	7
160	屯留县	唐王庙村	唐王庙村	72	0	0	0	0	20	4
161	屯留县	南掌	南掌	21	0	0	3	1	22	4
162	屯留县	徐家庄	徐家庄	60	0	0	0	0	4	1
163	屯留县	郭家庄	郭家庄	76	0	0	0	0	15	3
164	屯留县	沿湾	沿湾	88	0	0	0	0	4	1
165	屯留县	王家庄	王家庄	70	0	0	0	0	5	2
166	屯留县	林庄村	林庄村	74	0	0	0	0	31	8
167	屯留县	八泉村	八泉村	35	0	0	0	0	119	26
168	屯留县	七泉村	七泉村	6	0	0	47	14	79	21
169	屯留县	鸡窝圪套	鸡窝圪套	18	0	0	4	1	10	2
170	屯留县	南沟村	南沟村	46	0	0	0	0	33	7
171	屯留县	棋盘新庄	棋盘新庄	46	0	0	0	0	14	3
172	屯留县	羊窑	羊窑	23	0	0	0	0	25	5
173	屯留县	小桥	小桥	23	0	0	0	0	19	4
174	屯留县	寨上村	寨上村	26	0	0	0	0	43	11
175	屯留县	寨上	寨上	60	0	0	0	0	20	3
176	屯留县	吴而村	吴而村	42	0	0	0	0	61	11
177	屯留县	西上村	西上村	43	0	0	0	0	12	2
178	屯留县	西沟河村	西沟河村	15	0	0	11	3	22	7
179	屯留县	西岸上	西岸上	15	0	0	1	1	10	2
180	屯留县	西村	西村	18	0	0	18	4	6	2
181	屯留县	西丰宜村	西丰宜村	11	0	0	19	4	106	23

续表 6-9

序号	县(区、市)	行政区划名称	小流域名称	防洪能力(年)	极高(小于 5 年一遇)		高危(5~20 年一遇)		危险(20~100 年一遇)	
					人口(人)	房屋(座)	人口(人)	房屋(座)	人口(人)	房屋(座)
182	屯留县	石泉村	石泉村	84	0	0	0	0	1	1
183	屯留县	河神庙	河神庙	90	0	0	0	0	4	1
184	屯留县	梨树庄村	梨树庄村	86	0	0	0	0	9	2
185	屯留县	庄洼	庄洼	86	0	0	0	0	3	1
186	屯留县	西沟村	西沟村	5	5	1	18	4	21	5
187	屯留县	老婆角	老婆角	50	0	0	0	0	24	11
188	屯留县	西沟口	西沟口	50	0	0	0	0	40	10
189	屯留县	司家沟	司家沟	24	0	0	0	0	13	3
190	屯留县	龙王沟村	龙王沟村	4	12	3	0	0	16	4
191	屯留县	西流寨村	西流寨村	11	0	0	15	4	49	14
192	屯留县	马家庄	马家庄	12	0	0	5	1	28	7
193	屯留县	大会村	大会村	42	0	0	0	0	8	3
194	屯留县	西大会	西大会	30	0	0	0	0	11	3
195	屯留县	河长头村	河长头村	66	0	0	0	0	46	10
196	屯留县	中理村	中理村	64	0	0	0	0	18	4
197	屯留县	吴寨村	吴寨村	16	0	0	11	4	29	8
198	屯留县	桑园	桑园	13	0	0	7	2	25	5
199	屯留县	黑家口	黑家口	3	12	3	38	10	30	6
200	屯留县	上莲村	上莲村	22	0	0	0	0	29	6
201	屯留县	前上莲	前上莲	6	0	0	7	2	11	3
202	屯留县	后上莲	后上莲	6	0	0	23	5	27	5
203	屯留县	马庄	马庄	23	0	0	0	0	7	3
204	屯留县	交川村	交川村	6	0	0	9	3	25	5
205	屯留县	贾庄村	贾庄村	10	0	0	620	167	0	0
206	屯留县	秦家村	秦家村	10	0	0	170	22	0	0
207	屯留县	老洪沟	老洪沟	7	0	0	32	8	0	0
208	屯留县	郝家庄村	郝家庄村	10	0	0	97	14	0	0
209	屯留县	南庄村	南庄村	10	0	0	300	75	0	0
210	屯留县	山角村	山角村	10	0	0	50	12	0	0
211	屯留县	西洼村	西洼村	>100	0	0	0	0	0	0
212	屯留县	魏村	魏村	>100	0	0	0	0	0	0
213	平顺县	贾家村	贾家村	35	0	0	0	0	18	5
214	平顺县	王家村	王家村	6	0	0	27	6	24	6
215	平顺县	路家口村	路家口村	10.2	0	0	12	3	16	10
216	平顺县	北坡村	北坡村	19.7	0	0	13	3	51	11
217	平顺县	北坡	北坡	19.7	0	0	23	6	14	4
218	平顺县	龙镇村	龙镇村	4	20	5	55	12	5	1
219	平顺县	南坡村	南坡村	16	0	0	2	1	42	11
220	平顺县	东迷村	东迷村	5.4	0	0	46	8	17	4
221	平顺县	正村	正村	26	0	0	0	0	8	32
222	平顺县	龙家村	龙家村	26	0	0	0	0	32	8

续表 6-9

序号	县(区、市)	行政区划名称	小流域名称	防洪能力(年)	极高(小于5年一遇)		高危(5~20年一遇)		危险(20~100年一遇)	
					人口(人)	房屋(座)	人口(人)	房屋(座)	人口(人)	房屋(座)
223	平顺县	申家坪村	申家坪村	15	0	0	3	1	48	12
224	平顺县	下井村	下井村	4	38	11	11	3	0	0
225	平顺县	青行头村	青行头村	56	0	0	0	0	16	4
226	平顺县	南赛村	南赛村	15	0	0	0	0	44	9
227	平顺县	东峪村	东峪村	4	5	1	4	1	22	5
228	平顺县	西沟村	西沟村	15	0	0	3	1	48	12
229	平顺县	刘家地								
230	平顺县	池底								
231	平顺县	川底村	川底村	8.5	0	0	28	6	0	0
232	平顺县	石埠头村	石埠头村	27	0	0	0	0	26	5
233	平顺县	小东峪村	小东峪村	5	30	11	30	9	21	7
234	平顺县	前庄上								
235	平顺县	当庄上								
236	平顺县	三亩地								
237	平顺县	峪峪村	峪峪村	22	0	0	0	0	44	12
238	平顺县	红公								
239	平顺县	张井村	张井村	4	20	5	18	5	83	24
240	平顺县	小赛村	小赛村	27.5	0	0	0	0	176	40
241	平顺县	后留村	后留村	4	31	13	10	4	14	5
242	平顺县	常家村	常家村	7.5	0	0	21	4	61	8
243	平顺县	羊老岩村	羊老岩村	5.5	0	0	7	2	35	8
244	平顺县	沟口								
245	平顺县	后庄								
246	平顺县	后南站								
247	平顺县	底河村	底河村	4	6	1	7	1	31	7
248	平顺县	西湾村	西湾村	15	0	0	7	2	86	28
249	平顺县	大山村	大山村	7.5	0	0	14	4	4	1
250	平顺县	安阳村	安阳村	7.5	0	0	47	12	35	9
251	平顺县	前庄村	前庄村	38	0	0	0	0	7	2
252	平顺县	虹梯关村	虹梯关村	11.5	0	0	20	6	108	26
253	平顺县	梯后村	梯后村	8	0	0	6	1	39	7
254	平顺县	碑滩村	碑滩村	15.9	0	0	19	6	19	4
255	平顺县	虹霓村	虹霓村	10.2	0	0	13	3	54	14
256	平顺县	玉峡关村	玉峡关村	12.2	0	0	5	1	55	17
257	平顺县	苤兰岩村	苤兰岩村	59	0	0	0	0	35	6
258	平顺县	库峧村	库峧村	33	0	0	0	0	22	6
259	平顺县	南耽车村	南耽车村	5.5	0	0	7	2	35	8
260	平顺县	源头村	源头村	26	0	0	0	0	48	10
261	平顺县	豆峪村	豆峪村	4	6	1	7	1	31	7
262	平顺县	椰树园村	椰树园村	15.5	0	0	9	2	34	7
263	平顺县	堂耳庄村	堂耳庄村	97	0	0	0	0	6	2

续表 6-9

序号	县(区、市)	行政区划名称	小流域名称	防洪能力(年)	极高(小于 5 年一遇)		高危(5～20 年一遇)		危险(20～100 年一遇)	
					人口(人)	房屋(座)	人口(人)	房屋(座)	人口(人)	房屋(座)
264	平顺县	牛石窑村	牛石窑村	75	0	0	0	0	19	5
265	平顺县	石片上	石片上	20	0	0	11	3	0	0
266	平顺县	回源峧村	回源峧村	20	0	0	552	190	0	0
267	平顺县	蒋家	蒋家	20	0	0	12	4	0	0
268	平顺县	河则	河则	50	0	0	0	0	18	8
269	平顺县	西坪上	西坪上	50	0	0	0	0	15	4
270	平顺县	洪岭村	洪岭村	50	0	0	0	0	600	196
271	平顺县	椿树沟村	椿树沟村	50	0	0	0	0	196	67
272	平顺县	南北头村	南北头村	50	0	0	0	0	447	125
273	平顺县	秦家崖	秦家崖	50	0	0	0	0	80	18
274	平顺县	东寺头村	东寺头村	50	0	0	0	0	972	334
275	平顺县	西平上	西平上	50	0	0	0	0	40	12
276	平顺县	军寨	军寨	50	0	0	0	0	30	8
277	平顺县	虎窑村	虎窑村	50	0	0	0	0	520	185
278	平顺县	黄花井	黄花井	50	0	0	0	0	12	3
279	平顺县	安咀村	安咀村	50	0	0	0	0	889	328
280	平顺县	棠梨村	棠梨村	50	0	0	0	0	257	94
281	平顺县	焦底村	焦底村	50	0	0	0	0	200	83
282	平顺县	后庄村	后庄村	50	0	0	0	0	53	28
283	平顺县	石窑滩村	石窑滩村	50	0	0	0	0	373	149
284	平顺县	井底村	井底村	50	0	0	0	0	690	240
285	平顺县	庄谷练	庄谷练	50	0	0	0	0	4	2
286	平顺县	里沟	里沟	50	0	0	0	0	130	20
287	平顺县	南地	南地	50	0	0	0	0	78	19
288	平顺县	阴沟	阴沟	50	0	0	0	0	13	4
289	平顺县	土地后庄	土地后庄	50	0	0	0	0	31	11
290	平顺县	河口	河口	50	0	0	0	0	43	21
291	平顺县	棚头村	棚头村	50	0	0	0	0	775	260
292	平顺县	靳家园村	靳家园村	50	0	0	0	0	331	125
293	平顺县	中五井村	中五井村	50	0	0	0	0	1 343	401
294	平顺县	寺峪口	寺峪口	50	0	0	0	0	130	60
295	平顺县	窑门前	窑门前	50	0	0	0	0	125	98
296	平顺县	北头村	北头村	50	0	0	0	0	1 021	306
297	平顺县	驮山	驮山	50	0	0	0	0	34	8
298	平顺县	石灰窑	石灰窑	50	0	0	0	0	27	9
299	平顺县	堡沟	堡沟	50	0	0	0	0	50	13
300	平顺县	上五井村	上五井村	50	0	0	0	0	564	164
301	平顺县	天脚村	天脚村	50	0	0	0	0	506	173
302	平顺县	东岸	东岸	50	0	0	0	0	209	130
303	平顺县	庙后村	庙后村	50	0	0	0	0	453	160
304	平顺县	西安村	西安村	50	0	0	0	0	190	62

续表 6-9

序号	县(区、市)	行政区划名称	小流域名称	防洪能力(年)	极高(小于 5 年一遇)		高危(5~20 年一遇)		危险(20~100 年一遇)	
					人口(人)	房屋(座)	人口(人)	房屋(座)	人口(人)	房屋(座)
305	平顺县	黄崖村	黄崖村	50	0	0	0	0	275	100
306	平顺县	高滩	高滩	50	0	0	0	0	14	3
307	平顺县	梯根	梯根	50	0	0	0	0	17	5
308	平顺县	秋方沟	秋方沟	50	0	0	0	0	3	2
309	平顺县	小葫芦	小葫芦	50	0	0	0	0	15	4
310	平顺县	闺女峧口	闺女峧口	50	0	0	0	0	16	5
311	平顺县	龙柏庵村	龙柏庵村	50	0	0	0	0	407	274
312	平顺县	堕磊汕	堕磊汕	50	0	0	0	0	16	6
313	平顺县	消军岭村	消军岭村	50	0	0	0	0	756	242
314	平顺县	后河	后河	50	0	0	0	0	78	32
315	平顺县	前河	前河	50	0	0	0	0	45	22
316	平顺县	玉峡关	玉峡关村	>100	0	0	0	0	0	0
317	平顺县	北坡	北坡村	>100	0	0	0	0	0	0
318	黎城县	柏官庄	柏官庄	20	0	0	22	18	16	13
319	黎城县	北泉寨	北泉寨	2	8	7	0	0	0	0
320	黎城县	北停河	北停河	4	5	6	0	0	3	9
321	黎城县	北委泉	北委泉	14.3	0	0	18	15	14	17
322	黎城县	茶棚滩	茶棚滩	62.5	0	0	0	0	54	57
323	黎城县	车元	车元	3	3	7	19	15	16	15
324	黎城县	东洼	东洼	15.4	0	0	46	39	0	0
325	黎城县	仁庄	仁庄	34.5	0	0	0	0	19	25
326	黎城县	佛崖底	佛崖底	17	0	0	17	12	17	17
327	黎城县	郭家庄	郭家庄	50	0	0	0	0	18	31
328	黎城县	后寨	后寨	4	26	27	20	22	18	15
329	黎城县	孔家峧	孔家峧	71.4	0	0	0	0	4	5
330	黎城县	岚沟	岚沟	71.4	0	0	0	0	5	8
331	黎城县	龙王庙	龙王庙	71.4	0	0	0	0	6	5
332	黎城县	南委泉	南委泉	71.4	0	0	0	0	4	5
333	黎城县	平头	平头	11	0	0	4	4	4	4
334	黎城县	前庄	前庄	14	0	0	24	15	0	0
335	黎城县	中庄	中庄	62.5	0	0	0	0	8	9
336	黎城县	清泉	清泉	77	0	0	0	0	8	7
337	黎城县	秋树垣	秋树垣	77	0	0	0	0	3	4
338	黎城县	三十亩	三十亩	71.4	0	0	0	0	9	9
339	黎城县	寺底	寺底	10	0	0	6	5	7	6
340	黎城县	宋家庄	宋家庄	22	0	0	0	0	27	25
341	黎城县	苏家峧	苏家峧	4	2	4	4	3	3	4
342	黎城县	西村	西村	19	0	0	4	4	37	30
343	黎城县	小寨	小寨	34.5	0	0	0	0	21	17
344	黎城县	背坡	背坡	58.8	0	0	0	0	3	4
345	黎城县	南关村	南关村	54	0	0	0	0	685	417

续表 6-9

序号	县(区、市)	行政区划名称	小流域名称	防洪能力(年)	极高(小于5年一遇)		高危(5~20年一遇)		危险(20~100年一遇)	
					人口(人)	房屋(座)	人口(人)	房屋(座)	人口(人)	房屋(座)
346	黎城县	上桂花	上桂花	58	0	0	0	0	327	349
347	黎城县	下桂花	下桂花	30	0	0	0	0	429	327
348	黎城县	城南村	城南村	55	0	0	0	0	528	411
349	黎城县	城西村	城西村	55	0	0	0	0	125	95
350	黎城县	古县村	古县村	45	0	0	0	0	142	105
351	黎城县	上庄村	上庄村	50	0	0	0	0	149	98
352	黎城县	下村	下村	38	0	0	0	0	211	169
353	黎城县	东阳关	东阳关	25	0	0	0	0	1 354	869
354	黎城县	火巷道	火巷道	58	0	0	0	0	430	304
355	黎城县	香炉峧	香炉峧	47	0	0	0	0	61	58
356	黎城县	高石河	高石河	47	0	0	0	0	48	41
357	黎城县	行曹村	行曹村	15	0	0	140	98	0	0
358	黎城县	新庄村	新庄村	35	0	0	0	0	166	155
359	黎城县	西骆驼	西骆驼	16	0	0	373	254	0	0
360	黎城县	朱家峧	朱家峧	61	0	0	0	0	174	123
361	黎城县	南陌村	南陌村	52	0	0	0	0	490	371
362	黎城县	看后村	看后村	88	0	0	0	0	1 209	616
363	黎城县	元村村	元村村	29	0	0	0	0	460	281
364	黎城县	程家山	程家山	36	0	0	0	0	690	416
365	黎城县	段家庄	段家庄	30	0	0	0	0	192	163
366	黎城县	西庄头	西庄头	24	0	0	0	0	293	207
367	黎城县	鸽子峧	鸽子峧	83	0	0	0	0	126	114
368	黎城县	黄草汕	黄草汕	28	0	0	0	0	199	155
369	黎城县	牛居村	牛居村	>100	0	0	0	0	0	0
370	黎城县	彭庄村	彭庄村	>100	0	0	0	0	0	0
371	黎城县	曹庄村	曹庄村	>100	0	0	0	0	0	0
372	壶关县	桥上村	桥上村	72	0	0	0	0	16	3
373	壶关县	盘底村	盘底村	19	0	0	5	1	56	14
374	壶关县	沙滩村	沙滩村	26	0	0	0	0	8	2
375	壶关县	潭上	潭上	90	0	0	0	0	4	1
376	壶关县	庄则上村	庄则上村	80	0	0	0	0	10	3
377	壶关县	土圪堆	土圪堆	71	0	0	0	0	1	1
378	壶关县	下石坡村	下石坡村	25	0	0	7	3	57	13
379	壶关县	黄崖底村	黄崖底村	14	0	0	3	1	23	5
380	壶关县	西坡上	西坡上	7.3	3	0	6	1	9	3
381	壶关县	靳家庄	靳家庄	9	0	0	6	2	4	1
382	壶关县	碾盘街	碾盘街	17	0	0	0	0	0	0
383	壶关县	东黄花水村	东黄花水村	99	0	0	0	0	1	1
384	壶关县	西黄花水村	西黄花水村	5	10	0	3	1	0	0
385	壶关县	安口村	安口村	5	35	7	4	5	4	1
386	壶关县	北平头坞村	北平头坞村	5	3	1	18	1	5	1

续表 6-9

序号	县（区、市）	行政区划名称	小流域名称	防洪能力（年）	极高（小于5年一遇）		高危（5~20年一遇）		危险（20~100年一遇）	
					人口（人）	房屋（座）	人口（人）	房屋（座）	人口（人）	房屋（座）
387	壶关县	南平头坞村	南平头坞村	82	0	0	0	0	5	1
388	壶关县	双井村	双井村	49	0	0	0	0	6	1
389	壶关县	石河沐村	石河沐村	5	54	12	46	10	23	6
390	壶关县	口头村	口头村	61	0	0	0	0	3	1
391	壶关县	大井村	大井村	5	8	3	9	3	0	0
392	壶关县	城寨村	城寨村	5	13	3	36	9	29	7
393	壶关县	薛家园村	薛家园村	5	7	2	4	1	9	2
394	壶关县	西底村	西底村	21	0	0	0	0	11	2
395	壶关县	神北村	神北村	77	0	0	0	0	3	1
396	壶关县	神南村	神南村	28	0	0	0	0	36	9
397	壶关县	上河村	上河村	61	0	0	0	0	13	4
398	壶关县	福头村	福头村	6	0	0	11	2	19	5
399	壶关县	西七里村	西七里村	6	0	0	11	2	19	4
400	壶关县	角脚底村	角脚底村	15	0	0	18	3	5	1
401	壶关县	北河村	北河村	5	20	5	46	9	46	9
402	壶关县	石咀上	石咀上	20	0	0	90	30	0	0
403	壶关县	王家庄村	王家庄村	20	0	0	598	210	0	0
404	壶关县	丁家岩村	丁家岩村	20	0	0	837	295	0	0
405	壶关县	河东	河东	20	0	0	135	45	0	0
406	壶关县	大河村	大河村	20	0	0	766	265	0	0
407	壶关县	坡底	坡底	20	0	0	115	54	0	0
408	壶关县	南坡	南坡	20	0	0	341	96	0	0
409	壶关县	杨家池村	杨家池村	20	0	0	724	241	0	0
410	壶关县	河东岸	河东岸	20	0	0	110	24	0	0
411	壶关县	东川底村	东川底村	20	0	0	721	244	0	0
412	壶关县	五里沟村	五里沟村	20	0	0	832	260	0	0
413	壶关县	石坡村	石坡村	20	0	0	1 513	493	0	0
414	壶关县	三郊口村	三郊口村	20	0	0	259	99	0	0
415	壶关县	土寨	土寨	50	0	0	0	0	160	60
416	壶关县	磨掌村	磨掌村	50	0	0	0	0	60	19
417	壶关县	料阳村	料阳村	20	0	0	348	139	0	0
418	壶关县	南岸上	南岸上	50	0	0	0	0	110	31
419	壶关县	鲍家则	鲍家则	50	0	0	0	0	110	31
420	壶关县	南沟	南沟	50	0	0	0	0	202	79
421	长子县	红星庄	红星庄	10	0	0	252	77	0	0
422	长子县	石家庄村	石家庄村	10	0	0	764	204	0	0
423	长子县	西河庄村	西河庄村	4	3	1	0	0	0	0
424	长子县	晋义村	晋义村	6	0	0	20	5	0	0
425	长子县	刁黄村	刁黄村	10	0	0	302	80	0	0
426	长子县	南沟河	南沟河	2	4	1	20	5	4	1
427	长子县	良坪村	良坪村	41	0	0	0	0	8	2

续表 6-9

序号	县(区、市)	行政区划名称	小流域名称	防洪能力(年)	极高(小于5年一遇)		高危(5~20年一遇)		危险(20~100年一遇)	
					人口(人)	房屋(座)	人口(人)	房屋(座)	人口(人)	房屋(座)
428	长子县	乱石河村	乱石河村	40	0	0	0	0	4	1
429	长子县	两都村	两都村	1	4	1	28	7	8	2
430	长子县	苇池村	苇池村	10	0	0	202	55	0	0
431	长子县	李家庄村	李家庄村	10	0	0	444	120	0	0
432	长子县	圪倒村	圪倒村	10	0	0	240	53	0	0
433	长子县	高桥沟村	高桥沟村	23	0	0	0	0	16	4
434	长子县	花家坪村	花家坪村	10	0	0	234	54	0	0
435	长子县	洪珍村	洪珍村	3	4	1	0	0	0	0
436	长子县	郭家沟村	郭家沟村	90	0	0	0	0	4	1
437	长子县	南岭庄	南岭庄	5	0	0	13	2	0	0
438	长子县	大山	大山	15	0	0	11	2	25	5
439	长子县	羊窑沟	羊窑沟	4	4	1	0	0	8	3
440	长子县	响水铺	响水铺	10	0	0	60	26	0	0
441	长子县	东沟庄	东沟庄	10	0	0	19	9	0	0
442	长子县	九亩沟	九亩沟	10	0	0	54	27	0	0
443	长子县	小豆沟	小豆沟	1	16	3	5	2	13	3
444	长子县	尧神沟村	尧神沟村	1	12	3	0	0	0	0
445	长子县	沙河村	沙河村	53	0	0	0	0	16	4
446	长子县	韩坊村	韩坊村	4	16	4	8	2	12	3
447	长子县	交里村	交里村	3	4	1	12	3	108	27
448	长子县	西田良村	西田良村	34	0	0	0	0	52	13
449	长子县	南贾村	南贾村	95	0	0	0	0	4	1
450	长子县	东田良村	东田良村	20	0	0	0	0	651	192
451	长子县	南张店村	南张店村	1	64	16	8	2	4	1
452	长子县	西范村	西范村	4	30	6	64	15	10	2
453	长子县	东范村	东范村	9	0	0	41	13	41	8
454	长子县	崔庄村	崔庄村	9	0	0	10	2	71	15
455	长子县	龙泉村	龙泉村	3	44	11	55	13	18	4
456	长子县	程家庄村	程家庄村	20	0	0	0	0	197	58
457	长子县	窑下村	窑下村	>100	0	0	0	0	683	202
458	长子县	赵家庄村	赵家庄村	31	0	0	0	0	110	25
459	长子县	陈家庄村	陈家庄村	31	0	0	0	0	110	25
460	长子县	吴家庄村	吴家庄村	31	0	0	0	0	110	25
461	长子县	曹家沟村	曹家沟村	1	80	20	0	0	0	0
462	长子县	琚村	琚村	5	100	25	16	4	0	0
463	长子县	平西沟村	平西沟村	88	88	22	36	9	136	34
464	长子县	南漳村	南漳村	16	0	0	204	41	55	11
465	长子县	吴村	吴村	1	302	66	5	2	0	0
466	长子县	安西村	安西村	20	0	0	0	0	8	2
467	长子县	金村	金村	>100	0	0	0	0	546	148
468	长子县	丰村	丰村	>100	0	0	0	0	440	133

续表6-9

序号	县(区、市)	行政区划名称	小流域名称	防洪能力(年)	极高(小于5年一遇)		高危(5~20年一遇)		危险(20~100年一遇)	
					人口(人)	房屋(座)	人口(人)	房屋(座)	人口(人)	房屋(座)
469	长子县	苏村	苏村	1	8	2	8	2	8	2
470	长子县	西沟村	西沟村	29	0	0	0	0	12	3
471	长子县	西峪村	西峪村	15	0	0	156	39	68	17
472	长子县	东峪村	东峪村	62	28	7	20	5	100	25
473	长子县	城阳村	城阳村	18	0	0	4	1	4	1
474	长子县	阳鲁村	阳鲁村	13	0	0	24	6	0	0
475	长子县	善村	善村	34	0	0	0	0	8	2
476	长子县	南庄村	南庄村	7	0	0	20	5	8	2
477	长子县	大南石村	大南石村	>100	0	0	0	0	437	162
478	长子县	小南石	小南石	>100	0	0	0	0	531	195
479	长子县	申村	申村	>100	0	0	0	0	774	272
480	长子县	西何村	西何村	1	92	23	0	0	0	0
481	长子县	鲍寨村	鲍寨村	11	0	0	365	78	0	0
482	长子县	南庄	南庄	1	15	4	16	5	8	5
483	长子县	南沟	南沟	>100	0	0	0	0	3	2
484	长子县	庞庄村	庞庄村	3	4	1	12	3	4	1
485	武乡县	洪水村	洪水村	17	0	0	24	5	35	9
486	武乡县	寨坪村	寨坪村	65	0	0	0	0	7	2
487	武乡县	下寨村	下寨村	15	0	0	17	4	0	0
488	武乡县	中村村	中村村	3	23	4	0	0	4	1
489	武乡县	义安村	义安村	5	7	1	16	3	9	2
490	武乡县	韩北村	韩北村	33	0	0	0	0	140	44
491	武乡县	王家峪村	王家峪村	9	0	0	10	2	5	1
492	武乡县	大有村	大有村	21	0	0	0	0	26	7
493	武乡县	辛庄村	辛庄村	21	0	0	0	0	19	5
494	武乡县	峪口村	峪口村	3	16	2	15	5	0	0
495	武乡县	型村	型村	20	0	0	7	1	12	3
496	武乡县	李峪村	李峪村	81	0	0	0	0	10	2
497	武乡县	泉沟村	泉沟村	81	0	0	0	0	4	1
498	武乡县	贾豁村	贾豁村	52	0	0	0	0	120	26
499	武乡县	高家庄村	高家庄村	27	0	0	0	0	35	10
500	武乡县	石泉村	石泉村	25	0	0	0	0	420	100
501	武乡县	海神沟村	海神沟村	65	0	0	0	0	20	4
502	武乡县	郭村村	郭村村	14	0	0	11	3	62	15
503	武乡县	杨桃湾村	杨桃湾村	33	0	0	0	0	60	14
504	武乡县	胡庄铺村	胡庄铺村	5.5	0	0	58	16	15	4
505	武乡县	平家沟村	平家沟村	32	0	0	0	0	50	16
506	武乡县	王路村	王路村	87	0	0	0	0	8	1
507	武乡县	马牧村	马牧村干流	3	5	1	26	7	0	0
			马牧村支流	4	7	1	13	3	0	0
508	武乡县	南村村	南村村	7	0	0	10	3	9	3

续表 6-9

序号	县(区、市)	行政区划名称	小流域名称	防洪能力（年）	极高（小于5年一遇）人口（人）	极高（小于5年一遇）房屋（座）	高危（5~20年一遇）人口（人）	高危（5~20年一遇）房屋（座）	危险（20~100年一遇）人口（人）	危险（20~100年一遇）房屋（座）
509	武乡县	东寨底村	东寨底村	43	0	0	0	0	85	25
510	武乡县	邵渠村	邵渠村	33	0	0	0	0	947	247
511	武乡县	北涅水村	北涅水村	70	0	0	0	0	7	2
512	武乡县	高台寺村	高台寺村	20	0	0	0	0	15	3
513	武乡县	槐圪塔村	槐圪塔村	>100	0	0	0	0	0	0
514	武乡县	大寨村	大寨村	>100	0	0	0	0	0	0
515	武乡县	西良村	西良村	72	0	0	0	0	15	4
516	武乡县	分水岭村	分水岭村	10	0	0	5	1	0	0
517	武乡县	窑儿头村	窑儿头村	>100	0	0	0	0	0	0
518	武乡县	南关村	南关村	49	0	0	0	0	21	7
519	武乡县	松庄村	松庄村	5	5	1	26	6	4	1
520	武乡县	石北村	石北村	20	0	0	35	18	13	6
521	武乡县	西黄岩村	西黄岩村	50	0	0	0	0	21	10
522	武乡县	型庄村	型庄村	7	0	0	76	20	4	2
523	武乡县	长蔚村	长蔚村	24	0	0	0	0	19	5
524	武乡县	玉家渠村	玉家渠村	33	0	0	0	0	23	11
525	武乡县	长庆村	长庆村	6	0	0	29	5	12	2
526	武乡县	长庆凹村	长庆凹村	6	0	0	0	0	15	6
527	武乡县	墨镫村	墨镫村	6	0	0	52	17	43	11
528	武乡县	胡庄村	胡庄村	20	0	0	174	53	0	0
529	武乡县	长乐村	长乐村	>100	0	0	0	0	0	0
530	沁县	北关社区	北关社区	25	0	0	0	0	361	123
531	沁县	南关社区	南关社区	8	0	0	56	16	518	160
532	沁县	西苑社区	西苑社区	6	0	0	83	24	904	226
533	沁县	东苑社区	东苑社区	10	0	0	74	21	594	126
534	沁县	育才社区	育才社区	26	0	0	0	0	873	247
535	沁县	合庄村	合庄村	37	0	0	0	0	30	5
536	沁县	北寺上村	北寺上村	50	0	0	0	0	719	220
537	沁县	下曲峪村	下曲峪村	4	13	6	11	5	12	5
538	沁县	迎春村	迎春村	6	0	0	105	19	68	18
539	沁县	官道上	官道上	10	0	0	10	3	33	12
540	沁县	福村村	福村村	70	0	0	0	0	36	9
541	沁县	郭村村	郭村村	24	0	0	0	0	54	14
542	沁县	故县村	故县村	9	0	0	17	4	74	20
543	沁县	后河村	后河村	15	0	0	9	2	4	1
544	沁县	徐村	徐村	22	0	0	0	0	213	39
545	沁县	马连道村	马连道村	22	0	0	0	0	148	37
546	沁县	邓家坡村	邓家坡村	15	0	0	3	1	22	9
547	沁县	太里村	太里村	57	0	0	0	0	10	3
548	沁县	西待贤	西待贤	50	0	0	0	0	20	6
549	沁县	沙圪道	沙圪道	50	0	0	0	0	13	4
550	沁县	交口村	交口村	17	0	0	4	1	50	9
551	沁县	韩曹沟	韩曹沟	29	0	0	0	0	6	1

续表 6-9

序号	县(区、市)	行政区划名称	小流域名称	防洪能力(年)	极高(小于5年一遇)人口(人)	极高房屋(座)	高危(5~20年一遇)人口(人)	高危房屋(座)	危险(20~100年一遇)人口(人)	危险房屋(座)
552	沁县	南园则村	南园则村	89	0	0	0	0	39	14
553	沁县	景村村	景村村	14	0	0	4	1	60	15
554	沁县	羊庄村	羊庄村	71	0	0	0	0	4	15
555	沁县	乔家湾村	乔家湾村	5	8	2	21	7	20	5
556	沁县	山坡村	山坡村	11	0	0	23	4	34	14
557	沁县	道兴村	道兴村	9	0	0	7	1	51	13
558	沁县	燕垒沟村	燕垒沟村	23	0	0	0	0	31	8
559	沁县	河止村	河止村	35	0	0	0	0	55	14
560	沁县	漫水村	漫水村	63	0	0	0	0	20	5
561	沁县	下湾村	下湾村	3	26	10	20	6	5	2
562	沁县	寺庄村	寺庄村	6	0	0	4	2	9	3
563	沁县	前庄	前庄	76	0	0	0	0	26	9
564	沁县	蔡甲	蔡甲	35	0	0	0	0	32	12
565	沁县	长街村	长街村	6	0	0	32	8	17	5
566	沁县	次村村	次村村	9	0	0	9	2	49	22
567	沁县	五星村	五星村	11	0	0	10	3	44	13
568	沁县	东杨家庄村	东杨家庄村	42	0	0	0	0	12	5
569	沁县	下张庄村	下张庄村	27	0	0	0	0	66	12
570	沁县	唐村村	唐村村	16	0	0	4	1	73	20
571	沁县	中里村	中里村	12	0	0	5	3	8	4
572	沁县	南泉村	南泉村	8	0	0	7	2	28	11
573	沁县	榜口村	榜口村	7	0	0	13	5	25	9
574	沁县	杨安村	杨安村	17	0	0	14	3	17	4
575	沁县	北漳村	北漳村	32	0	0	0	0	380	114
576	沁县	池堡村	池堡村	23	0	0	0	0	585	174
577	沁县	徐阳村	徐阳村	33	0	0	0	0	275	84
578	沁县	南池村	南池村	21	0	0	0	0	50	7
579	沁县	古城村	古城村	34	0	0	0	0	41	9
580	沁县	芦则沟	芦则沟	33	0	0	0	0	56	19
581	沁县	陈庄沟	陈庄沟	33	0	0	0	0	68	23
582	沁县	固亦村	固亦村	66	0	0	0	0	29	9
583	沁源县	麻巷村	麻巷村	50	0	0	0	0	653	203
584	沁源县	狼尾河	狼尾河	50	0	0	0	0	245	91
585	沁源县	南石渠村	南石渠村	50	0	0	0	0	359	113
586	沁源县	李家庄村	李家庄村	50	0	0	0	0	624	297
587	沁源县	闫寨村	闫寨村	<5	95	36	70	22	70	21
588	沁源县	姑姑迪	姑姑迪	6	0	0	32	8	23	6
589	沁源县	学孟村	学孟村	5	0	0	70	14	70	16
590	沁源县	南石村	南石村	71	0	0	0	0	5	1
591	沁源县	郭道村	郭道村	<5	109	29	83	18	36	9
592	沁源县	前兴稍村	前兴稍村	<5	25	7	25	99	11	47
593	沁源县	朱合沟村	朱合沟村	9	0	0	25	5	5	2
594	沁源县	东阳城村	东阳城村	12	0	0	207	59	16	5

续表 6-9

序号	县(区、市)	行政区划名称	小流域名称	防洪能力(年)	极高(小于5年一遇)		高危(5~20年一遇)		危险(20~100年一遇)	
					人口(人)	房屋(座)	人口(人)	房屋(座)	人口(人)	房屋(座)
595	沁源县	西阳城村	西阳城村	5.4	0	0	141	50	5	2
596	沁源县	永和村	永和村	<5	10	2	50	10	10	2
597	沁源县	兴盛村	兴盛村	<5	24	6	0	0	0	0
598	沁源县	东村村	东村村	15	0	0	15	3	22	5
599	沁源县	棉上村	棉上村	7.3	0	0	155	32	124	32
600	沁源县	乔龙沟	乔龙沟	50	0	0	0	0	198	68
601	沁源县	新庄	新庄	2	10	2	20	4	0	0
602	沁源县	段家庄村	段家庄村	50	0	0	0	0	262	98
603	沁源县	苏家庄村	苏家庄村	12	0	0	30	6	20	6
604	沁源县	高家山村	高家山村	50	0	0	0	0	74	22
605	沁源县	伏贵村	伏贵村	6	0	0	32	6	25	6
606	沁源县	龙门口村	龙门口村	5	15	3	20	4	5	1
607	沁源县	定阳村	定阳村	5.6	0	0	35	7	20	4
608	沁源县	向阳村	向阳村	6	0	0	5	1	10	2
609	沁源县	郭家庄村	郭家庄村	15	0	0	4	1	79	22
610	沁源县	梭村村	梭村村	50	0	0	0	0	327	128
611	沁源县	南泉沟村	南泉沟村	31	0	0	0	0	35	7
612	沁源县	上兴居村	上兴居村	8.3	0	0	12	3	15	3
613	沁源县	庄则沟村	庄则沟村	50	0	0	0	0	263	129
614	沁源县	康家洼	康家洼	50	0	0	0	0	15	3
615	沁源县	马家占	马家占	50	0	0	0	0	3	1
616	沁源县	下兴居村	下兴居村	9	0	0	39	10	27	8
617	沁源县	柏子村	柏子村	50	0	0	0	0	760	265
618	沁源县	西务村	西务村	50	0	0	0	0	438	175
619	沁源县	王庄村	王庄村	62	0	0	0	0	10	2
620	沁源县	第一川村	第一川村	68	0	0	0	0	15	3
621	沁源县	北山村	北山村	50	0	0	0	0	99	25
622	沁源县	黑峪川村	黑峪川村	50	0	0	0	0	112	46
623	沁源县	王和村	王和村	8	0	0	77	23	725	323
624	沁源县	红莲村	红莲村	50	0	0	0	0	825	320
625	沁源县	西沟村	西沟村	14	0	0	3	1	48	13
626	沁源县	后军家沟村	后军家沟村	7	0	0	18	5	35	7
627	沁源县	后沟村	后沟村	16	0	0	10	2	10	2
628	沁源县	太山沟村	太山沟村	8	60	13	0	0	0	0
629	沁源县	前西窑沟村	前西窑沟村	27	0	0	0	0	100	22
630	沁源县	南坪村	南坪村	15	0	0	7	2	42	11
631	沁源县	大栅村	大栅村	6	0	0	44	9	27	6
632	沁源县	铁水沟村	铁水沟村	12	0	0	15	3	0	0
633	沁源县	虎限村	虎限村	50	0	0	0	0	185	76
634	沁源县	王凤村	王凤村	<5	75	19	21	6	55	17
635	沁源县	贾郭村	贾郭村	7.3	0	0	50	11	53	12
636	沁源县	正义村	正义村	24	0	0	0	0	53	11
637	沁源县	李成村	李成村	22	0	0	0	0	111	33

续表 6-9

序号	县(区、市)	行政区划名称	小流域名称	防洪能力（年）	极高（小于5年一遇）		高危（5~20年一遇）		危险（20~100年一遇）	
					人口（人）	房屋（座）	人口（人）	房屋（座）	人口（人）	房屋（座）
638	沁源县	留神峪村	留神峪村	10	0	0	23	6	65	13
639	沁源县	上庄村	上庄村	55	0	0	0	0	39	9
640	沁源县	韩家沟村	韩家沟村	9	0	0	12	5	20	4
641	沁源县	下庄村	下庄村	26	0	0	0	0	87	19
642	沁源县	马兰沟村	马兰沟村	50	0	0	0	0	144	53
643	沁源县	李元村	李元村	<5	9	3	69	18	110	22
644	沁源县	新乐园	新乐园	50	0	0	0	0	150	45
645	沁源县	马森村	马森村	16	0	0	12	38	37	163
646	沁源县	新章村	新章村	8	0	0	8	2	71	22
647	沁源县	崔庄村	崔庄村	50	0	0	0	0	478	195
648	沁源县	蔚村村	蔚村村	51	0	0	0	0	11	2
649	沁源县	渣滩村	渣滩村	50	0	0	0	0	381	360
650	沁源县	新和洼	新和洼	25	0	0	0	0	39	10
651	沁源县	中峪店村	中峪店村	5.6	0	0	74	16	145	31
652	沁源县	南峪村	南峪村	<5	80	16	40	8	15	3
653	沁源县	上庄子村	上庄子村	50	0	0	0	0	135	55
654	沁源县	西庄子	西庄子	17	0	0	7	2	10	2
655	沁源县	西王勇村	西王勇村	50	0	0	0	0	298	105
656	沁源县	龙头村	龙头村	50	0	0	0	0	90	31
657	沁源县	友仁村	友仁村	50	0	0	0	0	345	117
658	沁源县	支角村	支角村	50	0	0	0	0	1 127	405
659	沁源县	马西村	马西村	50	0	0	0	0	687	240
660	沁源县	法中村	法中村	50	0	0	0	0	1 117	445
661	沁源县	南沟村	南沟村	<5	8	3	8	4	20	5
662	沁源县	冯村村	冯村村	18	0	0	47	10	42	9
663	沁源县	麻坪村	麻坪村	50	0	0	0	0	702	232
664	沁源县	水泉村	水泉村	50	0	0	0	0	167	70
665	沁源县	自强村	自强村	9	0	0	38	9	118	23
666	沁源县	后泉峪沟	后泉峪沟	10	0	0	40	9	18	7
667	沁源县	侯壁村	侯壁村	42	0	0	0	0	64	18
668	沁源县	交口村	交口村	6	0	0	57	18	123	36
669	沁源县	石崟村	石崟村	50	0	0	0	0	178	68
670	沁源县	南洪林村	南洪林村	8	0	0	7	3	27	6
671	沁源县	新毅村	新毅村	<5	45	10	35	12	160	37
672	沁源县	安乐村	安乐村	50	0	0	0	0	244	96
673	沁源县	铺上村	铺上村	50	0	0	0	0	202	89
674	沁源县	马泉村	马泉村	50	0	0	0	0	333	126
675	沁源县	聪子峪村	聪子峪村	50	0	0	0	0	861	343
676	沁源县	水峪村	水峪村	6	0	0	120	26	46	11
677	沁源县	才子坪村	才子坪村	6	0	0	104	31	58	12
678	沁源县	小岭底村	小岭底村	6	0	0	94	21	58	12
679	沁源县	土岭底村	土岭底村	<5	7	2	35	7	0	0

续表 6-9

序号	县(区、市)	行政区划名称	小流域名称	防洪能力(年)	极高(小于5年一遇)		高危(5~20年一遇)		危险(20~100年一遇)	
					人口(人)	房屋(座)	人口(人)	房屋(座)	人口(人)	房屋(座)
680	沁源县	新店上村	新店上村	5	10	2	55	11	111	27
681	沁源县	王家沟村	王家沟村	12	0	0	40	8	55	11
682	沁源县	程壁村	程壁村	22	0	0	0	0	51	10
683	沁源县	下窑村	下窑村	6	0	0	23	5	80	19
684	沁源县	王家湾村	王家湾村	6	0	0	7	2	42	13
685	沁源县	奠基村	奠基村	8	0	0	11	3	54	16
686	沁源县	上舍村	上舍村	13	0	0	19	5	91	27
687	沁源县	泽山村	泽山村	22	0	0	0	0	25	5
688	沁源县	仁道村	仁道村	50	0	0	0	0	247	49
689	沁源县	鱼儿泉村	鱼儿泉村	8	0	0	10	3	14	3
690	沁源县	磨扇平	磨扇平	19	0	0	4	1	25	5
691	沁源县	红窑上村	红窑上村	50	0	0	0	0	120	49
692	沁源县	琴峪村	琴峪村	50	0	0	0	0	443	162
693	沁源县	紫红村	紫红村	9	0	0	5	1	11	3
694	沁源县	崖头村	崖头村	50	0	0	0	0	261	85
695	沁源县	活凤村	活凤村	<5	10	2	147	32	60	12
696	沁源县	陈家峪村	陈家峪村	50	0	0	0	0	139	50
697	沁源县	汝家庄村	汝家庄村	50	0	0	0	0	470	137
698	沁源县	马家峪村	马家峪村	50	0	0	0	0	268	92
699	沁源县	庞家沟	庞家沟	50	0	0	0	0	69	18
700	沁源县	南湾村	南湾村	8.9	0	0	14	5	10	3
701	沁源县	倪庄村	倪庄村	12	0	0	11	3	67	16
702	沁源县	武家沟村	武家沟村	29	0	0	0	0	51	14
703	沁源县	段家坡底村	段家坡底村	7	0	0	13	4	15	4
704	沁源县	胡家庄村	胡家庄村	10	0	0	23	5	41	12
705	沁源县	胡汉坪	胡汉坪	5.1	0	0	69	17	7	2
706	沁源县	善朴村	善朴村	5.5	0	0	13	3	22	6
707	沁源县	庄儿上村	庄儿上村	8	0	0	12	4	35	9
708	沁源县	沙坪村	沙坪村	50	0	0	0	0	84	32
709	沁源县	豆壁村	豆壁村	50	0	0	0	0	705	278
710	沁源县	牛郎沟村	牛郎沟村	50	0	0	0	0	263	91
711	沁源县	马凤沟村	马凤沟村	50	0	0	0	0	97	41
712	沁源县	城艾庄村	城艾庄村	50	0	0	0	0	154	62
713	沁源县	花坡村	花坡村	50	0	0	0	0	120	50
714	沁源县	八眼泉村	八眼泉村	50	0	0	0	0	59	22
715	沁源县	土岭上村	土岭上村	5	55	12	26	6	13	3
716	潞城市	会山底村	会山底村	93	0	0	0	0	263	79
717	潞城市	河西村	河西村	85	0	0	0	0	168	47
718	潞城市	后峧村	后峧村	45	0	0	0	0	12	3
719	潞城市	枣臻村	枣臻村	6	0	0	18	5	22	8
720	潞城市	赤头村	赤头村	4	16	5	29	9	14	4
721	潞城市	马江沟村	马江沟村	17	0	0	12	3	13	6

续表 6-9

序号	县(区、市)	行政区划名称	小流域名称	防洪能力(年)	极高(小于5年一遇)		高危(5~20年一遇)		危险(20~100年一遇)	
					人口(人)	房屋(座)	人口(人)	房屋(座)	人口(人)	房屋(座)
722	潞城市	红江沟	红江沟	10	0	0	7	2	25	6
723	潞城市	曹家沟村	曹家沟村	53	0	0	0	0	18	5
724	潞城市	韩村	韩村	41	0	0	0	0	36	10
725	潞城市	冯村	冯村	42	0	0	0	0	29	8
726	潞城市	韩家园村	韩家园村	67	0	0	0	0	19	7
727	潞城市	李家庄村	李家庄村	16	0	0	0	0	21	8
728	潞城市	漫流河村	漫流河村	24	0	0	0	0	18	6
729	潞城市	申家山村	申家山村	84	0	0	0	0	15	4
730	潞城市	井峪村	井峪村	25	0	0	0	0	10	3
731	潞城市	南马庄村	南马庄村	12	0	0	2	1	9	4
732	潞城市	西北村	西北村	10	0	0	5	3	15	4
733	潞城市	西南村	西南村	4	15	5	16	7	16	4
734	潞城市	中村	中村	12	0	0	186	39	0	0
735	潞城市	堡头村	堡头村	20	0	0	123	37	0	0
736	潞城市	河后村	河后村	60	0	0	0	0	142	36
737	潞城市	桥堡村	桥堡村	12	0	0	152	34	0	0
738	潞城市	东山村	东山村	69	0	0	0	0	20	6
739	潞城市	西坡村	西坡村	13	0	0	10	3	43	13
740	潞城市	儒教村	儒教村	55	0	0	0	0	7	2
741	潞城市	王家庄村后交	王家庄村后交	88	0	0	0	0	15	3
742	潞城市	南花山村	南花山村	75	0	0	0	0	10	3
743	潞城市	辛安村	辛安村	63	0	0	0	0	23	5
744	潞城市	辽河村	辽河村	16	0	0	0	0	13	3
745	潞城市	曲里村	曲里村	34	0	0	0	0	35	10
746	潞城市	石匣村	石匣村	16	0	0	0	0	18	6
747	潞城市	五里坡村	五里坡村	54	0	0	0	0	19	4
748	潞城市	下社村	下社村	10	0	0	794	233	0	0
749	潞城市	下社村后交	下社村后交	10	0	0	340	100	0	0
750	潞城市	弓家岭	弓家岭	10	0	0	117	30	0	0
751	潞城市	石梁村	石梁村	20	0	0	0	0	1 272	386
752	潞城市	南流村	南流村	12	0	0	512	150	0	0
753	潞城市	涧口村	涧口村	12	0	0	429	127	0	0
754	潞城市	斜底村	斜底村	12	0	0	173	48	0	0
755	潞城市	西坡村东坡	西坡村东坡	12	0	0	47	14	0	0
756	潞城市	上黄村向阳庄	上黄村向阳庄	10	0	0	334	91	0	0
757	潞城市	辽河村车旺	辽河村车旺	10	0	0	132	65	0	0
758	潞城市	申家村	申家村	>100	0	0	0	0	0	0
759	潞城市	苗家村	苗家村	>100	0	0	0	0	0	0
760	潞城市	苗家村庄上	苗家村庄上	>100	0	0	0	0	0	0

6.5.4 长治市郊区现状防洪能力评价

6.5.4.1 沿河村落现状防洪能力

分析评价成果表明,28 个沿河村落中,有 4 个沿河村落的现状防洪能力大于 100 年一遇,其余 24 个沿河村落现状防洪能力在 100 年一遇以下,为危险沿河村落,其中,5 年一遇以下的有 2 个,5~20 年一遇的有 8 个,20~100 年一遇的有 14 个。

6.5.4.2 沿河村落危险区分布及其人口分布

通过本次分析评价,统计了长治市郊区 28 个危险沿河村落各级危险区人口数量及其分布情况。成果表明,位于极高危险区 35 人、高危险区 313 人、危险区 1 433 人,分别占沿河村落总人口的 0.15%、1.33% 和 6.08%。

6.5.5 长治县现状防洪能力评价

6.5.5.1 沿河村落现状防洪能力

分析评价成果表明,50 个沿河村落中有 48 个村落会受到洪水的威胁,荫城镇河南村和南宋乡北宋村居民户均在百年一遇洪水位以上,不会受到洪水的威胁。48 个受洪水威胁的沿河村落中,5 年一遇以下的有 14 个(林移村、司马村、横河村、北头村、李坊村、桥头村、下赵家庄村、南河村、新庄村、定流村、北郭村、土桥村、北呈村、屈家山村),5~20 年一遇的有 17 个(柳林村、荫城村、河下村、桑梓一村、桑梓二村、内王村、王坊村、中村、羊川村、八义村、北楼底村、西池村、北岭头村、中和村、西和村、辉河村、子乐沟村),20 年一遇的有 17 个(柳林庄村、北王庆村、狗湾村、南楼底村、岭上村、高河村、东池村、小河村、沙峪村、河头村、小川村、大沟村、南岭头村、须村、东和村、曹家沟村、琚家沟村)。

6.5.5.2 沿河村落危险区分布及其人口分布

通过本次分析评价,统计了长治县 48 个危险沿河村落各级危险区人口数量及其分布情况。成果表明,位于极高危险区 209 人、高危险区 761 人、危险区 1 766 人,分别占 48 个危险沿河村落总人口的 0.3%、1.0% 和 2.4%。

6.5.6 襄垣县现状防洪能力评价

6.5.6.1 重点防治区村落现状防洪能力

分析评价成果表明,45 个重点防治区村落中,有 41 个村落受到河道洪水威胁(38 个仅受河道洪水威胁,3 个受河道洪水和坡面流双重影响),其中 3 个受双重影响的村落河道现状防洪能力大于 100 年一遇,仅受河道洪水威胁的 38 个沿河村落现状防洪能力在 100 年一遇以下,其中 5 年一遇以下的有 11 个,5~20 年一遇的有 11 个,20~100 年一遇的有 16 个,受坡面流影响的 7 个村落(4 个仅受坡面流威胁,3 个受河道洪水和坡面流双重影响)中,5~20 年一遇的有 3 个,20~100 年一遇的有 4 个。

6.5.6.2 重点防治区村落危险区分布及其人口分布

通过本次分析评价,统计了襄垣县 45 个危险沿河村落各级危险区人口数量及分布情况。成果表明,位于极高危险区 220 人、高危险区 1 415 人、危险区 4 721 人,分别占 45 个危险沿河村落总人口的 0.94%、6.02% 和 20.08%。

6.5.7　屯留县现状防洪能力评价

6.5.7.1　沿河村落现状防洪能力

分析评价成果表明,屯留县 89 个沿河村落中,81 个沿河村落在 100 年一遇设计洪水或历史最高洪水位以下,其中:5 年一遇以下的有 6 个(东坡村、三交村、大半沟、西沟村、龙王沟村、黑家口);5～20 年一遇的有 22 个,其中 16 个村落(张村、上立寨村、半坡村、七泉村、鸡窝圪套、西沟河村、西岸上、西村、西丰宜村、西流寨村、马家庄、吴寨村、桑园、前上莲、后上莲、交川村)位于 20 年一遇设计洪水淹没范围,6 个村落(贾庄村、秦家村、老洪沟、郝家庄村、南庄村、山角村)主要受坡面洪水威胁,根据暴雨受灾情况确定其防洪能力均位于 5～20 年一遇;20～100 年一遇的有 59 个(杨家湾村、吾元村、丰秀岭村、南阳坡村、罗村、煤窑沟村、贾庄、老庄沟、北沟庄、老庄沟西坡、张店村、甄湖村、南里庄村、五龙沟、李家庄村、李家庄村马家庄、帮家庄、秋树坡、李家庄村西坡、霜泽村、雁落坪村、雁落坪村西坡、宜丰村、浪井沟、宜丰村西坡、中村村、河西村、柳树庄村、柳树庄、崖底村、唐王庙村、南掌、徐家庄、郭家庄、沿湾、王家庄、林庄村、八泉村、南沟村、棋盘新庄、羊窑、南沟小桥、寨上村、寨上、吴而村、西上村、石泉村、河神庙、梨树庄村、庄洼、老婆角、西沟口、司家沟、大会村、西大会、河长头村、中理村、上莲村、马庄),2 个沿河村落(魏村、西洼村)位于 100 年一遇设计洪水淹没范围外,现状防洪能力在 100 年一遇以上。

6.5.7.2　沿河村落危险区分布及其人口分布

通过本次分析评价,统计了屯留县 87 个危险沿河村落各级危险区人口数量及分布情况。成果表明,位于极高危险区 65 人、高危险区 1 644 人、危险区 2 431 人,分别占 87 个危险沿河村落总人口的 0.3%、6.9%、10.2%。

6.5.8　平顺县现状防洪能力评价

6.5.8.1　重点防治区村落现状防洪能力

分析评价成果表明,105 个重点防治区村落中,有 83 个村落受到河道洪水威胁(54 个仅受河道洪水威胁,29 个受河道洪水和坡面流双重影响),仅受河道洪水威胁的 54 个沿河村落,5 年一遇以下的有 10 个,5～20 年一遇的有 28 个,20～100 年一遇的有 14 个,100 年一遇以上的有 2 个;受坡面流影响的 51 个村落(22 个仅受坡面流威胁,29 个受河道洪水和坡面流双重影响)中,5～20 年一遇的有 3 个,20～100 年一遇的有 48 个。

6.5.8.2　重点防治区村落危险区分布及其人口分布

通过本次分析评价,统计了平顺县 103 个危险沿河村落各级危险区人口数量及分布情况。成果表明,位于极高危险区 156 人、高危险区 474 人、危险区 1 533 人,分别占 52 个危险沿河村落总人口的 3.2%、9.5% 和 34.3%。

6.5.9　黎城县现状防洪能力评价

6.5.9.1　沿河村落现状防洪能力

分析评价成果表明,黎城县 54 个沿河村落中,27 个沿河村落位于 100 年一遇设计洪水或历史最高洪水位以下,其中 5 年一遇以下的有 4 个(北泉寨村、苏家峧村、车元村、北停河村),5~20 年一遇的有 7 个(东洼村、寺底村、北委泉村、佛崖底村、西村、柏官庄村、平头村、前庄村),20~100 年一遇的有 16 个(仁庄村、宋家庄村、岚沟村、后寨村、茶棚滩村、小寨村、郭家庄村、龙王庙村、秋树垣村、背坡村、南委泉村、中庄村、孔家峧村、三十亩村、清泉村);24 个村落主要受坡面汇水威胁,根据暴雨受灾情况确定其防洪能力均位于 5~20 年一遇的有 4 个(南关村、东阳关村、行曹村、新庄村),20~100 年一遇的有 20 个(上桂花村、下桂花村、城南村、城西村、故县村、上庄村、火巷道村、香炉峧村、高石河村、西骆驼村、朱家峧村、南陌村、看后村、下村、元村、程家山村、段家庄村、西庄头村、鸽子峧村、黄草汕村),3 个沿河村落(牛居村、彭庄村、曹庄村)位于 100 年一遇设计洪水淹没范围外,现状防洪能力在 100 年一遇以上。

6.5.9.2　沿河村落危险区分布及其人口分布

通过本次分析评价,统计了黎城县 51 个危险沿河村落各级危险区人口数量及分布情况。成果表明,位于极高危险区 43 人、高危险区 714 人、危险区 15 566 人,分别占 27 个危险沿河村落总人口的 0.4%、1.8% 和 2.8%。

6.5.10　壶关县现状防洪能力评价

6.5.10.1　沿河村落现状防洪能力

分析评价成果表明,壶关县 49 个沿河村落中,19 个沿河村落主要受坡面洪水威胁,根据暴雨受灾情况确定石咀上、王家庄村、丁家岩村、河东、大河村、坡底、南坡、杨家池村、河东岸、东川底村、五里沟村、石坡村、三郊口村、料阳村防洪能力为 5~20 年一遇,土寨、磨掌村、南岸上、鲍家则、南沟防洪能力均为 20~100 年一遇。30 个沿河村落位于 100 年一遇设计洪水或历史最高洪水位以下,其中 5 年一遇以下的有 8 个(西黄花水村、安口村、北平头坞村、石河沐村、大井村、城寨村、薛家园村、北河村),5~20 年一遇的有 8 个(盘底村、黄崖底、西坡上、靳家庄、碾盘街、福头村、西七里村、角脚底村),20~100 年一遇的有 14 个(桥子上、沙滩村、潭上、庄则上村、土圪堆、下石坡村、东黄花水村、南平头坞村、双井村、口头村、西底村、神北村、神南村、上河村)。

6.5.10.2　沿河村落危险区分布及其人口分布

通过本次分析评价,统计了壶关县 49 个危险沿河村落各级危险区人口数量及分布情况。位于极高危险区 127 人、高危险区 258 人、危险区 8 456 人,分别占 30 个危险沿河村落总人口的 0.68%、1.38% 和 45.3%。

6.5.11　长子县现状防洪能力评价

6.5.11.1　沿河村落现状防洪能力

对确定的长子县 64 个重点防治区进行分析评价,其中,1~5 年一遇的有 20 个,5~20 年一遇的有 16 个,20~100 年一遇的有 22 个,100 年一遇以上的有 6 个。

6.5.11.2　沿河村落危险区分布及其人口分布

通过本次分析评价,统计了长子县 58 个重点防治区的各级危险区人口数量及分布情况。成果表明,位于极高危险区 922 人、高危险区 2 531 人、危险区 4 089 人,分别占 64 个沿河村落总人口的 2.2%、6.1% 和 9.8%。

6.5.12　武乡县现状防洪能力评价

6.5.12.1　沿河村落现状防洪能力

分析评价成果表明,武乡县 45 个重点防治区村落,仅受河道洪水威胁的 40 个沿河村落中,4 个村落现状防洪能力在 100 年一遇以上,35 个村落现状防洪能力在 100 年一遇以下,其中 5 年一遇以下的有 5 个,5 ~ 20 年一遇的有 13 个,20 ~ 100 年一遇的有 17 个;5 个受双重影响的村落根据暴雨受灾情况确定其防洪能力,均为 20 ~ 100 年一遇。胡庄村依据胡庄水库相关参数确定其防洪能力为 20 年一遇。

6.5.12.2　沿河村落危险区分布及其人口分布

通过本次分析评价,统计了武乡县 41 个危险沿河村落各级危险区人口数量及分布情况。成果表明,位于极高危险区 63 人、高危险区 604 人、危险区 2 314 人,分别占防治区总人口的 0.1%、1.04% 和 4.0%。

6.5.13　沁县现状防洪能力评价

6.5.13.1　沿河村落现状防洪能力

分析评价成果表明,沁县 53 个沿河村落中,5 年一遇以下的有 3 个(下曲峪村、乔家湾村、下湾村);5 ~ 20 年一遇的有 21 个(南关社区、西苑社区、东苑社区、迎春村、官道上、故县村、后河村、徐村、邓家坡村、交口村、景村村、山坡村、道兴村、寺庄村、次村村、五星村、唐村村、中里村、南泉村、榜口村、杨安村);20 ~ 100 年一遇的有 29 个,其中 24 个村落(北关社区、育才社区、合庄村、北寺上村、福村村、郭村村、马连道村、南池村、古城村、太里村、西待贤、沙圪道、韩曹沟、固亦村、南园则村、羊庄村、燕垒沟村、河止村、漫水村、前庄、蔡甲、长街村、东杨家庄村、下张庄村)位于 100 年一遇设计洪水淹没范围,5 个村落(北漳村、池堡村、徐阳村、芦则沟、陈庄沟)主要受坡面洪水威胁,根据暴雨受灾情况确定其防洪能力均为 20 ~ 100 年一遇。

6.5.13.2　沿河村落危险区分布及其人口分布

通过本次分析评价,统计了沁县 53 个危险沿河村落各级危险区人口数量及分布情况。成果表明,位于极高危险区 47 人,高危险区 545 人、危险区 34 610 人,分别占 48 个危险沿河村落总人口的 0.1%、0.9% 和 60.2%。

6.5.14　沁源县现状防洪能力评价

6.5.14.1　沿河村落现状防洪能力

分析评价成果表明,沁源县 133 个沿河村落中,50 个沿河村落主要受坡面洪水威胁,根据暴雨受灾情况确定其防洪能力均为 20 ~ 100 年一遇;83 个沿河村落现状防洪能力在 100 年一遇以下,其中 5 年一遇以下的有 17 个(闫寨村、郭道村、前兴稍村、永和村、兴盛村、新庄、龙门口村、王凤村、李元村、南峪村、南沟村、新毅村、土岭底村、新店上村、活凤村、胡汉坪、土岭上村),5 ~ 20 年一遇的有 51 个(姑姑汕、学孟村、朱合沟村、东阳城村、西阳城村、东村村、棉上村、苏家庄村、伏贵村、定阳村、向阳村、郭家庄村、上兴居村、下兴居村、王和村、西沟村、后军家沟村、后沟村、太山沟村、南坪村、大栅村、铁水沟村、贾郭村、留神峪村、韩家沟村、马森村、新章村、中峪店村、西庄子、冯村村、自强村、后泉峪沟、交口村、南洪林村、水峪村、才子坪村、小岭底村、王家沟村、下窑村、王家湾村、奠基村、上舍村、鱼儿泉村、磨扇平、紫红村、南湾村、倪庄村、段家坡底村、胡家庄村、善朴村、庄儿上村)，20～100年一遇的有15个(南石村、南泉沟村、王庄村、第一川村、前西窑沟村、正义村、李成村、上庄村、下庄村、蔚村村、新和洼、侯壁村、程壁村、泽山村、武家沟村)。

6.5.14.2　沿河村落危险区分布及其人口分布

通过本次分析评价，统计了沁源县133个村落各级危险区人口数量及分布情况。成果表明，位于极高危险区514人、高危险区2 549人、危险区20 702人，分别占133个村落总人口的0.8%、4.1%和32.8%。

6.5.15　潞城市现状防洪能力评价

6.5.15.1　沿河村落现状防洪能力

分析评价成果表明，潞城市45个沿河村落中，42个沿河村落在100年一遇设计洪水或历史最高洪水位以下，其中5年一遇以下的有2个(赤头村、西南村)；5～20年一遇的有18个，其中9个村落(枣臻村、马江沟村、红江沟、南马庄村、西北村、中村、堡头村、桥堡村、西坡村)位于20年一遇设计洪水淹没范围，9个村落(下社村及其下辖自然村后交、弓家岭、南流村、涧口村、东坡、向阳庄、车旺)主要受坡面洪水威胁，根据暴雨受灾情况确定其防洪能力均位于5～20年一遇；20～100年一遇的有22个(会山底村、河西村、后峧村、曹家沟村、韩村、冯村、韩家园村、李家庄村、漫流河村、申家山村石匣村、井峪村、五里坡村、河后村、东山村、儒教村、王家庄村后交、南花山村、辛安村、辽河村、曲里村、石梁村)；3个沿河村落(申家村、苗家村及其下辖自然村庄上)位于100年一遇设计洪水淹没范围外，现状防洪能力在100年一遇以上。

6.5.15.2　沿河村落危险区分布及其人口分布

通过本次分析评价，统计了潞城市42个沿河村落各级危险区人口数量及分布情况。成果表明，位于极高危险区31人、高危险区3 438人、危险区2 340人，分别占42个危险沿河村落总人口的0.1%、14.0%和11.9%。

第7章　洪灾预警指标

7.1　预警指标计算方法研究

预警指标的确定主要由两部分组成,一是水位(流量)指标;一是雨量指标。水位指标可根据实地洪水淹没情况来决定,多大洪水流量会遭灾,比较直观简单。一般情况下,山洪成灾的原因是局地暴雨形成洪水,导致河水急速上涨,水位超过河岸高度形成漫滩,上滩洪水对农田和房屋造成安全威胁。因此,通常可以将河水漫滩的水位定为警戒水位,也可称为警戒流量。

目前,临界雨量的确定方法主要有山洪灾害实例调查法、灾害与降雨频率分析法、产汇流分析法、内插法、比拟法、单站临界雨量分析法、区域临界雨量分析法、动态临界雨量法等。其中,山洪灾害实例调查法是无资料地区常用的一种方法,它是通过大量的灾害实例调查和雨量调查资料,进行分析筛选,确定灾害区域临界雨量。单站临界雨量法通过对典型区内洪灾调查,统计单站不同时段临界雨量,根据最大中选最小的原则,统计分析区域临界雨量。内插法通过点绘临界雨量等值线图内插无资料地区临界雨量。综合山洪灾害临界方法的优缺点,并结合山西省的实际情况,初步确定采用改进后的区域临界雨量分析法、灾害与降雨频率分析法、产汇流分析法、比拟法、动态临界雨量法等进行临界雨量分析方法的研究。

7.1.1　研究流域的选定

7.1.1.1　选定的原则

研究流域的确定主要遵循以下原则:

(1)按照山西省水文分区和水文下垫面分类成果,选取各分区下垫面代表性较好的流域。

(2)研究流域内有水文站点且控制面积一般不大于 200 km² ,流域内有长系列配套雨量站降水资料及相应洪水过程观测资料。

山西省内控制面积小于 200 km² 的水文站共有 11 处,一些水文站受观测年限和配套雨洪资料限制,后扩大到控制面积小于 500 km² 的水文站,经过对全省 25 个水文站 1 500 余站年洪水资料及配套雨量站 9 000 余站年降水资料分析研究,筛选出岔上等 8 个水文站为研究流域,见表7-1。

7.1.1.2　归纳统计法

山洪的大小除与降雨总量、降雨强度有关外,还和流域土壤饱和程度或前期影响雨量密切相关。当土壤较干时,降水下渗大,产生地表径流则小;反之,如果土壤较湿,降水入渗少,易形成地表径流。因此,在建立山洪警戒临界雨量指标时,应该考虑山洪防治区中小流域土壤饱和情况,给出不同前期影响雨量条件下的警戒雨量和危险雨量。

表 7-1 流域基本情况

水文站	水文分区	下垫面类型	雨量站点数	场次洪水	集水面积（km²）	控制河长（km）	河流纵坡（‰）	设站年份	所属流域
碗窑	北区	砂页岩灌丛山地与灰岩灌丛山地	4	6	147.7	21.5	17.9	1977	海河
寺坪	中区	变质岩灌丛山地与变质岩森林山地	2	11	193.4	27.1	23.6	1968	海河
北张店	东区	砂页岩森林山地与砂页岩灌丛山地	12	11	270	26.5	5.04	1958	海河
岔上	西区	灰岩森林山地	1	11	32.1	9.5	49.3	1958	黄河
杨家坡	西区	黄土丘陵沟壑	6	8	283	46	11.2	1956	黄河
乡宁	中区	黄土丘陵沟壑区与砂页岩灌丛、森林	5	17	328	30.6	14.2	1980	黄河
古县	中区	黄土丘陵阶地与砂页岩灌丛山地、砂页岩森林山地	8	12	150	17	25.2	1977	黄河
冷口	中区	变质岩森林与灌丛	6	14	76	16.8	23.3	1976	黄河

1. 资料统计

首先根据区域内历次山洪灾害发生的时间表,收集区域及周边邻近地区各雨量站对应的雨量资料(区域内有的地方可能未发生山洪,但雨量资料也应一并收集),以水文部门的雨量资料为主,气象站网和实地调查雨量资料作为补充。确定对应的降雨过程开始时间和结束时间,降雨过程的开始时间,是以连续 3 日每日雨量小于等于 1 mm 后出现日雨量大于 1 mm 的时间;降雨过程的结束时间是山洪灾害发生的时间(这里确定的是降雨过程统计时间,如灾害发生后降雨仍在持续,灾害会加重)。过程时间确定后,在每次过程中依次查找并统计 10 min、30 min、1 h、3 h、6 h、12 h、24 h 最大雨量、过程总雨量及其每项对应的起止时间。如果过程时间长度小于对应项的时段跨度,则不统计(如降雨过程小于 12 h,则不统计 12 h、24 h 最大雨量及其起止时间),但过程雨量必须统计。当降雨过程时间较长时(例如过程时间超过 3 日),降雨强度可能会出现 2 个或以上的峰值,则统计最靠近灾害发生时刻各时间段最大雨量。如果收集的资料中已包含各时段雨量统计值,则可直接进行下一步工作。

2. 临界雨量计算

假设区域内共有 S 个雨量站,共发生山洪灾害 N 次,共统计 T 个时间段的雨量,R_{tij} 为 t 时段第 i 个雨量站第 j 次山洪灾害的最大雨量,则各站每个时间段 N 次统计值中,最小的一个为临界雨量初值,即初步认为这个值是临界雨量,计算公式如下:

$$\overline{H}_{临界} = \min H_{ij} \quad (j = 1, 2, \cdots, N_i) \tag{7-1}$$

3. 单站临界雨量分析

(1)不同站点相同时段的临界雨量不尽相同,与各站点地质、地形、前期降雨量及气候条件有关。地形陡峭、土壤吸水能力较好、前期降雨量小、年雨量较大的地区,临界雨量就较大,相反则临界雨量就较小。

(2)同一站点不同时段的临界雨量,能反映该站点对于不同时段最大降雨的敏感程度,因此需要对各时段的临界雨量进行综合分析,并结合山洪灾害调查资料,确定影响山洪灾害发生的重要时段。因过程总雨量也有临界值,实际工作中,各时段临界雨量必须一起综合使用,并判别山洪灾害发生的可能性,如 1 h 这个时段出现大于临界值的降雨时,灾害发生的可能性较小,3 h、6 h 也出现大于临界值的降雨时,灾害发生的可能性较大。但只要有一个时段降雨将超过其临界值,就有可能发生山洪灾害。

(3)可以将区域内各站同一时段的临界雨量进行统计分析。计算平均值

$$\overline{R}_t = \sum_{i=1}^{n} (R_{ti临界}) \qquad t = 10 \ min、30 \ min、1 \ h\cdots 过程雨量 \qquad (7-2)$$

$\overline{R}_t$ 可视为区域内大范围的平均情况,即当面降雨量超过 $\overline{R}_t$ 时,区域内有可能发生山洪灾害。

统计最小值

$$R_{tmin} = min(R_{ti}) \qquad i = 1,2,3,\cdots,s \qquad (7-3)$$

R_{tmin} 可视为区域内致灾降雨强度的必要条件,即只有当区域内至少有一个站雨强超过 R_{tmin} 时,区域内才有可能发生山洪灾害。

统计最大值

$$R_{tmax} = max(R_{ti}) \qquad i = 1,2,3,\cdots,s \qquad (7-4)$$

R_{tmax} 可视为区域内发生山洪灾害的充分条件,即当区域内每个站点雨强都超过 R_{tmax} 时,区域内将会有大范围的山洪灾害发生。

(4)利用单站临界雨量分析计算区域临界雨量(单站临界雨量法)。因影响临界雨量的因素多,且各种因素的定量关系难以区分开,各次激发灾害发生的雨量均不完全相同,因此区域内各站的临界雨量也不尽相同。根据分析计算出的区域内各单站临界雨量初值来确定区域临界雨量,这种方法称为单站临界雨量法。区域临界雨量的取值不是一个常数,而是有一个变幅,变幅一般在 R_{tmin} 及 $\overline{R}_t$ 之间,也可适当外延,在该变幅内区域中达到临界雨量的站点相对较多,但不是全部。只要降雨量在该变幅内,区域内就有可能发生山洪灾害。临界雨量变幅不能过大,否则对山洪灾害防治意义不大。

4. 区域山洪临界雨量的分析计算

1)区域临界雨量的初值确定

统计 N 次山洪灾害各时段最大雨量面平均值的最小值,即为各时段区域山洪临界雨量初值。

$$R_{t临界} = min(R_{tj}) \qquad j = 1,2,3,\cdots,N \qquad (7-5)$$

2)区域临界雨量分析

$R_{t临界}$ 可视为区域内面平均临界雨量初值,因影响临界雨量的因素多,各次激发灾害发生的雨量不同,因此临界雨量的取值不是一个常数,而是有一个变幅,变幅一般在 $R_{t临界}$ 上下一个区间,即临界雨量可能略小于 $R_{t临界}$ 或略大于 $R_{t临界}$,在该变幅内区域中有一定数量的灾害场次(N 次中)。只要面降雨量在该变幅内,区域内就有可能发生山洪灾害。

区域山洪灾害临界雨量,可作为判别区域内有无山洪灾害发生的定量指标,因在统计

山洪灾害次数时,只要区域内有 1 个站发生了山洪灾害,就认为区域内有山洪灾害发生。因此,它无法判别区域内受灾面积的大小及灾害严重程度(面降雨量越来大于临界雨量,灾害将越严重),但这种方法对资料要求不高,对于雨量站密度相对较小的区域,比较适用。

5.结论

归纳统计法简单易操作,分析方法比较合理,但要求区域内有一定密度的自计雨量站网;要有较翔实的山洪灾害资料。

本研究选定的 8 个水文站在全省资料最为翔实、配套站点最多的流域,都难以满足归纳统计对资料要求,难以统计出可用的预警指标。

该方法具有局限性,不能全面反映产生致灾洪水的临界雨量。在同一流域,当发生洪水灾害时,流域可以有不同的临界雨量,所以临界雨量严格来讲是一组不同时程分配、不同地区分布降雨所对应的各种时段雨量,临界雨量不应是一组时段雨量而应是一簇无穷组的时段雨。

7.1.1.3　灾害与降雨同频率分析法

皮尔逊Ⅲ型分布是一组具有不同偏态和其他分布特性的概率分布,具有广泛的概括和模拟能力,在气象上常用来拟合最大风速、最大降雨量等要素的极值分布。假定区域内历史上山洪灾害出现的频率与本区域各时段年最大降雨频率相同,则对应频率的设计降雨量可作为临界雨量值。

这里假定灾害与降雨同频率,如根据资料分析认为两者不同频率,作出相应的折算后,确定与灾害频率相应的降雨频率,求出降雨设计值作为临界雨量初值。通过与周边邻近地区的临界雨量进行综合对比分析,最后合理确定临界雨量值。在计算面设计雨量时,如区域较小可以看作一个点(区域中心),区域较大应考虑点面换算关系。

(1)确定灾害频率。

确定灾害频率分两种情况:一种是灾害记录资料比较丰富、详细,可以直接确定灾害频率;另一种是灾害资料短缺,由造成灾害的危险流量推求灾害频率。

①有灾害资料计算方法。灾害资料比较丰富时,通过对灾害资料的调查、整理、分析,确定山洪灾害发生场次,采用下式计算灾害发生的频率:

$$P = \frac{m}{n+1} \tag{7-6}$$

式中:P 为洪灾发生频率;m 为洪灾发生的总次数;n 为调查的总年数。

如某区域自 1950 年以来共发生了 14 次山洪灾害,那么山洪灾害发生的频率 $P = \frac{14}{2\,013 - 1\,950 + 1} = 21.9\%$。

②无灾害资料计算方法。灾害资料缺乏时,由危险流量推求灾害频率。

a.确定危险流量。在小流域内根据现有河道堤防的具体情况,以及乡(镇)或自然村所在位置及历史洪水灾害发生位置选取适当数量的控制断面,原则上应在有山洪灾害防治要求的各乡(镇)和自然村的上游、中游和下游各选取一个控制断面。根据历史灾情和现有水工情的情况,分析提出各断面的控制水位。通过水力计算确定断面水位与流量的关系,并确定控制断面在警戒水位相应的流量即危险流量。

b. 计算不同频率设计流量。根据山洪灾害防治区流域面积大小及暴雨参数等值线通过流域的实际情况选取定点,并用泰森多边形法量算每个定点控制面积占流域面积的权重系数。从均值和变差系数等值线图上分别查得各定点不同历时的均值和变差系数值,并进行合理性检查。给定不同频率设计暴雨,推求暴雨公式参数。采用产流模型推求不同频率主雨历时、主雨雨量、净雨、净雨过程。采用汇流模型推求不同频率设计流量。点绘频率与设计流量关系曲线图,如图 7-1 所示。

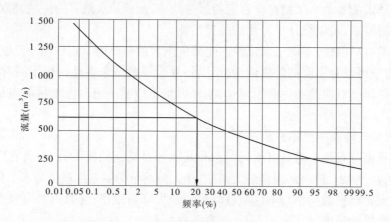

图 7-1　设计流量与频率关系曲线图

c. 危险流量推求灾害频率。由危险流量从频率与设计流量关系曲线查读危险流量相应频率,即为灾害频率。

(2)根据山洪灾害防治区流域面积大小及暴雨参数等值线通过流域的实际情况选取定点,并用泰森多边形法量算每个定点控制面积占流域面积的权重系数。

(3)从均值和变差系数等值线图上分别查算各定点不同历时的均值和变差系数值,并进行合理性检查。

(4)根据各标准历时设计雨量,推求暴雨公式参数。

(5)根据暴雨公式计算灾害相应频率的不同时段设计面雨量,作为流域临界雨量初值。

(6)通过与周边区域综合分析确定流域临界雨量。

(7)结论。灾害与降雨同频率分析法相对而言对雨量洪水资料要求不高,只要有完整的灾害记录资料即可,便于雨量洪水资料短缺的地区应用,存在如下一些问题:

①根据灾害的频率确定降雨的频率时,从理论上讲降雨量选样时应考虑超定量的问题,也就是一年不一定选一个样,但是在以往的降雨成果一年只选一个最大值,因此计算结果偏差可能会较大。

②若灾害资料调查不全,也会存在计算结果偏大的可能。

③假定灾害与雨量同频率,实际情况降雨与灾害不一定同频率。即使灾害与雨量同频率,形成灾害的雨量是一个过程雨量,而不是某一个历时的雨量形成的。

7.1.1.4　动态临界雨量法

一般情况下,山洪成灾的原因是局部暴雨形成洪水,导致河水急速上涨,水位超过河岸高度形成漫滩,上滩洪水对农田和房屋造成安全威胁。因此,通常可以将河水漫滩的水位定为警戒水位。根据上滩水位,结合实测河流断面资料估算出相应的流量,即为上滩流量,也可称为警戒流量。由于径流是由降雨产生的,从达到上滩流量的时间开始往前推,在一定时间之内的累计降雨量称为警戒临界雨量。山洪的大小除与降雨总量、降雨强度有关外,还和流域土壤饱和程度或前期影响雨量密切相关。随着流域前期影响雨量的变化,山洪预警临界警戒雨量值也会随之发生变化,因此在建立山洪警戒临界雨量指标时,应该考虑山洪防治区中小流域前期影响雨量,给出不同前期影响雨量条件下的警戒临界雨量。其思路是以小流域上已发生的降雨量,通过水文模型计算分析,得到流域实时土壤湿度,反推出流域出口断面洪峰流量要达到预先设定的预警流量值所需的降雨量,这个降雨量称为 FFG(Flash Flood Guidance)值或动态的临界雨量值。当实时或预报降雨量达到FFG 值时,即发布山洪预警或警示。

在分析当前的土壤湿度时,因为时间允许,运用了水文模型,得到了 FFG 值;在发布未来预报或预警时,因时间仓促,不运行水文模型,只对比当点(或小范围的面)雨量是否达到及超过相同前期影响雨量下的 FFG 值,决定是否发布预警。

本次研究采用双曲正切产流模型与单位线流域汇流模型,对研究流域进行了产汇流模拟分析,结果证明所采用的水文模型以及山西省不同下垫面产汇流参数可靠、适用,从而为该方法在无资料地区山洪灾害预警指标分析奠定了较好的基础。

1. 双曲正切产流模型

1) 模型结构

$$R = H_A(t_z) - F_A(t_z) \cdot \mathrm{th}\left[\frac{H_A(t_z)}{F_A(t_z)}\right] \tag{7-7}$$

或
$$R = \varphi - H_A(t_z), \varphi = 1 - \frac{1}{x}\mathrm{th}x, x = \frac{H_A(t_z)}{F_A(t_z)} \tag{7-8}$$

式中:th 为双曲正切运算符;x 为供水度;t_z 为暴雨的主雨历时,h;$H_{F_A}(t_z)$ 为暴雨的主雨面雨量,mm;φ 为洪水径流系数;R 为洪水净雨深,mm;$F_A(t_z)$ 为主雨历时内的流域可能损失,mm,角标 A 表示流域平均值(下同)。

流域可能损失用式(7-9)计算。

$$F_A(t_z) = S_{r,A}(1 - B_{0,P})t_z^{0.5} + 2K_{s,A}t_z \tag{7-9}$$

式中,$S_{r,A}$ 为流域包气带充分风干时的吸收率,反映流域的综合吸水能力,mm/h$^{1/2}$;$K_{s,A}$ 为流域包气带饱和时的导水率,mm/h;$B_{0,P}$ 为流域前期土湿标志(流域持水度)。

多种产流地类组成的复合地类流域,吸收率和导水率分别根据各种地类的面积权重按式(7-10)及式(7-11)加权计算。

$$S_{r,A} = \sum c_i \cdot S_{r,i} \quad i = 1,2\cdots \tag{7-10}$$

$$K_{s,A} = \sum c_i \cdot K_{s,i} \quad i = 1,2\cdots \tag{7-11}$$

式中:$S_{r,i}$ 为单地类包气带充分风干时的吸收率,mm/h$^{1/2}$;$K_{s,i}$ 为单地类包气带饱和时的导水率,mm/h,从表 7-2 查用;c_i 为某种地类面积占流域面积的权重。

表 7-2　　山西省单地类风干流域吸收率 S_r 及饱和流域导水率 K_s 查用

地类	S_r			K_s		
	上限值	下限值	一般值	上限值	下限值	一般值
灰岩森林山地	43.0	28.0	35.5	4.10	2.60	3.35
灰岩灌丛山地	35.0	26.0	30.5	3.50	2.30	2.90
耕种平地	27.0	27.0	27.0	1.90	1.90	1.90
灰岩土石山区	25.0	23.0	24.0	1.80	1.60	1.70
砂页岩森林山地	23.0	23.0	23.0	1.50	1.50	1.50
变质岩森林山地	22.0	22.0	22.0	1.45	1.45	1.45
黄土丘陵阶地	21.0	21.0	21.0	1.40	1.40	1.40
黄土丘陵沟壑区	20.0	20.0	20.0	1.30	1.30	1.30
砂页岩土石山区	19.0	19.0	19.0	1.25	1.25	1.25
砂页岩灌丛山地	18.0	18.0	18.0	1.20	1.20	1.20
变质岩土石山区	17.0	17.0	17.0	1.15	1.15	1.15
变质岩灌丛山地	16.0	16.0	16.0	1.10	1.10	1.10

2)使用双曲正切模型需要注意的事项

模型模拟的效果除与实体结构的接近程度有关外,合理定量 3 个参数值至关重要。

(1)正确划分地类是决定参数 S_r 及 K_s 的关键环节。划分地类应该采取实地查勘与查图相结合的原则。现有下垫面分区图不能取代野外调查。事实上,下垫面的空间变异并不像下垫面分区图所标示的那样界限分明,分区内的下垫面属性也不一定绝对单一,成图时进行的合并与综合,掩盖了小流域内部下垫面的分异特征。所以,下垫面分区图的实用性会随着流域面积的减小而弱化,野外工作不可或缺。

(2)在盆地,地下水位埋深对吸收率影响较大,但缺乏这方面的观测资料,无法做系统分析,表列值仅适用于地下水埋深比较大的区域,地下水埋深较小时,应适当减小吸收率的取值。

(3)对于广阔低缓山坡,且覆盖有薄层黄土或黄土斑状分布、基岩零散出露的土石山区,应该设法确定出黄土、基岩露头各自占流域面积的权重,将其分解为单地类,然后比照复合地类处理,以避免机械采用 80% 作为划分石质山地与土石山区指标产生的参数值突变现象。

(4)对于 12 种地类未能涵盖的下垫面类型,例如采矿区和城市化地区,由于现实水文站网中没有这些地区的观测资料,不能具体分析它们的吸水率和导水率,只能以 12 种地类中的某种地类参数为参考,综合考虑这些区域的产流特性,确定吸收率和导水率。煤矿开采区主要分布在砂页岩灌丛山地,采矿放顶增加了包气带的导水性,所以建议在表列砂页岩灌丛山地参数的基础上,按采矿面积大小、巷道深浅,适当加大导水率。城市化地区由于不透水面积加大,吸收率和导水率都会降低,建议降低使用表列变质岩灌丛山地参数值。

(5)灰岩地类,根据流域漏水情况合理选用参数,强漏水区选用参数上限值或中上值,中等漏水区选用一般值,弱漏水区选用下限值或中下值。

2. 综合瞬时单位线

流域降水所产生的净雨在重力与地表阻力综合作用下沿坡面及河网向流域出口断面

汇集的过程称为流域汇流。流域汇流的计算任务是根据暴雨计算出的净雨过程,用某种演算方法或模型,将其转换成流域出口断面的洪水过程线。

1)纳希瞬时单位线

纳希瞬时单位线假设流域汇流过程由 n 个等效线性水库串联体对水流的调蓄过程。把瞬时作用于流域上的单位净雨水体在流域出口断面形成的时间概率密度分布曲线称为瞬时汇流曲线,量纲为 $\frac{1}{[T]}$。把单位净雨乘以瞬时汇流曲线称为瞬时单位线。

瞬时汇流曲线的数学表达式为

$$u_n(0,t) = \frac{1}{k\Gamma(n)}\left(\frac{t}{k}\right)^{n-1}\mathrm{e}^{-\frac{t}{k}} \tag{7-12}$$

式中:n 为线性水库个数;k 为一个线性水库的调蓄参数,h;t 为时间,h;$\Gamma(n)$ 为伽马函数。

单位强度净雨过程在流域出口断面形成的水体时间概率分布函数称为 $S_n(t)$ 曲线,它是瞬时汇流曲线对时间的积分,无量纲。数学表达式为

$$S_n(t) = \int_0^t u_n(0,t)\,\mathrm{d}t = \Gamma(n,m) \qquad m = \frac{t}{k} \tag{7-13}$$

式中:$\Gamma(n,m)$ 称为 n 阶不完全伽马函数。

时段单位净雨在流域出口断面形成的概率密度曲线称为时段汇流曲线,数学表达式为

$$u_n(\Delta t,t) = \begin{cases} S_n(t) & 0 \leqslant t \leqslant \Delta t \\ S_n(t) - S_n(t-\Delta t) & t > \Delta t \end{cases} \tag{7-14}$$

流域出口断面的洪水过程根据时段净雨序列与时段汇流曲线用卷积公式计算:

$$Q(i\Delta t) = \sum_{i=1}^M u_n(\Delta t,(i+1-j)\Delta t)\frac{\Delta h_j}{3.6\Delta t}A \quad 0 \leqslant i+1-j \leqslant M \qquad j = 1,2,\cdots,M$$
$$\tag{7-15}$$

式中:Δt 为计算时段,h;Δh 为时段净雨深,mm;A 为流域面积,km^2;3.6 为单位换算系数;M 为净雨时段数。

2)参数计算

瞬时单位线有两个参数,一个是线性水库个数 n,另一个是线性水库的调蓄参数 k。二者的乘积 $m_1(=nk)$ 称为瞬时汇流曲线的滞时。它的物理意义是瞬时汇流曲线形心的时间坐标即一阶原点矩,也是单位时段净雨的重心到时段汇流曲线形心的时距。因此,瞬时单位线的两个参数置换成 n 和 m_1,而 k 由 $\frac{m_1}{n}$ 计算。

参数 n 采用式(7-16)和式(7-17)计算:

$$n = C_{1,A}(A/J)^{\beta_1} \tag{7-16}$$

$$C_{1,A} = \sum a_i \cdot C_{1,i} \quad i = 1,2\cdots \tag{7-17}$$

式中:A 为流域面积,km^2;J 为河流纵比降,‰;$C_{1,A}$ 为复合地类汇流参数;$C_{1,i}$ 为单地类汇流参数;β_1 为经验性指数;a_i 为某种地类的面积权重,以小数计。

m_1 采用下列经验公式计算:

$$m_1 = m_{\tau,1}(\bar{i_\tau})^{-\beta_2} \tag{7-18}$$

$$m_{\tau,1} = C_{2,A}(L/J^{\frac{1}{3}})^\alpha \tag{7-19}$$

$$C_{2,A} = \sum a_i \cdot C_{2,i} \qquad i = 1,2\cdots \tag{7-20}$$

$$\bar{i_\tau} = \frac{Q}{0.278A} \tag{7-21}$$

式中：$\bar{i_\tau}$ 为 τ 历时平均净雨强度，mm/h；τ 为汇流历时，h；$m_{\tau,1}$ 为 $\bar{i_\tau}=1$ mm/h 时瞬时单位线的滞时，h；Q 为洪峰流量，m^3/s；L 为河长，km；$C_{2,A}$ 为复合地类汇流参数；$C_{2,\tau}$ 为单地类汇流参数；α、β_2 为经验性指数。

单地类汇流参数 C_1、C_2 和经验性指数 α、β_1、β_2 从表 7-3 中查用。

表 7-3　综合瞬时单位线参数查用表

汇流地类	C_1	β_1	β_2	C_2 一般值	C_2 范围	α
森林山地	1.357			2.757	2.050~2.950	
灌丛山地	1.257			1.530	1.200~1.770	
草坡山地	1.046	0.047	0.190	0.717	0.710~0.950	0.397
耕种平地	1.257			1.530	1.200~1.770	
黄土丘陵阶地	1.046			0.717	0.710~0.950	
黄土丘陵沟壑	1.000			0.620	0.580~0.700	

3）注意事项

在同一种地质、地貌条件下，C_2 值的变幅反映着流域植被的好与差，植被好或较好者，应选用表列数值的上限值或中上值；植被差或较差者，应选用下限值或中下值。河道平整、顺直者，宜选用下限值或中下值；密布灌丛、遍见巨石者，应选用上限值或中上值。

3. 动态临界雨量法的计算步骤

（1）根据实际情况选取控制断面，推求水位流量关系，由危险水位确定危险流量（准备转移或立即转移流量）。

（2）根据危险流量，推算出产生该级别流量所需的净雨过程。

净雨的时程分配过程对洪峰具有较大的影响，根据分析，在净雨总量相同的情况下，主雨靠后时，所形成的洪峰流量最大；反之，所形成的洪峰最小。也就是说，在相同的洪峰流量条件下，主雨靠后时，所需的净雨总量最小；反之，所需的净雨总量最大。

由于山洪灾害防治对象为 200 km^2 以下的小流域，其汇流时间较短，大多小于 3 h，因此只需计算 6 h 内的净雨过程，即可满足需要。

假设一系列不同历时的主雨靠前与主雨靠后的净雨过程，采用单位线计算出相应的洪峰流量，与危险流量对应的净雨即为所需净雨过程，具体如下：

①在划分下垫面地类的基础上，按植被与地貌的组合情况绘制汇流地类分区图，并量算出各种汇流地类面积占流域面积的权重 a_i。在进行野外查勘时，除了注意面上的植被分布状况，还应该观察河道的清洁程度及河床质组成、两岸形势等，以便合理选用参数 C_2。

②用式（7-16）计算参数 n，用式（7-19）计算 $m_{\tau,1}$。

③用交点法求解 τ 历时平均净雨强度 $\bar{i_\tau}$。步骤是：假设一组 $\bar{i_\tau}$，可由式（7-21）求得一

组 Q；再由式(7-18)求得一组 m_1；由 $k=m_1/n$ 可得一组 k；由式(7-13)计算得一组 $S_n(t)$ 曲线；由式(7-14)得一组时段汇流曲线 $u_n(\Delta t,t)$；由式(7-15)得一组洪峰流量 Q'。在普通坐标系中绘制 $Q\sim\bar{i}$ 曲线与 $Q'\sim\bar{i}$ 曲线,两条曲线交点的横坐标即为 τ 历时平均雨强 $\bar{i}_\tau$。

④用求解出的 τ 历时平均雨强 $\bar{i}_\tau$,由式(7-18)计算 m_1；由 $k=m_1/n$ 计算 k；由式(7-13)计算 $S_n(t)$ 曲线；由式(7-14)推算时段汇流曲线 $u_n(\Delta t,t)$；由式(7-15)推算洪水过程线,得出相应的洪峰流量,如果该洪峰流量与危险流量相同,则对应的净雨为所求净雨。

(3)使用双曲正切模型反推不同历时的临界雨量

①根据求出的净雨,对于不同的主雨历时 t_z,分别假设一系列降雨量 $H_A(t_s)$。

②通过野外查勘调查,参考产流下垫面分区图,绘制流域下垫面产流地类分区图；量算各种地类面积权重。

③根据流域下垫面的不同地类,从表 7-2 中合理选用相应的单地类吸收率 S_r 及导水率 K_s,然后分别用式(7-10)和式(7-11)计算流域的吸收率 $S_{r,A}$ 和导水率 $K_{s,A}$。

④对于每个假设的降雨量 $H_A(t_z)$,假设不同的流域持水度 B,连同 $S_{r,A}$、$K_{s,A}$ 和 t_τ 代入式(7-9),分别计算流域的可能损失 $F_A(t_z)$。

⑤根据假设的主雨雨量 $H_A(t_z)$ 及流域的可能损失 $F_A(t_z)$,用式(7-7)或式(7-8)计算出洪水净雨深 R,如与上一步计算出的净雨量相同,则对应的雨量即为相应流域持水度及主雨历时下的临界雨量。

4.模型参数验证

模型参数对模拟结果影响很大,参数的选取至关重要,直接影响着临界雨量指标的精度,而山洪灾害流域大多没有洪水资料,无法对模型的参数进行率定,因此本次研究根据流域内的不同下垫面产汇流地类,采用现有的地类参数成果,结合流域的实际情况,选取参数(见表 7-4)。为了验证这些参数的合理性与可靠性,对 8 个研究流域进行了洪水模拟,成果见表 7-5。由模拟结果可以看出,在所选取的 62 场洪水中,径流深有 43 场合格,合格率为 69.4%；洪峰流量有 44 场合格,合格率为 71.0%。

表 7-4　各站产汇流参数

站名	参数									
	S_r	K_s	c_1	c_2	β_1	β_2	α	A	L	$J(‰)$
古县	20.8	1.4	1.156	1.317	0.047	0.190	0.397	150	17.0	25.2
杨家坡	20.0	1.3	1.000	0.620	0.047	0.190	0.397	283	46.0	11.2
乡宁	20.3	1.3	1.156	1.119	0.047	0.190	0.397	328	30.6	14.2
北张店	23.0	1.5	1.357	2.050	0.047	0.190	0.397	86.9	19.0	7.0
冷口	22.1	1.4	1.336	1.884	0.047	0.190	0.397	76.0	16.8	23.3
岔上	30.0	3.0	1.046	0.710	0.047	0.190	0.397	32.1	9.5	49.3
寺坪	17.6	1.2	1.257	1.200	0.047	0.190	0.397	193	27.1	23.6
碗窑	18.6	1.3	1.045	0.708	0.047	0.190	0.397	148	21.5	17.9

检验不合格的原因,经过分析,有以下几个方面:一是早期洪水所对应的雨量站较少,其代表性不足,无法控制降水范围；二是早期的雨量站多为人工站,其记录时段较粗,很难准确地分配各历时的降雨；三是由于近年来人类活动加剧,极大地改变了原来的水文下垫

表 7-5 产汇流计算分析成果

站名	序号	洪号	洪峰流量 (m³/s)	主雨历时 t	主雨雨量 (mm)	P_a (mm)	B_0	R(mm)	单元产汇流计算			误差	
									产流面积 (km²)	R (mm)	洪峰流量 (m³/s)	径流量 (mm)	洪峰流量 (%)
碗窑	1	19750812	347	2	32.9	18.6	0.2	9.6	147.4	9.9	226	-0.3	34.9
	2	19740725	383	1	26.1	23.0	0.2	10.5	147.4	13.0	309	-2.5	19.3
	3	19710719	171	3	15.8	13.9	0.1	3.2	100	6.0	86	-2.8	49.7
寺坪	1	19780726	65.4	3	37.0	13.4	0.1	3.2	193.4	5.8	53.4	-2.6	18.3
	2	19800818	106	3	34.5	14.3	0.1	3.7	193.4	8.2	80.8	-4.5	23.8
	3	19820729	62.6	2	33.6	21.0	0.2	6.6	150	6.4	63.5	0.2	-1.4
	4	19900730	64.4	2	97.6	8.9	0.1	3.1	10	3.5	67.3	-0.4	-4.5
	5	19940702	89	4	33.9	23.0	0.2	6.9	193.4	6.9	65.7	0.0	26.2
盆上	1	19640813	10.40	6	43.0	16.6	0.1	3.2	32.1	3.2	10.1	0.0	2.9
	2	19670827	16.70	2	23.4	60.5	0.5	4.0	32.1	4.0	17	0.0	-1.8
	3	19690713	65.30	4	47.7	17.7	0.1	5.0	32.1	6.9	45	-1.9	31.1
	4	19690720	24.70	3	33.0	41.7	0.3	2.9	32.1	3.5	21.2	-0.6	14.2
	5	19730625	19.60	2	24.6	22.8	0.2	2.2	32.1	2.3	13.3	-0.1	32.1
	6	19730627	19.60	2	27.7	36.8	0.3	1.6	32.1	2.9	17.2	-1.3	12.2
	7	19730630	18.40	3	38.5	47.8	0.4	3.1	32.1	4.6	17.9	-1.5	2.7
	8	19740723	11.20	1	17.8	20.7	0.2	1.3	32.1	2.0	11.4	-0.7	-1.8
冷口	1	19780723	105	2	55.28	14.4	0.1	11.0	76	12.7	85.5	-1.7	18.6
	2	19790628	40.7	1	26.3	9.0	0.1	2.1	76	4.0	14.9	-1.9	63.4
	3	19790630	92.4	1	34.02	28.6	0.2	6.0	76	13.3	87.1	-7.4	5.7
	4	19800728	99.1	3	42.45	93.8	0.8	24.3	76	21.4	95.5	2.9	3.6
	5	19810819	30.3	8	50.36	57.4	0.5	12.8	76	10.6	36.7	2.2	-21.1
	6	19820803	209	3	53.61	90.0	0.8	43.7	76	42.4	204	1.3	2.4
	7	19820807	80.8	1	31.34	60.6	0.5	13.8	76	15.0	71	-1.2	12.1
	8	19830907	63.4	6	52.22	27.0	0.2	17.6	76	16.1	69.0	1.5	-8.8
	9	19840824	55.9	3	40.94	21.1	0.2	7.0	76	9.8	43.2	-2.8	22.7
	10	19880810	56.9	4	39.43	55.8	0.5	17.9	36	13.0	71.4	4.9	-25.5
	11	19910726	33.3	3	43.04	18.6	0.2	2.8	76	9.0	39	-6.2	-17.1
	12	19950829	39.5	1	47.34	17.8	0.1	7.7	25	7.3	40	0.4	-1.3
	13	19960731	241	4	62.6	9.1	0.1	28.4	76	29.1	132	-0.7	45.2
	14	20070730	394	10	104.53	24.2	0.2	93.2	76	83.0	265	10.2	32.7

续表 7-5

站名	序号	洪号	洪峰流量 (m³/s)	主雨历时 t	主雨雨量 (mm)	P_a (mm)	B_0	R (mm)	单元产汇流计算			误差	
									产流面积 (km²)	R (mm)	洪峰流量 (m³/s)	径流量 (mm)	洪峰流量 (%)
北张店	1	20010727	430	12	101.047	75.2	0.6	31.2	270	30.3	401	0.9	6.7
	2	19910816	300	4	41.7	7.8	0.1	15.3	270	19.0	264	-3.7	12.0
	3	20040804	158	1		1.0	0.0	8.0	154.1	10.8	176	-2.8	-11.4
	4	20070730	90	6	51.4	3.0	0.0	9.2	270	9.7	86.4	-0.5	4.0
乡宁	1	19990809	720	2	43.2	2.8	0.0	13.4	328	16.7	700	-3.3	2.8
	2	19820609	466	1	45.3	17.9	0.2	6.1	80	26.8	440	-20.7	5.6
	3	19860818	283	3	39.1	5.1	0.1	7.3	328	8.1	250	-0.8	11.7
	4	19880715	201	2	25.6	32.8	0.3	4.6	150	4.7	183	-0.1	9.0
	5	19800628	161	1	24.2	3.2	0.1	2.8	130	6.7	140	-3.9	13.0
	6	19810718	158	2	21.4	26.6	0.3	3.3	328	4.0	140	-0.7	11.4
	7	20020723	151	2	30.6	25.1	0.3	1.7	75	1.1	102	0.6	32.5
	8	19990826	139	1	24.9	3.9	0.0	2.4	130	7.1	103	-4.7	25.9
	9	19910718	137	2	21.3	14.9	0.2	1.6	170	4.4	112	-2.8	18.2
	10	19800727	49	2	21.8	3.7	0.0	2.1	328	2.8	50	-0.7	-2.0
杨家坡	1	19950805	613	2	39.5	23.6	0.2	14.0	283	14.7	560	-0.7	8.6
	2	19970731	487	3	38.8	31.5	0.3	10.1	220	13.3	445	-3.2	8.6
	3	19910609	381	3	56.1	39.5	0.3	9.5	100	27.0	400	-17.5	-5.0
	4	19760818	375	3	39.5	8.0	0.1	11.7	283	9.0	315	2.7	16.0
	5	19770706	320	3	36.0	20.8	0.5	15.5	283	13.7	340	1.8	-6.3
	6	19910915	316	3	35.4	5.2	0.1	7.7	283	7.3	245	0.4	22.5
	7	19970728	287	2	56.1	17.2	0.2	8.2	80	29.2	300	-21.0	-4.5
	8	19870826	274	5	52.4	10.8	0.1	10.9	283	12.2	337	-1.3	-23.0
古县	1	19870801	272	2	47.6	11.2	0.1	7.1	90	20.5	262	-13.3	3.7
	2	19820809	248	1	37.4	49.6	0.4	9.2	80	22.2	250	-13.0	-0.8
	3	19820730	129	4	53.5	5.6	0.1	3.7	150.0	13.0	185.0	-9.3	-43.4
	4	19870630	92.7	2	22.9	10.0	0.1	2.7	130	3.4	95	-0.7	-2.5
	5	19820815	81.3	2	42.0	29.3	0.3	3.7	30.0	17.8	77.0	-14.1	5.3
	6	19810706	44.8	3	26.3	25.5	0.4	1.5	70	4.8	40	-3.3	10.7
	7	19800929	43	2	32.6	2.8	0.0	1.8	40	7.2	37.8	-5.4	12.1
	8	19820801	24	5	30.4	5.7	0.2	2.7	150	3.1	28.2	-0.4	-17.5
	9	19800813	21.8	1	22.0	11.2	0.1	1.2	30	5.5	20	-4.3	8.3
	10	19820816	20.5	1	6.5	34.3	0.3	1.2	80	1.9	15	-0.7	26.8

面,用一组参数无法同时满足不同年代的洪水模拟;四是部分洪水不是全流域产流,而是局部产流,实际产流面积的大小很难准确确定。

根据《水文情报预报规范》(GB/T 22482—2008),合格率大于70%时,为乙级方案。因此,认为所用参数是可靠合理的,可以用于山洪灾害预警指标临界雨量的推算。

只要确定了山洪灾害流域的危险流量,就可以利用动态临界雨量法推算出雨量预警指标。该方法不像归纳统计法需要大量的暴雨洪水资料,也克服了同频率法中灾害与暴雨或者洪水与暴雨同频率假定的缺点,在可靠合理的参数支持下,可以在全省范围内推广移用。

在确定临界雨量指标时,一个普遍的假设是全流域产流,因此确定出来的预警指标也是全流域降雨情况下的指标,在局部降雨的情况下,预警指标会有所变化,需要根据降雨的分布情况分单元计算预警指标。

7.1.1.5　成果比较

归纳统计法、灾害与降雨同频率分析法及动态临界雨量法三种方法各有优缺点,推算流域临界雨量预警指标时,对资料要求也不相同,因此其计算结果也并不一定一致,需要根据流域的具体资料条件正确选用方法,合理确定流域临界雨量预警指标。对于本次所研究的8个流域,由于资料条件的限制,选出能同时满足3种方法的4个站做了对比分析(见表7-6)。

归纳统计法简单易操作,但对自计雨量站网的密度要求较高,并且还需要有较翔实的山洪灾害资料,而大多山洪灾害易发区都是无资料地区,因此该种方法很难大面积推广。

灾害与降雨同频率分析法,相对而言对雨洪资料要求不高,但需要有完整的灾害记录资料,对于许多山洪易发区来说也很难做到;而且该方法没有考虑降雨量选样时超定量的问题,也就是一年不一定选一个样,但是在以往的降雨成果中一年只选一个最大值,因此计算结果偏差可能会较大;另外,降雨与灾害不一定是同频率的。

本次研究中动态临界雨量法采用《山西省水文计算手册》中的双曲正切产流模型与单位线流域汇流模型,对研究流域进行了产汇流模拟分析,结果证明所采用的水文模型以及山西省不同下垫面产汇流参数可靠、适用,因此该方法可以在无资料地区山洪灾害预警指标分析中推广使用。

7.1.2　典型流域雨量预警指标

由于径流是由降雨产生的,从达到警戒流量的时间开始往前推,在一定时间之内的累计降雨量称为警戒临界雨量。山洪的大小除与降雨总量、降雨强度有关外,还和流域土壤饱和程度或前期影响雨量密切相关。随着流域前期影响雨量的变化,山洪预警临界警戒雨量值也会随之发生变化,因此在建立山洪警戒临界雨量指标时,应该考虑山洪防治区中小流域前期影响雨量,给出不同前期影响雨量条件下的警戒临界雨量。其思路是以小流域上已发生的降雨量,采用《山西省水文计算手册》水文模型、双曲正切产流模型与单位线流域汇流模型,对流域进行产汇流模拟分析,根据警戒流量,反推能产生相应洪水的雨量来作为警戒雨量值。

预警指标计算步骤如下:

表 7-6　各种不同方法计算临界雨量比较

水文站	水文分区	B_0	1 h		
			归纳统计法	同频率法	临界雨量法
寺坪	中区	0	9.0 ~ 63.0		45 ~ 52
		0.3	16.8 ~ 28.0		38 ~ 47
		0.6		27 ~ 35	34 ~ 42
北张店	东区	0	66.6		56 ~ 62
		0.3	33.5 ~ 59.0		44 ~ 56
		0.6	29.0 ~ 37.1	29 ~ 37	33 ~ 49
岔上	中区	0	25.6 ~ 29.0		19 ~ 24
		0.3	22.6 ~ 27.1		16 ~ 20
		0.6	17.9 ~ 20.0	22 ~ 28	13 ~ 16
杨家坡	西区	0	25.4 ~ 28.4		30 ~ 37
		0.3	36.2 ~ 74.7		26 ~ 32
		0.6	25.5	22 ~ 29	22 ~ 27

水文站	水文分区	B_0	2 h		
			归纳统计法	同频率法	临界雨量法
寺坪	中区	0	15.5 ~ 97.6		34 ~ 45
		0.3	26.8 ~ 51.1		47 ~ 54
		0.6		35 ~ 46	42 ~ 47
北张店	东区	0			63 ~ 75
		0.3	41.0 ~ 55.7		56 ~ 66
		0.6	22.0 ~ 62.7	27 ~ 48	49 ~ 57
岔上	中区	0	38.4 ~ 58.0		24 ~ 38
		0.3	32.7 ~ 42.3		20 ~ 32
		0.6	24.1 ~ 33.9	28 ~ 37	16 ~ 26
杨家坡	西区	0	38.0 ~ 55.8		37 ~ 52
		0.3	61.8 ~ 61.6		32 ~ 45
		0.6	39.5	29 ~ 38	27 ~ 37

水文站	水文分区	B_0	3 h		
			归纳统计法	同频率法	临界雨量法
寺坪	中区	0	16.7 ~ 102.8		61 ~ 71
		0.3	34.5 ~ 59.3		54 ~ 63
		0.6	77.8 ~ 113.1	46 ~ 53	47 ~ 54
北张店	东区	0	77.8 ~ 113.1		75 ~ 86
		0.3	54.0 ~ 64.9		66 ~ 75
		0.6	41.6 ~ 61.0	48 ~ 56	57 ~ 65
岔上	中区	0	46.8		38 ~ 51
		0.3	26.7 ~ 49.2		32 ~ 43
		0.6	46.5	37 ~ 43	26 ~ 35
杨家坡	西区	0	47.2 ~ 68.3		52 ~ 66
		0.3	54.0 ~ 61.8		45 ~ 57
		0.6	50.3	38 ~ 44	37 ~ 48

7.1.2.1　计算流域可能损失量

流域可能损失量采用下式计算：

$$F_A(t_z) = S_{r,A}(1 - B_{0,P})t_z^{0.5} + 2K_{s,A}t_z \tag{7-22}$$

7.1.2.2　计算洪水净雨深

洪水净雨深用下式计算：

$$R = H_A(t_z) - F_A(t_z) \cdot \mathrm{th}\left[\frac{H_A(t_z)}{F_A(t_z)}\right] \tag{7-23}$$

7.1.2.3　计算洪水流量

采用综合瞬时单位线计算洪水流量

$$u_n(0,t) = \frac{1}{k\Gamma(n)}\left(\frac{t}{k}\right)^{n-1}\mathrm{e}^{-\frac{t}{k}} \tag{7-24}$$

7.1.2.4　反推不同历时的临界雨量

使用双曲正切模型反推不同历时的临界雨量，步骤如下：

（1）按不同净雨深计算洪峰流量，若达到预警流量，得出的净雨深 R，即为预警洪水需要净雨深 R。

（2）根据不同的主雨历时 t_z，分别假设一系列降雨量 $H_A(t_z)$，得出的净雨深 R，与预警洪水需要净雨深 R 相同时，系列降雨量 $H_A(t_z)$ 就是不同的主雨历时条件下的临界雨量，即为不同时段的雨量预警指标。

采用绛河作为研究流域，通过采用上述的临界雨量计算方法。

（1）绛河是浊漳河南源的一级支流，北张店水文站位于降河主流屯留县张店镇张店村，有庶纪河、王家湾河、西上村河、八泉河 4 条支流，危险区涉及 21 个行政村，人口 11 843 人。经对本流域进行分析差算，降河流域参数见表 7-7。

表 7-7　绛河流域参数

参数	S_r	K_s	c_1	c_2	β_1	β_2	α	A	L	$J(‰)$
值	23.0	1.5	1.357	2.050	0.047	0.190	0.397	270	19.0	7.0

（2）根据《山西省水文计算手册》，达到不同频率洪水的预警指标各不相同。现将不同量级洪水在不同前期土湿情况下的动态临界雨量指标进行，分析结果见表 7-8。

表 7-8　绛河流域动态临界雨量指标　　　　　　（单位：mm）

频率	洪峰 (m³/s)	B_0	不同时段的动态临界雨量(mm)					
			1 h	2 h	3 h	4 h	5 h	6 h
50%	65	0	22～28	28～36	36～42	42～47	47～52	52～56
		0.3	19～24	24～30	30～35	35～40	40～44	44～48
		0.6	15～19	19～24	24～28	28～32	32～36	36～39
20%	253	0	38～48	48～58	58～67	67～76	76～84	84～91
		0.3	34～42	42～50	50～58	58～66	66～73	73～79
		0.6	28～35	35～42	42～48	48～55	55～61	61～66
10%	456	0	50～63	63～75	75～86	86～97	97～106	106～116
		0.3	45～56	56～66	66～76	76～85	85～94	94～102
		0.6	39～49	49～57	57～65	65～73	73～80	80～88

续表 7-8

频率	洪峰 (m³/s)	B_0	不同时段的动态临界雨量(mm)					
			1 h	2 h	3 h	4 h	5 h	6 h
5%	730	0	64~80	80~94	94~108	108~120	120~132	132~145
		0.3	58~73	73~85	85~97	97~107	107~118	118~129
		0.6	53~66	66~75	75~85	85~94	94~103	103~114
3.33%	900	0	72~90	90~105	105~121	121~133	133~147	147~161
		0.3	66~83	83~95	95~109	109~120	120~132	132~145
		0.6	61~76	76~86	86~97	97~107	107~117	117~129

（3）预警指标确定。结合绛河河道治理情况,经现场勘测,当洪水达到 10 年一遇(洪峰流量 456 m³/s)时,部分农户将遭受洪水影响,需要转移;当洪水在 5 年一遇(洪峰流量 253 m³/s)时,河道可以安全行洪。那么河道预警指标可按照洪峰流量 253 m³/s 预警准备转移,洪峰流量 456 m³/s 立即转移。雨量预警指标可按照表 7-9 中相应雨量值作为预警指标值。

表 7-9　绛河流域雨量预警指标

频率	洪峰流量 (m³/s)	有效降水	不同时段的雨量预警指标(mm)					
			1 h	2 h	3 h	4 h	5 h	6 h
准备转移	253	无	38~48	48~58	58~67	67~76	76~84	84~91
		较少	34~42	42~50	50~58	58~66	66~73	73~79
		较多	28~35	35~42	42~48	48~55	55~61	61~66
立即转移	456	无	50~63	63~75	75~86	86~97	97~106	106~116
		较少	45~56	56~66	66~76	76~85	85~94	94~102
		较多	39~49	49~57	57~65	65~73	73~80	80~88

综上所述,只要该流域某时段有降水,且能达到表中的量级,将会产生相应的洪水,所以地类选择参数选择决定反推的预警指标。在实际的运用过程中我们要对典型流域进行实地调查、测量,分析计算流域危险水位及危险流量。收集相关流域的大比例尺地形图,量算流域特征参数包括流域面积、河道长度、河道比降等。收集下垫面产汇流地类图,确定流域各地类的产汇流面积并计算参数。

7.1.3　预警指标的应用

本次研究雨量预警指标的时间尺度为 1 h、2 h、3 h、4 h、5 h 和 6 h 的临界雨量。实际应用中,根据前期影响雨量指标 B_0,从降雨开始统计降雨量,当 1 h 累积降雨量达到 1 h 临界警戒雨量时,就发布预警,如果 1 h 累积降雨量未达到 1 h 临界雨量,那么继续对降雨进行监测,检查 2 h 累积降雨量是否达到 2 h 临界雨量,如果达到就发布预警;否则,继续监测 3 h 累积降雨,依次类推,直到完成 6 h 累积降雨的监测(如图 7-2 所示)。

对于群防群测的简易报警器,只能根据本地的实测点降雨量来判断是否达到临界雨量,对于县、市平台可掌握面降水情况,则可以比较准确地计算出流域平均降雨量以及前期影响雨量指标 B_0。

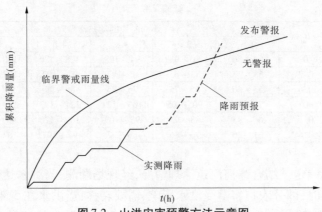

图 7-2　山洪灾害预警方法示意图

7.2　雨量预警指标

雨量预警指标采用流域模型法进行分析。

7.2.1　预警时段确定

预警时段与流域的汇流时间有关,按照以下原则确定:

(1)根据长治市暴雨特性、流域面积大小、平均比降、形状系数、下垫面情况等因素,基本预警时段定为 0.5 h、1 h、2 h、3 h、6 h。

(2)如果汇流时间大于等于 6 h,预警时段定为 0.5 h、1 h、2 h、3 h、6 h 和汇流时间。如果汇流时间小于 6 h,预警时段定为汇流时间以及小于汇流时间的基本预警时段。

7.2.2　流域土壤含水量

采用《山西省水文计算手册》中的流域前期持水度 B_0 作为综合反映流域土壤含水量或土壤湿度的间接指标。B_0 取值为 0、0.3 和 0.6 分别代表土壤湿度较干、一般和较湿 3 种情况。

7.2.3　临界雨量计算

在确定了成灾水位、预警时段以及产汇流分析方法后,就可以计算不同流域前期持水度(B_0)下各典型时段的危险区临界雨量。具体计算步骤如下:

(1)假设一个最大第 2 h 至最大第 6 h 的降雨总量初值 H。根据设计雨型,分别计算出最大第 2 h 至最大第 6 h 的降雨量 $P'_2 \sim P'_6$。

(2)计算暴雨参数。由式(7-25)和式(7-26)计算得到不同暴雨参数下的最大 1 h 至最大 6 h 的降雨总量值 $H_1 \sim H_6$ 及最大第 2 h 至最大第 6 h 的降雨量 $P_2 \sim P_6$。根据表 7-10 中暴雨参数的范围,可以得到多组 $P_2 \sim P_6$,将每组 $P_2 \sim P_6$ 与 $P'_2 \sim P'_6$ 进行比较,误差平方和最小的那组 $P_2 \sim P_6$ 所用参数即为所要求的暴雨参数。

$$H_P(t) = \begin{cases} S_P \cdot t^{1-n} & \lambda \neq 0 \\ S_P \cdot t^{1-n_s} & \lambda = 0 \end{cases} \qquad 0 \leqslant \lambda < 0.12 \qquad (7\text{-}25)$$

$$n = n_s \frac{t^\lambda - 1}{\lambda \ln t} \tag{7-26}$$

式中:n、n_s 分别为双对数坐标系中设计暴雨时强关系曲线的坡度及 $t = 1$ h 时的斜率;S_P 为设计雨力,即 1 h 设计雨量,mm/h;t 为暴雨历时,h;λ 为经验参数。

表 7-10　暴雨参数取值范围

暴雨参数	取值范围	精度
S_P	$P_2 \sim 100$	0.1
n_s	$0.01 \sim 1$	0.01
λ	$0.001 \sim 0.12$	0.001

(3)由步骤(2)计算得的暴雨参数值,用式(7-25)和式(7-26)可以计算最大第 1 h 至最大第 6 h 的雨量;根据设计雨型,得到典型时段内每小时的雨量 H_{P_1},H_{P_2},$\cdots$,H_{P_6}。

(4)使用双曲正切产流模型与单位线流域汇流模型进行产汇流分析,计算由典型时段内各小时降雨所形成的洪峰流量 Q_m。(具体步骤参见第 5 章相关内容)

(5)如果 $| Q_m - Q | > 1$ m³/s,则用二分法重新假设 H,其中 Q 为成灾水位对应洪峰流量。

(6)重复步骤(2)~步骤(5),直到 $| Q_m - Q | \leqslant 1$ m³/s,典型时段内各小时的降雨总量即为临界雨量。

7.2.4　雨量预警指标综合确定

雨量预警指标方法采用流域模型法。由于径流是由降雨产生的,从达到警戒流量的时间开始往前推,在一定时间之内的累计降雨量称为警戒临界雨量。山洪的大小除与降雨总量、降雨强度有关外,还和流域土壤饱和程度或前期影响雨量密切相关。随着流域前期影响雨量的变化,山洪预警临界警戒雨量值也会随之发生变化,因此在建立山洪警戒临界雨量指标时,应该考虑山洪防治区中小流域前期影响雨量,给出不同前期影响雨量条件下的警戒临界雨量。其思路是以小流域上已发生的降雨量,采用《山西省水文计算手册》中的水文模型、双曲正切产流模型与单位线流域汇流模型,对流域进行产汇流模拟分析,根据警戒流量,反推能产生相应洪水的雨量来作为警戒雨量值。

(1)立即转移指标。由于临界雨量是从成灾水位对应流量的洪水推算得到的,所以在数值上认为临界雨量即立即转移指标。

(2)准备转移指标。预警时段为 0.5 h 时,准备转移指标 = 立即转移指标 ×0.7。

预警时段为 1 h、2 h、3 h、6 h 和汇流时间时,前 0.5 h 的立即转移指标即为该预警时段的准备转移指标。

7.2.5　其他原因致灾村落雨量预警指标

洪水威胁主要来源于暴雨产生坡面汇水的村落,首先利用 DEM 以及等高线勾绘出坡面洪水汇水区域,计算不同频率设计暴雨值;根据调查阶段资料中历史山洪灾害确定暴雨影响频率,然后根据式(4-3)和式(4-5)计算基本预警时段的设计暴雨作为其雨量预警指标。

长治市预警指标成果(一县列举一村)见表 7-11。

表 7-11　长治市预警指标成果

序号	县(区、市)	行政区划名称	行政区划代码	B_0	时段(h)	预警指标		临界雨量/水位	方法
						准备转移	立即转移		
1	长治市郊区	关村	140411100001000	0	0.5	68	98	98	流域模型法
					1	98	102	102	
				0.3	0.5	50	71	71	
					1	71	95	95	
				0.6	0.5	45	65	65	
					1	65	89	89	
2	长治县	柳林村	140421100212000	0	0.5	20	28	28	流域模型法
					1	28	37	37	
					1.5	37	43	43	
				0.3	0.5	17	24	24	
					1	24	33	33	
					1.5	33	38	38	
				0.6	0.5	13	19	19	
					1	19	28	28	
					1.5	28	32	32	
3	襄垣县	石灰窑村	140423100208000	0	0.5	33	47	47	流域模型法
					1	47	61	61	
					1.5	61	69	69	
				0.3	0.5	29	42	42	
					1	42	54	54	
					1.5	54	62	62	
				0.6	0.5	26	37	37	
					1	37	46	46	
					1.5	46	53	53	
4	屯留县	杨家湾村	140424100218000	0	1	51	73	73	流域模型法
				0.3	1	48	69	69	
				0.6	1	45	64	64	
5	平顺县	贾家村	140425100223000	0	0.5	30	43	43	流域模型法
					1	43	57	57	
					1.5	57	67	67	
				0.3	0.5	26	37	37	
					1	37	51	51	
					1.5	51	59	59	
				0.6	0.5	21	30	30	
					1	30	43	43	
					1.5	43	51	51	
6	黎城县	东洼	140426100209000	0	0.5	24	34	34	流域模型法
					1	34	43	43	
					2	49	54	54	
					3	58	63	63	
				0.3	0.5	21	29	29	
					1	29	36	36	
					2	42	46	46	
					3	50	53	53	
				0.6	0.5	17	24	24	
					1	24	29	29	
					2	34	38	38	
					3	41	44	44	

续表 7-11

序号	县(区、市)	行政区划名称	行政区划代码	B_0	时段(h)	预警指标		临界雨量/水位	方法
						准备转移	立即转移		
7	壶关县	桥上村	140427206200000	0	0.5	79	112	112	流域模型法
					1	112	130	130	
					2	141	152	152	
				0.3	0.5	74	106	106	
					1	106	121	121	
					2	130	140	140	
				0.6	0.5	69	99	99	
					1	99	111	111	
					2	119	126	126	
8	长子县	红星庄	140428102205000	0	0.5	25.2	36	36	间接法
9	武乡县	洪水村	140429101200000	0	0.5	27	38	38	流域模型法
					1	38	46	46	
					2	52	57	57	
					3	62	65	65	
					4	69	72	72	
				0.3	0.5	24	34	34	
					1	34	41	41	
					2	45	50	50	
					3	54	58	58	
					4	62	65	65	
				0.6	0.5	20	29	29	
					1	29	34	34	
					2	38	42	42	
					3	45	49	49	
					4	53	56	56	
10	沁县	北关社区	140430100001000	0	0.5	47	68	68	流域模型法
					1	68	79	79	
					2	85	91	91	
					3	99	108	108	
					3.5	108	115	115	
				0.3	0.5	44	63	63	
					1	63	72	72	
					2	78	83	83	
					3	90	98	98	
					3.5	98	106	106	
				0.6	0.5	41	59	59	
					1	59	66	66	
					2	70	74	74	
					3	80	89	89	
					3.5	89	96	96	
11	沁源县	麻巷村	140431100203000	0.3	0.5	38	54	54	同频率法
12	潞城市	会山底村	140481002216000	0	0.5	55	79	79	流域模型法
				0.3	0.5	51	73	73	
				0.6	0.5	43	61	61	

7.3　水位预警指标

参照《山洪灾害分析评价技术要求》和《山洪灾害分析评价指南》,只需针对适用水位预警条件的预警对象分析水位预警指标。水位预警指标包括准备转移和立即转移两级。

7.3.1　河道水位预警

山洪灾害危险区小流域内缺乏实测历史洪水资料,水位预警指标难以确定。为此,我们在小流域选定下游有重要城镇、工矿企事业单位,且人口相对密集的地方作为预报节点,组织人员专门对重点保护区及水位站河道地形进行了实地调查和测量。根据调查的历史洪水位,依据各调查点的山洪灾害成灾情况和河道断面两岸的地面高程、附近居民生活生产环境等要素,确定历史成灾水位(假定水位)为立即转移指标;结合当地水利工程在历史成灾水位上适当降低,作为准备转移指标。

根据调查的当地历史大洪水以及实测的现状河道过水断面,选取保护区行洪能力最差过水断面,采用面积比降法确定参选断面安全过水流量,作为保护区安全过水流量。以保护区安全过水流量根据水位站与保护区集水面积折算求得水位监测站的相应流量,依据水位站实测大断面采用比降面积法推求水位站警戒水位(假定水位)。

7.3.1.1　长治市郊区

长治市郊区非工程措施建设水位站 2 处,其中自动水位监测站点 1 处,位于郊区老顶山开发区大天桥;简易水位站 1 处,位于故县坡底村。长治市郊区河道监测站水位预警指标见表 7-12。

表 7-12　长治市郊区河道监测站水位预警指标

水位站名称	河流名称	面积 (km^2)	河长 (km)	比降(‰)	准备转移指标		立即转移指标	
					水位 (m)	流量 (m^3/s)	水位 (m)	流量 (m^3/s)
大天桥	南天桥沟	11.2	3.78	7.4	1 012.74	19.0	1 012.98	46.0
坡底	故县小河	21.3	6.25	1.6	848.58	54.0	848.84	85.0

大天桥站处于南天桥沟流域,流域面积为 11.2 km^2,有石桥、大天桥、中天桥、毛占、南天桥 5 个行政村,总人口 2 652 人。全部处于危险区。准备转移指标预警指标流量为 19.0 m^3/s,立即转移指标预警指标流量为 46.0 m^3/s。

坡底简易水位站,位于故县坡底村,流域内有葛家庄、史家庄、西沟、坡底、故县、王庄等 12 个行政村,有煤矿、焦化厂、长钢、水泥厂等多家企业,准备转移指标预警指标流量为 54.0 m^3/s,立即转移指标预警指标流量为 85.0 m^3/s。

7.3.1.2　长治县

长治县各河道监测站水位预警指标详见表 7-13。

表 7-13　长治县河道监测站水位预警指标

水位站名称	河流	准备转移指标		立即转移指标		备注
		水位(m)	流量(m³/s)	水位(m)	流量(m³/s)	
北楼底	色头河	993.50	185	993.80	235	
定流	庄头河	1 085.70	150	1 086.80	190	
辉河	辉河沟	970.75	180	971.45	240	
河头	陶清河	990.30	245	990.90	345	
横河	荫城河	1 020.30	165	1 020.85	206	

7.3.1.3　襄垣县

襄垣县各河道监测站水位预警指标详见表 7-14。

表 7-14　襄垣县河道监测站水位预警指标

水位站名称	河流	流域面积(km²)	河长(km)	河道比降(‰)	准备转移指标		立即转移指标	
					水位(m)	流量(m³/s)	水位(m)	流量(m³/s)
西底	黑河	57.26	9.25	14.6	923.20	140	924.80	200
潞安矿物局东	淤泥河	75.6	16.25	12.3	959.10	180	960.70	250
王村	史水河上游	46.93	27	13.4	983.25	220	984.40	340

7.3.1.4　屯留县

根据现在屯留县防汛状况,确定本县河道监测站点为 4 处。各河道监测站水位预警指标详见表 7-15。

表 7-15　屯留县河道监测站水位预警指标

水位站名称	河流	河长(km)	控制面积(km²)	准备转移指标		立即转移指标	
				水位(m)	流量(m³/s)	水位(m)	流量(m³/s)
北张店	绛河	30.0	270	981.76	752	981.96	868
吾元	吾元河	16.5	68.2	1 006.30	135	1 006.70	284
西村	西曲河	15.4	73.6	1 014.45	100	1 014.65	150
西丰宜	岚水河	18.9	85.6	959.45	215	959.80	360

7.3.1.5　平顺县

平顺县境内大多为季节性河沟。本次山洪灾害普查,虽然对危险区 29 个小流域内比较大的河沟选取部分断面进行了大断面测量,并走访当地群众粗略地了解了一些历史大洪水及其水位所能达到的高度,但随着时间的推移,天然河道的改变以及大量受人类活动等的影响,其可靠程度很低,并不能用来准确确定水位预警指标。所以,目前水位预警指标难以确定,只能在 29 个小流域内选定几处下游有重要城镇、工矿企事业单位,且人口相对密集的水位预报节点进行历史洪水位调查,依据各调查点的山洪灾害成灾情况,确定历史成灾水位为立即转移指标;再结合当地水利工程,在历史成灾水位适当降低的情况下,作为准备转移指标。

平顺县各河道水位站预警指标详见表 7-16。

表 7-16　平顺县河道监测站水位预警指标

站名	所属流域	站别	准备转移指标(m)	立即转移指标(m)
青行头	平顺河上游	简易水位	1 326.50	1 327.44
西湾	寺头河	简易水位	1 269.00	1 269.32
侯壁	浊漳河	自动水位	696.75	697.35
虹梯关	虹梯关	简易水位	1 190.70	1 191.00

7.3.1.6 黎城县

黎城县各河道监测站水位预警指标详见表7-17。

表7-17　黎城县河道监测站水位预警指标

水位站名称	预警		转移		平水位(m)
	水位(m)	流量(m³/s)	水位(m)	流量(m³/s)	
东关村	749.15	101	749.5	170	747.6
麻池滩村	707.15	60	707.4	108	705.7
南委泉	836.15	35	836.5	50	834.6
彭庄村	927.15	50	927.4	100	925.7
平头	977.15	25	977.5	110	975.6

7.3.1.7 壶关县

壶关县各河道监测站水位预警指标详见表7-18。

表7-18　壶关县河道监测站水位预警指标

站名	河流	河长(km)	控制面积(km²)	准备转移指标		立即转移指标	
				水位(m)	流量(m³/s)	水位(m)	流量(m³/s)
黄崖底	桑延河	11.3	70.4	749.5	30	750	45
树掌	浙河	36	403.6	1 207.5	20	1 208	30
石坡	石坡河	20.5	116	1 407.5	20	1 408	30
山则后	陶清河	75	75.6	987.5	30	988	45
西七里	石子河	13	57.9	1 257.5	20	1 258	30

7.3.1.8 长子县

长子县各河道监测站水位预警指标详见表7-19。

表7-19　长子县河道监测站水位预警指标

站名	预警		转移	
	水位(m)	流量(m³/s)	水位(m)	流量(m³/s)
韩村	990.15	101	990.43	170
马箭	986.34	60	986.76	108
西田良	958.46	101	958.96	170
金村	986.66	60	986.93	108
善村	991.13	41	991.52	60

7.3.1.9 武乡县

武乡县境内有自动河道水位站贾豁河贾豁,潘洪河支流河上、东庄,马牧河石北。各河道监测站水位预警指标详见表7-20。

表7-20　武乡县河道监测站水位预警指标

站名	防护区		水位站准备转移指标		水位站立即转移指标	
	安全流量(m³/s)	危险流量(m³/s)	水位(m)	流量(m³/s)	水位(m)	流量(m³/s)
石北	112	170	1 007.50	49.2	1 008.00	112
贾豁	104	216	1 036.40	92.8	1 036.50	104
河上	212	304	1 198.50	122	1 198.69	212
东庄	593	808	1 076.50	300	1 076.85	491

石北水位站下游相关村庄有:东河、石北、下庄、圪咀头、张村、张村沟、楼则峪、小良、神西、义门、岭南、西黄岩、东黄岩、型庄、长蔚、长庆凹、红土凹、东胡家垴、胡庄铺、平家沟、朱家凹、王路。

贾豁水位站下游相关村庄有:贾豁、胡庄、上寺垭、宋家庄、张家庄、刘家沟、丰台坪、上王堡、李家庄、下王堡、韩道沟、石泉、郭村、下司庄、桃峪、槐树垭、龙王沟、吉利坪、水泉、古台、阳南头、田庄、王家垴、陈家沟。

河上、东庄水位站相关村庄有:墨镫、马堡、新村、戈北坪、羊圈、合家垴、曹家垭、上北台、玉石沟、井湾、雁过街、青草垭、河神垭、常青、洪水、新上岭、南台、白和、庄里、阳坡庄、当城、柳树垭、下寨、郝家岭、熬垴、南坪、茂树角、苏峪沟、北反头、苏峪、闫家庄、大西岭、寨坪、小西岭、西沟、洞上、东庄、新寨、中村、窑湾、白杨岭、左会、湾则、芝麻角、响黄、新庄、拴马、显王、肖家岭、杨李枝、泉河、上广志、韩青垴、朱家垴、长垭、下广志、曹家庄、半坡、下黄岩、上王岭、杏树烟、西才垴、上黄岩、下石墙、庄沟、道场、胡家岭、蟠龙、李家坪、上型塘、老凹、白家庄、老中角、尚元、祥良、河不凌、柳沟、庄底、温庄、下型塘、上北漳、苗杜、陌峪、胡峦岭、石门、大陌、砖壁、烟里、史家咀、安乐庄、南山头、神南、关家垴、马垴、郊口、南郊、石瓮、东沟、石板、庙凹、庙烟、大圪垴、山角坡、季家岭、韩家垴、郭家垴、团松、小西沟、大西沟、汉广、前张庄、后张庄、栗家沟、树辛、陶家沟。

7.3.1.10　沁县

沁县各河道水位站预警指标详见表 7-21。

表 7-21　沁县河道监测站水位预警指标

站名	防护区		水位站准备转移指标		水位站立即转移指标	
	安全流量 （m³/s）	危险流量 （m³/s）	水位 （m）	流量 （m³/s）	水位 （m）	流量 （m³/s）
松村	68	166	975.55	47	976.05	114.0
迎春	240	300	941.10	148	942.20	184.0

7.3.1.11　沁源县

沁源县现有河道水位站 4 处,预警指标详见表 7-22。

表 7-22　沁源县河道监测站水位预警指标

站名	河流名称	面积 （km²）	河长 （km）	比降 （‰）	准备转移指标		立即转移指标	
					水位 （m）	流量 （m³/s）	水位 （m）	流量 （m³/s）
古寨	龙凤河	102.5	11.3	2.8	1 388.00	69.0	1 389.32	223.0
韩洪	韩洪河	78.5	16.9	5.2	1 179.50	54.0	1 180.48	146.0
官滩	紫红河	70.6	17.2	1.5	1 210.60	31.0	1 211.00	62.0
新店上	聪子峪河	85.6	10.5	2.5	1 214.00	63.0	1 215.00	161.0

7.3.1.12　潞城市

潞城市建有水位(文)监测站点:曲里、漫流岭、会山底、桥堡、枣臻、下黄、石梁(国家水文站)。各河道水位(文)站预警指标详见表 7-23。

表 7-23　潞城市河道监测站水位预警指标

站名	河流	准备转移指标(m)	立即转移指标(m)
曲里	浊漳河南支	882.58	883.08
桥堡	桥堡	981.32	982.00
漫流岭	漫流河	824.33	826.00
枣臻	枣臻河	900.54	901.00
会山底	会山底	910.82	911.10
下黄	李庄河	763.25	763.70
石梁	浊漳河	904.40	905.00

7.3.2　水库水位预警

水库水位预警指标:当水库溢洪、库区上游持续降雨、水位继续上涨时,通过广播、电视、电话等手段向外发布汛情公告或紧急通知,准备转移可能被淹没范围内的人员和财产。当库水位达到设计水位、库区上游仍有强降雨或出现重大险情时,通过各种途径向可能被淹没范围内的人员发布紧急通知,组织群众立即转移。

根据实际情况和预警要求,将水库站溢洪道底高程作为警戒(准备转移)水位,设计洪水位作为危险(立即转移)水位。

7.3.2.1　长治市郊区

漳泽水库是长治市郊区唯一的大型水库,预警指标见表7-24。

表 7-24　长治市郊区水库监测站水位预警指标

站名	河流	准备转移指标(m)	立即转移指标(m)
漳泽水库	浊漳河南源	902.40	903.61

7.3.2.2　长治县

长治县境内现有 1 座大型水库、2 座小型水库、1 座中型水库。中型水库有陶清河水库,小型水库有南宋乡的北宋水库、西火乡的东庄水库,在北宋水库建设了水位站,水位预警指标见表7-25。

表 7-25　长治县水库监测站水位预警指标

站名	河流	准备转移指标(m)	立即转移指标(m)
北宋水库	南宋河	1 023.60	1 026.50

7.3.2.3　襄垣县

襄垣县境内存在阳泽河水库水位预警指标,见表7-26。

表 7-26　襄垣县水库监测站水位预警指标

站名	河流	面积(km²)	准备转移指标(m)	立即转移指标(m)
阳泽河水库	阳泽河	44.0	926.60	930.10

7.3.2.4　屯留县

屯留县水库站根据水库的警戒水位、危险水位确定其预警指标,见表7-27。

表 7-27　屯留县水库监测站水位预警指标

站名	控制面积（km²）	河流	防护对象	防护距离（km）	准备转移指标（m）	立即转移指标（m）
石泉水库	10.3	石泉河	丰宜镇、鲍家河水库	4.2/7.5	978.00	980.00
贾庄水库	13.5	上莲河	余吾镇、电厂、煤矿、屯留县城	5.8/6.0/6.0	994.00	996.50
雁落坪水库	12.0	霜泽水河	建材厂、丈八庙学校、屯绛水库	5.9/6.4/7.0	1 010.00	1 013.00

7.3.2.5　平顺县

平顺县水库监测站水位预警指标见表 7-28。

表 7-28　平顺县水库监测站水位预警指标

站名	所属流域	站别	准备转移指标（m）	立即转移指标（m）
石匣水库	石匣沟	自动水位	1 264.55	1 269.23
西沟水库	平顺河	自动水位	1 112.20	1 117.18
西河水库	大渠沟	自动水位	1 149.26	1 157.50
北甘泉水库	南大河	自动水位	949.00	952.10

7.3.2.6　黎城县

黎城县境内现有 5 座小型水库,其中段家庄水库、申王河水库、长畛背水库为干库。水库监测站水位预警指标见表 7-29。

表 7-29　黎城县水库监测站水位预警指标

站名	准备转移水位指标（m）	立即转移水位指标（m）
阳南河水库	842.5	842.5
塔坡水库	750.8	752.0
段家庄水库	818.6	819.4
申王河水库	809.0	812.0
长畛背水库	814.0	816.8

7.3.2.7　壶关县

壶关县境内有水库水位站 4 处,水位预警指标见表 7-30。

表 7-30　壶关县水库监测站水位预警指标

站名	河流	准备转移指标（m）	立即转移指标（m）
西堡水库	陶清河	1 080.2	1 085.94
石门口水库	淙上河	1 228.5	1 229.94
庄头水库	庄头河	1 083.0	1 090.50
龙丽河水库	庄头河	1 023.48	1 027.63

7.3.2.8　长子县

长子县境内存在中型申村水库、鲍家河水库,水位预警指标见表 7-31。

表 7-31　长子县水库监测站水位预警指标

水库名称	准备转移水位指标(m)	立即转移水位指标(m)
申村水库	950	951.15
鲍家河水库	950	951.54

7.3.2.9　武乡县

武乡县境内现有 1 座大型水库、3 座小型水库,3 座小型水库均建设了水位站。武乡县水库监测站水位预警指标见表 7-32。

表 7-32　武乡县水库监测站水位预警指标

水库名称	准备转移水位指标(m)	立即转移水位指标(m)
故城水库	1 047.00	1 049.60
胡庄水库	1 097.00	1 101.37
松北水库	95.85	98.48

故城水库位于故城镇故城村,故城村位于武乡县西部丘陵山区,距县城 25 km 处。控制流域面积 30 km^2,总库容 230 万 m^3,1953 年水库枢纽工程,输水干渠和田间渠道同时建成,使武乡县最大的平川故城坪 1 万多亩旱地变成水浇地。整个灌区总控制面积 11 837 亩,信义水库控制流域面积 4.01 km^2,总库容 25 万 m^3。大水峪水库控制流域面积 5.34 km^2,总库容 34 万 m^3。松北水库控制流域面积 10.26 km^2,总库容 102 万 m^3。水库准备转移水位指标 1 047.00 m,立即转移水位指标 1 049.60 m。

胡庄村位于胡庄水库库区,胡庄水库流域面积 56 km^2,流域长度 9 km,流域比降 30‰,设计洪水位 1 101.37 m,校核洪水位 1 102.98 m,汛限水位 1 097.00 m,正常蓄水位 1 097.00 m,死水位 1 093.00 m。胡庄水库影响村庄为石盘开发区辖区村庄。水库准备转移水位指标 1 097.00 m,立即转移水位指标 1 101.37 m。

松北水库位于武乡县丰州镇松北村,松北水库建于 1958 年,2012 年经过除险加固工程。水库准备转移水位指标 95.85 m,立即转移水位指标 98.48 m。

7.3.2.10　沁县

沁县水库监测站水位预警指标见表 7-33。

表 7-33　沁县水库监测站水位预警指标

水库名称	正常蓄水位(m)	准备转移水位指标(m)	立即转移水位指标(m)
圪芦河水库	954.3	956.30	958.30
漳源水库	992.0	992.25	992.50
景村水库	975.0	976.30	977.60
梁家湾水库	960.0	960.30	960.60
迎春水库	977.8	978.65	979.50
石板上水库	988.7	993.95	999.20
西湖水库	949.0	950.40	951.80
徐阳水库	958.3	960.00	961.70
待贤水库	966.6	981.80	997.00
韩庄水库	1 068.0	1 069.00	1 070.00
后沟水库	993.0	994.0	994.5
华山沟水库	973.5	974.5	975.0
大良水库	1 002.0	1 004.5	1 006.0
石门水库	992.0	994.0	995.4

7.3.2.11　沁源县

沁源县水库监测站水位预警指标见表7-34。

表 7-34　沁源县水库监测站水位预警指标

站名	控制面积(km^2)	河流	准备转移水位指标(m)	立即转移水位指标(m)
支角水库	26.0	青龙河	1 156.67	1 157.17

7.3.2.12　潞城市

黄牛蹄水库是潞城市建有自动水位站的水库,水位预警指标见表7-35。

表 7-35　潞城市水库监测站水位预警指标

站名	河流	准备转移水位指标(m)	立即转移水位指标(m)
黄牛蹄水库	黄牛蹄	776.30	776.80

7.4　危险区图绘制

按照《山洪灾害分析评价技术要求》和《山洪灾害分析评价指南》的要求,针对每个防灾对象进行危险区图绘制,包括基础底图信息、主要信息和辅助信息3类。

(1)基础底图信息:遥感底图信息,行政区划、居民区范围、危险区、控制断面、河流流向、对象在县级行政区的空间位置。

(2)主要信息:各级危险区(极高、高、危险)空间分布及其人口(户数)、房屋统计信息,转移路线,临时安置地点,典型雨型分布,设计洪水主要成果,预警指标,预警方式,责任人,联系方式等。

(3)辅助信息:编制单位、编制时间,以及图名、图例、比例尺、指北针等地图辅助信息。

特殊工况危险区图在危险图基础上增加以下信息:

(1)特殊工况、洪水影响范围及其人口、房屋统计信息。

(2)工程失事情况说明,特殊工况的应对措施等内容。

第8章　洪灾防治措施

8.1　防治原则

（1）坚持科学发展观，以人为本，以保障人民群众生命安全为首要目标，最大限度地避免或减少人员伤亡，减少财产损失。

（2）贯彻安全第一，常备不懈，以防为主，防、抢、救相结合。

（3）落实行政首长负责制、分级管理责任制、分部门责任制、技术人员责任制和岗位责任制。

（4）因地制宜，具有实用性和可操作性。

（5）坚持统一规划，突出重点，兼顾一般，局部利益服从全局利益。

（6）坚持"先避险、后抢险，先救人、再救物，先救灾、再恢复"。

8.2　山洪灾害类型区划分

本次长治市分析评价主要针对溪河洪水和坡面汇水影响对象进行，不包括滑坡、泥石流以及干流对支流产生明显顶托等情形。

8.3　不同类型区洪灾特点

（1）季节性强，频率高：山洪灾害主要集中在汛期，尤其主汛期更是山洪灾害的多发期。

（2）区域性明显，易发性强：山洪主要发生于山区、丘陵区及受其影响的下游倾斜平原区。由于长治市境内山区沟壑发育，沟深坡陡，暴雨时极易形成具有冲击力的地表径流，山洪暴发，形成山洪灾害。

（3）来势迅猛，成灾快：洪水具有突发性，往往由局部性高强度、短历时的大雨、暴雨和大暴雨所造成，因山丘区山高坡陡，溪河密集，降雨迅速转化为径流，且汇流快、流速大，降雨后几小时即成灾受损，防不胜防。

（4）破坏性强，危害严重：受山地地形影响，长治市境内不少乡（镇）和村庄建在边山峪口或山洪沟口两侧地带，山洪灾害发生时往往伴生滑坡、崩塌、泥石流等地质灾害，并造成河流改道、公路中断、耕地冲淹、房屋倒塌、人畜伤亡等。

8.4 山洪预报系统建设

　　2011～2015 年山西省山洪灾害防治非工程措施建设已完工,山洪防治预警指标确定结果对山洪灾害的防御有着至关重要的作用。长治市建设自动水位站 37 处、自动雨量站 168 处、简易雨量站 1 698 处、简易水位站 53 处,无线预警广播站 1 065 处。长治市山洪灾害防治非工程措施建设情况统计见表 8-1。

表 8-1　长治市山洪灾害防治非工程措施建设情况统计

序号	县(区、市)	自动雨量站	自动水位站	无线预警广播站	简易雨量站	简易水位站
1	长治市郊区	11	1	66	66	1
2	长治县	9	2	55	134	2
3	襄垣县	12	2	118	118	2
4	屯留县	11	3	73	164	3
5	平顺县	30	5	79	191	4
6	黎城县	10	5	111	111	5
7	长子县	11	2	151	151	4
8	壶关县	11	3	101	148	6
9	武乡县	12	7	54	130	0
10	沁县	15	3	115	190	17
11	沁源县	19	2	70	125	3
12	潞城市	17	2	72	170	6
	合计	168	37	1 065	1 698	53

　　长治市自动监测站点分布见图 8-1,长治市无线预警广播站点分布见图 8-2,长治市简易监测站点分布见图 8-3。长治市自动雨量站详细情况见表 8-2。

8.4.1 长治市郊区

　　长治市郊区山洪灾害防治非工程措施已建成自动雨量站 11 处、自动水位站 1 处、简易雨量站 66 处、简易水位站 1 处和无线预警广播站 66 处。

8.4.2 长治县

　　长治县山洪灾害防治非工程措施已建成自动水位站 2 处、自动雨量站 9 处、简易水位站 2 处、简易雨量站 134 处和无线预警广播站 55 处。

8.4.3 襄垣县

　　襄垣县山洪灾害防治非工程措施已建成自动雨量站 12 处、自动水位站 2 处、简易雨量站 118 处、简易水位站 2 处和无线预警广播站 118 处。

8.4.4 屯留县

　　屯留县山洪灾害防治非工程措施已建成自动雨量站 11 处、自动水位站 3 处、简易雨量站 164 处、简易水位站 3 处和无线预警广播站 73 处。

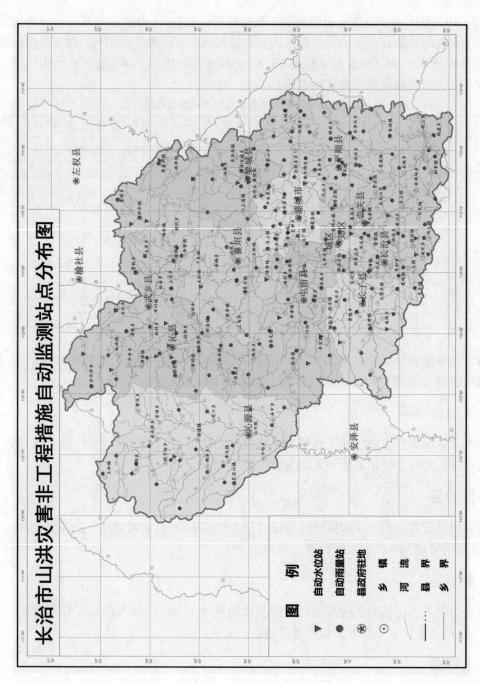

图 8-1　长治市自动监测站点分布图

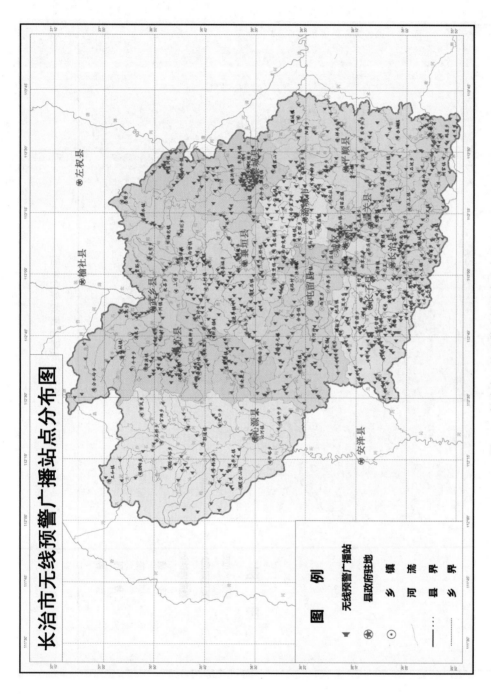

图 8-2 长治市无线预警广播站点分布图

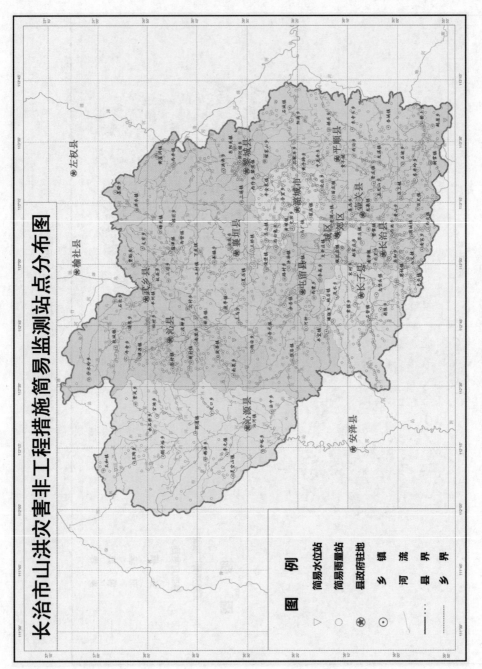

图 8-3 长治市简易监测站点分布图

表 8-2　长治市自动雨量站统计

序号	县(区、市)	测站编码	测站名称	河流名称	水系名称	流域名称	东经(°)	北纬(°)	站址	始报年月	信息管理单位
1	长治市郊区	31024775	王庄	故县小河	南运河	海河	113.044 2	36.372 8	故县办事处王庄	201307	郊区水利局
2	长治市郊区	31020993	西长井	大罗沟	南运河	海河	113.185 5	36.163 8	老顶山镇西长井	201307	郊区水利局
3	长治市郊区	31023787	王村	马庄沟河	南运河	海河	113.134 4	36.244 8	老顶山镇王村	201307	郊区水利局
4	长治市郊区	31029197	老巴山	老巴山沟	南运河	海河	113.166 8	36.198 6	老顶山开发区老巴山	201307	郊区水利局
5	长治市郊区	31020095	堠北庄	黑水河	南运河	海河	113.065 5	36.185 1	堠北庄镇堠北庄	201307	郊区水利局
6	长治市郊区	31025763	漳村	西白兔河	南运河	海河	113.052 6	36.405 0	西白兔乡霍家沟	201307	郊区水利局
7	长治市郊区	31026751	南村	南村沟	南运河	海河	113.021 1	36.408 6	西白兔乡南村	201307	郊区水利局
8	长治市郊区	31022790	长北办事处	浊漳河	南运河	海河	113.117 5	36.306 9	长北办事处	201510	郊区水利局
9	长治市郊区	31022791	杨暴	浊漳河	南运河	海河	113.008 3	36.185 3	堠北庄镇杨暴村	201510	郊区水利局
10	长治市郊区	31021891	石桥	南天桥沟	南运河	海河	113.178 0	36.158 1	老顶山镇石桥	201307	郊区水利局
11	长治市郊区	31022789	瓦窑沟	瓦窑沟	南运河	海河	113.175 3	36.214 4	老顶山开发区瓦窑沟	201307	郊区水利局
12	长治县	31025701	东蚕掌	荫城河	南运河	海河	113.141 0	35.916 0	西火镇东蚕掌村	201306	长治县水利局
13	长治县	31025706	东掌	南采河	南运河	海河	113.075 0	35.902 0	南宋乡东掌村	201306	长治县水利局
14	长治县	31025709	石后堡	色头河	南运河	海河	113.021 0	35.986 0	八义镇石后堡村	201306	长治县水利局
15	长治县	31025710	庄头	色头河	南运河	海河	113.149 2	35.986 4	荫城镇庄头村	201510	长治县水利局
16	长治县	31025712	小河	陶清河	南运河	海河	113.124 0	36.034 0	西池乡小河村	201306	长治县水利局
17	长治县	31025720	北呈村	陶清河	南运河	海河	113.003 9	36.101 9	北呈乡北呈村	201510	长治县水利局
18	长治县	31025760	屈家山	师庄河	南运河	海河	112.986 9	36.001 9	东和乡屈家山村	201510	长治县水利局
19	长治县	31025770	郭堡村	陶清河	南运河	海河	113.065 6	36.072 5	苏店镇郭堡村	201510	长治县水利局
20	襄垣县	31025780	定流	陶清河	南运河	海河	113.158 6	36.115 8	贾掌镇定流村	201510	长治县水利局
21	襄垣县	31027206	石灰窑	阳泽河	南运河	海河	113.010 0	36.550 0	古韩镇石灰窑村委会	201405	襄垣县水利局
22	襄垣县	31027204	南田漳	下峪沟	南运河	海河	112.968 0	36.540 4	古韩镇南田漳村委会	201405	襄垣县水利局
23	襄垣县	31027207	侯村	淤泥河	南运河	海河	113.017 6	36.475 2	古韩镇侯村村委会	201405	襄垣县水利局
24	襄垣县	31008140	米坪	史水河	南运河	海河	113.134 8	36.500 8	王桥镇米坪村	201510	襄垣县水利局
25	襄垣县	31027205	北田漳	下峪沟	南运河	海河	112.964 3	36.541 3	夏店镇北田漳村委会	201405	襄垣县水利局

续表 8-2

序号	县(区,市)	测站编码	测站名称	河流名称	水系名称	流域名称	东经(°)	北纬(°)	站址	始报年月	信息管理单位
26	襄垣县	31027203	马喊	马喊沟	南运河	海河	112.919 6	36.512 8	夏店镇马喊村村委会	201405	襄垣县水利局
27	襄垣县	31027201	西底	黑河	南运河	海河	113.017 6	36.475 2	虒亭镇西底村村委会	201405	襄垣县水利局
28	襄垣县	31027208	西洞上	洞上沟	南运河	海河	112.813 0	36.636 6	虒亭镇西洞上村委会	201405	襄垣县水利局
29	襄垣县	31027202	郝家坡	黑河	南运河	海河	112.846 0	36.618 9	虒亭镇郝家坡村村委会	201405	襄垣县水利局
30	襄垣县	31008150	龙王	史水河	南运河	海河	113.066 7	36.726 7	王村镇龙王堂	201510	襄垣县水利局
31	襄垣县	31027310	里阚村	淤泥河	南运河	海河	112.741 7	36.507 5	上马乡里阚村	201510	襄垣县水利局
32	襄垣县	31027320	下庄村	淤泥河	南运河	海河	113.102 5	36.574 4	上马乡下庄村	201510	襄垣县水利局
33	屯留县	31026361	林庄	庶纪河	南运河	海河	112.526 0	36.435 0	张店镇林庄	201306	屯留县水利局
34	屯留县	31026372	吾元	吾元河	南运河	海河	112.698 0	36.425 0	吾元镇吾元村	201306	屯留县水利局
35	屯留县	31026373	东贾	吾元河	南运河	海河	112.885 3	36.284 7	西贾乡东贾	201510	屯留县水利局
36	屯留县	31026476	李家庄	上立寨河	南运河	海河	112.679 0	36.341 0	张店镇李家庄村	201306	屯留县水利局
37	屯留县	31026552	泉洼	西曲河	南运河	海河	112.761 0	36.431 0	吾元镇泉洼村	201306	屯留县水利局
38	屯留县	31026565	杨家湾	鸡儿堰河	南运河	海河	112.794 0	36.312 0	麟绛镇杨家疃村	201306	屯留县水利局
39	屯留县	31026566	西洼	霜泽水河	南运河	海河	112.888 1	36.368 9	路村乡西洼	201510	屯留县水利局
40	屯留县	31026567	东坡	霜泽水河	南运河	海河	112.705 6	36.464 2	吾元镇东坡	201510	屯留县水利局
41	屯留县	31026620	李高	西村河	南运河	海河	112.936 1	36.258 6	李高乡	201510	屯留县水利局
42	屯留县	31026652	西流寨	黑家口河	南运河	海河	112.660 0	36.231 0	西流寨开发区西流寨	201306	屯留县水利局
43	屯留县	31026655	渔泽	绛河	南运河	海河	112.984 4	36.362 5	渔泽镇	201510	屯留县水利局
44	平顺县	31028760	井泉泵站	平顺河上游	南运河	海河	113.384 4	36.094 2	井泉泵站	201210	平顺县水利局
45	平顺县	31028802	小东峪	小东峪河	南运河	海河	113.449 4	36.205 8	小东峪	201210	平顺县水利局
46	平顺县	31028803	崇岩	平顺河中游	南运河	海河	113.422 2	36.202 2	崇岩	201210	平顺县水利局
47	平顺县	31028804	刘家	平顺河中游	南运河	海河	113.408 6	36.205 6	刘家	201210	平顺县水利局
48	平顺县	31028810	孝文	孝文河	南运河	海河	113.356 9	36.154 4	青羊镇孝文	201210	平顺县水利局
49	平顺县	31028840	莫流	平顺河上游	南运河	海河	113.381 1	36.210 8	莫流	201210	平顺县水利局

续表 8-2

序号	县(区、市)	测站编码	测站名称	河流名称	水系名称	流域名称	东经(°)	北纬(°)	站址	始报年月	信息管理单位
50	平顺县	31028870	略峪	略峪河	南运河	海河	113.7650	36.6406	青羊镇略峪	201210	平顺县水利局
51	平顺县	31028880	后庄	小赛	南运河	海河	113.4042	36.2581	后庄	201210	平顺县水利局
52	平顺县	31028915	靳家院	朋头	南运河	海河	113.4592	36.3825	靳家院	201210	平顺县水利局
53	平顺县	31028920	中五井	中五井河	南运河	海河	113.4203	36.2803	中五井	201210	平顺县水利局
54	平顺县	31028925	白石岩	白石岩	南运河	海河	113.4661	36.3119	青羊镇白石岩村	201210	平顺县水利局
55	平顺县	31028930	车当	吾岩岩	南运河	海河	113.5764	36.3561	车当	201210	平顺县水利局
56	平顺县	31028935	榔树园	任家庄	南运河	海河	113.5744	36.2992	榔树园	201210	平顺县水利局
57	平顺县	31028938	鹳坡	空中	南运河	海河	113.5569	36.4175	鹳坡	201210	平顺县水利局
58	平顺县	31028945	黄花	源头	南运河	海河	113.6100	36.4222	黄花	201210	平顺县水利局
59	平顺县	31028955	大坪	大坪	南运河	海河	113.6433	36.3167	大坪	201210	平顺县水利局
60	平顺县	31028958	克昌	克昌	南运河	海河	113.6622	36.3278	克昌	201210	平顺县水利局
61	平顺县	31028960	豆峪	豆峪	南运河	海河	113.6619	36.3800	豆峪	201210	平顺县水利局
62	平顺县	31028970	和峪	和峪	南运河	海河	113.6950	36.3839	和峪	201210	平顺县水利局
63	平顺县	31028975	虹梯关头村	寺头河	南运河	海河	113.5489	36.2278	虹梯关乡虹梯关村	201510	平顺县水利局
64	平顺县	31029110	新城	寺头河	南运河	海河	113.4822	36.0242	新城	201210	平顺县水利局
65	平顺县	31029115	杏城村	寺头河	南运河	海河	113.5578	36.0308	杏城镇杏城村	201510	平顺县水利局
66	平顺县	31029120	寺头	寺头河	南运河	海河	113.5491	36.1507	东寺头乡寺头村	201510	平顺县水利局
67	平顺县	31029125	苗庄	北社河	南运河	海河	113.2726	36.2126	苗庄镇苗庄村	201510	平顺县水利局
68	平顺县	31029130	胛底	胛底河	南运河	海河	113.6639	36.0938	东寺头乡胛底村	201510	平顺县水利局
69	平顺县	31029135	枲兰岩	寺头河	南运河	海河	113.6533	36.2493	虹梯关乡枲兰岩村	201510	平顺县水利局
70	平顺县	31029140	大山	大山	南运河	海河	113.5775	36.1197	大山	201210	平顺县水利局
71	平顺县	31029145	牛家后	北社河	南运河	海河	113.3450	36.2282	北社乡牛家后村	201510	平顺县水利局
72	平顺县	31029155	七字沟	大岭沟	南运河	海河	113.5831	36.1536	七字沟	201210	平顺县水利局
73	平顺县	31029161	赤壁电站	东洪	南运河	海河	113.5367	36.3614	赤壁电站	201210	平顺县水利局

续表 8-2

序号	县(区、市)	测站编码	测站名称	河流名称	水系名称	流域名称	东经(°)	北纬(°)	站址	始报年月	信息管理单位
74	黎城县	31028451	平头	平头河	南运河	海河	113.245 0	36.638 0	上遥镇平头	201407	黎城县水利局
75	黎城县	31028452	长河村	原庄河	南运河	海河	113.219 0	36.505 0	上遥镇长河村	201407	黎城县水利局
76	黎城县	31028453	李庄村	七里店河	南运河	海河	113.352 0	36.526 0	黎侯镇李庄村	201407	黎城县水利局
77	黎城县	31028454	停河铺乡	小东河源	南运河	海河	113.415 0	36.525 0	停河铺乡停河铺	201407	黎城县水利局
78	黎城县	31028455	段家庄村	西流	南运河	海河	113.439 0	36.439 0	程家山乡段家庄村	201407	黎城县水利局
79	黎城县	31028460	柏官庄	柏官庄河	南运河	海河	113.380 6	36.621 2	柏官庄村	201510	黎城县水利局
80	黎城县	31028601	高石河	小东河	南运河	海河	113.439 2	36.588 1	高石河村	201510	黎城县水利局
81	黎城县	31030151	黄崖洞	东崖底河	南运河	海河	113.445 0	36.804 0	黄崖洞镇黄崖洞	201407	黎城县水利局
82	黎城县	31030152	南委泉	南委泉河	南运河	海河	113.381 0	36.687 0	西井镇南委泉	201407	黎城县水利局
83	黎城县	31030170	岩井	南委泉河	南运河	海河	113.505 8	36.482 8	岩井村	201510	黎城县水利局
84	壶关县	31025602	大南山煤矿	陶清河	南运河	海河	113.196 1	35.913 1	百尺镇	201307	壶关县水利局
85	壶关县	31023110	李家河村	洪底河	南运河	海河	113.475 8	35.879 7	树掌镇	201307	壶关县水利局
86	壶关县	31023138	福头村	淅河	南运河	海河	113.427 2	35.914 7	福头乡	201307	壶关县水利局
87	壶关县	31026157	北皇村	南大河	南运河	海河	113.150 9	36.102 6	集店乡	201307	壶关县水利局
88	壶关县	31025621	岭后村	崇上河	南运河	海河	113.302 5	35.878 6	东井岭乡	201307	壶关县水利局
89	壶关县	31023120	申家疃村	石坡河	南运河	海河	113.428 4	35.999 9	石坡乡	201307	壶关县水利局
90	壶关县	31023133	鹅屋村	桑延河	南运河	海河	113.563 8	35.883 5	鹅屋乡	201307	壶关县水利局
91	壶关县	31023143	红豆峡	淅河	南运河	海河	113.500 6	35.900 2	桥上乡	201307	壶关县水利局
92	壶关县	31026155	西七里村	石子河	南运河	海河	113.346 9	36.049 2	晋庄镇	201509	壶关县水利局
93	壶关县	31023134	牛盆村	陶清河	南运河	海河	113.159 7	36.003 6	黄山乡	201509	壶关县水利局
94	壶关县	31025656	洪掌村	陶清河	南运河	海河	113.294 7	36.023 3	店上镇	201509	壶关县水利局
95	长子县	31026008	丹朱	丹朱	南运河	海河	112.886 0	36.119 3	丹朱镇丹朱	201407	长子县水利局
96	长子县	31026009	下霍	申村源头	南运河	海河	112.933 3	36.090 4	丹朱镇下霍	201407	长子县水利局
97	长子县	31025809	石哲	申村源头	南运河	海河	112.770 1	36.097 2	石哲镇石哲	201407	长子县水利局

续表 8-2

序号	县(区、市)	测站编码	测站名称	河流名称	水系名称	流域名称	东经(°)	北纬(°)	站址	始报年月	信息管理单位
98	长子县	41726220	关家沟	横水河	南运河	海河	112.670 0	36.126 4	王峪中心	201510	长子县水利局
99	长子县	41726208	王庄	横水河	南运河	海河	112.579 6	36.096 2	横水办王庄	201407	长子县水利局
100	长子县	31026056	慈林	小丹河	南运河	海河	112.932 8	36.006 0	慈林镇慈林	201407	长子县水利局
101	长子县	31026055	色头	色头河	南运河	海河	112.937 1	35.947 3	色头镇色头	201407	长子县水利局
102	长子县	31025810	北韩	岳阳河	南运河	海河	112.887 0	36.182 0	岚水乡北韩	201510	长子县水利局
103	长子县	31025060	碾张	金丰河	南运河	海河	112.771 5	36.215 7	碾张乡碾张	201407	长子县水利局
104	长子县	31025766	常张	雍河	南运河	海河	112.838 3	36.142 5	常张乡常张	201407	长子县水利局
105	长子县	31007710	苏村	苏村河	南运河	海河	112.829 2	36.018 9	南陈乡苏村	201510	长子县水利局
106	武乡县	31028170	兴盛垴	涅河	南运河	海河	112.886 7	36.760 0	武乡县丰州镇	201510	武乡县水利局
107	武乡县	31028307	洪水	潘洪河	南运河	海河	113.222 5	36.869 3	洪水镇洪水村	201306	武乡县水利局
108	武乡县	31028260	监漳	潘洪河	南运河	海河	113.045 3	36.753 9	监漳	201510	武乡县水利局
109	武乡县	31028153	大寨	涅河上游支流	南运河	海河	112.658 8	36.973 0	故城镇大寨村	201306	武乡县水利局
110	武乡县	31028248	墨镫	潘洪河	南运河	海河	113.295 4	36.941 9	墨镫乡墨镫村	201306	武乡县水利局
111	武乡县	31028309	王家峪	韩北乡	南运河	海河	113.097 4	36.742 5	韩北乡王家峪村	201306	武乡县水利局
112	武乡县	31028166	大有	大有河	南运河	海河	113.064 9	36.851 4	大有乡大有村	201306	武乡县水利局
113	武乡县	31028252	贾豁	贾豁河	南运河	海河	112.997 9	36.881 6	贾豁乡贾豁村	201306	武乡县水利局
114	武乡县	31028590	上司	马牧河	南运河	海河	112.932 8	36.762 2	上司	201510	武乡县水利局
115	武乡县	31027854	石北	马牧河	南运河	海河	112.841 9	36.948 0	石北乡石北村	201306	武乡县水利局
116	武乡县	31027855	涌泉	涅河	南运河	海河	112.756 7	36.913 1	涌泉	201510	武乡县水利局
117	武乡县	31028310	分水岭	昌源河	南运河	海河	112.531 0	37.032 1	分水岭乡分水岭村	201306	武乡县水利局
118	沁县	31026810	北河	漳河	浊漳西源	海河	112.647 8	36.844 2	漳源镇北河村	201306	沁县水利局
119	沁县	31026820	口头	漳河	浊漳西源	海河	112.665 5	36.801 3	漳源镇口头村	201306	沁县水利局
120	沁县	31026902	郭村	迎春河	浊漳西源	海河	112.576 4	36.747 8	郭村镇郭村村	201306	沁县水利局
121	沁县	31026903	文河上	迎春河	浊漳西源	海河	112.628 1	36.755 4	定昌镇文河上村	201306	沁县水利局

续表 8-2

序号	县(区,市)	测站编码	测站名称	河流名称	水系名称	流域名称	东经(°)	北纬(°)	站址	始报年月	信息管理单位
122	沁县	31026951	杨家铺	圪芦河	浊漳西源	海河	112.5134	36.6777	册村镇杨家铺村	201306	沁县水利局
123	沁县	31026954	南里乡	圪芦河	浊漳西源	海河	112.6782	36.6680	南里乡政府	201306	沁县水利局
124	沁县	31027001	峪口	徐阳河	浊漳西源	海河	112.7505	36.6568	新店镇峪口村	201306	沁县水利局
125	沁县	31027103	苗庄	庶纪河	浊漳南源	海河	112.5871	36.5518	南泉乡苗庄村	201306	沁县水利局
126	沁县	31027160	韩庄	杨安河	浊漳西源	海河	112.5796	36.5015	杨安乡韩庄村	201306	沁县水利局
127	沁县	31027200	古城	白玉河	浊漳西源	海河	112.6995	36.5929	新店镇古城村	201306	沁县水利局
128	沁县	31027213	何家庄	白玉河	浊漳西源	海河	112.7005	36.5592	新店镇何家庄村	201306	沁县水利局
129	沁县	31027218	北集	白玉河	浊漳西源	海河	112.5772	36.6327	故县镇北集村	201306	沁县水利局
130	沁县	31028500	松村乡	涅河	浊漳北源	海河	112.7755	36.8345	松村乡政府	201306	沁县水利局
131	沁县	31026325	西峪	涅河	浊漳北源	海河	112.5601	36.9460	牛寺乡西峪村	201306	沁县水利局
132	沁县	31026915	西河底	段柳河	浊漳西源	海河	112.7485	36.7447	段柳乡西河底村	201306	沁县水利局
133	沁源县	41720830	前兴稍	前兴稍	沁河	黄河	112.2730	36.6780	郭道镇前兴稍村	20130601	沁源县水利局
134	沁源县	41721855	段家庄	伏贵	沁河	黄河	112.2280	36.7320	郭道镇段家庄	20130601	沁源县水利局
135	沁源县	41721880	梭村	定阳河	沁河	黄河	112.4350	36.7360	郭道镇梭村	20130601	沁源县水利局
136	沁源县	41722820	上兴居	上兴河上游	沁河	黄河	112.1380	36.5800	灵空山镇上兴居村	20130601	沁源县水利局
137	沁源县	41722040	柏子	龙头河上游	沁河	黄河	112.1360	36.5480	灵空山镇柏子村	20130601	沁源县水利局
138	沁源县	41720720	前西窑沟	王和	汾河	黄河	112.1730	36.9920	王和镇前西窑沟村	20130601	沁源县水利局
139	沁源县	41720730	王凤	王凤	汾河	黄河	112.2460	36.9460	王和乡王凤村	20130601	沁源县水利局
140	沁源县	41721850	下庄	沁河	沁河	黄河	112.2055	36.5844	李元镇下庄村	20150801	沁源县水利局
141	沁源县	41722810	新章	狼尾河	沁河	黄河	112.2890	36.5530	李元镇新章村	20130601	沁源县水利局
142	沁源县	41723020	上湾	青龙河	沁河	黄河	112.3740	36.4220	法中乡上湾村	20130601	沁源县水利局
143	沁源县	41723210	麻坪	法中	沁河	黄河	112.4450	36.3810	法中乡麻坪村	20130601	沁源县水利局
144	沁源县	41724410	铺上	白弧峪	沁河	黄河	112.4290	36.6390	官滩乡铺上村	20130601	沁源县水利局
145	沁源县	41721865	水峪	聪子峪河	沁河	黄河	112.2290	36.7630	聪子峪乡水峪村	20130601	沁源县水利局
146	沁源县	41030960	上舍	沁河	沁河	黄河	112.1802	36.6385	韩洪乡上舍村	20150801	沁源县水利局

续表 8-2

序号	县（区、市）	测站编码	测站名称	河流名称	水系名称	流域名称	东经（°）	北纬（°）	站址	始报年月	信息管理单位
147	沁源县	41721835	磨阔坪	鱼儿泉	汾河	黄河	112.031 0	36.733 0	韩洪乡鱼儿泉村磨阔坪	20130601	沁源县水利局
148	沁源县	41721875	胡家庄	胡家庄	沁河	黄河	112.286 0	36.837 0	赤石桥乡胡家庄	20130601	沁源县水利局
149	沁源县	41720740	豆壁	豆壁	汾河	黄河	112.215 0	36.880 0	王陶乡豆壁村	20130601	沁源县水利局
150	沁源县	41720750	黄段	王陶	汾河	黄河	112.148 0	36.886 0	王陶乡黄段村	20150801	沁源县水利局
151	沁源县	41720210	八眼泉	沁河	沁河	黄河	112.129 9	36.811 2	王陶乡八眼泉村	20150801	沁源县水利局
152	潞城市	31027610	曲里	漳河	南运河	海河	113.111 4	36.376 9	史回乡曲里村	201207	潞城市水利局
153	潞城市	31028732	宋家庄	漳河	南运河	海河	113.162 3	36.369 7	史回乡宋家庄	201207	潞城市水利局
154	潞城市	31028735	下栗	漳河	南运河	海河	113.137 8	36.412 1	店上镇下栗村	201207	潞城市水利局
155	潞城市	31028740	申庄	淤泥河	南运河	海河	113.187 9	36.418 3	店上镇申庄村	201207	潞城市水利局
156	潞城市	31028745	曹庄	漳河	南运河	海河	113.266 4	36.445 5	辛安泉镇曹庄	201207	潞城市水利局
157	潞城市	31028746	余庄	潞口河	南运河	海河	113.253 7	36.410 4	合室乡余庄	201207	潞城市水利局
158	潞城市	31028747	漫流河	潞口河	南运河	海河	113.319 6	36.381 1	辛安泉镇漫流河	201207	潞城市水利局
159	潞城市	31028748	潞河	潞口河	南运河	海河	113.352 6	36.432 1	辛安泉镇潞河	201207	潞城市水利局
160	潞城市	31028705	张家河	黄碾河	南运河	海河	113.197 6	36.395 3	合室乡张家河	201207	潞城市水利局
161	潞城市	31028710	合室	黄碾河	南运河	海河	113.246 5	36.380 7	合室乡合室	201207	潞城市水利局
162	潞城市	31028720	水务局	黄碾河	南运河	海河	113.223 5	36.331 6	潞华办水利局	201207	潞城市水利局
163	潞城市	31028731	朱家川	黄碾河	南运河	海河	113.148 7	36.337 9	史回乡朱家川	201207	潞城市水利局
164	潞城市	31028895	神泉	南大河	南运河	海河	113.243 9	36.269 3	成家川办神泉村	201207	潞城市水利局
165	潞城市	31028896	店上	王里堡河	南运河	海河	113.095 8	36.436 7	店上镇店上村	201507	潞城市水利局
166	潞城市	31007591	下黄	平顺河	南运河	海河	113.390 0	36.348 3	黄牛蹄乡下黄村	201507	潞城市水利局
167	潞城市	31028770	微子	平顺河	南运河	海河	113.299 4	36.338 9	微子镇微子村	201507	潞城市水利局
168	潞城市	31007509	翟店	浊漳河	南运河	海河	113.183 6	36.288 9	翟店镇翟店村	201507	潞城市水利局

8.4.5　平顺县

平顺县山洪灾害防治非工程措施已建成自动雨量站 30 处、自动水位站 5 处、简易雨量站 191 处、简易水位站 4 处和无线预警广播站 79 处。

8.4.6　黎城县

黎城县山洪灾害防治非工程措施已建成自动水位站 5 处、自动雨量站 10 处、简易水位站 5 处、简易雨量站 111 处和无线预警广播站 111 处。

8.4.7　壶关县

壶关县山洪灾害防治非工程措施已建成自动水位站 3 处、自动雨量站 11 处、简易水位站 6 处、简易雨量站 148 处和无线预警广播站 101 处。

8.4.8　长子县

长子县山洪灾害防治非工程措施已建成自动水位站 2 处、自动雨量站 11 处、简易水位站 4 处、简易雨量站 151 处和无线预警广播站 151 处。

8.4.9　武乡县

武乡县山洪灾害防治非工程措施已建成自动水位站 7 处、简易水文站 3 处、自动雨量站 12 处、简易雨量站 130 处和无线预警广播站 54 处。

8.4.10　沁县

沁县山洪灾害防治非工程措施已建成自动雨量站 15 处、自动水位站 3 处、简易雨量站 190 处、简易水位站 17 处和无线预警广播站 115 处。

8.4.11　沁源县

沁源县山洪灾害防治非工程措施已建成自动水位站 2 处、自动雨量站 19 处、简易水位站 3 处、简易雨量站 125 处和无线预警广播站 70 处。

8.4.12　潞城市

潞城市山洪灾害防治非工程措施已建成自动水位站 2 处、自动雨量站 17 处、简易水位站 6 处、简易雨量站 170 处和无线预警广播站 72 处。

各县(区、市)监测站点共同构成长治市预报系统,为山洪灾害预防提供有效数据,共同构成一个完整的预警预报平台。

8.5　河道整治与河流堤防建设

新中国成立以来,特别是 1958 年以后,长治市兴建了大量水利工程。有大型水库 3

座(漳泽、后湾、关河)、中型水库 8 座,见表 8-3。水利工程提供大量的工业和城市用水,促进了当地的经济发展。长治市还先后建设了辛安泉引水一期工程和二期工程,引水能力达 2 m³/s,成为长治市城市用水的主要水源。2010 年长治市总取水量为 41 608.19 万 m³,按水源分类,地表水取水量 20 930.08 万 m³,占总取水量的 50.3%;地下水取水量 20 678.11 万 m³,占总取水量的 49.7%。按取水用途分类,城镇生活取水量 4 565.97 万 m³,占总取水量的 10.97%;农村生活取水量 2 932.54 万 m³,占总取水量的 7.05%;第一产业取水量 20 219.77 万 m³,占总取水量的 48.60%;第二产业取水量 12 465.82 万 m³,占总取水量的 29.96%;第三产业取水量 989.35 万 m³,占总取水量的 2.38%;生态取水量 434.74 万 m³,占总取水量的 1.04%。

表 8-3　长治市大中型水库基本情况

水库名称	所在河流	集水面积(km²)	坝型	坝高(m)	总库容(亿 m³)	已淤库容(亿 m³)	兴利库容(亿 m³)
漳泽	浊漳河南源	3 176	土坝	22.5	4.273	0.302 8	1.104
关河	浊漳河北源	1 745	土坝	33.0	1.399	0.638 1	0.191 8
后湾	浊漳河西源	1 267	土坝	26.0	1.303 3	0.079 4	0.340 0
圪芦河	浊漳河西源	110	土坝	21.6	0.168	0.06	0.024 5
月岭山	浊漳河西源	213	土坝	16.5	0.211	0.081 1	0.015 4
陶清河	浊漳河南源	393	土坝	24.1	0.341	0.128 6	0.175 0
申村	浊漳河南源	235	土坝	23.5	0.221 9	0.099 0	0.060 3
鲍家河	岚水河	179	土坝	21.0	0.102 4	0.016 6	0.043 4
西堡	陶清河	230	土坝	37.2	0.29	0.101 6	0.170 9
庄头	石子河	120	土坝	44.0	0.17	0.015 4	0.073 4
屯绛	绛河	407	土坝	31.0	0.519	0.18	0.120 6

经过 2015 年山洪灾害调查,长治市防治区内建设水利工程 329 处,其中水库 77 座、水闸 97 处、堤防 155 条;调查到涉水工程 1 044 处,其中桥梁 581 座、路涵 426 个、塘坝 42 个。结果见表 8-4~表 8-7,水利工程分布见图 8-4。

表 8-4　长治市水利工程统计表

序号	县(区、市)	桥梁(座)	路涵(个)	塘坝(个)	水库(座)	水闸(处)	堤防(条)
1	长治市郊区	26	9	2	1	0	6
2	长治县	26	27	1	3	0	1
3	襄垣县	25	18	1	10	19	2
4	屯留县	20	3	5	21	2	2
5	平顺县	105	75	14	4	17	5
6	黎城县	68	4	1	5	38	0
7	壶关县	50	132	3	10	0	24
8	长子县	92	67	5	6	0	9
9	武乡县	41	4	1	4	4	80
10	沁县	50	6	6	9	0	18
11	沁源县	58	73	0	3	15	6
12	潞城市	20	8	3	1	2	2
	合计	581	426	42	77	97	155

表 8-5　长治市塘坝工程调查表

序号	县(区、市)	塘坝名称	所在行政区名称	容积(m³)	坝高(m)	坝长(m)	挡水主坝类型
1	长治市郊区	关村塘坝	郊区	4 300			其他
2	长治市郊区	鸡坡塘坝	郊区	2 400			其他
3	长治县	永丰村塘坝	长治县	21 000	7	50	碾压混凝土坝
4	襄垣县	小垴塘坝	襄垣县古韩镇	50 000	20	35	混凝土坝
5	屯留县	王家渠塘坝	王家渠	2 400	6.2	27	碾压混凝土坝
6	屯留县	宋家沟塘坝	宋家沟	15 000	3	47	浆砌石坝
7	屯留县	醋柳脚塘坝	醋柳脚村	30 000	7	48	浆砌石坝
8	屯留县	罗村塘坝	罗村	30 000	5.5	105	浆砌石坝
9	屯留县	岭村塘坝	岭村	4 000	4.2	20	浆砌石坝
10	平顺县	张井村土塘坝	张井村	50 000	20	35	土坝
11	平顺县	崇岩村土塘坝	崇岩村	100 000	20	160	土坝
12	平顺县	刘家村土塘坝	刘家村	100 000	10	100	土坝
13	平顺县	王庄村土塘坝	王庄村	100 000	17	70	土坝
14	平顺县	龙镇村土塘坝	龙镇村	80 000	12	150	土坝
15	平顺县	北坡村土塘坝	北坡村	120 000	17	100	土坝
16	平顺县	新城村浆砌石塘坝	新城村	50 000	7	55	土坝
17	平顺县	上庄村土塘坝 01	上庄村	50 000	20	57	土坝
18	平顺县	上庄村土塘坝 02	上庄村	50 000	17	46	土坝
19	平顺县	西沟村东峪浆砌石塘坝 01	东峪	30 000	20	40	土坝
20	平顺县	西沟村东峪浆砌石塘坝 02	东峪	30 000	20	40	土坝
21	平顺县	下井村浆砌石塘坝 01	下井村	40 000	15	110	土坝
22	平顺县	下井村浆砌石塘坝 02	下井村	80 000	25	70	土坝
23	平顺县	井底村浆砌石塘坝	井底村	100 000	30	76	土坝
24	黎城县	段家庄	黎城县	1 053 000	24.3	122.1	碾压混凝土坝
25	壶关县	石坡塘坝	石坡村	60 000	10	126	土坝
26	壶关县	录池口塘坝	录池村	36 000	25	175	土坝
27	壶关县	羊窑坡塘坝	西黄野池村	25 000	17	93	土坝
28	长子县	张家庄塘坝	长子县	30 000	8	70	土坝
29	长子县	良坪塘坝	长子县	35 000	10	60	混凝土坝
30	长子县	横岭庄	长子县	120 000	7	60	土坝
31	长子县	兴旺庄	长子县	120 000	7.2	50	土坝
32	长子县	丰村塘坝	长子县	60 000	15	0.8	混凝土坝
33	武乡县	大良塘坝	武乡县	100 000	10	80	碾压混凝土坝
34	沁县	待贤塘坝	新店镇	440 000	10.25	165	土坝
35	沁县	大良塘坝	段柳乡	116 500	14	69	堆石坝
36	沁县	石门塘坝	段柳乡	108 000	10.75	16	混凝土坝
37	沁县	后庄塘坝	松村乡	203 000	7	163	土坝
38	沁县	华山沟塘坝	牛寺乡	202 500	10.5	53	土坝
39	沁县	韩庄塘坝	杨安乡	266 000	9	155	土坝
40	潞城市	河后村 01	合室乡河后村	50			其他
41	潞城市	儒教 01	合室乡儒教村	200			其他
42	潞城市	张家河村 01	合室乡张家河村	80			其他

表8-6　长治市水闸工程调查表

序号	县(区、市)	水闸名称	水闸类型	坝高(m)	坝长(m)
1	襄垣县	后湾灌区总干渠1号节制泄水闸	节制闸		
2	襄垣县	后湾灌区总干渠2号节制泄水闸	节制闸		
3	襄垣县	后湾灌区总干渠3号节制泄水闸	节制闸		
4	襄垣县	后湾灌区总干渠4号节制泄水闸	节制闸		
5	襄垣县	后湾灌区总干渠5号节制泄水闸	节制闸		
6	襄垣县	勇进渠渠首进水闸	引(进)水闸		
7	襄垣县	勇进渠800 m段进水闸	引(进)水闸		
8	襄垣县	勇进渠梁庄节制闸	节制闸		
9	襄垣县	勇进渠渠首泄水闸	引(进)水闸		
10	襄垣县	勇进渠东邯郸节制闸	节制闸		
11	襄垣县	勇进渠东邯郸泄水闸	分(泄)洪闸		
12	襄垣县	勇进渠阳坡节制闸	节制闸		
13	襄垣县	勇进渠阳坡村泄水闸	分(泄)洪闸		
14	襄垣县	勇进渠圪叉街节制闸	节制闸		
15	襄垣县	勇进渠圪叉街泄水闸	分(泄)洪闸		
16	襄垣县	东关河治理工程1号橡胶坝	橡胶坝	2	100
17	襄垣县	东关河治理工程2号橡胶坝	橡胶坝	2	100
18	襄垣县	东关河治理工程3号橡胶坝	橡胶坝	2	100
19	襄垣县	东关河治理工程4号橡胶坝	橡胶坝	2	100
20	屯留县	绛河苑一期橡胶坝	橡胶坝	2.3	142
21	屯留县	绛河苑二期橡胶坝	橡胶坝	2.5	142
22	平顺县	平顺县县城段6号节制闸	节制闸		
23	平顺县	平顺河县城段10号节制闸	节制闸		
24	平顺县	平顺河县城段11号节制闸	节制闸		
25	平顺县	平顺河县城段12号节制闸	节制闸		
26	平顺县	平顺河县城段13号节制闸	节制闸		
27	平顺县	平顺河县城段14号节制闸	节制闸		
28	平顺县	平顺河县城段1号节制闸	节制闸		
29	平顺县	平顺河县城段2号节制闸	节制闸		
30	平顺县	平顺河县城段3号节制闸	节制闸		
31	平顺县	平顺河县城段4号节制闸	节制闸		
32	平顺县	平顺河县城段5号节制闸	节制闸		
33	平顺县	平顺河县城段7号节制闸	节制闸		
34	平顺县	平顺河县城段8号节制闸	节制闸		
35	平顺县	平顺河县城段9号节制闸	节制闸		
36	平顺县	马塔电站尾水泄水闸	分(泄)洪闸		
37	平顺县	红旗渠渠首泄水闸	分(泄)洪闸		
38	平顺县	红旗渠渠首进水闸	分(泄)洪闸		
39	黎城县	漳北渠进水闸	引(进)水闸		
40	黎城县	漳北渠清泉1号泄水闸	排(退)水闸		
41	黎城县	漳北渠清泉3号泄水闸	排(退)水闸		
42	黎城县	漳北渠清泉4号泄水闸	排(退)水闸		
43	黎城县	漳西渠看后1号引水闸	引(进)水闸		
44	黎城县	漳西渠看后2号引水闸	引(进)水闸		
45	黎城县	漳西渠看后1号泄洪闸	分(泄)洪闸		
46	黎城县	漳西渠看后2号泄洪闸	分(泄)洪闸		
47	黎城县	漳西渠看后3号泄洪闸	分(泄)洪闸		
48	黎城县	漳北渠渠口进水闸	引(进)水闸		

续表 8-6

序号	县(区、市)	水闸名称	水闸类型	坝高(m)	坝长(m)
49	黎城县	漳北渠渠口泄水闸	引(进)水闸		
50	黎城县	漳北渠二道节制闸	节制闸		
51	黎城县	漳北渠二道泄水闸	排(退)水闸		
52	黎城县	前庄口泄水闸	排(退)水闸		
53	黎城县	漳北渠大寺泄水闸	排(退)水闸		
54	黎城县	漳北渠大寺节制闸	节制闸		
55	黎城县	漳北渠郎庄泄水闸	排(退)水闸		
56	黎城县	勇进渠龙王沟节制闸	节制闸		
57	黎城县	勇进渠龙王沟泄水闸	排(退)水闸		
58	黎城县	勇进渠东坡节制闸	节制闸		
59	黎城县	勇进渠东坡泄水闸	排(退)水闸		
60	黎城县	勇进渠前庄节制闸	节制闸		
61	黎城县	勇进渠前庄泄水闸	排(退)水闸		
62	黎城县	勇进渠六洞节制闸	节制闸		
63	黎城县	勇进渠六洞泄水闸	排(退)水闸		
64	黎城县	勇进渠茶安岭节制闸	节制闸		
65	黎城县	勇进渠茶安岭泄水闸	排(退)水闸		
66	黎城县	漳北渠北马泄水闸	节制闸		
67	黎城县	漳北渠转山区泄水闸	排(退)水闸		
68	黎城县	勇进渠三联坝节制闸	节制闸		
69	黎城县	勇进渠三联坝泄水闸	排(退)水闸		
70	黎城县	勇进渠城西节制闸	节制闸		
71	黎城县	勇进渠城西泄水闸	排(退)水闸		
72	黎城县	勇进渠阳南河节制闸	节制闸		
73	黎城县	勇进渠阳南河泄水闸	排(退)水闸		
74	黎城县	勇进渠东黄须节制闸	节制闸		
75	黎城县	勇进渠东黄须泄水闸	排(退)水闸		
76	黎城县	勇进渠长垣节制闸	节制闸		
77	武乡县	马牧河 1 号橡胶坝	橡胶坝	2.5	80
78	武乡县	涅河 1 号橡胶坝	橡胶坝	3	95
79	武乡县	涅河 2 号橡胶坝	橡胶坝	3	95
80	武乡县	马牧河 2 号橡胶坝	橡胶坝	2	92
81	沁源县	沁河综合治理 1 号橡胶坝	橡胶坝	1.5	130
82	沁源县	沁河综合治理 10 号橡胶坝	橡胶坝	1.5	130
83	沁源县	沁河综合治理 11 号橡胶坝	橡胶坝	1.5	130
84	沁源县	沁河综合治理 12 号橡胶坝	橡胶坝	1.5	130
85	沁源县	沁河综合治理 13 号橡胶坝	橡胶坝	1.5	130
86	沁源县	沁河综合治理 14 号橡胶坝	橡胶坝	1.5	120
87	沁源县	沁河综合治理 15 号橡胶坝	橡胶坝	1.5	120
88	沁源县	沁河综合治理 2 号橡胶坝	橡胶坝	1.5	130
89	沁源县	沁河综合治理 3 号橡胶坝	橡胶坝	1.5	130
90	沁源县	沁河综合治理 4 号橡胶坝	橡胶坝	1.5	130
91	沁源县	沁河综合治理 5 号橡胶坝	橡胶坝	1.5	130
92	沁源县	沁河综合治理 6 号橡胶坝	橡胶坝	1.5	130
93	沁源县	沁河综合治理 7 号橡胶坝	橡胶坝	1.5	130
94	沁源县	沁河综合治理 8 号橡胶坝	橡胶坝	1.5	130
95	沁源县	沁河综合治理 9 号橡胶坝	橡胶坝	1.5	130
96	潞城市	潞城市城西水系景观 1 号橡胶坝	橡胶坝	2.5	26
97	潞城市	潞城市城西水系景观 2 号橡胶坝	橡胶坝	2.5	26

表 8-7　长治市堤防工程调查表

序号	县(区、市)	堤防名称	所在河流	堤防长度(m)
1	长治市郊区	浊漳南源大堤下秦段	浊漳南源	738
2	长治市郊区	浊漳南源大堤杨暴段	浊漳南源	2 015
3	长治市郊区	浊漳南源大堤店上段	浊漳南源	2 347
4	长治市郊区	浊漳南源大堤余庄段	浊漳南源	1 627
5	长治市郊区	浊漳南源大堤郊暴马段	浊漳南源	1 976
6	长治市郊区	浊漳南源大堤安居段	浊漳南源	500
7	长治县	浊漳河南源大堤—长治县段	漳河	592
8	襄垣县	古韩镇仓上至东关村左岸堤防	漳河	4 100
9	襄垣县	古韩镇仓上至东北阳村右岸堤防	漳河	4 100
10	屯留县	绛河县城段右岸堤防	绛河	2 600
11	屯留县	绛河县城段左岸堤防	绛河	2 440
12	平顺县	县城南河右岸堤防	平顺河	3 168
13	平顺县	县城南河左岸堤防	平顺河	3 168
14	平顺县	县城西河右岸堤防	平顺河	380
15	平顺县	县城西河左岸堤防	平顺河	380
16	平顺县	苤兰岩村右岸堤防	虹霓河	540
17	壶关县	森掌堤防右岸段	浙淇河	200
18	壶关县	神北堤防右岸段	浙淇河	800
19	壶关县	神南堤防右岸段	浙淇河	100
20	壶关县	南郊堤防右岸段	浙淇河	150
21	壶关县	神南堤防左岸段	浙淇河	100
22	壶关县	南郊堤防左岸段	浙淇河	150
23	壶关县	上河堤防右岸段	浙淇河	200
24	壶关县	河东堤防右岸段	浙淇河	300
25	壶关县	西七里堤防右岸段	石子河	1 700
26	壶关县	东川堤防右岸段	石子河	1 000
27	壶关县	西川堤防右岸段	石子河	1 100
28	壶关县	晋庄堤防右岸段	石子河	800
29	壶关县	东崇贤堤防右岸段	石子河	700
30	壶关县	树掌堤防右岸段	浙淇河	900
31	壶关县	上河堤防左岸段	浙淇河	200
32	壶关县	河东堤防左岸段	浙淇河	300
33	壶关县	西七里堤防左岸段	石子河	1 700
34	壶关县	东川堤防左岸段	石子河	900
35	壶关县	西川堤防左岸段	石子河	1 200
36	壶关县	晋庄堤防左岸段	石子河	1 000
37	壶关县	东崇贤堤防左岸段	石子河	700
38	壶关县	树掌堤防左岸段	浙淇河	900
39	壶关县	森掌堤防左岸段	浙淇河	200
40	壶关县	神北堤防左岸段	浙淇河	700
41	长子县	下霍护村堤防	漳河	1 148.94
42	长子县	雍河县城段左岸堤防	雍河	382
43	长子县	雍河县城段右岸堤防	雍河	382
44	长子县	崔庄河道左岸堤防	小丹河	242

续表8-7

序号	县(区、市)	堤防名称	所在河流	堤防长度(m)
45	长子县	崔庄河道右岸堤防	小丹河	242
46	长子县	漳河神护村左岸堤防	漳河	240
47	长子县	漳河神护村右岸堤防	漳河	240
48	长子县	岚水护村堤防	岚水河	398
49	长子县	西河护村堤防	岚水河	400
50	武乡县	西郊村防洪堤防	昌源河	850
51	武乡县	玉石沟堤防	蟠洪河	260
52	武乡县	刘家沟护堤防	贾豁河	240
53	武乡县	庄底堤防	蟠洪河	850
54	武乡县	井湾西河堤防	蟠洪河	234
55	武乡县	井湾上河堤防	蟠洪河	250
56	武乡县	马堡堤防	蟠洪河	2 080
57	武乡县	连元村堤防	浊漳北源	400
58	武乡县	故县村左岸堤防	浊漳北源	700
59	武乡县	故县村右岸堤防	浊漳北源	500
60	武乡县	型庄村堤防	马牧河	240
61	武乡县	下型塘堤防	蟠洪河	1 189
62	武乡县	东庄堤防	蟠洪河	274
63	武乡县	长乐村堤防	浊漳北源	850
64	武乡县	新寨堤防	蟠洪河	768
65	武乡县	祥良村堤防	蟠洪河	600
66	武乡县	下广志村堤防	广志河	1 010
67	武乡县	窑上坡堤防	涅河	230
68	武乡县	李峪堤防	浊漳北源	136
69	武乡县	蟠龙村左岸堤防	蟠洪河	940
70	武乡县	蟠龙村右岸堤防	蟠洪河	136
71	武乡县	尚元堤防	蟠洪河	300
72	武乡县	石门河堤防	蟠洪河	320
73	武乡县	半坡堤防	广志河	270
74	武乡县	小河坪堤防	南台河	1 300
75	武乡县	大崔根堤防	南台河	200
76	武乡县	合家垴左岸堤防	蟠洪河	540
77	武乡县	合家垴右岸堤防	蟠洪河	120
78	武乡县	西河堤防	蟠洪河	1 465
79	武乡县	东河堤防	蟠洪河	280
80	武乡县	南垴村堤防	浊漳北源	200
81	武乡县	胡庄护村堤防	贾豁河	586
82	武乡县	南关村防洪堤防	昌源河	1 000
83	武乡县	白和左岸堤防	蟠洪河	260
84	武乡县	白和右岸堤防	蟠洪河	1 300
85	武乡县	下北漳村护地堤防	蟠洪河	870
86	武乡县	常青村护村堤防	蟠洪河	210
87	武乡县	常青村护路堤防	蟠洪河	890
88	武乡县	上广志护村堤防	广志河	90
89	武乡县	中村堤防	蟠洪河	2 060
90	武乡县	司庄堤防	昌源河	35
91	武乡县	寨坪堤防	蟠洪河	1 910

续表 8-7

序号	县(区、市)	堤防名称	所在河流	堤防长度(m)
92	武乡县	峪口堤防	浊漳北源	1 000
93	武乡县	墨镫村堤防	蟠洪河	2 600
94	武乡县	戈北坪堤防	蟠洪河	150
95	武乡县	贾豁护村堤防	贾豁河	100
96	武乡县	贾豁村东护村堤防	贾豁河	168
97	武乡县	新村左岸堤防	蟠洪河	1 400
98	武乡县	新村右岸堤防	蟠洪河	1 300
99	武乡县	瓦窑科堤防	马牧河	120
100	武乡县	反修滩堤防	马牧河	100
101	武乡县	魏家窑西底堤防	魏家窑河	830
102	武乡县	故城村护地堤防	涅河	230
103	武乡县	东寨底村护地堤防	涅河	30
104	武乡县	东良护地堤防	涅河	60
105	武乡县	马牧河左岸堤防	马牧河	1 680
106	武乡县	马牧河右岸堤防	马牧河	1 680
107	武乡县	涅河左岸堤防	涅河	2 300
108	武乡县	涅河右岸堤防	涅河	2 200
109	武乡县	马牧村左岸堤防	马牧河	460
110	武乡县	马牧村右岸堤防	马牧河	651
111	武乡县	丰垴堤防	浊漳北源	493
112	武乡县	山交村堤防	涅河	160
113	武乡县	温庄村堤防	石门河	160
114	武乡县	上型塘堤防	蟠洪河	1 012
115	武乡县	上型塘右岸堤防	蟠洪河	1 150
116	武乡县	下寨村堤防	蟠洪河	1 500
117	武乡县	柳沟村堤防	蟠洪河	420
118	武乡县	洪水村东河堤防	蟠洪河	1 227
119	武乡县	洪水村西河堤防(右岸)	广志河	646
120	武乡县	洪水村西河堤防(左岸)	广志河	180
121	武乡县	白和村右岸堤防	蟠洪河	394
122	武乡县	白和村南台河堤防	蟠洪河	1 287
123	武乡县	上北台右岸堤防	南台河	345
124	武乡县	石科堤防	大有河	60
125	武乡县	聂村堤防	涅河	245
126	武乡县	魏家窑堤防	魏家窑河	180
127	武乡县	张村堤防	马牧河	421
128	武乡县	神西村堤防	马牧河	100
129	武乡县	石北东河堤防	马牧河	140
130	沁县	下曲峪河右岸堤防	浊漳西源	1 080
131	沁县	下曲峪河左岸堤防	浊漳西源	1 080
132	沁县	漳河堤防(定昌段)(右岸)	浊漳西源	4 400
133	沁县	迎春河堤防	浊漳西源	1 540
134	沁县	漳河堤防(定昌段)(左岸)	浊漳西源	2 300
135	沁县	迎春河堤防	浊漳西源	1 313
136	沁县	白玉河堤防(故县段)(左岸)	浊漳西源	3 930
137	沁县	白玉河堤防(故县段)(右岸)	浊漳西源	2 698
138	沁县	漳河堤防(新店段)(左岸)	浊漳西源	19 800

续表 8-7

序号	县(区、市)	堤防名称	所在河流	堤防长度(m)
139	沁县	漳河堤防(新店段)(右岸)	浊漳西源	4 000
140	沁县	白玉河堤防(新店段)(右岸)	浊漳西源	4 769
141	沁县	白玉河堤防(新店段)(左岸)	浊漳西源	5 675
142	沁县	漳河堤防(漳源段)(左岸)	浊漳西源	12 050
143	沁县	漳河堤防(漳源段)(右岸)	浊漳西源	2 000
144	沁县	段柳河堤防	浊漳西源	1 600
145	沁县	漳河堤防(段柳段)	浊漳西源	18 000
146	沁县	涅河堤防(右岸)	浊漳西源	1 600
147	沁县	涅河堤防(左岸)	浊漳西源	900
148	沁源县	沁河干流区城段右岸堤防	沁河	10 000
149	沁源县	沁河镇北石渠村左岸堤防	沁河	2 500
150	沁源县	沁河镇北石渠村右岸堤防	沁河	2 500
151	沁源县	沁河镇麻巷村右岸堤防	狼尾河	1 380
152	沁源县	沁河干流区城段左岸堤防	沁河	10 000
153	沁源县	沁河镇麻巷村左岸堤防	狼尾河	1 380
154	潞城市	城西水系景观左岸堤防	黄碾河	2 200
155	潞城市	城西水系景观右岸堤防	黄碾河	2 200

长治市 12 个县(市、区)有 115 条山洪沟道需要治理。长治市需治理山洪沟分布见图 8-5。

8.5.1　长治市郊区

长治市郊区境内堤防工程仅 9.73 km,防洪能力不足 20 年一遇。部分河道建筑垃圾堆积堵塞,河道缩窄,部分河段行洪能力不足 5～10 年一遇。

8.5.2　长治县

长治县境内堤防工程仅 3.24 km,防洪能力不足 20 年一遇。

山丘区农田基本无任何防御措施,易受山洪冲毁或砂石填埋。流域整体防洪能力低,防洪体系尚未完全、有效形成,对流域防洪体系缺乏整体规划和建设。浊漳河南源高河段河道建筑垃圾堆积堵塞,河道缩窄,部分河段行洪能力不足 10 年一遇。

8.5.3　襄垣县

襄垣县境内堤防工程 37.65 km,但大多防洪能力不足 20 年一遇。

山丘区农田基本无任何防御措施,易受山洪冲毁或砂石填埋。流域整体防洪能力低,防洪体系尚未完全、有效形成,对流域防洪体系缺乏整体规划和建设。

浊漳河南源五阳桥上游河段河道建筑垃圾堆积堵塞,河道缩窄,严重影响河道的行洪能力。

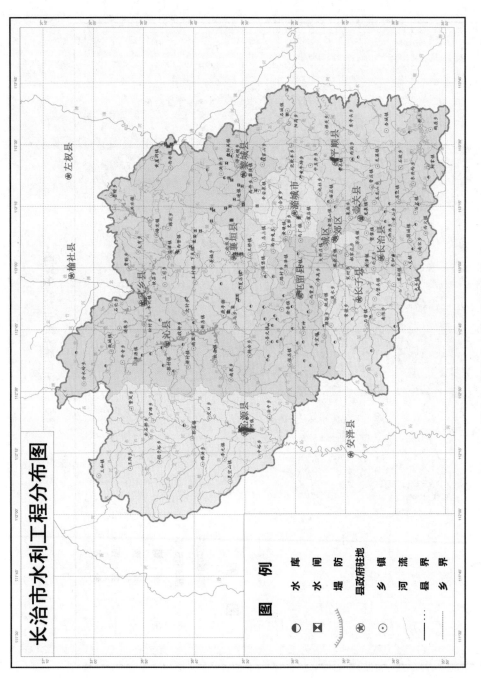

图 8-4　长治市水利工程分布图

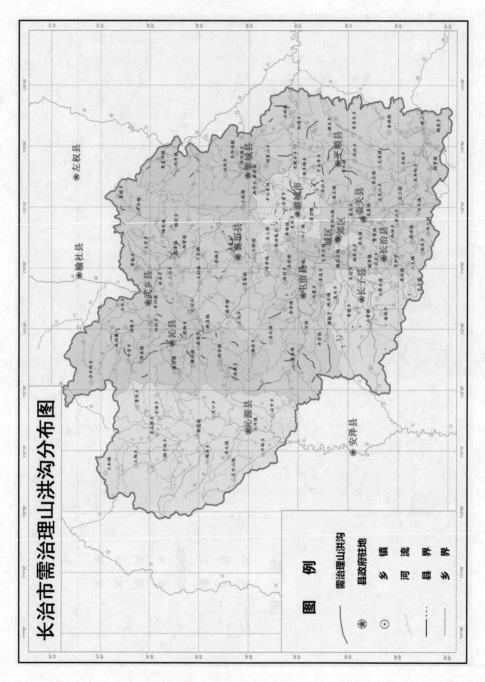

图 8-5　长治市需治理山洪沟分布图

8.5.4　屯留县

屯留县共修建堤防 2.8 km。绛河为屯留县重点防洪河道,河堤现达到 20 年一遇防洪标准;通过近几年的小流域治理以及退耕还林,山洪灾害有所减缓。山丘区农田基本无任何防御措施,易受山洪冲毁或砂石填埋。流域整体防洪能力低,防洪体系尚未完全、有效形成,对流域防洪体系缺乏整体规划和建设。部分河道建筑垃圾堆积堵塞,河道缩窄,部分河段行洪能力不足 10 年一遇。

8.5.5　平顺县

平顺河是县城重点防洪河道,修建堤防 44.0 km,现达到 20 年一遇的防洪标准;县城上游至西沟乡一带河道全部治理、河堤加高。另外,通过近几年的小流域治理以及退耕还林,山洪灾害有所减缓。

8.5.6　黎城县

黎城县共修建堤防 44 km,分布在各个村庄,保护人口 2 万人,没有系统的河道治理措施。

黎城县乡(镇)堤防工程大多为土石堤坝,堤防防洪能力不足 5 年一遇。山丘区农田基本无任何防御措施,易受山洪冲毁或砂石填埋。流域整体防洪能力低,防洪体系尚未完全、有效形成,对流域防洪体系缺乏整体规划和建设。防洪设施少,没有形成整体防洪工程体系,防洪能力低,防御大洪水能力差。

七里河和小东河河道建筑垃圾堆积堵塞,河道缩窄,清漳河的部分河段行洪能力也不足 10 年一遇。

8.5.7　壶关县

壶关县共修建防洪大堤 14.5 km。龙丽河水库为县(区)重点防洪工程,大坝改造质量高、防洪标准高,至 2010 年底,对庄头河干流两岸部分河道进行了治理、河堤加高,加上近几年的小流域治理以及退耕还林,山洪灾害有所减缓。

壶关县乡(镇)堤防工程大多为土堤和石堤,部分堤防防洪能力不足 5 年一遇。山丘区农田基本无任何防御措施,流域整体防洪能力低,防洪体系尚未完全、有效形成,对流域防洪体系缺乏整体规划和建设。

石子河河道建筑垃圾堆积堵塞,河道缩窄,南大河、陶清河部分河段行洪能力也不足 10 年一遇。

8.5.8　长子县

长子县共修建堤防 3.674 km,分布在各个村庄。岚水河河道建筑垃圾堆积堵塞,河道缩窄,浊漳河南源河道无序开发造成河道改变,横水河、雍河、小丹河部分河段行洪能力也不足 10 年一遇。

8.5.9　武乡县

为有效防止山洪灾害损失,最大程度的减轻灾害损失,新中国成立以来,武乡县从实际出发,修建骨干坝、淤地坝,起到了调水护岸和保护耕地的作用。开展以植树造林、封山育林为主的水土保持措施,减少水土流失,防止山洪灾害。建设城镇堤防、水库除险加固,提高防洪能力。

武乡县共修建堤防 52.7 km。护城河为县城重点防洪河道,河堤现达到 20 年一遇防洪标准;近年来,对浊漳河西源两岸部分河道进行了治理、河堤加高,加上近几年的小流域治理以及退耕还林,山洪灾害有所减缓。防洪堤坝少,没有形成整体防洪工程体系,防洪能力低,防御大洪水能力差。山丘区农田基本无任何防御措施,易受山洪冲毁或砂石填埋。流域整体防洪能力低,防洪体系尚未完全、有效形成,对流域防洪体系缺乏整体规划和建设。

河道堵塞,河道行洪能力下降,马牧河、浊漳河北源、洪水河部分河道建筑垃圾堆积堵塞,河道缩窄,部分河段行洪能力不足 10 年一遇。

8.5.10　沁县

沁县共修建堤防 19.3 km。护城河为市区重点防洪河道,河堤现达到 20 年一遇防洪标准;近年来,对浊漳河西源两岸部分河道进行了治理、河堤加高,加上近几年的小流域治理以及退耕还林,山洪灾害有所减缓。

为有效防止山洪灾害损失,最大程度的减轻灾害损失,新中国成立以来,沁县从实际出发,修建骨干坝、淤地坝,起到了调水护岸和保护耕地的作用。开展以植树造林、封山育林为主的水土保持措施,减少水土流失,防止山洪灾害。建设城镇堤防、水库除险加固,提高防洪能力。

2002 年对圪芦河水库进行了除险加固改造,2004 年对月岭山水库进行了除险加固,2009 年对徐阳水库进行除险加固改造,2011 年对梁家湾水库完成了除险加固工程,防洪标准均达到 30 年一遇。迎春、漳源、景村、石板上、西湖等 5 座水库正进行改造,2012 年结束。

河道堵塞,河道行洪能力下降,浊漳河西源西湖水库上游段河道建筑垃圾堆积堵塞,河道缩窄,部分河段行洪能力不足 10 年一遇。

8.5.11　沁源县

沁源县主要的水利工程有水库、堤坝。全县现有水库 3 座,分布在沁河、紫红河小流域内。沁河为县城重点防洪河道,河堤改造质量高、防洪标准高,至 2010 年底,对柏子河、法中河、聪子峪河、狼尾河部分堤防治理、河堤加高。全县现有堤防工程 6 处。

另外,通过近几年的小流域治理以及退耕还林,山洪灾害有所减缓。

8.5.12　潞城市

潞城市全市共修建堤防 11.2 km。护城河为市区重点防洪河道,河堤现达到 20 年一遇防洪标准;近年来,对浊漳河南支、浊漳河干流两岸部分河道进行了治理、河堤加高,加上近几年的小流域治理以及退耕还林,山洪灾害有所减缓。

8.6 危险区转移路线和临时安置点规划

(1)转移人员的确定根据当次预警级别和实际情况(易发灾害区地形及居住情况)而定。

(2)转移遵循先人员后财产、先老弱病残妇女后一般人员。

(3)转移地点、路线的确定遵循就近、安全、向高地撤退的原则。具体撤离路线及安置地点由各山区乡(镇)根据实际的地形地势制订。转移时要严格落实责任制,由村干部或乡(镇)干部分片包干负责,并向群众解释清楚。

汛期必须经常检查转移路线、安置地点是否出现异常,如有异常应及时修补或改变路线。

转移路线要避开跨河、跨溪或易滑坡地带。不要顺着河溪沟谷上下游、泥石流沟上下游、滑坡的滑动方向转移,应向河溪沟谷两侧山坡或滑动体的两侧方向转移。

(4)制作明白卡和标识牌,将转移路线、时机、安置地点、安全区、责任人等有关信息发放到每户。

(5)当交通、通信中断时,乡、村(组)躲灾避灾的应急措施要带有预见性,便于克服困难,得以实施。

8.7 不同类型区防洪预案

防洪预案根据区域情况进行编写。

8.8 洪灾防治法规、管理条例

8.8.1 法律法规

(1)《中华人民共和国防洪法》。

(2)《地质灾害防治条例》。

(3)《中华人民共和国气象法》。

(4)《中华人民共和国土地法》。

(5)《中华人民共和国水土保持法》。

(6)《中华人民共和国环境保护法》。

(7)《国家防汛抗旱应急预案》等国家颁布的有关法律、法规、条例。

(8)山西省人民政府颁布的有关地方性法规、条例及规定。

8.8.2　编制要求

(1)《全国山洪灾害防治规划》。

(2)《山洪灾害防御预案编制大纲》。

(3)《山洪灾害防治区级非工程措施建设实施方案编制大纲》。

(4)《山洪灾害防治县级监测预警系统建设技术要求》。

8.8.3　技术规范

(1)《水利水电工程水文自动测报系统设计规定》(SL 566—2012)。

(2)《水文情报预报规范》(SL 250—2000)。

(3)《水位观测标准》(GB/T 50138—2010)。

(4)《河流流量测验规范》(GB 50179—2015)。

(5)《防洪标准》(GB 50201—2014)。

(6)《水文基本术语和标准》(GB/T 50095—2014)。

(7)《水文站网规划技术导则》(SL 34—2013)。

(8)《水文基础设施建设及技术装备标准》(SL 276—2002)。

(9)《水文资料整编规范》(SL 247—2012)。

(10)《水情信息编码标准》(SL 330—2011)。

(11)国家和相关部委颁布的有关标准、规程、规范、管理办法。

第 9 章 结论与展望

9.1 结 论

本次工作分析了长治市雨洪特性,对长治市共 760 个沿河村落进行了现状防洪能力、危险区划分及预警指标等方面的分析评价,在此基础上,分析研究了长治市洪灾及其防治措施建设情况,得到如下结论。

9.1.1 雨洪特性

长治市暴雨主要集中于 7 月、8 月;暴雨时空分布不均,北部发生暴雨的次数、强度较南部少,从北部到南部递增。长治市洪水主要集中于汛期(6~9 月),最大洪峰大多发生在 7 月、8 月,最早涨洪时间为 5 月下旬,最晚为 10 月下旬,洪水具有明显的季节性变化特征。

9.1.2 沿河村落现状防洪能力

长治市 760 个沿河村落中,有 26 个村落位于 100 年一遇以上,734 个村落位于 100 年一遇以下,其中:

5 年一遇以下的村落有 102 个:长治市郊区 2 个、长治县 14 个、襄垣县 11 个、屯留县 6 个、平顺县 10 个、黎城县 4 个、壶关县 8 个、长子县 20 个、武乡县 5 个、沁县 3 个、沁源县 17 个、潞城市 2 个,占总分析评价村数的 13.4%,以长治县、襄垣县、平顺县、长子县、沁源县为较多,与各县河流情况基本一致,水系发达,河道较多,沿河村落受河道洪水影响较大,与实际情况基本相符。

5~20 年一遇的有 230 个:长治市郊区 8 个、长治县 17 个、襄垣县 14 个、屯留县 22 个、平顺县 31 个、黎城县 11 个、壶关县 8 个、长子县 16 个、武乡县 13 个、沁县 21 个、沁源县 51 个、潞城市 18 个,占总分析评价村数的 30.3%,以屯留县、平顺县、沁县、沁源县为较多,与各县河流情况基本一致,与实际情况基本相符。

20~100 年一遇的有 402 个:长治市郊区 14 个、长治县 17 个、襄垣县 20 个、屯留县 59 个、平顺县 62 个、黎城县 36 个、壶关县 33 个、长子县 22 个、武乡县 23 个、沁县 29 个、沁源县 65 个、潞城市 22 个,占总分析评价村数的 52.9%。近年来,长治市启动了重点地区中小河流治理,对部分河道进行了治理、河堤加高,重要河段防洪减灾能力得到了明显提高,对沿河村落保护增强,与各县河流情况基本一致,与实际情况基本相符。

100 年一遇以上的有 26 个:长治市郊区 4 个、长治县 2 个、屯留县 2 个、平顺县 2 个、黎城县 3 个、长子县 6 个、武乡县 4 个、潞城市 3 个,占总分析评价村数的 3.4%,这受益于长治市重点区域防洪体系建设和重点地区中小河流治理,与实际情况相符。

9.1.3　沿河村落危险区分布及其人口分布

对长治市 734 个沿河村落划分了各级危险区,统计了各沿河村落各级危险区人口数量及其分布情况。成果表明,位于极高危险区 2 455 人、高危险区 15 221 人、危险区 99 961人,共计 117 637 人。

9.1.4　沿河村落预警指标及其分布

分析了长治市 734 个沿河村落不同时段内的雨量预警指标。对 50 个河道水位站及 40 个水库水位站给出了水位预警指标。

9.1.5　山洪灾害防治措施建设

长治市 12 个县(市、区)(不含长治市城区)144 个乡(镇)3 477 个行政村 3 676 个自然村,其中一般防治区有 1 889 个村,重点防治区有 760 个村,非防治区有 5 264 个村;山洪灾害非工程措施共建设 168 处自动监测雨量站、37 处自动水位站、1 065 处无线预警广播、1 698 处简易雨量站、53 处简易水位站;涉水工程 1 049 座,其中塘(堰)坝 42 座、桥梁 581 座、路涵 426 座;水利工程 329 座,其中水库 77 座、水闸 97 座、堤防 155 处。

9.2　展　望

本次工作对长治市 760 个沿河村落进行了分析评价工作,能够为长治市山洪灾害预警、群测群防体系的建设提供必要的技术支撑。长期以来,党中央、国务院高度重视防汛工作,国家下大力气开展重点区域防洪体系建设,大江大河重要河段防洪减灾能力得到了明显提高,近期又启动了重点地区中小河流治理,发挥了很好的防洪减灾效益,但山洪灾害防治仍然是我国防洪减灾体系中的薄弱环节,一些问题仍需完善解决。

9.2.1　山洪防灾信息得到完善

本次山洪灾害分析评价完成后,山洪防灾信息在沿河村落现状防洪能力、预警指标及其分布等方面得到进一步丰富与充实。这些成果对于完善县级平台、综合提高山洪灾害防治能力具有重要作用。

9.2.2　后续山洪灾害防治得到支撑

充分运用沿河村落危险区分布、各级危险区人口分布、沿河村落汇流时间、预警指标等信息,可以为后续山洪灾害防治提供以下重要支撑:
(1)为县、乡、村各级山洪灾害防治预案的完善作支撑。
(2)进一步改进监测站点布设、站点预警信息关联、预警指标确定等工作。
目前,长治市山洪灾害防治存在的问题主要有:
(1)山洪灾害监测站网密度不够,不能及时、准确地监测到山洪灾害的发生,且基层边远山村预警设施严重不足,信息传递困难,不能有效组织人员转移避险。

（2）山洪灾害防御责任制组织体系不完善，部分山洪灾害严重的乡镇、村组组织指挥机构不健全，部分地区责任人员不落实。

（3）山洪灾害防御预案可操作性不强，预警程序信号、人员转移安置等关键环节考虑不够明确、周全，部分地区尚未建立"纵向到底、横向到边"的预案体系。

（4）一些地方山洪灾害防治宣传教育、培训力度不够，基层干部群众防灾减灾意识淡薄，自防自救能力不强。

因此，可对已经建设的县级山洪灾害监测预警平台进行完善，提升预警发布能力，扩大预警覆盖范围。例如，平顺县沿平顺河由上而下，受山洪威胁村落较多，可适当增设简易水位计，如龙家村、青行头村、南赛等。加强对山洪灾害防御指挥人员、责任人、监测人员、预警人员、片区负责人、预警系统及运行维护人员的培训，明确职责。建立健全监测预警系统，编制完善山洪灾害防治预案，完善群测群防体系，充分发挥已建监测站点预警作用，加强宣传，组织演练，提高群众防灾意识及实战经验，确保山洪威胁来临时及时转移，将损失降至最低。

9.2.3 扩大山洪灾害关注范围

本次分析评价主要针对溪河洪水影响对象进行，虽然在分析评价名录的编制过程中综合考虑了各方面因素，依然不能完全反映长治市辖区范围受山洪威胁所有村落的情况，山洪灾害防治区尚未开展全面、深入地普查和排查，大量隐患点未被发现，未列入名录的其他存在山洪灾害隐患的村落也需引起高度重视。例如，潞城市境内山多、坡大、沟深，流域坡降大，如遇持续降雨或短时降雨汇聚成地表径流，导致溪沟水位暴涨，产生溪河洪水，冲毁溪沟内的各种建筑和其他。

同时，可开展受坡面汇水影响的预警指标研究、检验和率定工作。例如：沁源县133个村落中，50个村落主要受坡面洪水威胁，占分析评价村数的37.6%，可开展这些村落预警指标的研究、检验和率定工作，以验证其合理性。

此外，重点区域防洪体系建设和重点地区中小河流治理，对部分河段沿河村落的保护增强，其防洪能力达到100年一遇以上，但其隐患仍应存在，要时刻关注这些村落的防护情况，是否存在地质灾害隐患。例如，潞城市境内东部为黄土丘陵区，直立的黄土面多，干燥时强度大，失陷性强，如遇降雨将导致山体松动，易形成山体滑坡。

9.2.4 灵活运用预警指标，注意特殊暴雨洪水

预警指标不是万能的防御措施，不可能完全替代自然现象，在没有划防治区的地方，也可能在发生暴雨洪水时受灾；同时，指标的量也不是一成不变的，它会随着流域下垫面、暴雨形成方式、覆盖区域、先后顺序等的不同发生变化。在防御山洪灾害时可以参考预警指标计算结果，并结合实际情况，综合考虑全流域暴雨洪水因素，根据上下游村落分布状况，适当修正预警指标。

9.2.5 加强工程体系建设，发挥防洪效益

近年来，对长治市部分河道进行了治理、河堤加高，加上近几年的小流域治理以及退

耕还林,山洪灾害有所减缓,但仍存在一些问题,防洪体系有待完善,应加大对水利工程的关注,充分发挥其防洪效益。

(1)水库淤积,蓄水能力下降。沁县现有的中小型水库,坝体类型大部分为均质土坝(只有2座小水库为钢筋混域),均为20世纪五六十年代建设,虽然也进行过加固改造,因建设标准低,蓄水能力下降,成为下游潜在的安全隐患;屯留县小型水库较多,建于六七十年代,水库淤积较为严重,不能有效地发挥水库的防洪作用,存在安全隐患;潞城市境内只有1座小(Ⅰ)水库——黄牛蹄水库,建于60年代,水库淤积库容占总库容的51.7%,1993年8月,黄牛蹄水库溃坝,下游村庄、道路均受灾。

可定期对水库进行除险加固,确保水库安全。

此外,襄垣县境内水库多达10座,水库在防洪中起至关重要的作用,应加强业务管理,合理调度,并与下游保护村落良好沟通,确保行洪安全。

(2)堤防工程少、防洪标准低,山丘区农田基本无任何防御措施,易受山洪冲毁或砂石填埋。潞城市境内堤防工程仅11.2 km,浊漳河南源、黄牛蹄、王里堡等河道堤防主要为土堤,防洪能力低;屯留县境内堤防工程仅2.8 km。

河流堤防在长期运行过程中,由于缺乏完善的管理维护制度,在经历多年的洪水冲击后,堤防工程会出现堤身大面积坍塌、部分堤防段出现决口等问题,给河流堤防工程留下许多薄弱点。尤其是很多河流多年没有进行防洪能力校核,依然采用以前防洪标准制订相应防洪预案,造成河流堤防达标率低,不能满足河流现代防洪需求,堤防工程总体防洪减灾能力大大降低,严重威胁河流行洪防洪安全。

可周期性校核堤防防洪能力,完善堤防工程薄弱点,确保水毁工程的修复和危险地段的建设。例如,平顺县中五井乡后留村、东寺头乡西湾村、大山村等村落的河道堤防建设。

(3)部分河道建筑垃圾堆积堵塞,河道缩窄,河道行洪能力下降。浊漳河南源店上段、浊漳河西源西湖水库上游段等河道建筑垃圾堆积堵塞,部分河段行洪能力不足。

应及时清淤清障,力争排除隐患,确保安全。

此外,应认识到改造规划河道的同时不能忽略自然环境,维护河道生态平衡,注重对天然河道的保护。例如,平顺县牛石窑村、苣兰岩村等。

同时,可在流域范围内退牧、退耕还林,在坡面流影响的山地上游植树种草,提高植被覆盖率,减缓坡面流的强度,缓解灾害影响。